U0464496

 普通高等教育"十一五"国家级规划教材

MATLAB
在电气工程中的应用

（第二版）

编著　李维波

主审　陈　伟

中国电力出版社

CHINA ELECTRIC POWER PRESS

内 容 提 要

本书为普通高等教育"十一五"国家级规划教材。

全书共分为八章,主要内容包括 MATLAB 软件的基本知识,MATLAB 软件的数值计算方法,MATLAB 软件的程序设计,Simulink 的基础应用,MATLAB 软件在电路与磁路中的应用,MATLAB 软件在测控系统中的应用,电力系统模块库分析与介绍,以及 MATLAB 软件在电力系统中的应用等方面的内容。本书系统阐述了 MATLAB 软件(以 MATLAB8.5 为例进行讲解)设计的基础知识、使用方法和 MATLAB 软件在电气工程中的模型建立与仿真分析中的重要方法和设计技巧。通过对具有实际工程应用背景的实例进行分析、讲解,使初学者能够循序渐进、逐步加深理解和学习 MATLAB 软件,以提高他们分析问题、解决问题的能力。

本书主要用作为高等学校电气类等相关专业的教材,也可供从事电气信息、计算机仿真方面的工程技术人员和科研人员参考。

图书在版编目(CIP)数据

MATLAB 在电气工程中的应用/李维波编著. —2 版. —北京:中国电力出版社,2016.7(2025.7重印)

"十三五"普通高等教育本科规划教材 普通高等教育"十一五"国家级规划教材

ISBN 978-7-5123-9357-8

Ⅰ.①M… Ⅱ.①李… Ⅲ.①电气工程-Matlab 软件-高等学校-教材 Ⅳ.①TM-39

中国版本图书馆 CIP 数据核字(2016)第 111280 号

中国电力出版社出版、发行

(北京市东城区北京站西街 19 号 100005 http://www.cepp.sgcc.com.cn)

三河市航远印刷有限公司印刷

各地新华书店经售

*

2007 年 9 月第一版

2016 年 7 月第二版 2025 年 7 月北京第十九次印刷

787 毫米×1092 毫米 16 开本 35.25 印张 872 千字

定价 68.00 元

前　言

　　工欲善其事，必先利其器。从事电子产品设计、开发等工作的人员，经常要求对所设计的电路进行计算机模拟与仿真计算，以优化参数与配置，其目的，一方面是为了验证所设计的电路是否达到设计要求的技术指标；另一方面，通过改变电路中元器件的参数，使整个电路性能达到最佳状态。这势必要求仿真工具能够模型化、模块化以及具有动态仿真的能力。

　　MATLAB 主要用于算法开发、数据可视化、数据分析以及数值计算的高级技术计算语言和交互式环境，主要包括 MATLAB 和 Simulink 两大部分。Simulink 仿真工具，是为数不多的完全满足这些要求和条件的软件工具，并且，凭借它在科学计算方面的优势，建立了从设计构思实现到最终设计要求的可视化桥梁，大大弥补了传统设计与开发工具的不足。MATLAB 软件已经成为线性代数、自动控制理论、数字信号处理、时间序列分析、动态系统仿真、图像处理、电路与系统、电力电子技术等重要课程的基本教学工具，也已成为大学生、研究生必须掌握的基本技能之一。

　　作者早在 2005 年就开始着手准备，立足于电气工程，依托于 MATLAB 6.5 软件版本，将科研工作中利用该软件解决的一些课题作为范例，大胆尝试去编著和出版《MATLAB 在电气工程中的应用》一书，系统阐述了 MATLAB 软件在电气工程中的典型模型的建立与仿真分析过程中的重要方法和设计技巧。

　　目前，MATLAB 软件已经更新至 R2015a（MATLAB8.5）版。作为介绍应用于电气工程的 MATLAB 软件的专业性教材，《MATLAB 在电气工程中的应用》却严重滞后于软件的最新版本，它需要升级换代。为了更好地完成此任务，本书在重新修订和撰写的过程中，依托于最新 R2015a 版本的 MATLAB8.5，始终坚持"继承性强、实践性强、针对性强"的"三强"原则，自始至终贯彻精心准备、悉心组织、细心安排的"三心"写作态度。

　　（1）继承性强，新旧协调。技术来源于经验，经验源于积累。积累越深厚，释放就越精彩；积累越科学，释放就越有效。因此，在修订过程中，既继承了书稿出众的品质、合理的聚材、优秀的构篇、新颖的设计，以 MATLAB8.5 版本讲解对象，在讲授 MATLAB 软件的基本知识和使用技巧基础同时，详细阐述 MATLAB 软件在电气工程中的建模与仿真应用，如它在复杂的电路和磁路中的建模与仿真应用、在典型传感器中的建模与仿真应用、在电气传动中的建模与仿真应用、在电力系统中的建模与仿真应用等。

　　（2）实践性强，涉及面广。由于 MATLAB 软件与电气工程均是实践性强、涉及面广的学科技术，绝对不能离开相关的工程实际。为此，作者植根于长期所从事的电气工程技术的相关开发与研究实践活动中，在撰写过程中坚持贯彻理论与实践相结合、知识基础与工程应用相结合、教学与科研相结合的原则，摒弃生涩的理论，避免读不懂的过程。结合自己近十年参加重大科研攻关项目的历练经历，进行了必要的拓展和延续，既删除了先前陈旧部分，还调整了部分章节的顺序，使其可阅读性更强；既精炼讲解应用于电气工程的典型实例的工作原理，还详细分析它们的建模过程、设计技巧、分析方法和调试流程；书中所选用的仿真实例几乎全为作者数十年的原创性科研成果，既有完整的理论分析，也包含宝贵的应用技巧和设计心得。

（3）针对性强，受众面广。全书始终面向电气工程应用，从实际出发，力图摆脱介绍软件的传统表达方式。尽量做到以例程来学软件、用软件养习惯、用习惯夯实行为。每个例程，无论长短，尽量完整，既给出需求分析，还给出建模过程以及相关分析方法及其构建思路。本书第二版大胆尝试将 MATLAB8.5 软件版本与电气工程技术融合起来，兼顾经验丰富的与刚参加工作的读者朋友，各有所需，各有所获。

学习软件技术可以有多种途径，如可以在学校接受正规、系统的教育；也可以通过各种各样的培训班学习；还可以在互联网上查找资料学习。但对于已经工作或者刚进入工作角色的读者朋友来说，更多的是看书自学。因此，本书在叙述方法上，力争以清晰的脉络、简洁的语言、丰富的图例，做到由浅入深、循序渐进。在剖析思路方面，力争将 MATLAB8.5 版本的基本使用方法与电气工程的实际问题有机地结合起来，利用工程问题来激发我们去学习，去实践，去观察。力争将"是什么""如何干"和"结果如何"三者辩证地统一起来，让读者耳目一新，并在轻松地阅读过程中获得共鸣、收获快乐。

为便于读者朋友阅读理解起见，现将本书的写作框架总结如下：

（1）第 1 篇　MATLAB 软件的快速入门，它包括以下 4 章：

1）第 1 章　认识 MATLAB 软件

2）第 2 章　MATLAB 软件的数值计算方法

3）第 3 章　MATLAB 软件的程序设计方法

4）第 4 章　MATLAB 软件中的 simulink 应用基础

（2）第 2 篇　应用于电气工程的 MATLAB 软件，它包括以下 4 章：

1）第 5 章　MATLAB 在电路与磁路技术中的典型应用

2）第 6 章　MATLAB 在测控技术中的典型应用

3）第 7 章　MATLAB 在电力电子技术中的典型应用

4）第 8 章　MATLAB 在电力系统中的典型应用

对在编写本书过程中给予作者帮助的所有同仁、专家教授、所引参考书目的作者和中国电力出版社，致以最真诚的谢意和深深的敬意！

由于作者水平及条件有限，未必能达到预期的效果，恳请读者朋友和同仁以及专家学者给予批评指正！

编　者

2016 年 5 月

目　　录

第1篇　MATLAB软件的快速入门

MATLAB软件系统，作为当今世界非常流行的仿真软件，它在科学计算、网络控制、系统建模与仿真、数据分析、自动控制、图形图像处理、航天航空、生物医学、物理学、生命科学、通信系统、DSP处理系统、财务、电子商务等不同领域，均有广泛的应用，具有其他软件所无法比拟的独特优势，备受许多科研领域的青睐与关注，目前已经更新至R2015a（MATLAB8.5）版本。

为了深入理解后续章节的内容在正式学习MATLAB8.5版本之前，需要了解它的特点、使用环境、最基本的使用方法和重要的操作技巧，使MATLAB软件的初学者，能够借助本篇的学习，奠定基础。

第1章　认识MATLAB软件

1.1　MATLAB软件是什么

MATLAB是matrix&laboratory两个词的组合，意为矩阵工厂（矩阵实验室）。它是美国MathWorks公司出品的商业数学软件，用于算法开发、数据可视化、数据分析以及数值计算的高级技术计算语言和交互式环境，主要包括MATLAB和simulink两大部分。

MATLAB和Mathematica、Maple并称为三大数学软件。它在数学类科技应用软件中的数值计算方面首屈一指，被誉为"巨人肩上的工具"。它将数值分析、矩阵计算、科学数据可视化以及非线性动态系统的建模和仿真等诸多强大功能集成在一个易于使用的视窗环境中，为科学研究、工程设计以及必须进行有效数值计算的众多科学领域提供了一种全面的解决方案，并在很大程度上摆脱了传统非交互式程序设计语言（如C、Fortran）的编辑模式，代表了当今国际科学计算软件的先进水平。

最早开发MATLAB软件的目的就是帮助学校的老师和学生更好地授课和学习，目前MATLAB更新到R2015a（MATLAB8.5）版本。从诞生开始，由于使用MATLAB编程运算与人进行科学计算的思路和表达方式完全一致，所以不像学习其他高级语言，如Basic、Fortran和C等语言那样难于掌握，用MATLAB编写程序犹如在演算纸上排列出公式与求解问题。在这个环境下，对所要求解的问题，用户只需简单地列出数学表达式，其结果便以数值或图形方式显示出来，在高校中得到了广泛的应用与推广。

由于其高度的集成性和应用的方便性，它能非常快地实现科研人员的设想，极大地节约了科研人员的时间，受到了大多数科研人员的青睐与重视。目前，在美国的许多大学里，MATLAB软件正在成为对数值、线性代数以及其他一些高等应用数学课程进行辅助教学的有力工具。在工程技术界，MATLAB软件也被用来构建与分析一些实际课题的数学模型，其典型的应用包括数值计算、算法预设与验证，以及一些特殊矩阵的计算应用，如自动控制理论、统计、数字信号处理、图像处理、系统辨识和神经网络等。它包括了被称作工具箱（Toolbox）的各类应用问题的求解工具。工具箱实际上是对 MATLAB 软件进行扩展应用的一系列 MATLAB 函数（称为 M 函数文件），它可用来求解许多学科门类的数据处理与分析问题。

1.2　MATLAB 软件的典型特点

MATLAB 软件的第 1 版，是 Dos 版本 1.0，发行于 1984 年，经过 30 余年的不断改进与完善，现今已推出它的 R2015a（MATLAB8.5）版本。新版本的许多新功能都是在 R2014b 的功能基础上升级而来的，其中包括大数据增强功能、新的硬件支持，以及多种自定义工具箱的集成文档。

1.2.1　强大的数值和符号计算功能

计算功能强大，符号、数值的各种形式和规模的计算都能完成，强大的矩阵运算能力以及稀疏矩阵的处理能力可以解决大型问题。MATLAB 的数值计算功能包括矩阵运算、多项式和有理分式运算、数据统计分析、数值积分、优化处理等。

【举例 1】　已知矩阵 A 和 B 分别为：

$$A = \begin{bmatrix} 2 & -1 & 3 \\ 7 & 9 & 25 \\ -24 & 1 & 71 \end{bmatrix}, \quad B = \begin{bmatrix} 1 & 7 & -10 \\ 13 & -11 & 4 \\ 29 & 3 & 5 \end{bmatrix}$$

求：A 和 B 矩阵的乘积 C。只需要在 MATLAB 的命令窗口中按照下述方法进行操作：

```
>> A=[2,-1,3;7,9,25;-24,1,71];B=[1,7,-10;13,-11,4;29,3,5];     %生成矩阵 A 和 B
>> C=A*B     %求矩阵 A 和 B 的乘积
```

回车之后，计算机自动执行上述命令。符号"％"表示说明性或者注释性文字，它并不影响程序的正常执行，且有利于程序员阅读程序。本例的执行结果为：

```
C=
      76        34        -9
     849        25        91
    2048        34       599
```

需要说明的是，符号"＞＞"是 MATLAB 软件的命令窗口中的标示符号。MATALAB 还可以计算 A^2（乘方）、$A-B$（减法）、$A+B$（加法）、sqrt（A）（开方）、A/B（除法）等典型矩阵运算。

【举例 2】　已知矩阵 A 和 B 分别为：

$$A = \begin{bmatrix} 2 & -1 & 3 \\ 7 & 9 & 25 \\ -24 & 1 & 71 \end{bmatrix}, \quad B = \begin{bmatrix} 1 \\ -11 \\ 9 \end{bmatrix}$$

求方程 $Ax = B$ 的解。只需在 MATLAB 的命令窗口中按照下述方法进行操作：

```
>> A=[2,-1,3;7,9,25;-24,1,71];B=[1;-11;9];        %生成矩阵 A 和 B
>> x=A\B                                          %求方程 Ax=B 的解
```

回车之后，计算机自动执行上述命令。本例的执行结果为：

```
x=
   -0.2231
   -1.2398
    0.0688
```

1.2.2　简单易学的语言

MATLAB除了命令语句的交互式操作以外，还可以程序方式操作。使用MATLAB可以很容易地实现C或Fortran语言的几乎全部功能，包括Windows图形用户界面的设计，并且编程语言简单易学。MATLAB程序可扩展性强，用户可编辑自己的工具箱。

【举例3】　求1到1000的累加和，在MATLAB中可以键入以下命令语句：

方法（1）：

```
>> mysum=0;
>> for i=1:1:1000;        %产生由 1 到 1000 的自然数,其步长(数据间隔)为 1;
>> mysum=mysum+i;        %产生累加操作
>> end;mysum
```

回车之后，计算机自动执行上述命令。本例的执行结果为：

```
mysum=500500
```

方法（2）：

```
>> i= 1:1000;
>> mysum= sum(i)
```

回车之后，计算机自动执行上述命令。执行结果同上。

方法（3）：

```
>> sum(1:1000)
```

回车之后，计算机自动执行上述命令。执行结果同上。

【举例4】　已知某个控制系统的传递函数为：

$$H(s) = \frac{-11s}{s^3 - 12s^2 + s - 1}$$

试判断它的单位阶跃响应特性、幅频特性和相频特性。

只需在MATLAB命令窗口中按照下述方法进行操作，就可以了解该控制系统的阶跃响应特性：

```
>> num=[-11,0];den=[1,-12,1,-1];        %获得控制系统传递函数分子和分母的多项式
>> step(num,den);                       %命令 step() 用于获得控制系统的
                                        %单位阶跃响应特性曲线
```

回车之后，计算机自动执行step命令，便可以看到该控制系统的单位阶跃响应曲线，如图1-1所示。

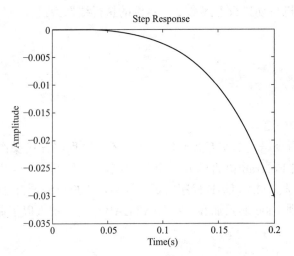

图 1-1　某控制系统的单位阶跃响应曲线

在 MATLAB 的命令窗口中按照下述方法进行操作，就可以了解该控制系统的幅频特性和相频特性。在 MATLAB 的命令窗口中键入以下语句：

```
>> num=[-11,0];den=[1,-12,1,-1];
>> bode(num,den);        %命令函数 bode()用于获得控制系统的幅频特性和相频特性
>> grid on              % 命令 grid on 或命令 grid off 分别表示添加和删除栅格线
```

回车之后，计算机自动执行上述命令，其执行结果如图 1-2 所示。

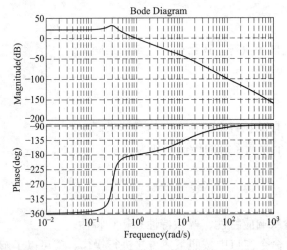

图 1-2　某控制系统的幅频特性和相频特性曲线

1.2.3　强大的图形功能

MATLAB 提供了两个层次的图形命令语句：一种是对图形进行低级图形处理的命令语句，另一种是建立在低级图形命令之上的高级图形命令。利用 MATLAB 的高级图形命令可以轻而易举地绘制二维、三维乃至四维图形，并能够进行图形和坐标的标识、视角和光照设计、色彩的精细控制等多种用途。

【举例 5】　画出衰减振荡曲线 $y = e^{-t/7} \sin(10t)$ 和该曲线的包络线 $y_0 = e^{-t/7}$，其中 t 的取值范围是 $[0，4\pi]$。在 MATLAB 命令窗口中按照下述方法进行操作即可。

```
>> t=0:pi/50:4*pi;              %产生由 0 到 4*pi 的数据,其步长(数据间隔)为 pi/50
>> y=exp(-t/7).*sin(7*t);       %生成衰减振荡曲线 y
>> y0=exp(-t/7);                %生成包络线 y0
>> plot(t,y,'-r',t,y0,':b',t,-y0,':b');grid on
                                % 绘出衰减振荡曲线 y 和包络线 y0 图形,并添加栅格线
```

回车之后，计算机执行上述命令后，即可得到图 1-3 所示的曲线。需要说明的是：

（1）t=0：pi/50：4 * pi——表示时间取值范围；

（2）plot（t，y，'-r'）——用于绘制二维图像，其中 t 和 y 分别表示横、纵坐标，-r 表示线型为虚线和线条颜色为红色。

【举例 6】　画出 $z = \cos(\sqrt{x^2+y^2})/\sqrt{x^2+y^2}$ 所表示的三维曲面。x 和 y 的取值范围是 $[-10，10]$。在 MATLAB 的命令窗口中，键入以下命令语句即可：

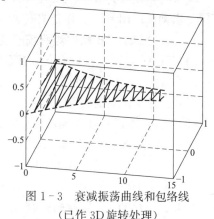

图 1-3　衰减振荡曲线和包络线
（已作 3D 旋转处理）

```
>> x=-10:0.5:10;y=x';            %在[-10,10]范围中产生 x 和 y 值,其步长为 0.5
>> X=ones(size(y))*x;Y=y*ones(size(x));
                                 %size 命令用于获得 y 的维数;
                                 %ones 命令用于产生元素全为 1 的矩阵
>> R=sqrt(X.^2+Y.^2)+eps;Z=cos(R)./R;
                                 % eps 表示浮点计算的相对精度
>> surf(X,Y,Z);colormap(cool),view(-40,22);
                                 %surf 产生三维平面切削图形;
                                 %colormap 用于设置当前图形颜色
                                 %view 命令为视点函数
>> xlabel('x'),ylabel('y'),zlabel('z')% xlabel、ylabel 和 zlabel 生成 x、y 和 z 坐标的标
```
示内容,本书后面将详细介绍它们的使用方法

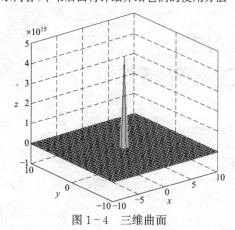

图 1-4　三维曲面

回车之后，计算机自动执行上述命令，便可以得到图 1-4 所示的图形。

1.2.4　独具特色的应用工具箱

MATLAB 软件的应用工具箱分为：

（1）基本工具箱：有数百个内部函数，是其最核心的部分；

（2）通用工具箱：主要用来扩充其符号计算功能、可视建模仿真功能及文字处理功能等；

（3）专业工具箱：专业性比较强，如控制系统、电力系统、信号处理、神经网络、最优化系统、金

融系统等专业性工具箱。

本书将讲述 MATLAB 软件在电气工程中经常被使用的工具箱。有关它们的调用方法、分析计算和使用技巧，将在后续章节中分析和介绍。

1.3　MATLAB 软件的运行环境

本节将介绍在计算机上安装 MATLAB8.5（MATLAB R2015a）版本的系统要求、安装步骤、启动和退出方法，并介绍安装 MATLAB 系统后，它的目录结构特点。

1.3.1　MATLAB 软件对系统的要求

MATLAB8.5 软件（64 位）对系统的基本要求主要有：

（1）需要 11GB 的空间；

（2）支持操作系统为 Windows 7 或者 Windows 8；

（3）支持 MATLAB Notebook 的 Microsoft Word 中的 Office 2010；

（4）Adobe Acrobat Reader 软件，用于浏览或者打印 pdf 格式的 MATLAB 帮助文件；

（5）建议安装路径下有 15GB 以上可用空间；

（6）为安全和可靠起见，安装前务必关闭一切杀毒软件，包括 360 安全卫士等。

1.3.2　MATLAB 软件的安装说明

本书以 64 位为例进行讲解。

（1）开始安装。双击 setup. exe 图标开始安装，如图 1－5 所示，→点击图中的 setup 后即可进入安装阶段。

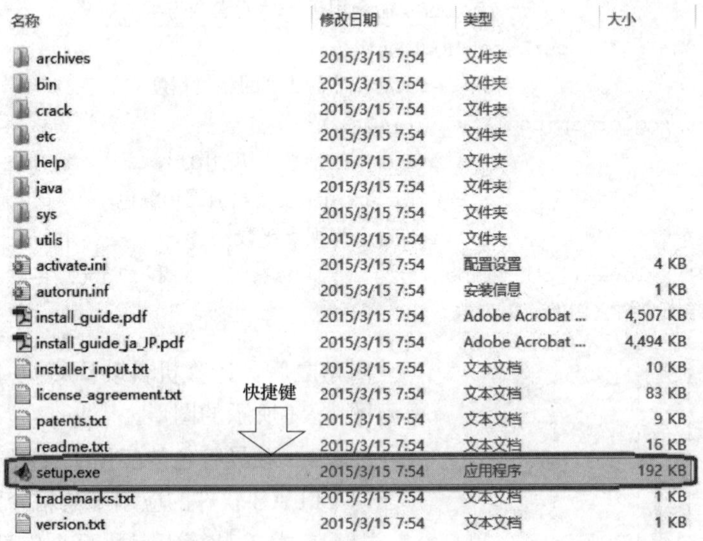

名称	修改日期	类型	大小
archives	2015/3/15 7:54	文件夹	
bin	2015/3/15 7:54	文件夹	
crack	2015/3/15 7:54	文件夹	
etc	2015/3/15 7:54	文件夹	
help	2015/3/15 7:54	文件夹	
java	2015/3/15 7:54	文件夹	
sys	2015/3/15 7:54	文件夹	
utils	2015/3/15 7:54	文件夹	
activate.ini	2015/3/15 7:54	配置设置	4 KB
autorun.inf	2015/3/15 7:54	安装信息	1 KB
install_guide.pdf	2015/3/15 7:54	Adobe Acrobat ...	4,507 KB
install_guide_ja_JP.pdf	2015/3/15 7:54	Adobe Acrobat ...	4,494 KB
installer_input.txt	2015/3/15 7:54	文本文档	10 KB
license_agreement.txt	2015/3/15 7:54	文本文档	83 KB
patents.txt	2015/3/15 7:54	文本文档	9 KB
readme.txt	2015/3/15 7:54	文本文档	16 KB
setup.exe	2015/3/15 7:54	应用程序	192 KB
trademarks.txt	2015/3/15 7:54	文本文档	1 KB
version.txt	2015/3/15 7:54	文本文档	1 KB

快捷键

图 1－5　双击 setup. exe 图标开始安装

（2）进入安装界面。启动安装界面，如图 1－6 所示。

（3）使用文件安装密钥。选择"使用文件安装密钥"，→点击"下一步"，如图 1－7 所示。（"→"表示接着执行的操作或出现的操作界面，下同。）

图1-6　安装界面

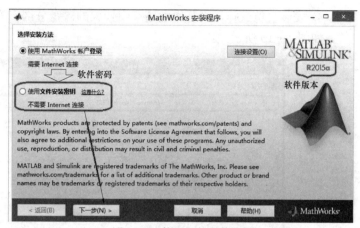

图1-7　使用文件安装密钥

（4）阅读协议。阅读协议，选择"是"，→点击"下一步"，如图1-8所示。

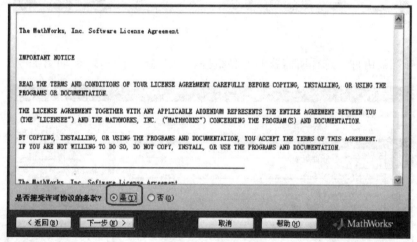

图1-8　阅读协议

（5）输入密钥。填入密钥，→点击"下一步"，如图1-9所示。

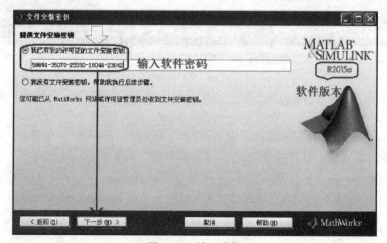

图1-9　填入密钥

（6）安装盘符选择。浏览你电脑空间较大的磁盘分区，安装盘符的选择，→点击"下一步"，如图 1-10 所示。

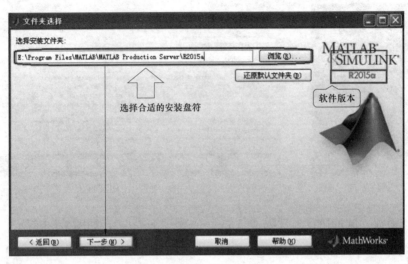

图 1-10　磁盘分区

（7）选择产品组件。选择所需要的产品组件，→点击"下一步"，如图 1-11 所示。

图 1-11　选择产品组件

（8）安装产品组件。开始安装主程序和所选择的组件，如图 1-12 所示，此图表示其安装进度为 99%。

（9）阅读产品配置说明。阅读产品配置说明，→点击"下一步"，如图 1-13 所示。

（10）软件安装完成。软件安装完成，其界面如图 1-14 所示。

（11）启动软件。进入程序被安装到的磁盘分区，找到 bin 文件夹（如本书所示安装盘符为：E：\Program Files\MATLAB\MATLAB Production Server\R2015a\bin），右键单击 matlab. exe 图标，创建快捷方式并将快捷方式粘贴至桌面，双击快捷方式，运行该程序，其界面如图 1-15 所示。

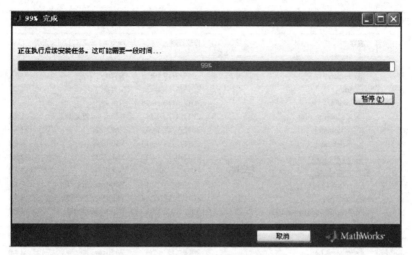

图 1-12　安装产品组件的进度

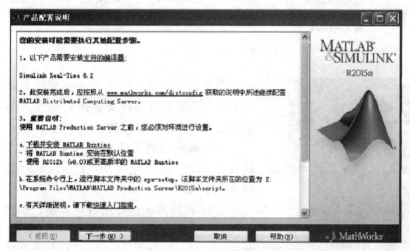

图 1-13　阅读产品配置说明

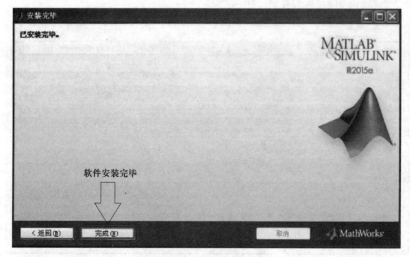

图 1-14　软件安装完成

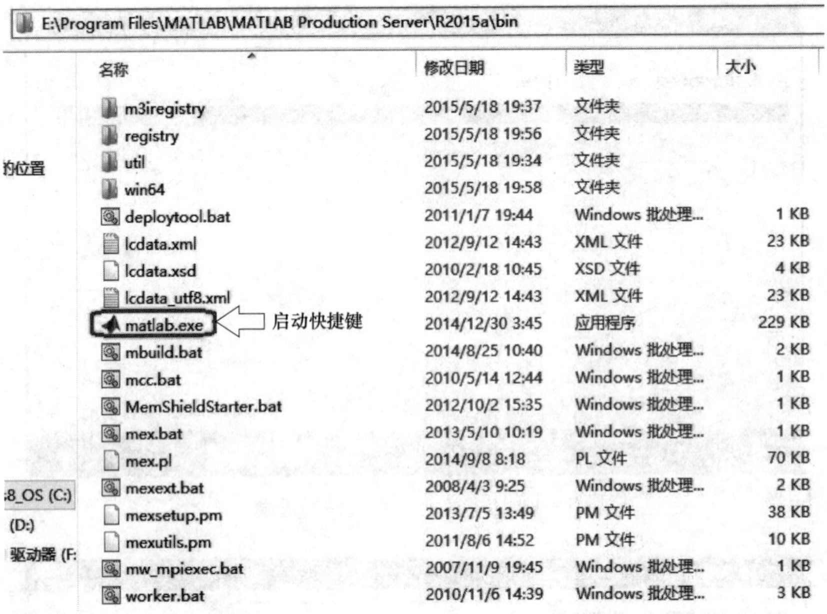

E:\Program Files\MATLAB\MATLAB Production Server\R2015a\bin
名称
修改日期
类型
大小
m3iregistry 2015/5/18 19:37 文件夹
registry 2015/5/18 19:56 文件夹
util 2015/5/18 19:34 文件夹
win64 2015/5/18 19:58 文件夹
deploytool.bat 2011/1/7 19:44 Windows 批处理... 1 KB
lcdata.xml 2012/9/12 14:43 XML 文件 23 KB
lcdata.xsd 2010/2/18 10:45 XSD 文件 4 KB
lcdata_utf8.xml 2012/9/12 14:43 XML 文件 23 KB
matlab.exe 2014/12/30 3:45 应用程序 229 KB
启动快捷键
mbuild.bat 2014/8/25 10:40 Windows 批处理... 2 KB
mcc.bat 2010/5/14 12:44 Windows 批处理... 1 KB
MemShieldStarter.bat 2012/10/2 15:35 Windows 批处理... 1 KB
mex.bat 2013/5/10 10:19 Windows 批处理... 1 KB
mex.pl 2014/9/8 8:18 PL 文件 70 KB
mexext.bat 2008/4/3 9:25 Windows 批处理... 2 KB
mexsetup.pm 2013/7/5 13:49 PM 文件 38 KB
mexutils.pm 2011/8/6 14:52 PM 文件 10 KB
mw_mpiexec.bat 2007/11/9 19:45 Windows 批处理... 1 KB
worker.bat 2010/11/6 14:39 Windows 批处理... 3 KB

图 1-15　运行程序

需要提醒的是，图 1-15 示意的是该软件安装在 E 盘中，当然它也可以安装在 C 盘或者 D 盘，可以根据电脑空间大小灵活选择。

双击桌面快捷方式（或者 win 图标+R，运行内输入 matlab）即可运行 MATLAB. R2015a，其界面如图 1-16 所示。

（12）程序界面。弹出程序界面，如图 1-17 所示（该图表示 MATLAB 软件 R2015a 版本安装在 E 盘中，前面已经提到软件用户可以根据电脑空间大小灵活选择安装盘符）。

软件版本
MATLAB
MathWorks
软件版本
R2015a

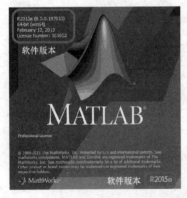

图 1-16　运行 MATLAB. R2015a 的界面

MATLAB R2015a
HOME
PLOTS
APPS
Search Documentation
New Script
New
Open
Find Files
Compare
Import Data
Save Workspace
New Variable
Open Variable
Clear Workspace
Analyze Code
Run and Time
Clear Commands
Simulink Library
ENVIRONMENT
RESOURCES
FILE
VARIABLE
CODE
SIMULINK
E:\Program Files\MATLAB\MATLAB Production Server\R2015a\bin
Current Folder
Name
m3iregistry
registry
util
win64
deploytool.bat
Details
Workspace
Name
Value
Ready
Command Window
New to MATLAB? See resources for Getting Started.
软件标识符

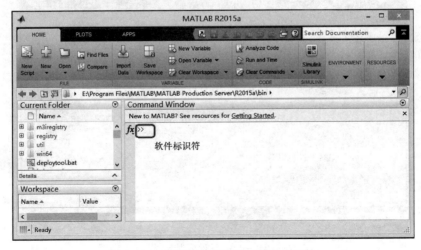

图 1-17　程序运行界面及其软件标识符

1.3.3 MATLAB 软件的启动说明

图 1–18 表示 MATLAB 的操作界面窗口。启动后的 MATLAB 操作界面默认情况
（Default Desktop Layout）下有 3 个上层窗口：命令（指令）窗口、工作空间浏览器窗口和
当前工作窗口，如图 1–18 所示。

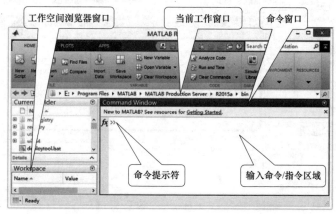

图 1–18 MATLAB 的操作界面窗口说明

1.4 M 文件编辑/调试器（Editor/Debugger）

对于简单的或一次性的问题，可以通过在命令窗口直接输入一组命令行去求解。当所需
命令较多或需要重复使用一段命令时，就要用到 M 脚本编程。点击 MATLAB 的左上角的
New，→点击 Script，即可新建一个 M 文件，如图 1–19 所示。

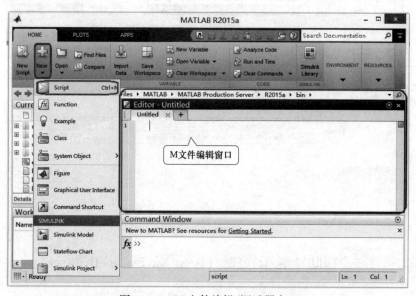

图 1–19 M 文件编辑/调试器窗口

当需要保存该 M 文件，需点击 MATLAB 的左上角的 Save，→点击 Save As 菜单项，
如图 1–20 所示，即可完成存储操作。

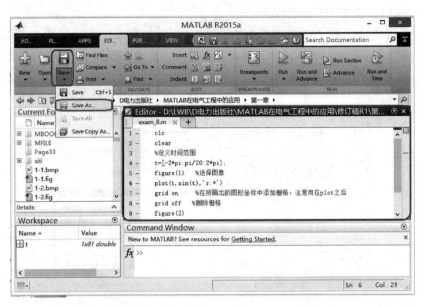

图 1-20　保存文档的 Save As 菜单项

当对该 M 文件修改完毕，需要执行它时，可以点击如图 1-21 所示的 Run 菜单项。

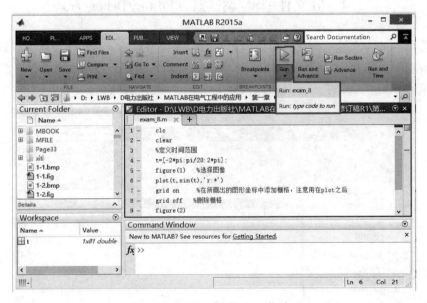

图 1-21　运行文档的 Run 菜单项

1.5　帮助导航/浏览器（Help Navigator/Browser）

要获得 MATLAB 的帮助，最简单的快捷方式就是点击 MATLAB 窗口右上角上的"？"按钮，如图 1-22 所示，即可弹出如图 1-23 所示的界面。

在命令窗口中运行 help 命令可获得不同范围的帮助。

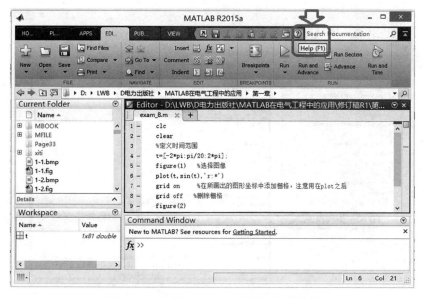

图 1-22　获得 MATLAB 的帮助的快捷键

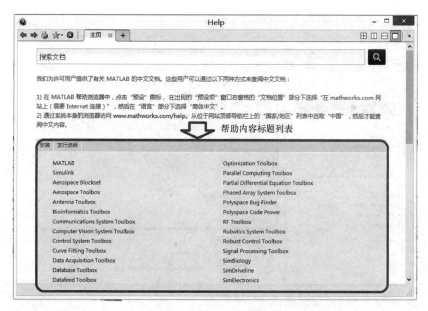

图 1-23　MATLAB 的帮助界面

（1）在命令窗口中键入 help help，便可以得到如何使用 help 的提示信息，如图 1-24 所示。

（2）在命令窗口中键入 demo，打开示例窗口。作为初学者，建议一旦进入 MATLAB 软件的命令窗口之后，就直接键入 demo，就会弹出如图 1-25 所示窗口，可直接运行该软件中的演示程序。

（3）典型使用列表。在命令窗口中分别键入以下命令语句，就会看到有关它们用法的详细帮助信息：

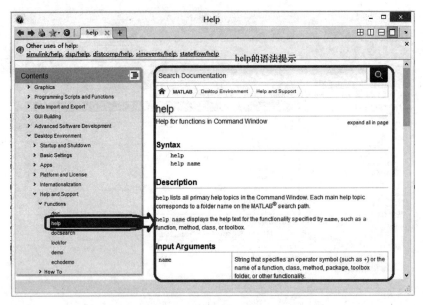

图 1 - 24　获得 help 的语法格式

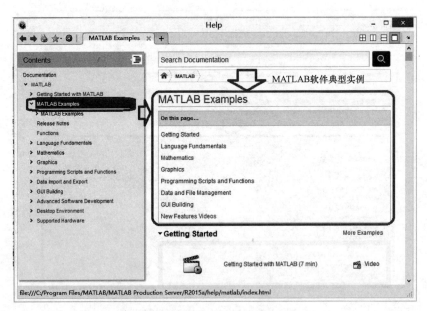

图 1 - 25　键入 demo 后弹出的界面

- help matfun：矩阵函数—数值线性代数；
- help general：通用命令；
- help graphics：通用图形函数；
- help elfun：基本的数学函数；
- help elmat：基本矩阵和矩阵操作；
- help datafun：数据分析和傅里叶变换函数；
- help ops：操作符和特殊字符；

- help polyfun：多项式和内插函数；
- help lang：语言结构和调试；
- help strfun：字符串函数；
- help control：控制系统工具箱函数；
- lookfor 命令语句：按照制定的关键词，查找所有相关的文件；
- helpdesk：帮助桌面，浏览器模式，在命令窗口中执行该命令之后，就会弹出如图 1-26 所示的帮助界面；

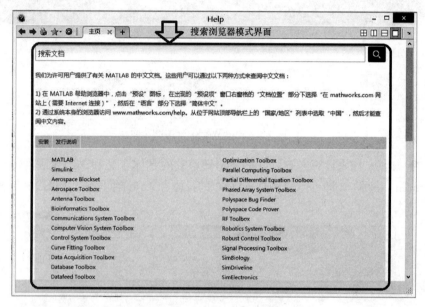

图 1-26　帮助桌面的浏览器模式界面

- helpwin：帮助窗口，如图 1-27 所示；

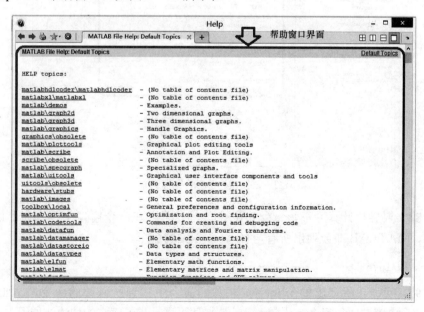

图 1-27　帮助窗口界面

- 还可以访问 MathWorks 公司的主页（http：//www. mathworks. com），如图 1 - 28 所示。

图 1 - 28　MathWorks 公司的主页

【举例 7】　inv 是用来计算逆矩阵，如果不知道它的具体含义和详细用法，可在命令窗口中，键入 help inv 并回车，即可得知有关 inv 命令的具体含义和详细用法，如图 1 - 29 所示。

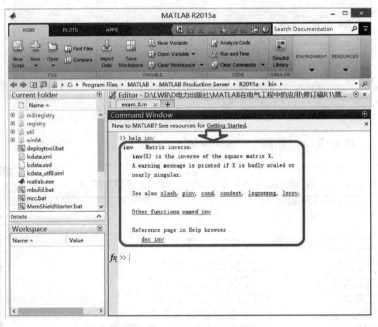

图 1 - 29　help inv 的执行结果

【举例 8】　要寻找计算反正弦命令 inverse，首先可以在命令窗口中键入命令语句 look-for inverse，MATLAB 即会列出所有与 inverse 相关的命令，即

```
>> lookfor inverse
```

【举例 9】　可以在所列出的与 inverse 相关的命令中找到所需要的命令，比如希望了解 asin，只需在命令窗口中执行命令语句 help asin，便可进一步了解它的用法，如图 1 - 30 所示。

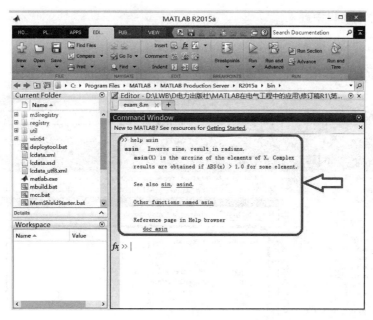

图 1 - 30　执行命令 help asin 的结果

1.6　基本绘图方法介绍

MATLAB 提供了丰富的绘图功能。举例说明：首先在命令窗口中键入如下命令语句：

```
>> help  graph2d
```

便可以得到所有绘制二维图形的命令语句，如图 1 - 31 所示。

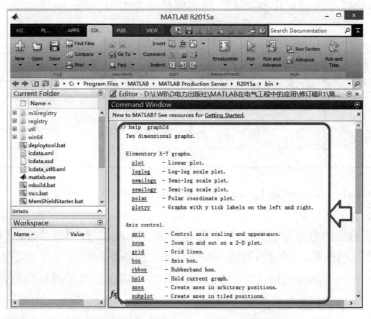

图 1 - 31　执行命令 help　graph2d 的结果

同理，在命令窗口中键入：

```
>> help  graph3d
```

便可得到所有绘制三维图形的命令，本例的执行结果如图 1 - 32 所示。

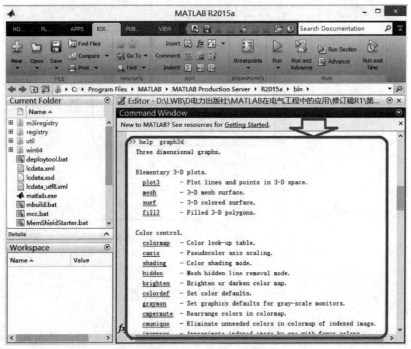

图 1 - 32　执行命令 help　graph3d 的结果

1.6.1　基本绘图命令函数

MATLAB 软件（64 位）中的基本线型和颜色如表 1 - 1 所示。

表 1 - 1　　　　　　　　　　　　　　　基本线型和颜色表

符号	颜色	符号	颜色	符号	线型	符号	线型
y	黄色	g	绿色	.	点	*	星号
m	紫色	b	蓝色	。	圆圈	—	实线
c	青色	w	白色	x	×标记	:	点线
r	红色	k	黑色	+	加号	—.	点划线
						——	虚线

命令格式：plot（x1，y1，option1，x2，y2，option2，…）

解释说明：

（1）x1，y1 给出的数据分别为 x 和 y 轴坐标值，option1 为选项参数，以逐点连折线的方式绘制第一个二维图形，同时类似地绘制第二个二维图形，第三个二维图形……

（2）作为 plot 命令的完全格式，它在实际应用中可以根据需要进行简化，比如：

1）plot（x，y）；

2）plot（x，y，option），选项参数 option 定义了图形曲线的颜色、线型及标示符号，它由一对单引号（''）括起来（建议在英文状态下键入单引号）。

　　命令格式：plot3（x，y，z）

解释说明：绘制三维图形。

【举例10】 要绘制 $y=\sin t$ 的二维曲线图，其中 t 介于 $[-2\pi，2\pi]$。可以在命令窗口中键入以下命令，也可以打开 MATLAB 的 M 文件编辑/调试器，→点击 New，→点击 Script，即可新建一个 M 文件：

```
>> clear;clc;close;          %clear可以删除工作空间的所有变量;clc可以删除命令窗
                             %口中所有变量;close可以关掉所有 M-fig 图形

>> t=[-2*pi:pi/20:2*pi];     %定义时间范围为[-2π,2π],步长为 π/20
>> figure(1)                 %选择图像(1)
>> plot(t,sin(t),'r:* ')     %该命令语句中的'r:* '表示正弦曲线
                             %以":* "形式连线且线条呈现红色
>> grid on;                  %在所画出的图形坐标中添加栅格
>> title('sint');xlabel('t');ylabel('sint')
                             %title命令用于添加标题为"sint"
                             %xlabel用于添加横坐标为"t"
                             %ylabel用于添加纵坐标为"sint"
                             %即命令函数 xlabel,ylabel 和 title
                             %分别给曲线添加横、纵坐标和标题
```

上述命令执行完毕，所绘制的曲线如图 1-33 所示。

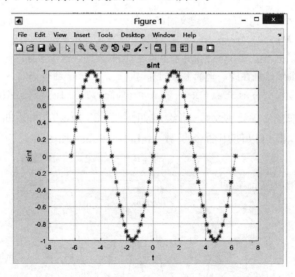

图 1-33　用 plot 绘制的二维曲线图

【举例11】 在 MATLAB 命令窗口中键入以下命令语句：

```
>> t=(0:0.02:2)*pi;x=sin(t);y=cos(t);z=cos(2*t);
>> plot3(x,y,z,'b-',x,y,z,'bd'),view([-78,66]),box on,legend('链','宝石')
```

本例的执行结果如图 1-34 所示。

下面补充说明视点函数 view 使用方法。

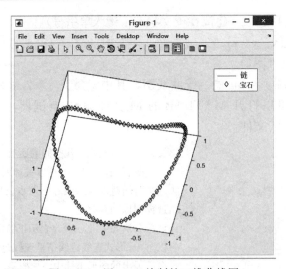

图 1-34   用 plot3 绘制的三维曲线图

命令格式：view（A，B）

解释说明：A 为方位角，B 为仰角，它们均以度为单位。系统默认的视点定义为：方位角 $-37.5°$、仰角 $30°$。

假设要同时绘制 $y = \sin x$ 和 $z = \cos x$ 的曲线图，其中 x 介于 $[-2\pi, 2\pi]$ 之间，只需在命令窗口中键入下列命令语句：

```
>> clear;clc;close;
>> x=[-2*pi:pi/20:2*pi];          %定义时间范围
>> plot(x,sin(x),'r:*');grid on
>> hold on;   %可以把当前图形保持在屏幕上不变,同时允许在这个坐标内绘制另外一个图形,即将不
             %同曲线绘制在同一坐标上。同理,执行 hold off 命令语句,将使新图覆盖旧图
>> plot(x,cos(x),'b-');xlabel('x');ylabel('y,z');title('y=sin(x),z=cos(x)');
```

本例的执行结果如图 1-35 所示，将绘制如图 1-35 所示的两条曲线图。如要给曲线添加横、纵坐标和标题，既可以使用命令函数 xlabel，ylabel 和 title，也可以按照本书后面讲

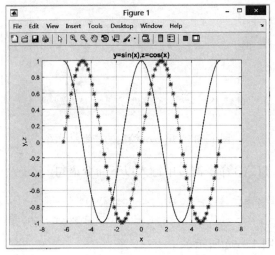

图 1-35   在 MATLAB 中绘制两条二维曲线图

述的操作方法。

1.6.2　设定轴的范围

命令格式：axis（［xmin xmax ymin ymax zmin zmax］）

解释说明：xmin xmax 分别表示 x 坐标的下限和上限，同理 ymin ymax 分别表示 y 坐标的下限和上限，zmin zmax 分别表示 z 坐标的下限和上限。

axis（'equal'）：将 x 坐标轴和 y 坐标轴的单位刻度大小调整为一样；

axis square：产生正方形坐标系（默认为矩形）；

axis auto：使用默认设置；

axis off：取消坐标轴；

axis on：显示坐标轴。

前面已经介绍，grid on/off 命令用于控制是画还是不画网格线，不带参数的 grid 命令在两种状态之间进行切换。box on/off 命令用于控制是加还是不加边框线，不带参数的 box 命令在两种状态之间进行切换。

【举例 12】　要同时绘制 $x=\cos t$ 和 $y=\sin t$ 的曲线，如图 1-36 所示。其中 t 介于 $[-2\pi, 2\pi]$ 之间，x 和 y 均介于 $[-1.5, 1.5]$ 之间。只需在 M 编辑器中键入下列命令语句：

```
%绘制单位圆
clc;clear;close;
t=[-2*pi:0.01:2*pi];       %定义时间范围[-2pai,2pai],其步长为 0.01
x=cos(t);y=sin(t);plot(x,y,'linewidth',3,'Color',[1 0 0]);
                 %限定 x 轴和 y 轴的显示范围;曲线线条加粗为 3 号
                 %曲线线条颜色为红色
axis([-1.5 1.5 -1.5 1.5]);
grid on,axis('equal');title('单位圆')
```

点击"Save as"，保存为 exm_13.m，→点击"Run"，执行上述命令完毕，将绘制如图 1-36 所示的单位圆。

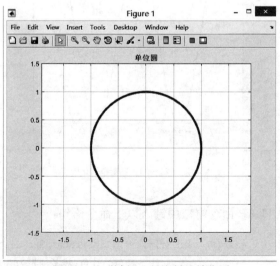

图 1-36　举例 12 所绘制的单位圆

1.6.3　曲线添加说明性文字的方法

（1）**命令格式：text（x，y，'字符串'）**

解释说明：在图形的指定坐标位置（x，y）处，标示由单引号（''）括起来的字符串；

（2）**命令格式：title（'字符串'）**

解释说明：在所画图形的最上端显示说明该图形标题的字符串；

（3）**命令格式：xlabel（'字符串'）；ylabel（'字符串'）**

解释说明：它们用于设置 x，y 坐标轴的名称

需要注意的是，如需要输入特殊的文字，则要用反斜杠（\）开头。也可以按照下面讲述的方法进行操作。

【举例 13】 要同时绘制 $x=\cos t$ 和 $y=\sin t$ 的曲线图，其中 t 介于 $[-2\pi,2\pi]$ 之间，还需要在横坐标和纵坐标上分别添加"t"、"x，y"和标题"x＝cost，y＝sint"，并在屏幕上开启一个如图 1-37 所示的小视窗，用对应的字符串区分图形上的曲线。可以首先在命令窗口中键入下列命令语句：

```
>> clear;clc;close;t=[- 2* pi:pi/20:2* pi];
>> plot(t,sin(t),'r:* ');grid on              %曲线颜色为红色
>> hold on;plot(t,cos(t),'b-')                %曲线颜色为蓝色
>> xlabel('t');ylabel('x,y');title('x=cost,y=sint ')
>> legend('cost ',' sint ')
```

执行完上述命令语句后，将绘制如图 1-37 所示的两条曲线图。

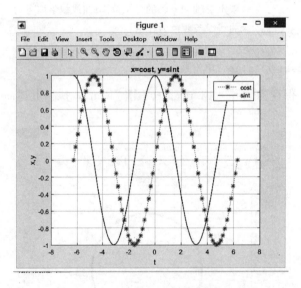

图 1-37　举例 13 所绘制的曲线

【举例 14】 在 MATLAB 命令窗口中键入以下命令语句：

```
>> clf;t=0:pi/50:2*pi;y=sin(t);plot (t,y,'r','linewidth',3);axis([0,2*pi,-1.2,1.2]);
                      % 线条颜色为红色,线条加粗为 3 号
>> text(pi/2,1,'\fontsize{18}\leftarrow\it sin(t)\fontname{宋体}极大值');grid on
```

　　其执行结果如图 1－38 所示。需要补充说明的是，在上面最后一条命令中，在语句"it sin（t）\fontname〔宋体〕极大值"中"it"用于显示斜体文字（Italic），执行该命令之后，将会在图形中显示出"sin（t）极大值"的斜体文字，如图 1－38 所示。

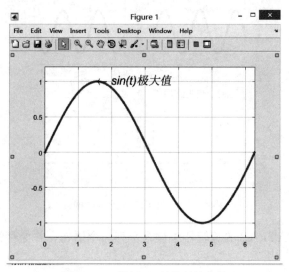

图 1－38　举例 14 所绘制的曲线

1.6.4　分割图形显示窗口方法

命令格式：subplot（m，n，p）

解释说明：m 表示上下分割个数，n 表示左右分割个数，p 表示子图编号。

【举例 15】　需要分别绘制四幅图，例如 y1＝sint，y2＝－sint，y3＝cost，y4＝－cost，并标注横、纵坐标为：t（deg），sint，－ sint，cost，－cost，如图 1－39 所示。

　　首先在编辑器中键入下列命令语句：

```
%图形分割命令的使用方法举例
clear;clc;close;
t=[0:pi/20:5*pi];
subplot(2,2,1);                    %图形分割 1
plot(t,sin(t),'r','linewidth',3)   %绘制正弦函数 sin(t)的曲线图
axis([0 16 -1.5 1.5]);xlabel('t(deg)');ylabel('magnitude');title('sin(t)'),grid on;
subplot(2,2,2);                    %图形分割 2
plot(t,-sin(t),'b','linewidth',3)  %绘制正弦函数-sin(t)的曲线图
axis([0 16 -1.5 1.5]);xlabel('t(deg)');ylabel('magnitude');title('-sin(t)'),grid on;
subplot(2,2,3);                    % 图形分割 3
plot(t,cos(t),'y','linewidth',3)   % 绘制余弦函数 cos (t)的曲线图
axis([0 16 -1.5 1.5]);xlabel('t(deg)');ylabel('magnitude');title('cos(t)'),grid on;
subplot(2,2,4);                    % 图形分割 4
plot(t,-cos(t),'c','linewidth',3)  % 绘制余弦函数-cos (t)的曲线图
axis([0 16 -1.5 1.5]);xlabel('t(deg)');ylabel('magnitude');title('-cos(t)'),grid on;
```

　　命令语句键入完毕，紧接着点击 MATLAB 的编辑器窗口中的 File，→点击 Save as，保存为"exm _ 16.m"，→点击 Run，执行上述命令之后，便绘制出如图 1－39 所示的曲线图。

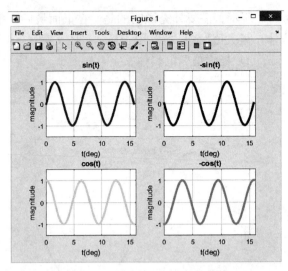

图 1-39　举例 15 所绘制的曲线

【**举例 16**】　在 MATLAB 的编辑器中键入下列命令语句，并保存为"exm_17.m"：

```
t=0: pi/50: 2*pi;
x=sin(t);y=cos(t);z=t;
subplot(2,1,1);            %图形分割 1
grid on                    %添加栅格线
stem3(x,y,z);              %命令函数 stem3 是三维离散杆图命令
view([-37,24]);            %控制角度,以表现合适视觉效果
subplot(2,1,2);            %图形分割 2
grid on
fill3(x,y,z,'g');          %命令函数 fill3 是三维填色命令
view([-42,36])             % 控制角度,以表现合适视觉效果
```

本例的执行结果如图 1-40 所示，它按照列（纵向）分割图形：

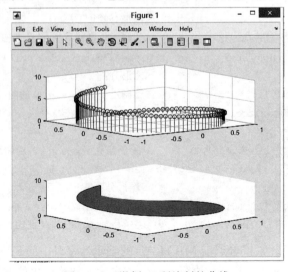

图 1-40　举例 16 所绘制的曲线

【举例 17】　在 MATLAB 的编辑器中键入下列命令语句，并保存为"exm _ 18. m"：

```
th=(0:127)/128*2*pi;                      %角度采样点
rho=ones(size(th));                       % 单位半径
x=cos(th);y=sin(th);
f=abs(fft(ones(10,1),128));               % 对离散方波进行 FFT 变换，并取幅值。
rho=ones(size(th))+f';                    % 取单位圆为绘制幅频谱的基准。
subplot(1,2,1),polar(th,rho,'r')          %绘制极坐标图形
subplot(1,2,2),stem3(x,y,f,'d','fill')    %取菱形离散杆头，并填色。
view([- 68 16])                           %控制角度，以表现合适视觉效果
```

本例的执行结果如图 1 - 41 所示，它按照行（横向）分割图形。

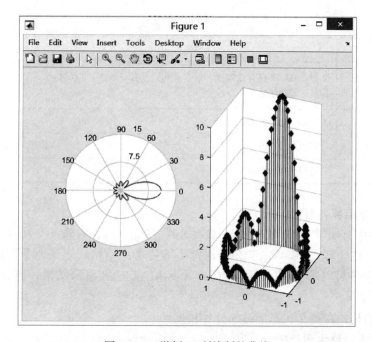

图 1 - 41　举例 17 所绘制的曲线

1.7　简单计算器使用方法

1.7.1　数值显示格式说明

任何 MATLAB 语句后面如果没有分号（;）时，它的执行结果都可以在屏幕上显示，同时赋值给指定的变量，没有指定变量时，赋值给一个特殊的变量 ans，它代表 MATLAB 运算后的答案（Answer）并显示其数值于屏幕上。特别注意的是，符号"≫"是 MAT-LAB 的提示符号（Prompt）（前已述及）。

MATLAB 可以显示多种数据格式，数据的显示格式由 format 命令控制。默认的数据显示格式是 format short g，即在 short 和 short e 中自动选择最佳方式记述。用户可以在命令窗口中直接输入命令语句 format ＋数据格式来修改数据的显示格式，该修改仅对当前命令

窗口有效，并且 format 只是影响结果的显示，并不影响其计算与存储。MATLAB 总是以双字长浮点数（双精度）来执行所有的运算。如果结果为整数，则显示没有小数；如果结果不是整数，则输出形式如下所示：

(1) format（short）：短格式（5 位定点数）；

(2) format long：长格式（15 位定点数）；

(3) format short e：短格式 e 方式；

(4) format long e：长格式 e 方式；

(5) format bank：2 位十进制；

(6) format hex：十六进制格式。

常见的数据格式如表 1-2 所示。

表 1-2　　　　　　　　　　　　　　常 见 的 数 据 格 式

指令	含义	举例
format short	小数点后 4 位有效数字，最多不超过 7 位。大于 1000 时，用科学记数法表示	3.141590 3.1416e+003
format short e	5 位科学记数表示	3.1416e+00
format long	15 位数字表示	3.141 592 653 589 79
format rat	近似有理数表示	355/133

1.7.2　数学运算符号

MATLAB 中有加（+）、减（-）、乘（*）、左除（/）、右除（\）、幂次运算（^）等数学运算符号。在运算式中，MATLAB 通常不需要考虑空格，多条命令可以放在一行中，它们之间需要用分号（;）隔开。逗号（,）告诉 MATLAB 显示结果，而分号则禁止结果显示。

需要提醒的是：在英文状态下键入分号和逗号。

1.7.3　基本运算示例分析

在 MATLAB 下进行基本数学运算，只需将运算式直接键入提示号"＞＞"之后，并按入回车键（Enter）即可。

【举例 18】　要作如下运算：（5*2+1.3-0.8）*10/25，只需在命令窗口中键入如下语句：

```
>> (5*2+1.3-0.8)*10/25
```

回车（Enter），便得到它的运行结果：ans=4.2000。需要说明的是，ans=4.2000，就是上面式子的运算结果，ans 就是 answer（答案）的简写。

1.7.4　基本函数汇集

现将 MATLAB 软件中经常遇到的典型函数总结如下，方便使用时查用。

(1) 三角函数和双曲函数，如表 1-3 所示。

表 1-3　　　　　　　　　　　　　　　　三角函数和双曲函数

名称	含义	名称	含义	名称	含义
sin	正弦	sec	正割	atanh	反双曲正切
cos	余弦	csc	余割	acoth	反双曲余切
tan	正切	asec	反正割	sech	双曲正割
cot	余切	acsc	反余割	csch	双曲余割
asin	反正弦	sinh	双曲正弦	asech	反双曲正割
acos	反余弦	cosh	双曲余弦	acsch	反双曲余割
atan	反正切	tanh	双曲正切	asinh	反双曲正弦
acot	反余切	coth	双曲余切	acosh	反双曲余弦

（2）指数和对数函数，如表 1-4 所示。

表 1-4　　　　　　　　　　　　　　　指数函数和对数函数

名称	含义	名称	含义	名称	含义
exp	e 为底的指数	log10	10 为底的对数	pow2	2 的幂
log	自然对数	log2	2 为底的对数	sqrt	平方根

（3）复数函数，如表 1-5 所示。

表 1-5　　　　　　　　　　　　　　　　复　数　函　数

名称	含义	名称	含义	名称	含义
abs	绝对值	conj	复数共轭	real	复数实部
angle	相角	imag	复数虚部		

（4）取整函数和求余函数，如表 1-6 所示。

表 1-6　　　　　　　　　　　　　　　取整函数和求余函数

名称	含义	名称	含义
ceil	向+∞取整	rem	求余数
fix	向 0 取整	round	向靠近整数取整
floor	向−∞取整	sign	符号函数
mod	模除求余		

（5）矩阵变换函数，如表 1-7 所示。

表 1-7　　　　　　　　　　　　　　　　矩　阵　变　换　函　数

名称	含义	名称	含义
fiplr	矩阵左右翻转	diag	产生或提取对角阵
fipud	矩阵上下翻转	tril	产生下三角
fipdim	矩阵特定维翻转	triu	产生上三角
rot90	矩阵反时针 90°翻转		

（6）适用于向量的常用函数，如表 1-8 所示。

表 1-8　　　　　　　　　　　　向 量 常 用 函 数

名称	含义	名称	含义
min	最小值	max	最大值
mean	平均值	median	中位数
std	标准差	diff	相邻元素的差
sort	排序	length	个数
norm	欧氏（Euclidean）长度	sum	总和
prod	总乘积	dot	内积
cumsum	累计元素总和	cumprod	累计元素总乘积
cross	外积		

（7）MATLAB 语言中的关系运算符，如表 1-9 所示。在执行关系、逻辑运算时，MATLAB 将输入的不为零的数值都视为真（True）而为零的数值则视为假（False）。运算的输出值将判断为真者以 1 表示，而判断为假者以 0 表示。各个运算符用于对两个大小相同的阵列或矩阵进行比较。

表 1-9　　　　　　　　　MATLAB 语言中的关系运算符

命令	含义	命令	含义	命令	含义	命令	含义
<	小于	>=	大于等于	>	大于	～=	不等于
<=	小于等于	==	等于				

（8）MATLAB 语言中的逻辑运算的函数名称及逻辑关系函数，分别如表 1-10 和表 1-11 所示。

表 1-10　　　　　　　　　　逻辑运算的函数名称

命令	含义	命令	含义	命令	含义
&	逻辑 and	～	逻辑 not	|	逻辑 or

表 1-11　　　　　　　　　　逻 辑 关 系 函 数

命令	含义
xor	不相同就取 1，否则取 0
any	只要有非 0 就取 1，否则取 0
all	全为 1 取 1，否则为 0
isnan	为数 NaN 取 1，否则为 0
isinf	为数 inf 取 1，否则为 0
isfinite	有限大小元素取 1，否则为 0
ischar	是字符串取 1，否则为 0
isequal	相等取 1，否则取 0
ismember	两个矩阵是属于关系取 1，否则取 0
isempty	矩阵为空取 1，否则取 0
isletter	是字母取 1，否则取 0（可以是字符串）
isstudent	学生版取 1
isprime	质数取 1，否则取 0
isreal	实数取 1，否则取 0
isspace	空格位置取 1，否则取 0

【举例 19】　已知某个传感器的传递函数为：

$$H_S(s) = -K_S \frac{s\omega_n^2}{s^2 + 2\xi\omega_n s + \omega_n^2} \qquad (1-1)$$

式中 ω_n^2、K_S、ξ 分别为：

$$\omega_n^2 = \frac{R_0 + R_S}{L_0 C_0 R_S}, \quad K_S = \frac{MR_S}{R_S + R_0}, \quad \xi = \frac{R_S + R_0 + L_0}{2\sqrt{R_S + R_0}\sqrt{R_S L_0 C_0}}$$

需要研究该传感器的以下特性：

（1）单位阶跃响应；

（2）幅频特性和相频特性。

假设式（1-1）中各个参数的取值分别为：

$R_0 = 0.5\Omega$、$M = 100\mu H$；$R_S = 0.05\Omega$、$L_0 = nM$、$n = 50$、$C_0 = 100pF$，现用 MATLAB 的编辑器创建 M 文件，并保存为 exm_20_Step.m：

```
%研究传感器的单位阶跃响应
%参数赋值
R0=0.50;M=100e-6;Rs=0.05;n=50;L0=n*M;C0=100e-12;k=-M*Rs/(R0+Rs);
pusine=(L0+R0)/2/sqrt(Rs*L0*C0*(Rs+R0));womga=sqrt((Rs+R0)/(Rs*L0*C0));
                 %定义传感器的传递函数的分子与分母
num=[k*womga*womga 0];den= [1 2* womga*pusine womga*womga];
sys=step (num,den);
plot(sys,'r','linewidth',3),grid on;
                 %获取传感器传递函数的单位阶跃响应曲线,并添加网格线
title('传感器的单位阶跃响应');
xlabel('Second');
```

执行本程序，即可获得传感器的单位阶跃响应曲线，如图 1-42 所示。

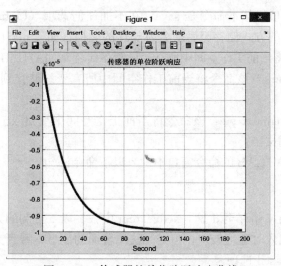

图 1-42　传感器的单位阶跃响应曲线

现用 MATLAB 的编辑器进行如下编程，并保存为 exm_20_Bode.m：

```
%研究传感器的幅频特性和相频特性
```

```
R0=0.50;M=100e-6;Rs=0.05;n=50;L0=n*M;C0=100e-12;k=-M*Rs/(R0+Rs);
pusine=(L0+R0)/2/sqrt(Rs*L0*C0*(Rs+R0));womga=sqrt((Rs+R0)/(Rs*L0*C0));
num=[k*womga*womga 0];den=[1 2*womga*pusine womga*womga];
bode(num,den),grid on;
                %获取传感器传递函数的幅频和相频特性,并绘制网格线
```

执行本程序，即可获得传感器的 Bode 图（幅频和相频特性），如图 1-43 所示。

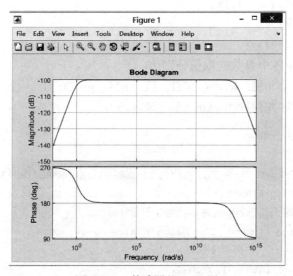

图 1-43　传感器的 Bode 图

1.8　资料的存储与载入方法

MATLAB 储存变量的基本命令是 save，在不加任何选项（Options）时，save 会将变量以二进制（Binary）的方式储存至后缀名为 mat 的文档（如 *.mat），如下述：

（1）save：该命令将当前工作空间中所有变量储存到名为 MATLAB.mat 的二进制文档；

（2）save d:\filename：该命令将当前工作空间中所有变量储存到 d 盘名为 filename.mat 的二进制文档；

（3）save d:\filename x y z：该命令将当前工作空间中变量 x、y、z 储存到 d 盘名为 filename.mat 的二进制文档；

【举例 20】　在 MATLAB 的命令窗口中键入以下命令语句：

```
>> save d:\practice x y
```

该命令将变量 x 与 y 储存至 d 盘 practice.mat 中去。以二进制的方式储存变量，通常文档会比较小，而且在载入时速度较快，但是无法用普通的记事本看到文档内容。若想看到文档内容，则必须加上-ascii 选项。

【举例 21】　在 MATLAB 的命令窗口中键入以下命令语句：

```
>> save d:\filename x-ascii
```

该命令将变量 x 以 8 位数存到 d 盘名为 filename 的 ASCII 文档中去。

【举例 22】　在 MATLAB 的命令窗口中键入以下命令语句：

```
>> save d:\filename x-ascii-double
```

该命令将变量 x 以 16 位数存到 d 盘名为 filename 的 ASCII 文档中去。

【举例 23】　在 MATLAB 的命令窗口中键入以下命令语句：

```
>> save d:\filename.txt x-ascii
```

该命令将变量 x 以 8 位数存到 d 盘名为 filename.txt 文档中去。当然 filename.txt 可用记事本看到文档内容。特别提醒的是，该命令中的"-ascii"不能省略，否则 filename.txt 不能用记事本打开。以这种命令存储变量，可以很方便地使用其他绘图软件绘制由该变量所生成的图形。载入资料的命令为"load"，其格式类同 save。

1.9　重要注意事项

MATLAB 软件的一些重要使用技巧或注意事项：

（1）MATLAB 可同时执行数个命令语句，只需以逗号或分号将各个命令语句隔开；

（2）若要输入矩阵，则必须在每一行结尾加上分号"；"；

（3）若要检查当前工作空间（Workspace）的变量个数，可键入 who；

（4）若要知道这些变量的详细资料，可键入"whos"；

（5）使用 clear 可以删除工作空间（Workspace）的所有变量；

（6）使用 clc 可以删除命令窗口中所有变量；

（7）使用 clf 可以清除图形窗口中的图形；

（8）建议在英文输入状态下输入上述命令语句和标点符号，以免出错；

（9）在创建和调试之前，最好取一个英文名字的文件夹，往往可以降低产生一些问题的概率。

另外 MATLAB 有些永久常数（Permanent constants），虽然在工作空间中看不到，但使用者可以直接取用，例如：

（1）pi= 3.1416；

（2）i 或 j 为基本虚数单位；

（3）eps 为系统浮点计算的相对精度；

（4）inf 为无限大，如 1/0；

（5）nan 或 NaN 为非数值（Not a number），如 0/0。

1.10　重要系统命令汇集

【举例 24】　在 MATLAB 命令窗口中键入以下命令语句：

```
>> dir                %显示当前目录下的文件清单
```

本例的执行结果如图 1-44 所示。

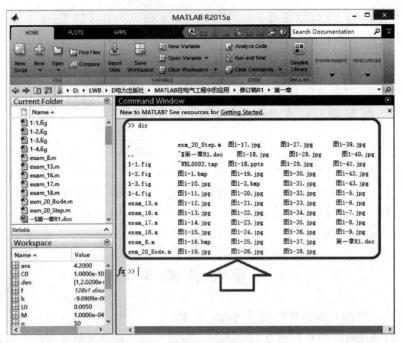

图 1-44　显示当前目录下的文件清单

【举例 25】　在 MATLAB 命令窗口中键入以下命令语句：

```
>> edit exm_20_Bode.m          %编辑当前目录下的 edit exm_20_Bode.m 文件
```

本例的执行结果如图 1-45 所示。

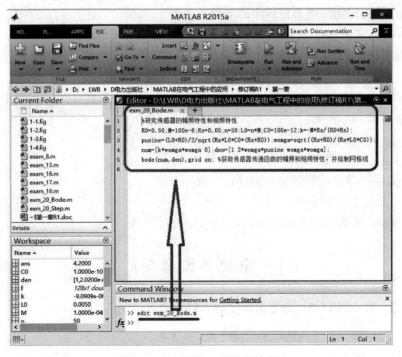

图 1-45　举例 25 的执行结果

【举例 26】　在 MATLAB 命令窗口中键入以下命令语句：

```
>> which exam_13.m          %指出 exam_13.m 所在的目录
```

本例的执行结果如图 1 - 46 所示。

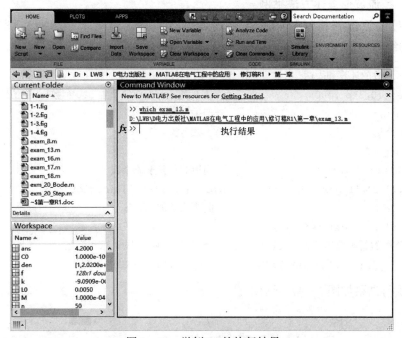

图 1 - 46　举例 26 的执行结果

MATLAB 的系统命令如表 1 - 12 所示。

表 1 - 12　　　　　　　　　　**重要的 MATLAB 的系统命令**

命令	含义	命令	含义
help	在线帮助	echo	命令回显
helpwin	在线帮助窗口	cd	改变当前的工作目录
helpdesk	在线帮助工作台	pwd	显示当前的工作目录
demo	运行演示程序	dir	指定目录的文件清单
ver	版本信息	unix	执行 unix 命令
readme	显示 Readme 文件	dos	执行 dos 命令
who	显示当前变量	!	执行操作系统命令
whos	显示当前变量的详细信息	computer	显示计算机类型
clear	清除内存变量	what	显示指定的 MATLAB 文件
pack	整理工作间的内存	lookfor	在 help 里搜索关键字
load	把文件变量调入到工作空间	which	定位函数或文件
save	把变量存入文件中	path	获取或设置搜索路径
quit/exit	退出 MATLAB	clc	清空命令窗口中显示的内容
clf	清除图形窗	open	打开文件
md	创建目录	more	使显示内容分页显示
edit	打开 M 文件编辑器	type	显示 M 文件的内容
which	指出文件所在目录		

1.11　典型应用示例分析

1.11.1　整流波形描述方法举例

【举例27】　逐段解析函数的计算和表达。如果要绘制图 1 - 47 所示图形，可以在 MATLAB 的编辑器窗口中键入以下命令并保存为 exm _ 28. m：

```
%逐段解析函数的计算和表达
t=linspace(0,3*pi,500);              %从 0 到 3*pi,均匀产生 500 个数据,赋值给 t
y=10*sin(t);                         %产生正弦波
z=(y>=0).*y;                         %正弦整流半波
a=10*sin(pi/3);
z=(y>=a)*a+(y<a).*z;                 %削顶的正弦整流半波
plot(t,y,':r','linewidth',3);hold on;plot(t,z,'-b','linewidth',3)
                                     %曲线线条加粗为 3 号
xlabel('t'),ylabel('z=f(t)');
title('逐段解析函数的计算和表达');    % 给图形添加横、纵坐标和标题
legend('y=sin(t)','z=f(t)');         %给图形添加标注文字
```

本例的执行结果如图 1 - 47 所示。

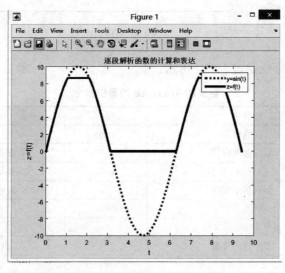

图 1 - 47　举例 27 的执行结果

补充说明用于获得半波整流的其他编程方法。

假设在［0，3］区间，表达式为 $y=\sin(x)$，那么，可以在 MATLAB 的命令窗口中键入以下命令语句：

```
>> x=0:pi/200:3*pi;y=sin(x);
>> y1=(x<pi|x>2*pi).*y;plot(x,y1,'r','linewidth',3);
            %语句中'x< pi|x> 2*pi'
            %表示 x 小于 pi 或者 x 大于 2pi,即消去负半波波形
```

```
>> title('半波整流')
```

本例的执行结果如图 1-48 所示图形。

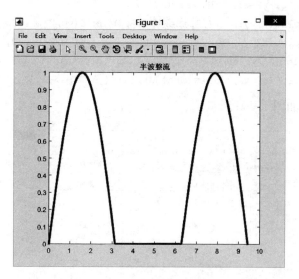

图 1-48　半波整流输出曲线

1. 11. 2　曲线簇描述方法举例

【举例 28】　如果要绘制图 1-49 所示的图形，可以在 MATLAB 的编辑器窗口中键入以下命令并保存为 exm＿29. m：

```
t=(0:pi/50:2*pi)';             %产生时间列向量
k=1:0.5:3;Y=cos(t)*k;plot(t,Y,'linewidth',3);
title('余弦函数曲线');
grid on
```

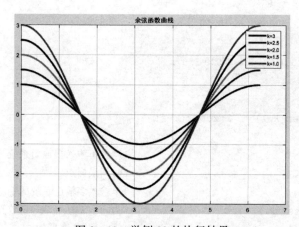

图 1-49　举例 28 的执行结果

【举例 29】　用图形表示连续调制波形 $y=\sin (t) \sin (20t)+2$。可以在 MATLAB 的编辑器窗口中键入以下命令并保存为 exm＿30. m：

```
%生成调制波形
t1=(0:30)/30*2*pi;y1=sin(t1).*sin(20*t1);
t2=(0:100)/100*2*pi;y2=sin(t2).*sin(20*t2);
subplot(2,2,1),plot(t1,y1,'r.','linewidth',3),axis([0,2*pi,-1,1]),title('曲线1')
subplot(2,2,2),plot(t2,y2,'r.','linewidth',3),axis([0,2*pi,-1,1]),title('曲线2')
subplot(2,2,3),plot(t1,y1,t1,y1,'r.','linewidth',3),axis([0,2*pi,-1,1]),title('曲线3');
subplot(2,2,4),plot(t2,y2,'linewidth',3),axis([0,2*pi,-1,1]),title('曲线4');
```

本例的执行结果如图 1-50 所示。

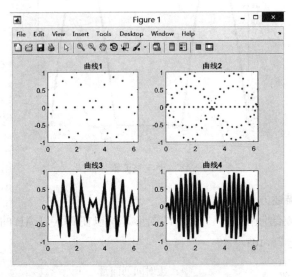

图 1-50　举例 29 的执行结果

【举例 30】　用彩带绘图命令 ribbon，绘制归化二阶系统 $G = (s^2 + 2\zeta s + 1)^{-1}$ 在不同 ζ 值时的阶跃响应，如图 1-51 所示。可以在 MATLAB 的编辑器窗口中键入以下命令并保存为 exm_31.m：

```
clear;clc;clf
zeta2=[0.1 0.2 0.3 0.4 0.5 0.6 0.8 1.0];
n=length(zeta2);
for k=1:n;
    Num{k,1}=1;Den{k,1}=[1 2*zeta2(k) 1];
end
S=tf(Num,Den);                    %产生单输入多输出系统
t=(0:0.1:30)';                    %时间采样点
[Y,x]=step(S,t);                  %单输入多输出系统的响应
tt=t*ones(size(zeta2));           %为画彩带图,生成与函数值 Y 维数相同的时间矩阵。
ribbon(tt,Y,0.4)                  %画彩带图,宽度为 0.4
% 至此彩图已经生成,以下命令都是为了使图形效果更好、标识更清楚%
view([115,30]),shading interp,colormap(jet)  %设置视角、明暗、色图
light,lighting phong,box on       %设置光源、照射模式、坐标框
for k=1:n;
```

```
      str_lgd{k,1}=num2str(zeta2(k));
end
legend(str_lgd)                          %图例设置
str1='G=(s^{2}+2\zeta+1)^{-1}';
          %%'\G=(s^{2}+2\zeta+1)^{-1}'该语句用于生成粗体标注文字%%
str2='{,取不同}';
str3='{\fontsize{16}\zeta}';
str4='{时的阶跃响应}';
title([str1,str2,str3,str4]),zlabel('y(\zeta,t)\rightarrow')
```

本例的执行结果如图 1‑51 所示。

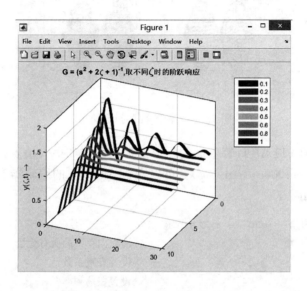

图 1‑51　举例 30 的执行结果

1.11.3　调制波形描述方法举例

【举例 31】　用图形表示调制波形 $y=\sin(t)\sin(20\,t)$ 的包络线。可以在 MATLAB 的编辑器窗口中键入以下命令并保存为 exm_32.m：

```
% 生成调制波形的包络线
t1=(0:pi/100:2* pi)';          %长度为 201X1 的时间采样列向量
y1=sin(t1)*[1,-1]+2;           %包络线函数值,是(201X2)的矩阵
t2=t1;
y2=sin(t2).*sin(20*t2)+2;      %长度为 201X1 的调制波列向量
t3=2*pi*(0:9)/9;
y3=sin(t3).*sin(20*t3)+2;
subplot(221),plot(t1,y1,'r.','linewidth',3),title('曲线 1')
subplot(222),plot(t2,y2,'b','linewidth',3),title('曲线 2')
subplot(223),plot(t1,y1,t2,y2,'r:','linewidth',3),title('曲线 3')
subplot(224),plot(t1,y1,'r.',t2,y2,'b',t3,y3,'bo','linewidth',3),title('曲线 4');
```

本例的执行结果如图 1－52 所示。

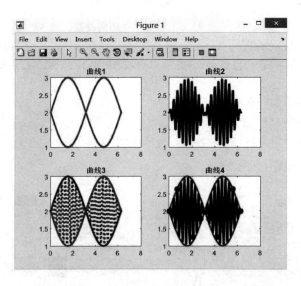

图 1－52　举例 31 的执行结果

【**举例 32**】　在 MATLAB 计算生成的图形上标出图名和最大值点坐标。已知某衰减电流曲线的表达式为 $y = 1000\mathrm{e}^{-at}\sin(\omega t)$。可以在 MATLAB 的编辑器窗口中键入以下命令并保存为 exm_33.m：

```
%电流曲线表达式为:y=k*exp(-a*t).*sin(w*t);
clear                                %清除内存中的所有变量
a=10;                                %设置衰减系数
w=100;                               %设置振荡频率
t=(0:0.01:1)';                       %长度为 101 的时间采样列向量
k=1000;                              %电流幅值
y1=k*exp(-a*t)*[1,-1];               %生成包络线
y=k*exp(-a*t).*sin(w*t);             %计算函数值,产生函数数组
[y_max,i_max]=max(y);                %找最大值元素位置
t_text=['t=',num2str(t(i_max))];     %生成最大值点的横坐标字符串
y_text=['y=',num2str(y_max)];        %生成最大值点的纵坐标字符串
max_text= char('maximum',t_text,y_text);  %生成标志最大值点的字符串
                                     %生成标志图名用的字符串%
tit=['y=1000*exp(-',num2str(a),'t)*sin(',num2str(w),'t)'];
plot(t,zeros(size(t)),'k','linewidth',3)    %画纵坐标为 0 的基准线
hold on                              %保持绘制的线不被清除
plot(t,y,'b',t,y1,'r:','linewidth',3)    %用蓝色实线画 y(t)曲线,用虚线画包络线
plot(t(i_max),y_max,'r.','MarkerSize',20,'linewidth',3)    %用大红点标注最大值点
text(t(i_max)+0.3,y_max-100,max_text)    %在图上书写最大值点的数据值
title(tit),xlabel('t'),ylabel('y'),hold off    %书写图名、横坐标名、纵坐标名
```

本例的执行结果如图 1－53 所示。

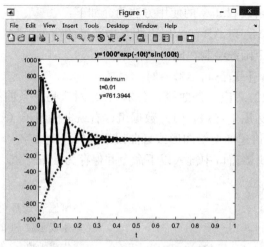

图 1-53　举例 32 的执行结果

【举例 33】　用不同标度在同一坐标内绘制两种衰减电流波形 1 和波形 2，它们的表达式分别为：

电流波形 1 为 $I_1 = 7e^{-2.5x} \sin(10\pi x)$

电流波形 2 为 $I_2 = 15e^{-0.5x} \sin(5\pi x + \pi/3)$

在 MATLAB 的编辑器窗口中键入以下命令语句，并保存为 exm_34.m：

```
%练习不同标度在同一坐标内绘制曲线
t1=0:pi/400:3*pi;
t2=0:pi/300:4*pi;
I1=7*exp(-2.5*t1).*sin(10*pi*t1);
I2=15*exp(-0.5*t2).*sin(5*t2+pi/3);
plotyy(t1,I1,t2,I2);grid on ;
title('不同标度在同一坐标内绘制曲线');
xlabel('时间 t/s'),ylabel('电流 I1/A 和 I2/A');
```

本例的执行结果如图 1-54 所示。

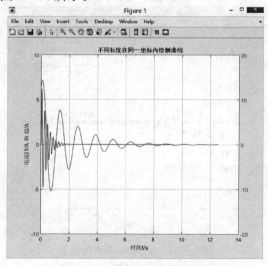

图 1-54　举例 33 的执行结果

现将双纵坐标命令函数 plotyy 的使用方法简介如下：

plotyy 命令函数是 MATLAB 5.X 以上版本中新增的命令函数。它能把函数值具有不同量纲、不同数量级的两个函数绘制在同一坐标中。

命令格式为：plotyy（x1，y1，x2，y2）

解释说明：(x1，y1) 对应一条曲线，(x2，y2) 对应另一条曲线。横坐标的标度相同，纵坐标有两个，左纵坐标用于 (x1，y1) 数据组，右纵坐标用于 (x2，y2) 数据组。

【举例 34】 本例将讲述如何给图形或者曲线添加标注性文字。

在 MATLAB 的编辑器窗口中键入以下命令并保存为 exm_35.m：

```
%练习给图形添加标注性文字
x=(0:pi/100:1.5*pi)';                    %赋值给 x,且它为列向量
y1=2*exp(-1.5*x)*[1,-1];                 %生成函数 y1 的表达式
y2=2*exp(-1.5*x).*sin(5*pi*x);x1=(0:12)/2;   %生成函数 y2 的表达式
y3=2*exp(-2.5*x1).*sin(10*pi*x1);        %生成函数 y3 的表达式
plot(x,y1,'g:','linewidth',3),hold on    %绘制函数 y1、y2 和 y3 的曲线
plot(x,y2,'b--','linewidth',3),hold on
plot(x1,y3,'rp','linewidth',3);
title('曲线及其包络线');                   %加标题
xlabel('数据 X');ylabel('数据 Y');
                                         %加 X 和 Y 轴说明文字
text(0.6,1,'包络线');                     %在指定位置添加图形说明文字
text(0.3,0.5,'曲线 y');                   %添加图形说明文字
text(4,0.2,'离散数据点');                  %添加图形说明文字
legend('包络线','曲线 y','离散数据点');     %加图例(曲线的标注性文字)
grid on
```

本例的执行结果如图 1-55 所示。

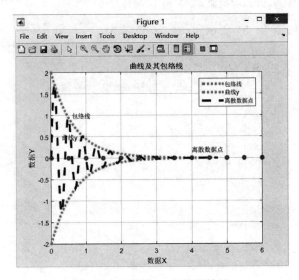

图 1-55　举例 34 的执行结果

1.11.4　M 函数文件方法举例

【举例 35】　建立一个 M 函数文件，将变量 a, b 的值互换，然后在命令窗口调用该函数文件。

(1) 建立 M 函数文件 fexch. m：

```
function [a,b]=fexch(a,b)
%将变量 a,b 的值互换
c=a;a=b;b=c;
```

(2) 建立 M 命令文件 exm ＿ 36. m：

```
clear;clc;close;
x=1:8;y=[11,12,13,14;15,16,17,18];
[x,y]=fexch(x,y)
```

(3) 在 MATLAB 的命令窗口中键入 exm ＿ 36 并回车，其执行结果如图 1 - 56 所示。

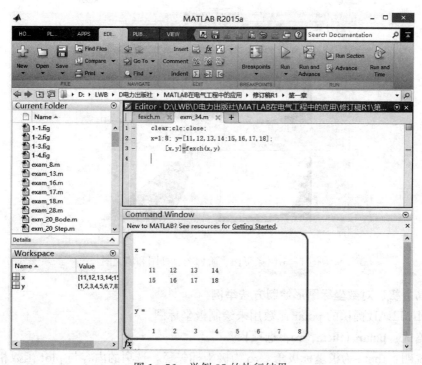

图 1 - 56　举例 35 的执行结果

1.11.5　统计图形绘制方法举例

在线性直角坐标系中，其他形式的图形有条形图、阶梯图、杆图和填充图等，所采用的命令函数总结如下：

bar（x，y，选项）：绘制条形图

stairs（x，y，选项）：绘制阶梯图

stem（x，y，选项）：绘制杆图

fill（x1，y1，选项 1，x2，y2，选项 2，…）：绘制填充图

【举例 36】　分别以条形图、阶梯图、杆图和填充图形式绘制曲线 $y=15\mathrm{e}^{-3.5x}$，如图 1 - 57 所示。

在 MATLAB 的编辑器窗口中键入以下命令语句，并保存为 exm＿37. m：

```
%练习绘制条形图、阶梯图、杆图和填充图
x=0:pi/20:2*pi;y=15*exp(-1.5*x);
subplot(2,2,1);bar(x,y,'g','linewidth',3);
title('bar(x,y,''g'')');        % 加图形标题
axis([0,2*pi,0,15]);
subplot(2,2,2);stairs(x,y,'b','linewidth',3);title('stairs(x,y,''b'')');axis([0,2*pi,0,15]);
subplot(2,2,3);stem(x,y,'k','linewidth',3);title('stem(x,y,''k'')');axis([0,2* pi,0,15]);
subplot(2,2,4);fill(x,y,'r','linewidth',3);title('fill(x,y,''r'')');axis([0,2*pi,0,15]);
```

本例的执行结果如图 1 - 57 所示。

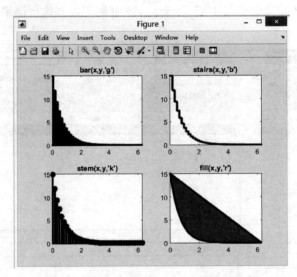

图 1 - 57　条形图、阶梯图、杆图和填充图

1.11.6　极、对数坐标图形绘制方法举例

（1）MATLAB 提供的 polar 函数用来绘制极坐标图。

命令格式：polar（theta, ro, 选项）

解释说明：theta 为极坐标极角，ro 为极坐标矢径，选项的内容与 plot 函数相类似。

（2）MATLAB 提供的 semilogx 和 semilogy 命令绘制对数和半对数坐标曲线的函数。

命令格式：semilogx（x1, y1, 选项 1, x2, y2, 选项 2, …）

命令格式：semilogy（x1, y1, 选项 1, x2, y2, 选项 2, …）

命令格式：loglog（x1, y1, 选项 1, x2, y2, 选项 2, …）

【举例 37】　试绘制对数坐标图 $y=10^{x^3}$ 并与直角线性坐标图进行比较。

在 MATLAB 的编辑器窗口中键入以下命令语句，并保存为 exm＿38. m：

```
%绘制极坐标图、对数和半对数坐标曲线图
theta=0:0.01:10;x=theta;ro=sin(2*theta).*cos(2*theta);
```

```
figure(1)
polar(theta,ro,'k','linewidth',3);
y=10*x.*x;
figure(2)
subplot(2,2,1);plot(x,y,'linewidth',3);title('plot(x,y)');grid on;
subplot(2,2,2);semilogx(x,y,'linewidth',3);title('semilogx(x,y)');grid on;
subplot(2,2,3);semilogy(x,y,'linewidth',3);title('semilogy(x,y)');grid on;
subplot(2,2,4);loglog(x,y,'linewidth',3);title('loglog(x,y)');grid on;
```

本例的执行结果如图 1-58 和图 1-59 所示。

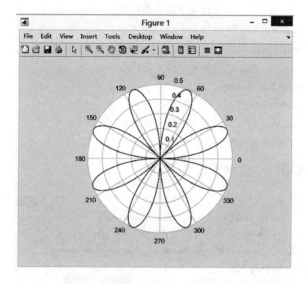

图 1-58　极坐标图

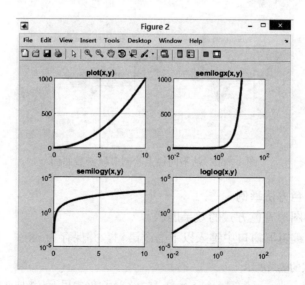

图 1-59　对数和半对数坐标曲线图

【举例 38】 从不同视点绘制多峰函数曲面。

在 MATLAB 的编辑器窗口中键入以下命令语句，并保存为 exm＿39. m：

```
%从不同视点绘制多峰函数曲面
%peaks 函数,称为多峰函数,常用于三维曲面的演示
subplot(2,2,1);
mesh(peaks);                    %mesh 函数绘制三维曲面的函数,调用格式为:mesh(x,y,z,c)
view(-37.5,30);                 %指定子图 1 的视点
title('azimuth=-37.5,elevation=30')
subplot(2,2,2);mesh(peaks);
view(0,45);                     %指定子图 2 的视点
title('azimuth=0,elevation=90')
subplot(2,2,3);mesh(peaks);
view(45,0);                     %指定子图 3 的视点
title('azimuth=90,elevation=0')
subplot(2,2,4);mesh(peaks);
view(-8,-15);                   %指定子图 4 的视点
title('azimuth=-7,elevation=-10')
```

本例的执行结果如图 1－60 所示。

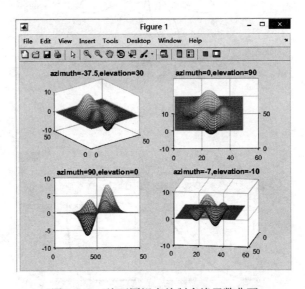

图 1－60　从不同视点绘制多峰函数曲面

1.11.7　图形着色方法举例

【举例 39】 3 种图形着色方式的效果展示。

在 MATLAB 的编辑器窗口中键入以下命令语句，并保存为 exm＿40. m：

```
%3 种图形着色方式的效果展示
z=peaks(20);                    %peaks 函数,称为多峰函数,常用于三维曲面的演示
colormap(copper);
```

```
subplot(1,3,1);
surf(z);view([-46,24]);        %surf 函数绘制三维曲面的函数,格式为:surf (x,y,z,c)
subplot(1,3,2);surf(z);view([-46,24]);shading flat;
subplot(1,3,3);surf(z);view([-46,24]);shading interp;
title('3 种图形着色方式的效果展示')
```

本例的执行结果如图 1-61 所示。

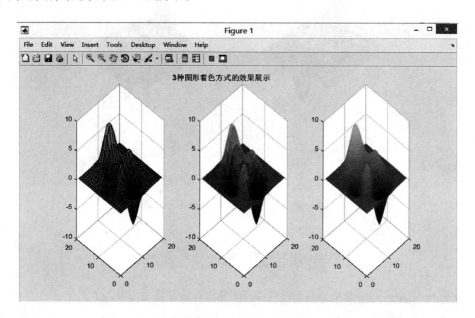

图 1-61   展示 3 种着色方式的图形效果

MATLAB 提供了灯光设置的函数

命令格式：light（'Color'，选项 1，'Style'，选项 2，'Position'，选项 3）

【举例 40】　试绘制光照处理后的多峰函数曲面。

在 MATLAB 的编辑器窗口中键入以下命令语句，并保存为 exm_41.m：

```
%绘制光照处理后的多峰函数曲面
z=peaks(30);                    %peaks 函数,称为多峰函数,常用于三维曲面的演示
subplot(1,2,1);
surf(z);                       %surf 函数绘制三维曲面的函数,格式为:surf (x,y,z,c)
light('Posi',[0,30,10]);shading interp;hold on;
plot3(0,30,10,'p');view([-43,24]),text(0,30,10,' light');
subplot(1,2,2);surf(z);
light('Posi',[30,0,10]);shading interp;hold on;
plot3(30,0,10,'p');view([-46,24]),text(30,0,10,' light');
title('光照处理后的多峰函数曲面')
```

本例的执行结果如图 1-62 所示。

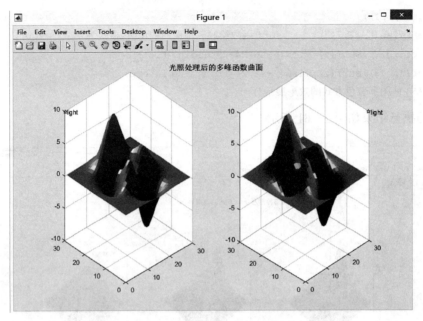

图 1 - 62　光照处理后的多峰函数曲面

1. 已知某电路中，如图 1 - 63 所示，电阻 $R=10\Omega$，电流 I 分别由 0A～10A，其步长为 0.5A，试用 MATLAB 编制该电阻端电压 U 和它消耗功率 P 的程序，并绘制 I-U、I-P 曲线。

图 1 - 63

提示：在 MATLAB 的 M 编辑器中键入以语句，并保存为 ex_1.m：

```
%%%%%%%%%%%%%%%%%%%%%%%%%%%%%%%
clear,clc,close
R= 10;                          % 给电阻赋值
i=(0:0.5:10);                   % 产生电流值,其步长为 0.5A
v=i.*R;                         % 计算端电压值
p=(i.^2)*R;                     % 计算电阻消耗的功率值
sol=[i v p]                     % 分别显示电流、电压值和功率值
subplot(2,1,1)
plot(i,v,'r','linewidth',3),title('端电压值 U/V'),xlabel('I/A')
grid on
subplot(2,1,2)
plot(i,p,'b','linewidth',3),title('功率值 P/W'),xlabel('I/A')
grid on
%%%%%%%%%%%%%%%%%%%%%%%%%%%%%%%
```

然后，在 MATLAB 的命令窗口中键入以下命令语句：

```
ex_1
```

回车之后，即可获得相应的解答结果，如图 1 - 64 所示

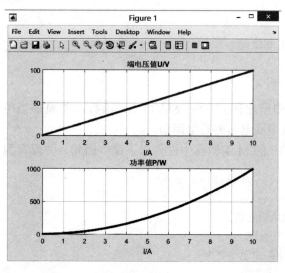

图 1 - 64

2. 试用 MATLAB 语句化简下面的表达式：

$$Z = \frac{3+4\mathrm{j}}{3+6\mathrm{j}} \frac{5+2\mathrm{j}}{1+2\mathrm{j}} 2\angle 60°$$

提示：在 MATLAB 的 M 编辑器中键入以下命令语句，并保存为 ex _ 2. m：

```
%%%%%%%%%%%%%%%%%%%%%%%%%%%%%%%
clear,clc,close
Z1=3+4*j;
Z2=5+2*j;
theta=(60/180)*pi;                    %角度与弧度换算
Z3=2*exp(j*theta);
Z4=3+6*j;
Z5=1+2*j;
disp('Z 的直角坐标形式:实部,虚部');      %显示直角坐标形式结果
Z_rect=Z1*Z2*Z3/(Z4+Z5);
Z_rect
Z_mag=abs(Z_rect);                    %幅值
Z_angle=angle(Z_rect)*(180/pi);       %角度
disp('Z 的极坐标形式:幅值,相位');        %显示极坐标形式结果
Z_polar=[Z_mag,Z_angle]               %显示幅值和角度结果
%%%%%%%%%%%%%%%%%%%%%%%%%%%%%%%
```

然后，在 MATLAB 的命令窗口中键入以下命令语句：

```
ex_2
```

回车之后，即可获得相应的解答结果：

Z 的直角坐标形式：实部，虚部

Z_rect=

   1.9108+5.7095i

Z 的极坐标形式：幅值，相位

Z_polar=

   6.0208   71.4966

3. 试编制一个求串联电阻之和的 MATLAB 函数，并验证当电阻分别为 10Ω，20Ω，15Ω，16Ω，5Ω 时，其串联电路的总电阻值。

提示：在 MATLAB 的 M 编辑器中键入以下命令语句，并保存为 equiv_sr.m：

```
%%%%%%%%%%%%%%%%%%%%%%%%%%%%%%%
function req=equiv_sr(r)
%equiv_sr 表示串联电阻之和
%用法：req=equiv_sr(r)
%r 表示各个电阻系列值，电阻个数为 n
%req 是电阻的显示总结果值
%
n=length(r);%电阻个数为 n
req=sum (r);%n 个电阻求和
end
%%%%%%%%%%%%%%%%%%%%%%%%%%%%%%%
```

然后，在 MATLAB 的命令窗口中键入以下命令语句：

```
r=[10 20 15 16 5];
Rseries=equiv_sr(r)
```

回车之后，即可获得相应的解答结果：

```
Rseries=

    66
```

4. 试编制一个求一元二次方程的函数：$ax^2+bx+c=0$，并求方程 $7x^2+3x-4=0$

提示：在 MATLAB 的 M 编辑器中键入以下命令语句，并保存为 rt_quad.m：

```
%%%%%%%%%%%%%%%%%%%%%%%%%%%%%%%%
function rt=rt_quad(coef)
%rt_quad 是求解一元二次方程的函数
%使用方法：rt=rt_quad(coef)
%coef 是一元二次方程的系数 a,b,c
%方程为 ax*x+bx+c=0
%rt 为方程的根，根的个数为 2
%系数 a,b,c 由系数数量 coef 提供
a=coef(1);b=coef(2);c=coef(3);
int=b^2-4*a*c;
```

```
if int>0
srint=sqrt(int);
x1=(-b+srint)/(2*a);
x2=(-b-srint)/(2*a);
elseif int==0
x1=-b/(2*a);
x2=x1;
elseif int<0
srint=sqrt(-int);
p1=-b/(2*a);
p2=srint/(2*a);
x1=p1+p2*j;
x2=p1-p2*j;
end
rt=[x1;
x2];
end
%%%%%%%%%%%%%%%%%%%%%%%%%%%%%%%
```

然后，在 MATLAB 的命令窗口中键入以下命令语句：

```
ca=[7 3 - 4];
ra=rt_quad(ca)
```

回车之后，即可获得相应的解答结果：

```
ra=

    0.5714
   -1.0000
```

5. 已知某脉冲电容器的端电压的表达式为：$u(t) = 10(1-e^{-0.2t})$，试给出时间为 $t=0\sim50$s、步长为 1s 的电压值。

提示：在 MATLAB 的 M 编辑器中键入以下命令语句，并保存为 ex_5.m：

```
%%%%%%%%%%%%%%%%%%%%%%%%%%%%%%%%%
clear,clc,close
t=(0:1:50);                    %产生时间值,其步长为 1s
v=10*(1-exp(-0.2*t));          %计算端电压值
sol=[t v]    %分别显示时间、电压值
plot(t,v,'r','linewidth',3),title('端电压值 U/V'),xlabel('t/s')


%%%%%%%%%%%%%%%%%%%%%%%%%%%%%%%%%
```

然后，在 MATLAB 的命令窗口中键入以下命令语句：

```
ex_5
```

回车之后，即可获得相应的解答结果，如图 1 - 65 所示。

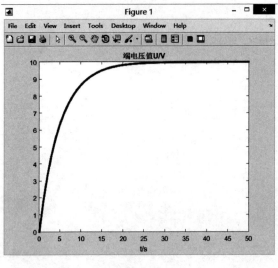

图 1 - 65

6. 已知电阻和电流分别为：

$$\boldsymbol{R} = \begin{bmatrix} 1 & 2 & 4 \\ 2 & 3 & 8 \\ 3 & 7 & 6 \end{bmatrix}, \quad \boldsymbol{I} = \begin{bmatrix} 2 \\ 1 \\ 5 \end{bmatrix}$$

求电阻的端电压。

提示：在 MATLAB 的 M 编辑器中键入以下命令语句，并保存为 ex_6.m：

```
%%%%%%%%%%%%%%%%%%%%%%%%%%%%%%%%%%
clear,clc,close
R=[1 2 4;2 3 8;3 7 6];        %输入电阻值
I=[2 ;1;5];                   %输入电流值
u=R*I                        %求解端电压
```

然后，在 MATLAB 的命令窗口中键入以下命令语句：

```
ex_6
```

回车之后，即可获得相应的解答结果：

```
u=

    24
    47
    43
```

第 2 章　MATLAB 软件的数值计算方法

本章将讨论 MATLAB8.5 软件的若干常见数值计算问题的处理方法和操作技巧，如数值、变量与表达式的基本表示方法和变量运算、多项式处理、数据处理与分析技巧等重要内容。但与一般数值计算教科书所不同的是，本章的讨论重点是如何利用现有的 MATLAB 数值计算资源，以最简明的方式阐述理论数学、数值数学和 MATLAB 计算命令之间的内在联系、使用方法与重要技巧。

2.1　数值、变量与表达式

2.1.1　数值

在 MATLAB 中，数值多采用十进制表示法，如数值 3，−99，0.01，在 MATLAB 的命令窗口中或者编辑器窗口中可以直接输入它们，这与其他高级软件没有区别，但是，如果数值类似于 -1.9×10^{-6}、5.41×10^{13} 形式时，在 MATLAB 的命令窗口中或者编辑器窗口中需要按照以下形式进行输入：−1.9e−6、5.41e13。

【举例 1】　在 MATLAB 的命令窗口中键入以下命令语句：

```
>> sqrt(-1)          %对-1 开平方
```

其运行结果为：

```
ans=

  0.0000+1.0000i
```

【举例 2】　在 MATLAB 的命令窗口中键入以下命令语句：

```
>> j                %MATLAB 中对-1 开平方的值默认为 i 或 j
```

其运行结果为：

```
ans=

  0.0000+1.0000i
```

【举例 3】　在 MATLAB 的命令窗口中键入以下命令语句：

```
>> I
```

其运行结果为：

```
>> I
Undefined function or variable 'I'.
```

```
Did you mean:
>> i

ans=

    0.0000+1.0000i
```

由此可见，在 MATLAB 软件的 R2015a 中，它对 I 不识别，但是会出现提醒信息。所以，MATLAB 允许在运算和函数中使用复数。复数的表示借助于特殊的字符 i 或 j，i＝sqrt（−1），其值在工作空间中都显示为 0＋1.0000i。因此，在 MATLAB 的命令窗口中键入：Z＝1−i 与 Z＝1−j 其运行结果均为：

```
Z=

    1.0000-1.0000i
```

复数可由下面的语句生成：

```
z＝a+b*i
```

a 和 b 均为已知常数。或用下面的命令语句生成：

```
z=r*exp(i*θ)
```

其中 θ 为复数辐角的弧度数，r 为复数的模，它们均为已知常数。

【举例 4】 在 MATLAB 的命令窗口中键入以下命令语句：

```
>> z=7-10*i
```

其运行结果为：

```
z=

    7.0000-10.0000i
```

【举例 5】 在 MATLAB 的命令窗口中键入以下命令语句：

```
>> 7*exp(i*pi/6)
```

其运行结果为：

```
ans=

    6.0622+3.5000i
```

以上输入数据均为单个数值，下面输入矩阵形式的数值。

【举例 6】 输入矩阵 A 为：

$$A=\begin{bmatrix} 1 & 2 & 3 \\ 4 & 5 & 6 \\ 7 & 8 & 9 \end{bmatrix}$$

在 MATLAB 的命令窗口中，矩阵的输入方法为，首先输入下面的命令，然后回车，即

> > A= [1 2 3;4 5 6;7 8 9]

或者用

>> A= [1,2,3;4,5,6;7,8,9]

MATLAB 的显示结果为：

```
A=
     1     2     3
     4     5     6
     7     8     9
```

【举例 7】　本例将简述产生复数矩阵的操作方法与技巧。
$$\boldsymbol{A}=\begin{bmatrix}1 & 2;3 & 4\end{bmatrix}+i*\begin{bmatrix}5 & 6;7 & 8\end{bmatrix}$$
在 MATLAB 的命令窗口中键入以下命令语句：

>> A= [1 2;3 4]+i*[5 6;7 8]

MATLAB 显示结果为：

```
A=
   1.0000+5.0000i   2.0000+6.0000i
   3.0000+7.0000i   4.0000+8.0000i
```

需要说明的是：矩阵生成不但可以使用纯数字（含复数），也可以使用变量（或者说采用一个表达式）。矩阵元素直接排列在方括号内，行与行之间用分号隔开，每行内的元素使用空格或逗号隔开。大的矩阵可以用分行输入，回车键代表分号。

2.1.2　语句与变量

1. 常用格式

最常用的格式：变量＝表达式；

简化格式：表达式；

通过等于符号"＝"将表达式的值赋予变量。当键入回车键时，该语句被执行。语句执行之后，窗口自动显示出语句执行的结果。如果希望结果不被显示，则只要在语句之后加上一个分号（；）即可。此时尽管结果没有显示，但它依然被赋值并在 MATLAB 工作空间中分配了内存。

表达式可以由运算符、特殊字符、函数名、变量名等组成，表达式的结果为一矩阵，它赋给左边的变量，同时显示在屏幕上；如果省略变量名和"＝"号，则 MATLAB 自动产生一个名为 ans 的变量（第一章已经述及），如在 MATLAB 的命令窗口中键入以下语句：

>> 1900/81

其运行结果为：

```
ans=
23.4568
```

如果语句以分号";"结束，则将屏蔽显示结果。

2. 变量命名规则

在 MATLAB 中，变量名必须以字母开头（不能超过 19 个字符），在它之后可以是任意字母、数字或下划线，变量名要区分字母的大小写，变量中不能包含标点符号。特别需要注意的是：

（1）变量名第一个字符必须是英文字母；

（2）变量名不得包含空格、标点，但可以包含下划线，如 A_1，a_54 等；

（3）变量名不能超过 19 个字符；

（4）变量名是要区分字母的大小写的。例如：A1、a1 代表不同变量。

【举例 8】 m_lwb001 是合法的。如果在 MATLAB 的命令窗口中键入以下命令语句：

```
>> 1_a=12
```

运行结果为：

```
1_a=12
  |
Error: The input character is not valid in MATLAB statements or expressions.
```

本例的执行结果表明，变量名 1_a 是不合法的。如果在 MATLAB 的命令窗口中键入以下命令语句：

```
>> a_1=12
```

运行结果为：

```
a_1=

    12
```

本例的执行结果表明，变量名 a_1 是合法的。MATLAB 的命令通常是用小写字母书写的。在 MATLAB 中，变量使用之前，不需要指定变量的数据类型，也不必事先声明变量。

3. 预定义变量

预定义变量，在 MATLAB 启动时由系统自动生成。用户在编写命令和程序时，应尽量避免使用表 2-1 所示的预定义变量，以免混淆。

表 2-1   预 定 义 变 量

预定义变量	含义	预定义变量	含义
ans	计算结果的默认变量名	NaN 或 nan	非数，如 0/0
eps	浮点计算的相对精度	nargin	函数输入宗量数目
Inf 或 inf	无穷大，如 1/0	nargout	函数输出宗量数目
i 或 j	虚单元 i=j=sqrt（-1）	realmax	最大正实数
pi	圆周率 π	realmin	最小正实数

2.1.3　运算符与表达式

1. 运算符

第一章已经简单介绍了几种基本数学运算符号，如加（＋）、减（－）、乘（＊）、左除（/）、右除（\）和幂次运算（^）等数学符号。在 MATLAB 中，用"/"代表左除运算，即常用除法；用"\"表示右除运算，现将这两种运算的区别举例说明如下：

【举例 9】　如果在 MATLAB 的命令窗口中，键入以下命令语句：

```
>> 2/5
```

其运行结果为：

```
ans=
0.4000
```

即 2 除以 5 获得的结果，左边除以右边。如果在 MATLAB 的命令窗口中键入以下命令语句：

```
>> 2\5
```

其运行结果为：

```
ans=
2.5000
```

即 5 除以 2 获得的结果，右边除以左边。现将它们的使用方法总结如下：用 $a/(b+c)$ 表示 $a \div (b+c)$，用 $a \setminus (b+c)$ 表示 $(b+c) \div a$。对于矩阵而言，用 A/B 表示 $A * B^{-1}$，即 $A * \text{inv}(B)$，$\text{inv}(B)$ 表示矩阵 B 的逆矩阵；用 $B \setminus A$ 表示 $B^{-1} * A$，即 $\text{inv}(B) * A$。

【举例 10】　已知矩阵 A 和 B 分别为：

$$A = \begin{bmatrix} 1 & 2 & 3 \\ 4 & 5 & 6 \\ 7 & 8 & 9 \end{bmatrix}, B = \begin{bmatrix} 10 & 2 & 1 \\ 4 & 13 & 2 \\ 7 & 1 & 19 \end{bmatrix}$$

求 $C=A/B$ 和 $D=A \setminus B$。在 MATLAB 的命令窗口中键入以下命令语句：

```
>> A=[1 2 3;4 5 6;7 8 9];B=[10 2 1;4 13 2;7 1 19];
>> C=A/B
```

其运行结果为：

```
C=

  -0.0625    0.1523    0.1452
   0.0661    0.3533    0.2751
   0.1947    0.5543    0.4051
```

继续在 MATLAB 的命令窗口中键入以下命令语句：

```
>> D= A\B
```

其运行结果为：

```
Warning: Matrix is close to singular or badlyscaled. Results may be
inaccurate. RCOND=  1.541976e-18.

D=

  1.0e+17*

  -0.4053    1.0358   -0.7206
   0.8106   -2.0717    1.4412
  -0.4053    1.0358   -0.7206
```

由此可见，矩阵 **C** 和 **D** 是不一样的。

2. 表达式

现将 MATLAB 软件中有关表达式的相关规定，总结如下：

(1) 表达式的规则与一般手写算式基本相同；

(2) 表达式由变量名、运算符和函数名组成；

(3) 表达式按优先级自左向右运算，括号可改变优先级顺序；

(4) 优先级顺序由高到低为：指数运算、乘除运算、加减运算；

(5) 表达式中赋值符"="和运算符两侧允许有空格。

MATLAB 中常用运算符号与表达式如表 2-2 所示。

表 2-2　　　　　　　　　　常用运算符号与表达式汇集

运算符	MATLAB 表达式	运算符	MATLAB 表达式
＋（加）	a+b	/（左除）	a/b
－（减）	a−b	\（右除）	a \ b
*（乘）	a * b	^（幂）	a^b

2.2　变　量　运　算

2.2.1　变量运算简析

【举例 11】 已知 a＝［1 11；13 −4］；b＝［−3 45；−25 39］，分别求：a+b；a−b；a/b；a \ b；a * b；a. * b；a^3；a.^3；a. /b；a. \ b。在 MATLAB 的编辑器中键入以下命令语句，并保存为 exm _ 11. m：

```
%变量运算示例分析
clear;clc;
a=[1 11;13 -4];b=[ -3 45;-25 39];
a+b               %求取 a 和 b 之和
a-b               %求取 a 和 b 之差
a/b               %求取矩阵 a 除以矩阵 b
a\b               %求取矩阵 b 除以矩阵 a
a* b              %求取矩阵 a 和矩阵 b 之积
```

a.＊b	%求取矩阵 a 和矩阵 b 之点乘
a^3	%求取矩阵 a 的三次方
a.^3	%求取矩阵 a 中各个元素的三次方
a./b	%求取矩阵 a 中各个元素除以矩阵 b 各个元素
a.\b	%求取矩阵 b 中各个元素除以矩阵 a 各个元素

这里需要补充说明的是：

（1）只有维数相同的矩阵才能进行加减运算；

（2）只有当两个矩阵中的前一个矩阵的列数和后一个矩阵的行数相同时，才可以进行乘法运算；

（3）右除 a\b 运算就是线性方程的求解，即等效于求 a＊x＝b 的解；

（4）左除 a/b 运算就是线性方程的求解，即等效于求 x＊b＝a 的解；

（5）只有方阵才可以求幂，方阵的乘方可以由"^"运算符直接得出，如 A^n。用 MATLAB 语言，可以轻易地算出 A^0.1，亦即 A 矩阵开 10 次方得出的主根；

（6）矩阵的点运算也是相当重要的。点运算是两个维数相同矩阵对应元素之间的运算，即两个矩阵相应元素的元素，如 a.＊b 得出的是 a 和 b 对应元素的乘积，故一般情况下 a＊b≠a.＊b。矩阵的点乘又称为其 Hadamard 积。点运算的概念又可以容易地用到点乘方上，比如 a.^2，a.^a 等都是可以接受的运算表达式。

【举例 12】　本例将讲述常用复数转换命令：real、imag、abs、angle 的使用方法。

在 MATLAB 的命令窗口中键入以下命令语句：

```
>> z1=3+4i                %输入一个复数 z1
```

执行结果：

```
z1=

  3.0000+4.0000i
>> a=real(z1)            %求复数 z1 的实部
```

执行结果：

```
a=

   3
>> b=imag(z1)           %求复数 z1 的虚部
```

执行结果：

```
b=

   4
>> r=abs(z1)            %求复数 z1 的模
```

执行结果：

```
r=
```

5

```
>> theta=angle(z1)        %求复数 z1 的相角
```

执行结果：

```
theta=

0.9273
```

2.2.2 逻辑运算

MATLAB 并没有单独定义逻辑变量。在 MATLAB 中，数值只有"0"和"非0"的区分。非0往往被认为是逻辑真，或逻辑1。除了单独两个数值的逻辑运算外，还支持矩阵的逻辑运算，如：

(1) A&B：表示逻辑与运算；

(2) A｜B：表示逻辑或运算；

(3) ～A：表示逻辑非运算。

(4) xor（A，B）：表示逻辑异或运算。

逻辑运算法则如表2-3所示。

表 2-3   逻辑运算法则汇集

输入		与运算	或运算	异或	非运算
A	B	A & B	A ｜ B	xor（A，B）	～A
0	0	0	0	0	1
0	1	0	1	1	1
1	0	0	1	1	0
1	1	1	1	0	0

【举例 13】 在 MATLAB 的命令窗口中，键入以下命令语句：

```
>> A=[0 2 3 4;1 3 5 0];B=[1 0 5 3;1 5 0 5];
>> C= A&B            %求取矩阵 A 和 B 的逻辑与运算
```

本例的执行结果为：

```
C=
  0  0  1  1
  1  1  0  0
```

在 MATLAB 的命令窗口中继续键入以下命令语句：

```
>> D= A|B            %求取矩阵 A 和 B 的逻辑或运算
```

本例的执行结果为：

```
D=
  1  1  1  1
```

```
    1   1   1   1
```

在 MATLAB 的命令窗口中继续键入以下命令语句：

```
>> E=~B          %求取矩阵 B 的逻辑非运算
```

本例的执行结果为：

```
E=
0   1   0   0
0   0   1   0
```

2.2.3　关系表达式与表达式函数

MATLAB 中有以下关系：大于（＞）、小于（＜）、等于（＝＝）和不等于（～＝）等关系。判定方法不完全等同于这类只能处理单个标量的语言。MATLAB 关系表达式返回的是整个矩阵。

【举例 14】　比较两个矩阵 *A* 和 *B* 是否相等，则可以给出如下命令语句：

```
>> A=[0 2 3 4;1 3 5 0];B=[1 0 5 3;1 5 0 5];
>> A==B
```

本例的执行结果为：

```
ans=
0   0   0   0
1   0   0   0
```

在 MATLAB 的命令窗口中继续键入以下命令语句：

```
>> A~=B
```

本例的执行结果为：

```
ans=
    1   1   1   1
    0   1   1   1
```

另外，MATLAB 还可以用符号＞＝（大于等于）和 ＜＝（小于等于）来比较矩阵对应元素的大小。在 MATLAB 的命令窗口中继续键入以下命令语句：

```
>> A>=B
```

本例的执行结果为：

```
ans=
    0   1   0   1
    1   0   1   0
```

如果矩阵 *A* 和 *B* 对应元素确实满足大于等于的位将返回 1，否则返回 0。另外，MATLAB 还提供了 all（）和 any（）两个函数来对矩阵参数作逻辑判定。all（）函数在其中变元全部非 0 时返回 1，而 any（）函数在变元有非零元素返回 1。

find（）函数将返回逻辑关系全部满足时的矩阵下标值，这个函数在编程中是非常常用的。还可以使用 isnan（）类函数来判定矩阵中是否含有 NaN 型数据。如果有则返回这样参数的下标。此类函数还有 isfinite（），isclass（），ishandle（）等。

MATLAB 还支持其他运算，如取整、求余数等。可以使用 rond（），fix（），rem（）等命令来实现。

【举例 15】　已知 $A=[123456789]$，找出所有 A 大于 4 的数；所有 A 小于 4 的数；求出 A 介于 2 和 6 之间的数。

在 MATLAB 的命令窗口中键入以下命令语句：

```
>> A=1:9;
>> tf=A>4            %找出所有大于 4 的数,将其数位返回 1
```

本例的执行结果为：

```
tf=
  0  0  0  0  1  1  1  1  1
```

在 MATLAB 的命令窗口中继续键入以下命令语句：

```
>> tf=~(A>4)          %对上面的结果取非,也就是 1 替换 0,0 替换 1
```

本例的执行结果为：

```
tf=
  1  1  1  1  0  0  0  0  0
```

在 MATLAB 的命令窗口中继续键入以下命令语句：

```
>> tf=(A>2)&(A<6)     %求取 A 介于 2 和 6 之间的数位处返回 1
```

本例的执行结果为：

```
tf= 0  0  1  1  1  0  0  0  0
```

2.2.4　典型运算示例分析

1. 非线性曲线绘制方法

【举例 16】　利用前面介绍的功能，易于产生数组来表示不连续信号，或由多段其他信号所组成的信号，即把数组中要保持的那些值与 1 相乘，所有其他值与 0 相乘。

在 MATLAB 的编辑器窗口中键入以下命令语句，并保存为 exm_16.m：

```
%非连续信号的描述方法举例分析 1
clear;clc;close;
x=linspace(0,10,100);       % 在 0 和 10 之间,均匀产生 100 个数据
y=sin(x);                   % 计算正弦值
z=(y>=0).*y;                % 将负的正弦值置为 0
z=z+0.5*(y<0);              % 将负的正弦值置为 0.5
z=(x<=8).*z;                % 将小于 8 的 x 值置为 0
plot(x,z,'r','linewidth',3);xlabel(' x '),ylabel(' z=f(x) '),title(' 非连续信号 ');grid on
```

本例的执行结果如图 2-1 所示。

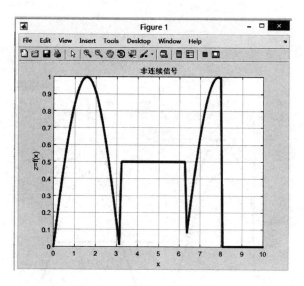

图 2-1　举例 16 的执行结果

命令格式：A＝linspace（n1，n2，n）

解释说明：它表示在线性空间上，行矢量的值从 n1 到 n2，数据个数为 n，默认 n 为 100。

类似地，还有一个特殊命令 logspace，即

命令格式：a＝logspace（n1，n2，n）

解释说明：该命令表示在对数空间上，行矢量的值从 10^{n1} 到 10^{n2}，数据个数为 n，默认 n 为 50。这个命令为建立对数频域轴坐标提供了方便。

例如，在 MATLAB 的命令窗口中键入以下命令语句：

```
>> a=logspace(1,5,10)
```

其执行结果为：

```
a=1.0e+005* (0.0001    0.0003    0.0008    0.0022    0.0060    0.0167    0.0464
0.1292    0.3594    1.0000)
```

【举例 17】　在 MATLAB 的编辑器窗口中键入以下命令语句，并保存为 exm_17.m：

```
%非连续信号的描述方法举例分析 2
clear;clc;close;
x=linspace(0,10,100);        % 均匀产生 100 数据
y=sin(x);                    % 计算正弦值
z=(y>=0).*y;                 % 将负的正弦值置为 0
d=(y<=0).*y;                 % 将正的正弦值置为 0
c=(z+0.5).*(y> 0);           % 当 y>0 时,c 等于 z+0.5
plot(x,d,'g-','linewidth',3)
hold on;plot(x,c,' r-. ','linewidth',3);hold on
```

```
plot(x,y,'b:','linewidth',3);xlabel(' x ');
ylabel(' d,c,y ');title('非连续信号 ');
legend('d','c','y');
```

本例的执行结果如图 2-2 所示。

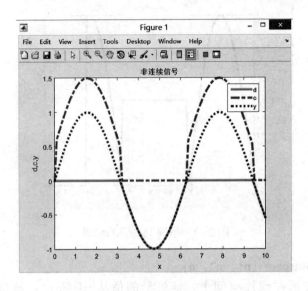

图 2-2 举例 17 的执行结果

2. 整流波形绘制

【举例 18】 半波整流器电路的仿真分析。

在 MATLAB 的编辑器窗口中键入以下命令语句，并保存为 exm_18.m：

```
% 半波整流器输出波形
clear;clc,clf                   % clf 可以清除图形窗口中的图形
pi=3.14159265;
vp=10;
% 循环命令
for i=1:1:101;
    t(i)=(i-1)*6*pi/100;
    vi(i)=vp*sin(t(i));
if vi(i)>=0.7
    vo(i)=vi(i)-0.7;
else
    vo(i)=0;
end
end
plot(t,vi,'.r-',t,vo,'g+','linewidth',3);grid on;
axis([0 6*pi-vp vp]);xlabel('t');ylabel('vin 与 vout');
title('半波整流器');legend('原波形','整流波形');
```

本例的执行结果如图 2-3 所示。

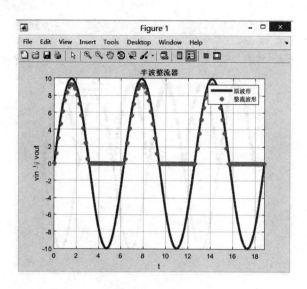

图 2-3　举例 18 的执行结果

命令格式：a＝（start：step：end）

解释说明：该命令表示用线性等间距生成向量矩阵，其中 start 为起始值，step 为步长值，end 为终止值。当步长为 1 时可省略 step 参数；另外 step 也可以取负数。

【举例 19】　全波整流器电路的仿真分析。

在 MATLAB 的编辑器窗口中键入以下命令语句，并保存为 exm_19.m：

```
% 全波整流器输出波形 1
clear;clc,clf
pi=3.14159265;vp=10;
% 循环命令
for i=1:1:301;
    t(i)=(i-1)*6*pi/300;vi(i)=vp*sin(t(i));
    if vi(i)>0.7
        vo(i)=vi(i)-0.7;
    else
        vo(i)=0;
    end
    if vi(i)<=-0.7
        vo(i)=abs(vi(i)+0.7);
    end
end
plot(t,vi,'r.-',t,vo,'+','linewidth',3);grid on;
axis([0 6*pi -vp vp]);xlabel('t');ylabel('vin与vout');
title('全波整流器');legend('原波形','全波整流波形');
```

本例的执行结果如图 2‑4 所示。

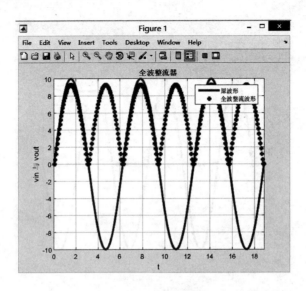

图 2‑4　举例 19 的执行结果

【举例 20】　全波整流器电路的仿真，要求整流输出电压最大幅值为输入电压最大幅值的一半。在 MATLAB 的编辑器窗口中键入以下命令语句，并保存为 exm_20.m：

```
% 全波整流器输出波形 2
clear;clc;close;
pi=3.14159265;vp=10;
% 循环命令
for i=1:1:301;
    t(i)=(i-1)*6*pi/300;
    vi(i)=vp*sin(t(i));
    if 0.5*vi(i)>0.7
        vo(i)=0.5*vi(i)-0.7;
    else
        vo(i)=0;
    end
    if 0.5*vi(i)<=-0.7
        vo(i)=abs(0.5*vi(i)+0.7);
    end
end
plot(t,vi,'r.-',t,vo,'b+','linewidth',3);grid on;
axis([0 6*pi-vp vp]);xlabel('t');ylabel('vin 与 vout');title('全波整流输出波形');
```

本例的执行结果如图 2‑5 所示。

【举例 21】　本例演示削顶的整流正弦半波的计算和图形绘制方法。

在 MATLAB 的编辑器窗口中键入以下命令语句，并保存为 exm_21.m：

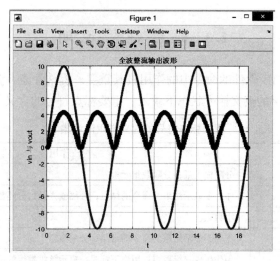

图 2-5　举例 20 的执行结果

```
% 演示削顶整流正弦半波的计算和图形绘制方法
t=linspace(0,3*pi,600);y=100*sin(t);          % 产生正弦波
z1=((t<pi)|(t>2*pi)).*y;                       % 获得整流半波
w=((t>pi/3&t<2*pi/3)+(t>7*pi/3&t<8*pi/3));     % 关系逻辑运算和数值运算
w_n=~w;
z2= w*100*sin(pi/3)+w_n.*z1;                   % 获得削顶整流半波
subplot(1,3,1),plot(t,y,'r:','linewidth',3),ylabel('y');
title('正弦曲线')
subplot(1,3,2),plot(t,z1,'b:','linewidth',3),xlabel('t'),axis([0 10 -100 100]);
title('整流半波曲线')
subplot(1,3,3),plot(t,z2,'g-','linewidth',3),axis([0 10 - 100 100]);
title('削顶整流半波曲线')
```

本例的执行结果如图 2-6 所示。

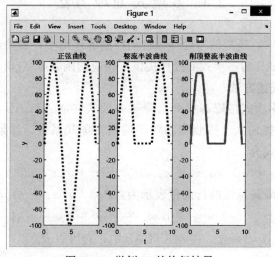

图 2-6　举例 21 的执行结果

2.3　标　点　符　号　说　明

标点符号在 MATLAB 软件的命令中的作用极其重要。提请注意：为了保证命令的正确执行，标点符号必须在文字的英文输入状态下录入。重要标点符号的含义与用法列于表 2 - 4 中。

表 2 - 4　　　　　　　　　　　　　重要标点符号的含义与用法汇集

名称	标点	作用
空格		分隔输入量；分隔数组元素
逗号	,	作为要显示结果的命令的结尾；分隔输入量；分隔数组元素
黑点	.	小数点
分号	;	作为不显示结果的命令的结尾；分隔数组中的行
冒号	:	用作生成一维数组；用作下标时，表示该维数组的所有元素
注释号	%	其后内容为注释内容
单引号	''	其内容为字符串
圆括号	()	用作数组标识；表示函数输入量列表时用
方括号	[]	输入数组时用；表示函数输出量列表时用
花括号	{}	用作元胞数组标识
下划线	_	用在变量、函数和文件名中
续行号	…	将长命令行分成两行输入，保持两行的逻辑连续

需要特别说明的是，对于实矩阵的转置用符号（'）或（.'），两者对于求转置的结果是一样的。然而对于含复数的矩阵，则符号（'）将同时对复数进行共轭处理，而符号（.'）则只是将其排列形式进行转置。上述标点符号，建议在英文状态下输入，以免出现意想不到的错误，产生麻烦。

2.4　多　项　式　处　理　方　法

无论是在线性代数中，还是信号处理、自动控制等理论中，多项式运算都有着十分重要的地位，因此，MATLAB 为多项式的操作提供了相应的函数库（polyfun）。

2.4.1　多项式的描述方法

MATLAB 软件中多项式按降幂排列，降幂多项式在 MATLAB 中可以用行向量表示。多项式系数用行向量直接输入。按照降幂顺序输入多项式系数，如果有缺项，该项系数为零。对于多项式的表达式为

$$f(x) = a_n x^n + a_{n-1} x^{n-1} + \cdots + a_1 x + a_0 \tag{2-1}$$

因此，多项式使用降幂系数的行向量表示为：$\boldsymbol{P} = [a_n \; a_{n-1} \cdots a_1 \; a_0]$。

例如：已知多项式为 $f(x) = x^5 + 0 * x^4 - 12x^3 + 0 * x^2 + 25x + 116$。注意该多项式 $f(x)$ 缺少四次项和二次项系数。在 MATLAB 中，它可以表示为：

```
f_p=[1,0,-12,0,25,116]
```

使用函数 roots 可以求出多项式 $f(x)$ 等于 0 的根，多项式的根可以用列向量表示。若已知多项式等于 0 的根，使用命令 poly 可以求出相应多项式的系数矩阵。比如本例求多项式 $f(x)$ 等于 0 的根。只需在 MATLAB 的命令窗口中键入以下语句：

```
>> f_p=[1,0,-12,0,25,116]
>> r=roots(f_p)
```

本例的执行结果为：

```
r=11.7473
  2.7028
 -1.2251+1.4672i
 -1.2251-1.4672i
```

【举例 22】　已知某多项式 $f(x)$ 等于 0 的根为：r_f= [1 3 −4 7 −9]，求该多项式 $f(x)$ 的系数 f_p。

在 MATLAB 的命令窗口中只需键入以下命令语句：

```
>> r_f=[1,3,-4,7,-9]        % 多项式 f(x)等于 0 的根
>> f_p= poly(r_f)           % 求该多项式 f(x)的系数
```

执行结果为：

```
f_p=1    2 -76   -14   843   -756。
```

在 MATLAB 的命令窗口中键入以下命令语句：

```
>> f_x=poly2str(f_p,'x')     % 求多项式 f(x)的表达式
```

执行结果为：

```
f_x=

  x^5+2 x^4-76 x^3-14 x^2+843 x-756
```

2.4.2　多项式运算的命令函数

1. 多项式相乘的命令函数 conv

命令格式：p＝conv（p1，p2）

解释说明：它表示多项式 p1 和 p2 相乘。

例如：已知两个多项式的系数矩阵 a 和 b 分别为：$a =$ [1 2 3] 和 $b =$ [1 2]，求它们的乘积。在 MATLAB 的命令窗口中键入：

```
>> a=[1,2,3];b=[1,2];
>> c=conv(a,b)
```

本例的执行结果为：

```
c=
1 4 7 6
```

需要注意的是，conv 命令可以嵌套使用，如 conv（conv（a，b），c）和 conv（conv（a，b），conv（c，d））等不同表达形式。

2. 多项式相除的命令函数 deconv

命令格式：[q，r] ＝deconv（p1，p2）

解释说明：它表示多项式 p1 除以 p2，商为 q，余数为 r，即 p1＝p2×q＋r。

举例说明：已知两个多项式的系数矩阵 **a** 和 **b** 分别为：**a**＝［1 2 3］和 **b**＝［1 2］，求它们相除的商和余数。在 MATLAB 的命令窗口中键入以下命令语句：

```
>> a=[1,2,3];b=[1,2];
>> [q,r]=deconv(a,b)        % q 为商多项式,r 为余多项式
```

本例的执行结果为：

```
q=
    1    0
r=
    0    0    3
```

3. 多项式求导的命令函数 polyder

命令格式：Dp＝polyder（p）

解释说明：表示对多项式 p 求导，得到 Dp。

4. 多项式因式分解的命令函数 residue

命令格式（1）：[r，p，s] ＝residue（Num，Den）

解释说明：它用于因式分解，余数（又称留数）返回到向量 **r**＝［r1，r2，r3⋯rn］，极点返回到列向量 **p**＝［p1，p2，p3⋯pn］，常数项返回到 k。如下面所示的形式

$$\frac{\mathrm{Num}(s)}{\mathrm{Den}(s)}=\frac{r_1}{s-p_1}+\frac{r_2}{s-p_2}+\cdots+\frac{r_n}{s-p_n}+k(s) \tag{2-2}$$

【**举例 23**】　已知，某多项式为：

$$f(s)=\frac{(s^2+2)(s+4)(s+1)}{s^3+s+1}$$

求它的"商"和"余"的多项式。在 MATLAB 的编辑器窗口中键入以下语句，并保存为 exm_23.m：

```
% 多项式因式分解的命令函数 residue
clear;clc,clf                         % clf 可以清除图形窗口中的图形
p1=[1,0,2];p2=[1,4];p3=[1,1];         % 分子三个因式的系数向量
Num1=conv(p1,p2);                     % 计算前两个因式相乘得到的多项式
Num=conv(Num1,p3);                    % 计算分子(Numerator)多项式系数
Den=[1,0,1,1];                        % 分母(Denominator)多项式系数
[Q,R]=deconv(Num,Den);               % 计算商多项式和余多项式
Q_char='商为:';R_char='余为:';        % 显示易读形式结果
disp([Q_char,poly2str(Q,'s')]),disp([R_char,poly2str(R,'s')])
[r,p,k]=residue (Num,Den)             % 求分式的留数 r、极点 p、常数项
```

本例的执行结果为：

商为：

```
s+5
```

余为：

```
5 s^2+4 s+3
r=
   1.9579-1.4652i
   1.9579+1.4652i
   1.0842
p=
   0.3412+1.1615i
   0.3412-1.1615i
  -0.6823
k=
1    5
```

需要提醒的是，上面第二条和第三条命令也可以等效为：

```
Num=conv([1,0,2],conv([1,4],[1,1]));
```

命令格式（2）：[num, den] =residue（r, p, k）

解释说明：它可以将部分分式转化为多项式比，即：num（s）/den（s）。

5. 产生多项式系数向量的命令函数 poly

命令格式为：P=poly（A）

解释说明：若 A 是方阵，则行向量 P 为 A 的特征多项式的系数；若 A 是行向量，则将 A 的元素作为多项式的根来构造多项式，其形式为：$f(x)=(x-a_1)(x-a_2)\cdots(x-a_n)$，P 为构造的多项式的系数向量。

举例说明，假设数组 A 和 B 分别为：

$$A=\begin{bmatrix} 2 & 5 & 7 \\ 1 & 6 & 4 \\ 2 & 8 & 1 \end{bmatrix}, \quad B=[11.3771, \quad -3.5054, \quad 1.1283]$$

那么，在 MATLAB 的命令窗口中键入以下命令语句：

```
>> A=[2,5,7;1,6,4;2,8,1];
>> P1=poly(A)
```

本例的执行结果为：

```
P1=
1.0000  -9.0000  -31.0000   45.0000。
```

在 MATLAB 的命令窗口中继续键入以下命令语句：

```
>> B=[11.3771,-3.5054,1.1283];
>> P2=poly(B)
```

本例的执行结果为：

```
P2=
1.0000   -9.0000   -30.9996   44.9981。
```

由此可见，针对上述情况而言，P1＝poly（A）和 P2＝poly（B）是相同的，即 P1＝P2＝［1，－9，－31，45］。对于 P1 或 P2 表示的多项式求根等于 B，即 roots（P1）和 roots（P2）在 MATLAB 中的执行结果均为：

```
ans=
   11.3771
   -3.5054
    1.1283
```

即 roots(P1)＝roots(P2)＝B。

用命令 poly2str（p，'x'）可以将 P1 和 P2 表示成多项式形式。继续在 MATLAB 的命令窗口中键入：

```
>> poly2str(P1,'x')
```

本例的执行结果为：

```
ans=
x^3-9 x^2-31 x+45。
```

继续在 MATLAB 的命令窗口中键入：

```
>> poly2str(P2,'x')
```

本例的执行结果为：

```
ans=
x^3-9 x^2-31 x+45。
```

特别说明的是，命令 poly2str 用于将多项式系数行向量表示成一个字符串，该字符串的形式和向量所代表的多项式形式相同。注意字符串'x'，也可以修改为's'，这在控制系统的传递函数的表达式方面应用得特别多。需要提醒的是，在 MATLAB 中，要表达函数，例如：要在 MATLAB 中，显示出下面的函数表达式

$$f(x, y) = \frac{1}{(x-3)^2 + 0.01} + \frac{1}{(x-0.9)^2 + 0.04} - 6 \qquad (2-3)$$

可以在 MATLAB 的命令窗口中键入：

```
>> f=inline('1./((x-0.3).^2+0.01)+1./((x-0.9).^2+0.04)-6','x','y')
```

本例的执行结果为：

```
f=

    Inline function:
    f(x,y)=1./((x-0.3).^2+0.01)+1./((x-0.9).^2+0.04)-6
```

可以在 MATLAB 的命令窗口中键入：

```
>> f=inline('y*sin(x)+x*cos(y)','x','y')
```

本例的执行结果为：

```
f=

    Inline function:
    f(x,y)=y*sin(x)+x*cos(y)
```

2.4.3　多项式拟合的命令函数

多项式拟合又称为曲线拟合，其目的就是在众多的样本点中进行拟合，找出满足样本点分布的多项式。这在分析实验数据，将实验数据做解析描述时非常有用。

命令格式：p＝polyfit（x，y，n）

解释说明：x 和 y 为样本点向量，n 为所求多项式的阶数，p 为求出的多项式。

【举例 24】　在 MATLAB 的编辑器窗口中键入如下命令语句，并保存为 exm_24.m：

```
% 拟合多项式举例
clear;clc;close;
x=0:0.1:2*pi;                       % 生成样本点 x
y=sin(x)+0.5*rand(size(x));         % 生成样本点 y,通过随机矩阵
p=polyfit(x,y,4)                    % 拟合出多项式(4 阶)
y1=polyval(p,x);                    % 求多项式的值
plot(x,y,'b+',x,y1,'-r','linewidth',3)   % 绘制多项式曲线,以验证结果
title('曲线拟合')
```

本例的执行结果如图 2－7 所示。

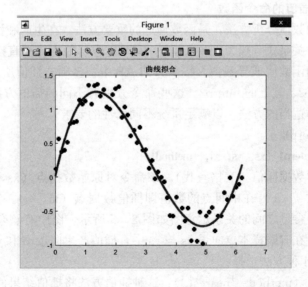

图 2－7　举例 24 的执行结果

命令格式：rand （m，n）

解释说明：表示产生一个 $m \times n$ 的随机矩阵。

例如：在 MATLAB 的命令窗口中键入如下命令语句：

```
>> rand(5,3)
```

本例的执行结果为：

```
ans=
    0.9501    0.7621    0.6154
    0.2311    0.4565    0.7919
    0.6068    0.0185    0.9218
    0.4860    0.8214    0.7382
    0.8913    0.4447    0.1763
```

类似地，还有一些常用的特殊矩阵，现总结如下：

（1）单位矩阵的命令格式：**eye （m，n）；eye （m）**说明：该命令表示产生 $m \times n$ 的单位矩阵或者 $m \times m$ 单位矩阵；

（2）零矩阵的命令格式：**zeros （m，n）；zeros （m）**说明：该命令表示产生 $m \times n$ 的零矩阵（各个元素均为 0）或者 $m \times m$ 零矩阵；

（3）一矩阵的命令格式：**ones （m，n）；ones （m）**说明：该命令表示产生 $m \times n$ 的一矩阵（各个元素均为 1）或者 $m \times m$ 一矩阵；

（4）对角矩阵的命令格式：对角元素向量 **V＝ ［a1，a2，…，an］；A＝diag （V）**

（5）返回矩阵 A 的行数或列数的命令格式：size （A）

（6）返回矩阵 A 的行数或列数最大值的命令格式：**length （A） ＝max （size （A） ）**

（7）返回矩阵 A 的行数 m 和列数 n 的命令格式：**［m，n］ ＝size （A）**

2.4.4　多项式插值的命令函数

插值法是实用的数值分析方法，是函数逼近的重要方法。在生产和科学实验中，自变量 x 与因变量 y 的函数关系式一般为 $y＝f （x）$，有时它也可能不能被直接写出来，而只能得到函数在若干个点的函数值或导数值。在 MATLAB 中，多项式插值所用命令有一维的 interp1、二维的 interp2、三维的 interp3。这些命令分别有不同的插值方法（method），设计者可以根据需要选择适当的方法，以满足系统不同属性的要求。

1. 命令函数 interp1

命令格式：yi＝interp1 （xs，ys，xi，'method'）

解释说明：一维数据插值（表格查找）。该命令对原始数据点（xs，ys）之间计算内插值。它找出一元函数 $f （x）$ 在中间点的数值即插值数据点（xi，yi）。其中函数 $f （x）$ 由所给数据决定。各个参量之间的关系示意图如图 2－8 所示，图中有意夸大了插值点与数据点两者之间的差别。在有限样本点向量 xs 与 ys 中，插值产生向量 xi 和 yi，所用方法定义在 method 中，有以下 4 种方法选择：

（1）邻近点插值（method＝'nearest'）：这种插值方法将插值结果的值设置为最近的数据点的值。该方法执行速度最快，输出结果为直角转折。

（2）线性插值（method＝'linear'），这种插值方法在两个数据点之间连接直线，根据给

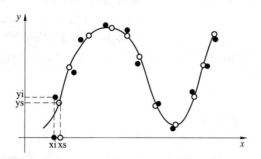

● 表示插值生成的数据点(xi, yi);　○ 表示原始数据点(xs, ys)

图 2-8　原始数据点与插值点关系示意图

定的插值点计算出它们在直线上的值,作为插值结果,该方法是 interp1 命令的默认方法。该方法在样本点上斜率变化很大。

(3) 三次样条插值(method='spline'):这种插值方法通过数据点拟合出三次样条曲线,根据给定的插值点计算出它们在曲线上的值,作为插值结果。该方法最花时间,但输出结果也最平滑。

(4) 立方插值(method='cubic'):这种插值方法通过分段立方 Hermite 插值方法计算插值结果。该方法最占内存,输出结果与三次样条插值 spline 差不多。

选择一种插值方法时,考虑的因素包括运算时间、占用计算机内存和插值的光滑程度。一般而言,插值的结果越光滑,所需的时间和内存的占用量就越大,反之亦然,对于上述的 4 种插值方法,可以作相对的比较。

命令格式：yi=interp1（xs，ys，xi）

解释说明:返回插值向量 yi,每一元素对应于参量 xi,同时由原始向量 xs 与 ys 的内插值决定。由参量 xs 指定数据 ys 的点。若 ys 为一矩阵,则按 ys 的每列计算。yi 是阶数为 length（xi）* size（ys,2）的输出矩阵。

命令格式：yi=interp1（ys，xi）

解释说明:假定 xs=1:N,其中 N 为向量 ys 的长度,或者为矩阵 ys 的行数。

【举例 25】　已知某电压传感器获取的测试值为 ys=［0, 0.8, 0.7, .6, .9, 1, 0, 0.1, -0.3, -0.7, -0.9, -0.2, -.1, 0, -.4, -.7, 0, 1］,试分别采用上述 4 种方法进行多项式插值,并绘制其曲线。在 MATLAB 编辑器窗口,中键入如下命令语句,并保存为 exm_25.m:

```
                              % 多项式插值举例
ys=[0,0.8,0.7,.6,.9,1,0,0.1,- 0.3,- 0.7,- 0.9,- 0.2,- .1,0,- .4,- .7,0,1];
                              % 已有的样本点 ys
xs= 0:length(ys)- 1;          % 已有的样本点 xs
x= 0:0.1:length(ys)- 1;       % 新的插值样本点 xi
y1= interp1(xs,ys,x,'nearest'); % 使用 nearest 方法插值产生新的样本点 yi1
y2= interp1(xs,ys,x,'linear');  % 使用 linear 方法插值产生新的样本点 yi2
y3= interp1(xs,ys,x,'spline');  % 使用 spline 方法插值产生新的样本点 yi3
```

```
y4= interp1(xs,ys,x,'cubic');              % 使用 cubic 方法插值产生新的样本点 yi4
plot(xs,ys,'+ k',x,y1,':r',x,y2,'- m',x,y3,'- - c',x,y4,'- - b','linewidth',3);
                                           % 分别绘制不同方法插值产生的多项式曲线
legend('sampled point','nearest','linear','spline','cubic');
title('多项式插值举例')
grid on
```

本例的执行结果如图 2-9 所示。

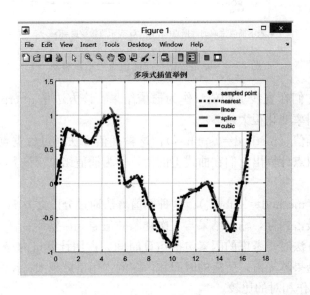

图 2-9 举例 25 的执行结果

2. 命令函数 interp2

命令格式之：zi＝interp2（xs，ys，zs，xi，yi，'method'）

解释说明：二维的 interp2 命令格式与一维的 interp1 相类似。返回矩阵 zi，其元素包含对应于参量 xi 与 yi（可以是向量或同型矩阵）的元素，即在有限样本点向量 xs 与 ys 中，它们的尺寸（长度）相同，且 $[xi(i,j), yi(i,j)] \rightarrow zi(i,j)$。用户可以输入行向量和列向量 xi 与 yi，此时，输出向量 zi 与矩阵 meshgrid（xi，yi）是同型的。同时取决于由输入矩阵 xs、ys 与 zs 确定的二维函数 zs＝f（xs，ys），zs 为二维函数数组。参量 xs 与 ys 必须是单调的，且有相同的划分格式，就像由命令 meshgrid 生成的一样。若 xi 与 yi 中有在 xs 与 ys 范围之外的点，则相应地返回 NAN（Not a Number）。xi 和 yi 分别为插值点的自变量数组，所用方法定义在 method 中，也有 4 种方法选择：邻近点插值 nearest、双线性插值 linear（默认算法）、三次样条插值 spline 和二重立方插值 cubic。

命令格式：zi＝interp2（zs，xi，yi）

解释说明：默认参数为：$xs＝1：n$、$ys＝1：m$，其中 $[m, n]＝size（zs）$，再按第一种情形进行插值计算。

命令格式：zi＝interp2（zs，n）

解释说明：作 n 次递归计算，在 zs 的每两个元素之间插入它们的二维插值，这样，zs

的阶数将不断增加。interp2（zs）等价于 interp2（zs，1）。

　　3. 命令函数 interp3

　　命令格式：vi＝interp3（xs，ys，zs，vs，xi，yi，zi，'method'）

　　解释说明：三维的 interp3 命令格式与二维的 interp2 类似。所用方法定义在 method 中，也有 4 种方法选择：邻近点插值 nearest、双线性插值 linear（默认算法）、三次样条插值 spline 和二重立方插值 cubic。

　　命令格式：vi＝interp3（xs，ys，zs，vs，xi，yi，zi）

　　解释说明：找出由参量 xs，ys，zs 决定的三元函数 vs＝V（xs，ys，zs）在点（xi，yi，zi）的值。参量 xi，yi，zi 是同型阵列或向量。若向量参量 xi，yi，zi 是不同长度、不同方向（行或列）的向量，这时输出参量 vi 与 Y1，Y2，Y3 为同型矩阵。其中 Y1，Y2，Y3 为用命令 meshgrid（xi，yi，zi）生成的同型阵列。若插值点（xi，yi，zi）中有位于点（xs，ys，zs）之外的点，则相应地返回特殊变量值 NaN。

　　命令格式：vi＝interp3（vs，xi，yi，zi）

　　解释说明：默认参数为：xs＝1：N，ys＝1：M，zs＝1：P，其中，[M，N，P]＝size（vs），再按上面的情形插值计算。

　　命令格式：vi＝interp3（vs，n）

　　解释说明：作 n 次递归计算，在 vs 的每两个元素之间插入它们的三维插值。这样，vs 的阶数将不断增加。interp3（vs）等价于 interp3（vs，1）。

　　【举例 26】　MATLAB 编辑器窗口，键入如下命令语句，并保存为 exm _ 26.m：

```
%命令函数 interp1、interp2 和 interp3 演示举例
x=0:10;y=sin(x);xi=0:.25:10;
yi=interp1(x,y,xi);
subplot(3,1,1)
plot(x,y,'o',xi,yi,'linewidth',3),title('一维插值')      %绘制一维插值的曲线
[x,y,z]=peaks(10);[xi,yi]=meshgrid(-3:.1:3,-3:.1:3);
zi=interp2(x,y,z,xi,yi);
subplot(3,1,2)
mesh(xi,yi,zi),shading flat,title('二维插值');          %绘制二维插值的曲线
[x,y,z,v]=flow(10);
[xi,yi,zi]=meshgrid(.1:.25:10,-3:.25:3,- 3:.25:3);
vi=interp3(x,y,z,v,xi,yi,zi);%  vi 是 25-by-40-by-25
subplot(3,1,3);
slice(xi,yi,zi,vi,[6,9.5],2,[- 2,.2])
shading interp
title('三维插值');                                    %绘制三维插值的曲线
```

本例的执行结果如图 2－10 所示。

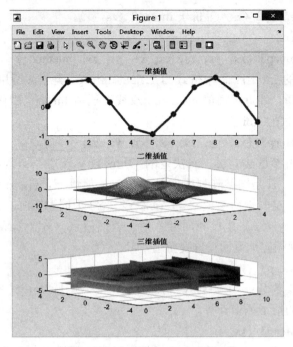

图 2-10 举例 26 的执行结果

2.5 数据处理与分析方法

2.5.1 数据的图形化表达

1. 命令函数 plot

命令格式：plot（x1，y1，option1，x2，y2，option2，…）

解释说明：x1，y1 给出的数据分别为 x，y 轴坐标值，option1 为选项参数，以逐点连折线的方式绘制第一个二维图形；同时类似地绘制第二个二维图形，……这是 plot 命令的完全格式，在实际应用中可以根据需要进行简化。比如：plot（x，y）；plot（x，y，option），选项参数 option 定义了图形曲线的颜色、线型及标示符号，它由一对单引号括起来。如命令语句：

```
>> plot(xs,ys,'+k',x,y1,':r',x,y2,'-m',x,y3,'--c',x,y4,'--b')
```

它就是一种典型的应用实例，可以将不同曲线以不同线条类型、线条颜色区别开来，增强文档的可读性。

2. 命令函数 fplot

命令格式：fplot（Fun，［XMIN XMAX］）

解释说明：它用于绘制类似函数 fun＝f（x）形式的曲线（即一元函数），只需指明横坐标 x 的取值范围［XMIN XMAX］即可。

3. 命令函数 subplot

命令格式：subplot（mnk）或者 subplot（m，n，k）

解释说明：它表示分割图形显示窗口，m 表示上下分割个数，n 表示左右分割个数，k

为子图编号。本书前面章节就已经使用过该命令函数，如本节举例 26 就是采取上下分割 3 个图，即 $m=3$，左右分割 1 个图，即 $n=1$。

4. 命令函数 mesh

命令格式：mesh（x，y，z）和 mesh（x，y，z，C）

解释说明：它们用于绘制类似 $z=f（x，y）$ 之类的二元函数，C 表示曲线的颜色，默认为高亮。

【**举例 27**】　考虑一个二元函数，其表达式为：

$$z=x e^{(-x^2-y^2)}$$

要用三维图形的方式表现出这个曲面，需在 MATLAB 的编辑器窗口中，键入以下命令语句，并保存为 exm＿27.m：

```
%命令函数 mesh 绘制二元函数
clear;clc;close;
[X,Y]=meshgrid(-2:.2:2,- 2:.2:2);
Z=X.*exp(-X.^2-Y.^2);                %二元函数
mesh(Z,'linewidth',3);title('二元函数曲线');    %绘制二元函数曲线
```

本例的执行结果如图 2-11 所示。

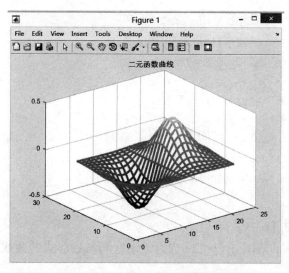

图 2-11　举例 27 的执行结果

5. 命令函数 ezplot

命令格式：ezplot（f）

解释说明：它用于绘制符号函数的图形。函数形式为 $f=f（x）$ 在自变量 x 为默认参数范围 $-2\pi < x < 2\pi$ 的曲线；或者绘制在默认的平面区域 $[-2\pi < x < 2\pi，-2\pi < y < 2\pi]$ 上的函数 $f（x，y）$ 的图形。

命令格式：ezplot（f，[min，max]）

解释说明：用于绘制函数形式为 $f=f（x）$ 在自变量 x 为 $min < x < max$ 范围时的曲线。

命令格式：ezplot（f，[xmin xmax]，fign）

　　解释说明：在指定标号 fign 的窗口中、指定的范围 [xmin xmax] 内画出函数 f＝f（x）的图形。

　　命令格式：ezplot（f，[xmin，xmax，ymin，ymax]）

　　解释说明：在平面矩形区域 [xmin＜x＜xmax，ymin＜y＜ymax] 上画出函数 f（x，y）＝0 的图形。

　　命令格式：ezplot（x，y）

　　解释说明：在默认的范围 0＜t＜2π 内画参数形式函数 x＝x（t）与 y＝y（t）的图形。

　　命令格式：ezplot（x，y，[tmin，tmax]）

　　解释说明：在指定的范围 [tmin＜t＜tmax] 内画参数形式函数 x＝x（t）与 y＝y（t）的图形。

　　举例说明，在 MATLAB 的命令窗口中，键入以下命令语句：

```
>> ezimplicit ('u^2-v^2-1',[-3,2,-2,3],'linewidth',3)
```

　　本语句用于绘制函数 u^2−v^2−1＝0 的曲线，且 u 的取值范围为：−3＜u＜2，v 的取值范围为：−2＜v＜3。

　　其他如：

```
>> ezplot('cos(x)')
>> ezplot('cos(x)',[0,pi])
>> ezplot('1/y-log(y)+log(-1+y)+x-1')
>> ezplot('x^2-y^2-1')
>> ezplot('x^2+y^2-1',[- 1.25,1.25]);
>> ezplot('x^3+y^3-5*x*y+1/5',[- 3,3])
>> ezplot('x^3+2*x^2-3*x+5-y^2')
>> ezplot('sin(t)','cos(t)')
>> ezplot('sin(3*t)*cos(t)','sin(3*t)*sin(t)',[0,pi])
>> ezplot('t*cos(t)','t*sin(t)',[0,4*pi])
```

　　6. 命令函数 ezplot3

　　命令格式：ezplot3（x，y，z）

　　解释说明：在默认的范围 0＜t＜2π 内，绘制空间参数形式的曲线 x＝x（t）、y＝y（t）与 z＝z（t）的图形。

　　命令格式：ezplot3（x，y，z，[tmin，tmax]）

　　解释说明：在指定的范围 tmin＜t＜ tmax 内，绘制空间参数形式为 $x＝x$（t）、$y＝y$（t）与 $z＝z$（t）的曲线。

　　命令格式：ezplot3（…，'animate'）

　　解释说明：以动画形式画出空间三维曲线。

　　2.5.2　函数求极值

　　在 MATLAB 中，求函数的极值，可以使用以下命令语句。

　　1. 命令函数 fmin

　　命令格式：X＝fmin（'Fun'，x1，x2）

解释说明：它表示将函数 $f(x)$ 在 $x1 < x < x2$ 范围内取得的最小值赋给 X。

2. 命令函数 fmins

命令格式：X＝fmins（'Fun'，x0)

解释说明：它表示将函数 $f(x)$ 在起始点 x0 处内取得的最小值赋给 X。

其他命令的使用方法，建议在 MATLAB 的命令窗口中键入类似命令"help max"了解数据分析命令语句，如：max, min, mean, sum, prod 等。

2.5.3 函数求零点

命令格式：X＝fzero（'Fun'，x0)

解释说明：它表示找出函数 F（x）的零点值，读者可以给出一个起始点 x0。

【举例28】 求表达式 $f(t) = (\sin^2 t)\, e^{-at} - b|t|$ 的零点，其中 $a = 0.1$，$b = 0.5$。

方法一：直接利用 MATLAB 的 fzero 命令语句，即直接在 MATLAB 的命令窗口中键入：

```
>> fzero('sin(t)^2*exp(-0.1*t)-0.5*abs(t)',0.1)
```

本例的执行结果为：

```
ans=
0.5993。
```

方法二：函数 $f(t) = (\sin^2 t)\, e^{-at} - b|t|$ 是以 t 为自变量，a 和 b 为参数。因此先构造如下的内联函数：

```
y=inline('sin(t)^2*exp(-a*t)-b*abs(t)','t','a','b');
```

再用作图法观察函数零点分布。

因此，在 MATLAB 的编辑窗口中键入如下命令，并保存为 exm_28.m：

```
%求函数零点举例
clc,clear
y=inline('sin(t)^2*exp(-a*t)-b*abs(t)','t','a','b');% 构造内联函数
a=0.1;b=0.5;t=-10:0.01:10;              %对自变量采样,采样步长不宜太大。
y_char=vectorize(y);                    %为避免循环,把 y 改写成适合数组运算形式。
Y=feval(y_char,t,a,b);                  %在采样点上计算函数值。
clf
plot(t,Y,'r','linewidth',3);
hold on
plot(t,zeros(size(t)),'k','linewidth',3);  %画坐标横轴
xlabel('t');ylabel('y(t)')
hold off
grid on
```

本例的执行结果如图 2-12 所示。

表 2-5 总结了用于数值分析的部分 MATLAB 命令函数的格式和用途。

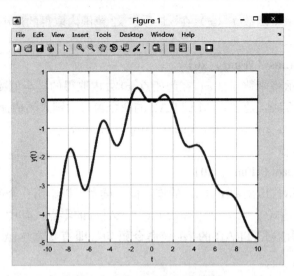

图 2-12　举例 28 的执行结果

表 2-5　　　　　　　　　　　　　数值分析的部分 MATLAB 命令函数

数值分析的 MATLAB 命令函数

命令函数的格式	描述
fplot（'fname'，[lb ub]）	绘出上下限之间的函数
fmin（'fname'，　　[lb ub]）	寻找上下限内的标量最小值
fmins（'fname'，x0）	寻找 x0 附近的向量最小值
fminbnd	由一有范围限制的变量找出函数的最小值
fminsearch	由几个变量找出函数的最小值
fzero（'fname'，x0）	寻找 x0 附近的标量函数的零点（解）
trapz（x，y）	给定数据点 x 和 y，计算 $y=f(x)$ 下的梯形面积积分
diff（x）	数组元素间的差分
[t，y]＝ode23（'fname'，t0，tf，y0）	用 2 阶/3 阶龙格—库塔算法解微分方程组
[t，y]＝ode45（'fname'，t0，tf，y0）	用 4 阶/5 阶龙格—库塔算法解微分方程组

2.5.4　数值积分

现将 MATLAB 中用于数值积分的部分命令函数汇集于表 2-6 中。

表 2-6　　　　　　　　　　　　　数值积分的部分 MATLAB 命令函数

	命令函数	描述
数值积分	quad	低阶数值估计积分
	quad8	高阶数值估计积分
	dblquad	二重积分

1. 符号解析法

【举例 29】　求积分表达式的精确值：$I = \int_0^1 e^{-x^2} dx$。

在 MATLAB 的命令窗口中键入：

```
>> syms x;
```

```
>> IS=int ('exp(-x*x)',x,0,1)        %求解析积分
>> VP=vpa(IS)                        %求所得解析积分的 32 位精度近似值
```

本例的执行结果为：

```
IS=

(pi^(1/2)*erf(1))/2

VP=


0.74682413281242702539946743613185
```

2. 利用 quad 和 quad8 求积分值

命令格式：quad ('Fun', A, B)

解释说明：Fun 表示要积分的函数表达式，A 和 B 分别表示积分的起点和终点，默认的误差为 $1.e-6$。

命令格式：quad ('Fun', A, B, TOL)

解释说明：Fun 表示要积分的函数表达式，A 和 B 分别表示积分的起点和终点，误差为 TOL（由读者自己设置）。

命令格式：quad8 ('Fun', A, B)

解释说明：Fun 表示要积分的函数表达式，A 和 B 分别表示积分的起点和终点，默认的相对误差为 $1.e-3$。

命令格式：quad8 ('Fun', A, B, TOL)

解释说明：Fun 表示要积分的函数表达式，A 和 B 分别表示积分的起点和终点，误差为 TOL（由读者自己设置）且 TOL= [rel_tol abs_tol]，其中 rel_tol 和 abs_tol 分别表示相对误差和绝对误差。

3. 样条函数积分法

举例说明，在 MATLAB 的命令窗口中键入以下语句：

```
>> xx=0:0.1:1.5;ff=exp(-xx.^2);     %产生被积函数的"表格"数据
>> pp=spline(xx,ff);                %由"表格"数据构成样条函数
>> int_pp=fnint(pp);                %求样条积分
>> Ssp=ppval(int_pp,[0,1])*[-1;1]   %据样条函数计算[0,1]区间的定积分
```

本例的执行结果为：

```
Ssp=

    0.7468
```

4. simulink 积分法

现将举例 29 利用 simulink 方式（本书以 MATLAB8.5 版本构建其仿真模型，因此 simulink 在软件中的版本也是 8.5 版本，即 simulink8.5，特此提醒），构建图 2-13 所示的仿真模型，现将其步骤简述如下：

(1) 调用相关功能模块：

1) 在 MATLAB 的 simulink 模块库中的 Sources 模块库中调出 Clock 模块（用于产生时间变量 t）；

2) 在 MATLAB 的 simulink 模块库中的 Math operations 模块库中调出 Product（乘积）、Gain（用于产生增益为－1）；

3) 在 MATLAB 的 simulink 模块库中调用 Mathfunction（获得指数函数 e^u）模块；

4) 在 MATLAB 的 simulink 模块库中的 Continuous 模块库中调出 Integrator（积分器）模块；

5) 在 MATLAB 的 simulink 模块库中的 Sinks 模块库中调出 Display 模块（用于显示积分结果）。

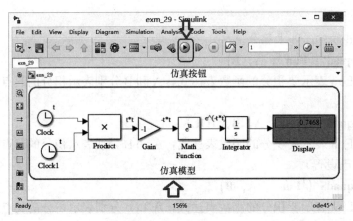

图 2-13   举例 29 利用 simulink 求解积分的仿真模型

(2) 然后分别连线，并保存为 exm_29. mdl。

(3) 设置仿真参数，其设置方法是：点击 Simulation 按钮，→点击 Model Configuration Parameters 按钮，→弹出其参数设置对话框，将 Simulation time 栏目中的 Start time 中填入 0，在 Stop time 中填入 1，其他为默认参数，如图 2-14 所示。

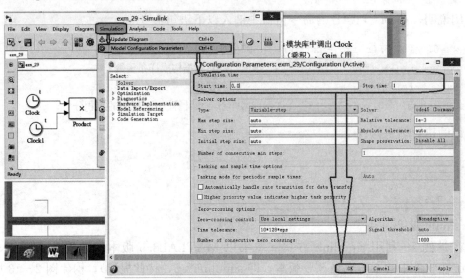

图 2-14   设置仿真参数

（4）开始仿真。→点击 OK，→点击仿真，→计算出积分值，如图 2 - 13 所示。

（5）分析仿真结果。本例的仿真结果为 0.7468。

关于利用 MATLAB8.5 的 simulink8.5 仿真工具进行仿真的操作方法，将在后续章节中详细介绍，此处仅仅是为了说明计算积分值的几种不同的方法，故只作简单介绍。

2.5.5　方程（组）求解

在 MATLAB 软件中，利用 solve 命令进行解方程（组）的运算，solve 命令格式为：

命令格式：g＝solve（'eqn'）

解释说明：它表示用来计算单一的方程，eqn 表示输入的方程，g 为输出方程的解。

命令格式：g＝solve（'eqn'，var）

解释说明：它表示用来计算单一的方程，eqn 表示输入的方程，g 为输出方程的解，var 用来指明待求变量。

命令格式：g＝solve（'eqn1'，'eqn2'，...，'eqnN'）

解释说明：它表示用来计算方程组，'eqn1'，'eqn2'，...，'eqnN'为输入的方程组，g 为输出方程组的解。

命令格式：g＝solve（'eqn1'，'eqn2'，...，'eqnN'，'var1，var2，...，varN'）

解释说明：它表示用来计算方程组，'eqn1'，'eqn2'，...，'eqnN'为输入的方程组，g 为输出方程组的解，'var1，var2，...，varN'用来指明每个方程的待求变量。

【举例 30】 求解一元二次方程，其表达式为：$x^2-20x+13=0$。

请在 MATLAB 的命令窗口中键入以下语句：

```
>> x=solve('x^2-20*x+13=0','x')
```

本例的执行结果为：

```
x=
[10+87^(1/2)]
[10-87^(1/2)]
```

【举例 31】 求解二元二次方程组，其表达式为：$\begin{cases} x^2+xy+y=3 \\ x^2-4x+13=0 \end{cases}$。

在 MATLAB 的命令窗口中键入以下语句：

```
>> [x,y]= solve('x^2+ x* y+ y= 3','x^2 - 4* x + 13= 0','x','y')
```

本例的执行结果为：

```
x=
[2+3*i]
[2-3*i]
y=
[-2/3-10/3*i]
[-2/3+10/3*i]
```

【举例 32】 求解带符号的二元二次方程组，其表达式为：$\begin{cases} au^2+v^2=0 \\ u-v=1 \\ a^2-5a+6=0 \end{cases}$

在 MATLAB 的命令窗口中键入以下语句：

```
>> [a,u,v]=solve('a*u^2+v^2','u-v=1','a^2-5*a+6')
```

本例的执行结果为：

```
a=

2
2
3
3


u=

1/3-(2^(1/2)*1i)/3
(2^(1/2)*1i)/3+1/3
1/4-(3^(1/2)*1i)/4
(3^(1/2)*1i)/4+1/4


v=

-(2^(1/2)*1i)/3-2/3
  (2^(1/2)*1i)/3-2/3
-(3^(1/2)*1i)/4-3/4
  (3^(1/2)*1i)/4-3/4
```

2.5.6　求函数极限

在 MATLAB 软件中，利用 limit 命令计算函数的极限，limit 命令格式如下：

命令格式：limit（F，x，a）

解释说明：它用来计算函数在 $x \rightarrow a$ 时的极限，其中 F 为输入函数，x 为自变量，a 为常数，输出值为函数极限。

命令格式：limit（F，a）

解释说明：它用来计算函数在 $x \rightarrow a$ 时的极限，其中 F 为输入函数，自变量省略，a 为常数，输出值为函数极限。

命令格式：limit（F）

解释说明：它用来计算函数在 $x \rightarrow 0$ 时的极限，其中 F 为输入函数，自变量省略，a 为常数 0，输出值为函数极限。

命令格式：limit（F，x，a，'right'）

解释说明：用来计算函数的右极限，F 为输入函数，x 为自变量，a 为常数，输出值为函数右极限。

命令格式：limit（F，x，a，'left'）

解释说明：用来计算函数的左极限，F 为输入函数，x 为自变量，a 为常数，输出值为函数左极限。

【举例 33】　在 MATLAB 的命令窗口中键入以下语句：

```
>> syms x a t h;
>> limit(sin(x)/x)
```
本例的执行结果为：ans=1。
```
>> limit((x-2)/(x^2-4),2)
```
本例的执行结果为：ans=1/4。
```
>> limit((1+2*t/x)^(3*x),x,inf)
```
本例的执行结果为：ans=exp(6*t)。
```
>> limit(1/x,x,0,'right')
```
本例的执行结果为：ans=inf。
```
>> limit(1/x,x,0,'left')
```
本例的执行结果为：ans=-inf。
```
>> limit((sin(x+h)-sin(x))/h,h,0)
```
本例的执行结果为：ans=cos(x)。
```
>> v=[(1+a/x)^x,exp(-x)];
>> limit(v,x,inf,'left')
```
本例的执行结果为：
```
ans=[ exp(a),        0]
```

2.5.7　Taylor 级数分析方法

【举例 34】　设解析函数为：$f(x)=(x\sin x)^2$，利用 MATLAB 的运算工具箱可以对该函数进行解析推导，得出诸如高阶导数、积分、Taylor 幂级数展开等重要内容。

首先来复习一下解析函数 $f(x)$ 在 a 点的 Taylor 级数展开的表达式为

$$f(x)=\sum_{n=0}^{\infty}\frac{f^{(n)}(a)}{n!}(x-a)^n \tag{2-4}$$

命令格式：r＝taylor（f, n, v）

解释说明：返回符号表达式 f 中的指定的符号自变量 v（若表达式 f 中有多个变量时）的 $n-1$ 阶的 Maclaurin 多项式（即在零点附近 $v=0$ 近似式），其中 v 可以是字符串或符号变量。

命令格式：r＝taylor（f）

解释说明：返回符号表达式 f 中的符号变量 v 的 6 阶的 Maclaurin 多项式（即在零点附近 v=0 近似式），其中 v=findsym（f）。

命令格式：r＝taylor（f, n, v, a）

解释说明：返回符号表达式 f 中的指定的符号自变量 v 的 $n-1$ 阶的 Taylor 级数（在指定的 a 点附近即 $v=a$）的展开式。其中 a 可以是数值、符号、代表数字值的字符串或未知变量。需要指出的是，用户可以任意的次序输入参量 n、v 与 a，命令 taylor 能从它们的位置与类型确定它们的目的。

举例说明，在 MATLAB 的命令窗口中键入以下语句：

```
>> taylor(x^2*(sin(x))^2,'order',15)
```

执行结果为：

```
ans=

-(2*x^14)/467775+(2*x^12)/14175-x^10/315+(2*x^8)/45-x^6/3+x^4
>> syms x;f='x^2*(sin(x))^2';
>> diff(f)
```

本例的执行结果为：ans＝2＊x＊sin（x）^2＋2＊x^2＊sin（x）＊cos（x）。

继续在 MATLAB 的命令窗口中键入以下语句：

```
>> taylor(2*sin(x)^2+8*x*sin(x)*cos(x)+2*x^2*cos(x)^2-2*x^2*sin(x)^2,'order',5)
```

执行结果为：

```
ans=

-10*x^4+12*x^2
```

2.5.8 傅里叶（Fourier）变换

由于傅里叶变换具有明确的物理意义，即变换反映了信号包含的频率内容，因此傅里叶变换是信号处理中最基本的也是最常用的变换。在 MATLAB 软件中，给出了快速傅里叶变换的命令函数 fft（），它是应用最广泛的信号处理方法，所以，$X＝$fft（x）和 $x＝$ifft（X）实现了对给定长度为 N 的矢量的傅里叶变换和傅里叶反变换。

MATLAB 还提供了其他内置命令函数，如：fft2，ifft2，fftn，ifftn，fftshift，ifftshift 等一些重要命令函数来计算数据的离散快速傅里叶变换及其反变换。在数据的长度是 2 的幂次时，采用基－2 算法进行计算，计算速度会显著增加，因此，只要可能，就应当尽量使数据长度为 2 的幂次或者用零来填补数据。

函数 $X＝$fft（x）和 $x＝$ifft（X）分别作数据的傅里叶变换和傅里叶反变换，如果 x 和 X 都是长度为 N 的向量，那么两个函数采用的公式分别为

$$X(k)=\sum_{j=1}^{N}x(j)W_N^{(j-1)(k-1)} \quad k=1,2,3,\cdots N \tag{2-5}$$

$$x(j)=\frac{1}{N}\sum_{k=1}^{N}X(k)W_N^{(j-1)(k-1)} \quad j=1,2,3,\cdots N \tag{2-6}$$

式中 W_N 为 $W_N＝e^{-2\pi j/N}$。下面我们分别介绍 MATLAB 中用于计算快速傅里叶变换的命令函数的具体用法。

1. 命令函数 fft

命令格式：fft（X）

解释说明：如果 X 是向量，则采用快速傅里叶变换算法做 X 的离散傅里叶变换；如果 X 是矩阵，则计算矩阵每一列的傅里叶变换；如果 X 是多维数组，则对第一个非单元素的维进行计算。

命令格式：fft（X，N）

解释说明：用参数 N 限制 X 的长度，如果 X 的长度小 N，则用 0 补足，如果 X 的长度大于 N，则去掉长出的部分。

命令格式：fft（X，[]，DIM）或者 fft（X，N，DIM）

解释说明：在参数 DIM 指定维上进行傅里叶变换。命令 ifft 的用法类同 fft。

【举例 35】 假设已知来自某个传感器的模拟信号为

$$x(t) = 2\sin(2 \times \pi \times 50 \times t) + 1\sin(2 \times \pi \times 120 \times t) + 1.5\sin(2 \times \pi \times 200 \times t)$$

由于噪声的干扰，来自某个传感器的模拟信号中还会叠加了随机噪声信号（假设随机噪声的幅值为 0.5V），下面借助于傅里叶变换方法，将来自于传感器叠加了随机噪声信号的模拟信号进行傅里叶变换。在 MATLAB 的编辑器中，键入以下命令并保存为 exm_35.m：

```
% 分析传感器输出信号的频域特性
t=0:0.001:0.6;                       %采样周期为 0.001s,即采样频率为 1000Hz
x=2*sin(2*pi*50*t)+1*sin(2*pi*120*t)+1.5*sin(2*pi*50*t);%来自某个传感器的模拟信号
y=x+0.5* randn(size(t));             %来自某个传感器的模拟信号叠加有随机噪声信号
subplot(2,1,1)
plot(y(1:50),'r','linewidth',3);  %画出 y 的曲线
title('传感器叠加有随机噪声信号的输出信号');
Y=fft(y,512);    %将来自于传感器叠加有随机噪声信号的模拟信号进行傅里叶变换
f=1000*(0:256)/512;                  %设置频率轴坐标,1000 是采样频率
subplot(2,1,2)
plot(f,Y(1:257),'linewidth',3);  %绘制频域图形
title('传感器叠加有随机噪声信号的输出信号的频域特性');
```

本例的执行结果如图 2-15 所示。

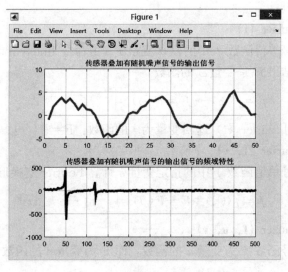

图 2-15 举例 35 的执行结果

现将其他常用于信号处理方面的命令总结于表 2-7 中，有关它们的详细用法请翻阅相关参考书，或者在 MATLAB 的命令窗口中键入格式为 "help+该命令语句" 如：

```
>> helpfft
```

即可看到有关它们的更详细的帮助信息，恕此处不再赘述。

表 2 - 7　　　　　　　　　　　**常用于信号处理方面的命令函数**

命令函数	描述	命令函数	描述
conv	卷积	conv2	二维卷积
fft	快速傅里叶变换	fft2	二维快速傅里叶变换
ifft	快速傅里叶反变换	ifft2	二维快速傅里叶反变换
filter	离散时间滤波器	filter2	二维离散时间滤波器
abs	幅值	angle	四个象限的相角
unwrap	在 360°边界清除相角突变	nextpow2	2 的下一个较高幂次
fftshift	把 FFT 结果平移到负频率上		

现复习一下傅里叶级数的展开式

$$f(x) = \frac{a_0}{2} + \sum_{k=1}^{\infty} [a_k \cos(kx) + b_k \sin(kx)] \tag{2-7}$$

把它沿区间 $[-\pi, \pi]$ 积分，可得傅里叶级数展开式的系数分别为

$$a_0 = \frac{1}{\pi} \int_{-\pi}^{\pi} f(x) \mathrm{d}x \tag{2-8}$$

$$a_k = \frac{1}{\pi} \int_{-\pi}^{\pi} f(x) \cos(kx) \mathrm{d}x, \quad k = 1, 2, 3, \cdots \tag{2-9}$$

$$b_k = \frac{1}{\pi} \int_{-\pi}^{\pi} f(x) \sin(kx) \mathrm{d}x, \quad k = 1, 2, 3, \cdots \tag{2-10}$$

2. 命令函数 fourier

命令格式：F＝fourier（f）

解释说明：对符号单值函数 f 中的默认变量 x（由命令 findsym 确定）计算 Fourier 变换形式。默认的输出结果 F 是变量 ω 的函数

$$f = f(x) \rightarrow F = F(\omega) = \int_{-\infty}^{\infty} f(x) \mathrm{e}^{-\mathrm{j}\omega x} \mathrm{d}x \tag{2-11}$$

若 $f = f(\omega)$，则 fourier（f）返回变量为 t 的函数：$F = F(t)$。

命令格式：F＝fourier（f, v）

解释说明：对符号单值函数 f 中的指定变量 v 计算 Fourier 变换形式

$$f = f(\oplus) \Rightarrow F = F(v) = \int_{-\infty}^{\infty} f(x) \mathrm{e}^{-\mathrm{j}vx} \mathrm{d}x \tag{2-12}$$

命令格式：F＝fourier（f, u, v）

解释说明：令符号函数 f 为变量 u 的函数，而 F 为变量 v 的函数

$$f = f(\oplus) \Rightarrow F = F(v) = \int_{-\infty}^{\infty} f(u) \mathrm{e}^{-\mathrm{j}vu} \mathrm{d}u \tag{2-13}$$

3. 命令函数 ifourier

命令格式：f＝ifourier（F）

解释说明：输出参量 $f = f(x)$ 为默认变量为角频率 ω 的标量符号对象 F 的逆 Fourier 积分变换。即：$F = F(w) \rightarrow f = f(x)$。若 $F = F(x)$，ifourier（F）返回变量 t 的函数：即：$F = F(x) \rightarrow f = f(t)$。逆 Fourier 积分变换定义为

$$f(x) = \frac{1}{2\pi} \int_{-\infty}^{+\infty} F(\omega) \mathrm{e}^{\mathrm{j}\omega x} \mathrm{d}\omega \qquad (2-14)$$

命令格式：f＝ifourier（F，u）

解释说明：使函数 f 为变量 u（u 为标量符号对象）的函数

$$f(u) = \frac{1}{2\pi} \int_{-\infty}^{+\infty} F(\omega) \mathrm{e}^{\mathrm{j}\omega u} \mathrm{d}\omega \qquad (2-15)$$

命令格式：f＝ifourier（F，v，u）

解释说明：使 F 为变量 v 的函数，f 为变量 u 的函数

$$f(u) = \frac{1}{2\pi} \int_{-\infty}^{+\infty} F(v) \mathrm{e}^{\mathrm{j}vu} \mathrm{d}v \qquad (2-16)$$

2.5.9　其他变换

1. 命令函数 laplace

命令格式：L＝laplace（F）

解释说明：输出参量 $L＝L$（s）为默认符号自变量 t 的标量符号对象 F 的 Laplace 变换。即：$F＝F$（t）→$L＝L$（s）。若 $F＝F$（s），则命令 laplace（F）返回变量为 t 的函数 L。即：$F＝F$（s）→$L＝L$（t）。Laplace 变换定义为

$$L(s) = \int_0^\infty F(t) \mathrm{e}^{-st} \mathrm{d}t \qquad (2-17)$$

命令格式：laplace（F，t）

解释说明：使函数 L 为变量 t（t 为标量符号自变量）的函数

$$L(s) = \int_0^\infty F(x) \mathrm{e}^{-sx} \mathrm{d}x \qquad (2-18)$$

命令格式：laplace（F，w，z）

解释说明：使 L 为变量 z 的函数，F 为变量 w 的函数

$$L(z) = \int_0^\infty F(\omega) \mathrm{e}^{-z\omega} \mathrm{d}\omega \qquad (2-19)$$

2. 命令函数 ilaplace

命令格式：F＝ilaplace（L）

解释说明：输出参量 $F＝F$（t）为默认变量 s 的标量符号对象 L 的逆 Laplace 变换，即：$F＝F$（w）→$f＝f$（x）。若 $L＝L$（t），则命令 ilaplace（L）返回变量为 x 的函数 F，即：$F＝F$（x）→$f＝f$（t）。逆 Laplace 变换定义为

$$F(t) = \int_{c-\mathrm{j}\infty}^{c+\mathrm{j}\infty} L(s) \mathrm{e}^{st} \mathrm{d}s \qquad (2-20)$$

式中 c 为使函数 L（s）所有奇点位于直线 $s＝c$ 左边的实数。

命令格式：F＝ilaplace（L，y）

解释说明：使函数 F 为变量 y（y 为标量符号对象）的函数

$$F(y) = \int_{c-\mathrm{j}\infty}^{c+\mathrm{j}\infty} L(y) \mathrm{e}^{sy} \mathrm{d}s \qquad (2-21)$$

命令格式：F＝ilaplace（L，y，x）

解释说明：使 F 为变量 x 的函数，L 为变量 y 的函数

$$F(x) = \int_{c-j\infty}^{c+j\infty} L(y)e^{xy}dy \qquad (2-22)$$

3. 命令函数 ztrans

命令格式：F＝ztrans（f）

解释说明：对默认自变量为 n（就像由命令 findsym 确定的一样）的单值函数 f 计算 z -变换。输出参量 F 为变量 z 的函数：$f=f(n) \rightarrow F=F(z)$。函数 f 的 z 变换定义为

$$F(z) = \sum_{n=0}^{\infty} \frac{f(n)}{z^n} \qquad (2-23)$$

若函数 $f=f(z)$，则命令 ztrans（f）返回一变量为 w 的函数：$f=f(z) \rightarrow F=F(w)$。

命令格式：F＝ztrans（f，w）

解释说明：用符号变量 w 代替默认的 z 作为函数 F 的自变量，即

$$F(\omega) = \sum_{n=0}^{\infty} \frac{f(n)}{\omega^n} \qquad (2-24)$$

命令格式：F＝ztrans（f，k，w）

解释说明：对函数 f 中指定的符号变量 k 计算 z 变换，即

$$F(\omega) = \sum_{n=0}^{\infty} \frac{f(k)}{\omega^n} \qquad (2-25)$$

4. 命令函数 iztrans

命令格式：f＝iztrans（F）

解释说明：输出参量 $f=f(n)$ 为默认变量 z 的单值符号函数 F 的逆 z 变换。即：$F=F(z) \rightarrow f=f(n)$。若 $F=F(n)$，则命令 iztrans（F）返回变量为 k 的函数 $f(k)$。即：$F=F(n) \rightarrow f=f(k)$。逆 z 变换定义为

$$f(n) = \frac{1}{2\pi i} \oint_{|z|=R} F(z)z^{n-1}dz \qquad (2-26)$$

式中 $n=1, 2, 3, \cdots$。其中 R 为一正实数，它使函数 F（z）在圆域之外 $|z| \geqslant R$ 是解析的。

命令格式：f＝iztrans（F，k）

解释说明：使函数 f 为变量 k（k 为标量符号对象）的函数 $f(k)$

$$f(k) = \frac{1}{2\pi i} \oint_{|z|=R} F(z)z^{k-1}dz \qquad (2-27)$$

式中 $k=1, 2, 3, \cdots$。

命令格式：f＝iztrans（F，w，k）

解释说明：使函数 F 为变量 w 的函数，f 为变量 k 的函数

$$f(k) = \frac{1}{2\pi i} \oint_{|\omega|=R} F(\omega)\omega^{k-1}d\omega \qquad (2-28)$$

式中 $k=1, 2, 3,...$

练　习　题

1. 已知某个 RC 电路的端电压的表达式为：$u=6\mathrm{e}^{-2t}$，$t=0\sim10\mathrm{s}$ 时，试绘制电压的波形。

提示：在 MATLAB 的 M 编辑器中键入以下命令语句，并保存为 ex_1. m：

```
%%%%%%%%%%%%%%%%%%%%%%%%%%%%%%%%%%%%%%
% RC电路习题
clear,clc,close
t=%0:0.5:10;u=6*exp(-2*t);
plot(t,u,'linewidth',3);
title('RC电路的电压响应曲线');xlabel('时间/s');ylabel('电压/V')
grid on
%%%%%%%%%%%%%%%%%%%%%%%%%%%%%%%%%%%%%%
```

本题的执行结果如图 2-16 所示。

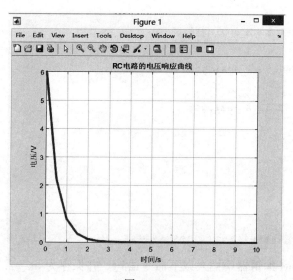

图 2-16

2. 一个 3-bit 的 A/D 转换器，其输入和输出量分别为 x 和 y，它们满足：

$$\begin{bmatrix} y=0 & x<-2.5 \\ y=1 & -2.5\leqslant x\leqslant-1.5 \\ y=2 & -1.5\leqslant x\leqslant-0.5 \\ y=3 & -0.5\leqslant x\leqslant0.5 \\ y=4 & 0.5\leqslant x\leqslant1.5 \\ y=5 & 1.5\leqslant x\leqslant2.5 \\ y=6 & 2.5\leqslant x\leqslant3.5 \\ y=7 & x>3.5 \end{bmatrix}$$

试用 MATLAB 编制程序求当输入分别为一1.24、2.56 和 6.1 时其输出的数字量。

提示：首先构建一个反映 A/D 转换器功能的函数 bitatd _ 3. m：

```
%%%%%%%%%%%%%%%%%%%%%%%%%%%%%%%%%%%%%%%%
function Y_dig=bitatd_3(X_analog)
%
% bitatd_3 函数是自制的用于求得 A/D 变换器的数字量
% 使用方法：Y_dig=bitatd_3(X_analog)
% Y_dig 是数字量（整数形式）
% X_analog 是模拟输入（以十进制方式）
if X_analog<-2.5
Y_dig=0;
elseif X_analog >=-2.5 & X_analog<-1.5
Y_dig=1;
elseif X_analog>=-1.5 & X_analog<-0.5
Y_dig=2;
elseif X_analog>=-0.5 & X_analog<0.5
Y_dig=3;
elseif X_analog>=0.5 & X_analog<1.5
Y_dig=4;
elseif X_analog>=1.5 & X_analog<2.5
Y_dig=5;
elseif X_analog>=2.5 & X_analog<3.5
Y_dig=6;
else
Y_dig=7;
end
Y_dig;
End
%%%%%%%%%%%%%%%%%%%%%%%%%%%%%%%%%%%%%%%%
```

在 MATLAB 的 M 编辑器中键入以下命令语句，并保存为 ex _ 2. m：

```
% 求解 A/D 变换器的数字量
clear,clc,close;
X1=-1.24;
y1=bitatd_3(X1);
X2=2.56;
y2=bitatd_3(X2);
X3= 6.1;
y3=bitatd_3(X3);
y=[y1,y2,y3]
%%%%%%%%%%%%%%%%%%%%%%%%%%%%%%%%%%%%%%%%
```

3. 求图 2 - 17 所示电路中的电流 I_1、I_2 和 I_3 值。

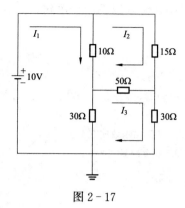

图 2 - 17

提示：根据环路 1 列写方程：

$$10(I_1 - I_2) + 30(I_1 - I_3) - 10 = 0 \rightarrow 化简可得 \ 40I_1 - 10I_2 - 30I_3 = 10$$

根据环路 2 列写方程：

$$10(I_2 - I_1) + 15I_2 + 5(I_2 - I_3) = 0 \rightarrow 化简可得 -10I_1 + 30I_2 - 5I_3 = 0$$

根据环路 3 列写方程：

$$30(I_3 - I_1) + 5(I_3 - I_2) + 30I_3 = 0 \rightarrow 化简可得 -30I_1 - 5I_2 + 65I_3 = 0$$

化简得到矩阵式：

$$\begin{bmatrix} 40 & -10 & -30 \\ -10 & 30 & -5 \\ -30 & -5 & 65 \end{bmatrix} \begin{bmatrix} I_1 \\ I_2 \\ I_3 \end{bmatrix} = \begin{bmatrix} 10 \\ 0 \\ 0 \end{bmatrix}$$

在 MATLAB 的 M 编辑器中键入以下命令语句，并保存为 ex_3.m：

```
%%%%%%%%%%%%%%%%%%%%%%%%%%%%%%%%%%%%%%%
% 电路计算分析
clear,clc,close
Z=[40,-10,-30;-10,30,-5;-30,-5,65];V=[10,0,0]';
I=inv(Z)*V;            % 求解电流 I1、I2、I3
%%%%%%%%%%%%%%%%%%%%%%%%%%%%%%%%%%%%%%%
```

本题的执行结果为：

```
I=

0.4753
0.1975
0.2346
```

4. 考虑一个二元函数

$$z = 3(1-x)^2 e^{-x^2/2 - (y+1)^2} - 10 \left(\frac{x}{5} - x^3 - y^5 \right) e^{-x^2 - y^2} - \frac{1}{3} e^{-(x+1)^2 - y^2}$$

绘制其曲线。

```
%%%%%%%%%%%%%%%%%%%%%%%%%%%%%%%%%%%%%%%
```

在 MATLAB 的编辑器窗口中，键入以下命令语句，并保存为 ex_4.m：

```
% 绘制二元函数
clear;clc;close;
[x,y]=meshgrid(-2:.2:2,-2:.2:2);
z=3*(1-x).^2.*exp(-(x.^2)-(y+1).^2)-10*(x/5-x.^3-y.^5).*exp(-x.^2-y.^2)-1/3*exp
(-(x+1).^2-y.^2);
mesh(z,'linewidth',3),title('二元函数曲线');
%%%%%%%%%%%%%%%%%%%%%%%%%%%%%%%%%%%%%%%%
```

本题的执行结果如图 2-18 所示。

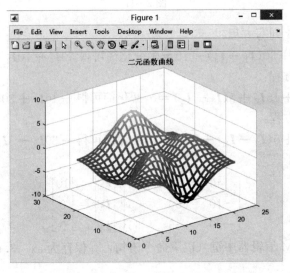

图 2-18

5. 作出函数图形，并标注最大值点：$y = e^{-2t} \sin(3t) \quad 0 \leqslant t \leqslant 10$。

%%

在 MATLAB 的编辑器窗口中，键入以下命令语句，并保存为 ex_5.m：

```
% 作出函数图形,并标注最大值点
clear;clc;close;                          % 清除内存变量
t=0:0.01:10;                              % 时间 t 从 0 到 10 每隔 0.01 均匀采样
y=exp(-2*t).*sin(3*t);                    % 对应每一个 t 求 y 值
[y_max,i_max]=max(y);                     % 求最大值 y_max 及其下标 i_max
t_text=['t=',num2str(t(i_max))];          % 横坐标字符串
y_text=['y=',num2str(y_max)];             % 纵坐标字符串
max_text=char('Maxium',t_text,y_text);    % 三行字符来标识最大值点
Title=['y=exp(-2*t).*sin(3*t)'];          % 图名称字符串
figure                                    % 新建一个图形窗
plot(t,zeros(size(t)),'k-','linewidth',3) % 画一条黑色的水平线
hold on                                   % 保持图形不被清除
```

```
plot( t,y,'b. ','linewidth',3)                    % 蓝色实线画曲线 y(t)
plot( t(i_max),y_max,'r* ','MarkerSize',20);      % 大小为 20 的红圆点标记最大值点
text( t(i_max)+0.3,y_max+0.05,max_text );         % 在最大值点附近显示注释字符
title( Title );    xlabel( 't' );  ylabel( 'y' )  % 显示图名、横坐标名、纵坐标名
hold off                                           % 取消图形保持
grid on
%%%%%%%%%%%%%%%%%%%%%%%%%%%%%%%%%%%%%%%%%%
```

本题的执行结果如图 2 - 19 所示。

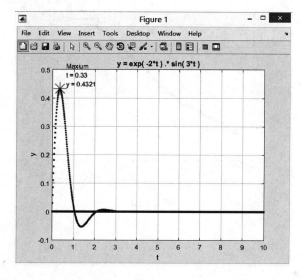

图 2 - 19

6. 某电流传感器采集某逆变器输出电流的读数分别为：75.995，91.972，105.711，123.203，131.699，150.697，179.323，203.212，226.505，249.633，256.344，267.893（单位：A），拟合多项式。

```
%%%%%%%%%%%%%%%%%%%%%%%%%%%%%%%%%%%%%%%%%%
```

在 MATLAB 的编辑器窗口中，键入以下命令语句，并保存为 ex _ 6.m：

```
% 拟合多项式举例
ys=[75. 995,91. 972,105. 711,123. 203,131. 699,150. 697,179. 323,203. 212,226. 505,249. 633,
256. 344,267. 893];
                              % 已有的样本点 ys
xs= 0:length(ys)-1;           % 已有的样本点 xs
p1=polyfit(xs,ys,4)           % 拟合出多项式(4 阶)
y1=polyval(p1,xs);            % 求多项式的值
p2=polyfit(xs,ys,8)           % 拟合出多项式(4 阶)
y2=polyval(p2,xs);
plot(xs,ys,'b+',xs,y1,'-r',xs,y2,'-g','linewidth',3)    % 绘制多项式曲线,以验证结果
title('曲线拟合')
```

```
legend('采样点','4 次拟合','8 次拟合');
grid on
%%%%%%%%%%%%%%%%%%%%%%%%%%%%%%%%%%%%%%%%%%%
```

本题的执行结果如图 2-20 所示。

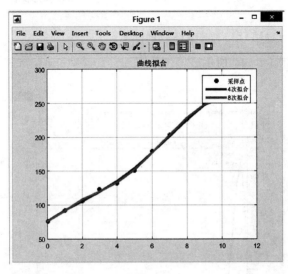

图 2-20

第3章 MATLAB软件的程序设计方法

在本书的第一章中已经初步介绍了用 MATLAB8.5 编写的简单程序。本章将继续通过大量的例题分析，较为系统地介绍利用 MATLAB 语言进行程序设计的基本方法与重要步骤，以期帮助读者理解和掌握 MATLAB 的编程技巧。

3.1 简介 M 文件

3.1.1 M 文件的功能和特点

MATLAB 软件发展至 MATLAB8.5 版本，已经形成一个强有力的集成操作环境，集中表现为，它提供了完整而易于使用的编程语言。

（1）形式方面：MATLAB 程序文件是一个 ASCII 码文件（标准的文本文件），扩展名为 .m，它包括了 MATLAB 语言代码，因此被称为 M 文件。可以用任何一个文本编辑器编辑 M 文件，当然，MATLAB 自带的编辑器比较好用。

（2）特征方面：作为解释性编程语言，MATLAB 软件的优点是语法简单，程序容易调试，人机交互性强；缺点是由于逐句解释运行程序，故速度比编译型的慢。但是运行进度较慢仅在 M 文件初始运行时较明显，因为 M 文件一经运行便变成代码存放在内存中。再次运行该文件时，MATLAB 将直接从内存中取出代码运行，大大加快了运行速度。

（3）功能方面：M 文件大大扩展了 MATLAB 的能力。Mathworks 公司推出的一系列工具箱（Toolbox）就是明证。通过工具箱，MATLAB 才能被应用到自动控制、信号处理、小波分析、系统辨识、图像处理、算法优化、样条分析、神经网络、财政金融等各个方面，而这一系列工具箱全部是由 M 文件构成的。从这一点上来讲，可以说如果不使用 M 文件，那么，仅仅应用了 MATLAB 功能的很小一部分。

M 文件有两种形式或者两种基本功能：①命令文件（Script File），它用于执行一系列 MATLAB 语句，运行时只需输入文件名字，MATLAB 就会自动按照顺序执行文件中的命令。②函数文件（Function File），函数定义完毕后，函数文件接受输入参数并产生输出，就可以在 MATLAB 的命令窗口中直接调用它，也可以在程序脚本里调用它。和命令文件不同，函数文件可以接受参数，也可以返回参数，在一般情况下不能直接在 MATLAB 的命令窗口中靠单独键入函数文件名来运行它，而必须由其他语句来调用它。

3.1.2 创建 M 文件的方法

首先点击 MATLAB 软件界面左上角"HOME"菜单项→点击 New Script，就可以新建一个 M 文件，如图 3-1 所示。

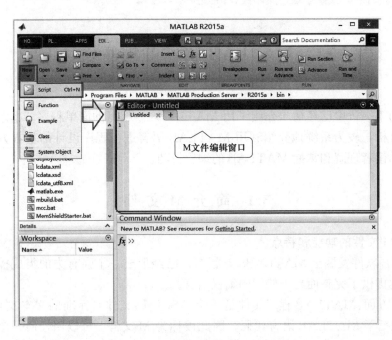

图 3-1 创建 M 文件的方法

3.2 学习 M 函数文件

3.2.1 简介 M 函数文件

如果 M 文件的第一行包含关键词"function"，则该 M 文件就是 M 函数文件。每个函数文件都定义一个函数。事实上，MATLAB 软件提供的函数命令大部分都是由 M 函数文件定义的，足见其重要性。从使用角度来看，M 函数就是一个"黑匣子"，把一些数据送进去，经加工处理，把结果送出来。从表现形式来看，M 函数文件与 M 命令文件的区别表现在：命令文件的变量在文件执行完后保留在内存中；而函数文件内定义的变量仅在函数文件内部起作用，当函数文件执行完毕，这些内部变量将被清除。

3.2.2 构建 M 函数文件的方法

由于 M 函数文件是用来定义一个函数的，因此，在其定义过程中，必须指定它的函数名和输入输出参数，并由 MATLAB 语句序列给出一系列的操作和处理，从而生成所需要的数据。下面让我们来看关于 M 命令文件和 M 函数文件的具体应用示例。

首先，我们以一个数学问题的求解为例，分析在 MATLAB 中利用定义的 M 函数文件，解决工程问题时所涉及的基本方法和必要步骤。

【举例 1】 已知函数表达式为 $f(x, y, z) = x^2 + 2.5\sin(y) - z^2 x^2 y^2$。现在，我们以 $x = -0.6$，$y = -1.2$，$z = 0.135$ 为起始点，找出该函数的极值点。

利用 MATLAB 软件，定义函数的 M 文件的基本方法和步骤如下：

步骤 1：按照前面讲授的方法，创建一个 M 文件；

步骤 2：在 MATLAB 的编辑器键入以下内容，→点击保存，系统自动保存名为 solve_1. m

的 M 文件，如图 3-2 所示：

```
function f=solve_1 (v)
                        % 求解三元函数极值的 M 函数文件
x=v(1);y= v(2);z=v(3);      % 首先定义起始点：x,y,z
f=x. ^2+2.5*sin(y)-z^2*x^2*y^2;
```

图 3-2　创建 M 函数文件 solve_1.m

步骤 3：在 MATLAB 的编辑器中键入以下内容，并保存为，exm_1.m：

```
% 求解三元函数极值的 M 命令文件
v= [- 0.6,- 1.2,0.135];           % 给出初始值
a=fminsearch(' solve_1',v)
f=a(1).^2+2.5*sin(a(2))-a(3)^2*a(2)^2*a(1)^2
```

步骤 4：本例的执行结果为：

```
a=

  0.0000  -1.5708   0.1803


f=

 - 2.5000
```

由此可见，在以 $x=-0.6$，$y=-1.2$，$z=0.135$ 为起始点找出函数的极值点时，它的

三个参数 x，y 和 z 的取值分别为：$x=0.0000$，$y=-1.5708$，$z=0.1803$ 且函数 f（x，y，z）的极值为 -2.5。

下面给出 MATLAB 软件中用于求函数极值的命令函数 fminsearch

命令格式：X=fminsearch（fun，X0）

解释说明：fun 代表函数表达式，X0 表示初始值，计算机将求得的函数 fun 为极值时的自变量的值赋给 X。例如：求 f（x）$=x^2-2x+1$ 为极值时 x 的取值。在 MATLAB 的命令窗口中键入命令语句：

```
>> X= fminsearch('x^2- 2* x+ 1',0)
```

本例的执行结果为：

```
X= 1.0000
```

该结果表示函数 f（x）在取得极值时，自变量的取值为 1。

3.2.3　M 函数文件的基本组成

M 函数文件一般由以下几个部分组成。

1. 函数定义行（Function define line）

函数定义行，它表明该 M 文件包含一个函数，并且定义函数名、输入和输出参数。本例的第一句为"function f=solve_1（v）"，就是函数 solve_1 的定义行，其中 function 为关键字，f 为输出参数，solve_1 为函数名，v 为输入参数，即其基本格式为：

```
[输出参数 1,输出参数 2,…]= 函数名(输入参数 1,输入参数 2,…)
```

2. H1 行（H1 Line）

顾名思义，H1 行就是指帮助信息的第一行，在文件中的位置是第二行。这一行应该反映该 M 文件概括性的信息，是该 M 文件非常重要的信息，在 MATLAB 命令窗口中键入 lookfor（查找）命令语句时，便搜索和显示该行内容。

3. 帮助正文（Help Text）

从 H1 行到第一个非注释性之间的注释为帮助正文，对文件查询帮助信息时，将显示 H1 行和帮助正文。例如：在 MATLAB 命令窗口中键入以下语句：

```
>> help solve_1
```

屏幕上显示为：

求解三元函数极值的 M 函数文件

如图 3-3 所示。

4. 函数体（Function Body）

函数体包含了所有执行计算和赋值输出参数的 MATLAB 代码。它可以是调用函数、流程控制、交互式输入/输出、计算、赋值、注释等内容。

5. 注释（Comments）

注释语句以百分号（%）开头，它可以出现在 M 文件的任何地方，用户也可以在一行代码的后面加注解语句。

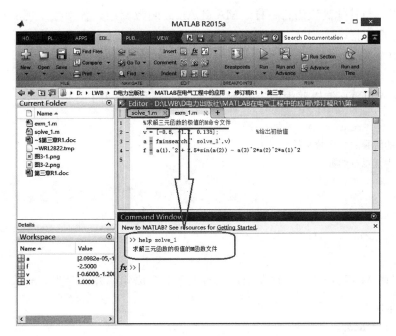

图 3 - 3　显示帮助正文（Help Text）

3.2.4　M 函数文件的命名规则

M 函数文件中函数的命名规则简述如下：

（1）MATLAB 对函数名的限制与对变量名的限制规则基本相同，MATLAB 只识别名字的前 31 个字符；

（2）函数名必须以字母开头，其余的字符可以是字母、数字和下划线，有些操作系统可能会限制函数名的长度；

（3）函数的文件名一般应该与函数名相同，即由函数名加上后缀 ".m" 组成；

（4）当函数的文件名和函数定义行的函数名不一样时，MATLAB 将忽略函数名而确认文件名。不过最好将它们统一，以免出错。例如：上面定义的函数 solve_1，它的文件名就是 solve_1.m。

需要说明的是，在线查阅自定义函数的使用方法，就是在 MATLAB 的命令窗口中运行 help 命令，可以得到某一 M 文件的帮助信息，利用 look for 命令可以实现对关键词的搜索，从而获取帮助信息。这些功能同样适用于自定义的 M 函数文件。见前面在 MATLAB 的命令窗口中运行 "help solve_1" 命令，就是一个典型例子。

3.2.5　M 函数的调用及其参数传递

MATLAB 的程序设计，是按照自顶向下、逐步求解的结构化程序设计原理进行的。一个较大的任务最好分成若干个较小的任务，使得程序模块化，这就需要使用函数。一个程序可以由若干个完成特定任务的函数组成，并通过函数调用来实现控制转移和相互之间的参数传递。

1. 函数调用

在 MATLAB 软件中，可以调用一个完整的函数，即

命令格式：［输出参数 1，输出参数 2，…］＝函数名（输入参数 1，输入参数 2，…）

解释说明：与其他高级语言一样，MATLAB 的函数调用，各参数出现的顺序应该与函数定义时的顺序一样，否则就会出错。但函数调用时的输出参数的个数可以少于函数定义时的输出参数的个数。

【举例 2】 试计算 n 的阶乘（一个简单的递归调用示例）。

（1）在 MATLAB 编辑器中，编辑 M 函数文件，并保存为 Product.m：

```
function f= Product(n)
% 编辑 n 的阶乘的 M 函数文件:f=n!
% 参数 n 为任意自然数
if n==0
    f=1;
else
    f=n*Product(n-1);
end
```

（2）直接在 MATLAB 的编辑器中，编辑如下命令语句，并保存为 exm_2.m：

```
% 计算 n 的阶乘
clc,clear,close;
n=50;
f_n=Product(n)
```

本例的执行结果为：

```
f_n=

 9.3326e+157
```

2. 参数传递

MATLAB 在函数调用时，有一个与众不同之处，那就是函数所传递的参数数目的可调性。MATLAB 提供了如下两个永久性变量：

nargin：函数体内的 nargin 给出调用该函数时的输入参数的数目；

nargout：函数体内的 nargout 给出调用该函数时的输出参数的数目。

只要在函数文件内包含这两个变量，就可以准确地知道该函数被调用时的输入输出数，从而决定函数如何进行处理。

3.3 编写 M 命令文件

【举例 3】 在 MATLAB 中，用 fft 计算一个信号的离散傅里叶变换。在数据的长度是 2 的幂次或质因数的乘积的情况下，就用快速傅里叶变换（fft）来计算离散傅里叶变换。当数据长度是 2 的幂次时，计算速度显著增加，因此，只要可能，选择数据长度为 2 的幂次或者用零来填补数据，使得数据长度等于 2 的幂次显得非常重要。假设某个传感器输出信号的表达式为

$$f(t)=\begin{cases}12e^{-3t} & t\geqslant 0 \\ 0 & t<0\end{cases} \qquad (3-1)$$

下面讲解利用 MATLAB 编制 M 命令文件的基本方法和重要步骤。

步骤 1: 按照前面讲授的方法,创建一个 M 文件;

步骤 2: 在 MATLAB 的编辑器键入以下内容,并保存名为 exm_3.m 的 M 文件:

```
% 练习编制 M 命令文件
N=128;                      % 128 是 2 的 7 次方
t=linspace(0,3,N);         % 产生时间轴线
f=12*exp(-3*t);            % 已知连续时间函数 f(t) 的表达式
Ts=t(2)-t(1);              % 产生采样时间间隔
Ws=2*pi/Ts;                % 产生采样频率 rad/s
F=fft(f);                  % 快速傅里叶变换 fft
Fp=F(1:N/2+1)*Ts;          % 仅从 F 中取正频率分量,并且乘以采样间隔计算 F(w)
W=Ws*(0:N/2)/N;            % 它建立了连续频率轴,该轴起始于 0,终止于 Nyquist 频率 Ws/2
Fa=2./(3+j*W);             % 估计傅里叶变换
plot(W,abs(Fa),W,abs(Fp),'+-','linewidth',3);
                           % generate plot,'+' mark fft results
xlabel('Frequency,Rad/s'),ylabel('|F(w)|');title('练习编制 M 命令文件');
grid on
```

本例的执行结果如图 3-4 所示。

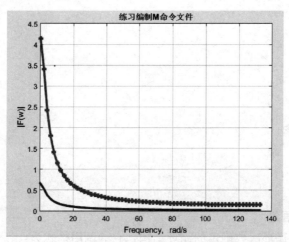

图 3-4　举例 3 的执行结果

3.4　流　程　控　制　语　句

在 MATLAB 软件中,一共有 8 种流程控制语句:

(1) if 语句,条件选择结构,其关键字包括 if、else 和 elseif;

(2) switch 语句,也是条件选择结构,其关键字包括 switch、case 和 otherwise;

(3) While 语语句,循环执行一组语句,执行次数不确定,而是取决于一些逻辑条件;

(4) for 语句,循环执行一组语句,执行次数确定;

(5) continue 语句,直接进行下一次循环,不执行本次循环体余下的语句;

（6）break 语句，结束循环；

（7）try 和 catch 语句，运行过程中遇到错误则改变流程控制；

（8）return 语句，中断当前函数的运行，返回到上级调用函数。

3.4.1　if 语句

if 语句（if - else - end）用于选择结构，其最简单的调用格式为：

```
if expression
      statements
    elseif expression
      statements
    else
      statements
    end
```

注意：在 if 循环语句中，以下逻辑运算符号经常被使用：＝＝（等于）、＜（小于）、＜＝（小于等于）、＞（大于）、＞＝（大于等于）、～＝（不等于）。

【举例 4】　一个简单的分支结构

在 MATLAB 的编辑器中键入以下内容并保存为 exm_4.m：

```
% 一个简单的分支结构
cost=10;
number=12;
if number>8
    sums=number*0.95*cost;
end
sums
```

本例的执行结果为：

```
sums=

  114.0000
```

3.4.2　for 循环语句

for 语句一般用于循环次数确定的循环结构，它的调用格式为：

```
for variable=expr,statement,...,statement end
for index=start:incresement:end
statement
end
```

【举例 5】　用 for 语句求 1 到 1000 的和。

在 MATLAB 的编辑器中键入以下内容并保存为 exm_5.m：

```
% 用 for 语句求 1 到 1000 的和
sum=0;
for i=1:1000
    sum= sum+i;
```

```
end
str=['计算结果为:',num2str(sum)];
disp(str)
```

本例的执行结果为：

计算结果为:500500

补充介绍一下 disp 命令的使用方法。

命令格式：disp（输出项）

解释说明：输出项既可以为字符串，也可以为矩阵。值得注意的是，用 disp 函数显示矩阵时将不显示矩阵的名字，而且其格式更紧密，且不留任何没有意义的空行。

【举例 6】　求一元二次方程 $ax^2+bx+c=0$ 的根。

在 MATLAB 的编辑器中键入以下内容并保存为 exm_6.m：

```
% 练习使用 disp:求一元二次方程的根
a=input('a=? ');
b=input('b=? ');
c=input('c=? ');
d=b*b-4*a*c;
x=[(-b+sqrt(d))/(2*a),(-b-sqrt(d))/(2*a)];
disp(['x1=',num2str(x(1)),',x2=',num2str(x(2))]);
```

如果令 a=10，b=25，c=7，其执行结果如图 3-5 所示。

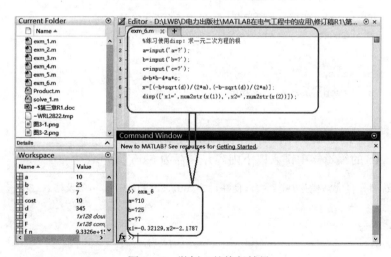

图 3-5　举例 6 的执行结果

3.4.3　while 循环语句

while 一般用于事先不能确定循环次数的循环结构，它将循环到控制表达式为真时结束，其调用格式为：

```
while expression
    statements
    end
```

注意：在 while 循环语句中，以下逻辑运算符号经常被使用：＝＝（等于）、＜（小于）、＜＝（小于等于）、＞（大于）、＞＝（大于等于）、～＝（不等于）。

【举例 7】 用 while 语句求 1 到 1000 的和。

在 MATLAB 的编辑器中键入以下内容并保存为 exm_7.m：

```
% 用 while 语句求 1 到 1000 的和
i=1;sum=0;
while (i<=1000)
    sum=sum+i;
    i=i+1;
end
str=['计算结果为:',num2str(sum)];
disp(str)
```

本例的执行结果为：

计算结果为:500500

3.4.4 switch-case 结构

switch-case 结构的调用格式为：

```
switch switch_expr
        case case_expr,
            statement,...,statement
        case {case_expr1,case_expr2,case_expr3,...}
            statement,...,statement
    ...
        otherwise,
            statement,...,statement
    end
```

【举例 8】 学生的成绩管理，用来演示 switch 结构的应用。

在 MATLAB 的编辑器中键入以下内容并保存为 exm_8.m：

```
% 划分区域:满分(100),优秀(90~99),良好(80~89),及格(60~79),不及格(<60)。
for i=1:10;
    a(i)=89+i;
    b(i)=79+i;
    c(i)=69+i;
    d(i)=59+i;
end;
c=[d,c];
Name={'Jack','Marry','Peter','Rose','Tom'};      % 元胞数组
Mark= {72,83,56,94,100};
Rank= cell(1,5);      % 创建一个含 5 个元素的元胞数组 S,它有三个域。
S=struct('Name',Name,'Marks',Mark,'Rank',Rank);
```

```
% 根据学生的分数,求出相应的等级。
for i= 1:5
    switch S(i).Marks
    case 100                    % 得分为 100 时
        S(i).Rank='满分';        % 列为'满分'等级
    case a                      % 得分在 90 和 99 之间
        S(i).Rank='优秀';        % 列为'优秀'等级
    case b                      % 得分在 80 和 89 之间
        S(i).Rank='良好';        % 列为'良好'等级
    case c                      % 得分在 60 和 79 之间
        S(i).Rank='及格';        % 列为'及格'等级
    otherwise                   % 得分低于 60。
        S(i).Rank='不及格';      % 列为'不及格'等级
    end
end
% 将学生姓名,得分,等级等信息打印出来。
disp(['学生姓名   ','   得分   ','     等级']);
disp(' ')
for i= 1:5;
    disp([S(i).Name,blanks(6),num2str(S(i).Marks),blanks(6),S(i).Rank]);
end;
```

本例的执行结果为：

```
>> 学生姓名     得分     等级
Jack          72       及格
Marry         83       良好
Peter         56       不及格
Rose          94       优秀
Tom           100      满分
```

补充说明，cell（m，n）用于产生 $m \times n$ 的元胞数组（Cell array）；struct 用于产生结构数组（Structure array）。例如：在 MATLAB 命令窗口中键入以下命令语句：

```
>> cell(2,2)
```

本例的执行结果为：

```
ans=
    []    []
    []    []
>> s=struct('strings',{{'hello','yes'}},'lengths',[5 3])
```

本例的执行结果为：

```
s=
    strings: {'hello'  'yes'}
```

lengths: $\begin{bmatrix} 5 & 3 \end{bmatrix}$

3.4.5 try - catch 结构

try - catch 为试探式语句结构，它的调用格式为：

```
try,
statement,
...,
statement,
catch,
statement,
...,
statement
end
```

【举例9】 在 MATLAB 的编辑器中键入以下内容并保存为 exm _ 9. m

```
clear;clc;close;
N=4;
A=magic(3);            % 设置 3 行 3 列矩阵 A。
try
   A_N=A(N,:),          % 取 A 的第 N 行元素
catch
     A_N=A(end,:);      % 如果取 A(N,:)出错,则改取 A 的最后一行。
end
A,A_N
```

本例的执行结果为：

```
A=
    8    1    6
    3    5    7
    4    9    2
A_N=
    4    9    2
```

控制程序流的其他命令的使用方法，请读者参考其他文献，恕此处不再赘述。

上述命令如表 3 - 1 所示。

表 3 - 1   控 制 语 句 汇 集

break	终止最内循环
case	同 switch 一起使用
catch	同 try 一起使用
continue	将控制转交给外层的 for 或 while 循环
else	同 if 一起使用
elseif	同 if 一起使用

续表

end	结束 for，while，if 语句
for	按规定次数重复执行语句
if	条件执行语句
otherwise	可同 switch 一起使用
return	返回
switch	多个条件分支
try	try - catch 结构
while	不确定次数重复执行语句

3.5　编 程 示 例 分 析

结合电气工程专业，以具体的编程实例为分析重点，讲解 MATLAB 软件的 M 文件的编程技巧和重要步骤。本节以解决实际的工程问题为出发点，希望读者结合自身科研实践活动，酌情阅读这部分内容。

3.5.1　编程实例 1：将华氏温度转换为摄氏温度

【举例 10】　已知华氏温度转换为摄氏温度的表达式为：

$$C = \frac{5}{9}(F - 32) \tag{3-2}$$

在 MATLAB 的编辑器键入以下内容并保存名为 exm _ 10. m：

```
% 将华氏温度转换为摄氏温度
clc;
clear;% 清除当前工作空间中的变量
F=input('请输入华氏温度值：');        % 输入华氏温度值
C=5*(F-32)/9;
fprintf('摄氏温度值是：% g\n',C);      % 打印摄氏温度值
```

本例的执行结果如图 3-6 所示。

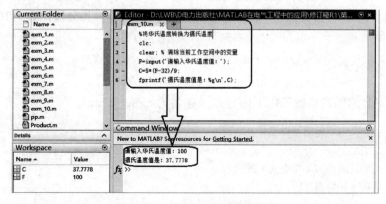

图 3-6　举例 10 的执行结果

3.5.2　编程实例2：逆变器冷板温度报警

【举例11】　T 为逆变器冷板温度传感器得到的温度值，如果温度在 $0\sim40℃$，在监控器上显示"温度正常"，低于 $0℃$ 显示报警"冷板温度过低"，高于 $60℃$ 显示报警"冷板温度过高"。

在 MATLAB 的编辑器键入以下内容并保存名为 exm＿11.m：

```
% 逆变器冷板温度报警
clc;
clear;% 清除当前工作空间中的变量
T=input('请输入冷板温度值:');
if T<0
    disp('冷板温度过低');
elseif T>60
    disp('冷板温度过高');
else
    disp('冷板温度合适');
end
```

假设我们测量获得的冷板温度为 $90℃$，其执行结果如图 3-7 所示。

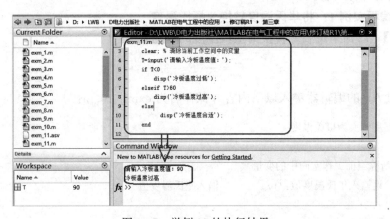

图 3-7　举例11的执行结果

3.5.3　编程实例3：计算传感器的温漂

【举例12】　研究获得某电压传感器温漂函数（单位：μV）为分段函数，其表达式为

$$u(t)=\begin{cases} t^2+5 & t<10℃ \\ t^2-50 & 10\leqslant t<20℃ \\ t^2-2t+50 & t\geqslant20℃ \end{cases} \tag{3-3}$$

在 MATLAB 的编辑器键入以下内容并保存名为 exm＿12.m：

```
% 某电压传感器温漂
clc;
clear;    % 清除当前工作空间中的变量
t=input('请输入环境温度值:');
if t<10
    u=t*t+5;
```

```
elseif t>=10&t<20
    u=t*t-50;
else
    u=t*t-2*t+50;
end
fprintf('电压传感器温漂/uV:%g\n',u);
```

假设我们测量获得的环境温度为 50℃，其执行结果如图 3-8 所示。

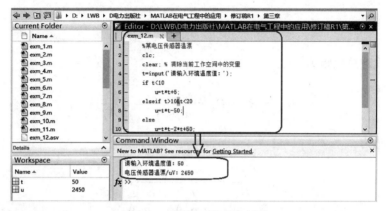

图 3-8　举例 12 的执行结果

3.5.4　编程实例 4：磁路的电感曲线

【举例 13】　现有空气隙的磁路如图 3-9 所示，磁路的关键性参数如表 3-2 所示。试绘制该磁路电感随着空气隙长度变化的关系曲线。

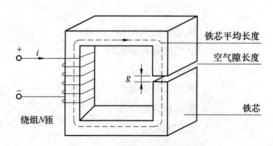

图 3-9　具有空气隙的磁路

表 3-2　　　　　　　　　　　　　磁路的关键性参数

物理量名称	符号	取值	单位
铁芯横截面面积	A_c	9	cm^2
空气隙横截面面积	A_g	9	cm^2
铁芯平均长度	l_c	30	cm
空气隙长度	g	0.010～0.10 范围变化	cm
绕组匝数	N	500	匝
真空磁导率	μ_0	$4\pi \times 10^{-7}$	H/m
铁芯材料相对磁导率	μ_r	70 000	—

分析：

（1）分析以下参数及其表达式：

铁芯磁阻为

$$R_c = \frac{l_c}{\mu_r \mu_0 A_c} \tag{3-4}$$

空气隙磁阻为

$$R_g = \frac{g}{\mu_0 A_g} \tag{3-5}$$

铁芯和空气隙总磁阻为

$$R_{tot} = R_c + R_g = \frac{l_c}{\mu_r \mu_0 A_c} + \frac{g}{\mu_0 A_g} \tag{3-6}$$

磁路的电感为

$$L = \frac{N^2}{R_{tot}} = \frac{N^2}{\dfrac{l_c}{\mu_r \mu_0 A_c} + \dfrac{g}{\mu_0 A_g}} \tag{3-7}$$

（2）编制 M 命令文件并保存为 exm_13.m：

```
% 绘制磁路的电感随着空气隙长度变化的函数曲线
clear;clc;close;
mu0=pi*4.e-7;              % 真空磁导率
Ac=9e-4;                  % 铁芯横截面面积
Ag=9e-4;                  % 空气隙横截面面积
lc=0.3;                   % 铁芯平均长度
N=500;                    % 铁芯线圈匝数
mur=7e4;                  % 铁芯相对磁导率
Rc=lc/mur/mu0/Ac;         % 铁芯磁阻
for n=1:101
    g(n)=0.01+(n-1)*0.01;
    Rg(n)=g(n)/mu0/Ag;
    Rtot=Rg(n)+Rc;
    L(n)=N^2/Rtot;
end
plot(g,L,'r','linewidth',3),
ylabel('磁路电感 L/H'),xlabel('空气隙长度 g/cm');
title('磁路的电感随着空气隙长度变化的函数曲线');
grid on
```

本例的执行结果如图 3-10 所示。

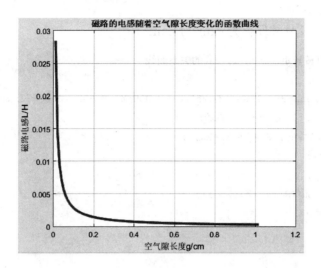

图 3-10 举例 13 的执行结果

3.5.5 编程实例 5：绘制电动机机械转矩与转速函数曲线

【举例 14】 一台三相感应电动机，其关键性参数如表 3-3 所示。

表 3-3 三相感应电动机的关键性参数

物理量名称	符号	取值	单位
线电压	V_1	230	V
频率	f_e	50	Hz
绕线式转子极数	p	4	—
定子有效电阻	R_1	0.095	Ω
定子漏电抗	X_1	0.680	Ω
转子漏电抗	X_2	0.672	Ω
磁化电抗	X_m	18.7	Ω
转子有效电阻	R_2	0.1～2.0 变化	Ω

在转子有效电阻 R_2＝0.1，0.2，0.5，1.0，1.5 和 2 时，利用 MATLAB 软件，绘制电动机的机械转矩 T_{mech} 作以转子转速为 r/min 时的关系曲线。

分析：

（1）分析以下参数及其表达式：

机械转矩 T_{mech} 的表达式为

$$T_{mech}=\frac{1}{\omega_S}\left[\frac{n_{ph}V_{1,eq}^2\,(R_2/s)}{[R_{1,eq}+\,(R_2/s)\,]^2+(X_{1,eq}+X_2)^2}\right] \tag{3-8}$$

式中 $V_{1,eq}=V_1\left(\dfrac{jX_m}{R_1+j\,(X_1+X_m)}\right)$，$Z_{1,eq}=\dfrac{jX_m\,(R_1+jX_1)}{R_1+j\,(X_1+X_m)}=R_{1,eq}+jX_{1,eq}$，$\omega_S=\dfrac{4\pi f_e}{极数}$，

$n_{ph}=3$，$f_e=60$，极数为 4。

（2）编制 M 命令文件并保存为 exm_14.m：

```
% 绘制电动机的机械转矩 Tmech-r/min 的关系曲线
clear;clc;close;
V1=230/sqrt(3);nph=3;poles=4;fe=50;R1=0.095;X1=0.680;X2=0.672;Xm=18.7;
omegas=4*pi*fe/poles;ns=120*fe/poles;
Z1eq=j*Xm*(R1+j*X1)/(R1+j*(X1+Xm));
R1eq=real(Z1eq);
X1eq=imag(Z1eq);
Vleq=abs(V1*j*Xm/(R1+j*(X1+Xm)));
% 转子电阻的影响 R2
for m=1:6
    if m==1
        R2=0.1;
    elseif m==2
        R2=0.2;
    elseif m==3
        R2=0.5;
    elseif m==4
        R2=1.0;
    elseifm==5
        R2=1.5;
    elseif m==6
        R2=2;
    end
% 转差率 s 的影响
    for n=1:200
        s(n)=n/200;
        rpm(n)=ns*(1- s(n));
        I2=abs(Vleq/(Z1eq+j*X2+R2/s(n)));
        Tmech(n)=nph*I2^2*R2/(s(n)*omegas);
    end
% 绘制曲线
        plot(rpm,Tmech,'r','linewidth',3)
        if m==1
            hold
        end
    end
    grid on
    xlabel('转速 r/rpm'),ylabel('机械转矩 Tmech/N');
    title('电动机的机械转矩 Tmech 作以 r/min 为单位的转子转速的函数时变化曲线');
```

本例的执行结果如图 3-11 所示。

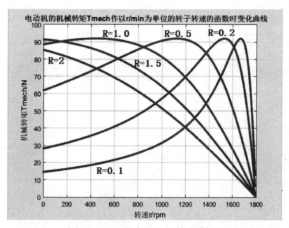

图 3-11　举例 14 的执行结果

3.5.6　编程实例 6：偶极子的电势和电场强度分析

【举例 15】　研究偶极子（Dipole）的电势和电场强度，如图 3-12 所示。

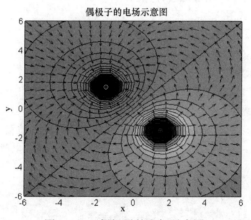

图 3-12　偶极子的电场示意图

设在（a，b）处有电荷 $+q$，在（$-a$，$-b$）处有电荷 $-q$。那么在电荷所在平面上任何一点的电势和电场强度分别为

$$V(x，y) = \frac{q}{4\pi\varepsilon_0}\left(\frac{1}{r_+} - \frac{1}{r_-}\right) \tag{3-9}$$

$$E = -\nabla V \tag{3-10}$$

式中 $r_+ = \sqrt{(x-a)^2 + (y-b)^2}$；

　　　$r_- = \sqrt{(x+a)^2 + (y+b)^2}$；

　　　$(4\pi\varepsilon_0)^{-1} = 9 \times 10^9$。

又设电荷 $q = 2 \times 10^{-6}$，$a = 1.5$，$b = -1.5$。

分析：

在 MATLAB 的编辑器窗口中键入以下命令语句，并保存为 exm_15.m：

```
%% 研究偶极子 (Dipole) 的电势和电场强度
```

```
clear;clc;clf;
q=2e-6;k=9e9;a=1.5;b=-1.5;
x=-6:0.6:6;y=x;
%% 设置坐标网点
[X,Y]=meshgrid(x,y);
rp=sqrt((X-a).^2+(Y-b).^2);
rm=sqrt((X+a).^2+(Y+b).^2);
%% 计算电势
V=q*k*(1./rp-1./rm);
%% 计算电场强度
[Ex,Ey]=gradient(-V);
%% 电场强度归一化,使箭头等长%
AE=sqrt(Ex.^2+Ey.^2);
Ex=Ex./AE;Ey=Ey./AE;
%% 产生 49 个电位值
cv=linspace(min(min(V)),max(max(V)),49);
%% 用黑实线画填色等位线图
contourf(X,Y,V,cv,'k-')
%% axis('square')% 在 Notebook 中,此命令不用
title('偶极子的电场示意图 '),hold on
%% 第五输入宗量 0.7 使电场强度箭头长短适中%
quiver(X,Y,Ex,Ey,0.7)
plot(a,b,'ro',a,b,'r+','linewidth',3)% 用红色线画正电荷位置
plot(-a,-b,'yo',-a,-b,'y-','linewidth',3)% 用黄色线画负电荷位置
xlabel('x');ylabel('y'),hold off
```

本例的执行结果如图 3‒13 所示。

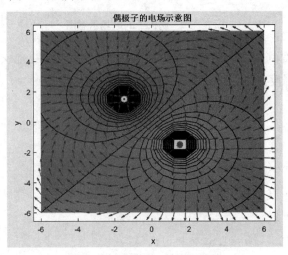

图 3‒13   举例 15 的执行结果

3.5.7   编程实例 7：研究电荷间的库仑引力

【举例 16】 已知平面上有 m 个电荷，求它们之间的库仑引力。电荷之间将产生库仑作

用力，众多电荷之间将产生相互作用。

分析：

（1）库仑定律的形式

$$F = \frac{q_1 q_2}{4\pi\varepsilon r^2} \qquad (3-11)$$

（2）为了便于计算，我们按照 x 和 y 向写出它的分量形式，即

$$F_x = \frac{q_1 q_2}{4\pi\varepsilon r^3}(x_2 - x_1) \qquad (3-12)$$

$$F_y = \frac{q_1 q_2}{4\pi\varepsilon r^3}(y_2 - y_1) \qquad (3-13)$$

式中 $r = \sqrt{(x_2-x_1)^2 + (y_2-y_1)^2}$，它为两个电荷之间的距离。

我们的思路是先选定一个电荷，求其他电荷对它的作用力的合力。然后，再选定下一电荷，进行同样的计算。

（3）编制 M 命令文件，并保存为 exm_16. m：

```
%%%%%%%%%%%%%%%%%%%%%%%%%%%%%%%%%%%%%%%%
clear;clc;close;
disp('输入电荷数目'),m= input('number= ');           % 输入电荷数目
for i=1:m
    disp('电荷大小纵坐标参数,格式为"[x 横坐标,纵坐标 y]"'),b=input('spot=');
                                    % 输入电荷的横、纵坐标参数
    x(i)=b(1);y(i)=b(2);
    disp('输入电荷大小单位为库仑'),q(i)=input('Q=');
end
E=8.85e-12;
C=1/(4*pi*E);
for i=1:m
    Fx=0;
    Fy=0;
    for j=1:m
        if(i~ =j)
            xij=x(i)-x(j);yij=y(i)-y(j);
            rij=sqrt(xij* xij+yij*yij);Fx=Fx+C*q(i)*q(j)*xij/(rij*rij*rij);
            Fy=Fy+C*q(i)*q(j)*yij/(rij*rij*rij);
        end
    end
    disp('第'),disp(i),disp('个电荷的合力为：'),disp(Fx),disp(Fy)
end
%%%%%%%%%%%%%%%%%%%%%%%%%%%%%%%%%%%%%%%%
```

本例的执行结果为：

输入电荷数目

number=3

电荷大小纵坐标参数,格式为"[x 横坐标,纵坐标 y]"

spot=[25,60]

输入电荷大小单位为库仑

Q=9

电荷大小纵坐标参数,格式为"[x 横坐标,纵坐标 y]"

spot=[10,30]

输入电荷大小单位为库仑

Q=15

电荷大小纵坐标参数,格式为"[x 横坐标,纵坐标 y]"

spot=[7,9]

输入电荷大小单位为库仑

Q=23

第

    1

个电荷的合力为：

   6.9434e+08

   1.5652e+09

第

    2

个电荷的合力为：

   4.9237e+08

   5.8593e+09

第

    3

个电荷的合力为：

   -1.1867e+09

   -7.4245e+09

    计算机会提醒读者输入数据，先输入电荷个数，再输入电荷坐标参数，其格式为 $[x, y]$ 方式，最后输入电荷大小。

    现将 input 命令补充说明一下。在 MATLAB 中，input 命令是提示用户从键盘输入数值、字符或表达式，并接收该输入，即

命令格式：A＝input（提示信息，选项）

解释说明：其中提示信息为一个字符串，用于提示用户输入什么样的数据。如果在 input 函数调用时采用 's' 选项，则允许用户输入一个字符串。

例如，输入一个人的姓名，可采用下面的命令语句：

```
>> xm=input('What's your name? ','s')
```

本例的执行结果为：

```
What's your name?
```

并等待用户的键盘输入一个字符串。如果读者不输入任何字符串而是直接回车，则此时的执行结果为：xm=''。

例如：在 MATLAB 的命令窗口中键入以下命令语句：

```
>> R=input('请输入参数 n=')
```

本例的执行结果为：

```
请输入参数 n=
```

并等待用户的键盘输入，用户的输入信息将赋给 R，若用户无输入，则返回空矩阵，即

```
R= []
```

在以上的提示语句命令行中，也可以出现一个或若干个" \n"，表示在输出提示信息后又有一个或若干个换行。若要提示信息中出现" \"，只要在提示语句命令行中键入" \\"即可。其常见参数格式为，R＝input（'请输入参数 n＝ \n '）；或者用语句：R＝input（'请输入参数 n＝ \ \'）

3.5.8　编程实例 8：*RC* 滤波器电路分析

【举例 17】　某直流电源的输出端常常采用电阻和电容串联的 *RC* 滤波器，如图 3-14 所示，已知直流电源 U_S=24V，电容 C=4700μF。研究不同时间常数 τ 时，电容 *C* 的阶跃响应 $U_C(t)$。

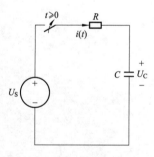

当 $t \geqslant 0$ 时电路的微分方程为

$$RC \frac{dU_C}{dt} + U_C = U_S \qquad (3-14)$$

RC 电路中，当 $U_C(0)=0$ 时，电容充电过程中的电容电压为

图 3-14　直流电源的输出电路

$$U_C(t) = U_S(1 - e^{-\frac{t}{\tau}}) \quad t \geqslant 0 \qquad (3-15)$$

式中 $\tau = RC$，它表示 *RC* 电路的时间常数。

分析：假设电源电压为 24V，电阻 $R=0.1k\Omega$、$R=1k\Omega$、$R=4.7k\Omega$ 时分别计算 $U_C(t)$ 值，为此可编写一个函数，用以计算 $U_C(t)$ 的值（$U_C(t)=24(1-e^{-t/\tau})$ V）。

（1）编写计算电容 *C* 端电压 $U_C(t)$ 的 M 函数文件，并保存为 Cal_U_C.m：

```
% 计算电容 C 端电压 U_C(t) 的 M 函数文件
function U_C= Cal_U_C (R,C,t)
```

```
tao=R*C;                              % 计算时间常数
U_C= 24*(1-exp(-t./tao));             % 返回曲线值
```

（2）编写主程序，并保存为 exm_17.m：

```
clear;clc;close;
t=0:0.001:10;                         % 仿真时间 t 的范围
U_C1=Cal_U_C (100,4700*1e-6,t);       % 调用 Cal_U_C 函数计算 R= 0.1kΩ 时的 UC(t) 值
U_C2=Cal_U_C (1000,4700*1e-6,t);      % 调用 Cal_U_C 函数计算 R= 1kΩ 时的 UC(t) 值
U_C3=Cal_U_C (4700,4700*1e-6,t);      % 调用 Cal_U_C 函数计算 R= 4.7kΩ 时的 UC(t) 值
plot(t,U_C1,'r-',t,U_C2,'b+',t,U_C3,'g','linewidth',3);
grid on
ylabel(' U_C(t)/V'),xlabel('时间 t/s');
title('电容 C 的阶跃响应曲线');
legend('R=0.1kΩ','R=1kΩ','R=4.7kΩ');
```

本例的执行结果如图 3-15 所示。分析仿真结果得知，电阻 R 的取值对电容端电压的过冲有明显抑制作用。

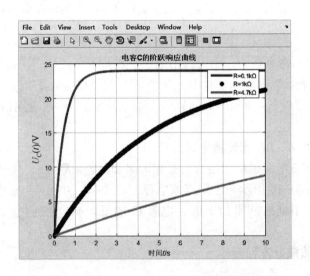

图 3-15 举例 17 的执行结果

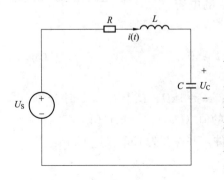

图 3-16 典型的 RLC 电路

3.5.9 编程实例 9：RLC 动态电路的时频域分析

【举例 18】 图 3-16 表示典型的 RLC 电路，由两个独立储能元件组成的电路，其过渡过程的特征性用二阶微分方程描述，故常常被称为二阶电路。RLC 串联电路，是典型的二阶电路。通过对它的伯德图、尼柯尔斯图、奈奎斯特图、零极点图、根轨迹绘图、阶跃响应图以及正弦波激励响应图的分析，来明确二阶电路过渡过程的基本概念及其分析方法。

分析：

RLC 串联电路的传递函数的表达式为

$$H(s) = \frac{U_C(s)}{U_S(s)} = \frac{1/LC}{s^2 + sR/L + 1/LC} \tag{3-16}$$

编写程序，并保存为 exm_18.m：

```
R1=10;L=1000e-6;C=100e-6;                        % 给电路给定参数 1
H1=tf(1/(L*C),[1,1/(R1/L),1/(L*C)]);            % 系统传递函数 H1
R2=100;L=1000e-6;C=100e-6;                       % 给电路给定参数 2
H2=tf(1/(L* C),[1,1/(R2/L),1/(L* C)]);          % 系统传递函数 H2
R3=1000;L=1000e-6;C=100e-6;                      % 给电路给定参数 3
H3=tf(1/(L*C),[1,1/(R3/L),1/(L*C)]);            % 系统传递函数 H3
figure(1);
bode(H1,'b',H2,'r',H3,'g');grid on;             % 绘制伯德图
legend('R=10','R=100','R=1000');
figure(2);
subplot(2,1,1);
nichols(H1);                                     % 绘制尼柯尔斯图
subplot(2,1,2);
nyquist(H1);                                     % 绘制奈奎斯特图
figure(3);
subplot(2,1,1);
pzmap(H1);                                       % 绘制零极点图
subplot(2,1,2)
rlocus(H1);                                      % 绘制根轨迹绘图
figure(4);
step(H1);grid on                                 % 绘制阶跃响应图
figure(5);
t=0:0.1:10;                                       % 时间范围
lsim(H1,sin(t),t);grid on;title('正弦激励的响应曲线');
```

本例的执行结果如图 3-17～图 3-21 所示。

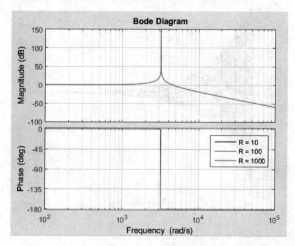

图 3-17　伯德图

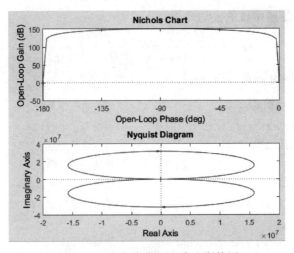

图 3-18　尼柯尔斯图和奈奎斯特图

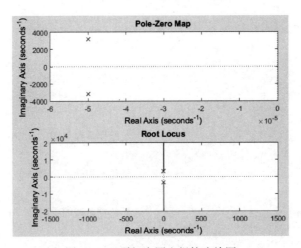

图 3-19　零极点图和根轨迹绘图

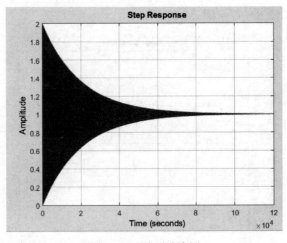

图 3-20　阶跃响应图

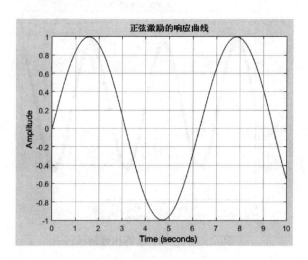

图 3-21　正弦波激励响应图

3.5.10　编程实例 10：软件滤波分析

【举例 19】　某逆变器频率为 50Hz、幅值为 1000V 的正弦波上叠加了方差为 30 的正态分布的随机噪声的信号，用循环结构编制一个三点线性滑动平均的程序。

%%

分析：在 MATLAB 的 M 编辑器中键入以下语句，并保存为 exm_19.m：

```
clear;close;clc
t=0:0.001:20;
n=length(t);
y=1000*sin(t)+30*randn(1,n);
ya(1)=y(1);
for i=2:n-1
ya(i)=sum(y(i-1:i+1))/3;
end
ya(n)=y(n);
plot(t,y,'c-.',t,ya,'r','linewidth',3);grid on;legend('滤波前','滤波后')
ylabel('输出电压 U_O_U_T/'),xlabel('时间 t/s');
title('滤波前后波形对比');
```
%%

本例的执行结果如图 3-22 所示。

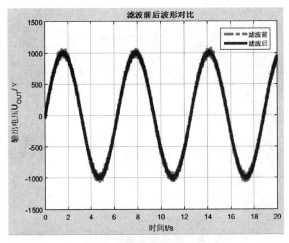

图 3-22　举例 19 的执行结果

1. 已知表达式为

$$y=\begin{cases}10 & x\geqslant 1\\ 0 & -1>x>1\\ -10 & x\leqslant 1\end{cases}\qquad (3-17)$$

试利用 MATLAB 程序实现该函数形式。

提示：在 MATLAB 的 M 编辑器中键入以下语句，并保存为 ex_1.m：

```
%%%%%%%%%%%%%%%%%%%%%%%%%%%%%%%%%%%%%%%
% 写赋值程序：         10        x> = 1
%               y=     0       - 1< x< 1
%                    - 10        x< = 1
x= input('please input x= ');
if x> = 1
   y= 10
elseif x> - 1&x< 1
y= 0
else
y= - 10
end
%%%%%%%%%%%%%%%%%%%%%%%%%%%%%%%%%%%%%%%
```

2. 已知线性系统的表达式为

$$H(s)=(s+\alpha)/(s^5+10s^4+27s+1)\qquad (3-18)$$

当 α 分别取 -1，0，1 时，试判别系统的可控性和可观性，并求出相应的状态方程。

提示：在 MATLAB 的 M 编辑器中键入以下语句，并保存为 ex_2.m：

```
%%%%%%%%%%%%%%%%%%%%%%%%%%%%%%%%%%%%%%%%%%%%%
```

```
% 线性系统 H(S)=(s+alph)/(s^5+10s^4+27s+1),当 alph 分别取-1,0,1 时,
% 判别系统的可控性和可观性,并求出相应的状态方程。
clc;clear;more on
for alph=[-1,0,1]
alph
  num=[1,alph];
  den=[1 100 0 27 1];
  [a,b,c,d]=tf2ss(num,den)
  cam=ctrb(a,b)
  rcam=rank(cam)
  oam=obsv(a,c)
  roam=rank(oam)
end
more off
%%%%%%%%%%%%%%%%%%%%%%%%%%%%%%%%%%%%%%%
```

3. 已知某传感器系统的开环传递函数为

$$G(s)H(s) = K/s(2s+1)(-s+2) \tag{3-19}$$

试绘制该系统的根轨迹图,并确定该系统临界稳定时所对应的开环增益及其对应系统临界阻尼比的开环增益。

提示:在 MATLAB 的 M 编辑器中键入以下语句,并保存为 ex_3.m:

```
%%%%%%%%%%%%%%%%%%%%%%%%%%%%%%%%%%%%%%%
clear;clc
num=1;
den=poly([0 -0.5 2]);        % 由系统的极点求系统开环传递函数的分母多项式
rlocus(num,den);             % 画该系统的根轨迹图形
[k,p]=rlocfind(num,den);     % 确定根轨迹某一点处的开环增益值
%%%%%%%%%%%%%%%%%%%%%%%%%%%%%%%%%%%%%%%
```

4. 已知典型二阶系统的传递函数为

$$G(s) = \text{wn}^2/(s^2 + 2i\,\text{wn}s + \text{wn}^2) \tag{3-20}$$

试绘制当 wn=8 时,i 分别为 0.2,0.4,…,1.0,2.0 时的系统的单位阶跃响应。

提示:在 MATLAB 的 M 编辑器中键入以下语句,并保存为 ex_4.m:

```
%%%%%%%%%%%%%%%%%%%%%%%%%%%%%%%%%%%%%%%%
clear;clc;close
wn=8;
kosai=[0.2:0.2:2.0];
figure(1)
hold on
for i=kosai
  num=wn*wn;
  den=[1 2*i*wn wn*wn];
  step(num,den)
```

```
end
title('系统的阶跃响应曲线');grid on
gtext('i=0.2')
gtext('i=2.0')
%%%%%%%%%%%%%%%%%%%%%%%%%%%%%%%%%%%%%%%%%%
```

本题的执行结果如图 3-23 所示。

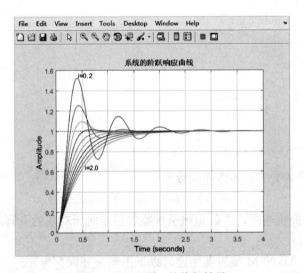

图 3-23　习题 4 的执行结果

5. 已知 $y=10^x$，$x=0\sim5$，试比较半对数坐标图形与线性坐标图形。

提示：在 MATLAB 的 M 编辑器中键入以下语句，并保存为 ex_5.m：

```
%%%%%%%%%%%%%%%%%%%%%%%%%%%%%%%%%%%%%%%%%%
clear;close;clc
x=0:0.2:5;
y=10.^x;
subplot(2,1,1)
semilogy(x,y,'linewidth',3)
title('半对数坐标图形')
grid on
subplot(2,1,2)
plot(x,y,'linewidth',3)
title('线性坐标图形')
grid on
%%%%%%%%%%%%%%%%%%%%%%%%%%%%%%%%%%%%%%%%%%
```

本题的执行结果如图 3-24 所示，对比半对数坐标图形与线性坐标图形得知，在半对数坐标中，变量 x 与 y 之间是线性关系；然而，线性坐标中，变量 x 与 y 之间不是线性关系，因此，在科研过程中，为了得到线性关系表达式，往往会进行某种坐标变换，从而使问题得到简化。

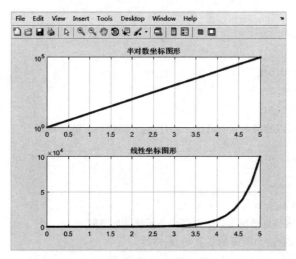

图 3-24　习题 5 的执行结果

6. 已知某控制系统的开环传递函数
$$G(s)H(s) = k(s+1)/s^2(s+5)(s+9) \tag{3-21}$$
要求分别绘制正反馈系统和负反馈系统的根轨迹，指出它们的稳定性情况有什么不同。

提示：在 MATLAB 的 M 编辑器中键入以下语句，并保存为 ex_6.m：

```
%%%%%%%%%%%%%%%%%%%%%%%%%%%%%%%%%%%%%%%
clear;close;clc
% 绘制常规根轨迹图
subplot(2,1,1)
num=[1,1];
den=conv([1,0,0],conv([1,5],[1,9]));
rlocus(num,den)              % 绘制根轨迹图
subplot(2,1,2)
num1=-num;
den1=den;
rlocus(num1,den1)           % 绘制根轨迹图
%%%%%%%%%%%%%%%%%%%%%%%%%%%%%%%%%%%%%%%
```

7. 已知系统开环传递函数为
$$G(s)H(s) = k/s(s+11)(s+21) \tag{3-22}$$
试寻找一个合适的 k 值使得闭环系统具有较理想的阶跃响应。

提示：在 MATLAB 的 M 编辑器中键入以下语句，并保存为 ex_7.m：

```
%%%%%%%%%%%%%%%%%%%%%%%%%%%%%%%%%%%%%%%
clear;close;clc
% 开环系统描述
num=1;
den=conv([1 0],conv([1 11],[1 21]));
z=[0.1:0.2:1];
wn=[1:6];
```

```
sgrid(z,wn);
text(-0.3,2.4,'z=0.1')
text(-0.8,2.4,'z=0.3')
text(-1.2,2.1,'z=0.5')
text(-1.8,1.8,'z=0.7')
text(-2.2,0.9,'z=0.9')
% 通过 sgrid 命令可以绘出指定阻尼比 z 和自然振荡频率 wn 的栅格线
hold on
rlocus(num,den)
axis([-4 1 -4 4])
[k,p]=rlocfind(num,den)
% 由控制理论知,离虚轴近的稳定极点对整个系统的响应贡献大
% 通过 rlocfind,配合前面所画的 z 及 wn 栅格线
% 从而可以找出能产生主导极点阻尼比 z=0.707 的合适增益
[numc,denc]=cloop(k,den);
figure(2)
step(numc,denc);grid on
%%%%%%%%%%%%%%%%%%%%%%%%%%%%%%%%%%%%%%%
```

8. 已知系统的传递函数为

$$G(s) = K/(s^3 + 5s^2 + 100s) \qquad (3-23)$$

求当 K 分别取 130 和 520 时，系统的极坐标频率特性图。

提示：在 MATLAB 的 M 编辑器中键入以下语句，并保存为 ex_8.m：

```
%%%%%%%%%%%%%%%%%%%%%%%%%%%%%%%%%%%%%%%%
clear;close;clc
k1= 130;k2= 520;w= 8:1:80;num1= k1;num2= k2;den= [1 5 100 0];
figure(1);
subplot(2,1,1);nyquist(num1,den,w);
subplot(2,1,2);pzmap(num1,den);
figure(2)
subplot(2,1,1);nyquist(num2,den,w);
subplot(2,1,2)
[rm,im]= nyquist(num2,den);
plot(rm,im ,'linewidth',3);xlabel('real');ylabel('image');title('w 从负无穷到零')
figure(3)
[numc,denc]= cloop(num2,den);
subplot(2,1,1);step(numc,denc)
subplot(2,1,2)
[numc1,denc1]= cloop(num1,den);
step(numc1,denc1)
%%%%%%%%%%%%%%%%%%%%%%%%%%%%%%%%%%%%%%%%
```

9. 简单编制一个求矩阵的加法、乘法、开平方的 Function 函数，其中矩阵分别为
(1) $a = [1\ 1;\ 2\ 2]$；

(2) $b = \begin{bmatrix} 3 & 3; & 4 & 4 \end{bmatrix}$。

提示：

(1) 编制一个求矩阵的加法的 Function 函数

```
%%%%%%%%%%%%%%%%%%%%%%%%%%%%%%%%%%%%%%%%%%%
function z= fun1(x,y)
% 一个求矩阵的加法的 Function 函数
% 分别求取矩阵(x,y)的和
% 输出结果为矩阵 z
global g1;            % 定义一个全局变量
g1= 10;
z= x+ y;
%%%%%%%%%%%%%%%%%%%%%%%%%%%%%%%%%%%%%%%%%%%
```

在 MATLAB 的命令窗口中键入以下语句：

```
>> a= [1 1;2 2];b= [3 3;4 4];
>> z= fun1(a,b)
```

回车之后，即可获得结果。

(2) 编制一个求矩阵的乘法的 Function 函数

```
%%%%%%%%%%%%%%%%%%%%%%%%%%%%%%%%%%%%%%%%%%%
function z= fun2(x)
% 一个求矩阵的乘法的 Function 函数
% 分别求取矩阵 x 和 10 的乘积
% 输出结果为矩阵 z
global g1;            % 利用所定义的全局变量
z= g1* x;
%%%%%%%%%%%%%%%%%%%%%%%%%%%%%%%%%%%%%%%%%%%
```

在 MATLAB 的命令窗口中键入以下语句：

```
>> a= [1 1;2 2];b= [3 3;4 4];
>> z1= fun2(a);z2= fun2(b);
>> z= [z1,z2]
```

回车之后，即可获得结果。

(3) 编制一个求矩阵开平方的 Function 函数

```
%%%%%%%%%%%%%%%%%%%%%%%%%%%%%%%%%%%%%%%%%%%
function z=fun3(x)
% 一个求矩阵开根号的 Function 函数
% (1)求取矩阵 x 和 10 的乘积(2)求取乘积的开平方的结果
% 输出结果为矩阵 z
global g1;            % 利用所定义的全局变量
z1=g1*x;z=sqrt(z1);
%%%%%%%%%%%%%%%%%%%%%%%%%%%%%%%%%%%%%%%%%%%
```

在 MATLAB 的命令窗口中键入以下语句：

```
>> a=[1 1;2 2];b=[3 3;4 4];
>> z1=fun3(a);z2=fun3(b);z=[z1,z2]
```

回车之后，即可获得结果。

10. 编写一段程序，能够把输入的摄氏温度转化成华氏温度，也能把华氏温度转换成摄氏温度。

提示：现将程序录入如下：

```
%%%%%%%%%%%%%%%%%%%%%%%%%%%%%%%%%%%%%%%%%
clear;close;clc
k=input('选择转换方式(1-- 摄氏转换为华氏,2-- 华氏转换为摄氏):');
if k~ =1 & k~ =2
disp('请指定转换方式')
break
end
tin=input('输入待转变的温度(允许输入数组):');
if k==1
tout=tin*9/5+32;        % 摄氏转换为华氏
k1=2;
elseif k==2
tout=(tin-32)*5/9;      % 华氏转换为摄氏
k1=1;
end
str=[' oC';' oF'];
disp(['转换前的温度','  ','转换后的温度'])
disp(['  ',num2str(tin),str(k,:),'  ',num2str(tout),str(k1,:)])
%%%%%%%%%%%%%%%%%%%%%%%%%%%%%%%%%%%%%%%%%
```

本题的执行结果如图 3-25 所示。

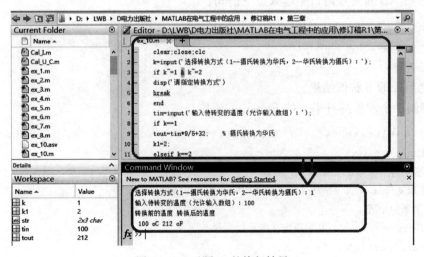

图 3-25　习题 10 的执行结果

第 4 章　MATLAB 软件中的 simulink 应用基础

simulink8.5 是 MATLAB8.5 最重要的组件之一，由于它是实现动态系统建模和仿真的一个软件包，所以能够提供一个动态系统建模、仿真和综合分析的集成环境。在该环境中，无需大量书写程序，而只需要使用鼠标拖放选定的功能模块，并用信号线将之连接起来，就可以仿真线性、非线性系统，连续、离散及混合系统，也可以仿真多种采样速率的系统，是一种强有力的仿真工具。

simulink 具有适应面广、结构简单和操作流程清晰、仿真精细、贴近实际、效率高、可视化效果好等优点，并基于以上优点 simulink 已被广泛应用于包括电气工程在内的多个学科领域的复杂系统建模与仿真设计，同时还有大量的第三方软件和硬件，也可应用于或被要求应用于 simulink 集成环境。

4.1　simulink 的特色

simulink 是 MATLAB 的扩展与特色体现，它随着软件的升级而升级，目前的版本为 simulink8.5，它与 MATLAB 语言的主要区别在于，它与用户交互接口是基于 Windows 的模型化图形输入，其优点是使用户可以把更多的精力投入到系统模型的构建过程中，而非语言的编程上。所谓模型化图形输入是指 simulink 提供了一些按功能分类的基本系统的模块，用户只需要知道这些模块的输入输出及模块的功能，而不必考察模块内部是如何实现和工作的，通过对这些基本模块的调用，再将它们连接起来就可以构成所需模型（其后缀名为 . slx 的文件进行存取。需要提醒的是，先前 MATLAB6.5 的 simulink6.5 仿真环境的模型的后缀名为 . mdl'），从而完成系统仿真模型的分析与构建。

simulink 可以模拟线性与非线性系统，连续与非连续系统，或它们的混合系统，它是强大的系统仿真工具。除此之外，它还提供了图形动画处理方法，以方便用户观察系统仿真的整个过程。simulink 的重要特点是快速、准确，对于比较复杂的非线性系统，效果更为明显。

simulink 提供了一种函数规则——s 函数。s 函数可以是一个 M 文件、C 语言程序或者其他高级语言程序。simulink 模型或者模块可以通过一定的语法规则来调用 s 函数。正是由于有了 s 函数的引入，才使得 simulink 功能更加丰富，处理能力更加强大。

simulink 的另外一个重要特点就是它的开放性，它允许用户定制自己的模块和模块库。此外，simulink 还为用户提供了比较全面的帮助系统，用以指导用户如何正确、快速、高效使用这些模块（库）。

4.2　simulink8.5 的重要操作方法

4.2.1　simulink8.5 的运行操作

1. 运行 simulink8.5 的方法

运行 simulink8.5 有三种方法：

方法（1）： 在 MATLAB 的命令窗口直接键入"simulink"，如图 4-1 所示，需要注意的是，是键入"simulink"而不是"Simulink"，MATLAB 软件的 2015 版本会自动帮助纠错，系统提示为：

```
Did you mean:
>> simulink
```

非常智能化，可以帮助用户节约修改的时间，提高效率。

图 4-1   在 MATLAB 的命令窗口直接键入 simulink

方法（2）： 点击 MATLAB 的工具条上的 Simulink Library 的快捷键图标，如图 4-2 所示。

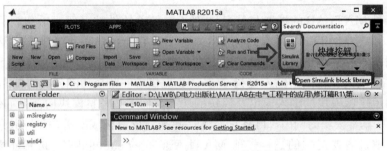

图 4-2   点击 Simulink Library 的快捷键图标

按照方法（1）和（2）执行之后，均可以弹出 simulink8.5 模块库浏览器的窗口（Simulink Library Browser），如图 4-3 所示。

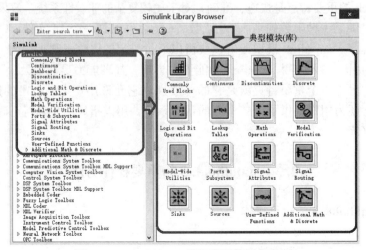

图 4-3   simulink8.5 模块库浏览器的窗口

方法（3）：在 MATLAB 的菜单中，选择 HOME→New→Simulink Model，如图 4 - 4 所示，会弹出如图 4 - 5 所示的新建立的名为 untitled 的模型窗口。

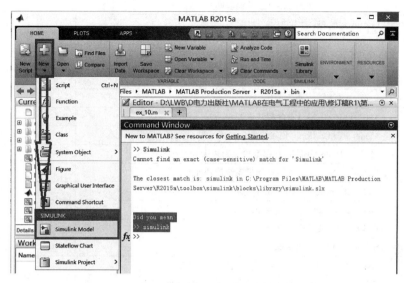

图 4 - 4　选择 Simulink Model 菜单

图 4 - 5　新建立的名为 untitled 的模型窗口

2. 打开已经存在的模型文件的方法

打开已经存在的模型文件，有两种典型方法。

方法（1）：在 MATLAB 命令窗口中直接键入模型文件名（它的后缀名为".slx"而不是".mdl"，先前后缀名为.mdl 的文件，也可以打开，一旦点击保存按钮时，系统会自动更换后缀名.mdl 为".slx"。需要提醒的是，该模型文件最好存储在 MATLAB 的当前搜索路径中。举例说明，本书为第四章，那么本章所有的文件就会保存在当前目录下"D：\ LWB\ D 电力出版社 \ MATLAB 在电气工程中的应用 \ 修订稿 R1 \ 第四章"）。

方法（2）：在 MATLAB 的 HOME 菜单中点击 Open，选中要打开的模型文件即可。

4.2.2　初识 simulink 模块库

如图 4 - 3 所示的 simulink 模块库，它包括 16 类模块库，如表 4 - 1 所示。

表 4 - 1   **simulink 模块库汇集表**

序号	库名	模块（库）数量
1	Commonly Used Blocks（公共模块库）	23
2	Continuous（连续模块库）	13
3	Discontinuities（非连续模块库）	12
4	Discrete（离散模块库）	22
5	Logic and Bit Operations（逻辑和位操作模块库）	19
6	Lookup Tables（查表模块库）	9
7	Math Operations（数学模块库）	37
8	Model Verification（模型检测模块库）	11
9	Model - Wide Utilities（模型扩充模块库）	5
10	Ports&Subsystems（端口和子系统模块库）	27
11	Signal Attributes（信号属性模块库）	14
12	Signal Routing（信号路由模块库）	19
13	Sinks（信号接收器模块库）	9
14	Sources（输入源模块库）	23
15	User - Defined Functions（用户自定义函数模块库）	10
16	Additional Math&Discrete（附加数学和离散模块库）	2

    本书仅介绍经常应用于电气工程以及相关领域的重要模块库，如需了解其它模块（库），建议阅读 MATLAB 软件的帮助手册/文档。

    1. Continuous（连续模块库）

    Continuous（连续模块库），如图 4 - 6 所示，它包括 13 个模块，为便于读者朋友查阅，现将它们总结于表 4 - 2 中。

图 4 - 6   Continuous（连续模块库）所处位置

表 4-2　　　　　　　　　　　　Continuous（连续模块库）汇集

序号	名称		功能说明
	英文	中文	
1	Derivative	微分模块①	对输入信号微分
2	Integrator	积分模块②	对输入信号积分
3	Integrator Limited	定积分模块	对输入信号定积分
4	Integrator，Second-Order	二阶积分模块	对输入信号二阶积分
5	Integrator，Second-Order Limited	二阶定积分模块	对输入信号二阶定积分
6	PID Controller	PID 控制器模块	PID 控制器
7	PID Controller（2DOF）	PID 控制器（2自由度）模块	PID 控制器（2自由度）
8	State-Space	状态空间模块③	建立状态方程
9	Transfer Fcn	传递函数模块④	分子分母以多项式表示的传递函数
10	Transport Delay	传输延时模块⑤	输入信号延时一个固定的时间再输出
11	Variable Time Delay	可变延时模块	输入信号延时一个可变时间再输出
12	Variable Transport Delay	可变传输延时模块⑥	输入信号延时一个可变的时间再输出
13	Zero-Pole	零—极点增益模型模块⑦	以零极点表示的传递函数模型

① Derivative 微分模块：输出为输入信号的微分，无需设置参数。

② Integrator 积分模块：输出时输入信号的积分，可设定初始条件（比如混沌系统的仿真），通常情况下初始条件不用考虑。

③ State-Space 状态空间模块：主要应用于现代控制理论中的多输入多输出系统的仿真，双击模块可设置的主要参数是系数矩阵 *A*、*B*、*C*、*D* 以及初始条件。

④ Transfer Fcn 传递函数模块：实现现行多项式模型的传递系统，双击可设置分子多项式和分母多项式的系数。

⑤ Transport Delay 传输延时模块：通过模块内部参数设定延迟时间。

⑥ Variable Transport Delay 可变传输延时模块：将输入延迟一个可变的时间。

⑦ Zero-Pole 零—极点增益模型模块：实现一个用零极点标明的传递函数，双击设置零点、极点和增益参数。

2. Discontinuous（非连续模块库）

Discontinuous（非连续模块库），如图 4-7 所示，它包括 12 个模块，为便于读者朋友查阅，现将它们总结于表 4-3 中。

图 4-7　Discontinuous（非连续模块库）所处位置

表 4 - 3   **Discontinuous（非连续模块库）汇集**

序号	名称		功能说明
	英文	中文	
1	Backlash	磁滞回环特性模块[①]	模拟间隙非线性环节（如齿轮）
2	Coulomb&Viscous Friction	库仑摩擦与黏性摩擦特性模块	模拟含有黏滞和静摩擦特性的非线性环节
3	Dead Zone	死区特性模块	设定死区范围
4	Dead Zone Dynamic	动态死区特性模块	设定动态死区范围
5	Hit Crossing	零交叉点模块[②]	检测信号穿越设定值的点，穿越时输出置1
6	Quantizer	量化模块[③]	根据输入产生阶梯输出信号的 量化器（脉冲调制器/数字转换器）
7	Rate Limiter	变化速率限幅模块	限制输入信号上升和下降的变化率
8	Rate Limiter Dynamic	变化速率动态限幅模块	动态限制输入信号上升和下降的变化率
9	Relay	滞环比较器模块[④]	模拟带滞环特性的继电器环节如继电器等
10	Saturation	饱和输出模块[⑤]	设置输入信号的正负限幅值，模拟环节的饱和特性
11	Saturation Dynamic	动态饱和输出模块	设置输入信号的上下饱和值，即［下限取下限值，上限取上限值］
12	Wrap To Zero	还零非线性模块	如果输入越限，输出置0

① Backlash 磁滞回环特性模块：模拟有间隙系统的行为。
② Hit Crossing 零交叉点模块：检测输入信号的零交叉点。
③ Quantizer 量化模块：阶梯状量化处理输出。
④ Relay 滞环比较器模块：带有滞环的继电特性比较器模块。
⑤ Saturation 饱和输出模块：让输出超过某一值时能够饱和输出。

3. Discrete（离散模块库）

Discrete（离散模块库），如图 4 - 8 所示，它包括 22 个模块，如表 4 - 4 所示。

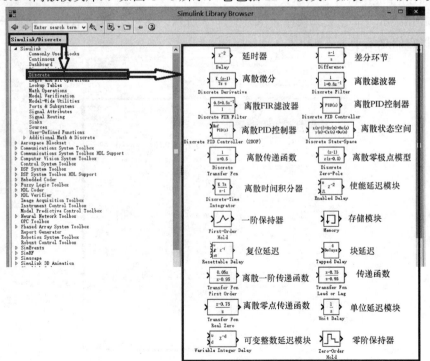

图 4 - 8   Discrete（离散模块库）所处位置

表 4 - 4　　　　　　　　　　　**Discrete**（离散模块库）汇集

序号	名称		功能说明
	英文	中文	
1	Delay	延时器模块	信号采样后保持一个采样周期后再输出
2	Difference	差分环节模块	对输入进行差分
3	Discrete Derivative	离散微分环节模块	对输入进行离散微分
4	Discrete FIR Filter	离散 FIR 滤波器模块	离散 FIR 滤波器
5	Discrete Filter	离散滤波器模块①	离散滤波器
6	Discrete PID Controller	离散 PID 控制器模块	离散 PID 控制器
7	Discrete PID Controller（2DOF）	离散 PID 控制器（2 自由度）模块	离散 PID 控制器（2 自由度）
8	Discrete State - Space	离散状态空间模型模块②	建立离散的状态空间系统模型
9	Discrete Transfer - Fcn	离散传递函数模型模块③	表示一个离散的传递函数
10	Discrete Zero - Pole	离散零极点模型模块④	零极点形式的离散传递函数
11	Discrete - Time Integrator	离散时间积分器模块⑤	输出为输入的离散时间积分
12	Enabled Delay	使能延迟模块	表示使能延迟模块
13	First - Order Hold	一阶保持器模块	实现一阶采样和保持器
14	Memory	存储模块⑥	存储上一时刻的状态值
15	Resettable Delay	复位延迟模块⑦	—
16	TappedDelay	块延迟模块⑧	输入延迟固定个采样周期，并输出全部的延时量
17	Transfer Fcn First Order	离散一阶传递函数模块	实现输入的离散时间一阶传递信号
18	Transfer Fcn Lead or Lag	传递函数模块	超前或滞后传递函数
19	Transfer Fcn Real Zero	离散零点传递函数模块	零极点传递函数
20	Unit Delay	单位延迟模块⑨	输入信号延迟一个采样周期后再输出
21	Variable Integer Delay	可变整数延迟模块	输入信号延迟可变个采样周期后再输出
22	Zero - Order Hold	零阶保持器模块	实现零阶采样和保持

① Discrete Filter 离散滤波器：可设置分子分母系数（按照 $z-1$ 作升幂排列），可设置采样时间。

② Discrete State - Space 离散状态空间模块：离散系统状态空间表达式模块，可设置参数矩阵 **A**，**B**，**C**，**D**，可设置采样时间、初始条件。

③ Discrete Transfer - Fcn 离散传递函数模型：离散系统传递函数多项式模型，可设置分子分母多项式。

④ Discrete Zero - Pole 离散零极点模型：离散系统传递函数零极点模型，可设置零点、极点、增益，可以设置采样时间。

⑤ Discrete - time Integrator 离散系统积分器模块：可设置采样时间、初始条件。

⑥ Memory 存储模块：输出本模块上一步的输入值。

⑦ Resettable Delay 复位延迟模块：是一个变型的 Delay 块。

⑧ Tapped Delay 块延迟模块：输入指定数量的采样周期和输出的延迟，即延迟 N 个周期，然后输出所有延迟数据。

⑨ Unit Delay 单位延迟模块：离散系统单位延迟模块，可设置采样时间，初始条件。

4. Logic and Bit Operations（逻辑和位操作模块库）

Logic and Bit Operations（逻辑和位操作模块库），如图 4 - 9 所示，它包括 19 个模块，如表 4 - 5 所示。

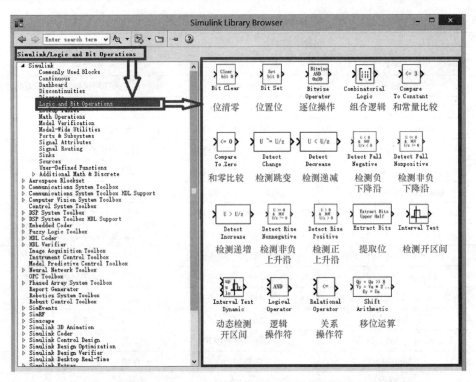

图 4-9 Logic and Bit Operations（逻辑和位操作模块库）所处位置

表 4-5　　　　　　　**Logic and Bit Operations（逻辑和位操作模块库）汇集**

序号	名称		功能说明
	英文	中文	
1	Bit Clear	位清零模块	按位清除
2	Bit Set	位置位模块	按位设置
3	Bitwise Operator	逐位操作模块	按位进行运算
4	Combinatorial Logic	组合逻辑模块	进行组合逻辑运算
5	Compare To Constant	和常量比较模块	和常量进行比较
6	Compare To Zero	和零比较模块	和零进行比较
7	Detect Change	检测跳变模块	进行变化检测
8	Detect Decrease	检测递减模块	进行衰减检测
9	Detect Fall Negative	检测负下降沿模块	进行负下降沿检测
10	Detect Fall Nonpositive	检测非负下降沿模块	进行非负下降沿检测
11	Detect Increase	检测递增模块	进行递增检测
12	Detect Rise Nonnegative	检测非负上升沿模块	进行非负上升检测
13	Detect Rise Positive	检测正上升沿模块	进行正上升检测
14	Extract Bits	提取位模块	进行位提取
15	Interval Test	检测开区间模块	测试时间间隔
16	Interval Test Dynamic	动态检测开区间模块	测试动态时间间隔
17	Logical Operator	逻辑操作符模块	进行逻辑运算
18	Relational Operator	关系操作符模块	进行关系运算
19	Shift Arithmetic	移位运算模块	进行移位运算

5. Lookup Tables（查询表模块库）

Lookup Tables（查询表模块库），如图 4 - 10 所示，它包括 9 个模块，为便于读者朋友查阅，现将它们总结于表 4 - 6 中。

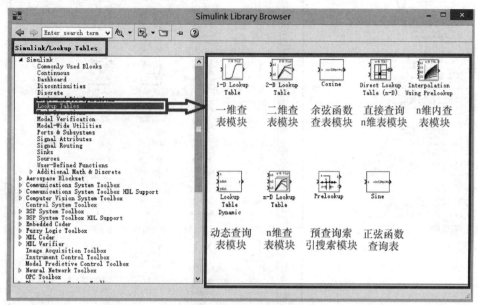

图 4 - 10　Look up Tables（查询表模块库）所处位置

表 4 - 6　　　　　　　　　　Look up Tables（查询表模块库）汇集

序号	名称	功能说明
1	1 - D Lookup Table	一维查表模块①
2	2 - D Lookup Table	二维查表模块②
3	Cosine	余弦函数查表模块
4	Direct Lookup Table（n - D）	直接查询 n 维表模块③
5	Interpolation Using PreLookup	n 维内查表模块④
6	Lookup Table Dynamic	动态查询表模块
7	n - D Lookup Table	n 维查表模块⑤
8	PreLookup	预查询索引搜索模块⑥
9	Sine	正弦函数查询表模块

① 1 - D Lookup Table 一维查表模块：一维输入信号的查询表（线性峰值匹配），即建立输入信号的查询表；

② 2 - D Lookup Table 二维查表模块：二维输入信号的查询表（线性峰值匹配），即建立两个输入信号查询表；

③ Direct Lookup Table（n - D）直接查询 n 维表模块：N 个输入信号的查询表（直接匹配），以重新获得标量、向量或二维矩阵；

④ Interpolation（n - D）Using Prelookup n 维内查表模块：适用预查的 n 维内查表模块，执行高精度的常值或线性插值；

⑤ n - D Lookup Table n 维查表模块：执行 n 个输入定常数、线性或样条插值映射；

⑥ 在设置的断点处为输入执行检索查找和小数计算。

6. Math Operations（数学运算模块库）

Math Operations（数学运算模块库），如图 4 - 11 所示，它包括 37 个模块，现将它们总结于表 4 - 7 中。

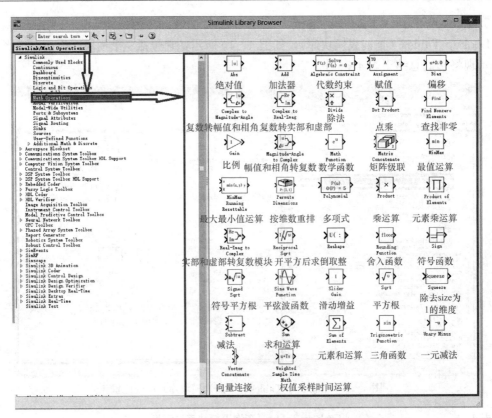

图 4-11　Math Operations（数学运算模块库）所处位置

表 4-7　　　　　　　　**Math Operations（数学运算模块库）汇集**

序号	名称		功能说明
	英文	中文	
1	Abs	绝对值模块	
2	Add	加法器模块	可加减标量、向量和矩阵
3	Algebraic Constraint	代数约束	代数环限制
4	Assignment	赋值模块	
5	Bias	偏移模块	
6	Complex to Magnitude-Angle	复数转幅值和相角模块	由复数输入信号转为幅值和相角输出
7	Complex to Real-Imag	复数转实部和虚部模块	由复数输入信号转为实部和虚部输出
8	Divide	除法模块	
9	Dot Product	点乘运算模块	
10	Find Nonzero Elements	查找非零元素模块	
11	Gain	比例运算模块	增益，即输入信号乘以常数
12	Magnitude-Angle to Complex	幅值和相角转复数模块	由幅值和相角输入转为复数输出
13	Math Function	数学函数模块	包括指数、对数、求平方、开方等常用数学运算函数
14	Matrix Concatenate	矩阵级联模块	矩阵串联
15	MinMax	最值运算模块	输出输入信号的最小值和最大值
16	MinMax Running Resettable	最大最小值运算模块	

续表

序号	名称		功能说明
	英文	中文	
17	Permute Dimensions	按维数重排模块	
18	Polynomial	多项式模块	
19	Product	乘运算模块	
20	Product of Elements	元素乘运算模块	
21	Real－Imag to Complex	实部和虚部转复数模块	由实部和虚部输入信号转为复数输出
22	Reciprocal Sqrt	开平方后求倒模块	
23	Reshape	取整模块	改变输入信号的维数
24	Rounding Function	舍入函数模块	四舍五入函数
25	Sign	符号函数模块	
26	Signed Sqrt	符号平方根函数模块	输入信号绝对值的平方根
27	Sine Wave Function	正弦波函数模块	
28	Slider Gain	滑动增益模块	可用滑动条来改变增益
29	Sqrt	平方根模块	
30	Squeeze	除去 size 为1的维度的模块	改变维数
31	Subtract	减法模块	
32	Sum	求和运算模块	
33	Sum of Elements	元素和运算模块	
34	Trigonometric Function	三角函数模块	三角函数，包括正弦、余弦、正切等
35	Unary Minus	一元减法模块	
36	Vector Concatenate	向量连接模块	
37	Weighted Sample Time Math	权值采样时间运算模块	

7. Model verification（模型检测模块库）

Model verification（模型检测模块库），如图 4－12 所示，它包括 11 个模块，为便于查阅，现将它们总结于表 4－8 中。

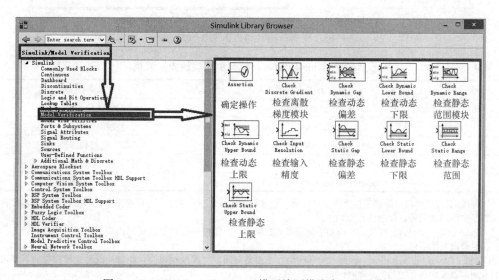

图 4－12　Model verification（模型检测模块库）所处位置

表 4 - 8　　　　　　　　　　　Model verification（模型检测模块库）汇集

序号	名称		功能说明
	英文	中文	
1	Assertion	确定操作模块	检验输入信号是否为零
2	Check Discrete Gradient	检查离散梯度模块	检验连续采样的离散信号的微分绝对值是否小于上限
3	Check Dynamic Gap	检查动态偏差模块	是否存在不同宽度的间隙
4	Check Dynamic Lower Bound	检查动态下限模块	检测一个信号是否总小于另外一个信号
5	Check Dynamic Range	检查动态范围模块	
6	Check Dynamic Upper Bound	检查动态上限模块	检测一个信号是否总大于另外一个信号
7	Check Input Resolution	检查输入精度模块	检测输入信号是否有指定的标量或向量精度
8	Check Static Gap	检查静态偏差模块	检测信号的幅值范围内是否存在间隙
9	Check Static Lower Bound	检查静态下限模块	检测信号是否大于等于指定的下限
10	Check Static Range	检查静态范围模块	检测输入信号是否在相同的幅值范围内
11	Check Static Upper Bound	检查静态上限模块	检测信号是否大于等于指定的上限

8. Model - Wide Utilities（模型扩充模块库）

Model - Wide Utilities（模型扩充模块库），如图 4 - 13 所示，它包括 5 个模块，为便于读者朋友查阅，现将它们总结于表 4 - 9 中。

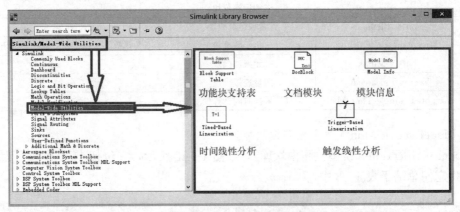

图 4 - 13　Model - Wide Utilities（模型扩充模块库）所处位置

表 4 - 9　　　　　　　　　　　Model - Wide Utilities（模型扩充模块库）汇集

序号	英文名称	中文名称
1	Block Support Table	功能块支持表模块
2	DocBlock	文档模块[1]
3	Model Info	模型信息模块[2]
4	Timed - Based Linearization	时间线性分析模块[3]
5	Trigger - Based Linearization	触发线性分析模块[4]

　　[1] DocBlock 文档模块：即说明性文本文件模块，创建和编辑描述型的文本，并保存文本，双击可写入文本文件，可以写入系统的使用说明等，存储格式为 .txt；

　　[2] Model Info：模型信息模块，在模型中显示版本控制信息，即模型文件信息说明模块，可写入文件创建人、文件版本、文件修改日期等信息；

　　[3] Time - Based Linearization 时间线性分析模块：在指定时间，生成线性模型，即时基线性化模型模块，双击可修改线性化时间以及线性化模型的采样时间；

　　[4] Trigger - Based Linearization 触发线性分析模块：在触发时，生成线性模型。

9. Ports & Subsystems（端口和子系统模块库）

Ports & Subsystems（端口和子系统模块库），如图 4 - 14 所示，它包括 27 个模块，如表 4 - 10 所示。

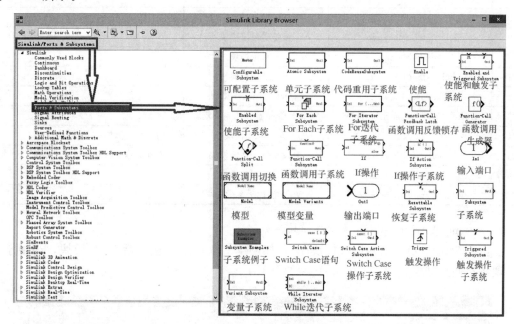

图 4 - 14　Ports & Subsystems（端口和子系统模块库）所处位置

表 4 - 10　　　　　　　Ports & Subsystems（端口和子系统模块库）汇集

序号	名称		功能说明
	英文	中文	
1	Configurable Subsystem	可配置子系统模块	
2	Atomic Subsystem	单元子系统模块	
3	CodeReuseSubsystem	代码重用子系统模块	
4	Enable	使能模块	为子系统添加一个使能端口
5	Enabled and Triggered Subsystem	使能和触发子系统模块	由外部输入使能和触发执行的子系统
6	Enabled Subsystem	使能子系统模块	由外部输入使能执行的子系统
7	For Each Subsystem	For Each 子系统模块	
8	For Iterator Subsystem	For 迭代子系统模块	
9	Function - Call Feedback Latch	函数调用反馈锁存模块	
10	Function - Call Generator	函数调用生成器模块	
11	Function - Call Split	函数调用切换模块	
12	Function - Call Subsystem	函数调用子系统模块	
13	If	If 操作模块	
14	If Action Subsystem	If 操作子系统模块	
15	In1	输入端口模块	
16	Model	模型连接模块	
17	Model Variants	模型变量模块	

续表

序号	名称		功能说明
	英文	中文	
18	Out1	输出端口模块	
19	Resettable Subsystem	恢复子系统模块	
20	Subsystem	子系统模块	
21	Subsystem Examples	子系统例子模块	
22	Switch Case	Switch Case 语句模块	
23	Switch Case Action Subsystem	Switch Case 操作子系统模块	
24	Trigger	触发操作模块	为子系统添加一个触发端口
25	Triggered Subsystem	触发操作子系统模块	由外部输入触发执行的子系统
26	Variant Subsystem	变量子系统模块	
27	While Iterator Subsystem	While 迭代子系统模块	

10. Signal Attributes（信号属性模块库）

Signal Attributes（信号属性模块库），如图 4-15 所示，它包括 14 个模块，为便于查阅，现将它们总结于表 4-11 中。

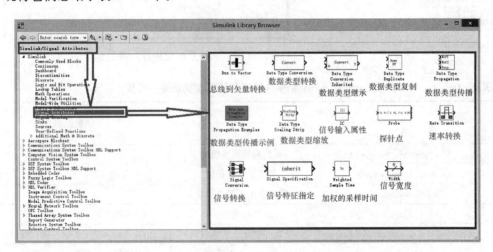

图 4-15　Signal Attributes（信号属性模块库）所处位置

表 4-11　　　　　　　　　　　**Signal Attributes（信号属性模块库）汇集**

序号	名称		功能说明
	英文	中文	
1	Bus to Vector	总线到矢量转换模块	将输入的多路信号合并为向量
2	Data Type Conversion	数据类型转换模块	将输入信号转化为模块中参数指定的数据类型
3	Data Type Conversion Inherited	数据类型继承模块	
4	Data Type Duplicate	数据类型复制模块	将所有输入转化为同一种数据类型
5	Data Type Propagation	数据类型传播模块	
6	Data Type Propagation Examples	数据类型传播示例模块	
7	Data Type Scaling Strip	数据类型缩放模块	

序号	名称		功能说明
	英文	中文	
8	IC	信号输入属性模块	设置信号初始值
9	Probe	探针点模块	输入信号的属性，包括宽度、采样时间和信号类型
10	Rate Transition	速率转换模块	处理不同采样速率模块之间的数据传输
11	Signal Conversion	信号转换模块	进行信号转换
12	Signal Specification	信号特征指定模块	
13	Weighted Sample Time	加权的采样时间模块	
14	Width	信号宽度模块	

11. Signal Routing（信号路由）模块库

Signal Routing（信号路由）模块库，如图 4 - 16 所示，它包括 19 个模块，为便于查阅，现将它们总结于表 4 - 12 中。

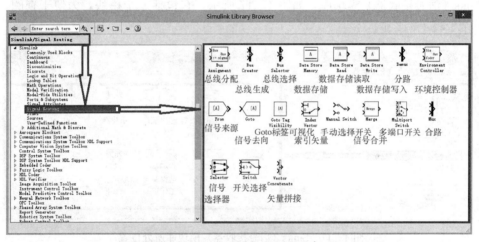

图 4 - 16　Signal Routing（信号路由）模块库所处位置

表 4 - 12　　　　　　　　　　**Signal Routing（信号路由）模块库汇集**

序号	名称		功能说明
	英文	中文	
1	Bus Assignment	总线分配模块	
2	Bus Creator	总线生成模块	将输入的多路信号转化为总线输出
3	Bus Selector	总线选择模块	从输入总线中输出多路信号
4	Data Store Memory	数据存储模块	定义数据存储器
5	Data Store Read	数据存储读取模块	从数据存储器读出数据
6	Data Store Write	数据存储写入模块	将数据写入数据存储器
7	Demux	分路模块	将向量信号分解后输出
8	Environment Controller	环境控制器模块	环境控制器
9	From	信号来源模块	从 Goto 模块接收信号并输出
10	Goto	信号去向模块	接收信号并发送到标签相同的 From 模块

续表

序号	名称		功能说明
	英文	中文	
11	Goto Tag Visibility	Goto 标签可视化模块	
12	Index Vector	索引矢量模块	
13	Manual Switch	手动选择开关模块	
14	Merge	信号合并模块	
15	Multiport Switch	多端口开关模块	
16	Mux	合路模块	将几个输入信号组合为向量或总线输出信号
17	Selector	信号选择器模块	从向量或矩阵信号中选择输入分量
18	Switch	开关选择模块[①]	根据门槛电压，选择开关输出
19	Vector Concatenate	矢量拼接模块	

① Switch 开关选择模块：当第二个输入端大于临界值时，输出由第一个输入端而来，否则输出由第三个输入端而来。

12. Sinks（信号接收器）模块库

Sinks（信号接收器）模块库，如图 4 - 17 所示，它包括 9 个模块，为便于查阅，现将它们总结于表 4 - 13 中。

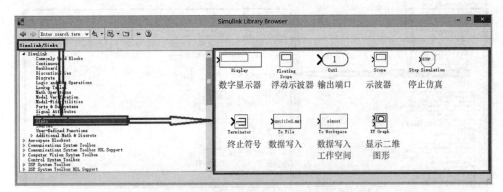

图 4 - 17   Sinks（信号接收器）模块库所处位置

表 4 - 13   Sinks（信号接收器）模块库汇集

序号	名称		功能说明
	英文	中文	
1	Display	数字显示器模块	数字方式显示信号
2	Floating Scope	浮动示波器模块	可以选择显示的信号
3	Out1	输出端口模块	分支系统输出端子
4	Scope	示波器模块	
5	Stop Simulation	停止仿真模块	满足条件即停止仿真
6	Terminator	终止符号模块	用以封闭信号
7	To File	数据写入模块[①]	将输出写入 .mat 文件
8	To Workspace	数据写入工作空间模块[②]	将输出写入工作空间
9	XY Graph	显示二维图形模块	将输入作为 X/Y 变量绘图

① To File 数据写入模块：将输出数据写入数据文件保护模块。

② To Workspace 数据写入工作空间模块：将输出数据写入 MATLAB 的工作空间模块。

13. Sources（输入源）模块库

Sources（输入源）模块库，如图 4 - 18 所示，它包括 23 个模块，为便于查阅，现将它们总结于表 4 - 14 中。

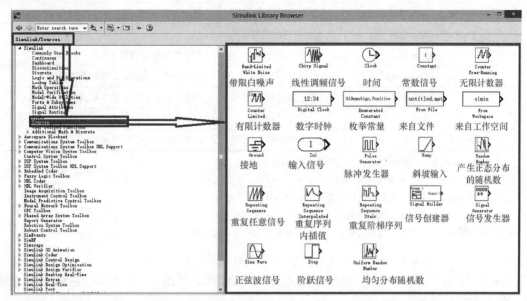

图 4 - 18　Sources（输入源）模块库所处位置

表 4 - 14　　　　　　　　　　　　　　Sources（输入源）模块库汇集

序号	名称		功能说明
	英文	中文	
1	Band - Limited White Noise	带限白噪声	产生白噪声
2	Chirp Signal	线性调频信号模块①	产生频率不断增加的正弦信号
3	Clock	时间模块②	产生时间信号
4	Constant	常数信号模块	产生常数信号
5	Counter Free - Running	无限计数器模块	
6	Counter Limited	有限计数器模块	限值计数器
7	Digital Clock	数字时钟模块	按照指定间隔生成仿真时间
8	Enumerated Constant	枚举常量模块	
9	From File	来自文件模块	从 .mat 文件读出数据
10	From Workspace	来自工作空间模块③	
11	Ground	接地模块	
12	In1	输入信号模块	为系统或外部输入生成一个输入端口
13	Pulse Generator	脉冲发生器模块	产生规则的脉冲信号
14	Ramp	斜坡输入模块	产生一个常数增加或减小的信号，即斜坡函数信号
15	Random Number	产生正态分布的随机数④	产生一个标准高斯分布的随机信号
16	Repeating Sequence	重复任意信号模块⑤	产生一个时基和高度可调的周期函数

续表

序号	名称		功能说明
	英文	中文	
17	Repeating Sequence Interpolated	重复序列内插值模块	
18	Repeating Sequence Stair	重复阶梯序列模块	
19	Signal Builder	信号创建器模块	产生任意分段的线性信号
20	Signal Generator	信号发生器模块	产生正弦、方波、锯齿波及随意波
21	Sine Wave	正弦波信号模块	产生幅值、相位、频率可调的正弦函数
22	Step	阶跃信号模块	产生幅值和起始时间可调的阶跃信号
23	Uniform Random Number	均匀分布随机数模块	产生均匀分布的随机函数

① Chirp Signal 线性调频信号模块：生成频率不断增加的正弦波信号。

② Clock 时钟模块：显示和提供仿真时间信号。

③ From Workspace 来自工作空间模块：来自 MATLAB 的工作空间。

④ Random Number 正态分布随机数模块：产生正态分布的随机数。

⑤ Repeating Sequence 重复任意信号模块：产生规律重复的任意信号模块。

14. User – Defined Functions（用户自定义函数模块库）

User – Defined Functions（用户自定义函数）模块库，如图 4 – 19 所示，它包括 10 个模块，现将它们总结于表 4 – 15 中。

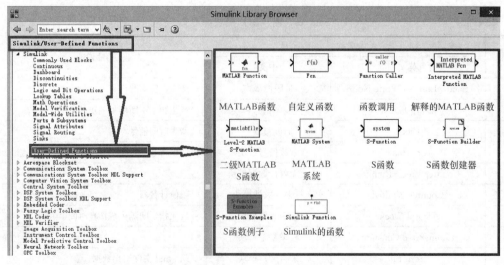

图 4 – 19   User – Defined Functions（用户自定义函数）模块库所处位置

表 4 – 15   **User – Defined Functions（用户自定义函数）模块库汇集**

序号	名称	功能说明
1	MATLAB Function	MATLAB 函数模块①
2	Fcn	自定义函数模块②
3	FunctionCaller	函数调用模块
4	Interpreted MATLAB Function	解释的 MATLAB 函数模块

序号	名称	功能说明
5	Level‒2 MATLAB s‒function	二级 MATLAB s 函数模块
6	MATLAB system	MATLAB 系统模块
7	s‒function	s 函数模块③
8	s‒function Builder	s 函数创建器模块
9	s‒function Examples	s 函数例子
10	Simulink Function	Simulink 的函数

① MATLAB Function MATLAB 函数模块：利用 MATLAB 的现有函数进行运算；

② Fcn 自定义函数模块：用自定义的函数（表达式）进行运算；

③ s‒function s 函数模块：调用自编的 s 函数的程序进行运算。

4.2.3　模块的操作方法

simulink 中模块的基本操作，主要包括对它们进行移动、复制、删除、转向、改变大小、模块命名、颜色设定、参数设定、属性设定、模块输入输出信号的设定等基本操作。下面将对其进行简单介绍。

1. 模块的移动与模块大小的改变

选中模块，如图 4‒20（a）所示，按住鼠标左键将其拖曳到所需的位置即可，若要脱离线而移动，可按住 shift 键，再进行拖曳，如图 4‒20（b）所示。拖动所选中的模块的右下角，既可改变它的大小，如图 4‒20（c）所示

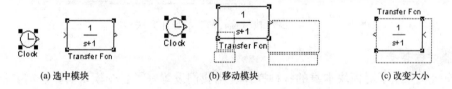

(a) 选中模块　　　　　　　　(b) 移动模块　　　　　　　　(c) 改变大小

图 4‒20　移动模块和改变模块大小的操作方法

2. 模块的复制

选中模块，然后在按住鼠标左键的同时，并按住 Ctrl 键，且此时拖动鼠标，即可复制同样的一个模块，如图 4‒21 所示。

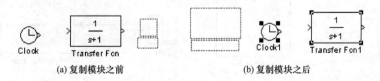

(a) 复制模块之前　　　　　　　　　　　(b) 复制模块之后

图 4‒21　复制模块

3. 模块的删除

选中模块，再按一下 Delete 键即可。若要删除多个模块，可以同时按住 Shift 键，再用鼠标选中需要删除的多个模块，接着再按一下 Delete 键即可。也可以用鼠标选取某区域，再按一下 Delete 键，就可以把该区域中的所有模块和连接线都删除。

4．模块的转向

为了能够顺序连接模块的输入和输出端，模块有时需要旋转 90°整数倍。在菜单 Format 中选择 Flip Block 左右镜像 180°，选择 Rotate Block 顺时针旋转 90°；或者直接按住快捷键 Ctrl＋R 键，以执行旋转 Rotate Block 操作；或者用鼠标右键点击该模块弹出菜单项，然后点击"Rotate &Flip"，即可弹出有关旋转功能命令，如图 4 - 22 所示，它包括逆时针转动、顺时针转动、左右镜像、上下镜像四种操作。

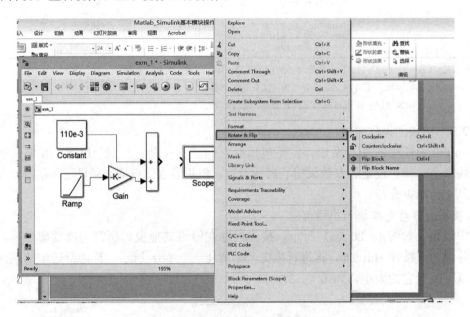

图 4 - 22　执行翻转命令的操作方法

5．模块的连接

前面已经介绍了对模块本身的各种操作。当我们设置好了各个模块后，还需要把它们按照一定的顺序连接起来才能组成一个完整的系统模型。最基本的就是两个模块之间的连接，即从一个模块的输出端连到另一个模块的输入端。其连接方法是：移动鼠标到模块的输出端，鼠标的箭头会变成十字形光标，这时按住鼠标左键，移动鼠标到另一个模块的输入端，当十字形光标出现"重影"时，释放鼠标左键就完成了连接，如图 4 - 23 所示。

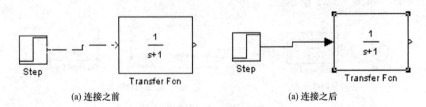

图 4 - 23　两个模块的连接方法

我们经常会碰到另外一种情况，就是需要把一个信号输送到不同的模块，这时就需要分支结构的连线。如图 4 - 24 所示，既要把正弦波信号送到示波器显示出来，同时还要送到积分器中。这种情况的操作步骤是：在先连好一条线之后，把鼠标移到支线的起点位置，再按下 Ctrl 键，同时按住鼠标左键拖到目标模块的输入端，释放鼠标左键和 Ctrl 键。

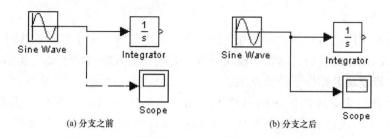

(a) 分支之前　　　　　　　　　　　(b) 分支之后

图 4-24　连线的分支

如上所述，Simulink 方块图中使用线表示模型中各模块之间信号的传送路径，用户可以用鼠标从模块的输出端口到另一模块的输入端口绘制连线，也可以由 Simulink 自动连接模块。如果要 Simulink 自动连接模块，可先用鼠标选择模块，然后按下 Ctrl 键，再用鼠标单击目标模块，则 Simulink 会自动把源模块的输出端口与目标模块的输入端口相连，如图 4-25 所示。如果需要，Simulink 还会绕过某些模块而连接所需连接的模块，如图 4-26 所示。

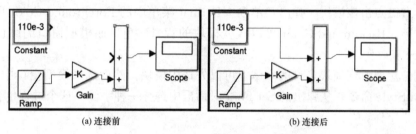

(a) 连接前　　　　　　　　　　　(b) 连接后

图 4-25　Simulink 自动连接模块操作方法

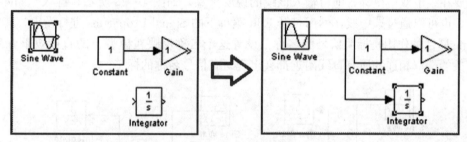

图 4-26　绕过某些模块而连接所需连接的模块

如果要把一组源模块与一个目标模块连接，则可以先选择这组源模块，然后按下 Ctrl 键，再用鼠标点击目标模块，如图 4-27 所示。

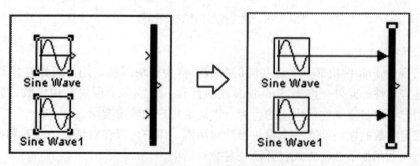

图 4-27　连接一组源模块的操作方法

6. 模块的重命名

模型中所有模块的名称都必须是唯一的，而且至少包含一个字符。默认时，若模块端口位于模块左右两侧，则模块名称位于模块下方；若模块输入端口位于模块顶部，输出端口位于模块底部，则模块名称位于模块左侧。

先用鼠标在需要更改的模块的名称上点击一下，然后删除原名称，重新键入新的名称，便完成直接更改名称的操作方法。名称在模块上的位置也可以变换 $180°$，可以用 Format 菜单中的 Flip Name 来实现，也可以直接通过鼠标进行拖曳。Hide Name 可以隐藏模块名称。

用户也可以用鼠标双击模块名称，在激活的文本框内输入新的名称，即可更改模块的名称。当在模型中的任一位置单击鼠标或执行其他操作时，Simulink 会停止模块名称的编辑。如果把模块的名称改变为模型中已有模块的名称，或者名称中不含有任何字符，那么 Simulink 会显示一个错误消息。

7. 模块颜色、名称字体的改变

用鼠标右键点击该模块→弹出菜单项→Format 菜单中的 Foreground Color 可以改变模块的前景颜色，Background Color 可以改变模块的背景颜色，而模型窗口的颜色可以通过 Screen Color 来改变。

如果用户想要改变模块名称的字体，可以先选中模块，然后选择模型窗口中 Format 菜单下的 Font Style 命令，从弹出的 Set Font 对话框中选择一种字体，这个过程也会改变模块图标上的文本字体。

8. 设定连线标签

只要在线上双击鼠标，即可输入该线的说明标签，如图 4-28 所示，键入 "sine wave" 的标签。也可以通过选中线，然后打开 Edit 菜单下的 Signal Properties 进行设定，其中 signal name 属性的作用是标明信号的名称，设置这个名称反映在模型上的直接效果就是与该信号有关的端口相连的所有直线附近都会出现写有信号名称的标签。

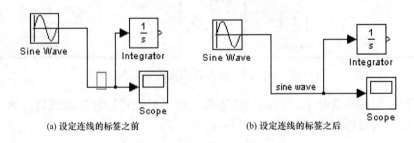

(a) 设定连线的标签之前   (b) 设定连线的标签之后

图 4-28   设定连线的标签的操作方法

9. 模块参数的设置

所有的 Simulink 模块都有一组共同的参数，称为模块属性，用户可以在模块属性对话框内设置这些属性。此外，许多 Simulink 模块都有一个或多个模块专用参数，通过设置这些参数，用户可以自定义这些模块的行为，以满足用户的特定要求。

带有特定参数的模块都有一个模块参数对话框，用户可以在对话框内查看和设置这些参数。用户可以利用如下 3 种方式打开模块参数对话框。

（1）在模型窗口中选择模块，→选择模型窗口中 Edit 菜单下的 BLOCK parameters 命令。这里 BLOCK 是模块名称，对于每个模块会有所不同。

（2）在模型窗口中选择模块，用鼠标右键单击模块，从模块的下拉菜单中选择 BLOCK parameters 命令。

（3）用鼠标双击模型或模块库窗口中的模块图标，打开模块参数对话框。

对于每个模块，模块的参数对话框也会有所不同，用户可以用任何 MATLAB 常值、变量或表达式作为参数对话框中的参数值。本操作会在以后的相关建模中进行解释。

10. 模块的标注

用户可以在 Simulink 模型窗口中为模型添加文本标注。文本标注可以添加在模型窗口中的任一空白位置，作为模型功能的简短说明。为了创建模型标注，在模型窗口中的任一空白位置处点击鼠标左键，此时会出现一个文本编辑框，光标也会变成插入状态，这时就可以在文本框内键入需要的标注内容，如图 4-29 所示。

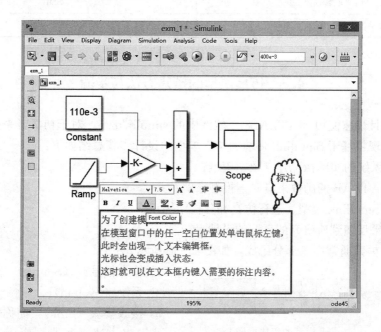

图 4-29　标注的操作方法

若要把标注移动到其他位置，可用鼠标拖动标注到新位置；若要编辑标注，可用鼠标左键单击标注，此时标注内的文本变为编辑状态，用户可以重新编辑文本信息；若要删除标注，可按下 Shift 键，同时选择标注，然后按 Delete 键或 Backspace 键。

若要改变标注的字体，可首先选择标注内需要改变字体的文本，然后选择 Format 菜单下的 Font 命令，从弹出的 Set Font 对话框内设置文本的字体和大小。

若要改变标注内文本的对齐方式，可首先选中标注，然后点击鼠标右键→点击 Paragraph→点击 Alignment 命令，在该命令的子菜单中选择一种对齐方式，例如 left（左对齐）、center（中间对齐）或 right（右对齐）。

为了快速使用一些常用快捷键，现总结于表 4-16 中。

表 4 - 16　　　　　　　　　　　　　常用快捷键汇集

任务	快捷键
放大模型	"Ctrl" + "+"
缩小模型	"Ctrl" + "−"
缩放到正常比例（100%）	"Alt" + "1"
向右平移模型	"Ctrl" + "→"
向左平移模型	"Ctrl" + "←"
向上平移模型	"Ctrl" + "↑"
向下平移模型	"Ctrl" + "↓"
顺时针旋转模型 90°	"Ctrl" + "R"
逆时针旋转模型 90°	"Ctrl" + "Shift" + "R"
水平镜像翻转模型（180°）	"Ctrl" + "I"

4.3　仿真模型的搭建方法与步骤

如何正确且快速使用 MATLAB8.5 软件中的 simulink8.5，对于初学者来说，这是最为关心的事情。现将基于 Simulink 环境的仿真模型的设计步骤总结如下：

（1）根据系统的实际情况建立数学模型；

（2）用 MATLAB 的函数工具对该模型求解；

（3）建立 Simulink 模型，进行仿真并分析结果；

（4）把结果反馈到所研究的系统的设计上。

Simulink 模型通常由三部分组成，如图 4 - 30 所示。

1）输入信号源（Source），简称信源；

2）系统（System）；

3）接收模块（Sink），简称信宿。

图 4 - 30　Simulink 模型的组成框图

本节将讲述一些典型应用示例，希望读者能够仔细阅读，顺着每个示例的分析，进一步加深对 simulink 中建立仿真模型的基本方法与必要步骤的了解。

4.3.1　如何绘制传感器输出特性曲线

【举例 1】　已知某直流比较仪的输出特性曲线的表达式为：

$$I_1 = kI_2 + I_0 \tag{4-1}$$

式中，I_1 和 I_2 分别为一次电流和二次电流，I_0 为比较仪的偏置系数，k 为比较仪的灵敏度，且已知 $k = 114$ 和 $I_0 = 110$mA，试用 simulink 绘制该比较仪的输出特性曲线。

现将分析和创建仿真模型的方法和步骤讲述如下。

1. 调用模块

首先确定需要哪些模块，并找到它们所在的模块库。分析该直流比较仪的输出特性曲线的表达式可知，它由 I_0 和 kI_2 两个部分组成，其中 I_0 表示截距，I_2 表示自变量，k 表示斜率，如图 4-31 所示，经过分析，该表达式需要以下 5 个模块。

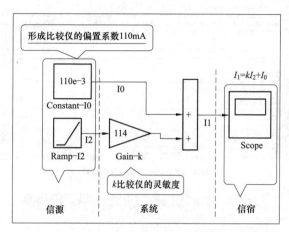

图 4-31 某直流比较仪输出特性曲线的仿真模型

（1）Ramp 模块：用来产生自变量 I_2 信号，来自 simulink 模块库中的输入源 Sources 模块库；

（2）Constant 模块：用来产生截距常数 I_0，也来自 simulink 模块库中的输入源 Sources 模块库；

（3）Gain 模块：将输入信号乘上斜率 k，来自 simulink 模块库中的 Math Operations 模块库；

（4）sum 模块：把两个量 I_0 和 $k\,I_2$ 加起来形成因变量 I_1，也来自 simulink 模块库中的 Math Operations 模块库；

（5）scope 模块：显示比较仪输出特性曲线的结果，来自 simulink 模块库中的 Sink 接收器模块库。

2. 创建并保存模型文件

按照前面讲述的方法创建新的模型文件，从上述模块库中分别调出所需的那些模块，如图 4-31 所示，并保存为：exm_1.slx。

3. 连接模块并设置其参数

按照图 4-31 所示的仿真模型图，将各个模块进行连线，设置各个模块的参数：

（1）双击 Constant 模块，→弹出它的属性参数对话框，如图 4-32（a）所示，→在 "Constant value" 输入栏中键入 110e-3，因为 $I_0=110\mathrm{mA}$，→点击 OK；

（2）双击 Ramp 模块，→弹出它的属性参数对话框如图 4-32（b）所示，→ "Slope" 输入栏表示斜坡函数的斜率，在 simulink 中，"Slope" 的默认值为 1，即 $\tan\theta=1$，即 $\theta=45°$，"Start time" 输入栏表示斜坡函数的时间偏移（time offset），其默认值为 0，"Initial output" 输入栏表示斜坡函数的起始值，其默认值为 0，为简单起见，本例均用它的默认值，→点击 OK；

（3）双击 Gain 模块，→弹出它的属性参数对话框，如图 4-33 所示，→在 "Gain" 输入栏中键入 114，因为 $k=114$，点击 OK；

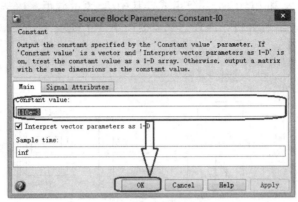

(a) 设置Constant模块的属性参数

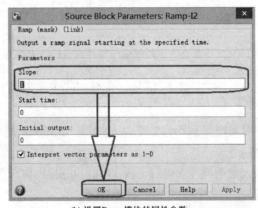

(b) 设置Ramp模块的属性参数

图 4-32　设置 Constant 模块和 Ramp 模块的属性参数

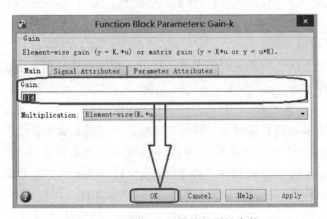

图 4-33　设置 Gain 模块的属性参数

（4）双击 Sum 模块，→弹出它的属性参数对话框，如图 4-34 所示，→点击"Icon shape"栏（设定模块的外观）右边的下拉滚动条，可以改变 Sum 模块的外形，在 simulink 中，Sum 模块的外形被默认为 round（圆形），→本例选择"rectangular"（矩形），→将 List of signs 栏置为＋＋，然后点击 OK；

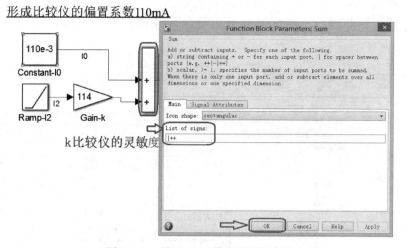

图 4-34　设置 Sum 模块的属性参数

（5）双击 Scope 模块，→即可打开 Scope 的显示界面，如图 4-35 中的左图所示，→点击它的左上角的"Parameters"按钮（图中用圆圈圈住），→弹出它的属性参数对话框，在 Scope 模块的 General（通用）参数中，最重要的就是显示轴数（Number of axes），在 simulink 中，显示轴的默认数为 1（Number of axes=1），如果需要显示两个参数的波形，就只需将 Number of axes（显示轴数）改为 2。在 Scope 模块的 Data history（数据显示）参数中，如果要将仿真生成的数据存到 MATLAB 中的 workspace 中去，就需要将"Save data to workspace"选择栏勾上（√），且需要给这个变量取名字，在 simulink 中，该变量的默认名为 Scopedata，可以根据需要自行修改。值得注意的是，取名需遵循变量命名原则，否则会出错，本例暂不作修改，图 4-35 中的右图"Style"表示其图形风格，最后点击 OK。

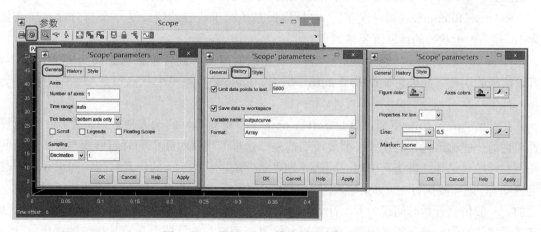

图 4-35　设置 Scope 模块属性参数对话框

4. 设置仿真参数

将仿真参数的设定和仿真解算器的选择方法讲述如下。

（1）首先，→点击"exm_1. slx"窗口中的"Simulation"按钮，如图 4-36 所示，→点击"Simulation Parameters"按钮，→弹出一个名为"Simulation Parameters：exm_1"的窗

口；其次，看到"Solver"（仿真解算器）的对话框，它允许用户设置仿真的开始和结束时间，选择解算器类型、解算器参数以及一些输出选项，现将它们的使用方法说明如下。

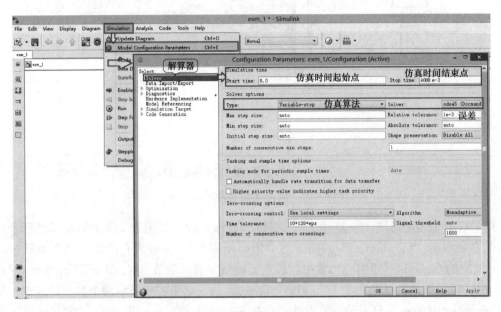

图 4 - 36　仿真参数的设定对话框

Simulation time（仿真时间）的输入栏，左边为 Simulation time（仿真时间）的 start time（起始时间），右边为 Stop time（结束时间），下面就是一些控制仿真质量的关键参数，如 Relative tolerance（相对误差）和 Absolute tolerance（绝对误差）。

Relative tolerance（相对误差）：它是指误差相对于状态的值，是一个百分比，默认值为 1e - 3，表示状态的计算值要精确到 0.1%。

Absolute tolerance（绝对误差）：表示误差值的门限，或者是在状态值为零的情况下，可以接受的误差。如果它被设成了 auto，那么 simulink 为每一个状态设置初始绝对误差为 1e - 6。

在 Simulation time 下面，就是 Solver options（解算器）的输入栏，即解算器的参数设置和它的一些输出选项的选择。需要说明的是，这里的仿真时间中的时间概念与真实的时间并不一样，只是计算机仿真中对时间的一种表示方法，比如 10s 的仿真时间，如果采样步长定为 0.1，则需要执行 100 步，若把步长减小，则采样点数增加，那么实际的执行时间就会增加。一般仿真开始时间设为 0，而结束时间视不同的因素而选择。总的说来，执行一次仿真要耗费的时间依赖于很多因素，包括模型的复杂程度、解算器类型及其步长的选择、计算机时钟的速度等。

仿真步长模式：用户在 Type 右侧的第一个下拉选项框中指定仿真的步长选取方式，可供选择的有 Variable - step（变步长）和 Fixed - step（固定步长）方式。变步长模式，可以在仿真的过程中改变步长，提供误差控制和过零检测。固定步长模式，在仿真过程中提供固定的步长，不提供误差控制和过零检测。用户还可以在第二个下拉选项框中选择对应模式下仿真所采用的算法。

对于变步长模式的解算器主要有：ode45，ode23，ode113，ode15s，ode23s，ode23t，ode23tb 和 discrete。

ode45：它是仿真参数对话框的默认值，四/五阶龙格—库塔法，适用于大多数连续或离散系统，但不适用于刚性（stiff）系统，它是单步解算器，也就是说，在计算 $y(t_n)$ 时，它仅需要最近处理时刻的结果 $y(t_{n-1})$。一般来说，面对一个仿真问题，最好是首先试试 ode45 解算器。

ode23：二/三阶龙格—库塔法，它在误差限要求不高和求解的问题不太难的情况下，可能会比 ode45 更有效，它也是一个单步解算器。

ode113：是一种阶数可变的解算器，它在误差容许的情况下通常比 ode45 有效。ode113 是一种多步解算器，也就是在计算当前时刻输出时，它需要以前多个时刻的解。

ode15s：是一种基于数字微分公式的解算器（NDFs），它也是一种多步解算器，适用于刚性（stiff）系统，当用户估计要解决的问题比较困难时，或者不能使用 ode45 时，或者即使使用效果也不好时，就可以用 ode15s 解算器。

ode23s：它是一种单步解算器，专门应用于刚性（stiff）系统，在弱误差允许下的效果优于 ode15s，它能解决某些 ode15s 所不能有效解决的刚性（stiff）问题。

ode23t：是梯形规则的一种自由插值实现，这种解算器适用于求解适度刚性（stiff）问题而且用户又需要一个无数字振荡的解算器的情况。

ode23tb：是 TR - BDF2 的一种实现，TR - BDF2 是具有两个阶段的隐式龙格—库塔公式。

discrete：当 simulink 检查到模型没有连续状态时，就会使用该解算器。

对于固定步长模式的解算器主要有：ode5，ode4，ode3，ode2，ode1 和 discrete。

ode5：它是仿真参数对话框的默认值，是 ode45 的固定步长版本，适用于大多数连续或离散系统，不适用于刚性（stiff）系统。

ode4：四阶龙格—库塔法，具有一定的计算精度。

ode3：固定步长的二/三阶龙格—库塔法。

ode2：改进的欧拉法。

ode1：欧拉法。

discrete：是一个实现积分的固定步长解算器，它适合于离散无连续状态的系统。

上述仿真解算器如表 4 - 17 所示。

表 4 - 17　　　　　　　　　　　　　　不同解算器汇集

步长是否固定	名称	特征
变步长解法	discrete	针对无连续状态系统的特殊解法
	ode45	基于 Dormand - Prince 四/五阶的龙格—库塔公式
	ode23	基于 Bogachi - Shampine 二/三阶的龙格—库塔公式
	ode113	变阶次 Adams - Bashforth - Moulton 解法
	ode15s	刚性系统的变阶次多步解法
	ode23s	刚性系统的固定阶次单步解法

续表

步长是否固定	名称	特征
	discrete	针对无连续状态系统的特殊解法
	ode5	ode45 确定步长的函数解法
固定步长解法	ode4	使用固定步长的经典四阶的龙格—库塔公式的函数解法
	ode3	ode25 确定步长的函数解法
	ode2	使用固定步长的经典二阶的龙格—库塔公式的函数解法
	ode1	固定步长的欧接解法

步长参数：对于变步长模式，用户可以设置最大的和推荐的初始步长参数，默认情况下，步长自动地确定，它由值 auto 表示。

Max step size（最大步长参数）：它决定了解算器能够使用的最大时间步长，它的默认值为"仿真时间/50"，即整个仿真过程中至少取 50 个取样点，但这样的取法对于仿真时间较长的系统则可能带来取样点过于稀疏，而使仿真结果失真。一般建议对于仿真时间不超过 15s 的采用默认值即可，对于超过 15s 的每秒至少保证 5 个采样点，对于超过 100s 的，每秒至少保证 3 个采样点。

Initial step size（初始步长参数）：一般建议使用"auto"默认值即可。初次使用时，建议按照图 4-36 所示的参数设置方法，进行参数设置，其中绝大部分使用"Solver"的默认设置。在名为"Simulation Parameters：Exm_1"的窗口中，还会看到"Workspace I/O"的对话框，它主要用来设置 simulink 与 MATLAB 工作空间交换数值的有关选项，例如：

Load from workspace：选中前面的复选框即可从 MATLAB 工作空间获取时间和输入变量，一般时间变量定义为 t，输入变量定义为 u。Initial state 用来定义从 MATLAB 工作空间获得的状态初始值的变量名。

Save to workspace：用来设置存往 MATLAB 工作空间的变量类型和变量名，选中变量类型前的复选框使相应的变量有效。一般存往工作空间的变量包括输出时间向量（Time）、状态向量（State）和输出变量（Output）。Final States 用来定义将系统稳态值存往工作空间所使用的变量名。

Save options：用来设置存往工作空间的有关选项。

Limit rows to last 用来设定 simulink 仿真结果最终可存往 MATLAB 工作空间的变量的规模，对于向量而言即其维数，对于矩阵而言即其秩；Decimation 设定了一个亚采样因子，它的默认值为 1，也就是对每一个仿真时间点产生值都保存，而若为 2，则是每隔一个仿真时刻才保存一个值。Format 用来说明返回数据的格式，包括数组 Array、结构 structure 以及带时间的结构 structure with time。初次使用时，建议使用它的默认设置。下面会专门论述，数据格式参数的修改对于利用其他软件绘制仿真结果时的重要影响。其他对话框，在一般的仿真过程中很少使用到，建议使用它的默认设置，参见图 4-37 所示。

在本例中，因为该直流比较仪涉及到输出量程的问题，也就是说，它不可能测量无穷大的直流。特将 Simulation Parameters 的 start time 设置为 0，Stop time 设置为 4000e-3，其他为仿真器的默认参数，然后点击 OK。

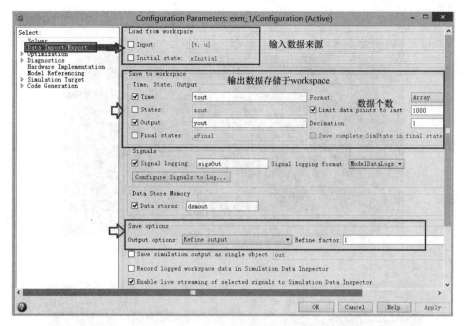

图 4 - 37　数据存储模式界面图

（2）其次，启动仿真器。点击图 4 - 38 所示的黑色三箭头图标"▶"（图 4 - 38 中用方框圈住），它是 simulink 启动仿真（Start Simulation）的快捷按钮图标，→点击它，便可以开始进行模型仿真。

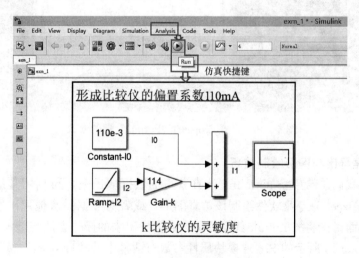

图 4 - 38　点击仿真快捷键图标

5. 分析仿真结果

双击 Scope 模块，便弹出输出结果，如图 4 - 39 所示。

如果将 Scope 的"Format"项的参数设置为 structure 或者 structure with time 或者 Array，将变量名 Variable name 设置为 outputcurve，如图 4 - 40 所示，然后点击 OK。由此可见，在 MATLAB 中有了 Scope 接收器模块，便使得用 simulink 进行仿真具有像做实验时有了示波器一样的图形化显示效果。

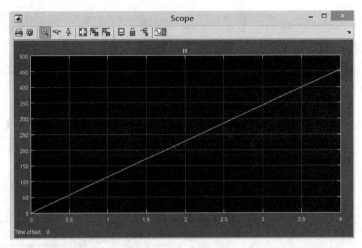

图 4-39　仿真结果

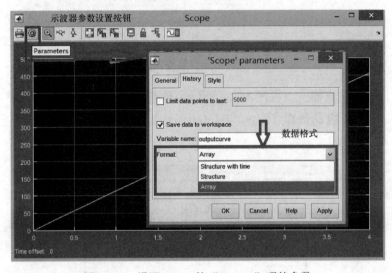

图 4-40　设置 Scope 的"Format"项的参数

4.3.2　数据导出与图形绘制技巧

很多时候，我们总希望将 simulink 仿真获得的数据取出来，再利用其他画图软件，如
EPW、Origin、Excel 等专业软件绘制该仿真图形，或者对数据另有他用，这都涉及将数据
导出的问题。下面讨论将 simulink 获得的仿真数据导出来的操作方法与基本步骤。

（1）点击图 4-40 所示的 Scope 模块属性参数对话框中的"History"按钮，→弹出有关
Scope 模块数据显示属性参数设置对话框，→去掉"Save data to workspace"对勾（√），
同时将"History"对话框中的"Format"项的参数设置为 Array，→接着给输出数据取名，
读者只需将 Variable name（变量名）设置为新的名字即可，本例取名为"outputcurve"，→
点击仿真快捷键，即可启动仿真程序。

（2）返回到 MATLAB 的界面窗口，便可以看到 outputcurve 变量名被显示在 workspace
窗口中，如图 4-41 中左图所示（用方框框住），双击 outputcurve 变量，可以弹出 output-
curve 变量的数据矩阵，如图 4-41 中右图所示（用方框框住）。

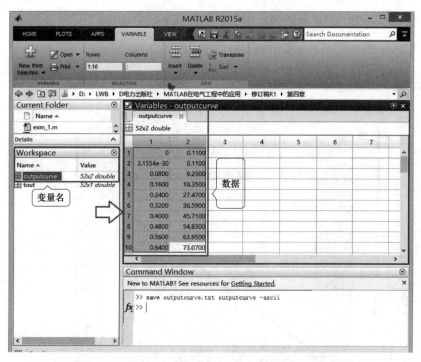

图 4 - 41　outputcurve 变量在 workspace 窗口中的显示

（3）在 MATALB 的命令窗口中执行以下命令语句：

```
>> saveoutputcurve. txt outputcurve-ascii
```

MATLAB 软件便自动将 Scope 中数据存储到当前搜索路径的盘符中，如本例的当前路径为："D：\ LWB \ D 电力出版社 \ MATLAB 在电气工程中的应用 \ 修订稿 R1 \ 第四章"，如图 4 - 42 所示，用专业绘图软件，打开这个文本文件，即可绘制仿真结果。

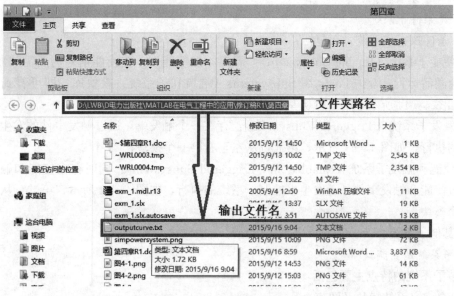

图 4 - 42　数据存储位置

当然，还可以在 MATALB 的命令窗口中执行以下命令语句：

```
>> x=outputcurve(:,1);y=outputcurve(:,2)
>> plot(x,y,'linewidth',3);grid on ;
>> title('直流比较仪输出特性曲线');xlabel('二次电流 I2/mA');ylabel('一次电流 I1/A')
```

执行结果如图 4-43 所示。

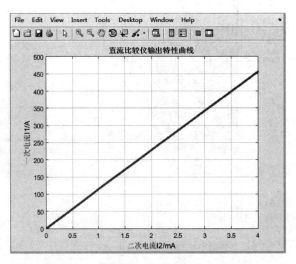

图 4-43　利用 plot 命令绘制的仿真结果

4.3.3　创建与封装子系统的基本方法

1. 子系统概述

当模型规模很大、很复杂时，可以通过把一些模块组合成一个子系统，来简化模型。子系统是系统构成的一部分，表现形式为具有几个输入输出端口的模块，内部结构在系统中不表现出来。子系统包括：

（1）无条件子系统。

（2）条件执行子系统。它包括：

1）使能子系统（Enable Subsystem）：需要添加使能端，在使能信号为所需要状态时，系统才会激活运行。双击 Ports & Subsystems（端口和子系统）模块库，即可看到使能子系统，如图 4-44 所示，第二行从左至右的第二个模块；

2）触发子系统（Triggered Subsystem）：存在一个触发端，通过触发事件的发生来控制子系统的执行，如图 4-44 所示，第七行从左至右第一个模块；

3）使能和触发子系统（Enabled and Triggered Subsystem）：同时存在使能和触发控制端，通过使能和触发事件是否发生来控制子系统的执行，如图 4-44 所示，第二行从左至右的第一个模块；

4）其他子系统。

2. 子系统的封装

封装子系统的特点主要包括：

（1）自定义系统模块及图表；

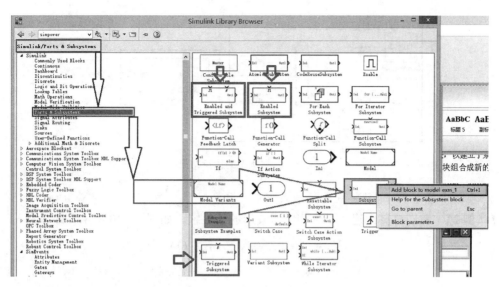

图 4 - 44　从 Ports & Subsystems 模块库中复制 Subsystem 模块

（2）用户双击子系统图表将弹出参数设置框；

（3）可自定义子系统的帮助文件；

（4）拥有自己的工作区。

建立子系统有以下几个优点：

1）"隐藏"子系统中不需要过多展现的内容，可以减少显示在模型窗口的模块数，这样用户的模型窗口就会很整齐、简洁，而且条理清晰、层次分明，也方便用户连线；

2）向子系统模块中传递参数，可以将功能相关的模块放在一起，用户可以用建立子系统来创建自己的模块库；

3）保护子系统中的内容，防止模块实现被随意篡改，可以生成层次化的模型图表，即子系统在一层，组成子系统的模块在另一层。这样用户在设计模型时，既可采用自上而下的设计方法，也可以采用自下而上的设计方法。

鉴于建立子系统有助于简化系统结构，提高系统设计的层次性，因此，在 simulink 中最好创建子系统，其途径主要有以下两种：

1）采用 Ports & Subsystems 模块库的 Subsystem 模块：增加一个子系统模块到你的模型中，并在打开的模型的编辑区设计组合新的模块，以建立子系统；

2）直接选中已有模块形成子系统：将现有的多个模块连接好，再组合起来，然后再把这些模块组合成新的模块，以建立子系统。

3. 调用 Ports & Subsystems 模块

（1）将 Ports & Subsystems 模块库中的 Subsystem 模块复制到打开的模型窗口中（取名为 exm_1. slx），如图 4 - 45 所示；

（2）双击 Subsystem 模块，进入自定义模块窗口，从而可以利用已有的基本模块设计出新的模块；

（3）执行结果如图 4 - 45 所示，将 Subsystem 模块调入模型 exm_1. slx 中。

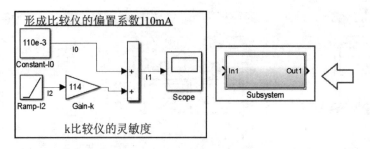

图 4 - 45　举例 1 的执行结果

4. 实例讲解 1——创建三相电压子系统

【举例 2】　我们打算创建一个三相电压波形的子系统，如图 4 - 46 所示，即：

$$V_a = 220\sin(50 \times 2 \times \pi \times t)\text{V} \tag{4-2}$$

$$V_b = 220\sin(50 \times 2 \times \pi \times t - 120°)\text{V} \tag{4-3}$$

$$V_c = 220\sin(50 \times 2 \times \pi \times t - 240°)\text{V} \tag{4-4}$$

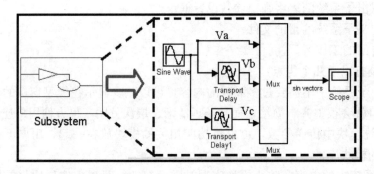

图 4 - 46　三相电压波形的子系统

第一步，确认各个模块及其模块库

分析可知，它需要以下几个模块，如图 4 - 46 所示。

（1）Sine Wave 模块：用来产生正弦波形，来自 simulink 模块库中的 Sources（输入源模块库）；

（2）Transport Delay 模块：用来产生波形延迟，来自 simulink 模块库中的 Continuous（连续模块库）；

（3）Mux 模块：将三个输入信号组合为总线输出信号，来自 simulink 模块库中的 Signal Routing（信号路由模块库）；

（4）Scope 模块：显示比较仪输出特性曲线的结果，来自 simulink 模块库中的 Sink（接收器模块库）。

第二步，设置各个模块的关键性参数

（1）设置 Sine Wave 模块。双击 Sine Wave 模块，弹出图 4 - 47 所示的有关 Sine Wave 模块的参数设置对话框，按照图中参数进行设置，即设置它的 Amplitude（幅值）、Frequency（频率 rad/s）、Phase（相位 rad）和 Sample time（采样时间），然后点击 OK。

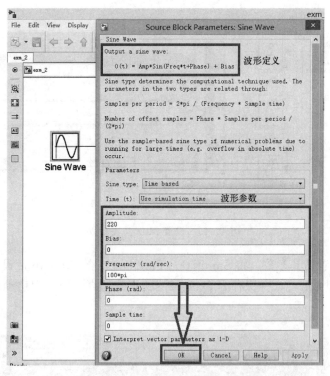

图 4-47　设置 Sine Wave 模块参数

（2）设置 Transport Delay 模块。双击 Transport Delay 模块，弹出如图 4-48 所示的有关 Transport Delay 的参数设置对话框，按照图中参数设置 A、B 和 C 三相的 Time delay（延迟时间）分别为 0、2/50/3 和 4/50/3，其他为默认参数，然后点击 OK。

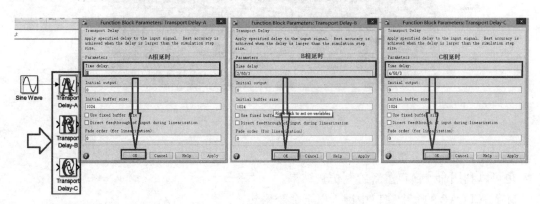

图 4-48　　设置 A、B 和 C 三相的 Transport Delay 模块参数

（3）设置 Mux 模块。双击 Mux 模块，弹出它的参数设置对话框，如图 4-49 所示，将 Number of inputs 输入栏中参数修改为 3 即可，其他参数不作改动，然后点击 OK。

（4）设置 Scope 模块参数。首先去掉"Save data to workspace"前的对勾，同时将"Data history"对话框中的"Format"项的参数设置为 Array，接着给输出数据取名为 sine-wave，然后点击 OK。

三相电压波形子系统

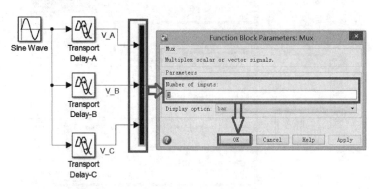

图 4-49　设置 Mux 模块参数

（5）连线并设置仿真参数。将 Simulation Parameters 的 start time 设置为 0，Stop time 设置为 40e-3（即 40ms），并保存为 exm _ 2.slx 点击仿真快捷按钮启动仿真，其仿真结果如图 4-50 所示。

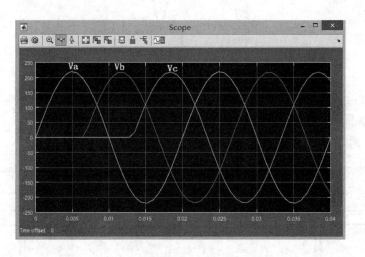

图 4-50　举例 2 的仿真结果

第三步，分析仿真结果

也可以利用命令窗口重新绘制仿真结果。

在 MATLAB 的命令窗口中键入以下命令语句：

```
>> plot(sinewave(:,1),sinewave(:,2),'+-k','linewidth',3);hold on;grid on;
>> plot(sinewave(:,1),sinewave(:,3),':r ','linewidth',3);hold on;
>> plot(sinewave(:,1),sinewave(:,4),'-m ','linewidth',3);hold on;
>> title('三相电压波形');xlabel('时间 t/ms');ylabel('电压 Va,Vb,Vc /V')
>> legend('Va','Vb','Vc')
```

执行结果如图 4-51 所示。到此为止，产生三相电压波形的子系统就算创建成功。

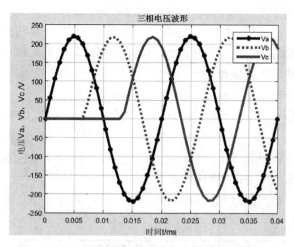

图 4 - 51　重新绘制的三相电压波形的仿真结果

第四步，创建子系统

用鼠标选中要自定义模块的模块，如图 4 - 52（a）所示，用鼠标右键点击被选中的模块的任意一个模块，便弹出图 4 - 52（a）所示的对话框，点击 Create subsystem from selection，便形成图 4 - 52（b）所示的已经完成封装的子系统。

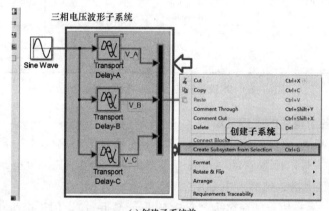

(a) 创建子系统前

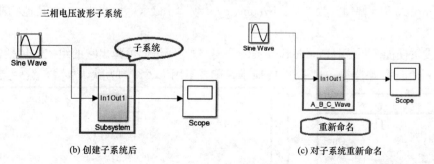

(b) 创建子系统后　　　　　(c) 对子系统重新命名

图 4 - 52　创建子系统

接下来，可以对已经完成封装的子系统重新命名，本例将其命名为 A _ B _ C _ Wave，如图 4 - 52（c）所示，它表示封装模块重新命名后的结果。

5. 实例讲解 2——学习使能子系统（Enable Subsystem）

【举例 3】 创建一个半波整流输出的仿真系统。已知交流信号为幅值 220V、频率 100Hz。其方法和步骤前面已经介绍过，为了加深印象，我们重写如下：

第一步，确认模块及其模块库

分析可知，它需要以下几个模块，如图 4-53 所示：

（1）Sine Wave 模块：用来产生正弦波形，来自 simulink 模块库中的 Sources（输入源模块库）；

（2）使能子系统（Enable Subsystem）：用来进行半波输出的控制信号，来自 simulink 模块库中的 Ports & Subsystems 模块库；

（3）Scope 模块：显示比较仪输出特性曲线的结果，来自 simulink 模块库中的 Sink（接收器模块库）。

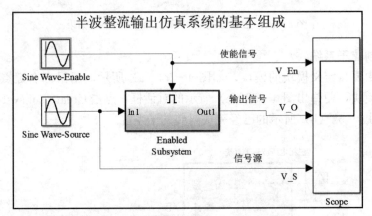

图 4-53　半波整流输出仿真系统的基本组成

第二步，设置各个模块的关键性参数

（1）设置 Sine Wave 模块。将一个 Sine Wave 模块重新命名为 "Sine Wave - Enable"，用于产生使能控制信号，设置它的 Amplitude（幅值）为 1、Frequency（频率 rad/s）为 200 * pi，其他为默认参数，然后点击 OK。

将一个 Sine Wave 模块重新命名为 "Sine Wave - Source"，用于产生正弦波形信号，设置它的 Amplitude（幅值）为 220、Frequency（频率 rad/s）为 200 * pi，其他为默认参数，然后点击 OK。

（2）设置使能子系统（Enable Subsystem）参数。双击即可弹出它的组成，包括输入端口、输出端口、使能控制端口，如图 4-54 所示，读者不用修改，均为默认参数，然后点击 OK。

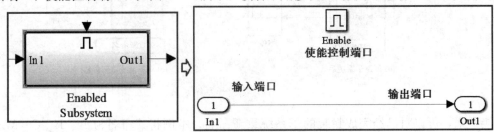

图 4-54　使能子系统（Enable Subsystem）的组成

（3）设置 Scope 模块参数。首先将"Gneral"对话框中的"Number of axes"项的参数设置为 3，其次，将"History"对话框中的数据变量名 Variable name 设置为 sinewave、将数据格式 Format 设置为 Structure with time，然后点击 OK，如图 4-55 所示。

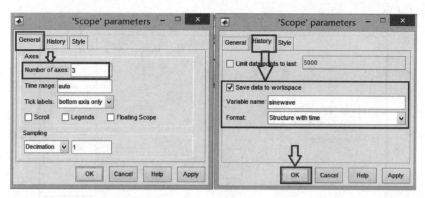

图 4-55　设置 Scope 参数

第三步，设置仿真参数

将仿真时间设置为 40e-3（即 40ms），其他为默认设置参数，将本例保存为 exm_3.slx，点击仿真快捷键，即可进行仿真计算。

第四步，分析仿真结果

本例的执行结果如图 4-56 所示。

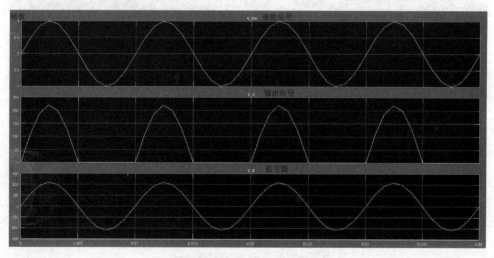

图 4-56　举例 3 的执行结果

【举例 4】　可以构建如图 4-57 所示的全波整流的仿真模型，并保存为 exm_4.slx，其执行结果如图 4-58 所示。该模型需要以下模块：

（1）绝对值模块 Abs：用来实现全波整流功能，在 simulink 模块库中的 Math Operations（数学运算）模块库中调用，不用设置其参数（即采用它的默认参数）；

（2）Sine Wave 模块：用来产生正弦波形，来自 simulink 模块库中的 Sources 模块库，重新命名为"Sine Wave-Source"，设置它的 Amplitude（幅值）为 220、Frequency（频率

rad/s）为 200 * pi，其他为默认参数，然后点击 OK；

（3）Scope 模块：显示比较仪输出特性曲线的结果，来自 simulink 模块库中的 Sink 接收器模块库，将"General"对话框中的"Number of axes"项的参数设置为 3，其余为默认参数，然后点击 OK。

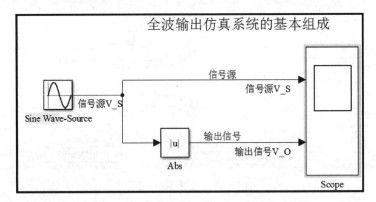

图 4 - 57　全波整流的仿真模型

本例的执行结果如图 4 - 58 所示。

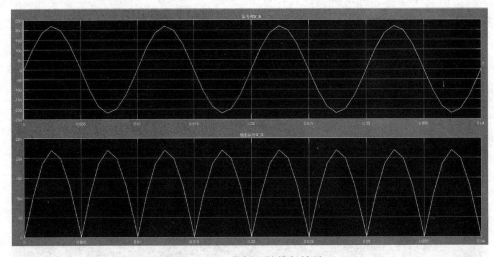

图 4 - 58　举例 4 的执行结果

4.4　s - function 的设计方法

仍然以 simulink8.5 为例进行讲解（书中如果没有特别强调，均是指 simulink8.5 版本，特此说明），它为用户提供了许多内置的基本模块库，通过这些模块进行连接而构成系统模型。对于那些经常使用的模块进行组合并封装可以构建出重复使用的新模块，但它依然是基于 simulink 原来提供的内置模块。

simulink 中的函数也称之为系统函数，简称 s 函数。它是为用户提供一种基于 simulink 功能的强大编程机制。通过编写 s 函数，用户可以向 s 函数中添加自己的算法，该算法可以用 MATLAB 语句编写，也可以用 C 语言等其他编程语言进行编写。并且 simulink 中 s - function 是一种功能强大的能够对模块库进行扩展的新工具，它可以仿真线性、非线性系统，连续、离散及混合系统，也可以仿真多种采样速率的系统。

4.4.1   s - function 简介

1. s - function 的基本含义

所谓 s 函数是 system Function 的简称，用它来写自己的 simulink 模块。s - function 是一个动态系统的计算机语言描述，在 MATLAB 里，用户可以选择用 M 文件编写，也可以用 S 或 MEX 文件编写，在这里只介绍如何用 M 文件编辑器编写 s - function。s - function 提供了扩展 simulink 模块库的有力工具，它采用一种特定的调用语法，使函数和 Simulink 解算器进行交互联系。s - function 最广泛的用途是定制用户自己的 simulink 模块，它的形式十分通用，能够支持连续系统、离散系统和混合系统。

s 函数模块存放在 Simulink 模块库中的 User - Defined Functions（用户自定义函数）模块库中，如图 4 - 19 所示，通过此模块可以创建包含 s 函数的 simulink 模型，它的参数对话框如图 4 - 59 所示，包括以下几个典型参数：

（1）s 函数的 s - function name（文件名）栏，需要填写 s 函数的文件名，如图 4 - 59 所示，将该栏中的 "system" 替换为 s 函数的文件名即可不需要填写它的后缀名，但此区域不能为空；

（2）s 函数的 s - function parameters（参数）栏，填入 s 函数所需要的参数，如图 4 - 59 所示，各个参数并列给出，各参数间用逗号隔开。

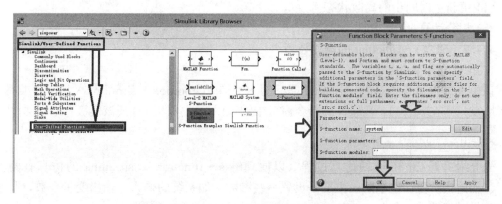

图 4 - 59   s - function 函数模块的参数对话框

2. s - function 的基本原理

在调用 s 函数之前，了解 s 函数的工作原理是必要的。每个 simulink 模块都具有三个基本元素，即输入矢量 u、当前状态矢量 x 和输出矢量 y。其中输出矢量 y 又是输入矢量 u、采样时间以及状态矢量 x 的函数，如图 4 - 60 所示，它们之间的数学关系式可以表示为：

$$\begin{cases} y = f_0(t, x, u) \\ \dot{x}_C = f_d(t, x, u) \\ x_{k+1} = f_u(t, x, u) \end{cases} \quad \text{其中} \ x = \begin{bmatrix} x_C \\ x_d \end{bmatrix} \quad (4-5)$$

式中 t——当前时间矢量；

图 4 - 60   s 函数模块的基本元素

x_d——派生的离散状态矢量；

x_C——派生的连续状态矢量。

状态矢量 x 由两部分组成，第一部分是连续状态矢量 x_C，第二部分是离散状态矢量 x_d。在每一个采样时刻，simulink 都将根据当前的时间、输入和状态来调用系统函数去计算系统状态和输出的值。需要注意的是，在设计一个模型时，必须先确定这三个部分的意义，以及它们之间的联系。

在仿真过程中，上述方程式分别对应于不同的仿真阶段，它们分别是计算模块的输出、更新离散状态量或连续状态的微分。在仿真的开始和结束时，还包括初始化阶段和结束任务阶段。

s 函数具有一套不同的调用方法，simulink 在仿真过程中反复调用 s 函数的不同阶段，simulink 会对模型的 s 函数模块选择适当的方法来实现调用。在调用过程中，simulink 将调用 s 函数子程序，这些子程序完成以下工作：

（1）初始化工作。在进入仿真循环之前，simulink 首先初始化 s 函数，主要完成以下任务：①初始化包含 s 函数信息的仿真结构 SimStruct；②设置输入输出端口的数目和维数；③设置模块的采样时间；④分派内存区域和 sizes 数组。

（2）下一个采样点的计算。若用户使用了可变采样时间的模块，在这一阶段需要计算下一个采样点时间，也就是说要计算下一个时间步长。

（3）计算主时间步的输出量。此调用结束之后，所有模块的输出端口对当前时间步都是有效的。

（4）更新主时间步的离散状态。

（5）积分计算。

4.4.2　建立 s‑function 的操作技巧

1. 模板文件概述

该模板文件位于 MATLAB 根目录下的 R2015a \ toolbox \ simulink \ blocks 目录下，读者朋友只需在 MATLAB 软件的命令窗口中键入以下语句即可打开该模板（M）文件：

```
>> edit sfuntmpl
```

先介绍一下 simulink 的仿真过程（以便理解 s‑function），simulink 的仿真有两个阶段：①初始化阶段，这个阶段主要是设置一些参数，如系统的输入、输出变量个数，状态初值，采样时间等；

②运行阶段，这个阶段里要进行计算输出、更新离散状态、计算连续状态等，这个阶段需要反复运行，直至结束。

（1）函数的函数头

函数的第一行：

```
function [sys,x0,str,ts]= sfuntmpl(t,x,u,flag)
```

输入与输出变量的含义：

t 是采样时间，x 是状态变量，u 是输入（是做成 simulink 模块的输入），flag 是仿真过程中的状态标志（用它来判断当前是初始化阶段还是运行阶段等）。

上述 s‑function 所默认的是 4 个输入参数，即 t、x、u 和 flag，它们的次序不能变动，代表的意义如表 4-18 所示。

表 4-18　　　　　　　　　　s-function 所默认的是 4 个输入参数

输入参数	描述
t	代表当前仿真时间，这个输入参数通常用于决定下一个采样时刻，或者在多采样速率系统中，用来区分不同的采样时刻点，并据此进行不同的处理
x	表示状态向量，这个参数是必须的，甚至在系统中不存在状态向量时也是如此。它具有很灵活的运用，可为空
u	表示输入向量
flag	是一个控制在每一个仿真阶段调用哪一个子函数的参数，由 Simulink 在调用时自动取值，即 flag 充当 s 函数的行为标示

sys 输出根据 flag 的不同而不同（下面将结合 flag 来讲 sys 的含义），x0 是状态变量的初始值，str 是保留参数（一般在初始化中，将它置空就可以了，即 str=［　］），ts 是一个 1×2 的向量，ts（1）是采样周期，ts（2）是偏移量。

上述 s-function 所默认的 4 个返回参数 sys、x0、str 和 ts，其次序不能变动，代表的意义如表 4-19 所示。

表 4-19　　　　　　　　　　s-function 所默认的 4 个返回参数

返回参数	描述
sys	是一个通用的返回参数，它所返回值的意义取决于 flag 的值
x0	是初始状态值（没有状态向量时是一个空矩阵［　］），这个返回参数只在 flag 值为 0 时才有效，其他时候都会被忽略
str	这个参数没有什么意义，是 MathWorks 公司为将来的应用保留的，M 文件 s-function 必须把它设为空矩阵［　］
ts	是一个 1×2 的矩阵，它的两列分别表示采样时间间隔和偏移

s-function 的基本语法结构：

```
[sys,x0,str,ts,simStateCompliance]= sfunc(t,x,u,flag)
```

（2）函数分析

下面结合 sfuntmpl. m 中的代码来讲具体的结构：

```
switch flag,                    %判断 flag,看当前处于哪个状态
case 0,
[sys,x0,str,ts]=mdlInitializeSizes;
```

%解释说明如下：

flag=0 表示当前处于初始化状态，此时调用函数 mdlInitializeSizes 进行初始化，此函数在该文件的第 156 行定义，其中的参数 sys 是一个结构体，它用来设置模块的一些参数，各个参数详细说明如下：

```
size=simsizes;                  %用于设置模块参数的结构体用 simsizes 来生成
sizes.NumContStates=0;          %模块连续状态变量的个数为 0
sizes.NumDiscStates=0;          %模块离散状态变量的个数为 0
```

```
sizes.NumOutputs=0;              %模块输出变量的个数为0
sizes.NumInputs=0;               %模块输入变量的个数为0
sizes.DirFeedthrough=1;          %输出量中含有输入量为1
sizes.NumSampleTimes=1;          %模块的采样时间个数,至少是一个
sys=simsizes(sizes);             %设置完后赋给sys输出
```

举个例子来说明如何理解上述参数，现考虑如下模型：

（1）$dx/dt = f_c(t, x, u)$ 也可以用连续状态方程描述：$dx/dt = A*x + B*u$；

（2）$x(k+1) = f_d(t, x, u)$ 也可以用离散状态方程描述：$x(k+1) = H*x(k) + G*u(k)$；

（3）$y = f_O(t, x, u)$ 也可以用输出状态方程描述：$y = C*x + D*u$。

假设上述模型的连续状态变量、离散状态变量、输入变量、输出变量均为1个，我们就只需修改上面那一段代码为（一般连续状态与离散状态不会一块用，此处是为了说明问题方便起见）：

```
sizes.NumContStates= 1;          %模块连续状态变量的个数为1
sizes.NumDiscStates= 1;          %模块离散状态变量的个数为1
sizes.NumOutputs= 1;             %模块输出变量的个数为1
sizes.NumInputs= 1;              %模块输入变量的个数为1
```

其他的可以不变,继续在 mdlInitializeSizes 函数中往下看。

```
x0= [];                          %状态变量设置为空,表示没有状态变量,以我们上面的假
                                 % 设为例,我们可以修改为:x0= [0,0](此处对于离散和连续
                                 % 的状态变量,我们都设它的初值为0)。
str= [];                         %保留参数,置[]就可以了,没什么用
ts= [0 0];                       %采样周期设为0,表示是连续系统；
                                 % 如果是离散系统,将在下面的 mdlGetTimeOfNextVarHit
                                 %函数中具体介绍。
case 1,
sys=mdlDerivatives(t,x,u);
```

%%%解释说明如下：

flag＝1表示此时要计算连续状态的微分，即上面提到的 $dx/dt = f_c(t, x, u)$ 中的 dx/dt，找到 207 行的函数 mdlDerivatives，如果设置连续状态变量个数为 0，此处只需 sys ＝ [] 就可以了，按我们上述讨论的那个模型，此处改成 sys＝$f_c(t, x(1), u)$ 或 sys＝$A*x(1) + B*u$，$x(1)$ 是连续状态变量，而 $x(2)$ 是离散的，这里只用到连续，此时的输出 sys 就是微分。

```
case 2,
sys=mdlUpdate(t,x,u);
```

%%%解释说明如下：

flag＝2表示此时要计算下一个离散状态，即上面提到的 $x(k+1) = f_d(t, x, u)$，找到 mdlUpdate 函数，sys＝ [] 表示没有离散状态，可以改成：

```
sys=fd(t,x(2),u)或 sys=H*x(2)+G*u;     %sys即为x(k+1)。
```

```
case 3,
sys=mdlOutputs(t,x,u);
```

%%%%解释说明如下：

flag＝3 表示此时要计算输出，即 $y = f_O(t, x, u)$，找到第 232 行的 mdlOutputs 函数。如果 sys＝［］表示没有输出，改成：

```
sys=fo(t,x,u)或 sys=C*x+D*u            %sys 此时为输出 y。
case 4,
sys=mdlGetTimeOfNextVarHit(t,x,u);
```

%%%%解释说明如下：

flag＝4 表示此时要计算下一次采样的时间，只在离散采样系统中有用（即上文的 mdlInitializeSizes 中提到的 ts 设置 ts（1）不为 0），连续系统中只需在 mdlGetTimeOfNextVarHit 函数中写上 sys＝［］。这个函数主要用于变步长的设置，具体实现可以用 edit vsfunc 中 vsfunc. m 这个例子。

```
case 9,
sys=mdlTerminate(t,x,u);
```

%%%%解释说明如下：

flag＝9 表示此时系统要结束，在 mdlTerminate 函数中写上 sys＝［］就可。

（3）用户参数分析

此外，s 函数还可以带用户参数，下面给个例子，它和 simulink 下的 gain 模块功能一样。

```
function [sys,x0,str,ts]=sfungain(t,x,u,flag,gain)
switch flag,
case 0,
sizes=simsizes;
sizes.NumContStates=0;          % 模块连续状态变量的个数为 0
sizes.NumDiscStates=0;          % 模块离散状态变量的个数为 0
sizes.NumOutputs=1;             % 模块输出变量的个数为 1
sizes.NumInputs=1;              % 模块输入变量的个数为 1
sizes.DirFeedthrough=1;         % 输出量中含有输入量为 1
sizes.NumSampleTimes=1;         % 模块的采样时间个数,至少是一个
sys=simsizes(sizes);
x0=[];
str=[];
ts=[0,0];
case 3,
sys=gain*u;
case {1,2,4,9},
sys=[];
end
```

做好了 s 函数后，→点击 simulink 图标，→点击 user－defined function 下，拖一个 s－

function 到你的模型，就可以使用了。在 simulink→user‐defined function 还有个 s‐function Builder，它可以生成用 C 语言写的 s 函数，或者在 matlab 的 workspace 下打 sfundemos，可以看到很多演示 s 函数的程序。

2. s‐function 可用的子函数

模板文件里的 s‐function 的结构十分简单，它只为不同的 flag 的值，指定要相应调用的 M 文件子函数，比如当 flag=3 时，即模块处于计算输出这个仿真阶段时，相应调用的子函数为 sys=mdloutputs（t，x，u）。模板文件使用 switch 语句来完成这种指定，当然这种结构并不唯一，用户也可以使用 if 语句来完成同样的功能，而且在实际运用时，可以根据实际需要来去掉某些值，因为并不是每个模块都需要经过所有的子函数调用。

模板文件只是 Simulink 为方便用户而提供的一种参考格式，并不是编写 s‐function 的语法要求，用户完全可以改变子函数的名称，或者直接把代码写在主函数里，但使用模板文件的好处是，比较方便，而且条理清晰。

使用模板编写 s‐function，用户只需把 s 函数名换成期望的函数名称，如果需要额外的输入参量，还需在输入参数列表的后面增加这些参数，因为前面的 4 个参数是 simulink 调用 s‐function 时自动载入的。对于输出参数，最好不作修改，接下去的工作就是根据所编 s‐function 要完成的任务，用相应的代码去替代模板里各个子函数的代码即可。

为方便阅读，现将 M 文件 s‐function 可用的子函数再次整理如下：

（1）mdlInitializeSizes（flag=0）。定义 s‐function 模块的基本特性，包括采样时间、连续或者离散状态的初始条件和 sizes 数组。

（2）mdlDerivatives（flag=1）。计算连续状态变量的微分方程。

（3）mdlUpdate（flag=2）。更新离散状态、采样时间和时间步长的要求。

（4）mdlOutputs（flag=3）。计算 s‐function 的输出。

（5）mdlGetTimeOfNextVarHit（flag=4）。计算下一个采样点的绝对时间，这个方法仅仅是用户在 mdlInitializeSizes 里说明了一个可变的离散采样时间。

Simulink 在每个仿真阶段都会对 s‐function 进行调用，在调用时，simulink 会根据所处的仿真阶段为 flag 传入不同的值，而且还会为 sys 这个返回参数指定不同的角色，也就是说尽管是相同的 sys 变量，但在不同的仿真阶段其意义却不相同，这种变化由 simulink 自动完成。M 文件中的 s‐function 常用的子函数，如表 4‐20 所示。

表 4‐20　　　　　　　　　　　s‐function 常用子函数

子函数	描述
mdlInitializeSizes	定义 s‐function 模块的基本特性，包括采样时间、连续或者离散状态的初始条件和 sizes 数组
mdlDerivatives	计算连续状态变量的微分方程
mdlUpdate	更新离散状态、采样时间和时间步长的要求
mdlOutputs	计算 s‐function 的输出
mdlGetTimeOfNextVarHit	计算下一个采样点的绝对时间，这个方法仅仅是用户在 mdlInitializeSizes 里说明了一个可变的离散采样时间
mdlTerminate	表示仿真任务结束

概括说来，建立 s‐function 可以分成两个分离的任务：

（1）初始化模块特性包括输入输出信号的宽度，离散连续状态的初始条件和采样时间；

（2）将算法放到合适的 s‐function 子函数中去。

3．s‐function 的初始信息

（1）为了让 Simulink 识别出一个 M 文件 s‐function，用户必须在 s‐function 函数里提供有关 s‐function 的说明信息，包括采样时间、连续或者离散状态个数等初始条件。这一部分主要是在 mdlInitializeSizes 子函数里完成。

（2）如果字段代表的向量宽度为动态可变，则可以将它们赋值为−1，特别注意的是：

1）DirFeedthrough 是一个布尔变量，它的取值只有 0 和 1 两种，0 表示没有直接馈入（有些文献称其为直通，即输出量中含有输入量），此时用户在编写 mdlOutputs 子函数时就要确保子函数的代码里不出现输入变量 u；1 表示有直接馈入，用户在编写 mdlOutputs 子函数时就要确保子函数的代码里有输入变量 u 出现；

2）NumSampleTimes 表示采样时间的个数，也就是 ts 变量的行数，与用户对 ts 的定义有关。需要指出的是，由于 s‐function 会忽略端口，所以当有多个输入变量或多个输出变量时，必须用 mux 模块或 demux 模块将多个单一输入合成一个复合输入向量或将一个复合输出向量分解为多个单一输出。

Sizes 数组是 s‐function 函数信息的载体，它内部的字段意义如表 4‐21 所示。

表 4‐21　　　　　　　　　　　　　Sizes 数组内部字段意义

字段	描述
NumContStates（sys（1））	连续状态的个数（状态向量连续部分的宽度）
NumDiscStates（sys（2））	离散状态的个数（状态向量离散部分的宽度）
NumOutputs（sys（3））	输出变量的个数（输出向量的宽度）
NumInputs（sys（4））	输入变量的个数（输入向量的宽度）
DirFeedthrough（sys（5））	有不连续根的数量
NumSampleTimes（sys（6））	采样时间的个数，有无代数循环标志

可直接在命令窗口中键入下面的命令语句：

```
>> sizes=simsizes
```

本例的执行结果为：

```
sizes=
    NumContStates: 0
    NumDiscStates: 0
       NumOutputs: 0
        NumInputs: 0
    DirFeedthrough: 0
    NumSampleTimes: 0
>> sys=simsizes(sizes)
```

本例的执行结果为：

```
sys=  0    0    0    0    0    0    0
```

4. flag 的 6 种可能值及其操作特点

变量 flag 有 6 种可能值，接下来，分别讨论这 6 种值所对应的操作。

（1）Flag＝0（初始化）：作为初始化参数设置。

（2）flag＝1（连续状态微分）：将状态向量连续部分的微分值赋给 sys。注意，如果同时存在离散状态，则 sys 的变量将与 x 不同，因为 x 同时包括连续状态和离散状态。

（3）flag＝2（离散状态更新）：将状态向量离散部分的更新赋给 sys。如果有多个采样时间，则 s 函数要首先检验当前时刻有无采样任务，哪个状态需要采样，然后再更新采样状态的值。

（4）flag＝3（模块输出）：赋 s 函数的输出给 sys。

（5）flag＝4（下次采样时刻）：赋给 sys 的值为下一次采样时刻的值。只有在采样时刻为可变时，s 函数才会以 flag＝4 的条件被调用。

（6）flag＝9（仿真终止）：当仿真以某种原因结束时，s 函数将以 flag＝9 被调用。s 函数此时需要完成一些终止仿真的任务，没有赋值给 sys。

现将标示器 flag 的含义总结于表 4-22 中。

表 4-22		标示器 flag 的含义
模拟阶段	M 文件标示阶段	调用 s-function 子函数
初始化	flag＝0	mdlInitializeSizes
连续状态微分	flag＝1	mdlDerivatives
离散状态更新	flag＝2	mdlUpdate
计算输出矢量	flag＝3	mdlOutputs
计算下一个采样时间	flag＝4	mdlGetTimeOfNextVarHit
仿真结束	flag＝9	mdlTerminate

4.5　s-function 设计示例分析

为了能够正确理解 s-function 函数的编制方法和使用技巧、尽快掌握在 simulink 中构建 s-function 函数的基本步骤与重要方法，特通过分析几个典型工程实例，来强化和凸现它们。

4.5.1　连续状态 s-function 的构建方法

【举例 5】　已知某个物理系统的等效数学模型为：

$$\begin{cases} \dot{x}=Ax+Bu \\ y=Cx+Du \end{cases} \tag{4-6}$$

且已知矩阵 A、B、C 和 D 的取值分别为：

$A=[-0.1 -0.5; 10 2]$；$B=[-1 5; 1 -2]$；$C=[1 5; -1 2]$；$D=[-1 0.1;$ $4 -0.2]$；初始状态为 x0＝[0，0]，现要研究它在交流激励下的响应特性。

1. 定义 s-function 的 M 函数文件

在 MATLAB 的 M 文件编辑器中，键入如下命令，并保存为 exm_5_sfunc.m：

```
function [sys,x0,str,ts]=exm_5_sfunc(t,x,u,flag)
%定义一个连续系统的 s-function%%%%%%%%%%%%%%%%%%%%%%%%
%某物理系统为：
```

```
%      x'=Ax+Bu
%      y  =Cx+Du
%下面给连续系统的矩阵赋值%%%%%%%%%%%%%%%%%%%%%%%%%%%%%%%
A=[-0.1 -0.5;10 2];B=[-1 5;1 -2];C=[1 5;-1 2];D=[-1 0.1;4 -0.2];
%%%%%%%%%%%%%%%%%%%%%%%%%%%%%%%%%%%%%%%%%
switch flag,
%%%%%%%%%%%%%%%%%%%%%%%%%%%%%%%%%%%%%%
%Initialization 初始化%
%%%%%%%%%%%%%%%%%%%%%%%%%%%%%%%%%%%%
case 0,
    [sys,x0,str,ts]=mdlInitializeSizes(A,B,C,D);
%%%%%%%%%%%%%%%%%%%%%%%%%%%%%%%%%%%%%%
%Derivatives 连续状态微分%
%%%%%%%%%%%%%%%%%%%%%%%%%%%%%%%%%%%%%
case 1,
    sys=mdlDerivatives(t,x,u,A,B,C,D);
%%%%%%%%%%%%%%%%%%%%%%%%%%%%%%%%%%%
%Outputs 计算输出%
%%%%%%%%%%%%%%%%%%%%%%%%%%%%%%%%%%
case 3,
    sys=mdlOutputs(t,x,u,A,B,C,D);
%%%%%%%%%%%%%%%%%%%%%%%%%%%%%%%%%%%%%%%%
%Unhandled flags %
%%%%%%%%%%%%%%%%%%%%%%%%%%%%%%%%%%%%%%%%%%%
case { 2,4,9 },
    sys=[];
%%%%%%%%%%%%%%%%%%%%%
%Unexpected flags %
%%%%%%%%%%%%%%%%%%%%%
otherwise
    error(['Unhandled flag= ',num2str(flag)]);
end
%结束 exm_5_sfunc
%
%================================================================
%mdlInitializeSizes 初始化%
%Return the sizes,initial conditions,and sample times for the s-function.
%================================================================
%
function [sys,x0,str,ts]=mdlInitializeSizes(A,B,C,D)
sizes=simsizes;
sizes.NumContStates  =2;                  %两个连续状态
sizes.NumDiscStates  =0;                  %没有离散状态变量
```

```
sizes.NumOutputs    =2;              %两个输出变量
sizes.NumInputs=2;                   %两个输入变量
sizes.DirFeedthrough=1;              %输出量中含有 1 个输入量
sizes.NumSampleTimes=1;              %采样时间的个数为 1
sys=simsizes(sizes);
x0  =zeros(2,1);                     %是初始的状态值
str=[];                             %str 这个参数是 MathWorks 公司为将来保留的
                                     %M 文件 s-function 必须把 str 设为空矩阵
ts  =[0 0];                          %是一个 1×2 的矩阵
                                     %它的两列分别表示采样时间间隔和偏移

%end mdlInitializeSizes
%=================================================================
%mdlDerivatives
%Return the derivatives for the continuous states.
% =================================================================
function sys=mdlDerivatives(t,x,u,A,B,C,D)
sys=A*x+B*u;
%end mdlDerivatives
%=================================================================
%mdlOutputs
%Return the block outputs.
% =================================================================
function sys=mdlOutputs(t,x,u,A,B,C,D)
sys=C*x+D*u;
%end mdlOutputs
```

2. 搭建 simulink 仿真模型

建立基于 s-function 的某连续物理系统的 simulink 仿真模型，如图 4-61 所示，保存为 exm_5.slx，它需要调用以下几个模块。

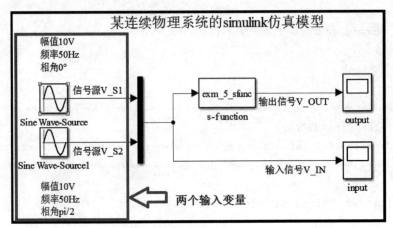

图 4-61　基于 s-function 的某连续物理系统的仿真系统的基本组成

　　（1）Sine Wave 模块：点击 Simulink 模块库，→点击 Sources 模块库，→鼠标右键点击
Sine Wave 模块，即可调用它，以提供输入激励信号，其参数如图 4 - 61 所示；

　　（2）Mux 模块：点击 Simulink 模块库，→点击 Signal Routing 模块库，→鼠标右键点
击 Mux 模块，即可调用它，为物理系统的 simulink 仿真模型提供两个输入激励信号；

　　（3）s - function 模块：点击 Simulink 模块库，→点击 User—Defined Functions 模块库，
→鼠标右键点击 s - function 模块，即可调用它，以便 simulink 调用上述构造的 M 函数文
件，即 exm ＿ 5 ＿ sfunc. m，如图 4 - 62 所示；

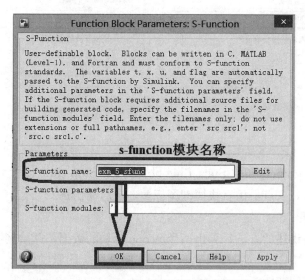

图 4 - 62　s - function 模块的属性参数对话框

　　（4）Scope 模块：点击 Simulink 模块库，→点击 Sinks 模块库，即可调用它，用以观察
物理系统对输入信号所作出的响应，为了便于比较输入与响应的变化情况，需要设置两个
Scope 模块（同时观察输入和输出信号）。

　　3. 设置 simulink 模块的参数

　　（1）连续调用两次 Sine Wave 模块，并分别命名为 Sine Wave - Source 和 Sine Wave -
Source1，如图 4 - 61 所示，它们的参数分别为：

　　1）输入模块 Sine Wave - Source 模块：设置它的 Amplitude（幅值）为 10；Frequency
（频率 rad/s）为 2 * pi * 50；Phase（相位 rad）为 0；Sample time（采样时间）为 0；

　　2）输入模块 Sine Wave - Source1 模块：设置它的 Amplitude（幅值）为 10；Frequency
（频率 rad/s）为 2 * pi * 50；Phase（相位 rad）为 pi/2；Sample time（采样时间）为 0。

　　（2）在 User - Defined Functions 模块库中调用 s - function 模块，其名称为：s - func-
tion，双击该模块，弹出如图 4 - 62 所示的属性参数对话框，→在"s - function name"输入
栏中键入"exm ＿ 5 ＿ sfunc"，→点击 OK，便将物理系统的 s - function 函数 exm ＿ 5 ＿
sfunc. m 调入 simulink 仿真环境中。

　　4. 设置 Scope 模块参数

　　在 Sinks 模块库中连续两次调用 Scope 模块，并将它们重新命名为 output 和 input，如
图 4 - 61 所示；双击它们，并将它们的"History"中的"Variable name"输入栏设置为：

exm＿5＿out 和 exm＿5＿input，且将"Format"输入栏设置为：Array，如图 4－63 所示。

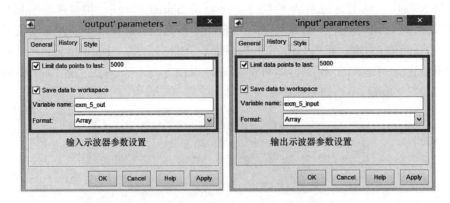

图 4－63　两个 Scope 模块的参数设置

5. 设置仿真参数

将 Simulation Parameters 的 Start time 设置为 0，Stop time 设置为 40e－3，其他为默认参数，→保存模型，→点击仿真快捷键图标 ▶，→启动仿真。

6. 分析仿真结果

按照本书前面所讲述的方法，导出两个 Scope 模块的数据，并绘制图 4－64（a）和（b）所示的仿真结果，其中图 4－64（a）表示流入某物理系统的激励信号，图 4－64（b）表示某物理系统输出的响应曲线。

另外，还可以在 MATLAB 的命令窗口中键入下面的命令语句：

```
>> figure(1);
>> plot(exm_5_input (:,1),exm_5_input (:,2),'g.-',exm_5_input (:,1),exm_5_input (:,3),'r*-');grid on
>> legend('u1','u2'),title('输入信号 u1 和 u2'),xlabel('时间 t/ms'),ylabel('u1,u2 /V')
```

其执行结果如图 4－64（a）所示。

同理，也可以在 MATLAB 的命令窗口中键入以下命令：

```
>> figure(2);
>> plot(exm_5_out(:,1),exm_5_out(:,2),'g.-',exm_5_out(:,1),exm_5_out(:,3),'r*-');grid on
>> legend('y1','y2'),title('响应曲线 y1 和 y2'),xlabel('时间 t/ms'),ylabel('y1,y2 /V');
```

其执行结果如图 4－64（b）所示。

7. 利用 State－Space 模块构建仿真模型

建立基于 State－Space 模块的 simulink 仿真模型，如图 4－65 所示，保存为 exm＿5＿simulink.slx，它需要调用以下模块。

（1）Sine Wave 模块、Mux 模块、State－Space 模块（为仿真模型提供连续状态方程模块）和 Scope 模块，其调用方法前面已经介绍过。

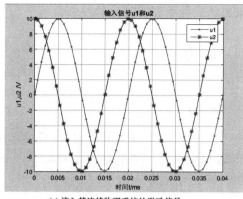
(a) 流入某连续物理系统的激励信号

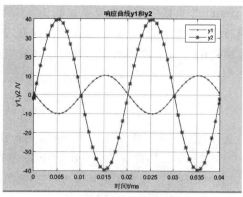
(b) 某连续物理系统的响应曲线

图 4 - 64　某连续物理系统的输入和输出波形曲线

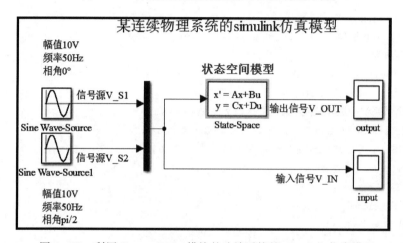

图 4 - 65　利用 State - Space 模块的连续系统的 simulink 仿真模型

（2）State - Space 模块，其调用方法是：点击 simulink 模块库，→点击 Continuous 模块库，即可调用该模块，接着就是设置 State - Space 模块的参数，双击该模块，→弹出它的属性参数对话框，如图 4 - 66 所示，并按照图中所示参数设置它［即分别输入矩阵 A（维数 $n \times n$）、B（维数 $n \times m$）、C（维数为 $r \times n$）和 D（维数为 $r \times m$）的数据，初始状态为［0 0］。

（3）其他模块的参数和仿真参数的设置方法前面已经介绍过。

（4）点击仿真快捷键图标 ▶，启动仿真，仿真结果同图 4 - 68 所示曲线。

利用两种不同仿真分析方法，获得的关于该物理系统的响应特性曲线是一样的。有时，

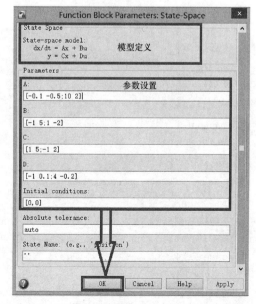

图 4 - 66　设置连续系统的 State - Space 模块的参数

利用 simulink 直接构建某些复杂系统仿真模型的方法会简单和快捷得多。

4.5.2　离散状态 s‑function 的构建方法

【举例 6】　某个物理系统的等效数学模型可以表示为：

$$\begin{cases} x(n+1) = Ax(n) + Bu(n) \\ y(n) = Cx(n) + Du(n) \end{cases} \tag{4-7}$$

且已知矩阵 A、B 和 C、D 分别为：$A = [-1.3839\ -0.5097;\ 1.0000\ 0]$；$B = [-2.5559\ 0;\ 0\ 4.2382]$；$C = [0\ 2.0761;\ 0\ 7.7891]$；$D = [-0.8141\ -2.9334;\ 1.2426\ 0]$；初始状态为 x0＝1，现要研究该系统在交流激励下的响应情况。

1. 定义 s‑function 的 M 函数文件

在 MATLAB 的 M 文件编辑器中键入如下命令，并保存为 exm_6_dsfunc.m：

```
function [sys,x0,str,ts]=exm_6_dsfunc(t,x,u,flag)
% 定义一个离散系统的 s-function%%%%%%%%%%%%%%%%%%%%%%
% 某物理系统为:
%         x(n+1)=Ax(n)+Bu(n)
%         y(n)  =Cx(n)+Du(n)
% 下面给离散系统的矩阵赋值%%%%%%%%%%%%%%%%%%%%%%%%%%%%
A=[-1.3839 -0.5097;1.0000 0];B=[-2.5559 0;0 4.2382];
C=[0 2.0761;0 7.7891];D=[-0.8141 -2.9334;1.2426 0];
switch flag,
%%%%%%%%%%%%%%%%%%
%Initialization %
%%%%%%%%%%%%%%%%%%
case 0,
  [sys,x0,str,ts]=mdlInitializeSizes(A,B,C,D);
%%%%%%%%%%
%Update %
%%%%%%%%%%
case 2,
  sys= mdlUpdate(t,x,u,A,B,C,D);
%%%%%%%%%%
%Output %
%%%%%%%%%%
case 3,
  sys= mdlOutputs(t,x,u,A,B,C,D);
%%%%%%%%%%%%%
%Terminate %
%%%%%%%%%%%%%
case {1,4,9},
  sys= [];%do nothing
%%%%%%%%%%%%%%%%%%%%%%%%
%Unexpected flags %
```

```
%%%%%%%%%%%%%%%%%%%%
otherwise
  error(['unhandled flag= ',num2str(flag)]);
end
%%结束 exm_6_dsfunc
%=========================================================
%mdlInitializeSizes
%Return the sizes,initial conditions,
%and sample times for the s-function.
%=========================================================
function [sys,x0,str,ts]=mdlInitializeSizes(A,B,C,D)
sizes=simsizes;
sizes.NumContStates=0;              %没有连续状态
sizes.NumDiscStates=size(A,1);      %两个离散状态
sizes.NumOutputs=size(D,1);         %两个输出
sizes.NumInputs=size(D,2);          %两个输入
sizes.DirFeedthrough=1;             %输出量中含有输入量
sizes.NumSampleTimes=1;             %采样时间的个数为 1
sys=simsizes(sizes);
x0=ones(sizes.NumDiscStates,1);     %初始状态为 1
str=[];
ts  =[1 0];                         %时间间隔为 1,时间偏移为 0
%end mdlInitializeSizes
%=========================================================
%mdlUpdate
%Handle discrete state updates,sample time hits,
%and major time step requirements.
%=========================================================
function sys=mdlUpdate(t,x,u,A,B,C,D)
sys=A*x+B*u;
%end mdlUpdate
%=========================================================
%mdlOutputs
%Return Return the output vector for the s-function
%=========================================================
function sys=mdlOutputs(t,x,u,A,B,C,D)
sys=C*x+D*u;
%end mdlUpdate
```

2. 搭建 simulink 仿真模型

建立基于 s-function 的某离散物理系统的 simulink 仿真模型，如图 4-67 所示，保存为 exm_6.slx，它需要调用以下几个模块：Sine Wave 模块、Mux 模块、s-function 模块和 Scope 模块，其调用方法同本节举例 5。

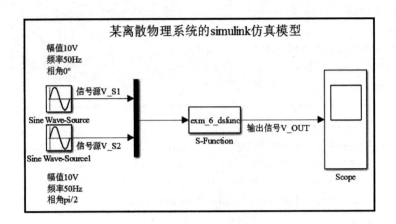

图 4 - 67　基于 s - function 的某离散物理系统的仿真系统的基本组成

3. 设置 simulink 模块的参数

连续调用两次 Sine Wave 模块，并分别命名为 Sine Wave - Source 和 Sine Wave - Source1，为了简化设置过程，本例特将它们的参数设置成举例 5 中所示参数。

双击"s - function name"模块，弹出其属性参数对话框，→在"s - function name"输入栏中键入"exm_6_dsfunc"，→点击 OK，便将物理系统的 s - function 函数 exm_6_dsfunc. m 调入 simulink 仿真环境中。

Scope 模块参数的设置方法同举例 5 所述，且将 Variable name（变量名）命名为"exm_6_out"，将"Format"输入栏设置为：Array。

4. 设置仿真参数

将 Simulation Parameters 的 Start time 设置为 0，Stop time 设置为 50，其他为默认参数。点击仿真快捷键图标▶，启动仿真。

5. 分析仿真结果

按照举例 5 所述方法，导出 Scope 模块的数据，并绘制图 4 - 68 所示的仿真结果。或者在 MATLAB 的命令窗口中键入以下命令语句：

```
>> plot(exm_6_out(:,1),exm_6_out(:,2),'g. -',exm_6_out(:,1),exm_6_out(:,3),'r*-');
grid on
>> legend('y1','y2'),title('响应曲线 y1 和 y2'),xlabel('时间 t/ms'),ylabel('y1,y2/V');
```

本例的执行结果如图 4 - 68 所示。

6. 利用 Discrete State - Space 模块构建仿真模型

建立某离散物理系统的基于 Discrete State - Space 模块的 simulink 仿真模型，如图 4 - 69 所示，保存为 exm_6_simulink. slx，它需要调用以下几个模块：

（1）Sine Wave 模块、Mux 模块、Discrete State - Space 模块（为仿真模型提供离散状态方程模块）和 Scope 模块：调用方法同前。

（2）Discrete State - Space 模块：点击 simulink 模块库，→点击 Discrete 模块库，即可调用该模块。

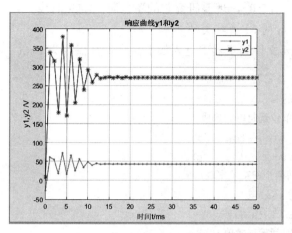

图 4 - 68　举例 6 的执行结果

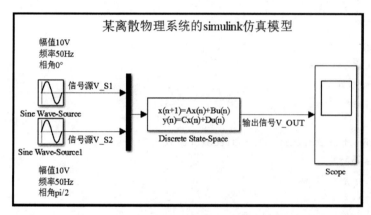

图 4 - 69　利用 State - Space 模块的离散系统的 simulink 仿真模型

（3）设置 Discrete State - Space 模块的参数：双击该模块，→弹出它的属性参数对话框，如图 4 - 70 所示，并按照图中所示参数设置它〔即分别输入矩阵 A（维数为 $n \times n$）、B（维数为 $n \times m$）、C（维数为 $r \times n$）和 D（维数为 $r \times m$）的数据，初始状态为 1〕。

（4）其他模块的参数和仿真参数同前。

（5）点击仿真快捷键图标 ▶，启动仿真，仿真结果同图 4 - 68 所示结果。

4.5.3　混合系统 s - function 的构建方法

【举例 7】　已知一个物理系统由下面两个子系统串联组成：

$$\begin{cases} \dot{x} = u \\ x(n+1) = u(n) \end{cases} \qquad (4-8)$$

图 4 - 70　设置离散系统的 State - Space 模块的参数

假设初始值为 x0＝［0 0］，现要研究它的单位阶跃响应曲线。

1. 定义 s - function 的 M 函数文件

在 MATLAB 的 M 文件编辑器中键入如下命令，并保存为 exm _ 7 _ mixsfunc. m：

```
function [sys,x0,str,ts]=exm_7_mixsfunc(t,x,u,flag)
%定义一个混合系统的 s - function%%%%%%%%%%%%%%%%%%%
%它由一个积分器和单位延时串联构成
%of a continuous integrator (1/s)
%in series with a unit delay (1/z).
%%某物理系统为下面两个子系统串联构成：
%          子系统之一：x'=u
%          子系统之二：x(n+1)=u(n)
%给采样时间周期和时间偏移赋值
%Sampling period and offset for unit delay.
dperiod=1;
doffset=0;
switch flag,
%%%%%%%%%%%%%%%%%%%
%Initialization %
%%%%%%%%%%%%%%%%%%%
case 0
  [sys,x0,str,ts]=mdlInitializeSizes(dperiod,doffset);
%%%%%%%%%%%%%%%%
% Derivatives %
%%%%%%%%%%%%%%%%
case 1
  sys=mdlDerivatives(t,x,u);


%%%%%%%%%%%
% Update %
%%%%%%%%%%%
case 2,
  sys=mdlUpdate(t,x,u,dperiod,doffset);
  %%%%%%%%%%%
%Output %
%%%%%%%%%%%
case 3
  sys=mdlOutputs(t,x,u,doffset,dperiod);
%%%%%%%%%%%%%%
% Terminate %
%%%%%%%%%%%%%%
case {4,9},
  sys=[];        %do nothing
```

```
otherwise
    error(['unhandled flag=',num2str(flag)]);
end
%end exm_7_mixsfunc
%
%================================================================
%mdlInitializeSizes
%Return the sizes,initial conditions,
%and sample times for the s-function.
%================================================================
%
function [sys,x0,str,ts]=mdlInitializeSizes(dperiod,doffset)
sizes=simsizes;
sizes.NumContStates   =1;        %有 1 个连续状态变量
sizes.NumDiscStates   =1;        %1 个离散状态
sizes.NumOutputs      =1;        %1 个输出
sizes.NumInputs       =1;        %1 个输入
sizes.DirFeedthrough=0;          %输出量中不含输入量
sizes.NumSampleTimes=2;          %采样时间的个数为 2
sys=simsizes(sizes);
x0  =ones(2,1);                  %是初始的状态值
str=[];                          %这个参数是 MathWorks 公司为将来的应用保留的
                                 %M 文件 s-function 必须把它设为空矩阵
ts  =[0 0;dperiod doffset];      %是一个 m×2 的矩阵
                                 %它的两列分别表示采样时间间隔和偏移
%end mdlInitializeSizes
%
%================================================================
%mdlDerivatives
%Compute derivatives for continuous states.
%================================================================
%
function sys=mdlDerivatives(t,x,u)
sys=u;
%end mdlDerivatives
%================================================================
%mdlUpdate
%Handle discrete state updates,sample time hits,and major time step
%requirements.
%================================================================
function sys=mdlUpdate(t,x,u,dperiod,doffset)

%next discrete state is output of the integrator
```

```
if abs(round((t- doffset)/dperiod)- (t- doffset)/dperiod)< 1e- 8
  sys=x(1);
else
  sys=[];
end
%end mdlUpdate
%============================================================
%mdlOutputs
%Return the output vector for the s- function
%============================================================
function sys=mdlOutputs(t,x,u,doffset,dperiod)
%Return output of the unit delay if we have a
%sample hit within a tolerance of 1e- 8. If we
%don't have a sample hit then return [] indicating
%that the output shouldn't change.
if abs(round((t- doffset)/dperiod)- (t- doffset)/dperiod)< 1e- 8
  sys=x(2);
else
  sys=[];
end
%end mdlOutputs
```

2. 搭建 simulink 仿真模型

构建某混合物理系统的基于 s - function 的 simulink 仿真模型，如图 4 - 71 所示，保存为 exm_7.slx，它需要调用以下几个模块：

（1）Step 模块，其调用方法为：点击 Simulink 模块库，→点击 Sources 模块库，→鼠标右键点击 Step 模块，即可调用它，用以提供输入激励信号；

（2）s - function 模块（调用方法同前）；

（3）Scope 模块（调用方法同前）；

（4）To Workspace 模块：点击 Simulink 模块库，→点击 Sinks 模块库，即可调用该模块。

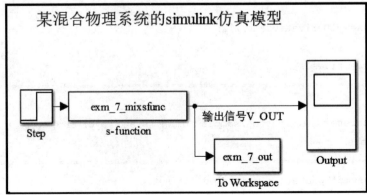

图 4 - 71 某混合物理系统的基于 s - function 的 simulink 仿真模型

3. 设置 simulink 模块的参数

(1) 调用 Step 模块，利用它的默认参数；

(2) 双击 s - function 模块，弹出其属性参数对话框，→在 "s - function name" 输入栏中键入 "exm _ 7 _ mixsfunc"，→点击 OK，便将物理系统的 s - function 函数 exm _ 7 _ mixsfunc 调入 simulink 仿真环境中；

(3) Scope 模块参数的设置方法同举例 5 所述，且将 Variable name（变量名）命名为 "exm _ 7 _ 1 _ out"，且将 "Format" 输入栏设置为：Array；

(4) 设置 To Workspace 模块参数：双击该模块，弹出它的属性参数对话框，如图 4 - 72 所示，→将 Variable name 设置为：exm _ 7 _ out，且将 Save format 设置为：Array，→点击 OK。

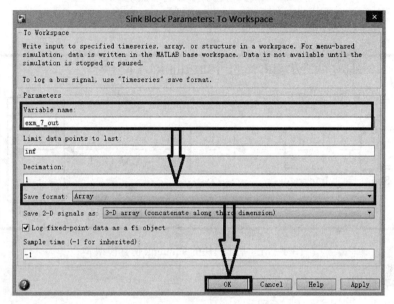

图 4 - 72　设置 To Workspace 模块参数

4. 设置仿真参数

将 Simulation Parameters 的 start time 设置为 0，Stop time 设置为 10，其他为默认参数。点击仿真快捷键图标 ▶，启动仿真。

5. 分析仿真结果

按照前面所述的数据导出方法，导出 Scope 模块的数据，并绘制图 4 - 73 所示的仿真结果，或者在 MATLAB 的命令窗口中键入以下命令语句：

```
>> plot(exm_7_1_out(:,1),exm_7_1_out(:,2),'linewidth',3);grid on
>> title('单位阶跃响应特性曲线'),xlabel('时间 t/s'),ylabel('幅值');
```

其执行结果与图 4 - 73 所示结果相同。

6. 利用模块直接构建仿真模型

需要指出的是，本例还可以直接利用 simulink 中的模块，建立图 4 - 74 所示的仿真模型，保存为 exm _ 7 _ simulink. slx。

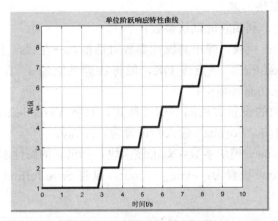

图 4-73 举例 7 的执行结果

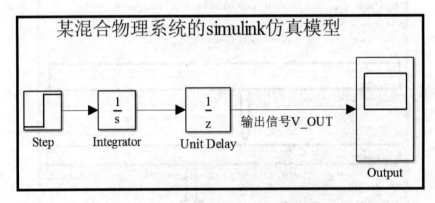

图 4-74 基于模块的 simulink 仿真模型

（1）它需要调用以下几个模块：

1）Step 模块：调用方法同前面所述；

2）Integrator 模块，其调用方法：点击 Simulink 模块库，→点击 Continuous 模块库，→鼠标右键点击 Integrator 模块，即可调用它，用以提供积分器模块；

3）Unit Delay 模块，其调用方法：点击 Simulink 模块库，→点击 Discrete 模块库，→鼠标右键点击 Unit Delay 模块，即可调用它，用以提供延时模块。

（2）设置 Step 模块，本例利用它的默认参数。

（3）Scope 模块参数的设置方法同前面所述，且将 Variable name（变量名）命名为"exm_7_2_out"。

（4）将 Simulation Parameters 的 start time 设置为 0，Stop time 设置为 10，其他为默认参数，点击仿真快捷键图标▶，启动仿真。

（5）在 MATLAB 的命令窗口中键入以下命令语句：

```
>> plot(exm_7_2_out(:,1),exm_7_2_out(:,2),'linewidth',3);grid on
>> title('单位阶跃响应特性曲线'),xlabel('时间 t/s'),ylabel('幅值');
```

下面补充说明本例中 round 命令的使用方法：

命令格式：Y＝round（X）

解释说明：该命令的功能是朝最近的方向取整。对 X 的每一个元素朝最近的方向取整数部分，返回与 X 同维的数组。对于复数参量 X，则返回一复数，其分量的实数与虚数分别取原复数的且朝最近方向的整数部分。

例如：在 MATLAB 命令窗口中键入以下命令语句：

```
>> A=[2.4+3.6i,-0.5,pi,5.7,7.2,-1.9];
>> Y=round(A)
```

本例的执行结果为：

```
Y=2.0000+4.0000i  -1.0000    3.0000    6.0000    7.0000    -2.0000
```

4.5.4　无状态变量系统 s－function 的构建方法

【举例 8】 已知某个连续物理系统的等效数学模型为：

$$y = 10u_1 - 0.2u_2 \qquad\qquad (4-9)$$

研究它在单位斜坡函数和单位阶跃函数激励下的响应特性。

分析：本例将讲述没有状态变量的连续物理系统 s－function 的创建方法与分析技巧，因为它有两个输入变量、一个输出变量，没有状态变量。

1. 定义 s－function 的 M 函数文件

在 MATLAB 的 M 文件编辑器中键入如下命令并保存为 exm＿8＿sfunc.m：

```
function [sys,x0,str,ts]=exm_8_sfunc(t,x,u,flag)
%本例子演示没有状态变量的连续系统 s- funcion 创建方法与技巧
%该连续系统有两个输入变量、一个输出变量,没有状态变量
%该连续系统的等效模型为:
%%%%%%%%%%%%%%%%%%%%%%%%%%%%%%%%%%%%%%%%%%%%
%y=10*u1-0.2*u2
%%%%%%%%%%%%%%%%%%%%%%%%%%%%%%%%%%%%%%%%%
switch flag,
%%%%%%%%%%%%%%%%%%%
% Initialization %
%%%%%%%%%%%%%%%%%%%
case 0
[sys,x0,str,ts]=mdlInitializeSizes;
%%%%%%%%%%%%%%%%%
% Derivatives %
%%%%%%%%%%%%%%%%%
case 1
sys=mdlDerivatives(t,x,u);                    % 计算连续状态的导数
%%%%%%%%%%
% Update %
%%%%%%%%%%
case 2,
sys=mdlUpdate(t,x,u);
```

```
%%%%%%%%%
% Output %
%%%%%%%%%
case 3
sys=mdlOutputs(t,x,u);                          %计算输出向量
%%%%%%%%%%%%%%%%%%%%%%%
%GetTimeOfNextVarHit %
%%%%%%%%%%%%%%%%%%%%%%%
  case 4,
    sys=mdlGetTimeOfNextVarHit(t,x,u);          %计算下一个采样时间
  %%%%%%%%%%%%%
  % Terminate %
  %%%%%%%%%%%%%
  case 9,
    sys=mdlTerminate(t,x,u);                    %完成
otherwise
    error(['unhandled flag=',num2str(flag)]);   %不正确输入
end
%end exm_8_sfunc
%===========================================================
%mdlInitializeSizes
%Return the sizes,initial conditions,
%and sample times for the s-function.
%===========================================================
function [sys,x0,str,ts]=mdlInitializeSizes()
sizes=simsizes;                                 %创建尺寸结构
sizes.NumContStates   =0;                       %0个连续状态变量
sizes.NumDiscStates   =0;                       %0个离散状态
sizes.NumOutputs      =1;                        %1个输出
sizes.NumInputs       =2;                        %2个输入
sizes.DirFeedthrough=1;                          %输出量中含有输入量
sizes.NumSampleTimes=1;                          %至少需要1个采样时间
sys=simsizes(sizes);
x0  =[];                                         %对所有状态指定初始条件
str=[];                                          %str设为空矩阵
ts  =[0 0];                                      %初始化采样时间组
%end mdlInitializeSizes
%===========================================================
%mdlDerivatives
%Compute derivatives for continuous states.
%===========================================================
function sys=mdlDerivatives(t,x,u)
sys=[];
```

```
%end mdlDerivatives
%=============================================================
%mdlUpdate
%Handle discrete state updates, sample time hits, and major time step
%requirements.
%=============================================================
function sys=mdlUpdate(t,x,u)
sys=[];
%end mdlUpdate
%=============================================================
%mdlOutputs
%Return the block outputs.
%=============================================================
function sys=mdlOutputs(t,x,u)
sys=[10* u(1)- 0.2* u(2)];
%end mdlOutputs
%=============================================================
%mdlGetTimeOfNextVarHit
%Return the time of the next hit for this block.
%Note that the result is absolute time.
%Note that this function is only used when you specify a
%variable discrete- time sample time [- 2 0]
%in the sample time array in mdlInitializeSizes.
%=============================================================
function sys=mdlGetTimeOfNextVarHit(t,x,u)
sampleTime=[];
%end mdlGetTimeOfNextVarHit
%=============================================================
%mdlTerminate
%Perform any end of simulation tasks.
%=============================================================
function sys=mdlTerminate(t,x,u)
sys=[];
%end mdlTerminate
```

2. 搭建 simulink 仿真模型

建立基于 s - function 某个没有状态变量的连续物理系统的 simulink 仿真模型，如图 4 - 75 所示，并保存为 exm _ 8. slx。需要调用以下几个模块：

（1）Step 模块；

（2）Ramp 模块（在 Sources 模块库中调用）；

（3）s - function 模块；

（4）Scope 模块；

（5）Mux 模块。

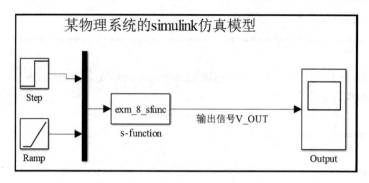

图 4 - 75　基于 s - function 的 simulink 仿真模型

3. 设置 simulink 模块的参数

（1）调用 Step 和 Ramp 模块，为简单起见，本例均利用它们的默认参数；

（2）双击 s - function 模块，弹出其属性参数对话框，→在"s - function name"输入栏中键入"exm _ 8 _ sfunc"，→点击 OK，便将物理系统的 s - function 函数 exm _ 8 _ sfunc. m 调入 simulink 仿真环境中；

（3）Scope 模块参数的设置方法同前所述，且将 Variable name（变量名）命名为"exm _ 8 _ out"，且将"Format"输入栏设置为：Array。

4. 设置仿真参数

将 Simulation Parameters 的 start time 设置为 0，Stop time 设置为 10，其他为默认参数，点击仿真快捷键图标▶，启动仿真。

5. 分析仿真结果

按照前面所述的数据导出方法，提取 Scope 模块的数据，并绘制图 4 - 76 所示的仿真结果。或者在 MATLAB 的命令窗口中键入以下命令语句：

```
>> plot(exm_8_out(:,1),exm_8_out(:,2),'linewidth',3);grid on
>> title('某个没有状态变量的连续物理系统的响应特性曲线')
>> xlabel('时间 t/s');ylabel('幅值')
```

其执行结果与图 4 - 76 所示结果相同。

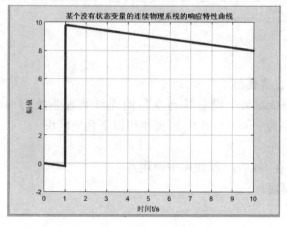

图 4 - 76　举例 8 的执行结果

6. 利用 State‐Space 模块构建仿真模型

利用 State‐Space 模块，构建图 4‐77 所示的 simulink 仿真模型，保存为 exm _ 8 _ simulink. slx。

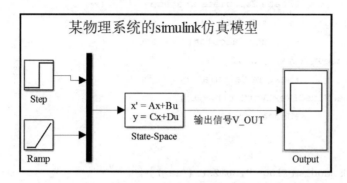

图 4‐77　基于 State‐Space 模块构建 simulink 仿真模型

（1）图 4‐77 所示的 simulink 仿真模型，需要调用以下几个模块：

1）Step 模块：调用方法同前，为仿真模型提供激励信号；

2）Ramp 模块：在 simulink 模块库中的 Sources 模块库中调用，为仿真模型提供激励信号；

3）State‐Space 模块：调用方法同前，为仿真模型提供状态方程模块；

4）Scope 模块：调用方法同前，获取仿真结果曲线。

（2）双击 State‐Space 模块，→弹出它的属性参数，将其矩阵 A 的输入栏设置为 [0 0；0 0]，将其矩阵 B 的输入栏设置为 [0 0；0 0]，将其矩阵 C 的输入栏设置为 [0 0]，将其矩阵 D 的输入栏设置为 [10 −0.2]，初始状态输入栏设置为 [0 0]。

（3）其他模块的参数和仿真参数同前面。

（4）点击仿真快捷键图标 ▶，启动仿真。

其执行结果与图 4‐76 相同。

4.5.5　变步长系统 s‐function 的构建方法

【举例 9】　本例讲解可变步长仿真系统的 s‐function 创建方法技巧。已知某物理离散系统的等效数学模型为：

$$\begin{cases} x(n+1)=Ax(n)+Bu(n) \\ y(n)=Cx(n)+Du(n) \end{cases} \tag{4-10}$$

且已知矩阵 A、B 和 C、D 分别为：$A=$ [−1.82 −0.9；1.1 0.2]；$B=$ [0.3；0.2]；$C=$ [0.24 0.23]；$D=0$；初始状态 $x0=$ [0.2 −0.5]，$xi=$ [0.2 0.5]，现要研究它在单位阶跃信号激励下的响应情况。

1. 定义 s‐function 的 M 函数文件

在 MATLAB 的 M 文件编辑器中键入如下命令，并保存为 exm _ 9 _ vsampsfunc. m：

```
function [sys,x0,str,ts]= exm_9_vsampsfunc(t,x,u,flag,xi)
A=[-1.82 -0.9;1.1 0.2];B=[0.3;0.2];C=[0.24 0.23];D=0;
xi=[0.2 0.5]
```

```
switch flag,
case 0,                %Initialization
    [sys,x0,str,ts]=mdlInitializeSizes(A,B,C,D,xi);
case 2,                %State Calculation stage
    sys= mdlUpdate(t,x,u,A,B,C,D,xi);
case 3,                %Outputs Calculation stage
    sys= mdlOutputs(t,x,u,A,C,D,xi);
case 4,                %Next Te Calculation stage
    sys= mdlGetTimeOfNextVarHit(t,x,u);
case {1,9},            %Unused stage
    sys= [];
otherwise
    error(['Unhandled flag= ',num2str(flag)]);
end
%end exm_9_vsampsfunc
%%Initialization function
function[sys,x0,str,ts]=mdlInitializeSizes(A,B,C,D,xi)
sizes=simsizes;
sizes.NumContStates  =0;
sizes.NumDiscStates  =length(A);
sizes.NumOutputs     =1;
sizes.NumInputs      =2;
sizes.DirFeedthrough=1;          %输出量中含有输入量
sizes.NumSampleTimes=1;
sys=simsizes(sizes);
x0=[0.2 -0.5];
str=[];
ts =[-2 0];           %In order to obtain a sampling variable step
%end Initialization function
%%State Calculation function
function sys=mdlUpdate(t,x,u,A,B,C,D,xi)
sys=A*x+B*u(1);
%end State Calculation function
%%Output Calculation function
function sys=mdlOutputs(t,x,u,A,C,D,xi)
sys=C*x+D*u(1);
%end Output Calculation function
%%Next Te  function Calculation
function sys=mdlGetTimeOfNextVarHit(t,x,u)
sys=t+u(2);
%end Next Te  function Calculation
```

2. 搭建 simulink 仿真模型

建立某个离散物理系统基于 s - function 的 simulink 仿真模型，如图 4 - 78 所示，保存为 exm＿9. slx，它需要调用以下几个模块：

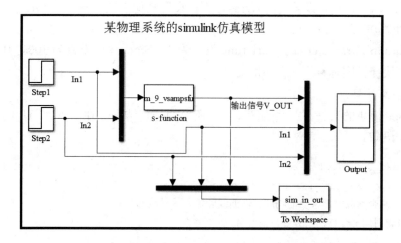

图 4-78　某个离散物理系统基于 s-function 的 simulink 仿真模型

（1）Step 模块（两个）：调用方法同前，提供激励信号；

（2）s-function 模块：调用方法同前；

（3）Scope 模块：调用方法同前，获取仿真结果曲线；

（4）To Workspace 模块：在 simulink 模块库中的 Sinks 模块库中调用，获取仿真结果曲线。

3. 设置 simulink 模块的参数

（1）连续两次调用 Step 模块，并分别将它们的卷标（Label）命名为：In1 和 In2，见图 4-78 所示，Step1 和 Step2 模块的参数，如图 4-79 所示，→然后点击 OK；

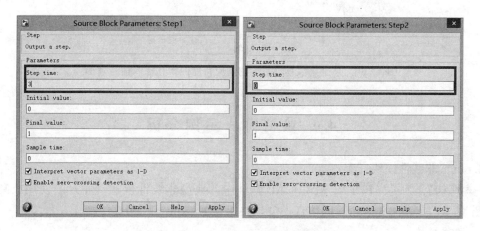

图 4-79　设置两个 Step 模块的参数

（2）双击 s-function 模块，弹出其属性参数对话框，→在"s-function name"输入栏中键入"exm＿9＿vsampsfunc"，→点击 OK，便将物理系统的 s-function 函数 exm＿9＿vsampsfunc. m 调入 simulink 仿真环境中；

（3）将 Scope 模块的 Data history 参数中的 Variable name 命名为"exm＿9＿out"，且将"Format"输入栏设置为：Array，→然后点击 OK；

（4）双击 ToWorkspace 模块，弹出它的属性参数对话框，→将 Filename 设置为：sim_in_out，且将 Save format 设置为：Array，不用设置其他参数，→点击 OK。

4．设置仿真参数

将 Simulation Parameters 的 start time 设置为 0，Stop time 设置为 100，其他为默认参数，点击仿真快捷键图标▶，→启动仿真。

5．分析仿真结果

提取 Scope 模块的数据，并绘制图 4-81 所示的仿真结果，在 MATLAB 的命令窗口中键入以下命令语句：

```
>> plot(exm_9_out(:,1),exm_9_out (:,2),'r-.',exm_9_out(:,1),exm_9_out (:,2),'- r',
exm_9_out (:,1),exm_9_out (:,3),'*-g');grid on;legend('out','in1','in2');
>> title('某个离散物理系统的响应特性曲线和输入信号波形');
>> xlabel('时间 t/s');ylabel('幅值');
```

执行结果如图 4-80 所示。

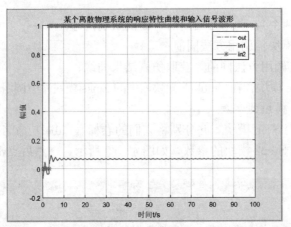

图 4-80　某个离散物理系统的响应特性曲线和输入信号波形

4.6　典型模块示例分析

4.6.1　非线性模块（库）

【举例 10】　为了尽快了解 MATLAB 软件中的典型非线性模块（库）的使用技巧，特构建图 4-81 所示的 simulink 的仿真模型，并保存为 exm_10.slx。

1．所需模块

本例使用的非线性模块库 Discontinuities 中的几种典型模块，主要有：

（1）死区非线性模块（Dead Zone）：在 Discontinuous（非连续）模块库中调用；

（2）量化模块（Quantizer）：在 Discontinuous（非连续）模块库中调用；

（3）Sign 模块：在 Discontinuous（非连续）模块库中调用。

除此之外，还需要使用的其他模块有：

（1）Sine Wave 模块：在 simulink 模块库中的 Sources 模块库中调用；

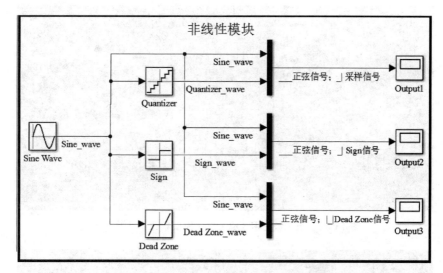

图 4 - 81   使用非线性模块库和 Sign 模块

（2）mux 模块：在 simulink 模块库中的 Signal Routing 模块库中调用；

（3）Scope 模块：在 simulink 模块库中的 Sinks 模块库中调用。

2. 设置模块

（1）Sine Wave 模块：Amplitude/V（幅值）为 10，Frequency/Rads^{-1}（频率）为 100，其他为默认参数，→然后点击 OK；

（2）Quantizer 模块：将 Quantization interval（采样间隔）设置为 1e - 3，→然后点击 OK；

（3）Sign 模块：使用它的默认参数，即当输入信号大于 0，其输出为 1，反之，当输入小于 0，则输出为 -1，→然后点击 OK；

（4）Dead Zone 模块：Start of dead zone（死区起始值）为 -5，End of dead zone（死区终止值）为 5，→然后点击 OK；

（5）Scope 模块：将 3 个 Scope 模块（分别被命名为 Output1、Output2 和 Output3）Data history 参数中的 Variable name 分别设置为 exm _ 10 _ out1、exm _ 10 _ out2、和 exm _ 10 _ out3，Format 均设置为 Array，→然后点击 OK。

3. 设置仿真参数

将仿真参数的 Start time 设置为 0，Stop time 设置为 100e - 3，其他为默认参数，点击仿真快捷键图标 ▶，即可启动仿真程序。

4. 分析仿真结果

给每一个 Scope 模块输出波形添加标题（title）的方法：双击示波器的输入线，直接键入以下内容：

（1）对于示波器 Output1，键入 "_ _ 正弦信号；_ | 采样信号"；

（2）对于示波器 Output2，键入 "_ _ 正弦信号；_ | Sign 信号"；

（3）对于示波器 Output3，键入 "_ _ 正弦信号；| _ | Dead Zone 信号"。

本例的执行结果分别如图 4 - 82 ～图 4 - 84 所示。

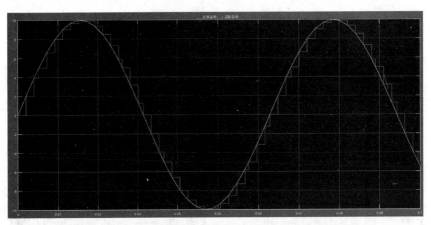

图 4-82　正弦波形和 Quantizer 模块输出的采样波形

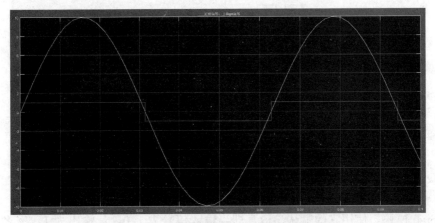

图 4-83　正弦波形和 Sign 模块输出波形

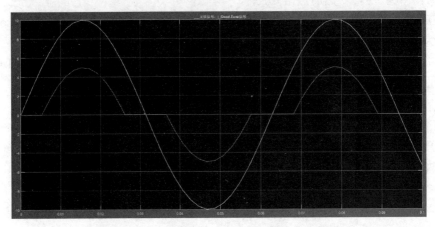

图 4-84　正弦波形和 Dead Zone 模块输出波形

4.6.2　开关 Switch 模块

【举例 11】　本例熟悉使用 Signal Routing 模块库中的 Switch 模块，以及复习 Sources
模块库中的 Constant 模块和 Sine Wave 模块。构建如图 4-85 所示的 simulink 的仿真模型，
保存为 exm_11.slx。

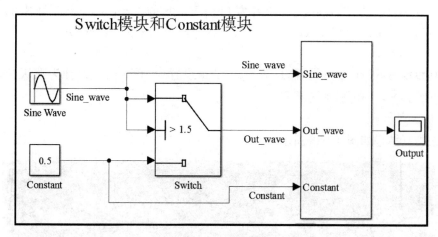

图 4 - 85　使用 Switch 模块和 Constant 模块

1. 所需模块

图 4 - 85 所示的仿真模型 exm _ 11. slx，主要由以下几个模块构成：

（1）Sine Wave 模块和 Constant 模块：均在 simulink 模块库中的 Sources 模块库中调用；

（2）Switch 模块和 mux 模块：均在 simulink 模块库中的 Signal Routing 模块库中调用；

（3）Scope 模块：在 simulink 模块库中的 Sinks 模块库中调用。

2. 设置模块

（1）Sine Wave 模块：Amplitude/V（幅值）为 2，Frequency/Rads^{-1}（频率）为 100，其他为默认参数，→然后点击 OK；

（2）Constant 模块：Constant value（恒值）输入栏为 0.5，→然后点击 OK；

（3）Switch 模块：按照图 4 - 86 所示参数进行设置，其 Threshold 栏的参数为 1.5，→然后点击 OK；

（4）Mux 模块：Number of inputs 输入栏设置为 3，Display option 栏选取 Signals，如图 4 - 87 所示，→然后点击 OK；

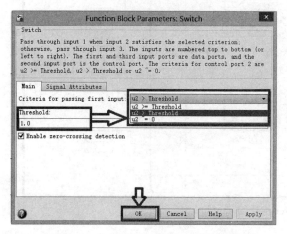

图 4 - 86　设置 Switch 模块的参数

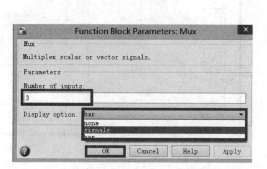

图 4 - 87　设置 Mux 模块参数

（5）Scope 模块：将 Scope 模块命名为 Output，它的 Data history 参数中的 Variable name 分别设置为 exm _ 11 _ out，Format 设置为 Array，→然后点击 OK。

3．设置仿真参数

将仿真参数的 Start time 设置为 0，Stop time 设置为 100e‐3，其他为默认参数，点击仿真快捷键图标 ▶，即可启动仿真程序。

4．分析仿真结果

本例的仿真结果如图 4‐88 所示。

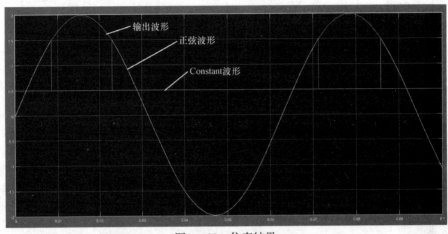

图 4‐88 仿真结果

4.6.3 滤波器 Filter 模块

【举例 12】 本例熟悉滤波器 Filter 模块的使用方法。构建如图 4‐89 所示的 simulink 的仿真模型，保存为 exm _ 12. slx。

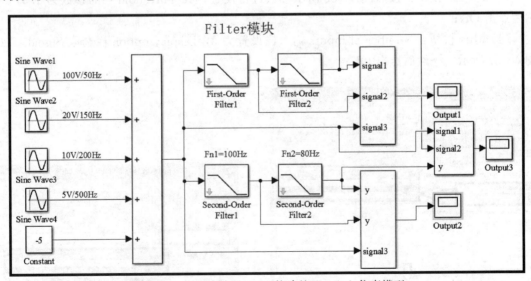

图 4‐89 利用滤波器 Filter 构建的 simulink 仿真模型

1．滤波器 Filter 模块类型

滤波器 Filter 模块主要分为 First‐Order Filter（一阶滤波模块）和 Second‐Order Filter（二阶滤波）模块。First - Order Filter 模块，又分为低通和高通滤波器两种类型，其参数对话框如图 4 - 90 所示；Second - Order Filter 模块，它分为低通、高通、带通和带阻滤波器四种类型，其参数对话框如图 4 - 91 所示。

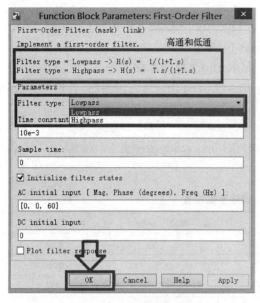

图 4 - 90　First - Order Filter（一阶滤波）
模块的参数对话框

图 4 - 91　Second - Order Filter（二阶滤波）
模块的参数对话框

2. 滤波器 Filter 模块调用方法

调用滤波器 Filter 模块的方法：如图 4 - 92 所示，→点击 Simscape 模块库，→点击 SimPowersystems 模块库，→点击 Specialized Technology 模块库，→点击 Control & Measurements 模块库，→点击 Filters 模块库，即可调用它们。

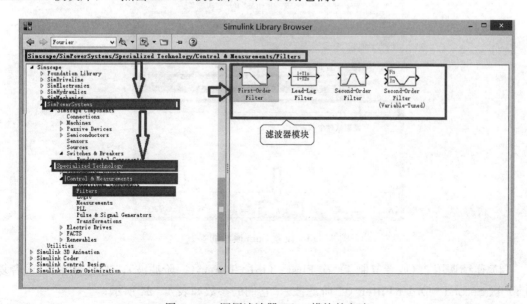

图 4 - 92　调用滤波器 Filter 模块的方法

3. 所需模块

示例 exm_12.slx 所示的仿真模型，主要由以下几个模块构成：

（1）Sine Wave 模块和 Constant 模块：均在 simulink 模块库中的 Sources 模块库中调用；

（2）Sum 模块：在 simulink 模块库中的 Math Operations 模块库中调用；

（3）Scope 模块：在 simulink 模块库中的 Sinks 模块库中调用；

（4）Mux 模块：在 simulink 模块库中的 Signal Routing 模块库中调用；

（5）First-Order Filter（一阶滤波）和 Second-Order Filter（二阶滤波）：调用方法同前所述。

4. 设置模块

（1）连续调用 4（或者复制 3）次 Sine Wave 模块，它们的参数如表 4-23 所示，→然后点击 OK；

表 4-23　　　　　　　　　　　　举例 12 中 Sine Wave 模块参数设置

名称	幅值（V）	频率（rads^{-1}）	相位（rad）	其他参数
Sine Wave1 模块	100	50 * 2 * pi	0	默认
Sine Wave2 模块	1	150 * 2 * pi	pi/6	默认
Sine Wave3 模块	0.5	200 * 2 * pi	pi/3	默认
Sine Wave4 模块	0.1	500 * 2 * pi	2 * pi/3	默认

（2）Constant 模块：在 Constant value（恒值）输入栏为 -5→然后点击 OK；

（3）Sum 模块：选择 "rectangular"（矩形），→在 List of signs 栏中，键入五个 "+"即+++++，→然后点击 OK，如图 4-93 所示；

图 4-93　设置 Sum 模块的参数

（4）连续调用 2（或者复制 1）次 First-Order Filter（一阶滤波），连续调用 2（或者复制 1）次 Second-Order Filter（二阶滤波），它们的参数如表 4-24 所示；

表 4 - 24 　　　　　　　　　　　举例 12 中 **Filter** 模块参数设置

名称	类型	Natural frequency（Hz）	AC initial input	其他参数
First - Order Filter1 模块	Lowpass	—	［0，0，50］	默认
First - Order Filter 2 模块	Lowpass	—	［0，0，50］	默认
Second - Order Filter1 模块	Lowpass	100	［0，0，50］	默认
Second - Order Filter2 模块	Lowpass	80	［0，0，50］	默认

（5）连续调用 3（或者复制 2）次 Mux 模块，按照图 4 - 94 所示方式，进行设置，→然后点击 OK；

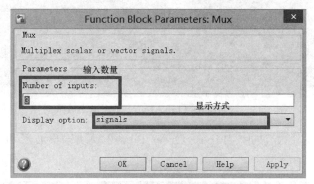

图 4 - 94　设置 Mux 模块

（6）连续调用 3 次 Scope 模块，分别命名为 Output1、Output2 和 Output3；将模块的 Data history 参数中的 Variable name 分别设置为 output1、output2 和 output3，Format 均设置为 Array，→然后点击 OK。

5. 设置仿真参数

将仿真参数的 Start time 设置为 0，Stop time 设置为 200e - 3，其他为默认参数，然后点击仿真快捷键图标▶，即可启动仿真程序。

6. 分析仿真结果

（1）图 4 - 95 表示原始波形、First - Order Filter1 模块输出波形和 First - Order Filter2 模块输出波形；

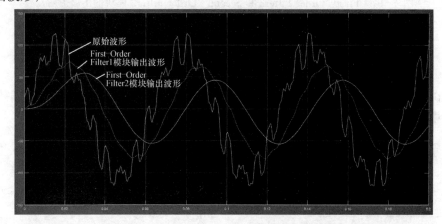

图 4 - 95　First - Order Filter 模块输出波形对比

（2）图 4 - 96 表示原始波形、Second - Order Filter1 模块输出波形和 Second - Order Filter2 模块输出波形；

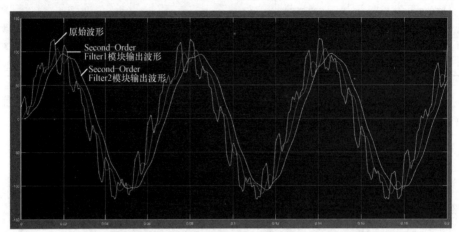

图 4 - 96　Second - Order Filter 模块输出波形对比

（3）图 4 - 97 表示原始波形、First - Order Filter2 模块输出波形和 Second - Order Filter2 模块输出波形；

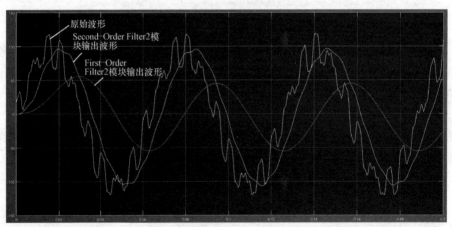

图 4 - 97　First - Order Filter2 和 Second - Order Filter2 模块输出波形对比

练习题

1. 当电源电压分别为 $u_S(t) = 10V$ 和 $u_S(t) = 14.14\sin(100\pi t)$ V 时，求解图 4 - 98 所示电路中电流波形。其中 $L = 1H$，$R = 1\Omega$，假设初始电流 $i(0) = 1A$。

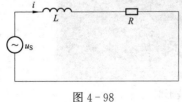

图 4 - 98

提示：列写电路方程为：$L\dfrac{\mathrm{d}i}{\mathrm{d}t} + Ri = u_S(t)$，$i(0) = 0$，代入参数可得：

$$\frac{\mathrm{d}i}{\mathrm{d}t} + i = u_S(t), \quad i(0) = 0$$

（1）$u_S(t) = 10V$ 时的 Simulink 仿真模型，如

图 4 - 99 所示：在 Simulink 模块库中的 Sources 模块库中调用 Step 模块，将其 Final value 栏设置为 10，其他为默认参数，→在 Math operations 模块库中调用 Sum 模块和 Gain 模块，它们的参数设置结果如图 4 - 99 所示，→在 Simulink 模块库中的 Continuous 模块库中调用 Integrator 模块，将其 Initial condition 栏置为 5，其他为默认参数，→在 Simulink 模块库中的 Sink 模块库中调用 Scope 模块，→不用设置仿真参数，就利用其默认参数。

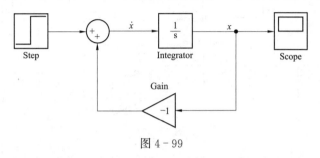

图 4 - 99

（2）u_S（t）＝14.14sin（100πt）V 时的 Simulink 仿真模型，如图 4 - 100 所示：在 Simulink 模块库中的 Sources 模块库中调用 Signal Generator 模块，将其 Ampltude 栏设置为 14.14，Frequency 栏置为 50，Units 栏选择为 Hertz，→在 Simulink 模块库中的 Math operations 模块库中调用 Sum 模块和 Gain 模块，它们的参数设置结果如图 4 - 100 所示，→在 Simulink 模块库中的 Continuous 模块库中调用 Integrator 模块，将其 Initial condition 栏置为 1，其他为默认参数，→在 Simulink 模块库中的 Sink 模块库中调用 Scope 模块，→不用设置仿真参数，就利用其默认参数。

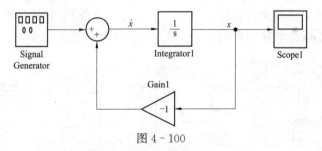

图 4 - 100

2. 当电源电压 u_S（t）＝14.14sin（100πt）V 时，求解图 4 - 101 所示电路中电容器端电压 u_C 的波形。其中 L＝1H，C＝1μF，R＝5Ω，假设初始电压 u_C（0）＝0V，du_C（0）/dt＝1。

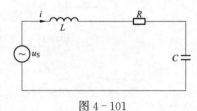

图 4 - 101

提示：列写电路方程为：$LC\dfrac{\mathrm{d}^2 u_C}{\mathrm{d}t^2}+R\dfrac{\mathrm{d}u_C}{\mathrm{d}t}+u_C=$

u_S（t），代入参数可得：$\dfrac{\mathrm{d}^2 u_C}{\mathrm{d}t^2}+5\dfrac{\mathrm{d}u_C}{\mathrm{d}t}+u_C=u_S$（$t$）。其 Simulink 仿真模型，如图 4 - 102 所示：在 Simulink 模块库中的 Sources 模块库中调用 Signal Generator 模块，将其 Ampltude 栏设置为 14.14，Frequency 栏置为 50，Units 栏选择为 Hertz，→在 Simulink 模块库中的 Math operations 模块库中调用 Sum 模块和 Gain 模块，它们的参数设置结果如图 4 - 102 所示，→在 Simulink 模块库中的 Continuous 模块库中调用 Integrator 模块，将

Integrator1 模块的 Initial condition 栏置为 1，将 Integrator1 模块的 Initial condition 栏置为 0，其他为默认参数，→在 Simulink 模块库中的 Sink 模块库中调用 Scope 模块，→不用设置仿真参数，就利用其默认参数。

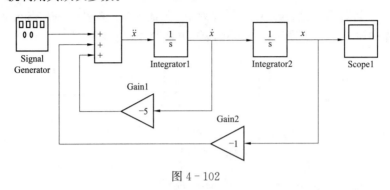

图 4 - 102

3. 当电源电压 $x(t) = 10\sin(100\pi t + 30°)$ V 时，求解表达式中 $y(t)$ 的波形：$\dfrac{\mathrm{d}y(t)}{\mathrm{d}t} = 4x + 1 - 3y$，其中 $y(0) = 1$。

提示：其 Simulink 仿真模型，如图 4 - 103 所示：在 Simulink 模块库中的 Sources 模块库中调用 Sine Wave 模块，将其 Ampltude 栏设置为 10，Frequency 栏置为 100 * pi，Phase 栏置为 pi/6，→在 Simulink 模块库中的 Sources 模块库中调用 Constant 模块，将其 Constantvalue 栏设置为 1，→在 Simulink 模块库中的 Math operations 模块库中调用 Sum 模块和 Gain 模块，它们的参数设置结果如图 4 - 103 所示，→在 Simulink 模块库中的 Continuous 模块库中调用 Integrator 模块，将其 Initial condition 栏置为 1，其他为默认参数，→在 Simulink 模块库中的 Sink 模块库中调用 Scope 模块，→不用设置仿真参数，利用其默认参数。

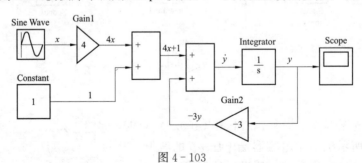

图 4 - 103

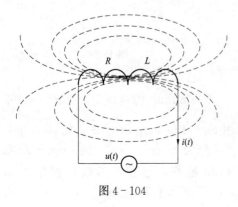

图 4 - 104

4. 已知如图 4 - 104 所示的线圈，其电路方程为：$u(t) = i(t)R + L\dfrac{\mathrm{d}i(t)}{\mathrm{d}t}$，求该电路的电流波形，其中 $L = 1\text{mH}$，$R = 10\Omega$，电流初始值为 $i(0) = 5\text{A}$，$u(t) = \sin(500t)$ V。

5. 利用 Simulink 构建函数曲线：$y = 10t^2 - 20e^{-0.5t} + 100\sin(100t + \text{pi}/3)$。

提示：其 Simulink 仿真模型，如图 4 - 105 所示。

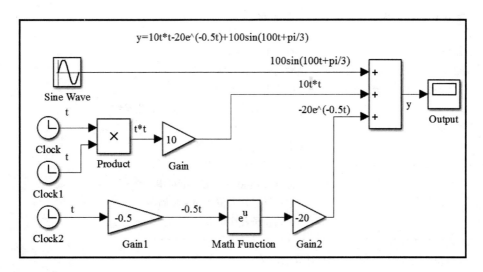

图 4 - 105

6. 采用 s‐function 函数，实现模块 $y=nx$，即模块的功能是把一个输入信号扩大 n 倍以后再输出。

提示：

（1）利用 MATLAB 语言编写 s 函数，程序如下：

```
%************************************************
%S 函数 times_n_sfun.m,其输出是输入的 n 倍
%************************************************
function [sys,x0,str,ts]= times_n_sfun(t,x,u,flag,n)
switch flag,
case 0                        %初始化
[sys,x0,str,ts]=mdlInitializeSizes;
case 3                        %计算输出量
sys=mdlOutputs(t,x,u,n);
case {1,2,4,9}                % 未使用的 flag 值
sys=[];
otherwise                     %出错处理
error(['Unhandle flag=',num2str(flag)]);
end
%************************************************
%mdlInitializeSizes:当 flag 为 0 时进行整个系统的初始化
%************************************************
function [sys,x0,str,ts]=mdlInitializeSizes(t)
                             %调用函数 simsizes 以创建结构体 sizes
sizes=simsizes;
                             %用初始化信息填充结构体 sizes
sizes.NumContStates=0;       %无连续状态
```

```
sizes.NumDiscStates=0;                %无离散状态
sizes.NumOutputs=1;                   %有一个输出量
sizes.NumInputs=1;                    %有一个输入信号
sizes.DirFeedthrough=1;               %输出量中含有输入量
sizes.NumSampleTimes=1;               %单个采样周期
                                      %根据上面的设置设定系统初始化参数
sys=simsizes(sizes);
                                      %给其他返回参数赋值。
x0=[];                                %设置初始状态为零状态
str=[];                               %将 str 变量设置为空字符串
ts=[- 1,0];                           %假定继承输入信号的采样周期
                                      %初始化子程序结束
%*************************************************
%mdlOutputs:当 flag 值为 3 时,计算输出量
%*************************************************
function sys= mdlOutputs(t,x,u,n)
sys= n*u;
%输出量计算子程序结束。
```

（2）搭建 simulink 模型检验函数的正确性，如图 4 - 106 所示，图中 s - function 函数模块的 parameter 栏中输入 5，如图 4 - 107 所示，本题的执行结果如图 4 - 108 所示。

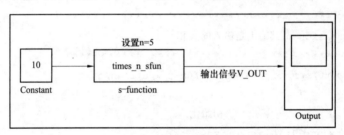

图 4 - 106

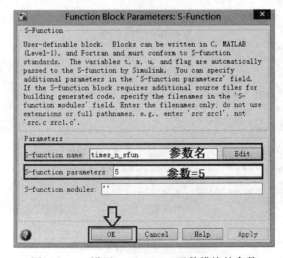

图 4 - 107　设置 s - function 函数模块的参数

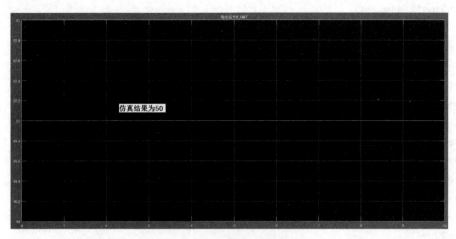

图 4 - 108　本题的执行结果

7. 采用 s - function 函数，实现非线性分段函数的描述：

$$
y = \begin{cases}
30\sqrt{1-x} & x < 1 \\
30 & 1 \leqslant x < 3 \\
30 - (x-3)^2 & 3 \leqslant x < 4 \\
20 & 4 \leqslant x < 5 \\
20 - (x-5)^2 & 5 \leqslant x < 6 \\
100 & x \geqslant 6
\end{cases}
\tag{4 - 11}
$$

提示：

（1）利用 MATLAB 语言编写 s 函数，程序如下：

```
function [sys,x0,str,ts]=Block_sfunction(t,x,u,flag)
switch flag,
case 0,
[sys,x0,str,ts]=mdlInitializeSizes;
case 3,
sys=mdlOutputs(t,x,u);
case {1,2,4,9}
sys=[];
otherwise error(['Unhandled flag=',num2str(flag)]);
end
function[sys,x0,str,ts]=mdlInitializeSizes
sizes=simsizes;
sizes.NumContStates=0;
sizes.NumDiscStates=0;
sizes.NumOutputs=1;
sizes.NumInputs=1;
sizes.DirFeedthrough=1;
sizes.NumSampleTimes=1;
```

```
sys=simsizes(sizes);
x0=[];
str=[];
ts=[0 0];
function sys=mdlOutputs(t,x,u)
if u<1
sys=30*sqrt(1-u);
elseif u> =1&u<3
sys=30;
elseif u> =3&u<4
sys=30-(u-3)^2;
elseif u> =4&u<5
sys=20;
elseif u> =5&u<6
sys=20-(u-5)^2;
else
sys=100;
end
```

（2）搭建 simulink 模型检验函数的正确性，如图 4－109 所示，本题的执行结果，分别如图 4－109 所示（当给定 $x=10$ 时，输出值为 100）、如图 4－110 所示（当给定 $x=3.4$时，输出值为 29.84）。

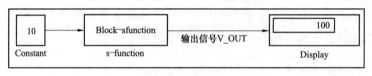

图 4－109

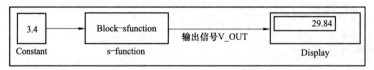

图 4－110

第 2 篇　应用于电气工程的 MATLAB 软件

从事电子产品设计、开发等工作的人员，经常要求对所设计的电路进行计算机模拟与仿真计算，以优化参数与配置，其目的，一方面是为了验证所设计的电路是否达到设计要求的技术指标；另一方面，通过改变电路中元器件的参数，使整个电路性能达到最佳状态。这势必要求仿真工具能够模型化、模块化以及具有动态仿真的能力。MATLAB 中的 simulink 工具，是为数不多的完全满足这些要求和条件的软件工具，并且，凭借它在科学计算方面的天然优势，建立了从设计到构思再到最终产品的可视化桥梁，大大弥补了传统设计与开发工具的不足。

本篇详细介绍了应用于电气工程学科领域中的 MATLAB 软件的建模与仿真分析的方法。包括以下几个方面：

（1）在典型电路与磁路中的建模与仿真方面的应用，如电气元件模块学习、电源模块库的学习与示例分析、典型电路的仿真模型的描述方法、创建步骤与分析技巧；

（2）在典型模拟信号处理方面的应用，如模拟信号处理模型的创建思路、分析步骤和仿真演示方法；

（3）在测控系统的分析与建模方面的应用，如典型测控系统的描述方法、等效模型的获取技巧、仿真模型的创建与优化参数的方法；

（4）在电气传动方面的应用，如电力电子模块库的学习与示例分析、各种信号发生器的学习与示例分析、变频器示例分析等；

（5）在电力系统的模型分析与创建方面的使用，如电机模块库学习与示例分析、传输线的学习与示例分析、供电系统相序分析、电力变压器示例分析等。

本篇的主要任务就是讲述如何利用 MATLAB 软件，根据具体实验的目的或者被研究对象的原型与仿真模型之间的数学相似原则，确立描述它们特性的数学表达式和仿真模型；介绍为完成某种特定功能和设计任务的子系统的创建方法与封装技巧；s‑function 函数的创建与导入方法；快速设计和修正所分析的电气工程对象的拓扑结构或者等效模型的电气参数，使得它们的组合达到最佳配置状态，最大限度地提高整个装置或者设备的工作性能。

本篇的讲述内容，将使初学者能够快速完成某个单元电路、测控系统、电力电子控制装置或电力系统中某个控制对象的分析与仿真计算，掌握优选它们电气参数的方法，学习设计与配合整个功能电路、测控装置、模块以及全部电路或者电力控制设备的连接方法与调试技巧等。

第 5 章　MATLAB 在电路与磁路技术中的典型应用

本章介绍 MATLAB 软件在电路与磁路的建模与仿真方面的基本设计步骤和重要分析方

法，如：

（1）电阻、电容、电感、变压器、开关元件等基本器件的调用与参数设置方法；

（2）重要电路和磁路的建模方法、分析技巧与设计技术；

（3）重要模拟信号的建模技巧；

（4）一般电路在 MATLAB 软件中的数学描述方法、重要命令函数及其使用方法等。

5.1　初识基本电气元件

对初学者来说，要想快速掌握好 MATLAB 软件用于电路和磁路分析方面的仿真方法，首先要面对的就是电气元件，它们往往是初学者不可回避但是又不易掌握的基础知识。所以本章以电气元件的认识、调用和参数设置等基本知识作为开篇，让初学者能够了解它们的基本特点，记住它们的符号和基本选用方法，理解它们的封装特点，为深入分析与理解它们在各个单元电路中的工作原理与作用，以及关键信号在其中的变化规律，奠定必要的基础。

5.1.1　熟悉基本电气元件

对于一个简单电路而言，要确保它正常工作，需要包括以下几种或者全部元器件，如电源〔它可由变压器、整流器和滤波器构成，也可由稳压器（芯片）及其外围电路（器件）构成，本书将讲述前一种构成方式〕、电阻、电容、电感、晶体二极管、晶体三极管等基本器件。所以，本章先从基本元器件入手，引导读者学习或者复习它们的基础知识，便于快速掌握 simulink 中的典型模块的使用方法，准确搭建仿真模型，确保仿真结果正确、合理和科学。

5.1.2　基本电气元件简介

1. 电阻简介

电阻在电路中用"R"加数字表示，如：R_8 表示编号为 8 的电阻。电阻在电路中的主要作用为分流、限流、分压、偏置等。衡量电阻的两个最基本的参数是阻值和功率。阻值用来表示电阻对电流阻碍作用的大小，用欧姆（Ω）表示。除基本单位外，还有千欧（kΩ）和兆欧（MΩ），其换算方法是：$1\text{M}\Omega = 10^3\text{k}\Omega = 10^6\Omega$。功率用来表示电阻所能承受的最大电流，用瓦特表示，有 1/16W，1/8W，1/4W，1/2W，1W，2W 等多种，在使用过程中，必须留有阈量，否则极易烧坏电阻。电阻的封装实物，如图 5-1 所示，其中图（a）表示轴线的直插式封装，图（b）表示贴片式封装。

(a)　　　　　　　　　　　　(b)

图 5-1　电阻实物图片

(a) 直插式封装；(b) 贴片式封装

2. 电容简介

电容在电路中一般用"C"加数字表示，如：C_{18} 表示编号为 18 的电容。电容是由两片金属膜紧靠，中间用绝缘材料隔开而组成的元件。电容的特性主要是隔直流通交流。电容容量的大小就是表示能贮存电能的大小，电容对交流信号的阻碍作用称为容抗，它与交流信号的频率和电容量有关。容抗的表达式为：

$$X_C = \frac{1}{2\pi f C} \tag{5-1}$$

式中　f——交流信号的频率；

　　　　C——电容容量。

电容的基本单位用法拉（F）表示，其他单位还有：毫法（mF）、微法（μF）、纳法（nF）、皮法（pF）。其中：$1F = 10^3 mF = 10^6 \mu F = 10^9 nF = 10^{12} pF$。电容的封装实物，如图 5-2 所示，它包括轴线的直插式封装和贴片式封装等不同形式。

3. 晶体二极管简介

晶体二极管在电路中常用"D"加数字表示，如：D38 表示编号为 38 的二极管。二极管的主要特性是单向导电性，也就是在正向电压的作用下，导通电阻很小；而在反向电压作用下导通电阻极大或无穷大。正因为二极管具有上述特性，电路中常把它用在整流、开关、隔离、稳压、极性保护、编码控制、调频调制和静噪等功能电路中。因此，晶体二极管按作用可分为：整流二极管、续流二极管、开关二极管、稳压二极

图 5-2　电容的实物图片

管和限幅二极管等不同类型。晶体二极管的封装实物，如图 5-3 所示，其中图（a）表示轴线的直插式封装，图（b）表示贴片式封装。

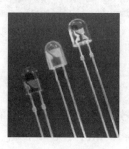 

(a)　　　　　　　　　　　　　　　(b)

图 5-3　晶体二极管的实物图片

（a）直插式封装；（b）贴片式封装

4. 晶体三极管简介

晶体三极管（简称三极管）在电路中常用"T"加数字表示，如：T85 表示编号为 85 的三极管。三极管是内部含有 2 个 PN 结，并且具有放大作用和开关作用。它有三个极，分别称为基极（b）、集电极（c）和发射极（e）。它分 NPN 型和 PNP 型两种类型，发射极上

的箭头表示流过三极管的电流方向，可见两类三极管中电流的流向是相反的。这两种类型的三极管从工作特性上可互相弥补，所谓 OTL 电路中的对管就是由 PNP 型和 NPN 型配对使用。晶体三极管的封装实物，如图 5 - 4 所示，它包括直插式封装和贴片式封装。

5. MOS 场效应晶体管简介

MOS 场效应晶体管即金属—氧化物—半导体型场效应管（Metal - Oxide - Semiconductor Field - Effect - Transistor，简称 MOSFET），属于绝缘栅型。其主要特点是在金属栅极与沟道之间有一层二氧化硅绝缘层，因此具有很高的输入电阻（最高可达 $10^{15}\,\Omega$）。它分 N 沟道管和 P 沟道管。通常是将衬底（基板）与源极 S 接在一起。根据导电方式的不同，MOSFET 又分增强型和耗尽型。所谓增强型是指：当电压 $U_{GS} = 0$ 时，晶体管是呈截止状态，加上正确的电压 U_{GS} 后，多数载流子被吸引到栅极，从而"增强"了该区域的载流子，形成导电沟道；所谓耗尽型则是指，当电压 $U_{GS} = 0$ 时，即形成沟道，加上正确的电压 U_{GS} 时，能使多数载流子流出沟道，因而"耗尽"了载流子，使晶体管转向截止状态。

MOSFET 晶体管的封装实物，如图 5 - 5 所示，它包括直插式封装和贴片式封装等不同形式。

图 5 - 4   晶体三极管的封装实物

图 5 - 5   MOSFET 晶体管的封装实物

6. 电感线圈简介

电感线圈（又称电感、电抗器），它和电容一样，也是一种储能元件。电感线圈能把电能转变为磁场能，并在磁场中储存能量。电抗器用符号 L 表示，它的基本单位是亨利（H），常用单位有：毫亨（mH）和微亨（μH），且有 $1H = 10^3 mH = 10^6 \mu H$。它经常和电容一起工作，构成 LC 滤波器、LC 振荡器等。另外，人们还利用电感的特性，制造了阻流圈、变压器、继电器等。

电感线圈的重要特性参数主要有：

（1）电感量：电感量 L，表示线圈本身固有特性，与电流大小无关。

（2）感抗：电感线圈对交流电流阻碍作用的大小称感抗 X_L，单位是欧姆 Ω。它与电感量 L 和交流电频率 f 的关系为：

$$X_C = \frac{1}{2\pi fC} \tag{5-2}$$

（3）品质因素 Q：品质因素 Q 是表示线圈质量的一个物理量，Q 为感抗 X_L 与其等效的电阻 R_L 的比值，即

$$Q = \frac{X_L}{R_L} \qquad (5-3)$$

线圈的 Q 值愈高，回路的损耗愈小。线圈的 Q 值与导线的直流电阻、骨架的介质损耗、屏蔽罩或铁芯引起的损耗、高频趋肤效应的影响等因素密切相关。线圈的 Q 值通常为几十到几百不等。

（4）分布电容：线圈的匝与匝之间、线圈与屏蔽罩之间、线圈与底版之间存在的电容被称为分布电容。分布电容的存在使线圈的 Q 值减小，稳定性变差，因而线圈的分布电容越小越好。

电路板级电感的封装实物，如图 5-6 所示，它包括直插式封装和贴片式封装等形式。

图 5-6　电路板级电感的封装实物

7. 变压器简介

变压器是变换交流电压、电流和阻抗的器件，当一次绕组中通有交流电流时，铁芯（或磁芯）中便产生交流磁通，使二次绕组中感应出电压（或电流）。变压器由铁芯（或磁芯）和绕组组成，有两个或两个以上的绕组，其中接电源的绕组叫一次绕组，其余的绕组叫二次绕组。按电源相数来分：变压器单相、三相和多相不同形式。变压器的重要特性参数主要有：

（1）工作频率：变压器铁芯损耗与频率关系很大，故应根据使用频率来设计和使用，这种频率称工作频率。

（2）额定功率：在规定的频率和电压下，变压器能长期工作，而不超过规定温升的输出功率。

（3）额定电压：指在变压器的线圈上所允许施加的电压，工作时不得大于规定值。

（4）电压比：指变压器一次侧电压和二次侧电压的比值，有空载电压比和负载电压比的区别。

（5）空载电流：变压器二次侧开路时，一次侧仍有一定的电流，这部分电流称为空载电流。空载电流由磁化电流（产生磁通）和铁损电流（由铁芯损耗引起）组成。对于 $50\,Hz$ 电源变压器而言，空载电流基本上等于磁化电流。

（6）空载损耗：指变压器二次侧开路时，在一次侧测得功率损耗。主要损耗是铁芯损

耗，其次是空载电流在一次绕组铜阻上产生的损耗（铜损），这部分损耗很小。

（7）效率：指二次侧功率 P_2 与一次侧功率 P_1 比值的百分比。通常变压器的额定功率愈大，效率就愈高。

电路板级变压器的实物，如图 5-7 所示，绝大多数它采用直插式封装形式。

图 5-7　电路板级变压器的实物图

5.2　认识 Elements（电气元件）模块库

在 MATLAB 软件中，作为 Simulink 的模块库的扩展库，SimPowerSystems（电力系统）模块库，是用于电力电子系统的建模和仿真的先进工具，它是设置在 Simulink 下面的一个专用模块库，包含电气系统中常见的元器件和设备，以更加直观更加容易使用的图形方式，对电气系统进行模型描述，该模型可与其他 Simulink 模块的相连接，进行一体化的系统级动态仿真分析。

5.2.1　调用方法

方法 1：如图 5-8（a）所示，→点击 MATLAB 的工具条上的 Simulink Library 的快捷键图标，即可弹出"Open Simulink block library"，→点击 Simscape 模块库，→点击 Sim-Powersystems 模块库，→点击 Specialized Technology 模块库，→点击 Fundamental Blocks 模块库，→即可看到 Elements（电气元件）模块库的图标，→点击 Elements（电气元件）模块库的图标，→即可看到该模块库中有 32 种模块及其图标，如图 5-8（b）所示。

方法 2：在 MATLAB 命令窗口中键入 powerlib，→按回车键，即可打开 SimPowerSystems 的模块库了，如图 5-9 所示，在该模块库中即可看到 Elements（电气元件）模块库的图标，→点击 Elements（电气元件）模块库的图标，→即可看到该模块库中有 32 种模块，如图 5-8（b）所示。

5.2.2　学习 Elements（电气元件）模块库

Elements（电气元件）模块库基本上涵盖了电气电路所需元器件，如电阻、电容、电感、输电线、变压器、断路器等重要器件，其符号、名称和封装形式如图 5-8（b）所示。

对于电阻、电感和电容元件而言，在 Elements（电气元件）模块库中，没有专门设置独立的电阻、电感和电容元件，它们三者是以复合元件的形式出现的，分别是 Series RLC Branch（串联 RLC 支路）模块、Parallel RLC Branch（RLC 并联分支）模块、Series RLC Load（串联 RLC 负载）模块和 Parallel RLC Load（并联 RLC 负载）模块共 4 种复合元件。

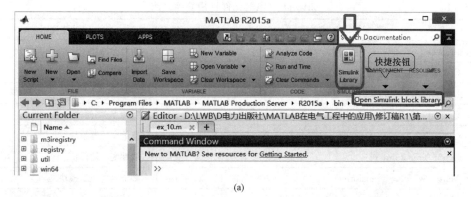

(a)

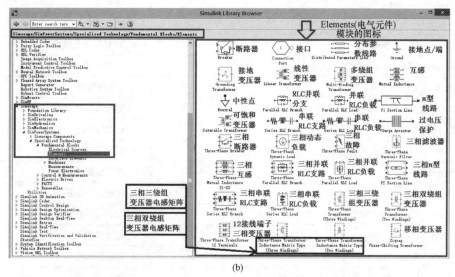

(b)

图 5 - 8　调用 Elements（电气元件）模块库的方法

（a）点击 Simulink Library 的快捷键图标；（b）调用方法之一

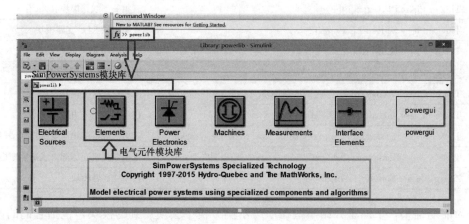

图 5 - 9　调用 Elements（电气元件）模块库的方法之二

Elements（电气元件）模块库中各个模块如表 5 - 1 所示。

表 5 - 1   **Elements（电气元件）模块库汇集**

序号	名称	功能说明
1	Breaker	断路器模块
2	Connection Port	接口模块
3	Distributed Parameter Line	分布参数线路模块
4	Ground	接地点/端模块
5	Grounding Transformer	接地变压器模块
6	Linear Transformer	线性变压器模块
7	Multi - Winding Transformer	多绕组变压器模块
8	Mutual Inductance	互感模块
9	Neutral	中性点模块
10	Parallel RLC Branch	RLC 并联分支模块
11	Parallel RLC Load	并联 RLC 负载模块
12	Pi Section Line	π 型线路模块
13	Saturable Transformer	可饱和变压器模块
14	Series RLC Branch	串联 RLC 支路模块
15	Series RLC Load	串联 RLC 负载模块
16	Surge Arrester	过电压保护模块
17	Three - Phase Breaker	三相断路器模块
18	Three - Phase Dynamic Load	三相动态负载模块
19	Three - Phase Fault	三相故障模块
20	Three - Phase Harmonic Filter	三相滤波器模块
21	Three - Phase Mutual Inductance Z1 - Z0	三相互感模块
22	Three - Phase Parallel RLC Branch	三相并联 RLC 支路模块
23	Three - Phase Parallel RLC Load	三相并联 RLC 负载模块
24	Three - Phase PI Section Line	三相 π 型线路模块
25	Three - Phase Series RLC Branch	三相串联 RLC 支路模块
26	Three - Phase Series RLC Load	三相串联 RLC 负载模块
27	Three - Phase Transformer (Three Windings)	三相三绕组变压器模块
28	Three - Phase Transformer (Two Windings)	三相双绕组变压器模块
29	Three - Phase Transformer 12 Terminals	12 接线端子三相变压器模块
30	Three - Phase Transformer Inductance Matrix Type (Three Windings)	三相三绕组变压器电感矩阵型模块
31	Three - Phase Transformer Inductance Matrix Type (Two Windings)	三相双绕组变压器电感矩阵型模块
32	Zigzag Phase - Shifting Transformer	移相变压器模块

作为前期铺垫，下面将介绍一些在后续示例分析中会使用到的模块，包括它们的使用方法、设计细节以及注意事项。

1. Breaker（断路器）模块

现将 Breaker（断路器）模块的使用方法总结如下：

（1）Breaker（断路器）模块的执行是从一个外部 Simulink 信号［外部控制方式，如图 5 - 10（a）所示］或者从一个内部的控制定时器［内部的控制方式，如图 5 - 10（b）所示］，控制一个电路断开和闭合的状态，即：

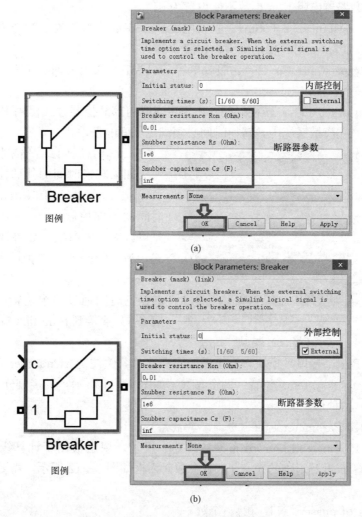

图 5 - 10　设置 Breaker 模块的参数对话框

（a）外部控制方式的参数对话框；（b）内部控制方式的参数对话框

1）当 Breaker 模块被设置在外部控制方式时，一个 Simulink 输入端在块图标上出现，连接到输入端的是 0 或者 1（0 表示断开断路器，1 表示闭合断路器）的 Simulink 的控制信号；

2）当 Breaker 模块被设置在内部控制方式时，转换状态在模块的对话框中指定。

（2）当 Breaker 模块闭合时，用导通电阻 Ron 描述，Ron 的值能被设置得很小（典型值是 10mΩ），该值与外部电路相比是可以忽略的。当 Breaker 模块断开时，电阻值为无穷大（inf）。对于直流电路可能不合适，对于直流电路，建议使用理想开关（Ideal Switch block）作为转换元件。如图 5 - 10 所示，Breaker（断路器）模块需要关注以下几个关键性参数：

1）Initial state 初始状态：当初始状态参数被设置为 1 时，断路器闭合。当初始状态参数被设置为 0 时，断路器断开。如果断路器初始状态被设置为 1（闭合），SimPowerSystems 自动地初始化所有线性的电路和 Breaker 模块初始电流，这样仿真在稳定状态中开始；

2）Breaker resistance Ron（ohm）：内部电阻（又称导通电阻）（Ω），在数欧姆与数十欧姆之间取值，断路器电阻 Ron 参数不能设置为 0；

3）Snubber resistance Rs（ohm）：吸收电阻/Ω，在数欧姆与数十欧姆之间取值，把吸收电阻 Rs 参数设置为 inf 时，便消除缓冲回路；

4）Snubber capacitance Cs（F）：吸收电容/F，当它设置为 0 时，不考虑吸收电容，设置为 inf 时获得一个容抗；

5）Switching times（s）：转换时间/s，规定当以内部的控制方式使用 Breaker 模块时，转换时间的矢量。在离散系统中，转换时间必须满足下面的条件式：

$$转换时间 \geqslant 3 倍采样时间 \quad (5-4)$$

如果转换时间的外部控制方式被选择（External control of switching times 转换时间的外部控制），该参数在对话框中不是可以见到的参数。如果选择外部控制方式，为了断路器的转换时间的外部控制，把一 Simulink 输入添加到 Breaker 模块，转换的时间通过一个逻辑信号（0 或者被定义 1）连接到 Simulink 输入端。

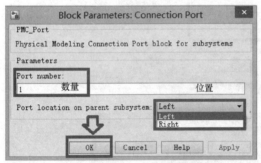

图 5-11　设置 Connection Port 模块的参数对话框

2. Connection Port（接口）模块

Connection Port（接口）模块，为子系统建立接口，关注 Port number（数量）和 Port location on parent subsystem（位置）两个参数，如图 5-11 所示，其接口分为 Left（左边）和 Right（右边）两种形式。

3. Distributed Parameter Line（分布参数线路）模块

Distributed Parameter Line（分布参数线路）模块，规定被用于计算线路模型的电阻 R、电感 L、电容 C 以及矩阵的频率 f。其参数对话框如图 5-12 所示，需要重点关注以下参数：

（1）Number of phases［N］：相数/个数；

（2）Frequency used for RLC specifications（Hz）：RLC 频率/Hz；

（3）Resistance per unit length（ohm/km）：单位长度电阻/（Ω/km）；

（4）Inductance per unit length（H/km）：单位长度电感/（H/km）；

（5）Capacitance per unit length（F/km）：单位长度电容/（F/km）；

（6）Line length（km）：线路长度/（km）。

4. Linear Transformer（线性变压器）模块

如图 5-13 所示，Linear Transformer（线性变压器）模块，它重点关注各侧电阻（R_1 R_2 R_3）和漏电感（L_1 L_2 L_3），还有铁芯的磁化特点，被一个线性（R_m L_m）的分支模拟。Linear Transformer（线性变压器）模块的对话框里面的标幺值，是以变压器本身容量和电压为基准的，Units 单位［选择 p. u.（标幺值）或者 SI（实名单位制）］，规定线性变压器模块的参数单位，包括从 p. u. 到 SI 的参数，或者从 SI 到 p. u. 的参数，自动地改变并在模

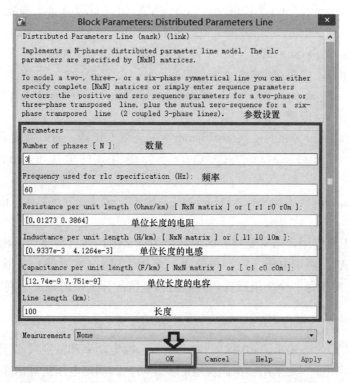

图 5 - 12　设置 Distributed Parameter Line 模块的参数对话框

块的界面中显示出来。

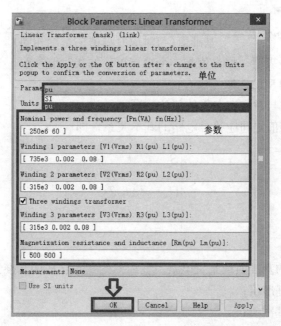

图 5 - 13　设置 Linear Transformer 模块的参数对话框

Linear Transformer（线性变压器）模块，需要重点关注以下参数：

（1）Nominal power and frequency ［Pn（VA fn（Hz））］：额定容量（VA）和频率（Hz）；

（2）Winding 1 parameters ［V1（Vrms）R1（pu）L1（pu）］：绕组 1 的电压（Vrms）、电阻（pu）、电感（pu）；

（3）Winding 2 parameters ［V2（Vrms）R2（pu）L2（pu）］：绕组 2 的电压（Vrms）、电阻（pu）、电感（pu）；

（4）如果选择 Three windings transformer（三绕组变压器）时，就需要设置 Winding 3 parameters ［V3（Vrms）R3（pu）L3（pu）］：绕组 3 的电压（Vrms）、电阻（pu）、电感（pu）；

（5）Magnetization resistance and reactance ［Rm（pu）Lm（pu）］：激磁电阻/pu 和激磁电感/pu。

为便于实际工业应用，通常要将有名值转换为标幺值，而这需要知道相应绕组的额定功率（P_n，单位 VA）、额定电压 ［V_n，单位 V，多用 Vrms（有效值）表征］ 以及额定频率（f_n，单位 Hz）。对于每一个绕组而言，其电阻和电抗的标幺值的定义分别为：

$$R_{(p.u.)}=\frac{R}{R_{(base)}}, \quad L_{(p.u.)}=\frac{L}{L_{(base)}}, \quad R_{(base)}=\frac{(V_n)^2}{P_n}, \quad L_{(base)}=\frac{R_{(base)}}{2\pi f_n} \quad (5-5)$$

式中 V_n、P_n 和 f_n——表示原边绕组的额定电压、额定功率和额定频率。激磁阻抗标幺值是采用一次侧绕组的额定功率和额定电压折算出来的。

举例说明，要确定励磁电流为额定电流的 0.2%，则相应励磁电阻 R_m 和励磁电抗 L_m 的标幺值应为 $1/0.002=500$（p.u.）。为了便于理解，现将标幺值复习一下。

标幺值的基本定义为：

$$标幺值=\frac{有名值（欧、西、千伏、千安、兆伏安）}{基准值（与对应有名值的量纲相同）} \quad (5-6)$$

由表达式（5-6）表明，标幺值是一个没有单位的相对值参数。要获得标幺值，就必须正确选择基准值，其典型的选取方法有：

（1）基准值的单位与对应有名值的单位相同；

（2）各种量的基准值之间应符合电路的基本关系，即

$$\begin{cases} S_B=\sqrt{3}U_B I_B \\ U_B=\sqrt{3}I_B Z_B \\ Z_B=\dfrac{1}{Y_B} \end{cases} \quad (5-7)$$

式中 S_B——总功率的基准值或某发电机、变压器的额定功率的基准值；

U_B——电压的基准值；

I_B——电流的基准值；

Z_B——阻抗的基准值。五个量中任选两个，其余三个为派生量，一般取 S_B 或者 U_B 作为基准值。

（3）重要标幺值的表达式为：

$$\begin{cases} R^* = \dfrac{R}{Z_B} \\[2mm] X^* = \dfrac{X}{Z_B} \\[2mm] P^* = \dfrac{P}{S_B} \\[2mm] Q^* = \dfrac{Q}{S_B} \\[2mm] S^* = \dfrac{S}{S_B} \end{cases} \qquad (5-8)$$

（4）三相电路中基准值的选取和约束条件：

$$\begin{cases} U = \sqrt{3}ZI \\[2mm] S = \sqrt{3}UI \end{cases} \qquad (5-9)$$

（5）能够选取的基准值，必须满足：

$$\begin{cases} U_B = \sqrt{3}Z_B I_B \\[2mm] S_B = \sqrt{3}U_B I_B \end{cases} \qquad (5-10)$$

（6）通常取 U_B、S_B 为的基准值，那么

$$\begin{cases} I_B = \dfrac{S_B}{\sqrt{3}U_B} \\[3mm] Z_B = \dfrac{U_B}{\sqrt{3}I_B} = \dfrac{U_B^2}{S_B} \end{cases} \qquad (5-11)$$

（7）三相与单相的标幺值可以表示为：

$$\begin{cases} U^* = I^* Z^* \text{——线电压和相电压标幺值相同} \\[2mm] S^* = U^* I^* \text{——三相功率和单相功率标幺值相同} \end{cases} \qquad (5-12)$$

5. Parallel RLC Branch（并联 RLC 分支）模块

如图 5-14 所示，Parallel RLC Branch（并联 RLC 分支）模块，表示一个单一的电阻、电感、电容或者并联组合，只有即将应用的元件，才会在它的模块图标中显示出来。需要关注以下参数：

（1）Branch type：分支类型，它有 R、L、C、RC、RL、LC、RLC、open Circuit 共 8 种选择；

（2）可以选择电感的初始电流（Set the initial inductor current）和电容的初始电压（Set the initial capacitor voltage）；

（3）其余的参数，按照设计要求直接填写就可以了，如：

1）Resistance R（ohms）：电阻（Ω）；

2）Inductance L（H）：电感（H）；

3）Capacitance C（F）：电容（F）。

6. Parallel RLC Load（并联 RLC 负载）模块

如图 5-15 所示，Parallel RLC Load（并联 RLC 负载）模块，需要关注以下参数：

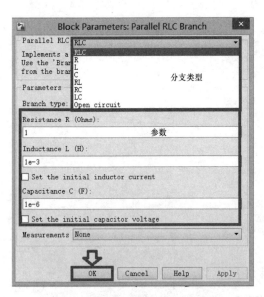

图 5-14 设置 Parallel RLC Branch
模块的参数对话框

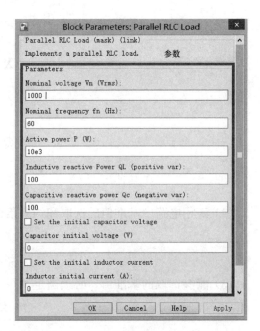

图 5-15 设置 Parallel RLC Load
模块的参数对话框

（1）Nominal voltage Vn（Vrms）：额定电压（Vrms）；

（2）Nominal frequency fn（Hz）：额定频率（Hz）；

（3）Active power P（W）：有功功率（W）；

（4）Inductive reactive power QL（Positive var）：感性无功功率（var）；

（5）Capacitive reactive power QC（Negative var）：容性无功功率（var）；

（6）Set the initial capacitor voltage：设置电容初始电压；

Capacitor initial voltage（V）：电容初始电压值（V）；

（7）Set the initial inductor current：设置电感初始电流。

Inductor initial current（A）：电感初始电流值（A）。

7. PI Section Line（π型线路）模块

如图 5-16 所示，PI Section Line（π型线路）模块，它需要关注以下参数：

（1）Frequency used for rlc specifications（Hz）：用于 RLC 的频率（Hz）；

（2）Resistance per unit length（ohms/km）：

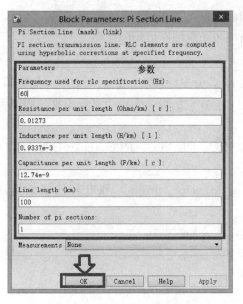

图 5-16 设置 PI Section Line
模块的参数对话框

单位长度电阻（Ω/km）；

（3）Inductance per unit length（H/km）：单位长度电感（H/km）；

（4）Capacitance per unit length（F/km）：单位长度电容（F/km）；

（5）Line length（km）：π 型线路的总长度（km）；

（6）Number of pi sections：π 型线路的总段数。

8. Saturable Transformer（可饱和变压器）模块

如图 5 - 17 所示，Saturable Transformer（可饱和变压器）模块的参数包括 Configuration（结构）参数，如图 5 - 17（a）所示，Parameter（电磁）参数，如图 5 - 17（b）所示。需要考虑线圈的电阻（$R_1 R_2 R_3$）和漏感（$L_1 L_2 L_3$），还有铁芯的磁化的特点，这被模拟铁芯的有功损失和一可饱和的电感 Lsat 的电阻 Rm 模拟，Units 单位，可以选择 pu 和 SI。该模块需要关注以下参数：

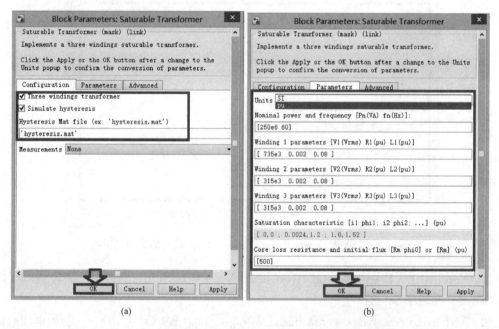

图 5 - 17　设置 Saturable Transformer 模块的参数对话框

（a）Configuration（结构）参数；（b）Parameter（电磁）参数

（1）Nominal power and frequency［Pn（VA fn（Hz））］：额定容量（VA）和频率（Hz）；

（2）Winding 1 parameters［V1（Vrms）R1（pu）L1（pu）］：绕组 1 的电压（Vrms）、电阻（pu）、电感（pu）；

（3）Winding 2 parameters［V2（Vrms）R2（pu）L2（pu）］：绕组 2 的电压（Vrms）、电阻（pu）、电感（pu）；

（4）Winding 3 parameters［V3（Vrms）R3（pu）L3（pu）］：绕组 3 的电压（Vrms）、电阻（pu）、电感（pu）；

（5）Saturation characteristic（i1 phi1；i2 phi2；…）：饱和特点；

（6）Core loss resistance and initial flux［Rm phi0］or［Rm（pu）］：铁芯损耗电阻和

初始电流。

9. Three‐Phase Dynamic Load（三相动态负载）模块

如图 5‐18 所示，Three‐Phase Dynamic Load（三相动态负载）模块，可以通过内部时间和外部方式控制有功无功负载，需要关注以下参数：

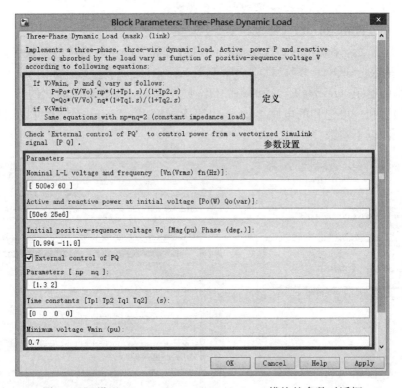

图 5‐18　设置 Three‐Phase Dynamic Load 模块的参数对话框

（1）Nominal L‐L voltage and frequency ［Vn（Vrms）fn（Hz）］：额定线—线电压（Vn/Vrms）和频率 fn（Hz）；

（2）Active and reactive power at initial voltage ［P0（W）Q0（var）］：初始电压时的有功（W）、无功功率（var）；

（3）Initial positive‐sequence voltage Vo ［Mag（pu）phase（deg）］：初始正序电压Vo 的幅值（pu）和相位（°）；

（4）External control of PQ：外部控制 PQ：

1）Parameters ［np nq］：参数；

2）Time constants ［Tp1 Tp2 Tq1 Tq2］（s）：连续时间（s）；

3）Minimum voltage Vmin（pu）：最小电压（pu）。

10. Three‐Phase Fault（三相故障）模块

Three‐Phase Fault（三相故障）模块提供了一个可编程的相间（phase‐to‐phase）和接地（phase‐to‐ground）故障断路器装置，使用了三个独立断路器，用来模拟各种对地或相间故障模型。它的开通和关断时间可以由一个 Simulink 外部信号（外部控制模式）或者内部控制定时器（内部控制模式）来控制。使用该模块时，需要注意的是：

（1）Three‐Phase Fault（三相故障）模块，由输入和输出并排的三个独立 Breaker 模块构成，它们均由同一信号控制。在构建仿真模型时，需要将它与 Breaker 模块的三相元件进行串联；

（2）Three‐Phase Fault（三相故障）模块的封装形式存在两种形式，如图 5‐19 所示：

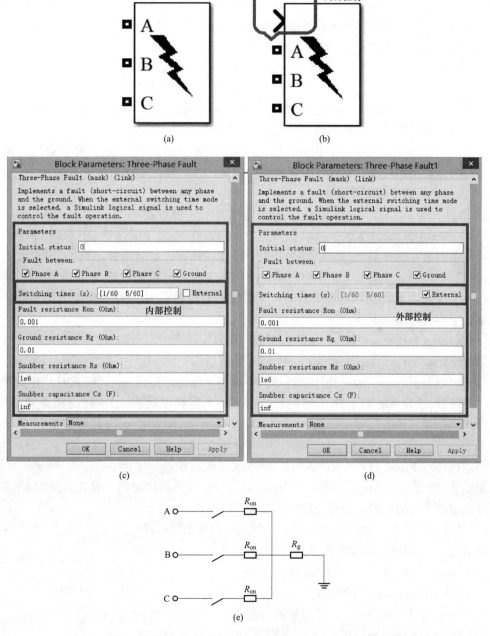

图 5‐19　Three‐Phase Fault 模块的封装、参数对话框与等效模型

（a）内部控制模式的封装；（b）外部控制模式的封装；

（c）内部控制模式的参数对话框；（d）外部控制模式的参数；（e）等效模型

1）当它被设置为内部控制模式（internal control mode）时，需要设置其开关时间参数（switching times），只需要在该模块的参数对话框中进行设置，如图 5-19（c）所示；

2）当它被设置为外部控制模式（external control mode）时，模块图标中就会出现一个控制输入端 com，如图 5-19（d）所示，连接到这个输入端的控制信号必须是 0 或者 1 之类的控制脉冲信号（其中 0 表示断开断路器，1 表示闭合断路器）。

（3）在 Three-Phase Fault（三相故障）模块中，含有一个串联型 Rs、Cs 缓冲电路，它们可以有选择性地与断路器进行连接。当三相 Breaker 模块与感性回路、开路或者电流源相串联使用时，必须要使用 Rs、Cs 缓冲电路。

（4）现将图 5-19 所示的 Three-Phase Fault（三相故障）模块的关键性参数，简述如下：

1）Inital status：用于设置断路器的初始状态，它包括 0（开路）和 1（闭合）两种状态，三个独立断路器的初始状态均为一致状态；

2）Fault between phase A、Phase B、phase C 和 Ground 复选框，用于激活三相断路器，选中的即被激活，否则一直处于其默认的初始状态，从而可以通过 Phase A、B 和 C 和 Ground 选项，来选择故障类型；

3）Fault resistances Ron（ohm）：故障电阻/Ω，不能设置 0；

4）Ground resistance Rg（ohm）：大地电阻/Ω，Three-Phase Fault（三相故障）模块的等效模型如图 5-19（e）所示，如果不设计接地故障，大地电阻 R_g 自动被设置为 $10^6 \Omega$。举例说明如下：当设置一个 A、B 相间短路故障模型时，只需要设置 A 相故障和 B 相故障参数；当设置一个 A 相接地故障模型时，只需要同时设置 A 相故障和接地故障参数，并且要指定一个小的大地电阻值；

5）Snubber resistance Rs（ohm）：吸收电阻/Ω；

6）Snubber capacitance Cs（F）：吸收电容/F；

7）Switching times（s）：当用于选择内部控制（Internal control）模式时，在这里指定开关时间向量（[起始时间　终止时间]），在每一个转换时间内，Breaker 模块跳变一次；当选择外部控制（External control）模式时，在对话框中就看不到其开关时间参数的设置框。

11. Three-Phase Harmonic Filter（三相滤波器）模块

如图 5-20 所示，Three-Phase Harmonic Filter（三相滤波器）模块，使用 RLC 组成的四种类型的三相滤波器。需要关注以下参数：

（1）Type of filter：滤波器的类型，包括以下四种类型，即

1）Single-tuned：单通滤波器；

2）Double-tuned：双调节滤波器；

3）High-pass：高通滤波器；

4）C-type High-pass：C 型号高通滤波器。

（2）Filter connection：滤波器连接方式，包括以下四种方式，即

1）Y（grounded）：中性点接地；

2）Y（floating）：中性点不接地；

3）Y（neutral）：中性点提供接口；

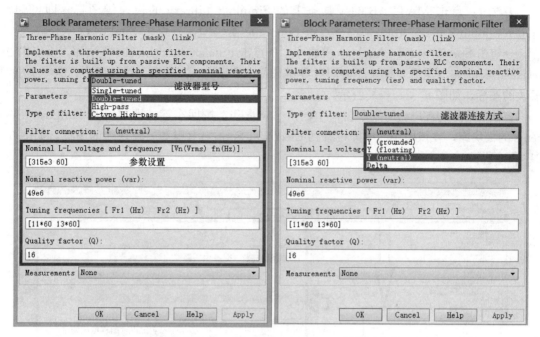

图 5 - 20　设置 Three - Phase Harmonic Filter 模块的参数对话框

4）Delta：三角形接线。

（3）Nominal L - L voltage and frequency ［Vn（Vrms）fn（Hz）］：额定线—线电压 Vn/Vrms 和频率 fn/Hz；

（4）Nominal reactive power（var）：额定无功功率/ var；

（5）Tuning frequencies ［Fr1（Hz）Fr2（Hz）］：调节频率（单通滤波器的调节的频率 Fr1/Hz，或者双调节滤波器频率 Fr2/Hz）；

（6）Quality factor（Q）：品质因素。

5.3　认识 Electrical Sources（电源）模块库

5.3.1　概述

电源是电子电路和由电子电路构成的各种电子设备的"动力"和"核心"，没有它提供能源，电子电路和电子设备就无法正常实现它们各自的功能。而电源的性能将直接影响整个设备的精度、稳定性和可靠性。为此，在构建电路的仿真模型时，需要选择合适类型和性能优良的仿真电源，这已成为仿真过程中的一项重要任务和步骤。

SimPowerSystems 作为 MATLAB 软件中一款电气仿真模块库，它的内核是世界上权威的工程师和科研机构开发的，或者是基于他们的科研成果开发的，因此它在电路分析、电力系统分析、电机分析、电力电子电路分析及大系统分析中都有重要的作用。SimPower-Systems 隶属于 simulink 环境，SimPowerSystems 有着和 simulink 及其他工具箱中的模块类似的界面和模块形式，这无疑方便了我们的学习与使用。

5.3.2　调用方法

在 MATLAB R2015a，电源模块的调用方法如下：

方法 1：点击 MATLAB 的工具条上的 Simulink Library 的快捷键图标，即可弹出 "Open Simulink block library"，→点击 Simscape 模块库，→点击 SimPowersystems 模块库，→点击 Specialized Technology 模块库，→点击 Fundamental Blocks 模块库，→点击 Electrical Sources（电源）模块库，即可看到 Electrial Soures（电源）模块库中，有 7 类电源模块的图标，如图 5 - 21（a）所示。

方法 2：在 MATLAB 命令窗口中输入 powerlib，按回车键，即可打开 SimPowerSystems 的模块库，在该模块库中即可看到 Electrical Sources（电源）模块库的图标，如图 5 - 21（b）所示。

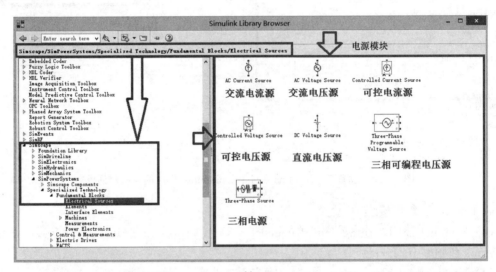

(a)

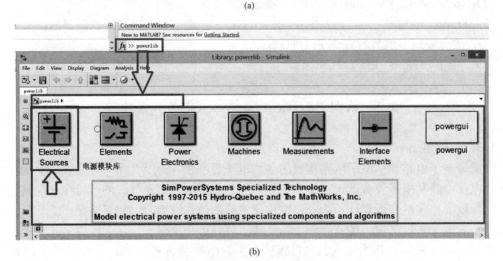

(b)

图 5 - 21　调用 Electrical Sources（电源）模块库的方法
(a) 调用方法之一；(b) 调用方法之二

Electrical Sources（电源）模块库中的各个模块如表 5 - 2 所示。

表 5 - 2　　　　　　　　　　　　　　Electrical Sources（电源）模块库汇集

序号	名称		图例
1	AC Current Source	交流电流源	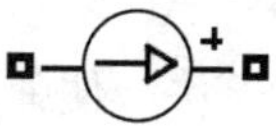
2	AC Voltage Source	交流电压源	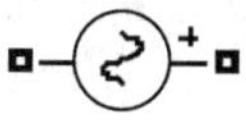
3	Controlled Current Source	可控电流源	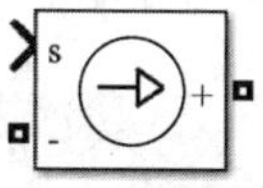
4	Controlled Voltage Source	可控电压源	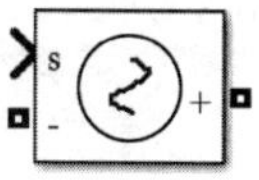
5	DC Voltage Source	直流电压源	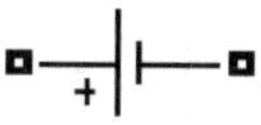
6	Three - Phase Programmable Voltage Source	三相可编程电压源	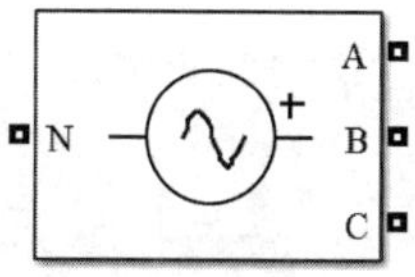
7	Three - Phase Source	三相电源	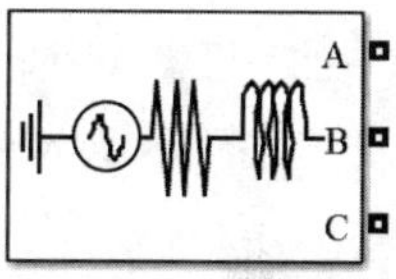

5.3.3　电源模块学习

本节主要介绍 Electrical Sources（电源）模块库。

1. AC Current Source（交流电流源）模块

AC Current Source（交流电流源）模块，经常用在电路的仿真模型中，它的表达式为

$$i = I_\mathrm{m}\sin(2\pi ft + \varphi) \tag{5-13}$$

式中　I_m——AC Current Source（交流电流源）模块的峰值；

　　　φ——AC Current Source（交流电流源）模块的相位；

　　　f——AC Current Source（交流电流源）模块的频率。

双击该模块，便弹出它的参数对话框，如图 5 - 22 所示，需要重点关注以下参数：

（1）Peak amplitude（A）：幅值/A；

（2）Phase（deg）：相位/°；

（3）Frequency（Hz）：频率/Hz。

2. AC Voltage Source（交流电压源）模块

AC Voltage Source（交流电压源）模块，经常用在电路的仿真模型中，它的表达式为

$$u = U_\mathrm{m}\sin(2\pi ft + \varphi) \tag{5-14}$$

式中　U_m——AC Voltage Source（交流电压源）模块的峰值；

　　　　φ——AC Voltage Source（交流电压源）模块的相位；

　　　　f——AC Voltage Source（交流电压源）模块的频率。

双击该模块，便弹出它的参数对话框，如图5-23所示，需要重点关注以下参数：

（1）Peak amplitude（V）：幅值/V；

（2）Phase（deg）：相位/°；

（3）Frequency（Hz）：频率/Hz。

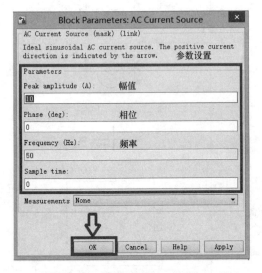

图5-22　设置 AC Current Source
模块的参数对话框

图5-23　设置 AC Voltage Source
模块的参数对话框

3. Controlled Current Source（可控电流源）模块

在 MATLAB 软件中，Controlled Current Source（可控电流源）模块含有两种电源：

（1）DC（可控直流电流源），其参数对话框如图5-24（a）所示，它要求输入一个特性参数，即 Initial amplitude（V）（初始化幅值/V）；

（2）AC（可控交流电流源），其参数对话框如图5-24（b）所示，它要求输入三个初始化特性参数，即：

1）Initial amplitude（V）：初始化幅值/V；

2）Initial phase（deg）：初始化相位/°；

3）Initial frequency（Hz）：初始化频率/Hz。

4. Controlled Voltage Source（可控电压源）模块

如图5-25所示，Controlled Voltage Source（可控电压源）模块含有两种电源：

（1）DC（可控直流电压源），其参数对话框如图5-25（a）所示，它要求输入一个特性参数即 Initial amplitude（V）（初始化幅值/V）；

（2）AC（可控交流电压源），其参数对话框如图5-25（b）所示，它要求输入三个初始化特性参数，即

1）Initial amplitude（V）：初始化幅值/V；

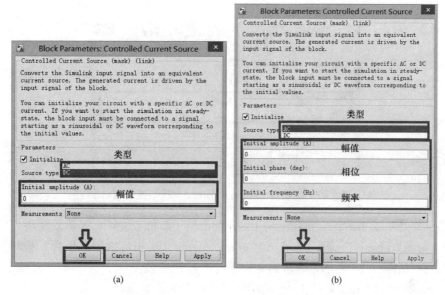

图 5 - 24　设置 Controlled Current Source 模块的参数对话框
（a）直流可控电流源；（b）交流可控电流源

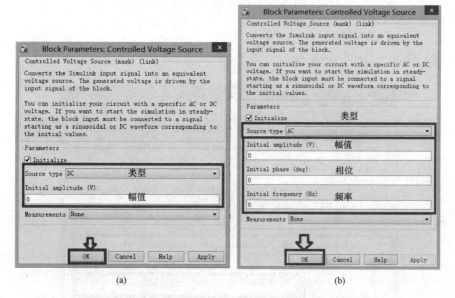

图 5 - 25　设置 Controlled Voltage Source 模块的参数对话框
（a）直流可控电压源；（b）交流可控电压源

2）Initial phase（deg）：初始化相位/°；

3）Initial frequency（Hz）：初始化频率/Hz。

5. DC Voltage Source（直流电压源）模块

DC Voltage Source（直流电压源）模块，是理想直流电压源，经常用在电路仿真模型中，双击该模块，便弹出它的参数对话框，如图 5 - 26 所示，Amplitude（V）输入栏表示它的幅值/V。

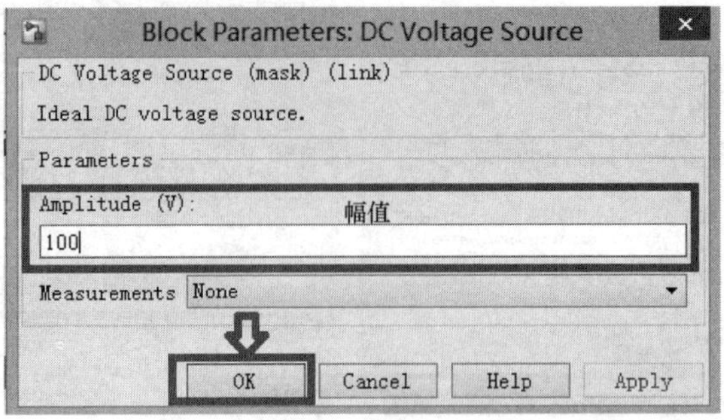

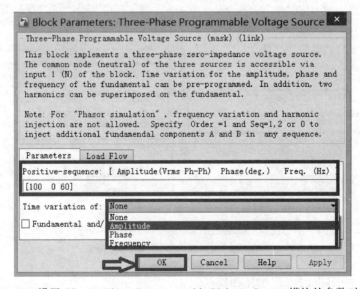

图 5 - 26   设置 DC Voltage Source 模块的参数对话框

6. Three - Phase Programmable Voltage Source（三相可编程电压源）模块

对于 Three - Phase Programmable Voltage Source（三相可编程电压源）模块来讲，它的参数对话框如图 5 - 27 所示，要求输入以下几个特性参数：

（1）Amplitude（Vrms Ph - Ph）：幅值/相—相有效值电压/V；

（2）Phase（deg）：相角/°；

（3）Frequency（Hz）：频率/Hz；

（4）Time variation of（随时间变化的参变量），它包括三种方式：

1）Amplitude（幅控）；

2）Phase（相控）；

3）Frequency（频控）。

图 5 - 27   设置 Three - Phase Programmable Voltage Source 模块的参数对话框

7. Three - Phase Source（三相电源）模块

Three - Phase Source（三相电源）模块，如图 5 - 28 所示，要求输入以下几个特性参数：

（1）Phase‐to‐phase rms voltage（V）：相—相有效值电压/V；

（2）Phase angle of phase A（deg）：A 相相角/°；

（3）Frequency（Hz）：频率/Hz；

（4）Internal connection：内部联接方式，它包括三种方式：Y、Yg 和 Yn 型。

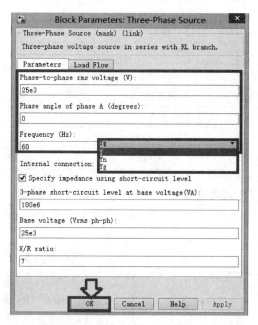

图 5‐28　设置 Three‐Phase Source 模块的参数对话框

5.4　典型示例分析

5.4.1　仿真的单位问题

全书涉及到的仿真示例的单位如表 5‐3 所示。

表 5‐3　　　　　　　　　　　　　　　仿真示例的单位汇聚

物理量	单位	符号
时间	秒	s
长度	米	m
速度	米每秒	m/s
质量	千克	kg
能量	焦耳	J
电流	安培	A
电压	伏特	V
有功功率	瓦特	W
视在功率	伏安	V·A
无功功率	乏	var

续表

物理量	单位	符号
阻抗	欧姆	Ω
电阻	欧姆	Ω
电感	亨利	H
电容	法拉	F
磁通量	韦伯	Wb
转速	弧度每秒	rad/s
	转每分	r/min
力矩	牛米	N·m
转动惯量	千克平方米	kg·m²
摩擦系数	牛米秒	N·m·s

5.4.2 电气元件模块调用方法示例分析

本节以全波整流电路为例，介绍如何调用 MATLAB 中 simulink 里面的基本电气元件模块。

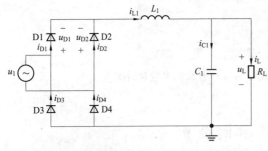

图 5-29 LC 整流滤波电路原理示意图

【**举例 1**】 图 5-29 表示利用 LC 滤波的全波整流电路的原理示意图，图中滤波器 L_1 和 C_1 的参数分别为 $L_1 = 10\text{mH}$，$C_1 = 4700\mu\text{F}$，负载为电阻负载且 $R_L = 1\Omega$。设输入正弦电压为 $u_1 = 220\sin wt$，其幅值为 220V，频率为 50Hz。

需要观察：
(1) 流过负载的电流波形；
(2) 滤波输出电压的波形；
(3) 流过整流二极管 1 和 2 的电流波形；
(4) 流过滤波电感和电容的电流波形；
(5) 加在整流二极管 1 和 2 两端的电压波形。

分析：

(1) 利用 MATLAB 软件 simulink 建立的 LC 滤波的全波整流电路的仿真模型，如图 5-30 所示，并将它命名为"exm_1.slx"；

(2) 在本例中，我们选用 Series RLC Branch（串联 RLC 支路）模块，它提供了一个由电阻、电感、电容串联连接构成的功能模块，它的参数可根据其参数对话框灵活设置，当然，如果设计时需要一个纯电阻，那么需要把感性参数设为 0、容性参数设为 inf；同理，如果需要一个感性阻抗元件，就需要把电阻参数设为 0、容性参数设为 inf，以此类推。

基于图 5-29 所示电路来建立仿真模型的重要操作方法与基本步骤如下：

1. 放置交流电源

(1) 调用 AC Voltage Source（交流电源）模块。如图 5-31 所示，→点击 Simscape 模

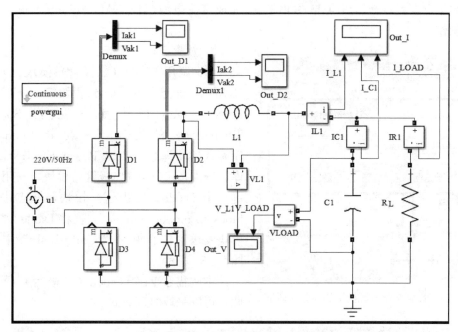

图 5 - 30　基于 simulink 建立的 LC 滤波的全波整流电路的仿真模型

块库，→点击 SimPowersystems 模块库，→点击 Specialized Technology 模块库，→点击
Fundamental Blocks 模块库，→点击 Electrical Sources（电源）模块库，→AC Voltage
Source（交流电源）模块，→用鼠标右键点击 AC Voltage Source（交流电源）模块，→点
击 "Add block to model exm＿1"，便将 AC Voltage Source（交流电源）模块发送到仿真模
型 "exm＿1. slx" 中去。

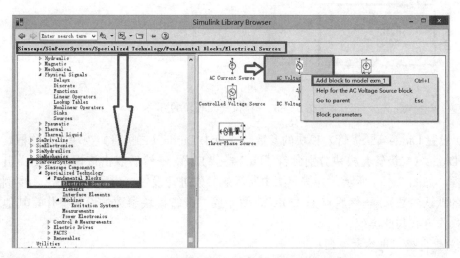

图 5 - 31　调用 AC Voltage Source 模块的方法

　　（2）设置 AC Voltage Source（交流电源）模块的参数。→点击 AC Voltage Source（交
流电源）模块的名称，将它命名为 "u1"，→然后双击该模块，便弹出它的参数对话框，如
图 5 - 32 所示，模块中已经给出了该模块的每个电气参数的国际单位制，并按照图 5 - 32 所

示的参数进行设置，→然后点击"OK"，便完成交流电源模块"AC Voltage Source"的参数设置操作。

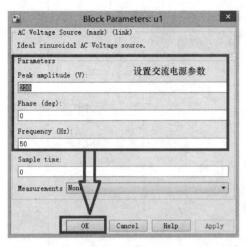

图 5-32　设置交流电源模块的参数对话框

2. 放置整流二极管

（1）调用 Diode（二极管）模块。如图 5-33 所示，→点击 Simscape 模块库，→点击 SimPowersystems 模块库，→点击 Specialized Technology 模块库，→点击 Fundamental Blocks 模块库，→点击 Power Electronics 模块库，→点击 Diode（二极管）模块，→用鼠标右键点击 Diode（二极管）模块，→点击"Add block to model exm_1"，便将 Diode（二极管）模块发送到仿真模型"exm_1.slx"中去，如图 5-33 所示。

本例需要四个 Diode（二极管）模块，因此，可以采取复制方式。

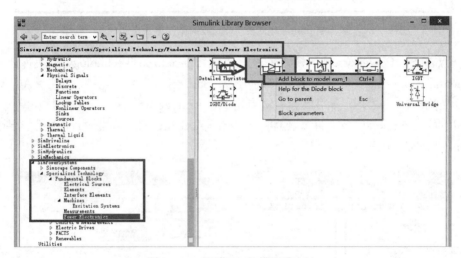

图 5-33　调用 Diode 模块的方法

（2）设置 Diode（二极管）模块的参数。→点击 Diode（二极管）模块的名称框，→依序将四个 Diode（二极管）模块分别命名"D1"～"D4"，→然后双击该模块，便弹出它的参数对话框，如图 5-34 所示，并按照图中所示的参数进行设置（为了简化起见，本例特采用二极管的默认参数），→然后点击"OK"，便完成二极管模块参数的设置操作，其他三个二极管的操作方式与此类似。

3. 放置电感、电容和电阻

（1）调用 series RLC Branch（串联 RLC 分支）模块。如图 5-35 所示，→点击 Simscape 模块库，→点击 SimPowersystems 模块库，→点击 Specialized Technology 模块库，→点击 Fundamental Blocks 模块库，→点击 Elements 模块库，→点击 series RLC Branch（串联 RLC 分支）模块，→用鼠标右键点击 series RLC Branch（串联 RLC 分支）模块，→

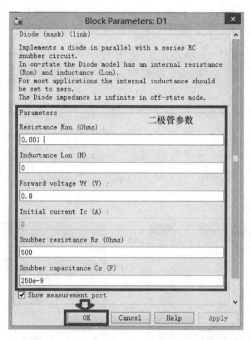

图 5 - 34　设置 Diode 模块的参数对话框

点击"Add block to model exm _ 1",便将 series RLC Branch(串联 RLC 分支)模块发送到仿真模型"exm _ 1. slx"中去,如图 5 - 35 所示。

本例需要三个 series RLC Branch(串联 RLC 分支)模块,因此,可以采取复制方式。

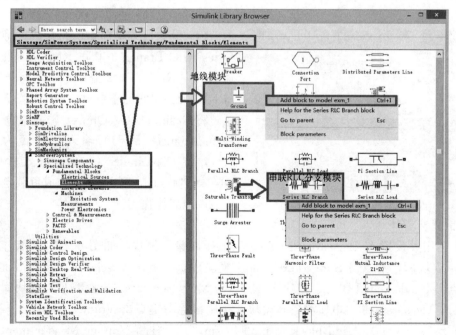

图 5 - 35　调用 series RLC Branch 模块和 Ground 模块的方法

（2）设置滤波电感 L1 的参数。将第一个 series RLC Branch（串联 RLC 分支）模块，命名为"L1"，→双击串联 RLC 分支模块"L1"，便弹出它的参数对话框，如图 5-36 所示，将 Resitance R（Ohms）输入栏设置为 0，将 Inductance L（H）输入栏设置为 10e-3（即 10mH），将 Capacitance C（F）输入栏设置为 inf，→然后点击"OK"，便完成滤波电抗器模块参数的设置操作。

（3）设置滤波电容 C1 的参数。将第二个 series RLC Branch（串联 RLC 分支）模块，命名为"C1"，→双击串联 RLC 分支模块"C1"，便弹出它的参数对话框，如图 5-37 所示，将 Resitance R（Ohms）输入栏设置为 0，将 Inductance L（H）输入栏设置为 0，将 Capacitance C（F）输入栏设置为 4700e-6（即 4700μF），然后点击"OK"，便完成滤波电容模块参数的设置操作。

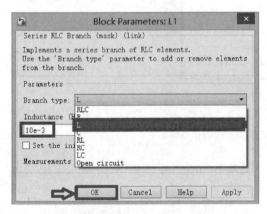

图 5-36　设置滤波电感 L1 的参数

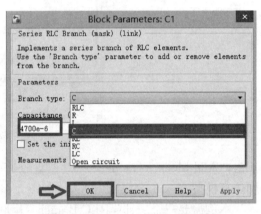

图 5-37　设置滤波电容 C1 的参数

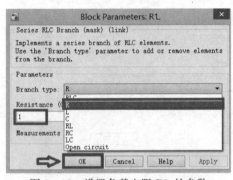

图 5-38　设置负载电阻 RL 的参数

（4）设置负载电阻 RL 的参数。将第三个 series RLC Branch（串联 RLC 分支）模块，命名为"RL"，→双击串联 RLC 分支模块"RL"，便弹出它的参数对话框，如图 5-38 所示，将 Resitance R（Ohms）输入栏设置为 1，将 Inductance L（H）输入栏设置为 0（即 0H），将 Capacitance C（F）输入栏设置为 inf，→然后点击"OK"，便完成负载电阻模块参数的设置操作。

4. 放置测量模块

（1）调用并设置 Voltage Measurement（电压测量）模块。如图 5-39 所示，→点击 Simscape 模块库，→点击 SimPowersystems 模块库，→点击 Specialized Technology 模块库，→点击 Fundamental Blocks 模块库，→点击 Measurements（电路测量）模块库，→点击 Voltage Measurement（电压测量）模块，→用鼠标右键点击 Voltage Measurement（电压测量）模块，→点击"Add block to model exm_1"，便将 Voltage Measurement（电压测量）模块发送到仿真模型"exm_1.slx"中去。

本例需要两个 Voltage Measurement（电压测量）模块，分别用于测量滤波电感和滤波

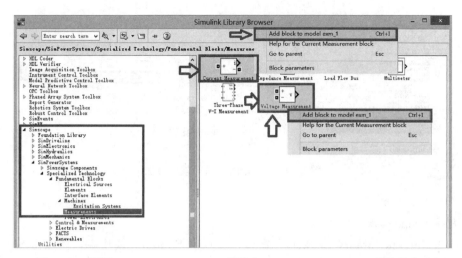

图 5 - 39　调用 Voltage Measurement 模块和 Current Measurement 模块的方法

电容的端电压，因此，可以采取复制方式来操作。

将第一个 Voltage Measurement（电压测量）模块命名为"VL1"，将第二个 Voltage Measurement（电压测量）模块命名为"VLOAD"，其他参数不用修改。

（2）调用并设置 Current Measurement（电流测量）模块。如图 5 - 39 所示，→点击 Simscape 模块库，→点击 SimPowersystems 模块库，→点击 Specialized Technology 模块库，→点击 Fundamental Blocks 模块库，→点击 Measurements（电路测量）模块库，→点击 Current Measurement（电流测量）模块，→用鼠标右键点击 Current Measurement（电流测量）模块，→点击"Add block to model exm＿1"，便将 Current Measurement（电流测量）模块发送到仿真模型"exm＿1. slx"中去。

本例需要三个 Current Measurement（电流测量）模块，分别用于测量流过滤波电感的电流、流过滤波电容的电流和流过负载电阻的电流，因此，可以采取复制方式来操作。

将第一个 Current Measurement（电流测量）模块命名为"IL1"，将第二个 Current Measurement（电流测量）模块命名为"IC1"，将第三个 Current Measurement（电流测量）模块命名为"IR1"，其他参数不用修改。

5. 放置 Demux 模块

（1）Demux 模块的作用。由于我们需要得到流过整流二极管的电流信号和加在它上面的端电压，所以需要两种输出信号，在 MATLAB 中，由 Demux 模块完成，它可以从一个信号中分解、提取并输出矢量信号，连接方法如图 5 - 30 所示，将二极管的测量端 M 流出的信号传送到 Demux 模块的输入端，再由 Demux 模块的两个输出端给出信号，其中一个输出端表示流过二极管的电流信号，另一个输出端表示二极管的端电压信号。

（2）调用 Demux 模块。如图 5 - 40 所示，→打开"Simulink Library Browser"窗口，→点击模块库"Simulink"→点击"Signal Routing"模块库→用鼠标右键点击 Demux 模块，→点击"Add block to model exm＿1"，将 Demux 模块发送到仿真模型"exm＿1. slx"中。

本例需要两个 Demux 模块，分别用于测量二极管 D1 和 D2 的端电压和流过它们的电流，因此，可以采取复制方式，并将它们的 Number of outputs 栏中设置为 2，点击"OK"

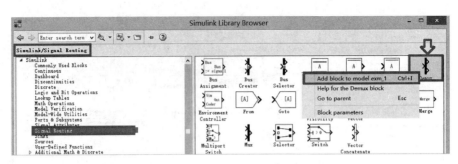

图 5 - 40　调用 Demux 模块的方法

即可。

6. 放置 Scope 模块

打开"Simulink Library Browser"窗口，→点击 Simulink 模块库，→点击 Sinks 模块库，→用鼠标右键点击 Scope 模块，→点击"Add block to model exm_1"，将 Scope 模块发送到仿真模型"exm_1. slx"中。

本例需要四个 Scope 模块，分别用于测量二极管 D1 和 D2 的端电压和流过它们的电流、测量滤波电感 L1 的端电压和流过它的电流、测量滤波电容 C1 的端电压和流过它的电流以及测量流过负载电阻 RL 的电流，因此，需要两轴 Scope 模块三个、三轴 Scope 模块一个，并将它们分别命名为：Out_D1、Out_D2、Out_I 和 Out_V。

7. 放置 Powergui 模块

（1）调用 Powergui 模块。方法 1：如图 5 - 41（a）所示，→点击 Simscape 模块库，→点击 SimPowersystems 模块库，→点击 Specialized Technology 模块库，→点击 Fundamental Blocks 模块库，→点击 Powergui 模块，→用鼠标右键点击 Powergui 模块，→点击"Add block to model exm_1"，便将 Powergui 模块发送到仿真模型"exm_1. slx"中去。

方法 2：在 MATLAB 命令窗口中，→输入 powerlib，→按回车键，即可打开 SimPowerSystems 模块库了，如图 5 - 41（b）所示，在该模块库中即可看到 Powergui 模块的图标，→用鼠标右击点击 Powergui 模块的图标，便可以将它添加到本仿真模型中。

（2）设置 Powergui 模块的参数。如图 5 - 42 所示，将 Powergui 模块设置为 Continuous（连续）模式，→点击"OK"即可。

8. 放置 Ground（地线）模块

在电路的仿真模型中，没有地线，计算机在作仿真计算时，便没有"零电位"的参考点，一般无法进行仿真计算，所以，必须放置 Ground（地线）模块，其放置方法为：

如图 5 - 35 所示，→点击 Simscape 模块库，→点击 SimPowersystems 模块库，→点击 Specialized Technology 模块库，→点击 Fundamental Blocks 模块库，→点击 Elements 模块库，→点击 Ground（地线）模块，→用鼠标右键点击 Ground（地线）模块，→点击"Add block to model exm_1"，便将点击 Ground（地线）模块发送到仿真模型"exm_1. slx"中去。

9. 设置仿真参数

按照图 5 - 30 所示的仿真模型进行连线，→点击"exm_1. slx"窗口，→点击"Simulation"按钮，→点击"Simulation Parameters"，弹出一个仿真参数对话框，将仿真参数的

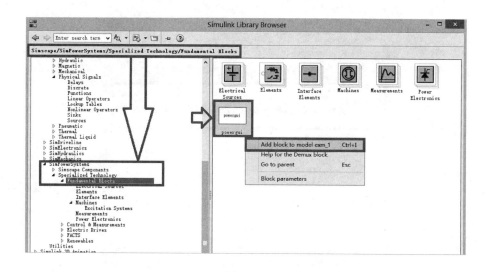

(a)

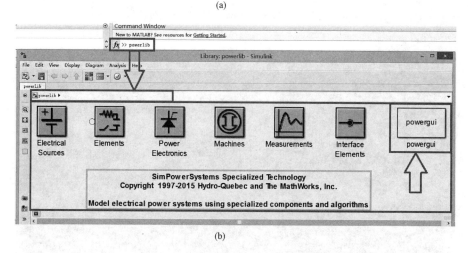

(b)

图 5 - 41　调用 Powergui 模块的方法

(a) 调用 Powergui 模块的方法之一；(b) 调用 Powergui 模块的方法之二

Start time 设置为 0，Stop time 设置为 0.1，其他为默认参数，→点击"OK"，便完成仿真参数的设置操作。

10. 获取仿真结果

（1）流过电感 L1、电容 C1 和负载电阻 RL 的电流波形。流过电感 L1 的电流波形 I_L1、流过电容 C1 的电流波形 I_C1 和流过负载电阻 RL 的电流波形 I_LOAD，如图 5 - 43 所示。

（2）电感 L1 和负载电阻 RL 的端电压波形。加载在电感 L1 的端电压波形 V_L1、加载在负载电阻 RL 的端电压波形 V_LOAD，如图 5 - 44 所示。

（3）整流二极管 D1 的电流和电压波形。流过整流二极管 D1 的电流波形 Iak1、加载在和流过整流二极管 D1 的端电压波形 Vak1，如图 5 - 45 所示。

（4）整流二极管 D2 的电流和电压波形流过整流二极管 D2 的电流波形 Iak2、加载在和

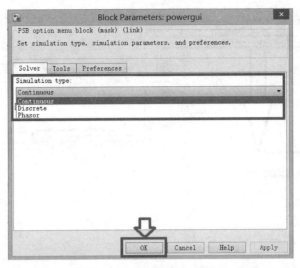

图 5 - 42　设置 Powergui 模块的参数对话框

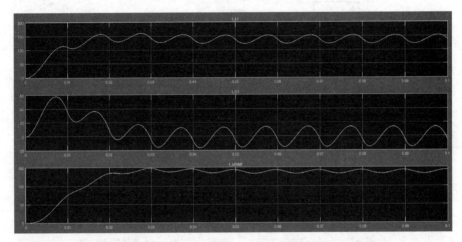

图 5 - 43　流过电感 L1、电容 C1 和负载电阻 RL 的电流波形

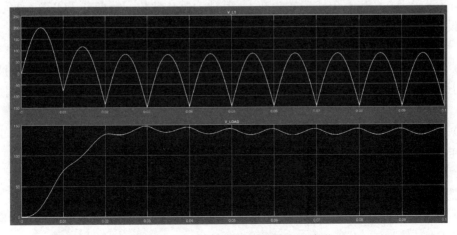

图 5 - 44　电感和负载电阻的端电压波形

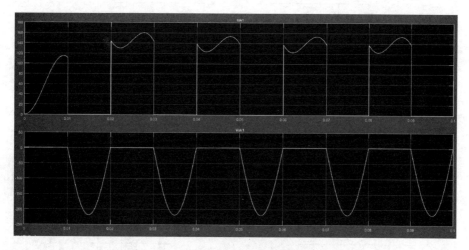

图 5-45　整流二极管 D1 的电流和电压波形

流过整流二极管 D2 的端电压波形 Vak2，如图 5-46 所示。

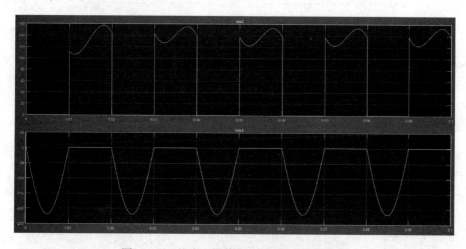

图 5-46　整流二极管 D2 的电流和电压波形

5.4.3　学习 Universal Bridge（通用桥）模块

1. 典型拓扑结构

　　需要指出的是，为了能够较快的掌握 MATLAB 软件在典型电路仿真设计中的应用方法，本书特以四个二极管搭建整流桥加以介绍和分析，事实上，在 MATLAB 中，已经设计了单相和三相整流桥模块，且在 MATLAB 中，它们有一个专门的名字叫 Universal Bridge（通用桥）模块，如图 5-47 所示，它可以分为以下几种典型拓扑结构：①由二极管构成的整流桥/逆变桥，如图 5-47（a）所示；②可控硅整流桥（Thyristor）/逆变桥，如图 5-47（b）所示；③GTO-Diode 式整流桥/逆变桥，如图 5-47（c）所示；④MOSFET-Diode 式整流桥/逆变桥，如图 5-47（d）所示；⑤是 IGBT-Diode 式整流桥/逆变桥，如图 5-47（e）所示；⑥是理想开关器件（Ideal switch）式整流桥/逆变桥，如图 5-47（f）所示。

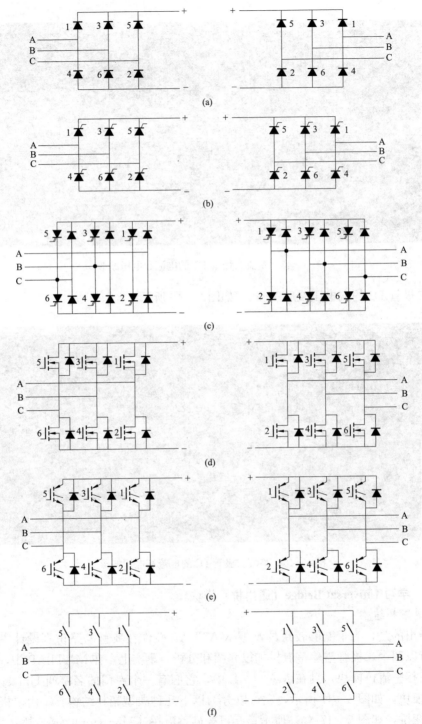

图 5 - 47　在 MATLAB 中 Universal Bridge 的几种拓扑结构

（a）二极管（Diode）构成的整流桥/逆变桥；（b）可控硅整流桥（Thyristor）/逆变桥；

（c）GTO - Diode 式整流桥/逆变桥；（d）MOSFET - Diode 式整流桥/逆变桥；

（e）IGBT - Diode 式整流桥/逆变桥；（f）理想开关器件（Ideal switch）式整流桥/逆变桥

当 A、B 和 C 三个引脚分别表示输入脚时，上述六种整流桥/逆变桥电路拓扑结构的封装结构分别如图 5-48 所示，即为整流桥拓扑；反之，当 A、B 和 C 三个引脚分别表示输出脚时，上述六种整流桥/逆变桥电路拓扑结构的封装结构，如图 5-49 所示，即为逆变桥拓扑。

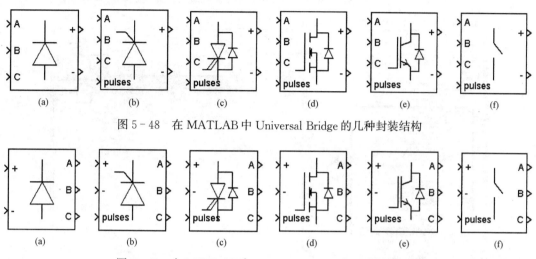

图 5-48　在 MATLAB 中 Universal Bridge 的几种封装结构

图 5-49　在 MATLAB 中 Universal Bridge 的几种封装结构

上面分析的是三相整流桥/逆变桥电路的拓扑结构，单相整流器的拓扑结构及其封装形式类似于三相整流器的拓扑结构。

2. 应用示例分析

【举例 2】 为加深理解，现将图 5-30 所示的仿真模型进行如下修改：①将四个整流二极管用 Universal Bridge（通用桥）模块代替；②设置成单相桥模块。

将修改后的模型另存为 exm_2.slx，如图 5-50（b）所示。

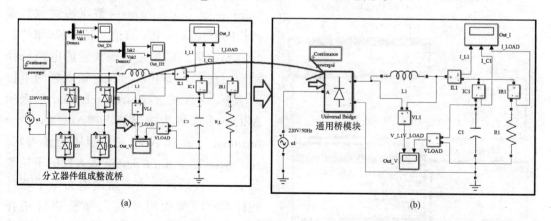

图 5-50　基于 Universal Bridge（通用桥）模块的仿真电路模型
（a）简化前；（b）简化后

（1）放置 Universal Bridge（通用桥）模块。如图 5-51 所示，→点击 Simscape 模块库，→点击 SimPowersystems 模块库，→点击 Specialized Technology 模块库，→点击 Fundamental

Blocks 模块库，→点击 Power Electronics 模块库，→点击 Universal Bridge（通用桥）模块，→用鼠标右键点击 Universal Bridge（通用桥）模块，→点击 "Add block to model exm_2"，便将 Universal Bridge（通用桥）模块发送到仿真模型 "exm_2. slx" 中去。

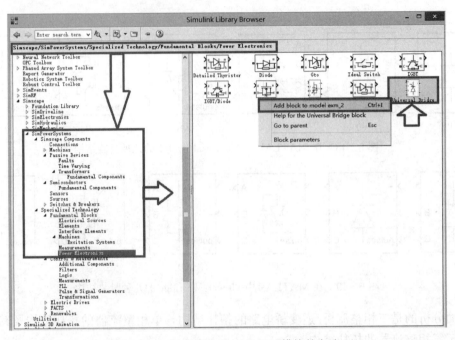

图 5-51　调用 Universal Bridge 模块的方法

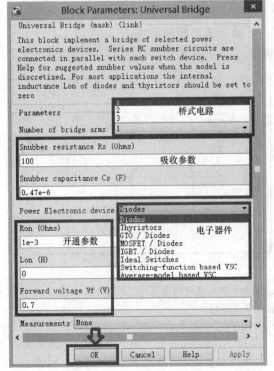

图 5-52　设置 Universal Bridge 模块的参数对话框

（2）设置 Universal Bridge（通用桥）模块参数。Universal Bridge（通用桥）模块的参数对话框，如图 5-52 所示，在 Number of bridge arms（整流桥臂数）输入栏的下拉菜单中，数值 "1" "2" 和 "3" 分别表示单、双和三相桥臂整流电路拓扑结构；在 Port configuration 输入栏的下拉菜单中，"ABC as output terminals" 表示 ABC 三个引脚为输出端，"ABC as input terminals" 表示 ABC 三个引脚为输入端；在 Power Electronic device 输入栏的下拉菜单中，它表示组成整流桥的电力电子器件的种类，即前面讲述的六种整流桥拓扑结构。

本例将 Universal Bridge（通用桥）模块的吸收参数分别设置为：电阻 100Ω、电容 $0.47\mu F$，其他为默认参数。

本例将 Powergui 模块设置为 Continuous（连续）模式。

3. 仿真结果分析

由于可以调用 Universal Bridge（通用桥）模块，便将图 5 - 30 所示的整流滤波电路仿真模型，简化为图 5 - 50（b）所示的仿真模型，从而大大简化了仿真模型。然后按照前面讲述的方法设置仿真参数，再进行仿真分析，可以得到加载在电感 L1 的端电压波形 V ＿ L1 和加载在负载电阻 RL 的端电压波形 V ＿ LOAD，如图 5 - 53 所示。

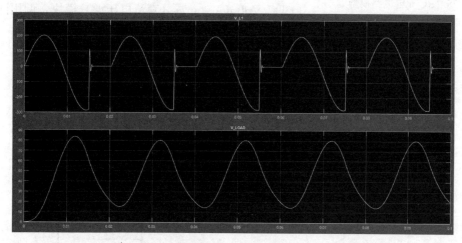

图 5 - 53　电感 L1 的端电压波形和负载电阻 RL 的端电压波形

还可以得到流过电感 L1 的电流波形 I ＿ L1、流过电容 C1 的电流波形 I ＿ C1 和流过负载电阻 RL 的电流波形 I ＿ LOAD，如图 5 - 54 所示。

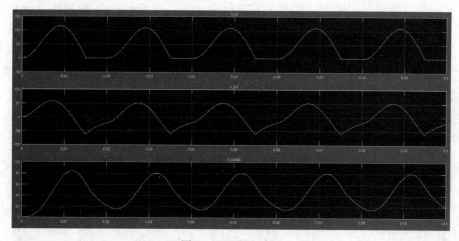

图 5 - 54　电流波形

5.4.4　电源模块应用示例分析

建议通过上机练习来学习这部分内容。

1. 直流电源电路仿真法

【举例 3】　构建图 5 - 55 所示的 RC 电路，根据前面讲述的建模步骤，建立如图 5 - 56 所示的仿真模型，并保存为 exm ＿ 3.slx，其中 DC Voltage Source（直流电压源）模块的取

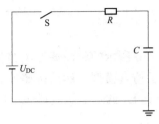

图 5-55　RC 充电电路模型

值为 100V，电阻 $R=10\Omega$，$C=470\mu\mathrm{F}$。

需要观察：

(1) 流过电阻 R 的电流波形；

(2) 电容 C 的端电压波形。

分析：

(1) 该仿真模型需要以下模块：

1) DC Voltage Source（直流电压源）模块：调用同前；

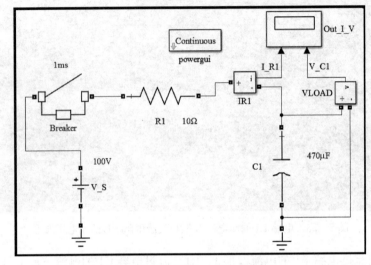

图 5-56　RC 充电电路仿真模型

2) Breaker（断路器）模块：如图 5-57 所示，→点击 Simscape 模块库，→点击 Sim-Powersystems 模块库，→点击 Specialized Technology 模块库，→点击 Fundamental Blocks 模块库，→点击 Elements 模块库，→点击 Breaker（断路器）模块，→用鼠标右键点击 Breaker（断路器）模块，→点击 "Add block to model exm_3"，便将 Breaker（断路器）模块发送到仿真模型 "exm_3.slx" 中去。

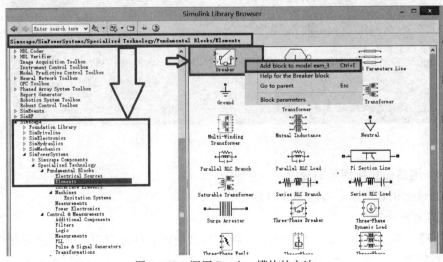

图 5-57　调用 Breaker 模块的方法

3）series RLC Branch（串联 RLC 分支）模块：调用方法同前，命名分别为 R1 和 C1，如图 5 - 56 所示；

4）Current Measurement 和 Voltage Measurement：调用方法同前，命名为 IR1 和 VLOAD，如图 5 - 56 所示；

5）Ground 模块：调用方法同前；

6）Scope 模块：调用方法同前，命名为 OUT _ I _ V；

7）Powergui 模块：调用方法同前。

（2）设置模块参数：

1）DC Voltage Source（直流电压源）模块：将其 Amplitude（幅值）设置为 100；

2）Breaker（断路器）模块：最重要的参数就是 Switching time（开关时间）参数，设置为 1ms，选择内控方式，其他参数可以直接利用它的默认参数，Breaker（断路器）模块参数的设置方法如图 5 - 58 所示。

3）构建电阻 R 和电容 C，设置方法前面已经述及，电阻取值 10Ω，电容取值 $470\mu F$；

4）本例将 Powergui 模块设置为 Continuous（连续）模式。

（3）设置仿真参数：Start time：0，end time：50e - 3，其他为默认参数；

（4）启动仿真程序：点击仿真启动快捷键 ，启动仿真程序；

（5）在 RC 电路中，分析充电电流和电容端电压的仿真结果，如图 5 - 59 所示。

图 5 - 58　设置 Breaker 模块的参数对话框

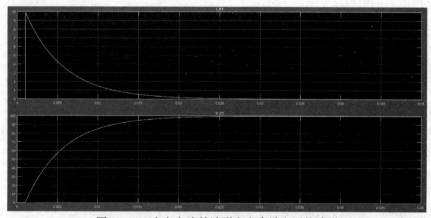

图 5 - 59　充电电流的波形和电容端电压的波形

2. 交流电压源电路仿真法

【举例 4】　构建图 5 - 60（a）所示的交流电压源电路的仿真模型，将其保存为 exm _ 4. slx，如图 5 - 60（b）所示。

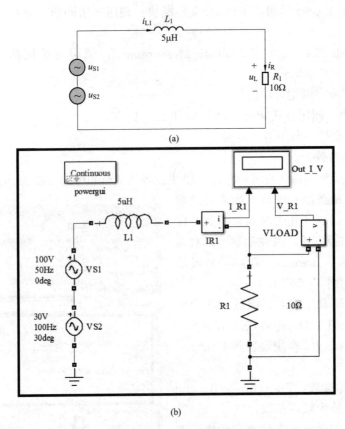

图 5 - 60　交流电压源电路及其仿真模型

（a）交流电压源电路；（b）交流电压源的仿真模型

需要观察：

（1）流过电阻的电流波形；

（2）电阻的端电压波形。

分析：

（1）需要以下模块：

1）AC Voltage Source（交流电压源）模块：调用方法同前，分别命名为 VS1 和 VS2，它们的参数分别如图 5 - 60（b）所示；

2）series RLC Branch（串联 RLC 分支）模块：调用方法同前，分别命名为 L1 和 R1，它们的参数分别如图 5 - 60（b）所示；

3）Current Measurement 模块和 Voltage Measurement 模块：调用方法同前，分别命名为 IR1 和 VLOAD，如图 5 - 60（b）所示；

4）Scope 模块：调用方法同前，命名为 OUT _ I _ V；

5）Ground 模块：调用方法同前；

6）Powergui 模块：调用方法同前，本例将 Powergui 模块设置为 Continuous（连续）模式。

（2）设置仿真参数。设置 Start time：0，end time：100e - 3，其他为默认参数；

（3）启动仿真程序：点击仿真快捷键图标▶，启动仿真程序；

（4）分析交流电压源电路中电流和电阻端电压的仿真结果，如图 5 - 61 所示。

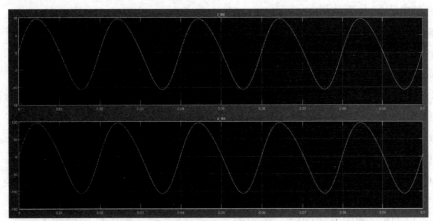

图 5 - 61　交流电压源电路中电流的波形和电阻端电压的波形

3. 交流电流源电路仿真法

【举例 5】　构建图 5 - 62（a）所示的交流电流源电路的仿真模型，将其保存为 exm _ 5. slx，如图 5 - 62（b）所示。

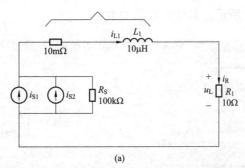

(a)

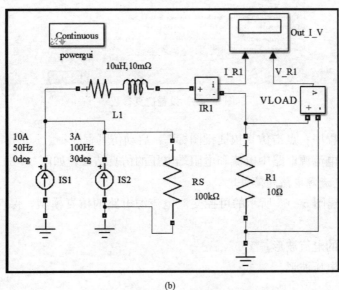

(b)

图 5 - 62　交流电流源电路及其仿真模型

（a）交流电流源电路；（b）交流电流源电路的仿真模型

需要观察：

（1）流过电阻的电流波形；

（2）电阻的端电压波形。

分析：

（1）需要以下模块：

1）AC Current Source（交流电流源）模块：调用方法同前，连续调用两次，按照图 5-62（b）所示的名称和参数分别进行命名处理和设置；

2）series RLC Branch（串联 RLC 分支）模块：调用方法同前，连续调用三次，按照图 5-62（b）所示的名称和参数分别进行命名处理和设置；

3）Current Measurement 和 Voltage Measurement：调用方法同前，按照图 5-62（b）所示的名称进行命名；

4）Scope 模块：调用方法同前，按照图 5-62（b）所示的名称进行命名；

5）Ground 模块：调用方法同前；

6）Powergui 模块：调用方法同前，本例将 Powergui 模块设置为 Continuous（连续）模式。

（2）设置仿真参数：将 Start time 置为 0，end time 置为 0.5，算法采用 ode23tb（stiff/TR-BDF2），如图 5-63 所示，其他为默认参数；

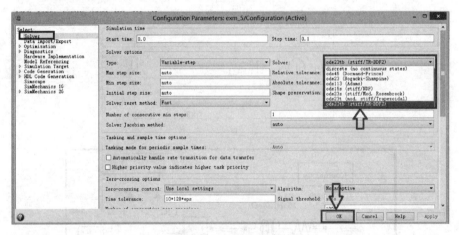

图 5-63　设置仿真参数

（3）启动仿真程序：点击仿真快捷键图标▶，启动仿真程序；

（4）分析交流电流源电路中电流和电阻端电压的仿真结果，如图 5-64 所示。

4. 可控交流电流源电路仿真法

【举例 6】　构建图 5-65 所示的可控交流电流源电路的仿真模型，保存为 exm _ 6.slx。

需要观察：

（1）流过电阻的电流波形；

（2）电阻的端电压波形。

分析：

（1）需要以下模块：

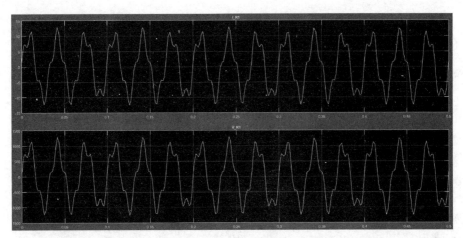

图 5 - 64　交流电流源电路中电流的波形和电阻端电压的波形

1）Controlled Current Source（可控电流源）模块：调用方法同前，按照图 5 - 65 所示的名称和参数分别进行命名处理和设置；

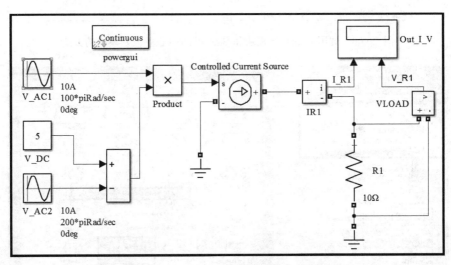

图 5 - 65　可控交流电流源电路的仿真模型

2）Constant（常数信号）模块：调用方法如图 5 - 66 所示，→点击 simulink 模块库，→点击输入源模块库 Sources，即可调用该模块，按照图 5 - 65 所示名称进行命名，并将参数设置为 5；

3）Sine Wave（正弦波）模块：调用方法如图 5 - 66 所示，→点击 simulink 模块库，→点击输入源模块库 Sources，即可调用该模块，本例需要两个该模块，因此，按照图 5 - 65 所示的名称和参数分别进行命名处理和设置；

4）Sum（求和运算）模块：调用方法如图 5 - 67 所示，→点击 simulink 模块库，→点击 Math Operations（数学运算）模块库，即可调用该模块，选择矩形形状，并设置为"＋－"；

5）Product（乘运算）模块：调用方法如图 5 - 67 所示，→点击 simulink 模块库，→点击 Math Operations（数学运算）模块库，即可调用该模块；

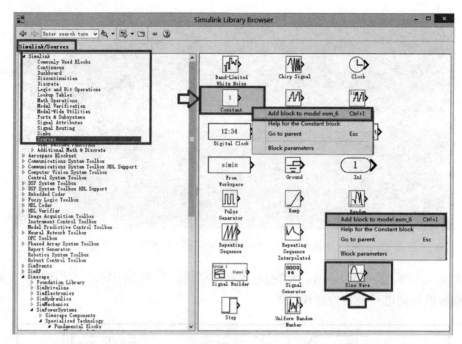

图 5-66　调用 Constant 模块和 Sine Wave（正弦波）模块的方法

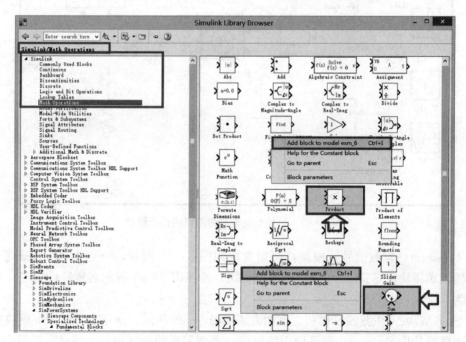

图 5-67　调用 Sum 模块和 Product 模块的方法

　　6) series RLC Branch（串联 RLC 分支）模块：调用方法如同前，按照图 5-65 所示的名称和参数进行命名和设置；

　　7) Current Measurement 和 Voltage Measurement：调用方法同前，按照图 5-65 所示的名称进行命名；

8）Scope 模块：调用方法同前，按照图 5 - 65 所示的名称进行命名；

9）Ground 模块：调用方法同前；

10）Powergui 模块：调用方法同前，本例将 Powergui 模块设置为 Continuous（连续）模式。

（2）设置仿真参数：将 Start time 置为 0，end time 置为 10，采用离散算法，如图 5 - 68 所示，其他为默认参数；

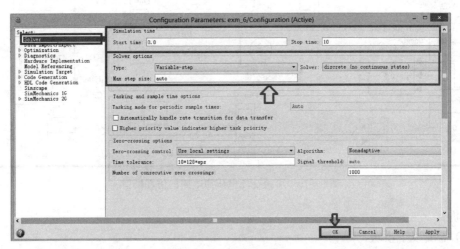

图 5 - 68　设置仿真参数

（3）启动仿真程序：点击仿真快捷键图标 ▶，启动仿真程序；

（4）分析流过可控电流源电路的电流和电阻端电压的仿真结果，如图 5 - 69 所示。

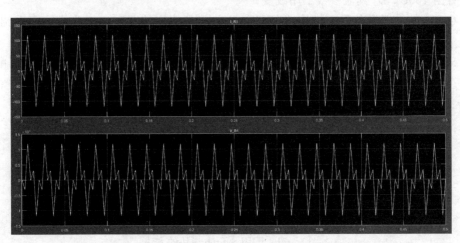

图 5 - 69　可控电流源电路中电流的波形和电阻端电压的波形

5. 可控交流电压源电路仿真法

【举例 7】　构建图 5 - 70 所示的可控交流电压源电路的仿真模型，保存为 exm _ 7. slx。需要观察：

（1）输入电压信号波形；

（2）流过电阻 R1 和 R2 的电流波形；

（3）加载在电阻 R1 和 R2 的端电压的波形。

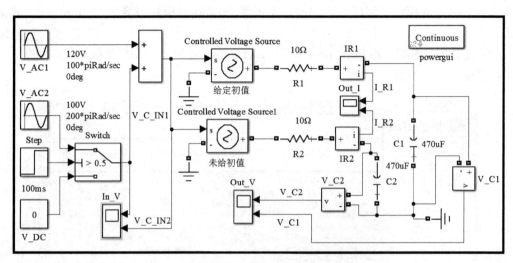

图 5-70　可控交流电压源电路的仿真模型

分析：

（1）需要以下模块：

1）AC Voltage Source（交流电压源）模块：在 Simulink 模块库中的"Sources"模块库中调用，需要两个模块，分别命名为 V_AC1 和 V_AC2，它们的参数如图 5-70 所示；

2）Step（阶跃信号）模块：在 Simulink 模块库中的"Sources"模块库中调用，将 step time 设置为 100e-3，其他参数不用改变；

3）Constant（常数信号）模块：在 Simulink 模块库中的"Sources"模块库中调用，命名为 V_DC，其参数设置为 1；

4）Switch（开关）模块：在 Simulink 模块库中的"Signal Routings"模块库中调用，如图 5-71 所示的调用方法，按照图 5-72 所示，将其门槛值 Threshold 设置为 0.5；

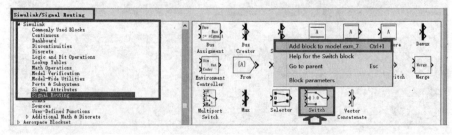

图 5-71　调用 Switch 模块的方法

5）Controlled Voltage Source（可控电压源）模块：调用方法同前，分别命名为 V_Ctr_V1 和 V_Ctr_V2，它们的参数分别如图 5-73 所示，其中将名为 V_Ctr_V1 的模块设置为"有初始值"，将名为 V_Ctr_V2 的模块设置为"没有初始值"；

6）series RLC Branch（串联 RLC 分支）模块：调用方法同前，连续调用四次，构建电阻 R1 和 R2、电容 C1 和 C2，其参数见图 5-70 中所示；

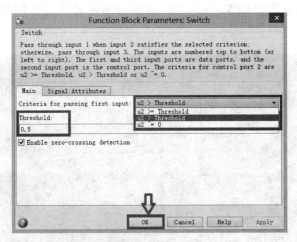

图 5-72　设置 Switch 模块的参数对话框

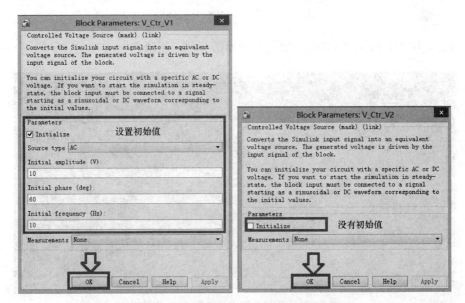

图 5-73　设置 Controlled Voltage Source 模块的参数对话框

7) Sum（求和运算）模块：调用方法同前，按照图 5-70 中所示参数，本例选择"rec-tangular"（矩形），将 List of signs 栏置为＋＋；

8) Voltage Measurement（电压测量）模块和 Current Measurement（电流测量）模块：调用方法同前，按照图 5-70 中所示名称进行命名；

9) Scope 模块：调用方法同前，按照图 5-70 中所示名称进行命名；

10) Powergui 模块：调用方法同前，本例将 Powergui 模块设置为 Continuous（连续）模式。

（2）设置仿真参数：Start time 置为 0，end time 置为 500e-3；其他为默认参数；

（3）启动仿真程序：点击仿真快捷键图标▶，启动仿真程序；

（4）分析仿真结果：

1）叠加前的输入电压信号 V _ C _ IN1 和叠加后的输入电压信号 V _ C _ IN2 分别如图 5 - 74 所示；

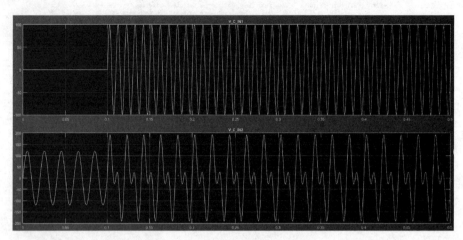

图 5 - 74　输入电压信号的波形

2）流过电阻 R1 和 R2 的电流波形，分别如图 5 - 75 所示；

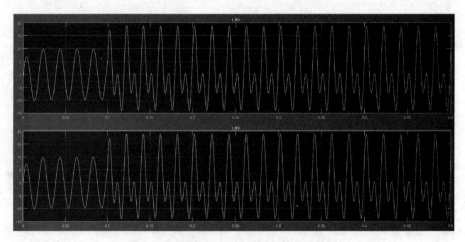

图 5 - 75　流过电阻 R1 和 R2 的电流波形

3）加载在电阻 R1 和 R2 的端电压的波形，分别如图 5 - 76 所示。

5.4.5　Breaker（断路器）模块示例分析

【举例 8】　以典型电路的设计为例，讲述 Breaker（断路器）模块的使用方法。为此，构建图 5 - 77（a）所示的利用 Breaker（断路器）模块设计的某控制电路，其仿真模型如图 5 - 77（b）所示，并保存为 exm _ 8. slx。需要观察：

（1）控制信号；

（2）负载电流波形；

（3）电感和电阻端电压波形。

1. 仿真模型构建步骤

（1）需要提供以下模块：

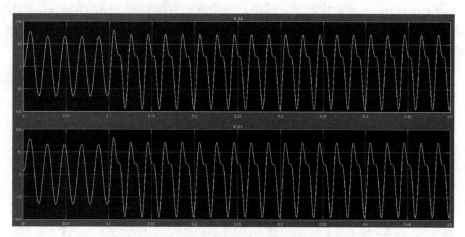

图 5 - 76　加载在电阻 R1 和 R2 的端电压的波形

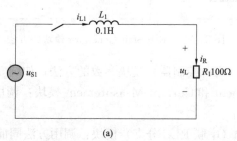

(a)

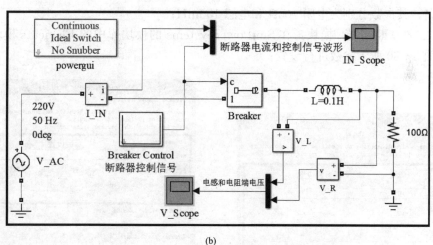

(b)

图 5 - 77　举例 8 所示的某控制电路及其仿真模型

（a）基于 Breaker（断路器）模块的某控制电路；（b）基于 Breaker（断路器）模块的某控制电路的仿真模型

1) AC Voltage Source（交流电压源）模块：方法同前，在 SimPowerSystems 的模块库中的 Electrical Sources（电源）模块库中调用，按照图 5 - 77（b）中所示参数进行设置；

2) Stair Generator（定时控制器）模块：调用方法如图 5 - 78 所示，→点击 Simscape 模块库，→点击 SimPowersystems 模块库，→点击 Specialized Technology 模块库，→点击 Control ＆ Measurements（电路测量）模块库，→点击 Pulse ＆ Signal Generators 模块库，

→点击 Stair Generator（定时控制器）模块，→用鼠标右键点击 Stair Generator（定时控制器）模块，→点击"Add block to model exm_8"，便将 Stair Generator（定时控制器）模块发送到仿真模型"exm_8.slx"中去。

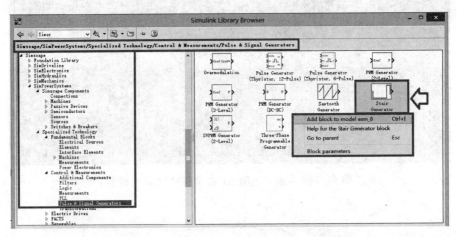

图 5-78　调用 Stair Generator 模块的方法

设置 Stair Generator（定时控制器）模块参数的方法，如图 5-79 所示。

3）Voltage Measurement 和 Current Measurement 模块：调用方法同前，按照图 5-77（b）中所示名称进行命名；

4）series RLC Branch（串联 RLC 分支）模块：调用方法同前，按照图 5-77（b）所示的名称命名，其参数分别为电阻 100Ω 和电感 100mH；

5）Breaker（断路器）模块：在 SimPowerSystems 的模块库中的 Elements 模块库中调用，按照图 5-80 所示参数进行设置；

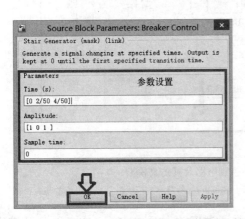

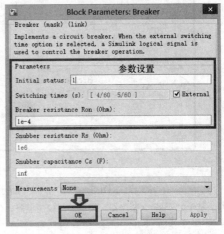

图 5-79　设置 Stair Generator 模块的参数对话框　　　图 5-80　设置 Breaker 模块的参数对话框

6）Mux 模块：调用方法同前，设置为 2 路信号；

7）Scope 模块：调用方法同前，按照图 5-77（b）中所示名称命名；

8）Powergui 模块：调用方法同前，本例将它设置为 Ideal Switch 和 No Snubber 模式。

（2）设置仿真参数：Start time：0，end time：100e - 3，选取 "ode23tb（Stiff/TR - BDF2）"，其他均为默认参数；

（3）启动仿真程序：点击仿真快捷键图标▶，启动仿真程序。

2. 仿真结果分析

其执行结果分别如图 5 - 81 和图 5 - 82 所示。

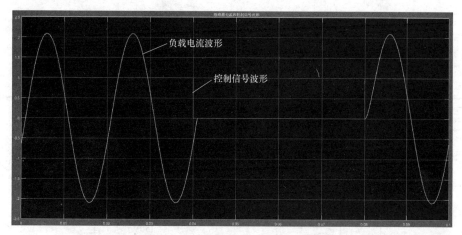

图 5 - 81　负载电流与控制信号的波形

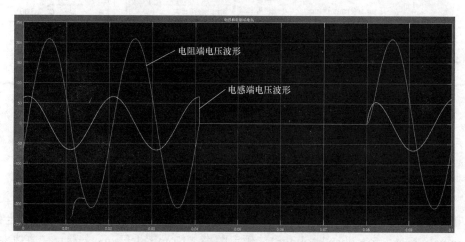

图 5 - 82　电感和电阻端电压的波形

5.4.6　Linear Transformer（线性变压器）模块示例分析

【举例 9】　以典型电路的设计为例，讲述 Linear Transformer（线性变压器）模块的使用方法。为此，构建图 5 - 83（a）所示的基于 Linear Transformer（线性变压器）模块设计的电路，其仿真模型如图 5 - 83（b）所示，并保存为 exm _ 9. slx。其中电源为 u_{S1} = 1440sin（100πt）V，假设变压器为 75kVA，绕组 2 输出电压为 u_{S2} = 70sin（100πt）V，绕组 3 输出电压为 u_{S3} = 144sin（100πt）V，需要观察：

（1）变压器一次侧电流和二次侧电流波形；

（2）变压器二次侧电压波形；

（3）各个负载的电压和电流波形。

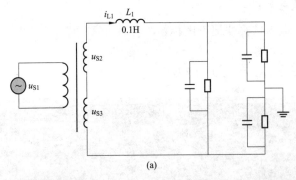

(a)

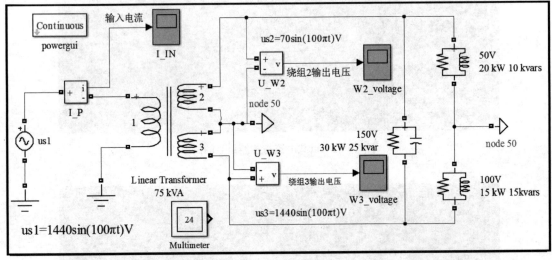

(b)

图 5 - 83　举例 9 所示的电路及其仿真模型

（a）基于 Linear Transformer（线性变压器）模块的电路；（b）基于 Linear Transformer 模块的电路的仿真模型

1. 设 计 细 节

（1）例中，我们选用 Parallel RLC Load（并联 RLC 负载）模块，它提供了一个由电阻、电感、电容并联连接构成的功能模块，其参数包括结构设置（Configuration）、额定相间电压（Nominal phase - to - phase voltage）、额定频率（Nominal frequency）、有功功率（Active power）、感性无功功率（Inductive reactive power）、容性无功功率（Capactive reactive power）、电路测量仪器的设置（Measurements）。如果设计时需要一个纯电阻，那么需要把感性无功功率和容性无功功率参数设为 0；同理，如果需要一个感性阻抗元件，那么需要把容性无功功率参数设为 0，以此类推；

（2）Linear Transformer 模块是变换交流电压、电流和阻抗的器件，当一次侧绕组中通有交流电流时，铁芯（或磁芯）中便产生交流磁通，使二次侧绕组中感应出电压（或电流）。变压器由铁芯（或磁芯）和绕组组成，绕组有两个或两个以上的绕组，其中接电源的绕组叫一次侧绕组，其余的绕组叫二次侧绕组。按电源相数来分，变压器单相、三相和多相几种形式。

本例中，我们选用 Linear Transformer 模块中的三绕组变压器（Three windings transformer）模型，因此需要设置的参数，包括：

1）Nominal Power and frequency［Pn（VA），fn（Hz）］（额定功率和频率）；

2）Winding 1 parameters［V1（Vrms），R1（pu），L1（pu）］（一次绕组绕组的电压有效值、等效电阻和电感）参数；

3）Winding2 parameters［V2（Vrms），R2（pu），L2（pu）］（二次绕组的电压有效值、等效电阻和电感）参数；

4）Winding3 parameters［V3（Vrms），R3（pu），L3（pu）］（二次绕组绕组的电压有效值、等效电阻和电感）参数；

5）Magetization resistance and reactance［Rm（pu），Lm（pu）］（磁化电阻和电抗）。

需要提醒的是，该模块参数对话框中的"pu"字样，表示该模块的参数为标么值。

2. 仿真模型构建步骤

（1）调用模块：

1）AC Voltage Source（交流电压源）模块：调用方法同前，按照图 5 - 83（b）所示名称进行命名，其有效值为 1kV、频率为 50Hz；

2）Voltage Measurement 和 Current Measurement 模块：调用方法同前，按照图 5 - 83（b）所示名称进行命名；

3）Parallel RLC Load（并联 RLC 负载）模块：在 SimPowerSystems 的模块库中的 Elements 模块中连续调用三次，按照图 5 - 83（b）所示名称分别进行命名处理为 150V 30kW 25kvar，50V 20kW 10kvar 和 100V 15kW 15kvar，它们的参数如图 5 - 84 所示，设置它们的 Nominal voltage Vn（Vrms）（额定电压有效值）、Nominal frequency fn/Hz（额定频率）、Active power P（w）（有功）、Inductive reactive power QL（positive power）（正无功）和 Capacitive reactive power QC（negative power）（负无功），除此之外，还必须启用该模块的测量功能，即选择 Measurements（测量端）的 Branch voltage and current；

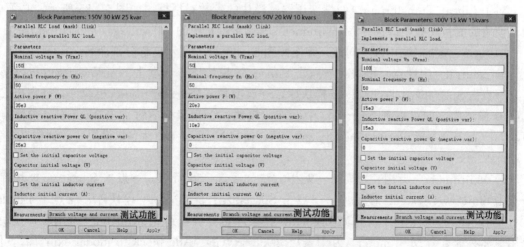

图 5 - 84　设置 Parallel RLC Load 模块的参数对话框

4）Linear Transformer（线性变压器）模块：在 SimPowerSystems 的模块库中的 Elements 模块库中调用，命名为 Linear Transformer 75kVA，由于本例使用的是三绕组变压器

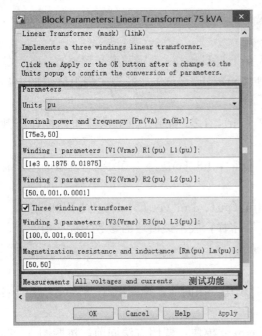

图 5-85　设置 Linear Transformer
模块的参数对话框

（Three windings transformer），它的参数设置方法如图 5-85 所示，需要说明的是，为了简化问题起见，我们将绕组 2 和 3 的内阻和电感看作 0 来处理，但是，在仿真时，又不能直接设置为 0，于是我们用一个非常小的数代替，如绕组的内阻用 0.001、电感用 0.0001 代替（它们都是标幺值）。对于绕组 1 的内阻的标幺值为 0.1875、电感的标幺值为 0.01875H，其计算方法简述如下：

$$R_\text{base} = X_\text{base} = Z_\text{base} = \frac{V_n^2}{P_n}$$

$$= \frac{1000 \times 1000}{75 \times 1000} = \frac{1000}{75}\Omega$$

$$(5-15)$$

假设绕组 1 的内阻为 $R_1 = 2.5\Omega$，那么它的标幺值为：

$$R(\text{p. u.}) = \frac{R_1}{R_\text{base}} = \frac{2.5\Omega}{\dfrac{1000}{75}\Omega} = 0.1875 \qquad (5-16)$$

假设绕组 1 的电感为 $L_1 = 0.25H$，那么它的标幺值为：

$$L(\text{p. u.}) = \frac{L_1}{X_\text{base}} = \frac{0.25H}{\dfrac{1000}{75}\Omega} = 0.01875 \qquad (5-17)$$

对于 Linear Transformer（线性变压器）模块的参数对话框，如图 5-85 所示，必须启用该模块的测量功能，即选择 Measurements（测量端）中的 All voltages and currents。

5）Scope 模块：调用方法同前，并按照图 5-83（b）所示名称分别命名；

6）Neutral（中性点）模块：→点击 Simscape 模块库，→点击 SimPowersystems 模块库，→点击 Specialized Technology 模块库，→点击 Fundamental Blocks 模块库，→点击 Elements 模块库，即可看到 Neutral（中性点）模块，→用鼠标右键点击 Neutral（中性点）模块，→点击 "Add block to model exm_9"，便将 Neutral（中性点）模块发送到仿真模型 "exm_9. slx" 中去；

7）Multimeter（万用表）模块：调用方法如图 5-86 所示，→点击 Simscape 模块库，→点击 SimPowerSystems 模块库，→点击 Specialized Technology 模块库，→点击 Fundamental Blocks 模块库，→点击 Msurements 模块库，即可看到 Multimeter（万用表）模块，→用鼠标右键点击 Multimeter（万用表）模块，→点击 "Add block to model exm_9"，便将 Multimeter（万用表）模块发送到仿真模型 "exm_9. slx" 中去；

设置 Multimeter 模块参数的方法，如图 5-87 所示。

8）Powergui 模块：调用方法同前，本例将 Powergui 模块设置为 Continuous（连续）

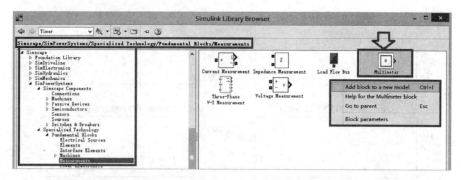

图 5-86　调用 Multimeter 模块的方法

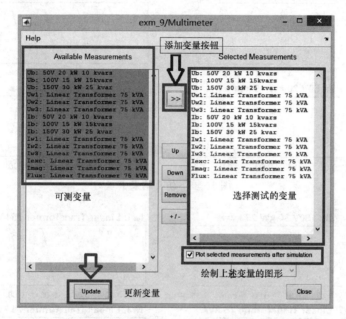

图 5-87　设置 Multimeter 模块的参数对话框

模式。

（2）设置仿真参数：即设置 Start time：0，end time：100e-3，选取"ode23tb（Stiff/TR-BDF2）"，其他均为默认参数；

（3）启动仿真程序：点击仿真启动快捷键▶，启动仿真程序。

3. 仿真结果分析

图 5-88 分别表示并联负载 50V 20kW 10kvar 的端电压波形、并联负载 100V 15kW 15kvar 的端电压波形、并联负载 150V 30kW 25kvar 的端电压波形、变压器输入电压波形、变压器绕组 2 的端电压波形、变压器绕组 3 的端电压波形、流过并联负载 50V 20kW 10kvar 的电流波形、流过并联负载 100V 15kW 15kvar 的电流波形。

图 5-89 分别表示流过并联负载 150V 30kW 25kvar 的电流波形、流过变压器绕组 1 的电流波形、流过变压器绕组 2 的电流波形、流过变压器绕组 3 的电流波形、变压器的励磁电流波形、变压器的磁化电流波形和变压器的磁通波形。

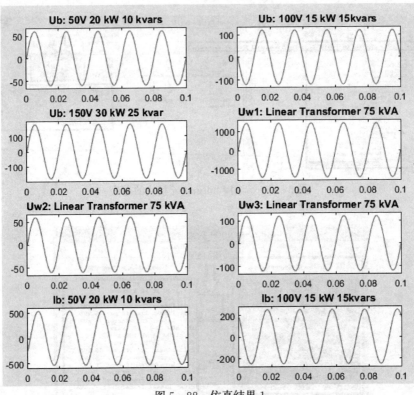

图 5 - 88　仿真结果 1

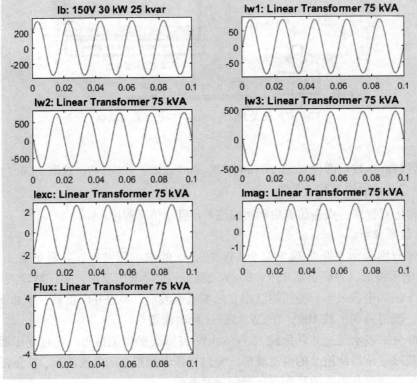

图 5 - 89　仿真结果 2

需要说明的是，Parallel RLC Load（并联 RLC 负载）模块与 Series RLC Load（串联负载）模块的使用方法相类似、Parallel RLC Branch（并联分支）模块与 Series RLC Branch（串联分支）模块的使用方法相类似。

5.5　认识 Control & Measurements（测控）模块库

本节介绍了 Control & Measurements（测控）模块库，它包括许多测控用功能模块，对于构建测控系统，非常有用，使用起来也很方便，提高了模型构建效率。

5.5.1　调用方法

方法（1）：如图 5－8（a）所示，→点击 MATLAB 的工具条上的 Simulink Library 的快捷键图标，即可弹出 "Open Simulink block library"，如图 5－90 所示，→点击 Simscape 模块库，→点击 SimPowersystems 模块库，→点击 Specialized Technology 模块库，→点击 Control & Measurements 模块库，→点击 Measurements（测量）模块库，即可看到该模块库中有 17 种测量模块。

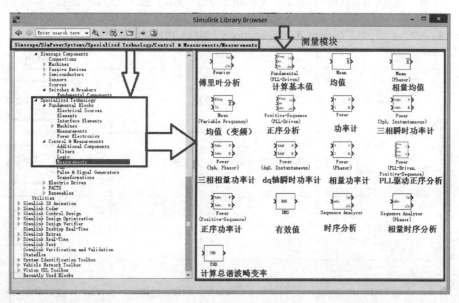

图 5－90　调用 Control & Measurements（测控）模块库的方法之一

方法（2）：在 MATLAB 命令窗口中，→输入 powerlib_meascontrol，→按回车键，即可打开 SimPowerSystems 模块库中的 Control & Measurements（测控）模块库了，如图 5－91 所示，在该模块库中即可看到 Measurements 模块库的图标，→双击 Measurements 模块库的图标，即可看到该库中的全部测控模块。

5.5.2　图例说明

为方便阅读，现将 Control & Measurements（测控）模块库，总结于表 5－4 中。并将它们的用法穿插到示例分析中去讲授，同时接阅读 MATLAB 软件的帮助文档可以更近一步的了解。

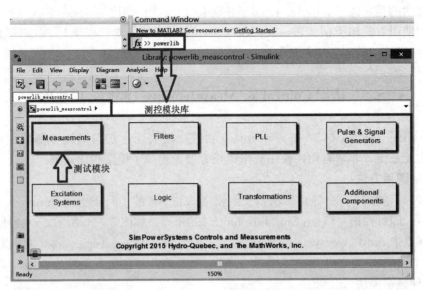

图 5 - 91 调用 Control & Measurements（测控）模块库的方法之二

表 5 - 4 **Control & Measurements（测控）模块库汇集**

序号	名称		功能说明	图例
1	单相测试模块	Mean	均值模块	$\overline{X}$
2		Mean（Variable Frequency）	均值（变频）模块	Freq In $\overline{X}$
3		RMS	有效值模块	RMS
4		THD	计算总谐波畸变率（THD）模块	THD
5		Fourier	傅里叶分析模块	|u| ∠u
6		Power	功率计模块	V I P Q
7		Fundamental（PLL - Driven）	计算基本值模块	Freq wt In |u| ∠u

续表

序号		名称	功能说明	图例
8	三相测试模块	Sequence Analyzer	时序分析模块	
9		Positive – Sequence (PLL – Driven)	正序分析模块	
10		Power (3ph, Instantaneous)	三相瞬时功率计模块	
11		Power (dq0, Instantaneous)	Dq 轴瞬时功率计模块	
12		Power (Positive – Sequence)	正序功率计模块	
13		Power (PLL – Driven, Positive – Sequence)	PLL 驱动正序分析模块	
14	相量测试模块	Mean (Phasor)	相量均值模块	
15		Sequence Analyzer (Phasor)	相量时序分析模块	
16		Power (Phasor)	相量功率计模块	
17		Power (3ph, Phasor)	三相相量功率计模块	

5.6　认识 Powergui（图形接口界面）模块

　　Powergui（图形接口界面）模块，是一种用于电路和系统分析的图形读者界面。在本书前面章节就已经出现过该模块，但是并没有介绍它的使用方法。由于该模块在 SimPower-Systems（电力系统仿真）模块库中相当重要，因此本节详细介绍了它的使用方法及其参数设置技巧。

5.6.1　调用方法

方法 1：如图 5-8（a）所示，→点击 MATLAB 的工具条上的 Simulink Library 的快捷键图标，即可弹出"Open Simulink block library"，如图 5-92 所示，→点击 Simscape 模块库，→点击 SimPowerSystems 模块库，→点击 Specialized Technology 模块库，→点击 Fundamental Blocks 模块库，→即可看到 Powergui（图形接口界面）模块的图标。

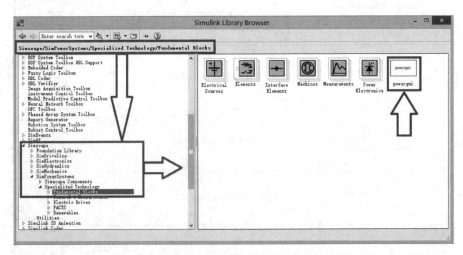

图 5-92　调用 Powergui（图形接口界面）模块的方法之一

方法 2：在 MATLAB 命令窗口中，→输入 powerlib，→按回车键，即可打开 SimPowerSystems 模块库，如图 5-93 所示，在该模块库中即可看到 Powergui（图形接口界面）模块的图标。

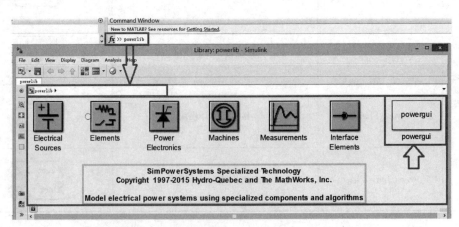

图 5-93　调用 Powergui（图形接口界面）模块的方法之二

5.6.2　典型工具箱介绍

1. 概述

前面举例 9 中就使用到 Powergui 模块，我们就以它为例进行说明。

（1）首先，→双击 Powergui 模块，→弹出它的参数对话框，如图 5-94 所示；

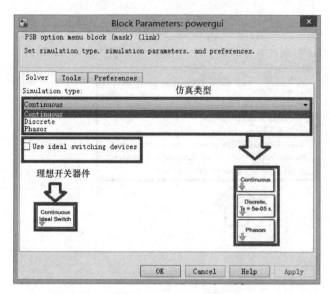

图 5 - 94　设置 Powergui 模块的参数对话框

（2）Powergui 模块的 Solver（求解器/算法）可以有以下几种类型：

1）Continuous：连续方式，采用连续算法求解系统；

2）Ideal switching continuous：理想开关器件的连续方式；

3）Discrete：定步长（fixed time step）的离散化求解方式，如果选择此项，电力系统模块将在离散化的模型下进行仿真分析和计算，其采样时间由采样时间（Sample time）参数项给定；

4）Phasor：相量求解方式，如果选中此项，Phasorfrequency（相量频率）栏必须填写，则模型中的电力系统模块将执行相量仿真，并且在频率参数设定的频率下进行仿真计算和分析，选中此项，频率必须用于指定模型进行相量仿真时，该仿真系统中的电力系统模块的工作频率。如果"相量仿真（Phasor simulation）"参数项不被选中时，则频率参数项不可用；

（3）Use of ideal switching devices：是否选中理想开关器件的连续方式，一旦选中它会出现以下选项，如图 5 - 95 所示；

1）Disable snubbers in switching devices：取消开关器件的吸收回路，一旦选中该选项，那么所建立的仿真模型中的电力电子器件和断路器的吸收回路就会自动失效；

2）Disable on resistance in switching devices（Ron＝0）：取消开关器件的吸收回路中的吸收电阻，一旦选中该选项，那么所建立的仿真模型中的电力电子器件吸收回路的吸收电阻就会自动取 0Ω 阻值；

3）Disable Forward voltage in switching devices（Vf＝0）：取消开关器件的管压降，一旦选中该选项，那么所建立的仿真模型中的电力电子器件的管压降就会自动取 0V 值；

4）Display circuit differential equations：显示电路差分表达式，一旦选中该选项，就会在仿真启动后，MATLAB 软件的命令窗口中自动会显示电路差分表达式。

（4）一旦选择 Discrete（离散化求解方式）后，就有以下几种算法供选择：

1）Tustin/Backward Euler（TBE）：系统推荐本算法优先使用；

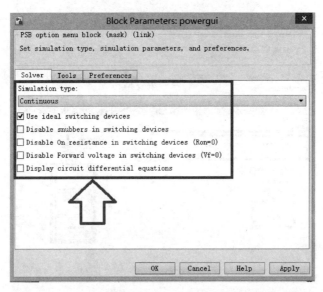

图 5 - 95   Powergui 模块的理想开关器件模式的参数对话框

2）Tustin；

3）Backward Euler。

（5）Tools：Powergui 模块的工具箱，如图 5 - 96 所示，它含有如下使用工具：

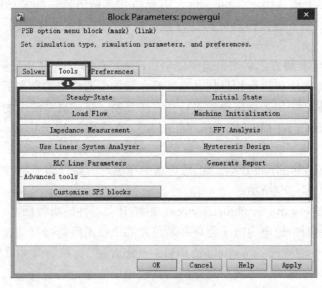

图 5 - 96   Powergui 模块的 Tools（工具箱）

1）Steady - State：稳态分析；

2）Initial State：初始条件设置；

3）Load Flow：潮流标签设置；

4）Machine Initialization：电动机初始化处理；

5）Impedance Measurement：阻抗测量分析；

6）FFT Analysis：FFT 变换与分析，利用 Powergui 模块中的快速傅里叶（FFT）分析工具，可以方便对该仿真系统中的一些重要变量进行傅里叶分析；

7）Use Linear System Analyzer：线性系统分析仪；

8）Hysteresis Design：滞回（饱和）特性设计（工具箱），方便对饱和变压器、三相变压器等模块的饱和铁芯的磁滞特性参数进行设置；

9）RLC Line Parameters：RLC 传输线参数设置；

10）Generate Report：报告生成器；

11）Customize SPS blocks：定制 SPS 模块。

（6）Preferences：Powergui 模块的参考辅助项，如图 5 - 97 所示，它包括以下重要内容：

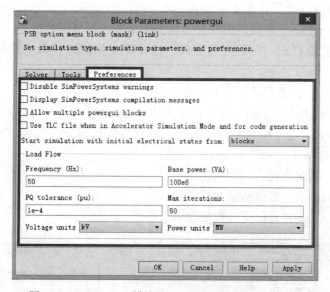

图 5 - 97　Powergui 模块的 Preferences（参考辅助项）

1）Disable SimPowerSystems warnings：屏蔽警告信息，如果选中此项，则该仿真模型在仿真和分析时，将不会显示电力系统模块的相关信息；

2）Display SimPowerSystems compilation messages：显示警告信息；

3）Allow multiple powergui blocks：运行多个 powergui 模块；

4）Use TLC file when in Accelerator Simulation Mode and for code generation：运行 TLC 文件加速仿真和代码生成；

5）Start simulation with initial electrical states from：告诉系统仿真从模块、稳态和 0 哪种情况开始，默认为从模块开始；

6）Load flow frequency（Hz）：潮流频率/Hz；

7）Base power Phase（VA）：基值功率/ VA；

8）PQ tolerance（pu）：PQ 容差（采用标幺值）；

9）Max iterations：最大迭代；

10）Voltage units：电压单位，有 V 和 kV；

11）Determine the power units（W, kW, MW）：功率的单位，有 W、kW 和 MW。

2. Steady‐State（稳态分析）工具箱

如图 5‐98 所示，Steady‐State（稳态分析）工具箱，包含以下参数：

（1）Steady state value：稳态值列表框，显示该模型文件中指定的电压、电流稳态值；

（2）Units：单位下拉框，选择将显示的电压、电流值是 Peak（峰值）还是 RMS（有效值；

（3）Frequency：频率下拉框，选择将显示的电压、电流相量的频率。该下拉框中列出模型文件中电源的所有频率；

（4）Display：显示复选框，包括以下四种：

1）States：状态，显示稳态下电容电压和电感电流的相量值；

2）Measurements：测量，显示稳态下测量模块测量到的电压、电流相量值；

3）sources：电源，显示稳态下电源的电压、电流相量值；

4）Nonliear elements：非线性元件，显示稳态下非线性元件的电压、电流相量值。

（5）Format：数据格式，在下拉列表框中选择要观测的电压和电流的格式，包括以下三种：

1）floating point：浮点格式，以科学记数法显示 5 位有效数字；

2）best of：最优格式，显示 4 位有效数字并且在数值大于 9999 时以科学记数法表示；

3）最后一个格式，是直接显示数值大小，小数点后保留 2 位数字，其默认格式为浮点格式。

（6）Ordering：排序方式，包括两种：

1）Value then name：数值然后名称；

2）Name then value：名称然后数值。

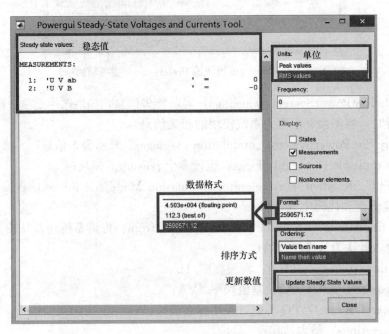

图 5‐98　Steady‐State（稳态分析）工具箱的窗口

3. Initial state（初始状态）工具箱

仿真时，常常希望仿真开始时系统处于稳态，或者仿真开始时系统处于某种初始状态，这时，就可以使用 Initial state（初始状态）工具箱，如图 5 - 99 所示，它包含以下参数：

（1）Initial electrical state values for simulation：初始状态列表框，显示模型文件中状态变量的名称和初始值；

（2）Set selected electrical state：设置到指定状态文本框，对初始状态列表框中选中的状态变量进行初始值设置；

（3）Force initial electrical states：强制设置所有状态量，选择 To Steady State（到稳态）或者 To Zero（到零初始状态）开始仿真；

（4）Reload States：加载状态，选择 From File（从指定的文件）加载初始状态或直接以 From Diagram（当前图）作为初始状态开始仿真；

（5）Format：数据格式，同 Steady - State（稳态分析）中数据格式的介绍；

（6）Sort value by：以哪种方式排序值，包括：

1）state number：状态量编号，即按状态空间模型中状态变量的编号来显示初始值；

2）Type：状态量类型，即按电容和电感来分类显示初始值。

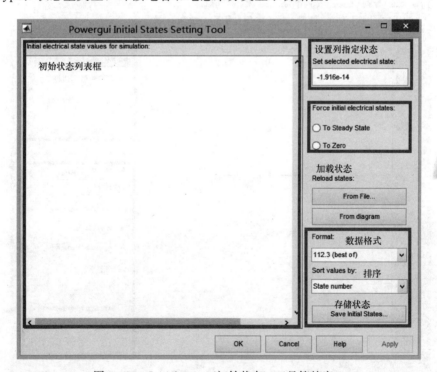

图 5 - 99　Initial state（初始状态）工具箱的窗口

4. Impedance Measurement（阻抗测量）工具箱

Impedance Measurement（阻抗测量）工具箱，如图 5 - 100 所示，包含以下参数：

（1）Signal：图表，窗口左上侧的坐标系表示阻抗—频率特性，左下侧的坐标系表示相角—频率特性；

（2）Impedance Measurements：阻抗测量列表框，列出模型文件中的阻抗测量模块，选择需要显示依频特性的阻抗测量模块，使用"Ctrl"键可选择多个阻抗显示在同一个坐标中；

（3）Range：范围文本框，指定频率范围/Hz，该文本框中可以输入以下几种方式：

1）Logarithmic Impedance：对数阻抗单选框，坐标系纵坐标的阻抗以对数值形式表示；

2）Linear Impedance：线性阻抗单选框，坐标系纵坐标的阻抗以线性形式表示；

3）Logarithmic Frequency：对数频率单选框，坐标系横坐标的频率以对数值形式表示；

4）Linear Frequency：线性频率单选框，坐标系横坐标的频率以线性形式表示；

5）Grid：网格复选框，选中该复选框，阻抗—频率特性图和相角—频率特性图上将出现网格，默认设置为无网格；

6）Save data when updated：更新后保存数据复选框，选中该复选框后，该复选框下面的 Workspace variable name（工作间变量名）文本框被激活，数据以该文本框中显示的变量名被保存在工作间中，复数阻抗和对应的频率保存在一起，其中频率保存在第 1 列，阻抗保存在第 2 列，默认设置为不保存。

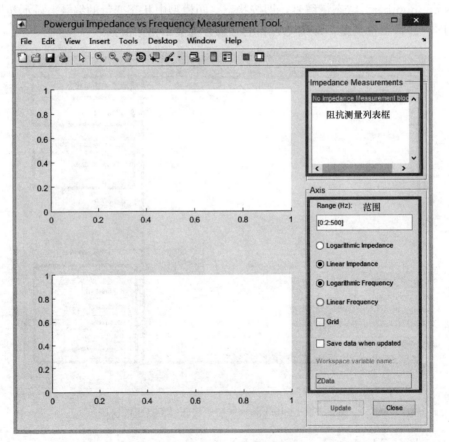

图 5-100　Impedance Measurement（阻抗测量）工具箱的窗口

5. Hysteresis design（磁滞特性设计）工具箱

Hysteresis design（磁滞特性设计）工具箱，如图 5-101 所示，包含以下参数：

（1）Hysteresis Parameters：磁滞特性设置，包括：

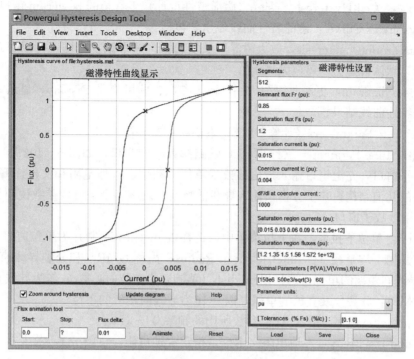

图 5 - 101　Hysteresis design（磁滞特性设计）工具箱的窗口

1）Segments：分段下拉框，将磁滞曲线做分段线性化处理，并设置磁滞回路第 1 象限和第 4 象限内曲线的分段数目，左侧曲线和右侧曲线关于原点对称；

2）Remanent flux Fr：剩余磁通文本框，设置零电流所对应的剩磁；

3）Saturation flux Fs：饱和磁通文本框，设置饱和磁通；

4）Saturation current Is：饱和电流文本框，设置饱和磁通对应的电流；

5）Coercive current Ic：矫顽电流文本框，设置零磁通对应的电流；

6）dF/dI at coercive current：矫顽电流处的斜率文本框，指定矫顽电流点的斜率；

7）Saturation region currents：饱和区域电流文本框，设置磁饱和后磁化曲线上各点所对应的电流值，仅需设置第 1 象限值。注意该电流向量的长度必须和"饱和区域磁通"的向量长度相同；

8）Saturation region fluxes：饱和区域磁通文本框，设置磁饱和后磁化曲线上各点所对应的磁通值，仅需要设置第 1 象限值。注意该向量的长度必须和"饱和区域电流"的向量长度相同，即确保维数的一致性；

9）Nominal Parameters：额定参数，包括 nominal power（额定功率/VA），nominal voltage of winding 1（一次绕组的电压有效值/V），nominal frequency（额定频率/ Hz）；

10）Parameter units：参数单位，采用 p. u.（标幺值）还是 SI（国际单位），将磁滞特性曲线中电流和磁通的单位由 SI（国际单位）转换到 p. u.（标幺值）或者由 p. u.（标幺值）转换到 SI（国际单位）；

11）Load：载入数据，载入的是 MAT 数据格式；

12）Save：存储数据，保存的是 MAT 数据格式；

13）Close：关闭 Hysteresis design（磁滞特性设计）工具箱的 powergui 窗口。

（2）Hysteresis Curve：磁滞特性曲线显示，包括：

1）Zoom around hysteresis：放大磁滞区域复选框，选中该复选框，可以对磁滞曲线进行放大显示，默认设置为"可放大显示"；

2）Update diagram：更新曲线图，一旦输入参数，即可点击 Display（显示）按键，立即显示磁滞特性曲线结果。

6. RLC Line Parameters（计算 RLC 线路参数）工具箱

打开 RLC Line Parameters（计算 RLC 线路参数）的窗口，如图 5 - 102 所示，该窗口可分为三个子窗口，左上窗口输入常用参数（单位、频率、大地电阻和文件注释），右上窗口输入线路的几何结构，左下方窗口输入导线的特性，现将各个关键性参数说明如下：

（1）常用参数子窗口。

1）Units：单位下拉框，在下拉菜单中，选择以 metric（米制）为单位时，以 cm 作为导线直径、几何平均半径（Geometric Mean Radius，简称 GMR）和分裂导线直径的单位，以 m 作为导线间距离的单位；选择以 english（英制）为单位时，以 in 作为导线直径、几何平均半径 GMR 和分裂导线直径的单位，以 ft 作为导线间距离的单位；

2）Frequency：频率，指定 RLC 参数所用的频率/Hz；

3）Ground resistivity：大地电阻文本框，指定大地电阻/（Ω·m），输入 0 表示大地为理想导体；

4）Comments：注释多行文本框，输入关于电压等级、导线类型和特性等的注释，该注释将与线路参数一同被保存。

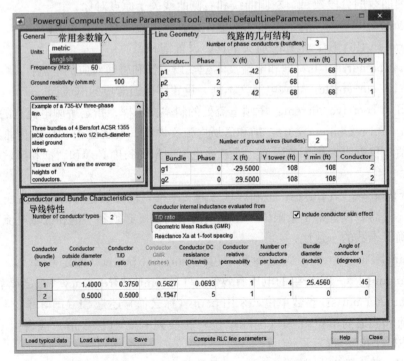

图 5 - 102   RLC Line Parameters（计算 RLC 线路参数）工具箱的窗口

（2）线路几何结构子窗口。

1）Number of phase conductors（bundles）：导线相数文本框，设置线路的相数；

2）Number of ground wires（bundles）：地线数目文本框，设置大地导线的数目；

设计细节：在导线结构参数表中，输入 Phase number（导线的相序）、X（水平档距）、Y tower（垂直档距）、Y min（档距中央的高度）、Conductor（bundle）type（导线的类型）共五个参数。

（3）导线特性子窗口。

1）Number of conductor types：导线类型的个数文本框，设置需要用到导线类型（单导线或分裂导线）的数量，假如需要用到架空导线和接地导线，该文本框中就要填 "2"；

2）Conductor internal inductance evaluated from：导线内电感计算方法下拉框，选择用 T/D ratio（直径/厚度）、Geometric Mean Radius（GMR）（几何平均半径）或者 Reactance Xa at 1 - foot spacing［1ft（m）间距的电抗］进行内电感计算；

3）Include conductor skin effect：考虑导线集肤效应复选框，选中该复选框后，在计算导线交流电阻和电感时将考虑集肤效应的影响，若未选中，电阻和电感均为常数；

4）Conductor Outside diameter：导线外径/inch。

设计细节：在导线特性参数表中，输入 Conductor Outside diameter（导线外径/inch）、Conductor T/D ratio、Conductor GMR/inch、Conductor DC resistance（直流电阻）、Conductor relative permeability（相对磁导率）、Number of conductors per bundle（分裂导线中的子导线数目）、Bundle diameter（分裂导线的直径）、Angle of conductor 1（分裂导线中 1 号子导线与水平面的夹角）共八个参数。

（4）compute RLC parameters：计算 RLC 参数按键，点击该按键后，将弹出 RLC 参数的计算结果窗口。

（5）Save：保存按键，点击该按键后，线路参数以及相关的 GUI 信息将以后缀名 . mat 被保存。

（6）Load：加载按键，点击该按键后，将弹出窗口，选择 Typical line data（典型线路参数）或 User defined line data（用户定义的线路参数），将线路参数信息加载到当前窗口。

FFT Analysis 工具箱，放在后面的示例分析中讲解。

5.6.3　powergui FFT 使用示例分析

powergui 模块中的 FFT 工具箱非常有用，特别是在电力电子技术的仿真分析方面，应用特别多，下面举例介绍它的使用方法。

【举例 10】　构建图 5 - 103（a）所示的变压器电路，其仿真模型如图 5 - 103（b）所示，并保存为 exm _ 10. slx。其中电源为 u_{S1} ＝1000sin（100πt）V，u_{S2} ＝800sin（300πt）V，u_{S3} ＝100sin（600πt）V，假设变压器为 75kVA，需要观察：

（1）变压器一次侧电流和二次侧电流波形；

（2）变压器二次侧电流波形的 FFT 结果。

1. 仿真模型构建步骤

（1）需要提供以下模块：

1）AC Voltage Source（交流电压源）模块：调用方法同前，按照图 5 - 103（b）所示名称进行命名，其中电源 u_{S1} 的幅值为 1000V、频率为 50Hz，其他为默认参数；电源 u_{S2} 的

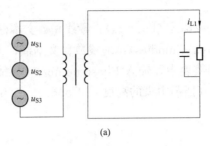

(a)

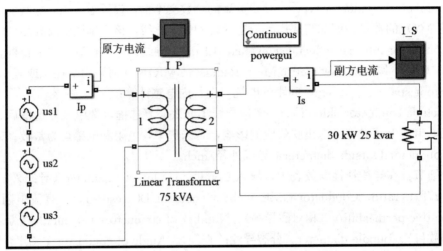

(b)

图 5 - 103　举例 10 所示电路及其仿真模型
（a）变压器电路；（b）变压器电路的仿真模型

幅值为 800V、频率为 150Hz，其他为默认参数；电源 u_{S3} 的幅值为 100V、频率为 300Hz，其他为默认参数；

2）为了简化起见，本例的 Linear Transformer（线性变压器）模块的参数，就用图 5 - 83 所示的绕组 1 和 2 的参数；

3）Parallel RLC Load（并联 RLC 负载）模块：在 SimPowerSystems 的模块库中的 Elements 模块中调用三次，按照图 5 - 103 所示名称命名为 30kW 25kvar，其参数如图 5 - 104 所示；

4）Scope 模块：调用方法同前，并按照图 5 - 103（b）所示名称，分别进行命名处理；

5）其他模块及其调用方法已经介绍过。

（2）利用 powergui 模块进行 FFT 分析，其基本步骤包括：

第一步：在仿真模型中，拖入 powergui 模块，调用方法同前所述，只需在 MTALAB 软件的命令窗口中键入 powerlib，回车，即可看到该

图 5 - 104　设置 Parallel RLC Load
模块的参数对话框

模块；

第二步：设置所要分析的波形（本例为变压器二次侧电流波形），将其存入 workspace 格式，且将 Format（格式）设置为 Structure with time，其设置步骤为：

设置步骤 1：在需要进行频谱分析的地方，连接一示波器，本例的示波器的名称为 I_S；

设置步骤 2：其参数设定方法为：

点击 Parameters→点击 Data history→点击 Save data to workspace；将 Variable name→设置为 I_S；将 Format→设置为 Structure with time，如图 5 - 105 所示，必须这样设置，才能在 powergui 模块的变量列表中看到需要进行 FFT 分析的变量；

第三步：本例将 Powergui 模块设置为 Continuous（连续）模式。

（3）设置仿真参数：将参数设置为：Start time：0，end time：100e - 3，选取 "ode23tb (Stiff/TR - BDF2)"，其他均为默认参数；

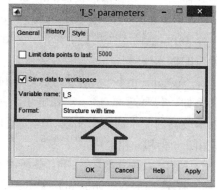

图 5 - 105　设置 Scope 模块的数据存储格式

（4）启动仿真程序：点击仿真启动快捷键▶，启动仿真程序；

（5）进行仿真计算。

2. FFT Analysis 参数说明

（1）进入 powergui 模块，点击 FFT Analysis 工具；

（2）选择信号面，选择基波频率、显示频率、横轴显示式、总显示格式等，如图 5 - 106 所示，现将各个重要参数说明如下：

1）Signal 参数：图表，窗口左上侧的图形表示被分析信号的波形；

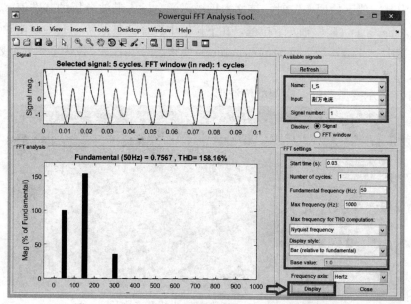

图 5 - 106　powergui 模块的 FFT Analysis 工具窗口

2）FFT analysis 参数：FFT 分析图，窗口左下侧的图形表示该信号的 FFT 分析结果；

3）Available signals 参数：可用于 FFT 分析的变量，列出 Workspace（工作间）中 Structure with time（带时间的结构变量）的名称，使用下拉菜单选择要分析的带时间的结构变量；需要提醒的是，这些带时间的结构变量名，可以由 Scope（示波器）模块产生，打开示波器模块参数对话框，按照前述方法，完成变量的命名、结构变量的转换即选择 Structure with time（带时间的结构变量），包括：

a. Input（输入变量）下拉框，列出被选中的结构变量中包含的输入变量名称，选择需要分析的输入变量；

b. Signal number（信号路数）下拉框，列出被选中的输入变量中包含的各路信号的名称，例如，若要把 a、b、c 三相电压绘制在同一个坐标中，可以通过把这三个电压信号同时送入示波器的一个通道来实现，这个通道就对应一个输入变量，该变量含有 3 路信号，分别为 a 相、b 相和 c 相电压；

4）FFT setting 参数：FFT 分析参数设置，包括：

a. Start time（开始时间）文本框，指定 FFT 分析的起始时间；

b. Number of cycles（周期个数）文本框，指定需要进行 FFT 分析的波形的周期数；

c. Fundamental frequency（基频）文本框，指定 FFT 分析的基频/Hz；

d. Max Frequency（最大频率）文本框，指定 FFT 分析的最大频率/Hz；

e. Max Frequency for THD computation（计算 THD 的最大频率）文本框，指定 FFT 分析计算 THD 的最大频率/Hz；

f. Display Style：显示类型下拉框，频谱的显示类型可以是 Bar（relative to Fund. or）DC（以基频或直流分量为基准的柱状图）、list（relative to Fund. or DC）（以基频或直流分量为基准的列表）、Bar（relative to specified base）（指定基准值下的柱状图）、List（relative to specified base）（指定基准值下的列表）四种类型；

g. Base value（基准值）文本框：当"显示类型"下拉框中选择"指定基准值下的柱状图"或"指定基准值下的列表"时，该文本框被激活，输入谐波分析的基准值；

h. Frequency axis（频率轴）下拉框，在下拉框中选择"赫兹"（Hertz）使频谱的频率轴单位为 Hz，选择"谐波次数"（Harmonic order）使频谱的频率轴单位为基频的整数倍数。

3. 仿真结果分析

图 5 - 107 表示变压器的一次侧电流波形。

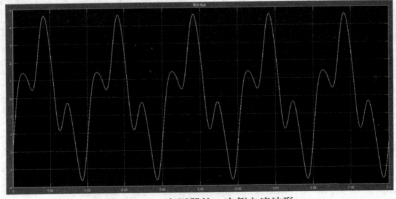

图 5 - 107   变压器的一次侧电流波形

图 5‐108 表示变压器的二次侧电流波形。

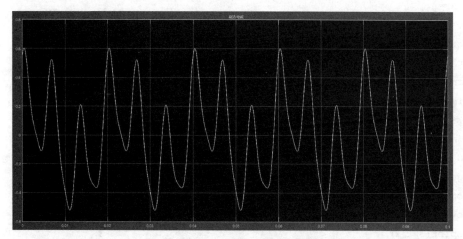

图 5‐108　变压器的二次侧电流波形

变压器的副方电流波形的 FFT 结果，如图 5‐106 窗口左上侧的 Signal 图表。

1. 已知如图 5‐109 所示电路，其参数分别为：$L_P = 0.1H$，$L_S = 0.2H$，$R_P = 1\Omega$，$R_S = 2\Omega$，$R_1 = 1\Omega$，$M_i = 0.1H$，$C = 1\mu F$，$U_D = 10V$。求电流 i_1、i_2 和 U_C 的响应曲线。

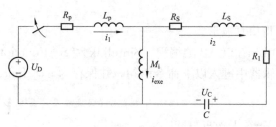

图 5‐109

提示：（1）方法之一：使用 MATLAB 编程实现：

% %

在 MATLAB 的编辑器中键入以下命令语句，并保存为 ex_1.m：

```
clear;clc;
% 给出电路的已知参数
Lp=0.1;Ls=0.2;Mi=0.1;Rp=1;Rs=2;R1=1;C=1e- 6;VD=10;alpha=0.1;
R=[-Rp,0,0;0,-(Rs+R1),-1;0,1,0];D=[1;0;0];L=[(Lp+Mi),-Mi,0;-Mi,(Ls+Mi),0;0,0,C]
Linv=inv(L);A=Linv*R;B=Linv*D;
X=[0;0;0];U=VD;
T=0.0001;                                    % 时间步长值
for n=1:10000
```

```
% Trapezoidal Integration(梯形积分)
n1(n)=n;
Xest=X+T*(A*X+B*U);
Xdotest=A*Xest+B*U;
alpha1=1+alpha;alpha2=1-alpha;
term1=alpha1*Xdotest;termint=A*X+B*U;
term2=alpha2+termint;
X=X+(T/2)*(term1+term2);
i1(n)=X(1);i2(n)=X(2);Vc(n)=X(3);
end
figure(1)
subplot(3,1,1)
plot(n1*T,i1);grid on;ylabel('i_1/A');title('i_1 波形')          % 获得 i_1 波形
subplot(3,1,2)
plot(n1*T,i2);grid on;axis([0,1,-0.01,0.01])
ylabel('i_2/A');title('i_2 波形')                              % 获得 i_2 波形
subplot(3,1,3)
plot(n1*T,Vc);grid on;axis([0 1 -5 10])
xlabel('时间/s');ylabel('V_c/V');title('V_c 波形')             % 获得 V_c 波形
%%%%%%%%%%%%%%%%%%%%%%%%%%%%%%%%%%%%%%%%%%%%%%%%%%%
```

在 MATLAB 的命令窗口中键入以下命令语句：

```
ex_1
```

回车之后，即可获得仿真波形。

（2）方法之二：使用 MATLAB 的编程、Simulink 和 S‑Function 函数共同实现：
在 MATLAB 的编辑器中键入以下命令语句，并保存为 ex_func.m：

```
%%%%%%%%%%%%%%%%%%%%%%%%%%%%%%%%%%%%%%%%%%%%%%%%%%%
function [sys,x0]=prob1(t,x,u,flag)
% 给出电路的已知参数%%%%%%%%%%%%%
Lp=0.1;Ls=0.2;Mi=0.1;Rp=1;Rs=2;Rl=1;C=1e-6;V=10;
alpha=0.1;R=[-Rp,0,0;0,-(Rs+Rl),-1;0,1,0];
D=[1;0;0];L=[(Lp+Mi),-Mi,0;-Mi,(Ls+Mi),0;0,0,C];
Linv=inv(L);
A=Linv*R;B=Linv*D;
if abs(flag)==1
sys(1:3)=A*x(1:3)+B*u;
elseif abs(flag)==3
sys(1:3)=x(1:3);
elseif flag==0
sys(1)=3;
sys(2)=0;
sys(3)=3;
```

```
sys(4)=1;
sys(5)=0;
sys(6)=0;
x0=[0;0;0];
else
sys=[];
end;
```

%%%

　　再构建 MATLAB 的 Simulink 仿真模型如图 5 - 110 所示，现将它的各个模块的调入方法简述如下：在 Simulink 模块库中的 Sources 模块库中调用 Clock 和 Constant（常数信号）模块，将 Constant（常数信号）模块的 Constant value 栏设置为 10，其他为默认参数，→在 User definedfunction 模块库中调用 S - function 模块，将其 S - function name 栏目设置为 ex_func，→在 Signal routing 模块库中调用 Demux 模块，将其 Number of outputs 栏置为 3，→在 Sink 模块库中调用 Scope 模块，将其 Number of Axes 栏置为 3，不选中 Limit data points to last 栏（即不用限制输出数据数目）；→再在 Sink 模块库中连续调用 To Workspace 模块四次，将 To Workspace 模块的 Variable name 栏置为 time，→将 Save format 栏选择为 Array，其他为默认参数；同理将 To Workspace1 模块的 Variable name 栏置为 i1，→将 To Workspace2 模块的 Variable name 栏置为 i2，→将 To Workspace3 模块的 Variable name 栏置为 Vc，其他设置方法同 To Workspace 模块，如图 5 - 110 所示，→不用设置仿真参数，就利用默认值，并将该仿真模型保存为 ex_2.slx，→点击仿真快捷键，即可获得仿真波形。

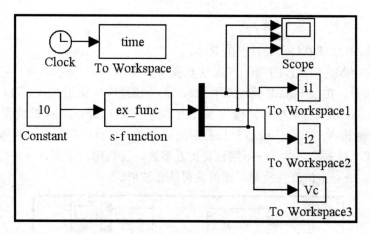

图 5 - 110

最后，再在 MATLAB 的 M 编辑器窗口中键入以下命令语句，并保存为 ex_plot.m：

%%%
```
figure(1)
subplot(3,1,1)
plot(time,i1);grid on;ylabel('i_1/A');title('i_1波形')       % 获得 i_1 波形
subplot(3,1,2)
plot(time,i2);grid on;axis([0,1,-0.01,0.01])               % 获得 i_2 波形
```

```
ylabel('i_2/A');title('i_2 波形')
subplot(3,1,3)
plot(time,Vc);grid on;axis([0,1,-5,10])
xlabel('时间/s');ylabel('V_c/V');title('V_c 波形')          % 获得 V_c 波形
%%%%%%%%%%%%%%%%%%%%%%%%%%%%%%%%%%%%%%%%%%%%%%%%%%%
```

再在 MATLAB 的命令窗口中键入以下命令语句：

```
ex_plot
```

回车之后，即可获得仿真波形。

（3）方法之三：使用 MATLAB 编程和 Simulink 共同实现：

首先在 MATLAB 的 M 编辑器窗口中键入以下命令语句，并保存为 Initialization.m：

```
%%%%%%%%%%%%%%%%%%%%%%%%%%%%%%%%%%%%%%%%%%%%%%%%%%%
% 初始化电路参数
clear all
Lp=0.1;Ls=0.2;Mi=0.1;Rp=1;Rs=2;
R1=1;C=1e-6;V=10;alpha=0.1;
R=[-Rp,0,0;0,-(Rs+R1),-1;0,1,0]
D=[1;0;0]
L=[(Lp+Mi),-Mi,0;-Mi,(Ls+Mi),0;0,0,C]
Linv=inv(L);
A=Linv*R;B=Linv*D;C=eye(3);D=zeros(3,1);
%%%%%%%%%%%%%%%%%%%%%%%%%%%%%%%%%%%%%%%%%%%%%%%%%%%
```

点击 M 编辑器窗口中 Debug，点击 Run；

其次，再构建 MATLAB 的 Simulink 仿真模型如图 5‑111 所示，现将它的各个模块的调入方法简述如下：在 Simulink 模块库中的 Sources 模块库中调用 Clock 和 Constant（常数信号）模块，Constant（常数信号）模块参数为 10，→在 Continuous 模块库中调用 State‑Space 模块，→将其 A、B 和 C 和 D 栏目分别设置为 A、B 和 C 和 D，→其他模块的调用方法和参数设置情况同方法之二，→不用设置仿真参数，就利用默认值，→并将该仿真模型保存为 ex_3.slx，→点击仿真快捷键，即可获得仿真波形。

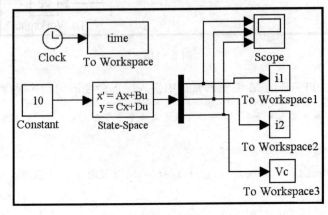

图 5‑111

再在 MATLAB 的 M 编辑器窗口中键入以下命令语句，并保存为 ex_plot. m（其内容同方法之二中的 ex_plot. m）；

最后，再在 MATLAB 的命令窗口中键入以下命令语句：

```
ex_plot
```

回车之后，即可获得仿真波形。

（4）方法之四：使用 MATLAB 的 Simulink 中 SimPower Systems 模块库来实现：

首先在 MATLAB 的 M 编辑器窗口中键入以下命令语句，并保存为 Para_Initial. m：

```
%%%%%%%%%%%%%%%%%%%%%%%%%%%%%%%%%%%%%%%%%%%%%
% 初始化电路参数
clear all
V=10;Lp=0.1;Ls=0.2;Mi=0.1;Rp=1;Rs=2;
R1=1;C=1e-6;
%%%%%%%%%%%%%%%%%%%%%%%%%%%%%%%%%%%%%%%%%%%%%
```

点击 M 编辑器窗口中 Debug，点击 Run；

其次，再构建 MATLAB 的 Simulink 仿真模型如图 5-112 所示，现将它的各个模块的调入方法简述如下：在 SimPower Systems 模块库中调用各个模块：在 Electronic sources 模块库中调用 DC Voltage Source 模块其参数为 10；→在 Power electronics 模块库中调用 Ideal Switch（开关）模块库，→在 Elements 模块库连续七次调用 Series RLC Branch 模块，分别将它们命名为 Rp、Lp、Rs、Ls、C、Mi 和 R1，它们各自的参数栏分别置为 Rp、Lp、Rs、Ls、C、Mi 和 R1，即将 Rp、Rs 和 R1 模块中的 Resistance 栏置为 Rp、Rs 和 R1，Inductance 栏置为 0，Capacitance 栏置为 inf；→将 Lp、Ls 和 Mi 模块中的 Resistance 栏置为 0，Inductance 栏置为 Lp、Ls 和 Mi，Capacitance 栏置为 inf；将 C 模块中的 Resistance 栏置为 0，Inductance 栏置为 0，Capacitance 栏置为 C；→在 Measurements（电路测量）模块库中调用 Current Measurement 模块和 Voltage Measurement 模块，→其他模块的调用方法和参数设置情况同方法之二，其中 Step 模块利用它自身的默认参数，→设置仿真参数，选择 ode23tb（stiff/TR-BDF2）算法器，Max step size 栏置为 1e-5，其他为默认参数值，→并将该仿真模型保存为 ex_4. slx，→点击仿真快捷键，即可获得仿真波形。

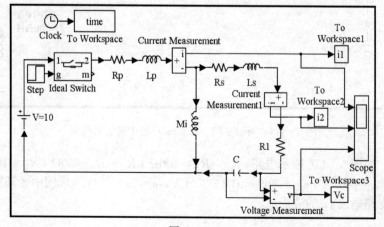

图 5-112

最后，再在 MATLAB 的命令窗口中键入以下命令语句：

```
plot(i1)
plot(i2)
plot(Vc)
```

回车之后，即可获得仿真波形。

2. 重新做图 5 - 109 所示电路，假设其参数分别为：$L_P = 0.5H$，$L_S = 0.8H$，$R_P = 10\Omega$，$R_S = 20\Omega$，$R_1 = 10\Omega$，$M_i = 0.1H$，$C = 10\mu F$，$U_D = 100V$。求电流 i_{exe} 的响应曲线。

提示：按照习题 1 介绍的方法，求得 i_1 和 i_2 的波形之后，根据基尔霍夫电流定律，可得电流 i_{ex} 的表达式为：$i_{exe} = i_1 - i_2$。

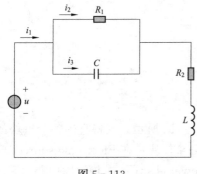

图 5 - 113

3. 已知：如图 5 - 113 所示电路，$R_1 = 100\Omega$，$R_2 = 10\Omega$，$L = 500mH$，$C = 10\mu F$，$u = 100\sin(\omega t)$，$\omega = 314rad/s$，求各支路的电流波形。

提示：直接利用 MATLAB 的 Simulink 中 Sim-Power Systems 模块库构建仿真模型，同习题 1 方法四的构建步骤，保存为 ex _ 3.slx，如图 5 - 114 所示，其仿真结果如图 5 - 115 所示，图中 I _ R1 表示流过电阻 R_1 的电流，I _ C1 表示流过电阻 C_1 的电流，I _ L1 表示流过电感 L_1（和电阻 R_2）的电流波形。

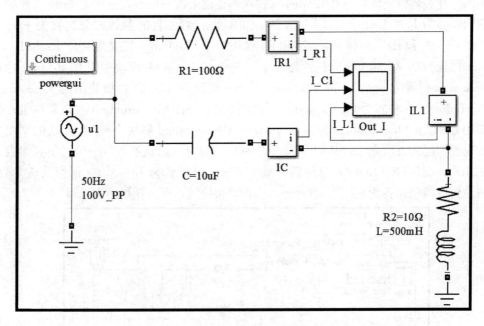

图 5 - 114   习题 3 的 Simulink 环境中的仿真模型

4. 已知：如图 5 - 116 所示电路，$R_1 = R_3 = 100\Omega$，$R_2 = R_4 = 50\Omega$，$R_5 = 10\Omega$，$R_6 = 5\Omega$，$u_{S1} = 10\sin(\omega t + 60°)$ V，$u_{S2} = 100\sin(\omega t - 30°)$ V，$\omega = 314rad/s$，求图中各环路电流 i_1、i_2 和 i_3 波形和支路电流 i_S 的波形。

提示：

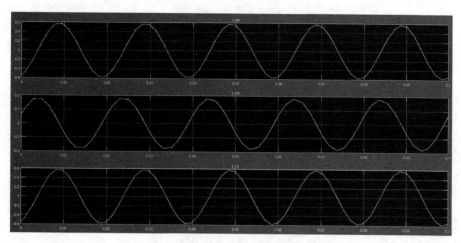

图 5 - 115　仿真结果

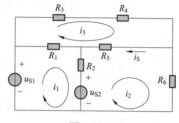

图 5 - 116

回路 1 的方程为：$(R_1 + R_2)i_1 - R_2 i_2 - R_1 i_3 = u_{S1} - u_{S2}$

回路 2 的方程为：$-R_2 i_1 + (R_2 + R_5 + R_6)i_2 - R_5 i_3 = u_{S2}$　回路 3 的方程为：$-R_1 i_1 - R_5 i_2 + (R_1 + R_3 + R_4 + R_5)i_3 = 0$

电流源支路电流与回路电流关系的方程：$i_S = i_3 - i_2$

直接利用 MATLAB 的 Simulink 中 SimPower Systems 模块库构建仿真模型，同习题 1 方法四的构建步骤，保存为 ex_4.slx，如图 5 - 117 所示，其仿真结果如图 5 - 118 所示，图中 I_R3 表示流过电阻 R_3 和 R_5 的电流 i_3，I_R5 表示流过电阻 R_5 的电流 i_S，I_R2 表示流过电阻 R_2 的电流 i_1，I_R6 表示流过电阻 R_6 的电流 i_2。

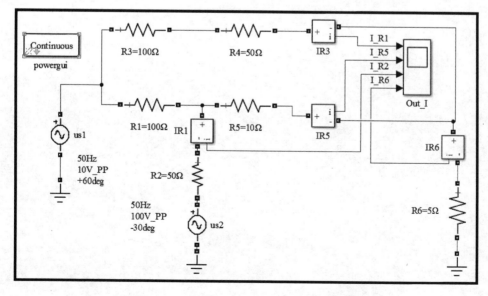

图 5 - 117　习题 4 的 Simulink 环境中的仿真模型

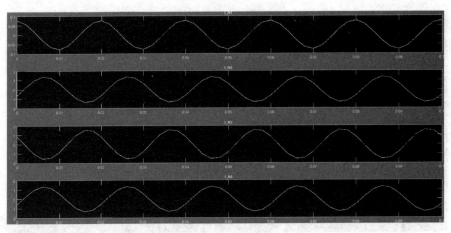

图 5 - 118　仿真结果

5. 已知：如图 5 - 119 所示电路，求图中电流 I。

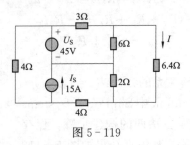

图 5 - 119

提示：直接利用 MATLAB 的 Simulink 中 SimPower Systems 模块库构建仿真模型，同习题 1 方法四的构建步骤。

第6章 MATLAB 在测控技术中的典型应用

本章介绍 MATLAB 软件在测控技术中的建模与仿真方面的重要分析方法和必要步骤。首先介绍一般控制系统的数学描述方法，包括微分方程模型、传递函数模型、状态方程模型，以及各种描述模型之间的相互转换与连接方法，其次分析建立控制系统的 simulink 仿真模型的重要方法和主要步骤、典型传感器和测控系统的建模与仿真方法。本章将从控制系统的建模开始讲解，深入浅出地介绍测控系统的数学描述方法和建模技巧。

6.1 测控系统的几种典型数学模型

测控系统的数学模型在控制系统的研究中有着相当重要的地位，要对系统进行仿真处理，首先应当知道系统的数学模型，然后才可以对系统进行模拟。同理，如果知道了系统的模型，才可以在此基础上设计一个合适的控制器，使得系统响应达到预期的效果，从而符合工程实际需要。在线性系统理论中，一般常用的数学模型主要有：传递函数模型（系统的外部模型）、状态方程模型（系统的内部模型）、零极点增益模型和部分分式模型等。这些模型之间都有着内在的联系，可以相互转换。

6.1.1 微分方程模型

1. 系统的特点与分类

"系统"是一个较为广义的概念。它是指由相互作用和依赖的若干事物组成的、具有特定功能的整体。如测控系统、电力系统、电气传动系统、通信系统、计算机系统、机器人等都属于系统范畴。在各种系统中，测控系统具有特殊的重要性，因为它可以对电系统和非电系统实行测试与控制，以实现工程目标。

系统的分类方法也有许多，如果按系统性能分有：线性系统和非线性系统、连续系统和离散系统、定常系统和时变系统、确定系统和不确定系统。用线性微分方程式来描述，如果微分方程的系数为常数，则为定常系统；如果系数随时间而变化，则为时变系统。今后我们所讨论的系统主要以线性定常连续系统为主。离散系统是指系统的某处或多处的信号为脉冲序列或数码形式。这类系统用差分方程来描述。非线性系统：系统中有一个元部件的输入输出特性为非线性的系统。

2. 典型实例分析

【举例1】 电路如图 6-1（a）所示，$R=14\Omega$，$L=0.2H$，$C=0.47\mu F$，初始状态为：电感电流 $i_L(0)=0$，电容电压 $u_C(0)=0.5V$，$t=0$ 时刻接入 10V 的电压 U_S，求 $0<t<0.15s$ 时，$i_L(t)$，$u_C(t)$ 的值，并且画出电流与电容电压之间的关系曲线。

（1）列写电路方程如下

$$U_S=Ri(t)+L\frac{\mathrm{d}i(t)}{\mathrm{d}t}+\frac{1}{C}\int i(t)\mathrm{d}t \tag{6-1}$$

$$u_L(t)=L\frac{\mathrm{d}i(t)}{\mathrm{d}t} \tag{6-2}$$

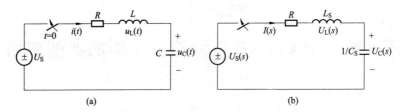

图 6-1 RLC 电路原理示意图

(a) 时域模型；(b) 复频域 (s) 模型

$$u_C(t) = \frac{1}{C} \int i(t) \mathrm{d}t \qquad (6-3)$$

（2）变量设置方法。我们以电容器端电压为变量，可得微分方程为

$$U_S = LC\ddot{u}_C(t) + RC\dot{u}_C(t) + u_C(t) \qquad (6-4)$$

在 MATLAB 软件中，要利用 ode 命令函数求解微分方程，必须要对微分方程作如下假设：

$$\begin{cases} x(1) = u_C(t) \\ x(2) = i(t) \\ \dfrac{\mathrm{d}x(1)}{\mathrm{d}t} = \dfrac{x(2)}{C} \\ \dfrac{\mathrm{d}x(2)}{\mathrm{d}t} = \dfrac{1}{L}[U_S - x(1) - R \cdot x(2)] \end{cases} \qquad (6-5)$$

由此可见，本例以电容器端电压 $u_C(t) \rightarrow x(1)$，以电感器电流 $i(t) \rightarrow x(2)$，再用 MATLAB 软件中的 M 函数文件进行分析和仿真计算。

（3）建立 M 函数文件。本例将利用 M 函数文件对该电路模型进行求解，现将求解方法与分析步骤讲述如下：

1）创建 M 函数文件。在 MATLAB 软件的 M 文件编辑器中，键入以下命令语句，并保存为 RLC. m：

```
function xdot=RLC(t,x)                          % 状态导数
% 创建电路的微分方程的 M 函数文件
% % 电路的微分方程为：
% % % % % % % % % % % % % % % % % % %
% Us=LCuc''+RCuc'+uc
% % % % % % % % % % % % % % % % % % %
% % % % % % % % % % % % % % % % % % %
% M 函数文件格式说明
% function xdot=filename(t,x)
% xdot=[表达式 1;表达式 2;表达式 3;…;表达式 n-1]
% 我们以电容器端电压 uc 为 x1,即
% % uc=x1
% % i=x2-->x1'=x2/C
% % x2'=x3
```

```
% % % % % % % % % % % % % % % % % % % % % %
% 表达式 1 对应   x1'=x2/C
% 表达式 2 对应   x2'=x3
% 表达式 3 对应   x3'=x4
%   …
% 表达式 n-1 对应   xn-1'=xn
% 如例 exm_1.m
% x(1)=uC   x(2)=iL
% x(1)'=x(2)/C
% x(2)'=(Us-x(1)-R*x(2))/L
% % % % % % % % % % % % % % % % % % % % %
Us=10;R=14;L=0.2;C=0.47e-6;
xdot=[x(2)/C;1/L*(Us-x(1)-R*x(2))];% xdot=[x1';x1'']
% % % % end 参数赋值
```

2) 创建 M 文件。在 MATLAB 软件的 M 文件编辑器中键入以下命令语句，并保存为 exm_1.m：

```
clc,clear,close;
t0=0;tfinal=0.15;
x0=[0.5;0];                            % 初始化,电容电压为 0.5V,电感电流为 0
[t,x]=ode45(@ RLC,[t0,tfinal],x0);
                                       % RLC 是系统微分方程的描述函数
figure(1)
subplot(2,1,1);plot(t,x(:,1) ,'linewidth',1);grid on
title('电容器端电压波形 uc/V');xlabel('时间 t/s');
subplot(2,1,2);plot(t,x(:,2) ,'linewidth',1);grid on
title('电感器电流 iL/A');xlabel('时间 t/s')
figure(2)
uc=x(:,1);i=x(:,2);
plot(uc,i,'linewidth',3);grid on
title('电感器电流与电容器端电压波形');
xlabel('电容器端电压波形 uc/V');ylabel('电感器电流 iL/A')
```

3) 执行仿真。在 MATLAB 软件的 M 文件的编辑器窗口中，点击"Save and Run"，启动仿真程序，对该电路模型进行仿真计算。

（4）分析仿真结果。

1) 图 6-2 分别表示电容器端电压波形 uc/V 和电感器电流波形 iL/A；

2) 图 6-3 表示电感器电流与电容器端电压之间关系的曲线。

（5）命令函数 ode45 的使用方法。补充说明一下本例所使用的命令函数 ode45（）的使用方法，它是常微分方程（ODE：ordinary differential equation）数值解的命令函数，其格式为：

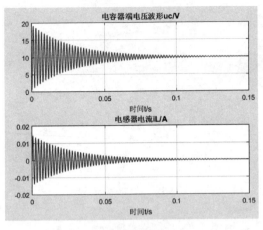

图 6 - 2　电容器端电压波形 uc/V
和电感器电流波形 iL/A

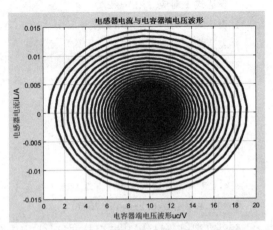

图 6 - 3　电感器电流与电容器端电压的变化波形

命令格式：[t，x] ＝ode45（odefun，[t0，tfinal]，x0）

解释说明：odefun 为输入函数或者是函数的 M 文件名称；t0 为 t 的起始值，tfinal 为 t 的终值，x0 为 x 的初始值。

命令格式：[t，x] ＝ode45（odefun，tspan ，x0）

解释说明：tspan 表示积分区间（即求解区间）的向量，且 tspan ＝ [t0 tfinal]，要获得问题在其他指定时间点 t0，t1，t2，…上的解，则令 tspan＝ [t0，t1，t2，…，tf]（要求是单调的）。其他符号含义同上。其他类似的命令函数还有 ode23、ode113、ode15s、ode23s、ode23t、ode23tb 等，见表 6 - 1 所示。

表 6 - 1　　　　　　　　　　　　　求解 ODE 的常用命令函数

命令函数		描述
解算器 solver	ode23	普通 2 - 3 阶法解 ODE
	ode23s	低阶法解刚性 ODE
	ode23t	解适度刚性 ODE
	ode23tb	低阶法解刚性 ODE
	ode45	普通 4 - 5 阶法解 ODE
	ode15s	变阶法解刚性 ODE
	ode113	普通变阶法解 ODE

因为没有一种算法可以有效地解决所有的 ODE 问题，为此，MATLAB 提供了多种解算器 solver，对于不同的 ODE 问题，采用不同的解算器 solver，见表 6 - 2 所示。

表 6 - 2　　　　　　　　　　　　不同解算器 solver 的特点

解算器 solver	ODE 类型	特点	说明
ode45	非刚性	一步算法；4，5 阶 Runge - Kutta 方程； 累计截断误差达（Δx）^{3}	大部分场合的首选算法

续表

解算器 solver	ODE 类型	特点	说明
ode23	非刚性	一步算法；2，3 阶 Runge - Kutta 方程；累计截断误差达 $(\Delta x)^3$	使用于精度较低的情形
ode113	非刚性	多步法；Adams 算法；高低精度均可到 $10^{-3}\sim10^{-6}$	计算时间比 ode45 短
ode23t	适度刚性	采用梯形算法	适度刚性情形
ode15s	刚性	多步法；Gear's 反向数值微分；精度中等	若 ode45 失效时，可尝试使用
ode23s	刚性	一步法；二阶 Rosebrock 算法；低精度	当精度较低时，计算时间比 ode15s 短
ode23tb	刚性	梯形算法；低精度	当精度较低时，计算时间比 ode15s 短

（6）命令函数 solver 的使用方法。在 MATLAB 软件中，解算器 solver 的命令格式有以下几种：

命令格式：[T，Y] ＝solver（odefun，tspan，y0）

解释说明：在区间 tspan＝ [t0 tfinal] 上，从 t0 到 tfinal，用初始条件 y0 求解显式微分方程 $y'=f(t,y)$。对于标量 t 与列向量 y，函数 $f=odefun(t,y)$ 必须返回一 $f(t,y)$ 的列向量 f。解矩阵 Y 中的每一行对应于返回的时间列向量 T 中的一个时间点。要获得问题在其他指定时间点 t0，t1，t2，… 上的解，则令 tspan＝ [t0，t1，t2，…，tf]（要求是单调的）。

命令格式：[T，Y] ＝solver（odefun，tspan，y0，options）

解释说明：用参数 options（用命令 odeset 生成）设置的属性（代替了默认的积分参数），再进行操作。常用的属性包括相对误差值 RelTol（默认值为 1e‐3）与绝对误差向量 AbsTol（默认值为每一元素为 1e‐6）。

命令格式：[T，Y] ＝solver（odefun，tspan，y0，options，p1，p2…）

解释说明：将参数 p1，p2，p3，.. 等传递给函数 odefun，再进行计算。若没有参数设置，则令 options＝ []。

6.1.2　传递函数模型

1. 获取测控电路传递函数的方法

在分析常参量线性电路时，可以分别分析每一个独立源的作用，通常把独立源（包括初值等效源）的源电压或者源电流，称为该电路的激励或者输入信号，把所求的电压或者电流称为该电路对激励的响应或输出信号。

（1）典型示例分析。

【举例 2】　在零初始条件下，将电路图 6 - 1 （a）进行 s （复频域）变换，如图 6 - 1 （b）所示，图中 $U_S(s)$、$U_C(s)$、$I_L(s)$ 和 $U_L(s)$ 分别表示 U_S、$u_C(t)$、$i_L(t)$、$u_L(t)$ 的拉氏变换，s 表示拉氏算子。如果将图 6 - 1 （b）看成二端网络，把直流电源 $U_S(s)$

看作是激励信号，将电容器端电压 $U_C(s)$ 看作是电路的输出响应，可以将表达式（6-4）变换为

$$U_S(s) = LCs^2 U_C(s) + RCs U_C(s) + U_C(s) \tag{6-6}$$

则 $U_C(s)$ 的表达式为

$$U_C(s) = \frac{U_S(s)}{LCs^2 + RCs + 1} \tag{6-7}$$

根据传递函数的定义可知，该电路的传递函数为输出量的拉氏变换 $U_C(s)$ 与输入量的拉氏变换 $U_S(s)$ 之比，即

$$G(s) = \frac{U_C(s)}{U_S(s)} = \frac{1}{LCs^2 + RCs + 1} \tag{6-8}$$

具体来讲，表达式（6-8）中的常数 L 和 C 以及 R 和 C 是与图 6-1（a）所示电路的电气参数密切相关的常数值。表达式（6-8）表示的是低阶连续系统的传递函数的表达式。我们将其推广到连续系统的传递函数模型的一般表达式为

$$G(s) = \frac{C(s)}{R(s)} = \frac{b_m s^m + b_{m-1} s^{m-1} + \cdots + b_1 s + b_0}{a_n s^n + a_{n-1} s^{n-1} + \cdots + a_1 s + a_0} \tag{6-9}$$

式中　　　　　　　　　　　　　$C(s)$——系统或者元件的输出量的拉氏变换；

$R(s)$——系统或者元件的输入量的拉氏变换；

b_0，b_1，b_2，$\cdots$，b_m，a_0，a_1，a_2，$\cdots$，a_n——是与系统结构、参数有关的常数。

（2）线性电路的 s 域解法。对线性电路的基本方程作拉氏变换，可以得到以下方程：

1）电阻方程

$$\begin{cases} U(s) = I(s) \times R \\ I(s) = \dfrac{U(s)}{R} \end{cases} \tag{6-10}$$

2）电容方程。若电容的初始电压为 $U_C(0)$，则电容方程为

$$\begin{cases} U(s) = \dfrac{U_C(0)}{s} + \dfrac{I(s)}{sC} \\ I(s) = -CU_C(0) + sCU(s) \end{cases} \tag{6-11}$$

3）电感方程。若电感的初始电流为 $I(0)$，则电感方程为

$$\begin{cases} U(s) = -LI(0) + sLI(s) \\ I(s) = \dfrac{I(0)}{s} + \dfrac{U(s)}{sL} \end{cases} \tag{6-12}$$

2. MATLAB 软件中传递函数的表示法

对于线性定常系统，式中拉氏算子 s 的系数均为常数，且 a_n 不等于零，这时系统在 MATLAB 软件中可以方便地由分子和分母系数构成的两个向量唯一地确定出来，这两个向量习惯用 num 和 den 表示，即在 MATLAB 软件的命令窗口中键入如下语句：

```
>> num=[ bm,bm-1,…,b1,b0]
>> den=[ an,an-1,…,a1,a0]
```

注意：它们都是按 s 的降幂进行排列的。

【举例 3】 已知某连续系统的传递函数的表达式为：

$$G(s) = \frac{s^2 + 2s + 3}{2s^3 + 4s^2 + 6s + 7} \quad (6-13)$$

分析：

只需在 MATLAB 软件的命令窗口中，键入以下命令语句：

```
>> num=[1 2 3];den=[2,4,6,7];
>> disp('G(s)=');printsys(num,den)
```

执行结果如图 6-4 所示。

或者在 MATLAB 软件的命令窗口中，键入以下命令语句：

```
>> sys=tf(num,den)
```

本例的执行结果如图 6-5 所示。

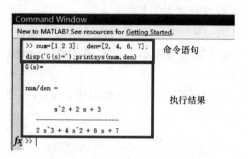

图 6-4　举例 3 的执行结果 1

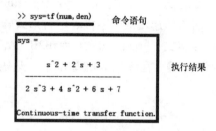

图 6-5　举例 3 的执行结果 2

需要说明的是，在 MATLAB 软件中命令 printsys 用于显示系统传递函数的表达式，它最常用的命令格式分别为：

命令格式：printsys（num，den，$'$s$'$）

命令格式：printsys（num，den，$'$z$'$）

命令格式：printsys（A，B，C，D）

【举例 4】　已知某离散系统的传递函数的表达式为

$$G(s) = \frac{z^2 + 2z + 3}{2z^3 + 4z^2 + 6z + 7} \quad (6-14)$$

如要显示上述传递函数的表达式，只需在 MATLAB 软件的命令窗口中，键入以下命令语句：

```
>> num=[1 2 3];den=[2 4 6 7];
>> disp('G(z)=');printsys (num,den,'z')
```

本例的执行结果为：

```
                    z^2+2 z+3
G(z)=num/den = ··················
                 2 z^3+4 z^2+6 z+7
```

6.1.3　零极点增益模型

1. 零极点增益模型简介

零极点模型实际上是传递函数模型的另一种表现形式，其原理是分别对原系统传递函数

的分子、分母进行分解因式处理，以获得系统的零点和极点的表示形式

$$G(s) = K\frac{(s - Z_1)(s - Z_2)\cdots(s - Z_m)}{(s - P_1)(s - P_2)\cdots(s - P_n)} \tag{6-15}$$

式中 K——系统增益；

     Z_i——零点，$i = 1, 2, \cdots, m$；

     P_j——极点，$j = 1, 2, \cdots, n$。

Z_i 和 P_j 可以是实数，也可以是复数。如为复数，必须共扼成对出现。在 MATLAB 软件中，零极点增益模型，可以用 [Z，P，K] 矢量组表示。即

$$\boldsymbol{Z} = [Z1, Z2, \cdots, Zm]$$
$$\boldsymbol{P} = [P1, P2, \cdots, Pn]$$
$$\boldsymbol{K} = [K]$$

函数命令 tf2zp（）可以用来求传递函数的零极点和增益，即

命令格式：[Z，P，K] = tf2zp（num，den）

或者将传递函数的零极点增益形式转化为传递函数的常规形式，需用下面的命令函数：

命令格式：[num，den] = zp2tf（Z，P，K）

【**举例 5**】 在举例 3 的基础上，只需在 MATLAB 软件的命令窗口中，键入以下命令语句：

```
>> [Z,P,K]=tf2zp(num,den)
```

本例的执行结果为：

```
Z=
  -1.0000  +1.4142i
  -1.0000  -1.4142i
P=
  -1.5326
  -0.2337  +1.4930i
  -0.2337  -1.4930i
K=
0.5000
```

因此，该连续系统的传递函数的表达式为：

$$G(s) = 0.5 \times \frac{(s - (-1.0000 + 1.4142i))(s - (-1.0000 - 1.4142i))}{(s - (-1.5326))(s - (-0.2337 + 1.4930i))\cdots(s - (-0.2337 - 1.4930i))}$$

$$\tag{6-16}$$

在 MATLAB 软件中，可以利用下面的命令函数将获得的零点和极点绘制其零极点图，即

命令格式：zplane（Z，P）

或者用下面的命令语句：

```
>> pzmap(num,den)        % 根据系统已知的零极点 Z 和 P 绘制出系统的零极点图。
```

如果已知系统的零点、极点和增益，需要显示系统表达式，可以执行下述命令语句：

```
>> sys=zpk(Z,P,K)
```

本例的执行结果为：

$$
\text{Zero/pole/gain: } \frac{0.5 \ (s^\wedge 2 + 2s + 3)}{(s+1.903) \ (s^\wedge 2 + 0.5967s + 2.364)}
$$

2. 系统稳定性的判断方法

系统稳定性的判据：对于连续时间系统，如果闭环极点全部在 s 平面左半平面，则系统是稳定的；对于离散时间系统，如果系统全部极点都位于 Z 平面的单位圆内，则系统是稳定的；若连续时间系统的全部零极点都位于 s 左半平面；或若离散时间系统的全部零极点都位于 Z 平面单位圆内，则系统是最小相位系统。MATLAB 提供了直接求取系统所有零极点的函数，因此可直接根据零极点的分布情况对系统的稳定性及是否为最小相位系统进行判断。

【举例 6】　已知某系统的模型如下面的表达式所示

$$
G(s) = \frac{3s^3 + 16s^2 + 41s + 28}{s^6 + 14s^5 + 110s^4 + 528s^3 + 1494s^2 + 2117s + 112} \tag{6-17}
$$

试判断该系统的稳定性及系统是否为最小相位系统。

分析：

只需在 MATLAB 软件的编辑器窗口中，键入以下命令语句，并将 M 文件保存为 exm_6.m：

```
clear;clc;close;
% 系统描述
num=[3 16 41 28];den=[1 14 110 528 1494 2117 112];
% 求系统的零极点
[Z,P,K]=tf2zp(num,den)
% 检验零点的实部;求取零点实部大于零的个数
ii=find(real(Z)>0)
n1=length(ii);
% 检验极点的实部;求取极点实部大于零的个数
jj=find(real(P)>0)
n2=length(jj);
% 判断系统是否稳定的依据是:极点实部是否大于零;
% 如大于零,则系统不稳定,反之系统稳定
if(n2>0)
    disp('系统不稳定')
    disp('不稳定的极点个数为:')
    disp(p(jj))
    else
    disp('系统是稳定的')
end
% 判断系统是否为最小相位系统的依据:零点的实部如大于零;
% 则系统为非最小相位系统,反之,为最小相位系统
```

```
if(n1>0)
    disp('非最小相位系统')
else
    disp('最小相位系统')
end
% 绘制零极点图
pzmap(P,Z)
```

以下为本例的执行结果：

```
Z=

    -2.1667   +2.1538i
    -2.1667   -2.1538i
    -1.0000   +0.0000i


P=

    -1.9474   +5.0282i
    -1.9474   -5.0282i
    -4.2998   +0.0000i
    -2.8752   +2.8324i
    -2.8752   -2.8324i
    -0.0550   +0.0000i


K=

     3


ii=

 Empty matrix: 0-by-1


jj=

 Empty matrix: 0-by-1
```

系统是稳定的

最小相位系统

图 6-6 表示举例 6 的零极点图。

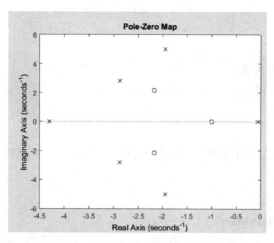

图 6-6　举例 6 的零极点图

需要补充说明命令函数 find 的使用方法。

命令格式：ii＝find（条件式）

解释说明：在 MATLAB 软件中，它被用来求取满足条件的向量的下标向量，以列向量表示。比如 exm_6.m 中的条件式为 real（$P>0$），其含义就是找出极点向量 P 中满足实部的值大于 0 的所有元素下标，并将结果返回到 ii 向量中去。这样如果找到了实部大于 0 的极点，则会将该极点的序号返回到 ii 下。如果最终的结果里 ii 的元素个数大于 0，则认为找到了不稳定极点，因而给出系统不稳定的提示；若产生的 ii 向量的元素个数为 0，则认为没有找到不稳定的极点，因而得出系统是稳定的结论。这个命令函数对于判断类似于系统是否稳定、系统是否为最小相位系统特别有用。

6.1.4　部分分式模型

由于控制系统经常用到并联系统，这时就要对系统函数进行分解，使其表现为一些基本控制单元的和的形式。在 MATLAB 软件中，

命令格式：[R，P，K]＝residue（B，A）

解释说明：对两个多项式的比进行部分展开，以及把传递函数分解为微分单元的形式。向量 B 和 A 是按 s（拉氏算子）降幂排列的多项式系数。部分分式展开后，余数返回到向量 r，极点返回到列向量 P，常数项返回到 K，即

$$\frac{B(s)}{A(s)} = \frac{R(1)}{s-P(1)} + \frac{R(2)}{s-P(2)} + \cdots + \frac{R(n)}{s-P(n)} + K(s) \qquad (6-18)$$

且在 MATLAB 软件中存在下面的表达式

$$n＝length（A）－1＝length（R）＝length（P） \qquad (6-19)$$

$$length（K）＝length（B）－length（A）＋1 \qquad (6-20)$$

命令格式：[B，A]＝residue（R，P，K）

解释说明：可以将部分分式转化为多项式比 B（s）/A（s）。

【举例 7】　某两个连续物理系统 1 和 2 的传递函数的表达式分别为

$$G_1(s) = \frac{-12s^3 + 24s^2 - 20}{21s^4 + 4s^3 - 6s^2 - 2s + 2} \qquad (6-21)$$

$$G_2(s) = \frac{4(s+2)(s^2+6s+6)^2}{s(s+1)^3(s^3+3s^2+2s+5)}$$
(6-22)

试求：

(1) $G_3 = G_1 G_2$ 的表达式；

(2) 求 G_3 的零极点模型和部分分式展开式模型；

(3) 绘制零极点图。

分析：

在 MATLAB 软件的编辑器窗口中，键入以下命令语句，并保存 M 文件为 exm_7.m：

```
clear;clc;close;
% 系统 1 的传递函数为：
num1=[-12,24,0,-20];den1=[21 4 -6 -2 2];
                                        % 系统 2 的传递函数为：
num2=4*conv([1,2],conv([1,6,6],[1,6,6]));
den2=conv([1,0],conv([1,1],conv([1,1],conv([1,1],[1,3,2,5]))));
                                        % 系统 3 的传递函数为：
num3=conv(num1,num2);den3=conv(den1,den2);
disp('传递函数 G3=');printsys(num3,den3)
disp('传递函数 G3 的零极点表达式:');
[Z3,P3,K3]=tf2zp(num3,den3)
disp('传递函数 G3 的部分展开表达式:');
[R3,P3,K3]=residue(num3,den3)
pzmap(P3,Z3)                            % 绘制传递函数 G3 的零极点图
title('传递函数 G3 的零极点图:o 表示零点,x 表示极点');
                                        % 给图形加说明文字
```

本例的执行结果为：

传递函数 G3=

num/den=

-48 s^8 -576 s^7 -2112 s^6 -1232 s^5 +6368 s^4 +8064 s^3 -6528 s^2 -14400 s -5760

----

21 s^11 +130 s^10 +312 s^9 +459 s^8 +494 s^7 +311 s^6 +15 s^5 -88 s^4 -16 s^3 +24 s^2 +10 s

传递函数 G3 的零极点表达式：

Z3=

```
  -4.7321   +0.0000i
  -4.7321   -0.0000i
   1.3875   +0.4748i
   1.3875   -0.4748i
  -2.0000   +0.0000i
  -1.2679   +0.0000i
  -1.2679   -0.0000i
  -0.7750   +0.0000i
```

P3=

```
   0.0000  +0.0000i
  -2.9042  +0.0000i
  -0.0479  +1.3112i
  -0.0479  -1.3112i
   0.4353  +0.2208i
   0.4353  -0.2208i
  -1.0000  +0.0000i
  -1.0000  -0.0000i
  -1.0000  +0.0000i
  -0.5305  +0.3440i
  -0.5305  -0.3440i
```

K3=

```
  -2.2857
```

传递函数 G3 的部分展开表达式：

R3=

```
   1.0e+02*

  -0.0006  +0.0000i
   0.0937  -0.1063i
   0.0937  +0.1063i
  -0.1586  +0.0000i
  -0.0775  +0.0000i
  -0.0085  +0.0000i
   1.5625  -0.5137i
   1.5625  +0.5137i
   1.3034  +0.4136i
   1.3034  -0.4136i
  -5.7600  +0.0000i
```

P3=

```
  -2.9042  +0.0000i
  -0.0479  +1.3112i
```

```
    -0.0479  -1.3112i
    -1.0000  +0.0000i
    -1.0000  +0.0000i
    -1.0000  +0.0000i
    -0.5305  +0.3440i
    -0.5305  -0.3440i
     0.4353  +0.2208i
     0.4353  -0.2208i
     0.0000  +0.0000i
```

```
K3=
    []
```

本例的传递函数 G_3 的零极点图，如图 6-7 所示。

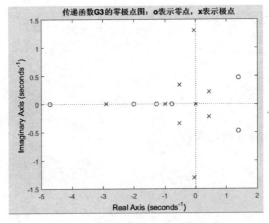

图 6-7   传递函数 G_3 的零极点图

```
>> zpk(Z3,P3,K3)
```

本例的执行结果为：

```
Zero/pole/gain:
        -2.2857 (s+4.732)^2 (s+2) (s+1.268)^2 (s+0.775) (s^2 -2.775s+2.151)
---------------------------------------------------------------------------------
s (s+2.904) (s+1)^3 (s^2-0.8706s+0.2382) (s^2+1.061s+0.3998) (s^2+0.09584s+1.722)
```

6.1.5 状态空间模型

在一般的控制系统中，状态方程模型运用十分广泛。状态方程与输出方程的组合称为状态空间表达式，又称为动态方程。经典控制理论用传递函数将输入—输出关系表达出来，而现代控制理论则用状态方程和输出方程来表达输入—输出关系，揭示了系统内部状态对系统性能的影响。

1. 状态方程的创建方法

状态方程模型通过选择合适的状态变量，对系统进行状态方程的描述。如下状态方程

$$\begin{cases} \dfrac{\mathrm{d}^n x(t)}{\mathrm{d}t^n} + a_{n-1}\dfrac{\mathrm{d}^{n-1} x(t)}{\mathrm{d}t^{n-1}} + \cdots + a_1 \dfrac{\mathrm{d}x(t)}{\mathrm{d}t} + x(t) \\ y(t) = Cx(t) + Du(t) \end{cases} \qquad (6-23)$$

式中　$x(t)$——系统的状态变量；

　　　$u(t)$——系统的输入量；

　　　$y(t)$——系统的输出量。

状态方程的模型根据不同的状态变量有所不同。在工程领域，常选择如下方法分析状态变量：

$$\begin{cases} x_1 = x(t) \\ x_2 = \dfrac{\mathrm{d}x(t)}{\mathrm{d}t} \\ \cdots \\ x_n = \dfrac{\mathrm{d}^{n-1} x(t)}{\mathrm{d}t^{n-1}} \end{cases} \rightarrow \begin{cases} x(t) = x_1 \\ \dfrac{\mathrm{d}x_1(t)}{\mathrm{d}t} = x_2 \\ \cdots \\ \dfrac{\mathrm{d}x_{n-1}(t)}{\mathrm{d}t} = x_n \\ \dfrac{\mathrm{d}x_n(t)}{\mathrm{d}t} = -a_{n-1}x_n - \cdots - a_2 x_3 - a_1 x_2 - a_0 x_1 + u(t) \end{cases} \qquad (6-24)$$

将状态方程（6-24）以矩阵形式描述，即为

$$\begin{Bmatrix} \dfrac{\mathrm{d}x_1(t)}{\mathrm{d}t} \\ \cdots \\ \dfrac{\mathrm{d}x_{n-1}(t)}{\mathrm{d}t} \\ \dfrac{\mathrm{d}x_n(t)}{\mathrm{d}t} \end{Bmatrix} = \begin{bmatrix} 0 & 1 & 0 & \cdots & 0 \\ 0 & 0 & 1 & \cdots & 0 \\ \vdots & \vdots & \vdots & \cdots & \vdots \\ 0 & 0 & 0 & \cdots & 1 \\ -a_0 & -a_1 & -a_2 & \cdots & -a_n \end{bmatrix} \begin{bmatrix} x_1 \\ \vdots \\ x_{n-1} \\ x_n \end{bmatrix} + \begin{bmatrix} 0 \\ \vdots \\ 0 \\ 1 \end{bmatrix} u(t) \qquad (6-25)$$

从以上矩阵形式，可以得到如下矩阵

$$\boldsymbol{A} = \begin{bmatrix} 0 & 1 & 0 & \cdots & 0 \\ 0 & 0 & 1 & \cdots & 0 \\ \vdots & \vdots & \vdots & \cdots & \vdots \\ 0 & 0 & 0 & \cdots & 1 \\ -a_0 & -a_1 & -a_2 & \cdots & -a_n \end{bmatrix} \qquad (6-26)$$

$$\boldsymbol{B} = \begin{bmatrix} 0 \\ \vdots \\ 0 \\ 1 \end{bmatrix} \qquad (6-27)$$

式（6-26）和式（6-27）中矩阵 $\boldsymbol{A}$ 的行数与状态变量的个数相同，列数与状态变量的个数相同。矩阵 $\boldsymbol{B}$ 的行数与状态变量的个数相同，列数与输入量的个数相同。假设所研究的系统为单输入单输出系统，则矩阵 $\boldsymbol{C} = [1, 0, 0, \cdots, 0]$，矩阵 $\boldsymbol{C}$ 的行数与输出量的个数相同，列数与状态变量的个数相同。矩阵 $\boldsymbol{D}$ 的行数与输出量的个数相同，列数与输入量的个

数相同。由此可以得出状态方程

$$\begin{cases} \dot{x}(t) = Ax(t) + Bu(t) \\ y(t) = Cx(t) + Du(t) \end{cases} \tag{6-28}$$

2. MATLAB 软件中状态方程的表示法

在 MATLAB 软件中，系统状态空间用（**A**，**B**，**C**，**D**）矩阵组表示。利用 ss 命令函数创建连续系统的状态方程，ss 函数的命令格式为：

命令格式：SYS=ss（A，B，C，D）

解释说明：其中，SYS 为状态方程的系统名称，**A**、**B**、**C**、**D** 分别表示输入矩阵。

在 MATLAB 软件中，利用 ssdata 命令函数显示系统的状态矩阵，ssdata 函数的命令格式为：

命令格式：[A，B，C，D] =ssdata（SYS）

解释说明：SYS 为状态方程的系统名称，**A**、**B**、**C**、**D** 分别表示输入矩阵。

【举例8】 已知某系统的状态方程中，矩阵 **A**、**B**、**C**、**D** 分别为

$$A = \begin{bmatrix} 1 & 6 & 9 & 10 \\ 3 & 12 & 6 & 8 \\ 4 & 7 & 9 & 11 \\ 5 & 12 & 13 & 14 \end{bmatrix}, \quad B = \begin{bmatrix} 4 & 6 \\ 2 & 4 \\ 2 & 2 \\ 1 & 0 \end{bmatrix}, \quad C = \begin{bmatrix} 0 & 0 & 2 & 1 \\ 8 & 0 & 2 & 2 \end{bmatrix}, \quad D = 0。$$

分析：

在 MATLAB 软件的编辑器中，键入以下命令语句，并保存为 exm_8.m：

```
clear;clc;close;
A=[1,6,9,10;3,12,6,8;4,7 9,11;5,12,13,14];
B=[4,6;2,4;2,2;1,0];
C=[0,0,2,1;8,0,2,2];D=0;
SYS=ss(A,B,C,D)
```

本例的执行结果为：

```
a=
      x1  x2  x3   x4
  x1  1   6   9    10
  x2  3   12  6    8
  x3  4   7   9    11
  x4  5   12  13   14
b=
      u1  u2
  x1  4   6
  x2  2   4
  x3  2   2
  x4  1   0
c=
      x1  x2  x3  x4
  y1  0   0   2   1
```

```
     y2  8   0   2   2
d=
        u1  u2
     y1  0   0
     y2  0   0
Continuous‐time state‐space model.
```

在 MATLAB 软件的命令窗口中，键入以下命令语句，将把本例中的矩阵全部显示出来。

```
>> [A,B,C,D]= ssdata(SYS)
```

6.1.6 MATLAB 软件中模型转换与连接法

1. 模型间转换方法简介

在一些场合下需要用到某种模型，而在另外一些场合下可能需要另外的模型，这就需要进行模型的转换。在控制系统中，不同的数学模型适用范围不同。各种数学模型之间的转换主要包括传递函数和状态方程模型的转换、零极点和状态方程模型的转换。

(1) 传递函数与状态方程间的转换法。在 MATLAB 软件中，利用 tf2ss 函数将传递函数模型转换为状态方程模型，利用 ss2tf 函数则可以将状态方程模型转换为传递函数模型，即

$$G(s) = \frac{\text{num}(s)}{\text{den}(s)} = C(sI - A)^{-1}B + D \tag{6-29}$$

命令格式：[**A**, **B**, **C**, **D**] = **tf2ss** (**num**, **den**)

解释说明：num 为传递函数的分子系数向量，den 为传递函数的分母系数向量，A、B、C 和 D 为状态方程的矩阵。

命令格式：[**num**, **den**] = **ss2tf** (**A**, **B**, **C**, **D**, **iu**)

解释说明：num 为传递函数的分子系数向量，den 为传递函数的分母系数向量，A、B、C 和 D 为状态方程的矩阵，iu 表示第 iu 个输入，当只有一个输入时可忽略。

(2) 零极点与状态方程间的转换法。在 MATLAB 软件中，利用 ss2zp 函数将状态空间模型转换为零极点增益模型，即

$$G(s) = \frac{\text{num}(s)}{\text{den}(s)} = C(sI - A)^{-1}B + D = K\frac{(s - Z_1)(s - Z_2)\cdots(s - Z_m)}{(s - P_1)(s - P_2)\cdots(s - P_n)}$$

$$\tag{6-30}$$

利用 zp2ss 函数将零极点增益模型转换为状态空间模型。它们的命令格式分别为：

命令格式：[**Z**, **P**, **K**] = **ss2zp** (**A**, **B**, **C**, **D**, **iu**)

命令格式：[**A**, **B**, **C**, **D**] = **zp2ss** (**Z**, **P**, **K**)

(3) 零极点与传递函数间的转换法。在 MATLAB 软件中，利用 zp2tf 函数将零极点增益模型转换为传递函数模型，利用 tf2zp 函数将传递函数模型转换为零极点增益模型，它们的命令格式已经介绍过。

【举例 9】 接着在举例 8 的基础上，在 MATLAB 软件的命令窗口中键入以下语句：

```
>> [num,den]= ss2tf(A,B,C,D,1);
```

```
>> [num,den]= ss2tf(A,B,C,D,2);printsys(num,den)
```

本例的执行结果为：

$$num(1)/den = \frac{4\ s^\wedge3+100\ s^\wedge2-10\ s+614}{s^\wedge4-36\ s^\wedge3+52\ s^\wedge2+467\ s+350}$$

$$num(2)/den = \frac{52\ s^\wedge3-1140\ s^\wedge2+5948\ s+6132}{s^\wedge4-36\ s^\wedge3+52\ s^\wedge2+467\ s+350}$$

【举例 10】 已知系统状态空间模型为

$$\begin{cases} \dot{x} = \begin{bmatrix} 0 & 1 \\ 1 & -2 \end{bmatrix} x + \begin{bmatrix} 0 \\ 1 \end{bmatrix} u \\ y = \begin{bmatrix} 1 & 3 \end{bmatrix} x + u \end{cases} \tag{6-31}$$

分析：

在 MATLAB 软件的编辑窗口中，键入以下命令语句，并保存为 exm_10.m：

```
clear;clc;close;
A=[0,1;-1,-2];B=[0;1];C=[1,3];D=[1];
[num,den]=ss2tf(A,B,C,D)
[Z,P,K]=ss2zp(A,B,C,D)
```

本例的执行结果为：

```
num=1.0000    5.0000    2.0000
den=1    2    1
Z=-0.4384
  -4.5616
P=   -1
     -1
K=   1
```

【举例 11】 已知一个单输入三输出系统的传递函数模型为

$$\begin{cases} G_{11}(s) = \dfrac{y_1(s)}{u(s)} = \dfrac{-2}{s^3+6s^2+11s+6} \\[2mm] G_{21}(s) = \dfrac{-s-5}{s^3+6s^2+11s+6} \\[2mm] G_{31}(s) = \dfrac{s^2+2s}{s^3+6s^2+11s+6} \end{cases} \tag{6-32}$$

分析：

在 MATLAB 软件的编辑窗口中，键入以下命令语句，并保存 M 文件为 exm_11.m：

```
clear;clc;
num=[0,0,-2;0,-1,-5;1,2,0];den=[1,6,11,6];
[A,B,C,D]=tf2ss(num,den)
[Z,P,K]=ss2zp(A,B,C,D)
```

```
printsys(num,den)          % 可以利用该命令验证所输入的
                           % 单输入三输出系统的传递函数模型是否有误
```

本例的执行结果为：

```
A=

    -6    -11    -6
     1     0     0
     0     1     0



B=

     1
     0
     0



C=

     0     0    -2
     0    -1    -5
     1     2     0



D=

     0
     0
     0

Z=

   Inf    -5     0
   InfInf    -2


P=

   -3.0000
   -2.0000
   -1.0000
```

```
K=

    -2
    -1
     1

num(1)/den=

          -2
    ··············································
    s^3+6 s^2+11 s+6

num(2)/den=

        -1s-5
    ··············································
    s^3+6 s^2+11 s+6

num(3)/den=

       s^2+2 s
    ··············································
    s^3+6 s^2+11 s+6
```

由此可见，控制系统模型可以使用状态方程模型、传递函数模型以及传递函数的零点极点增益模型，这三种模型的创建函数，如表 6-3 所示。

表 6-3   三种模型的创建函数汇集

明显名称	命令函数	描述
传递函数模型	Sys＝tf（num, den）	创建传递函数模型
	［num, den］＝tfdata（sys）	显示传递函数模型的数据信息
状态方程模型	Sys＝ss（A, B, C, D）	创建状态方程模型
	［A, B, C, D］＝ssdata（sys）	显示状态方程模型的数据信息
传递函数的零点极点增益模型	Sys＝zpk（Z, P, K）	创建状态方程模型的数据信息
	［Z, P, K］＝zpkdata（sys）	显示状态方程数据的数据信息

三种模型之间的转换关系如图 6-8 所示。

【举例 12】 已知某系统的模型表达式为

$$\begin{cases} \dot{x} = \begin{bmatrix} 1 & 2 & -1 & 2 \\ 2 & 6 & 3 & 0 \\ 4 & 7 & -8 & -5 \\ 7 & 2 & 1 & 6 \end{bmatrix} x + \begin{bmatrix} -1 \\ 0 \\ 0 \\ 1 \end{bmatrix} u & y = \begin{bmatrix} -2 & 5 & 6 & 1 \end{bmatrix} x + 7u \end{cases} \quad (6-33)$$

试判断该系统的稳定性和该系统是否为最小相位系统。

分析：

在 MATLAB 软件的编辑器窗口中，键入以下命令语句，并将 M 文件保存为 exm_12.m：

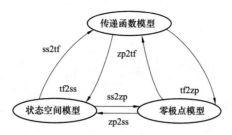

图 6-8　三种模型之间的转换关系示意图

```
clear;clc;close;
% 系统描述
a=[1,2,-1,2;2,6,3,0;4,7,-8,-5;7,2,1,6];b=[-1,0,0,1]';c=[-2,5,6,1];d=7;
% 求系统的零极点
[Z,P,K]= ss2zp(a,b,c,d);
% 检验零点的实部;求取零点实部大于零的个数
ii=find(real(Z)>0)
n1=length(ii);
% 检验极点的实部;求取极点实部大于零的个数
jj=find(real(P)>0)
n2=length(jj);
% 判断系统是否稳定的依据是:极点实部是否大于零,如大于零,则系统不稳定
% 反之系统稳定
if(n2>0)
  disp('系统不稳定')
  disp('不稳定的极点个数为:')
  disp(P(jj))
  else
  disp('系统稳定')
end
% 判断系统是否为最小相位系统
if(n1>0)
  disp('系统为非最小相位系统')
else
  disp('系统为最小相位系统')
end
```

本例的执行结果为:

```
ii=
    3
    4
jj=
    3
    4
```

系统不稳定

不稳定的极点个数为：

 7.8449 +0.3756i

 7.8449 -0.3756i

系统为非最小相位系统

2. 模型的连接与描述法

一般控制系统最基本的连接方式有三种，即并联、串联和反馈，如图 6-9 所示，在 MATLAB 软件中，有它们专门的命令函数。

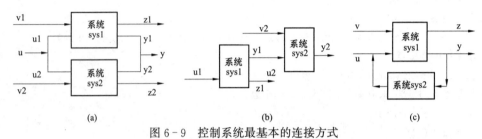

(a)   (b)   (c)

图 6-9 控制系统最基本的连接方式

（a）并联系统示意图；（b）串联系统示意图；（c）反馈系统示意图

（1）模型并联的描述方法

命令格式：[**a**, **b**, **c**, **d**] ＝**parallel** (**a1**, **b1**, **c1**, **d1**, **a2**, **b2**, **c2**, **d2**)

解释说明：并联连接两个状态空间系统。

命令格式：[**a**, **b**, **c**, **d**] ＝**parallel** (**a1**, **b1**, **c1**, **d1**, **a2**, **b2**, **c2**, **d2**, **inp1**, **inp2**, **out1**, **out2**)

解释说明：inp1 和 inp2 分别指定两系统中要连接在一起的输入端编号，从 u1，u2，…，un 依次编号为 1，2，…，n；out1 和 out2 分别指定要作相加的输出端编号，编号方式与输入类似。inp1 和 inp2 既可以是标量也可以是向量，out1 和 out2 用法与之相同。如 inp1＝1，inp2＝3 表示系统 1 的第一个输入端与系统 2 的第三个输入端相连接。若 inp1＝[1，3]，inp2＝[2，1] 则表示系统 1 的第一个输入与系统 2 的第二个输入连接，以及系统 1 的第三个输入与系统 2 的第一个输入连接。

命令格式：[**num**, **den**] ＝**parallel** (**num1**, **den1**, **num2**, **den2**)

解释说明：将并联连接的传递函数进行相加。

（2）模型串联的描述方法。

命令格式：[**a**, **b**, **c**, **d**] ＝**series** (**a1**, **b1**, **c1**, **d1**, **a2**, **b2**, **c2**, **d2**)

解释说明：串联连接两个状态空间系统。

命令格式：[**a**, **b**, **c**, **d**] ＝**series** (**a1**, **b1**, **c1**, **d1**, **a2**, **b2**, **c2**, **d2**, **out1**, **in2**)

解释说明：out1 和 in2 分别指定系统 1 的输出和系统 2 的输入进行连接。

命令格式：[**num**, **den**] ＝**series** (**num1**, **den1**, **num2**, **den2**)

解释说明：将串联连接的传递函数进行相乘。

（3）模型反馈的描述方法。

命令格式：[**a**, **b**, **c**, **d**] ＝**feedback** (**a1**, **b1**, **c1**, **d1**, **a2**, **b2**, **c2**, **d2**)

解释说明：将两个系统按反馈方式连接，一般而言，系统 1 为对象，系统 2 为反馈控制器。

命令格式：[a，b，c，d]＝feedback（a1，b1，c1，d1，a2，b2，c2，d2，sign）

解释说明：系统 1 的所有输出连接到系统 2 的输入，系统 2 的所有输出连接到系统 1 的输入，sign 用来指示系统 2 输出到系统 1 输入的连接符号，sign 默认为负，即 sign＝ －1。总系统的输入/输出数等同于系统 1。

命令格式：[a，b，c，d]＝feedback（a1，b1，c1，d1，a2，b2，c2，d2，in1，out1）

解释说明：部分反馈连接，将系统 1 的指定输出 out1 连接到系统 2 的输入，系统 2 的输出连接到系统 1 的指定输入 in1，以此构成闭环系统。

命令格式：[num，den]＝feedback（num1，den1，num2，den2，sign）

解释说明：可以得到类似的连接，只是子系统和闭环系统均以传递函数的形式表示。sign 的含义与前述相同。

（4）模型闭环的描述方法。

命令格式：[ac，bc，cc，dc]＝cloop（a，b，c，d，sign）

解释说明：通过将所有的输出反馈到输入，从而产生闭环系统的状态空间模型。当 sign ＝1 时采用正反馈；当 sign＝－1 时采用负反馈；sign 默认为负反馈。

命令格式：[ac，bc，cc，dc]＝cloop（a，b，c，d，outputs，inputs）

解释说明：表示将指定的输出 outputs 反馈到指定的输入 inputs，以此构成闭环系统的状态空间模型。一般为正反馈，形成负反馈时应在 inputs 中采用负值。

命令格式：[numc，denc]＝cloop（num，den，sign）

解释说明：表示由传递函数表示的开环系统构成闭环系统，sign 的含义同前。

【举例 13】　已知系统 1 和 2 的状态空间表达式分别为

$$\text{sys1}: \begin{cases} \dot{x}_1 = \begin{bmatrix} 0 & 1 \\ 1 & -2 \end{bmatrix} x_1 + \begin{bmatrix} 0 \\ 1 \end{bmatrix} u_1 \\ y_1 = \begin{bmatrix} 1 & 3 \end{bmatrix} x_1 + u_1 \end{cases} \tag{6-34}$$

$$\text{sys2}: \begin{cases} \dot{x}_2 = \begin{bmatrix} 0 & 1 \\ -1 & -3 \end{bmatrix} x_2 + \begin{bmatrix} 0 \\ 1 \end{bmatrix} u_2 \\ y_2 = \begin{bmatrix} 1 & 4 \end{bmatrix} x_2 \end{cases} \tag{6-35}$$

试求按串联、并联、正反馈、负反馈连接时的系统状态方程及系统 1 按单位负反馈连接时的状态方程。

分析：

在 MATLAB 软件的编辑窗口中，键入以下命令语句，并保存为 exm＿13.m：

```
clear;clc;more on;
a1=[0,1;-1,-2];b1=[0;1];c1=[1,3];d1=[1];a2=[0,1;-1,-3];b2=[0;1];c2=[1,4];d2=[0];
                                    % 求串联连接模型
disp('串联连接模型')
[a,b,c,d]=series(a1,b1,c1,d1,a2,b2,c2,d2)
                                    % 求并联连接模型
disp('并联连接模型')
```

```
[a,b,c,d]=parallel(a1,b1,c1,d1,a2,b2,c2,d2)
```
                                        % 求正反馈模型
```
disp('正反馈连接模型')
[a,b,c,d]=feedback(a1,b1,c1,d1,a2,b2,c2,d2,+1)
```
                                        % 求负反馈模型
```
disp('负反馈连接模型')
[a,b,c,d]=feedback(a1,b1,c1,d1,a2,b2,c2,d2)
```
                                        % 求单位负反馈模型
```
disp('单位负反馈连接模型')
[a,b,c,d]=cloop(a1,b1,c1,d1)
```

【举例 14】 已知系统 1 和 2 的状态空间表达式分别为

$$
\text{sys1：}\begin{cases}
\begin{bmatrix} \dot{x}_{11} \\ \dot{x}_{12} \\ \dot{x}_{13} \end{bmatrix} = \begin{bmatrix} 1 & 4 & 4 \\ 2 & 2 & 1 \\ 3 & 6 & 2 \end{bmatrix}\begin{bmatrix} x_{11} \\ x_{12} \\ x_{13} \end{bmatrix} + \begin{bmatrix} 0 & 1 & 0 \\ 1 & 0 & 0 \\ 0 & 0 & 1 \end{bmatrix}\begin{bmatrix} u_{11} \\ u_{12} \\ u_{13} \end{bmatrix} \\
\begin{bmatrix} y_{11} \\ y_{12} \end{bmatrix} = \begin{bmatrix} 0 & 0 & 1 \\ 0 & 1 & 1 \end{bmatrix}\begin{bmatrix} x_{11} \\ x_{12} \\ x_{13} \end{bmatrix} + \begin{bmatrix} 0 & 1 & 0 \\ 1 & 0 & 1 \end{bmatrix}\begin{bmatrix} u_{11} \\ u_{12} \\ u_{13} \end{bmatrix}
\end{cases} \tag{6-36}
$$

$$
\text{sys2：}\begin{cases}
\begin{bmatrix} \dot{x}_{21} \\ \dot{x}_{22} \\ \dot{x}_{23} \end{bmatrix} = \begin{bmatrix} 1 & -1 & 0 \\ 3 & -2 & 1 \\ 1 & 6 & -1 \end{bmatrix}\begin{bmatrix} x_{21} \\ x_{22} \\ x_{23} \end{bmatrix} + \begin{bmatrix} 1 & 0 & 0 \\ 0 & 1 & 0 \\ 0 & 0 & 1 \end{bmatrix}\begin{bmatrix} u_{21} \\ u_{22} \\ u_{23} \end{bmatrix} \\
\begin{bmatrix} y_{21} \\ y_{22} \end{bmatrix} = \begin{bmatrix} 0 & 1 & 0 \\ 1 & 0 & 1 \end{bmatrix}\begin{bmatrix} x_{21} \\ x_{22} \\ x_{23} \end{bmatrix} + \begin{bmatrix} 1 & 1 & 0 \\ 1 & 0 & 1 \end{bmatrix}\begin{bmatrix} u_{21} \\ u_{22} \\ u_{23} \end{bmatrix}
\end{cases} \tag{6-37}
$$

试求部分并联后的状态空间，要求 u11 与 u23 连接，u13 与 u22 连接，y11 与 y22 连接。
在 MATLAB 软件的编辑窗口中，键入以下命令语句，并保存为 exm_14.m：

```
clear;clc;more on;
a1=[1,4,4;2,2,1;3,6,2];
b1=[0,1,0;1,0,0;0,0,1];
c1=[0,0,1;0,1,1];
d1=[0,1,0;1,0,1];
a2=[1,-1,0;3,-2,1;1,6,-1];
b2=[1,0,0;0,1,0;0,0,1];
c2=[0,1,0;1,0,1];
d2=[1,1,0;1,0,1];
```
                    % 设计要求:部分并联后的状态空间,要求 u11 与 u23 连接
                    % u13 与 u22 连接,y11 与 y22 连接
```
disp('部分并联连接后的状态方程')
[a,b,c,d]=parallel(a1,b1,c1,d1,a2,b2,c2,d2,[1,3],[3,2],1,1)
```
                    % input1=[1,3],input2=[3,2],output1=1,output2=2

6.2　测控系统的典型分析法

本节介绍了一些在经典控制系统分析中经常被使用的命令函数及 simulink 仿真软件。这些分析控制系统的常用命令被置于控制系统工具箱中。在测控系统的分析方法中，主要讨论系统的脉冲响应、阶跃响应、一般输入响应、频率响应及由传递函数表示的系统根轨迹。

6.2.1　简单描述法

控制系统的分析包括系统的稳定性分析、时域分析、频域分析及根轨迹分析。

【举例 15】　我们仍然以本章第一个电路图 6－1 为例，其电气参数分别为：$R=14\Omega$，$L=0.2$H，$C=0.47\mu$F，它的传递函数表达式为

$$G(s)=\frac{U_{\mathrm{C}}(s)}{U_{\mathrm{S}}(s)}=\frac{1}{LCs^2+RCs+1} \tag{6-38}$$

试分析该系统的频率响应和单位冲激响应。

分析：

（1）在 MATLAB 软件的编辑器窗口中，键入以下命令语句，并保存 M 文件为 exm_15. m：

```
L=0.2;C=0.47e-6;R=14;
num=1;den=[L*C,R*C,1];
printsys(num,den)
[h,w]=freqs(num,den);                    % 求解频率响应
amp=abs(h);                              % 求取幅值 Amplitude
subplot(2,1,1)
semilogx(w,amp)                          % 绘制幅频特性曲线
title('幅频特性曲线');xlabel('频率 w(rad/s)');ylabel('幅值 Amplitude');grid on
ang=angle(h);                           % 求取相角 angle
subplot(2,1,2)                           % 绘制相频特性曲线
semilogx(w,ang)
title('相频特性曲线');xlabel('频率 w(rad/s)');ylabel('相角 Angle(rad)');grid on
```

（2）运行仿真该系统，本例的执行结果为：

```
num/den=

                1
      ---------------------------
      9.4e-08 s^2+6.58e-06 s+1
```

仿真获得的幅频特性和相频特性曲线，如图 6－10 所示。

（3）继续在 MATLAB 软件的命令窗口中，键入以下命令语句：

```
>> bode(num,den);          % 下面将简述其使用方法
>> grid on
```

也可获得该系统的幅频特性和相频特性曲线如图 6－10 所示。

（4）继续在 MATLAB 软件的命令窗口中，键入以下命令语句：

```
>> step(num,den);              % 下面将简述其使用方法
>> grid on
```

可得系统的单位阶跃响应曲线，执行结果如图 6－11 所示。

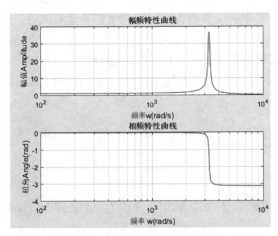

图 6－10　举例 15 的幅频特性和相频特性曲线

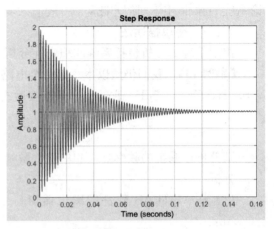

图 6－11　举例 15 的单位阶跃响应曲线

（5）可以直接在 MATLAB 软件的命令窗口中，键入以下命令语句：

```
>> impulse(num,den);           % 下面将简述其使用方法
>> grid on
```

也可获得该系统的单位冲激响应曲线，其执行结果如图 6－12 所示。

（6）还可以直接在 MATLAB 软件的 simulink 环境中构建仿真模型，如图 6－13 所示，并保存为 exm_15.slx，该仿真模型需要以下几个模块：

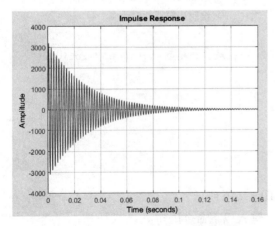

图 6－12　举例 15 的单位冲激响应曲线

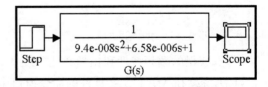

图 6－13　举例 15 的基于 simulink 获得的仿真模型

1）Step 模块：在 simulink 模块库中的 Sources 模块库中调用；

2）Transfer function 模块：在 simulink 模块库中的 Continuouse 模块库中调用，并命名

为 G（s）；

3）Scope 模块：在 simulink 模块库中的 Sinks 模块库中调用。

本例的仿真参数设置为：Start time：0，Stop time：150e－3，其他参数均利用它的默认参数。

本例仿真可得单位阶跃响应曲线，如图 6－11 所示。

6.2.2　时域方面的命令函数的使用方法

对于控制系统的分析，包括系统的稳定性分析、时域分析、频域分析以及根轨迹分析。一个动态系统的性能常用典型输入作用下的响应来描述。响应是指零初始值条件下某种典型的输入函数作用下对象的响应，控制系统常用的输入函数为单位阶跃函数和脉冲激励函数（即冲激函数）。在 MATLAB 软件的控制系统工具箱中提供了求取这两种输入下系统响应的函数。

1. step 命令函数

单输入单输出 SISO 系统 $G（s）=num（s）/den（s）$ 的阶跃响应 $y（t）$ 可以由 step 命令得到，即

命令格式：step（SYS）

解释说明：用于绘制系统 SYS 的阶跃响应，SYS 可以用传递函数表达，例如：

```
>> SYS=tf(num,den);step(SYS);grid on
```

上述命令与命令 step（num，den）的作用是相当的，它具体包括以下几个典型命令格式：

（1）如果已知某系统的表达式是零极点和增益形式，可以利用下述命令完成系统 SYS 的阶跃响应曲线的绘制，即

```
>> SYS=zpk(Z,P,K);step(SYS);grid on
```

或者利用下述命令完成系统 SYS 阶跃响应的绘制，即

```
>> [num,den]=zp2tf(Z,P,K);step(num,den);grid on
```

（2）如果已知某系统的表达式是状态空间形式，可以利用下述两条命令，完成系统 SYS 的阶跃响应曲线的绘制，即

```
>> SYS=ss(a,b,c,d);step(SYS);grid on
```

或者利用下述命令，完成系统 SYS 的阶跃响应曲线的绘制，即

```
>> [num,den]=ss2tf(a,b,c,d);step(num,den)
```

命令格式：step（SYS，T）

命令格式：step（num，den，T）

解释说明：使用方法同前，T 表示用户事先给出的时间矢量，阶跃响应矢量与 T 有相同的维数，且要求 T 的形式为：

1）对于离散系统为 Ti：Ts：Tf 的形式，Ts 为采样时间；

2）对于连续系统为 Ti：dT：Tf 的形式，等步长的产生出来，如：T＝0.1：0.001：0.9。

在指定仿真时间时，步长值的不同，会影响到输出曲线的光滑程度，因此，不易取太大的步长值。

命令格式：step（SYS，TFINAL）

解释说明：给出系统从 $t=0$ 到 TFINAL 期间的阶跃响应。

命令格式：step（SYS1，SYS2，…，T）

解释说明：SYS1，SYS2，…，表示不同系统，该命令用于绘制不同系统的阶跃响应，为了将不同系统阶跃响应图区别开来，经常要改变将曲线的线型和颜色，下面的命令就是一个应用范例：

```
>> step(sys1,'r',sys2,'y--',sys3,'gx')
```

命令格式：[Y，T]=step（SYS）

解释说明：用于获得阶跃响应（赋值给 Y）和时间矢量（赋值给 T）。

命令格式：[Y，T，X]=step（SYS）

【举例 16】 已知某闭环系统的传递函数为：$G(s)=(10s+25)/(0.1s^3+1.96s^2+10s+25)$，求其阶跃响应曲线。

分析：

（1）在 MATLAB 软件的编辑器窗口中，键入以下命令语句，并保存 M 文件为 exm_16.m：

```
clear;clc;close;
                        % 系统传递函数为 G(s)=1/[(s^2+0.1s+5)(s^3+2s^2+3s+4)]
num=1;den=conv([1 0.1 5],[1 2 3 4]);
                        % 绘制系统的阶跃响应曲线
t=0:0.1:40;             % 步长为 0.1
y=step(num,den,t);t1=0:1:40; % 步长为 1
y1=step(num,den,t1);
plot(t,y,t1,y1,'r--','linewidth',3);title('不同步长对曲线光滑程度影响')
xlabel('时间 t/s');ylabel('幅值');grid on;
legend('步长为 0.1','步长为 1')
```

（2）执行结果如图 6-14 所示。

【举例 17】 在 MATLAB 软件的编辑器窗口中，键入以下命令语句，并保存 M 文件为 exm_17.m：

```
clear;clc;close;
num=[1 2 3];den=[2 5 7 9];
[y,t,x]=step(num,den);
plot(x',y,'linewidth',3);
title('阶跃响应曲线');xlabel('时间 t/s');ylabel('幅值');grid on
```

本例所示系统的阶跃响应的执行结果，如图 6-15 所示。

脉冲响应的命令为 impulse（），它的命令格式类同 step，可以通过 help 命令来察看它的使用方法。MATLAB 软件中的 step（）和 impulse（）函数本身可以处理多输入多输出的情况，因此，在编写 MATLAB 程序时，并不因为系统输入输出的增加而变得更加复杂。

对于离散系统只需在连续系统对应函数前加 d 就可以，如 dstep、dimpulse 等。

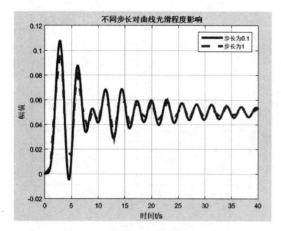

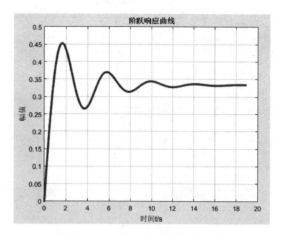

图 6 - 14　举例 16 的阶跃响应曲线　　　　　　　　　图 6 - 15　举例 17 的阶跃响应曲线

【举例 18】　某 2 输入 2 输出系统如下面的表达式所描述

$$\begin{bmatrix} \dot{x}_1 \\ \dot{x}_2 \\ \dot{x}_3 \\ \dot{x}_4 \end{bmatrix} = \begin{bmatrix} -2.5 & -1.22 & 0 & 0 \\ 1.22 & 0 & 0 & 0 \\ 1 & -1.14 & -3.2 & -2.56 \\ 0 & 0 & 2.56 & 0 \end{bmatrix} \begin{bmatrix} x_1 \\ x_2 \\ x_3 \\ x_4 \end{bmatrix} + \begin{bmatrix} 4 & 1 \\ 2 & 0 \\ 2 & 0 \\ 0 & 0 \end{bmatrix} \begin{bmatrix} u_1 \\ u_2 \end{bmatrix} \qquad (6 - 39)$$

$$\begin{bmatrix} y_1 \\ y_2 \end{bmatrix} = \begin{bmatrix} 0 & 1 & 0 & 3 \\ 0 & 0 & 0 & 1 \end{bmatrix} \begin{bmatrix} x_1 \\ x_2 \\ x_3 \\ x_4 \end{bmatrix} + \begin{bmatrix} 0 & -2 \\ -2 & 0 \end{bmatrix} \begin{bmatrix} u_1 \\ u_2 \end{bmatrix} \qquad (6 - 40)$$

试求该系统的单位阶跃响应和冲激响应。

分析：

在 MATLAB 软件的编辑器窗口中，键入以下命令语句，并保存 M 文件为 exm
_18. m：

```
clc;clear;close;
                                    % 系统状态空间描述
a=[-2.5,-1.22,0,0;1.22,0,0,0;1,-1.14,-3.2,-2.56;0,0,2.56,0];
b=[4,1;2,0;2,0;0,0];c=[0,1,0,3;0,0,0,1];d=[0 -2;-2 0];
figure(1)                           % 绘制闭环系统的阶跃响应曲线
step(a,b,c,d);title('阶跃响应曲线'),xlabel('时间 t/sc'),ylabel('幅值'),grid on;
figure(2);                          % 绘制闭环系统冲激响应曲线
impulse(a,b,c,d),title('冲激响应曲线'),xlabel('时间 t/s'),ylabel('幅值'),grid on;
```

本例的阶跃响应和冲激响应，如图 6 - 16（a）和（b）所示。

时间响应，是探究系统对输入和扰动的瞬态行为，系统特征参量如上升时间、调节时间、超调量和稳态误差，都能从时间响应上反映出来。MATLAB 除了提供前面介绍的对系

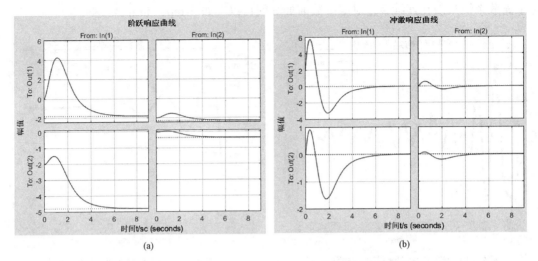

图 6-16　举例 18 所示的 2 输入 2 输出系统的响应曲线

(a) 阶跃响应曲线；(b) 冲激响应曲线

统阶跃响应和冲激响应等进行仿真的函数外，还提供了大量对控制系统进行时域分析的函数，如 lsim 命令函数。

2. lsim 命令函数

命令格式：lsim（num，den，u，t）

命令格式：lsim（SYS，u，t）

命令格式：lsim（SYS，u，t，X0）

解释说明：绘制 SYS、SYS1、SYS2 等系统在任意输入信号 u 的激励下的响应曲线，其中 u 表示输入激励信号，t 表示时间矢量，$X0$ 表示初始值，当它为零时，可以省略。

【**举例 19**】　（1）在 MATLAB 软件的编辑器窗口中，键入以下命令语句，并保存 M 文件为 exm＿19＿1．m：

```
clc;clear;close;
num=[1,2,3];den=[2,5,7,9];
sys=tf(num,den);
t=0:0.01:15;u=cos(t);
y=lsim(sys,u,t);                    % 任意输入信号激励下的响应
```

命令格式：lsim（SYS1，SYS2，…，u，t，X0）

解释说明：绘制 SYS、SYS1、SYS2 等系统在任意输入信号 u 的激励下的响应曲线，其中 u 表示输入激励信号，t 表示时间矢量，$X0$ 表示初始值，当它为零时，可以省略。

（2）在 MATLAB 软件的编辑器窗口中，键入以下命令语句，并保存 M 文件为 exm＿19＿2．m：

```
clc;clear;close;
num=[1,2,3];den=[2,5,7,9];
sys=tf(num,den);
t=0:0.01:15;u=cos(t);
```

```
y=lsim(sys,u,t);                      % 任意输入信号激励下的响应
plot(t,u,'g-.','linewidth',3);grid on;hold on
plot(t,y,'r','linewidth',3);
legend('输入信号 u','响应曲线 y');
title('任意输入信号 u 的激励下的响应曲线'),xlabel('时间 t/s'),ylabel('幅值')
```

利用余弦信号激励时，系统的响应曲线如图 6-17 所示。

【举例 20】　在 MATLAB 软件的编辑器窗口中，键入以下命令语句，并保存 M 文件为 exm_20.m：

```
clc;clear;close;
num=[1,2,3];den=[2,5,7,9];sys=tf(num,den);
t=0:0.01:1;u=rand(101,1);y=lsim(sys,u,t);    % 噪声激励下的响应曲线
plot(t,u,'g-.','linewidth',3);grid on;hold on
plot(t,y,'r','linewidth',3);
legend('噪声输入信号 u','响应曲线 y');
title('噪声激励下的响应曲线'),xlabel('时间 t/s'),ylabel('幅值')
```

利用噪声激励时，系统的响应曲线如图 6-18 所示。

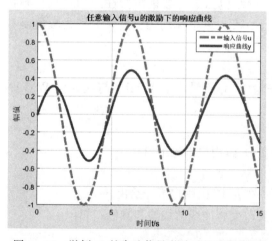
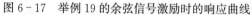
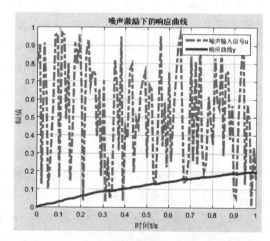

图 6-17　举例 19 的余弦信号激励时的响应曲线　　　图 6-18　举例 20 的噪声激励时的响应曲线

6.2.3　频域方面的命令函数的使用方法

以上讲述的是 MATLAB 软件中的时域命令函数的使用方法。频率响应是指系统对正弦输入信号的稳态响应，从频率响应中可以得出带宽、增益、转折频率、闭环稳定性等特征参数。频率特性是指系统在正弦信号作用下，稳态输出与输入之比对频率的关系特性。频率特性函数与传递函数有直接关系，记为

$$\begin{cases} G(j\omega) = \dfrac{X_{out}(j\omega)}{X_{in}(j\omega)} = A(\omega)e^{j\varphi(\omega)} \\[2mm] A(\omega) = \dfrac{X_{out}(j\omega)}{X_{in}(j\omega)} \\[2mm] \varphi(\omega) = \varphi_{out}(\omega) - \varphi_{in}(\omega) \end{cases} \qquad (6-41)$$

称 $A(\omega)$ 为幅频特性，$\varphi(\omega)$ 为相频特性。频域分析法是应用频率特性研究控制系统的一种典型方法。采用这种方法可直观地表达出系统的频率特性，该分析方法简单，物理概念明确，对于诸如防止结构谐振、抑制噪声、改善系统稳定性和暂态性能等问题，都可以从系统的频率特性上明确地看出其物理实质和解决途径。通常将频率特性用曲线的形式进行表示，包括对数频率特性曲线和幅相频率特性曲线简称幅相曲线。

MATLAB 软件，提供了求取系统对数频率特性的命令函数，如：

（1）bode 命令函数

（2）nyquist 命令函数

（3）rlocus 命令函数

（4）freqs 命令函数

（5）nichols 命令函数

1. bode 命令函数

现将 bode（）命令函数的几种典型格式简述如下：

命令格式：bode（SYS）

解释说明：绘制系统的 bode 图（幅频特性和相频特性曲线），计算机自动给出频率范围（单位为 radians/second）和数据点数。对数频率特性包括了对数幅频特性图和对数相频特性图。横坐标为频率 ω，采用对数分度，单位为 rad/s；纵坐标均匀分度，分别为幅值函数 $20\log A(\omega)$，以 dB 表示；相角是以度表示的。

命令格式：bode（SYS，{WMIN，WMAX}）

解释说明：绘制系统的 bode 图，其频率矢量 W 介于最小值 WMIN 与最大值 WMAX 之间。

命令格式：bode（SYS，W）

解释说明：绘制系统的 bode 图，其频率矢量 *W* 由用户事先给出。

命令格式：bode（SYS1，SYS2，…，W）

解释说明：绘制多个系统的 bode 图，其频率矢量 *W* 由用户事先给出。

为了将不同系统的 bode 图区别开来，经常要改变将曲线的线型和颜色，如：

```
bode(sys1,'r',sys2,'y--',sys3,'gx')
```

下面的命令函数使用了输出变量，如

命令格式：[MAG，PHASE] ＝bode（SYS，W）

命令格式：[MAG，PHASE，W] ＝bode（SYS）

解释说明：将输出幅值、相角变量（单位为度），特别注意幅值的单位，它有一个重要的换算表达式：

```
Mag|db=20*log₁₀(Mag)。
```

【举例 21】 在 MATLAB 软件的编辑器窗口中，键入以下命令语句，并保存 M 文件为 exm_21.m：

```
clc;clear;close;
num=[1,2,3];den=[2,5,7,9];
```

```
bode(num,den,'r');grid on
```

执行上述语句，可以获得该系统的幅频特性和相频特性，如图 6－19 所示。

【举例 22】　也可以在 MATLAB 软件的编辑器窗口中，键入以下命令语句，并保存 M 文件为 exm＿22.m：

```
clc;clear;close;
num=[1,2,3];den=[2,5,7,9];[m,p,w]=bode(num,den);magdb=20*log10(m);
subplot(2,1,1)
plot(w,magdb ,'linewidth',3);
title('幅频特性');xlabel('频率 rad/s');ylabel('幅值 dB'),grid on
subplot(2,1,2)
plot(w,p*pi/180 ,'linewidth',3)
title('相频特性');xlabel('频率 rad/s');ylabel('相角 rad'),grid on
```

本例的幅频特性和相频特性的执行结果，与图 6－19 所示曲线相同。由此可见，通过绘制幅值与相角值，系统可以直接得到幅频特性和相频特性曲线。

2. nyquist 命令函数

nyquist 命令可计算 G（$j\omega$）的实部与虚部。在复平面内绘制虚部与实部的轨迹，亦可得到其奈魁斯特图形。nyquist 的命令格式类似于 bode 命令语句，如：

命令格式：nyquist（SYS）

命令格式：nyquist（SYS，｛WMIN，WMAX｝）

命令格式：nyquist（SYS，W）；nyquist（SYS1，SYS2，…，W）

命令格式：nyquist（sys1，′r′，sys2，′y－－′，sys3，′gx′）

解释说明：｛WMIN，WMAX｝表示频率介于最小值 WMIN 与最大值 WMAX 范围之间；W 表示由用户事先给出的频率矢量。

命令格式：［RE，IM］＝nyquist（SYS，W）；［RE，IM，W］＝nyquist（SYS）

解释说明：将输出实部（RE）和虚部（IM）变量值。对于频率特性函数 G（$j\omega$），给出 ω 从负无穷到正无穷的一系列数值，分别求出 IM（G（$j\omega$））和 RE（G（$j\omega$））。以 RE（G（$j\omega$））为横坐标、以 IM（G（$j\omega$））为纵坐标，绘制成极坐标频率特性图。可以用 plot（RE，IM）绘制出对应 ω 从负无穷到零变化的部分。

【举例 23】　在 MATLAB 软件的编辑器窗口中，键入以下命令语句，并保存 M 文件为 exm＿23.m：

```
clc;clear;close;
num=[1 2 3];den=[2 5 7 9];nyquist (num,den),grid on
```

本例的执行结果如图 6－20 所示。

3. rlocus 命令函数

rlocus 命令可绘制单输入单输出系统的根轨迹图。rlocus 的命令格式类似于 bode 命令语句，即：

命令格式：rlocus（SYS）

命令格式：rlocus（SYS，K）

命令格式：**rlocus（SYS1，SYS2，…）**

命令格式：**rlocus（sys1，$'r'$，sys2，$'y:'$，sys3，$'gx'$）**

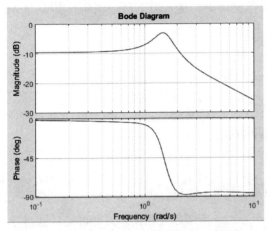

图 6 - 19　举例 21 的幅频特性和相频特性

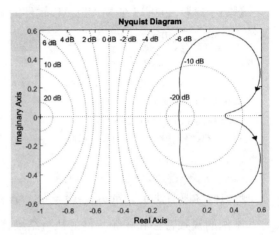

图 6 - 20　举例 23 的执行结果

解释说明：**K** 为用户事先给出的增益矢量。

命令格式：**[R，K]＝rlocus（SYS）；R＝rlocus（SYS）**

解释说明：它将输出复根矩阵（**R**）和增益（**K**）变量值。

【举例 24】　在 MATLAB 软件的编辑器窗口中，键入以下命令语句，并保存 M 文件为 exm _ 24. m：

```
clc;clear;close;
num=[4 5 6];den=[1 7 8 9];
rlocus(num,den);grid on
```

本例的执行结果如图 6 - 21 所示。

MATLAB 除了提供前面介绍的频域分析基本函数外，还提供了大量在工程实际中被广泛应用的库函数，由这些函数可以求得系统的各种频率响应曲线和特征值，如 margin、freqs 和 nichols 命令函数。

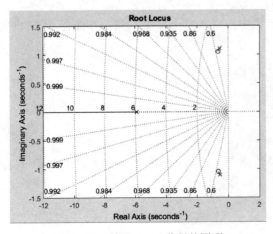

图 6 - 21　利用 rlocus 获得的图形

4. margin 命令函数

margin 命令用于求幅值裕度和相角裕度及对应的转折频率。它可以从频率响应数据中计算出幅值裕度、相角裕度以及对应的频率。幅值裕度和相角裕度是针对开环 SISO 系统而言，它指示出系统闭环时的相对稳定性。当不带输出变量引用时，margin 可在当前图形窗口中绘制出能够显示裕量及相应频率的 Bode 图，其中幅值裕度以 dB 为单位。

幅值裕度是在相角为 $-180°$ 处使开环增

益为 1 的增益量，如在 $-180°$ 相频处的开环增益为 g，则幅值裕度为 $1/g$；若用分贝值表示幅值裕度，则为 $-20 * \log_{10}$（g）。类似地，相角裕度是当开环增益为 1.0 时，相应的相角与 $180°$ 角的和。

命令格式：margin（mag，phase，w）

解释说明：由 bode 命令得到的幅值 mag（不是以 dB 为单位）、相角 phase 及角频率矢量 w，并绘制出能够显示裕量及相应频率的 bode 图。

命令格式：margin（num，den）

解释说明：可计算出连续系统传递函数表示的幅值裕度和相角裕度并绘制相应波特图。类似地，margin（a，b，c，d）可以计算出连续状态空间系统表示的幅值裕度和相角裕度并绘制相应的波特图。

命令格式：[gm，pm，wcg，wcp] ＝margin（mag，phase，w）

解释说明：由幅值 mag（不是以 dB 为单位）、相角 phase 及角频率矢量 w 计算出系统幅值裕度和相角裕度及相应的相角交界频率 wcg、截止频率 wcp，而不直接绘出 Bode 图曲线。利用下述命令可以求得相对稳定性参数（增益裕量与相角裕量）：

```
>> [mag,phase,w]=bode(num,den);
>> [magc,phasec,wc]=margin(mag,phase,w)
```

5. freqs 命令函数

freqs 命令用于模拟滤波器 $\boldsymbol{B}（s）/\boldsymbol{A}（s）$ 的特性，它可以计算由矢量 $\boldsymbol{A}$ 和 $\boldsymbol{B}$ 构成的模拟滤波器 $H（s）＝\boldsymbol{B}（s）/\boldsymbol{A}（s）$ 的幅频响应特性，矢量 $\boldsymbol{A}$ 和 $\boldsymbol{B}$ 的格式见下面表达式

$$H(s)=\frac{\boldsymbol{B}(s)}{\boldsymbol{A}(s)}=\frac{b(1)s^m+b(2)s^{m-1}+\cdots+b(m+1)}{a(1)\cdot s^n+a(2)s^{n-1}+\cdots+a(n+1)} \tag{6-42}$$

命令格式：h＝freqs（b，a，w）

解释说明：用于计算模拟滤波器的幅频响应，其中实矢量 w 用于指定频率值，返回值 h 为一个复数行向量，要得到幅值必须对它取绝对值，即求模的值。

命令格式：[h，w] ＝freqs（b，a）

解释说明：自动设定 200 个频率点来计算频率响应，这 200 个频率值记录在 w 中。

命令格式：[h，w] ＝freqs（b，a，n）

解释说明：设定 n 个频率点计算频率响应。

不带输出变量的 freqs 函数，将在当前图形窗口中绘制出幅频和相频曲线，其中幅相曲线对纵坐标与横坐标均为对数分度。

【举例 25】 某系统的开环传递函数为：

$$G（s）=k/ [s （s+1）（0.2s+1）] \tag{6-43}$$

求：（1）k 分别为 2 和 20 时的幅值裕度、相角裕度曲线；

（2）绘制 k 为 2 时的幅频与相频曲线。

分析：

在 MATLAB 软件的编辑器窗口中键入以下命令语句，并保存 M 文件为 exm_25. m：

```
clear;clc;close;
    % 某系统的开环传递函数为:G(s)=k/s(s+1)(0.2s+1)
```

```
%求k分别为2和20时的幅值裕度与相角裕度
num1=2;num2=20;den=conv([1,0],conv([1,1],[0.2,1]));
figure(1);margin(num1,den);grid on      %k为2时的幅值裕度与相角裕度
figure(2);margin(num2,den);grid on      %k为20时的幅值裕度与相角裕度
figure(3);freqs(num1,den);
title('绘制幅频和相频曲线');grid on      %绘制幅频和相频曲线
```

本例的执行结果分别如图 6-22～图 6-24 所示。

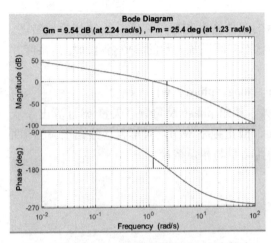

图 6-22　num1＝2 时的幅值裕度与相角裕度

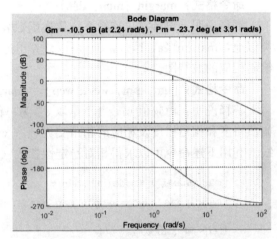

图 6-23　num2＝20 时的幅值裕度与相角裕度

6．nichols 命令函数

nichols 命令用于求连续系统的尼科尔斯频率响应曲线（即对数幅相曲线）。需要指出的是，命令 nichols 的使用方法类似于 bode。

【**举例 26**】　在 MATLAB 软件的命令窗口中，键入以下命令语句：

```
>> nichols(num1,den);grid on
```

本例的执行结果，如图 6-25 所示。

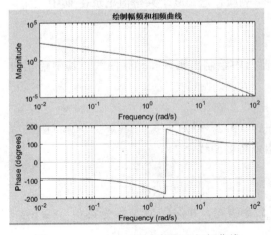

图 6-24　num1＝2 时的幅频和相频曲线

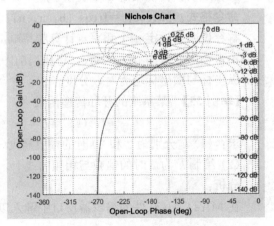

图 6-25　利用 nichols 获得的图形

6.2.4　基于 simulink 建模的典型命令函数

MATLAB 软件提供了 sim 命令语句，使用户可以在 MATLAB 环境下以命令行或 M 文件的形式运行 simulink 模型。可以在不同的参数值、不同的输入值和不同的初始条件下反复运行，使仿真变得十分简单，而且可以很容易地获得分析所需要的状态量。Sim 命令常常与 simset 和 simget 命令配合使用。

1. sim 命令函数

命令格式：[T，X，Y] = sim（'model'，TIMESPAN，OPTIONS，UT)

解释说明：model，表示 simulink 所生成的模型名；TIMESPAN 可以表示仿真的终了时间值 TFinal，也可以表示时间期间如［TStart TFinal］，还可以表示［TStart Output-Times TFinal］；OPTIONS 是可选的输入参数；**UT** 为输入矢量，可以是一个输入变量表或一个 MATLAB 函数的函数名，若 **UT** 为一输入列表，其形式必须为 **UT** =［T，U1，…Un］；**T** 表示输出时间矢量，其格式为 **T** =［t1，…，tm］；若 UT 为字符串，则它必须为一返回输入变量的函数名；**X** 表示状态变量矩阵或者数组；**Y** 表示输出变量矩阵或者数组。

命令格式：[T，X，Y1，…，Yn] ＝sim（'model'，TIMESPAN，OPTIONS，UT)

解释说明：model，表示 simulink 所生成的控制框图的模型名；Y1，…，Yn 只是对于控制框图而言的 simulink 中仿真模型的输出变量，其他参数同前。

【举例 27】　求微分方程 $x'' + 100x' + x = 0$ 在初始值为 $x(0) = 1$，$x'(0) = 0$ 时的解。

分析：

（1）首先建立图 6 - 26 所示的 simulink 仿真模型（保存为 exm _ 27. slx），仿真参数设置为 start time：0，stop time：500，solver type 选择 "ode23tb（Stiff/TR - BDF2）"，其他为默认参数；

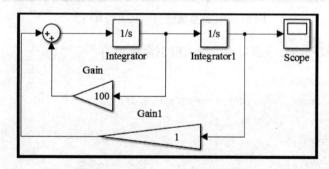

图 6 - 26　基于 simulink 的仿真模型

（2）建立 M 文件，并保存为：exm _ 27 _ 1. m：

```
clc;clear;close;
t=(0:1e-5:1);                          % 产生绘制解析图形的数据
xsym=dsolve('D2x+100*D1x+1*x=0','x(0)=1,Dx(0)=0','t')
dxsym=diff(xsym,'t')
Tspan=[0,1];
Opts1=simset('solve','ode23tb');
[tt1,xx1,s1]=sim('exm_27',Tspan,Opts1);% ode23tb 解 exm_27 模型
Opts2=simset('solver','ode113');
```

```
[tt2,xx2,s2]=sim('exm_27',Tspan,Opts2);       % ode113 解 exm_27 模型
plot(tt1,xx1(:,2),'b:',tt2,xx2(:,2),'r--')    % 绘制两个对比图
legend('ode23tb','ode113')
ns1=length(xx1)                                % ode23tb 解点数
ns2=length(xx2)                                % ode113 解点数
```

2. linmod 命令函数

linmod 命令方式用于寻求线性系统的状态空间表选式。其命令格式如下：

命令格式：[A，B，C，D] ＝linmod（'SYS'）

解释说明：寻求线性系统的状态空间表选式。

命令格式：[A，B，C，D] ＝linmod（'SYS'，X，U)

解释说明：SYS 是 simulink 生成的方块图模型的名字，X 为状态矢量，U 为输入矢量。寻求线性系统的状态空间表达式。该种命令的离散形格式是 dlinmod，它可以用于连续与离散混合的时变系统。对于线性系统，该命令还可给出状态空间方程。

【举例 28】 已知某系统的 simulink 仿真模型如图 6-27 所示，保存为 exm_28.slx。

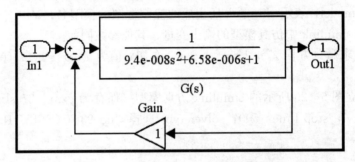

图 6-27　某系统的 simulink 仿真模型

在 MATLAB 软件的命令窗口中，键入以下命令语句：

```
>> [T,X,Y]=sim('exm_28');
>> [a,b,c,d]=linmod('exm_28');sys=ss(a,b,c,d);
>> [num,den]=ss2tf(a,b,c,d)
>> sys=tf(num,den)
```

本例的执行结果为：

```
num=

   1.0e+07*

        0        0   1.0638


den=

   1.0e+07*
```

```
        0.0000      0.0000     2.1277


sys=


       1.064e07
     ......................................
     s^2+70 s+2.128e07
```

Continuous - time transfer function.

在 MATLAB 软件的命令窗口中，键入以下命令语句：

```
>>  rlocus(num,den);grid on
```

其执行结果如图 6 - 28 所示。

在 MATLAB 软件的命令窗口中，键入以下命令语句：

```
>>  step(num,den),grid on
```

其执行结果如图 6 - 29 所示。

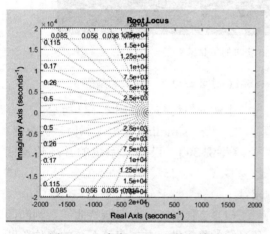

图 6 - 28　命令 rlocus 的执行结果

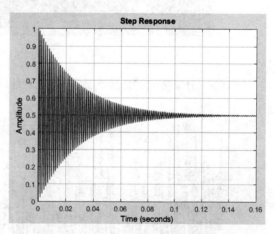

图 6 - 29　命令 step 的执行结果

【举例 29】　也可以将图 6 - 27 进行修改，删去 in 模块，添加 Step 模块和 Scope 模块，如图 6 - 30 所示，保存为 exm _ 29. slx。将仿真时间设置为 start time 为 0，stop time 为 90e - 3，其他为默认参数，即可获得该系统的单位阶跃响应曲线，如图 6 - 31 所示。

在 MATLAB 软件的编辑器窗口中，键入以下命令语句，并保存 M 文件为：exm _ 29 _ 1. m：

```
t=0:0. 01:1;u=rand(101,1);y=lsim(sys,u,t);grid on
plot(t,u,'g-. ','linewidth',3);grid on;hold on
plot(t,y,'r','linewidth',3);
legend('输入信号 u','响应曲线 y');
```

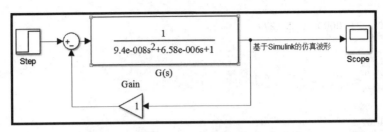

图 6-30　获取某系统单位阶跃响应的仿真模型

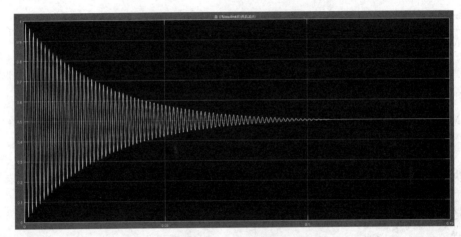

图 6-31　基于图 6-30 获得的仿真结果

title('任意输入信号 u 的激励下的响应曲线'),xlabel('时间 t/s'),ylabel('幅值')

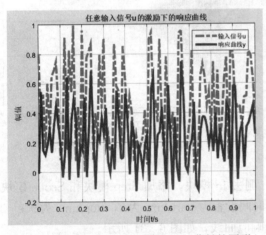

图 6-32　基于图 6-27 利用 lsim 获得的图形

本例的执行结果如图 6-32 所示。

3. 利用 simulink 建模求解的示例分析

【举例 30】　已知某系统的开环传递函数为 $G(s)=15/[(s+6)(s+11)]$，试求：

（1）绘制系统的奈奎斯特曲线，判断闭环系统的稳定性，并求出该系统的单位阶跃响应；

（2）给系统增加一个开环极点 $p=2$，求此时的奈奎斯特曲线，判断此种情况下的闭环系统的稳定性，并绘制该系统的单位阶跃响应曲线。

分析：Nyquist 曲线是根据开环频率特性在复平面上绘出的幅相轨迹，根据开环的 Nyquist 曲线，可以判断闭环系统的稳定性。系统稳定的充要条件为：Nyquist 曲线按逆时针包围临界点（-1，j0）的圈数 R，等于开环传递函数位于 s 右半平面的极点数 P，否则闭环系统不稳定，闭环正实部特征根个数 $Z=P-R$。若刚好过临界点，则系统临界稳定。

如图 6-33 所示，构建本例的 simulink 仿真模型。将仿真时间设置为 start time 为 0，

stop time 为 10，其他为默认参数，即可获得该系统的单位阶跃响应特性，其执行结果如图 6 - 34 所示。

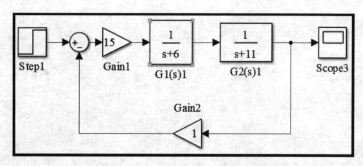

图 6 - 33　基于 simulink 的仿真模型

分析图 6 - 34 可知，该闭环系统是稳定的。

图 6 - 34　基于图 6 - 33 的阶跃响应

【举例 31】　在举例 30 的基础上，构建图 6 - 35 所示的仿真模型，虚线框表示给系统增加的一个开环极点 $p=2$，本例保存为 exm_31. slx。

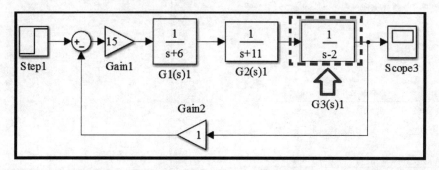

图 6 - 35　基于 simulink 的仿真模型

将仿真时间仍然设置为 start time 为 0，stop time 为 10，其他为默认参数，即可获得该系统的单位阶跃响应特性，执行结果如图 6 - 36 所示。

分析图 6 - 36 可知，该闭环系统是不稳定的。

图 6 - 36　基于图 6 - 35 的阶跃响应

【举例 32】　可以建立如下的 M 文件，并保存为 exm_32.m：

```
clear;clc;close;
K=15;Z=[];P=[-6,-11];
[num,den]=zp2tf(Z,P,K);
figure(1);subplot(2,1,1)
nyquist(num,den);grid on
subplot(2,1,2);pzmap(P,Z);grid on
figure(2)
t=0:0.1:10;
[numc,denc]=cloop(num,den);
step(numc,denc,t);grid on
```

本例的仿真结果，如图 6 - 37 和图 6 - 38 所示。

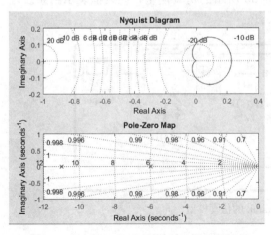

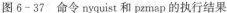

图 6 - 37　命令 nyquist 和 pzmap 的执行结果

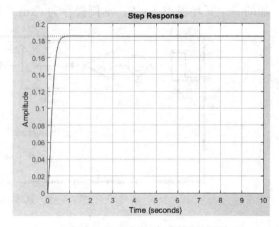

图 6 - 38　命令 step 的执行结果

分析仿真结果图 6 - 37 和图 6 - 38 得出，该闭环系统是稳定。

【举例 33】　在举例 32 的基础上，当增加了一个开环极点 $P=2$ 时，其 M 文件可以将上面的命令文件稍加修改，将极点改为 $P=[-6，-11，2]$，即

```
clear;clc;close;
K=15;Z=[];P=[-6,-11,2];
[num2,den2]=zp2tf(Z,P,K);
figure(1);subplot(2,1,1)
nyquist(num2,den2);grid on
subplot(2,1,2);pzmap(P,Z);grid on
figure(2)
t=0:0.1:10;
[numc2,denc2]=cloop(num2,den2);
step(numc2,denc2,t);grid on
```

该文件保存为 exm_33.m，其仿真结果分别如图 6-39 和图 6-40 所示。

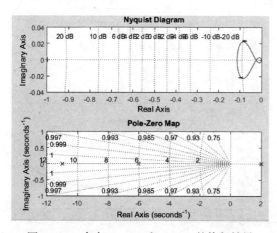

图 6-39　命令 nyquist 和 pzmap 的执行结果

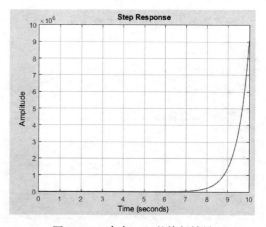

图 6-40　命令 step 的执行结果

分析仿真结果图 6-39 和图 6-40 表明：该闭环系统不稳定。

【举例 34】　线性时不变系统如下面表达式所示，要求绘制系统的波特图和奈奎斯特图，判断系统稳定性，如果系统稳定，求出系统稳定裕度，并绘制系统的单位冲激响应，以验证所得出的判断结论的正确性。

$$\dot{x}=\begin{bmatrix} -0.6 & -1.04 & 0 & 0 \\ 1.04 & 0 & 0 & 0 \\ 0 & 0.96 & -0.7 & -0.32 \\ 0 & 0 & 0.32 & 0 \end{bmatrix}x+\begin{bmatrix} 1 \\ 0 \\ 0 \\ 0 \end{bmatrix}u，y=\begin{bmatrix} 0 & 0 & 0 & 0.32 \end{bmatrix}x$$

$$(6-44)$$

分析：

方法（1）：建立如下的 M 文件并保存为 exm_34.m：

```
clear;clc;close all;
                                        % 状态空间系统的
```

```
a=[-0.6,-1.04,0,0;1.04,0,0,0;0,0.96,-0.7,-0.32;0,0,0.32,0];
b=[1,0,0,0]';c=[0,0,0,0.32];d=0;
figure(1);bode(a,b,c,d);grid on          % 绘制波特图
figure(2);subplot(2,1,1)                  % 绘制幅相特性曲线
nyquist(a,b,c,d);grid on
[Z,P,K]=ss2zp(a,b,c,d);
subplot(2,1,2)
[rm,im]=nyquist(a,b,c,d);
plot(rm,im ,'linewidth',3);grid on
figure(3);margin(a,b,c,d);                % 绘制稳定裕度
figure(4)
[ac,bc,cc,dc]=cloop(a,b,c,d);
impulse(ac,bc,cc,dc);grid on              % 绘制冲激响应曲线
```

本例的仿真结果分别如图 6-41～图 6-44 所示。

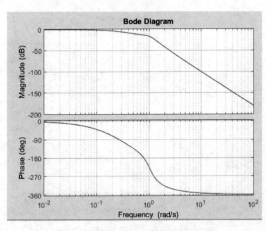

图 6-41　命令 bode 的执行结果

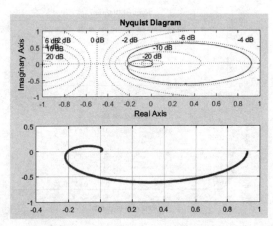

图 6-42　命令 nyquist 的执行结果

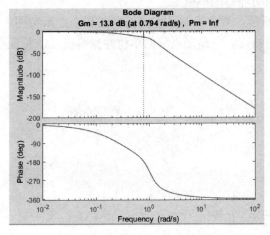

图 6-43　命令 margin 的执行结果

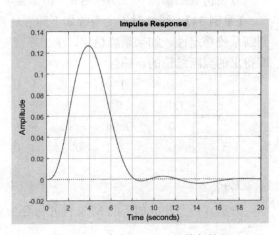

图 6-44　命令 impulse 的执行结果

方法（2）：首先在 MATLAB 软件的命令窗口中键入以下语句，获得该系统的传递函数。

```
>> [num,den]=ss2tf(a,b,c,d);
>> step(num,den)
>> printsys(num,den)
```

可以得到该系统的传递函数为：

$$\text{num/den} = \frac{2.2204e\text{-}016\ s^3 + 1.9984e\text{-}015\ s^2 + 1.7764e\text{-}015\ s + 0.10224}{s^4 + 1.3\ s^3 + 1.604\ s^2 + 0.81856\ s + 0.11076}$$

其次，利用获得的传递函数，再绘制其 simulink 仿真模型，就可以进行系统的仿真研究。

6.2.5　饱和效应建模方法的示例分析

在电气工程中，饱和特性是非常普通的非线性现象，它几乎存在于每一个物理系统中。例如运算放大器的输出特性、电动机的磁场饱和现象等。在 MATLAB 软件中，用 saturation 模块（在 simulink 中的 Discontinuities 模块库中调用）来构建饱和现象的仿真系统。我们以磁调制式直流大电流比较仪（简称磁调制器）的控制模型为例，简述建立研究饱和现象的仿真系统的方法与步骤。

由于磁调制器具有高精度、低漂移、线性度高及防磁能力强等突出优点，因而被广泛地用作实验室直流大电流的计量标准和高稳定度直流电源的测量采样装置，以它为例进行分析，具有典型工程应用背景。

【举例 35】　磁调制器控制模型的几个环节如图 6 - 45 所示，它包括传感头、相敏解调器、直流放大器、功率放大器和反馈绕组，现将它们的传递函数总结如下：

（1）传感头的传递函数：$G_1(s) = (0.8 \times 76) / (s^2 + 300^2)$；

（2）相敏解调器的传递函数：$G_2(s) = 3.5$；

（3）直流放大器的传递函数：$G_3(s) = 7.5$；

（4）功率放大器的传递函数：$G_4 = (2.5s + 10) / (3s + 50)$；

（5）反馈绕组的传递函数：$G_5(s) = 5000$。

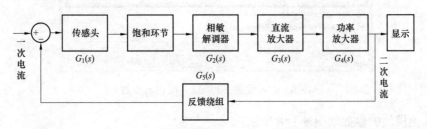

图 6 - 45　磁调制器的控制模型原理框图

上述参数均是试验参数。由于磁调制器本质上是一种利用软磁材料磁化曲线对称但非线性的磁特性所构成的一种信号调制装置。其传感头铁芯是由一对硅钢片铁芯构成的磁环，磁环上绕有匝数相同绕向相反的激励绕组（兼作检测绕组之用）及二次绕组（反馈绕组），因此，需要在传感头传递函数之后增加一个饱和环节。

　　磁调制器基于 simulink 的仿真模型如图 6 – 46 所示，将本例保存为 exm _ 35. slx。该模型需要以下模块：

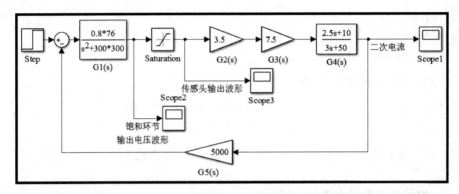

图 6 – 46　磁调制器的 simulink 仿真模型

　　(1) Step、Sum、TransferFcn、Gain 和 Scope 模块：它们的调用方法前面已经多次介绍；

　　(2) Step 模块的参数为：Step time 为 0、Initial value 为 0、Final value 为 5000（表示一次电流为 5000A）；

　　(3) saturation 模块：在 simulink 模块库中的 Commonly Used Blocks 模块库中调用，其参数设置方法如图 6 – 47 所示，其中将 Upper limit 设置为 1，Lower limit 设置为 −1（该参数的大小取决于相敏解调器输入端的限制条件，为了简单起见，我们也可以直接利用它的默认参数）；

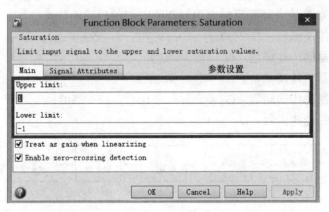

图 6 – 47　设置 saturation 模块的参数

　　(4) 其他模块的参数如图 6 – 46 所示；

　　(5) 图 6 – 46 中所示的模块 Scope1 用于显示二次电流的读数，模块 Scope2 用于显示传感头输出读数，模块 Scope3 用于显示饱和环节输出电压波形；

　　(6) 图 6 – 46 中所示传递函数 G_1 中的 300 表示激励方波频率；

　　(7) 设置仿真参数：start time 为 0，stop time 为 450e – 3，solver options 设置为 "ode23tb（Stiff/TR – BDF2）"，其他为默认参数，启动并仿真该模型；

　　(8) 分析仿真结果：

1）二次电流的仿真结果，如图 6-48 所示；

2）传感头输出波形的仿真结果，如图 6-49 所示；

3）饱和环节输出电压波形的仿真结果，如图 6-50 所示。

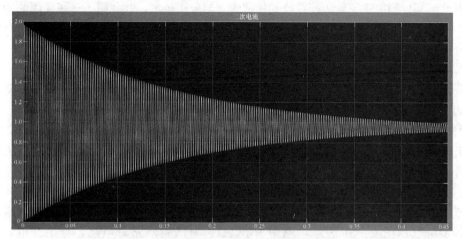

图 6-48　二次电流的仿真结果

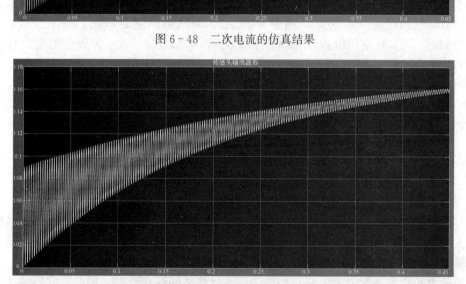

图 6-49　传感头输出波形的仿真结果

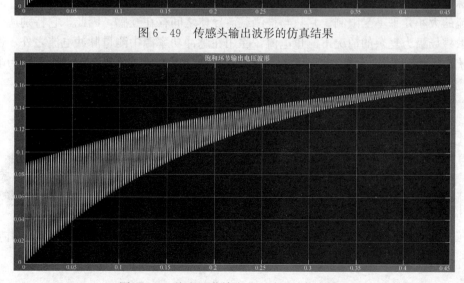

图 6-50　饱和环节输出电压波形的仿真结果

6.3　典型测控系统示例分析

本章前面部分侧重于一般测控系统的模型建立与分析技术，并介绍了一些实用的命令函数和基于 simulink 环境搭建测控系统仿真模型的方法。本节将对一些实际的测控系统仿真模型的建立与分析进行个案研究，以形成一套用于构建测控系统仿真模型的切实有效的分析方法。

6.3.1　串联电容器试验电流测控系统建模与仿真

利用罗氏线圈传感头检测串联电容器试验电流，需要构成整个测控系统的仿真模型，以此为例，分析它的建模方法与分析技巧。

【举例36】　串补电容器就是在电力系统中串联使用的一种电力电容器。它在交流输电技术中起着提高系统功率因数、改善系统电压调整率、增加系统传输容量和提高系统稳定性等重要作用。

根据国家标准 GB/T 6115.1—2008《电力系统用串联电容器　第 1 部分：总则》和等效国际标准 IEC 60143-1-1992 可知，串补电容器试验是一个欠阻尼的振荡放电回路，其等效电路模型可以用图 6-51 表示，图中 R_{SC}（Ω）为试验回路总电阻，当串补电容器 C_{SC}（F）充电到 U_{SC0}（V）电压值后，立即合上开关 K_{SC}，设 I_{SM}（A）为放电电流的峰值，则该回路的放电电流 $i_{SC}(t)$ 为

$$i_{SC}(t) = \frac{U_{SC0}}{\omega_{SC} L_{SC}} e^{-\delta_{SC} t} \sin \omega_{SC} t \qquad (6-45)$$

式中　$\omega_{SC} = (\omega_{S0}^2 - \delta_{SC}^2)^{0.5}$——试验回路放电电流角频率（rads^{-1}）；

$\omega_{S0} = (L_{SC} C_{SC})^{0.5}$——放电回路固有频率（rads^{-1}）；

$\delta_{SC} = R_{SC}/2L_{SC}$——阻尼系数；

L_{SC}——试验回路总电感（H）。

1. 罗氏线圈仿真模型的分析与构建

（1）罗氏线圈简介。罗氏线圈（Rogowski coil），其外形如图 6-52 所示，它因被测电流所产生的磁场变化而感应出相应的电势，本身并不与被测电流回路存在直接电的联系。它是一特殊结构的空心线圈，不含铁芯，不存在磁饱和问题，也不存在动热稳定问题，而且对被测电流的大小几乎不受限制。它只与被测载流导体之间存在互感，因此，它特别适合于在外界杂散磁场极为复杂的情况下测量电流，除用在脉冲功率源中测量脉冲电流之外，还用于电力系统中的暂态电流、稳定交流大电流以及继电保护用电流监测等方面，以及作为电解行业中检测电解槽直流大电流的常规设备。

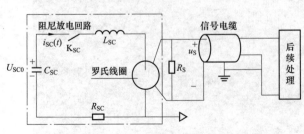

图 6-51　测试串联电容器试验电流的原理框图

图 6-52　加工完毕的
罗氏线圈传感头

　　罗氏线圈的外形结构示意图，如图 6 - 53（a）和（b）所示。图中骨架芯的横截面为圆形或者矩形，a（m）、b（m）和 D（m）分别为线圈内、外直径和中心直径，则线圈中心周长为 $l_{\text{Rog}} = \pi D$，d（m）为圆形截面直径，h（m）和 c（m）为矩形截面的径向厚度和轴向高度，S（m²）为骨架芯截面面积。

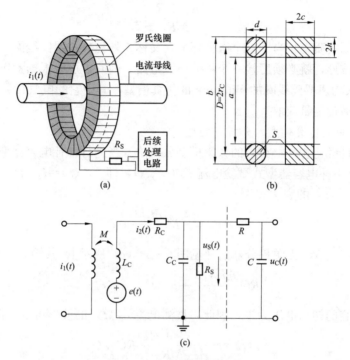

图 6 - 53　罗氏线圈示意图

（a）外形结构；（b）骨架芯横截面尺寸；（c）带上 RC 积分器的罗氏线圈等值电路

　　（2）罗氏线圈的工作机理分析。当不考虑罗氏线圈的分布电容 C_{C} 时，由它的等值电路图 6 - 53（c）和电磁感应定律有

$$\begin{cases} e(t) = L_{\text{C}} \dfrac{i_2(t)}{\mathrm{d}t} + (R_{\text{C}} + R_{\text{S}}) i_2(t) \\[2mm] e(t) = -M \dfrac{\mathrm{d}i_1(t)}{\mathrm{d}t} \\[2mm] u_{\text{S}}(t) = R_{\text{S}} i_2(t) \end{cases} \tag{6 - 46}$$

式中　　$i_1(t)$——被测电流；

　$i_2(t)$ 和 $e(t)$——罗氏线圈的感应电流和电势；

　　R_{C} 和 L_{C}——罗氏线圈的内阻和自感；

　　　　M——罗氏线圈与试验电流母线之间的互感系数；

　　$u_{\text{S}}(t)$——罗氏线圈阻尼电阻 R_{S} 的端电压。

　　当不考虑罗氏线圈的分布电容时，罗氏线圈自感和互感之间满足下面的关系式

$$\left.\begin{array}{l} M = \dfrac{n s \mu_0}{l} \\[3mm] L_{\text{C}} = n M \end{array}\right\} \tag{6 - 47}$$

式中　l 和 S——环形骨架芯平均周长和截面面积；

　　　　n——罗氏线圈的小线匝匝数。

分析式（6-46）可知，当 $R_C + R_S$ 较大且满足 $\omega L_C \ll R_C + R_S$ 时，则被测电流 $i_1(t)$ 为

$$i_1(t) = -\frac{R_C + R_S}{MR_S}\int u_S(t)\mathrm{d}t \tag{6-48}$$

这种罗氏线圈实质上相当于一个微分环节，又称为外积分式罗氏线圈。要使其输出信号还原出被测电流波形，就必须后接一个积分还原电路。因此，可以根据罗氏线圈的等值电路图 6-53（c），来构建罗氏线圈的 simulink 的仿真模型，其中它的电气参数如自感、内阻和分布电容，可以通过测量获取。

2. 整个测控系统仿真模型的分析与构建

（1）罗氏线圈感应电势 $e(t)$ 的数学模型分析法。当进行串补电容器型式试验时，被测电流 $i_1(t)$ 就是串补电容器型式试验电流 $i_{SC}(t)$(A)，即：$i_1(t) = i_{SC}(t)$。因此，罗氏线圈获得的感应电势 $e(t)$ 的表达式为

$$e(t) = -M\frac{\mathrm{d}i_{SC}(t)}{\mathrm{d}t} \tag{6-49}$$

当罗氏线圈接上 RC 无源积分器后 [见图 6-53（c）所示]，其输入和输出的关系式为

$$RC\frac{\mathrm{d}u_C(t)}{\mathrm{d}t} + u_C(t) = u_S(t) \tag{6-50}$$

假设积分电容的初始电压为零，因此，被测电流 $i_{SC}(t)$ 的波形可以近似表示为

$$i_{SC}(t) \approx -\frac{(R_C + R_S)}{MR_S}RCu_C(t) \tag{6-51}$$

表达式（6-51）即为利用外积分式罗氏线圈获得串补电容器型式试验电流波形的基本关系式。联立式（6-51）和式（6-46），可以构建整个测控系统获得的感应电势 $e(t)$ 的 simulink 仿真系统的数学模型

$$e(t) = -\frac{L_C}{n}\frac{U_{SC0}}{\omega_{SC}L_{SC}}e^{-\delta_{SC}t}[-\delta_{SC}\sin\omega_{SC}t + \omega_{SC}\cos\omega_{SC}t] = e_1(t) + e_2(t) \tag{6-52}$$

其中，$e_1(t)$ 和 $e_2(t)$ 分别为

$$e_1(t) = \frac{L_C}{n}\frac{U_{SC0}}{\omega_{SC}L_{SC}}\delta_{SC}e^{-\delta_{SC}t}\sin\omega_{SC}t \tag{6-53}$$

$$e_2(t) = -\frac{L_C}{n}\frac{U_{SC0}}{\omega_{SC}L_{SC}}\omega_{SC}e^{-\delta_{SC}t}\cos\omega_{SC}t \tag{6-54}$$

表达式（6-52）表明，感应电势 $e(t)$ 由两部分组成，即 $e_1(t)$ 和 $e_2(t)$，它们的大小均取决于型式试验回路参数和罗氏线圈的电气参数。线圈感应电势 $e(t)$、终端电阻端电压 $u_S(t)$、积分器输出电压感应电势 $u_C(t)$ 和被测电流 $i_{SC}(t)$ 的仿真的数学模型如图 6-54 所示。

（2）感应电势 $e(t)$ 仿真模型的构建法。如图 6-55 所示，要创建 $e(t)$ 的 simulink 仿真模型，它主要由 Clock、Gain、Product、Sum、Sine wave、Math Function、Controlled Voltage Source 和 integrator 几个模块构建而成。图中 W 表示 ω_{SC}；L 表示 L_{SC}（本例取值为 180 微亨即 180e-6）；USC0 表示 U_{SC0}（本例分别取值为 10kV）；L_C 表示罗氏线圈的

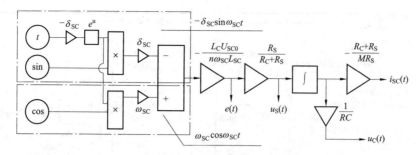

图 6-54　串补电容器型式试验中罗氏线圈获得的感应电势 $e(t)$ 的数学模型

自感 L_C；n 表示罗氏线圈的匝数 n。

由表达式（6-52）和式（6-46）构建感应电势 $e(t)$ 信号的子系统（subsystem），如图 6-55 所示，当充电电压 $U_{SC0}=10$kV 时，图中各个模块的参数分别设置如下：

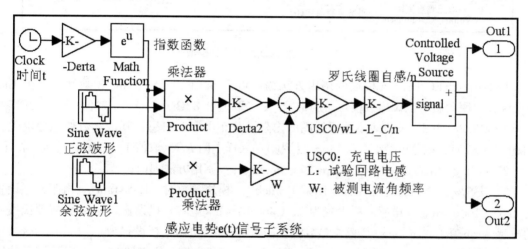

图 6-55　感应电势 $e(t)$ 子系统的 simulink 仿真模型

（1）Gain 模块名为－Derta 的参数为：－2.9e3（即取 δ_{SC} 值的相反数）；

（2）Sine Wave（正弦波）模块的参数为：Amplitude/V（幅值）栏为 1、Bias 为 0、Frequency/rads^{-1}（频率）栏为 8.9e+003（即 ω_{SC} 的取值）、Phase/rad（相位）为 0、Sample time（采样时间）为 1e－6；Sine Wave（正弦波）模块 1 的参数为：Amplitude（幅值）栏为 1、Bias 为 0、Frequency（频率）栏为 8.9e+003、Phase/rad（相位）为 pi/2、Sample time（采样时间）为 1e－6；

（3）名为 Derta2 的 Gain 模块参数为：2.9e3（即 δ_{SC} 的取值）；名为 W 的 Gain 模块参数为：8.9e+003（即 ω_{SC} 的取值）；名为 USC0/WL 的 Gain 模块参数为：10e3/180e－6/8.9e3；名为－L_C/n 的 Gain 模块参数为：－149.2e－6/345；

（4）Controlled Voltage Source 模块的调用方法为：点击 SimPowerSystems 模块库，点击 Electrical Sources 模块库，就可以调出该模块，且使用它的默认参数。

（5）为了便于与被测电流波形相比较，在罗氏线圈的积分器的输出端接上反相器（由放大倍数为－1 的 Gain 模块构成），如图 6-56 所示，并保存为 exm_36.slx。它包括以下几个模块：

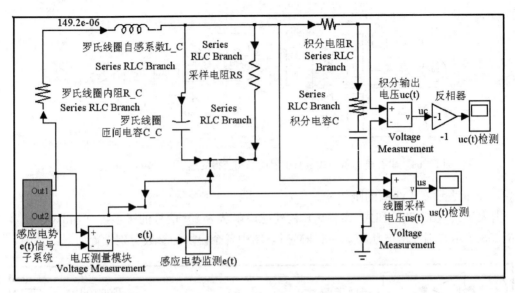

图 6 - 56 　罗氏线圈的仿真模型

1) Series RLC Branch 模块的调用方法为：点击 SimPowerSystems 模块库，点击 Elements 模块库，就可以调出该模块。图中 R_C（取值 2.82Ω）、C_C（取值 27e - 12F）和 L_C（149.2e - 6H）分别表示罗氏线圈的内阻、分布电容和自感，其他参数如积分电阻 R（取值 100e3Ω）、积分电容 C（0.44e - 6 法拉）、采样电阻 RS（取值 1.7e3Ω），见图中标示；

2) Voltage Measurement、Scope 和 Connectors：调用方法同前；

3) 设置罗氏线圈的内阻 Series RLC Branch_1 模块参数时，Resistance（电阻）栏设置为 2.82、Inductance（电感）栏设置为 0、Capacitance（电容）栏设置为 inf；设置罗氏线圈的电感 Series RLC Branch_2 模块参数时，Resistance（电阻）栏设置为 0、Inductance（电感）栏设置为 149.2e - 6（即 149.2μH）、Capacitance（电容）栏设置为 inf；设置罗氏线圈的分布电容 Series RLC Branch_3 模块参数时，Resistance（电阻）栏设置为 0、Inductance（电感）栏设置为 0、Capacitance（电容）栏设置为 27e - 12（即 27pF）；同理，按照上述方法分别设置采样电阻 RS、积分电阻 R 和积分电容 C 的参数；

4) 设置 Scope 参数：将名为感应电势监测 $e(t)$ 的 Scope 模块的 Data history 设置为：Variable name：e，Save format：Array；将名为 $u_C(t)$ 检测的 Scope 模块的 Data history 设置为：Variable name：Uc，Save format：Array；将名为 $u_S(t)$ 检测的 Scope 模块的 Data history 设置为：Variable name：Us，Save format：Array。

(6) 设置仿真参数：start time 为 0，stop time 为 3.5e - 3，solver options 为 "ode23tb（Stiff/TR-BDF2）"，其他为它的默认参数。

每个模块的参数设置方法可以参照本书前面章节相关部分。将串联电容器试验回路参数、外积分式罗氏线圈结构和电磁参数以及 RC 无源积分器参数均列于表 6 - 4 中。

表 6 - 4 　　　　　　串联电容器试验和罗氏线圈及其测量回路电气参数

型式试验参数	罗氏线圈电气参数	
$U_{SC0}=10\text{kV}$	$D=114\text{mm}$，$c=10\text{mm}$	$R=100\text{k}\Omega$

续表

型式试验参数	罗氏线圈电气参数	
$R_{SC}=0.9\Omega,\ C_{SC}\approx73\mu F$	$h=17\ mm,\ n=345$	$C=0.44\mu F$
$\omega_{S0}\approx9.4\times10^3\,Rads^{-1}$	$C_C=27pF,\ R_C=2.82\Omega$	$\alpha_C=1/\tau_{Rog}\approx1.1\times10^7$
$L_{SC}=180\mu H$	$L_C=149.2\mu H$	$\tau_{INT}=RC=44ms$
$\delta_{SC}=R_{SC}/2L_{SC}\approx2.9\times10^3$	$R_{Sopt}\approx1.7k\Omega$	$\alpha\approx1.1\times10^7$
$\omega_{SC}\approx8.9\times10^3\,Rad/s$	$\tau_{Rog}=L_C/(R_C+R_S)\approx0.09\mu s$	$\beta=1/\tau_{INT}\approx23$
$\omega_{SC}L_{SC}=1.3\sim1.4\Omega,\ T_{SC}\approx0.67ms$	$\omega_{1n}=[(R_C+R_S)/(L_CC_CR_S)]^{0.5}\approx1.6\times10^7$	

注　$\delta_{SC}\ll\alpha_C,\ \delta_{SC}\ll\alpha,\ \gamma_{SC}=2.0\sim2.5$

（7）仿真与结果分析。利用 MATLAB 软件中 simulink 仿真环境建立基于图 6 - 51 和图 6 - 53（c）所示电路的仿真模型，该模型由感应电势 $e(t)$ 和罗氏线圈及其测量回路构成。

（1）图 6 - 57（a）表示感应电势 $e(t)$ 仿真波形；

（2）图 6 - 57（b）表示终端电压 $u_S(t)$ 仿真波形；

（3）图 6 - 57（c）表示积分器输出电压 $u_C(t)$ 仿真波形；

（4）图 6 - 57（d）表示被测电流 $i_1(t)$ 的仿真波形。

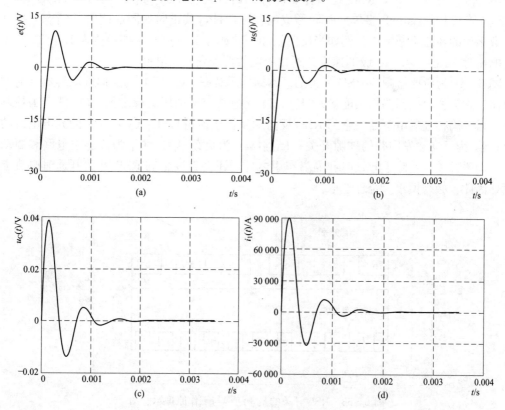

图 6 - 57　举例 36 的仿真波形

（a）感应电势 $e(t)$ 仿真波形；（b）终端电压 $u_S(t)$ 仿真波形；

（c）积分器输出电压 $u_C(t)$ 仿真波形；（d）被测电流 $i_1(t)$ 的仿真波形

6.3.2　RSD 开关状态电流测控系统建模与仿真

【举例 37】　由于大功率电力电子器件的开通、关断时间会以纳秒数量级出现，因此，电力电子器件开关状态时所产生的脉冲电流会呈现很大的变化率，即 di/dt 会相当大。例如，现在对一种新的电力变换装置有很大的应用需求，即对电压 10kV 以上、电流数十千安以上、电流上升时间数十纳秒以下的超大功率、超高速能量变换装置。能够完成这种电力变换的有一种典型开关，叫 RSD（Reversely Switched Dynistor）开关。如何快速、可靠、准确地检测 RSD 开关的状态电流，研究它的开通和关断等开关特性，便于改善其高速大功率工作性能，有重要意义。

由于罗氏线圈具有前面所讲述的特点与优点，它已经被广泛用于脉冲功率源、高温等离子体研究、电力系统继电保护、电力电子开关状态检测、脉冲磁场测量和铝电解直流大电流测量等方面。本书仍然利用罗氏线圈作为高速大功率 RSD 开关状态电流检测与分析的常规传感器。

1. 背景

（1）RSD 简介。

RSD 器件是利用控制等离子层触发，克服晶闸管（Thyristor）导通过程中电流局部化的缺陷，在整个硅面上实现均匀同步开通，同样面积的晶片，RSD 的导流能力较之大功率晶闸管 SCR 提高了很多，例如直径为 76mm 的 RSD 可导通超过 250kV 的峰值电流（主脉宽为 100μs）。研究得出，RSD 是一种非对称的由数百上千只 pnp 晶闸管（Thyristor）和 npn 晶体管（Transistor）多单元并联形成的二端器件，其正向如同晶闸管的断态一样，可承受数千伏的断态阻断电压。例如当反向施加一脉宽为 1～2μs、脉冲幅值为 1.5～2.0kA 的驱动电流时，RSD 能以 ns 级的速度开通数十至数百千安的大电流。

图 6-58 为所要监测的 RSD 开关的基本结构示意图，C_{51}（F）为主储能电容器（简称主电容器，它为主放电回路提供能量），E_{51}（V）为它的充电电压的稳定值；C_{52}（F）为控制储能电容器（简称控制电容器，它为 RSD 反向触发提供能量），E_{52}（V）为它的充电电压的稳定值；S_{FX} 为反向触发回路的球隙开关；R_{Load}（Ω）为负载电阻；L_{51} 为位于主电路和驱动电路之间的磁开关，它除了起延时和隔离作用之外，还将直接影响 RSD 开关开通时电流上升速度，因此，必须慎重、合理选取。

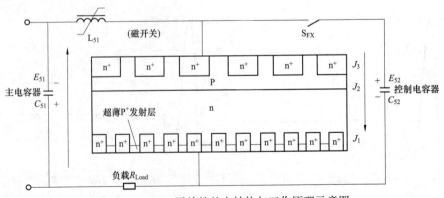

图 6-58　RSD 开关的基本结构与工作原理示意图

（2）RSD 开通条件。

由前面分析可知，RSD 的触发开通是通过给它一个至少 1～2μs 具有一定幅值的反向脉冲电流，将电荷注入到 RSD 的等离子体层中，当该等离子体层达到一定量时，它就为正向开通提供了条件。因此，RSD 开通的条件是通过控制 RSD 等离子体层出现过量电荷耗尽所要求的时间与 RSD 中再生反馈开始的时间相比较得来的。该条件很容易从初始储存电荷全部用光的估算中得到。现将 RSD 开通条件总结如下：

1）必须反向触发；

2）反方向触发电流幅值必须达到一定数量级，选择合适的反方向电流持续时间（脉宽为 $1\sim2\mu s$）；

3）电路中必需一个起延时、隔离作用的元件（可选取参数合适的饱和电抗器充当）。

（3）RSD 开关状态电流测试平台简介。

RSD 开关状态电流测试平台由反向触发回路和主放电回路两部分组成，如图 6-59 所示。图中 D_1、R_1 和 u_{S1} 分别为主电容器充电回路参数；D_2、R_2 和 u_{S2} 为控制电容器充电回路参数；当控制电容器 C_2 被谐振反向充电时，由于主放电回路中的磁开关 L_1 的隔离延迟开通作用，使得控制电容器 C_2 经 RSD 开关反向放电，因此，给 RSD 开关提供一个具有较大幅值和合适持续时间的反向脉冲电流，从而为 RSD 开关的开通提供了其中两个必要条件。当磁开关 L_1 的延迟结束后，主电容器 C_1 上所充电压，便通过 RSD 开关向负载 R_{Load} 放电。

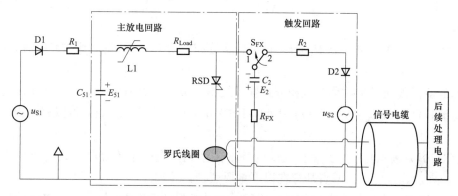

图 6-59　RSD 开关电流测试平台等效电路

2. 整个测控系统仿真模型的分析与构建

（1）RSD 开关状态电流数学模型分析法。

放电回路总电流 $i_{FD}(t)$ 由主放电回路的电流和反向触发回路电流叠加组成，即

$$i_{FD}(t)=\frac{E_1}{L_3}te^{-\delta_{FD}t}-\frac{E_2}{\omega_{FX}L_{FX}}e^{-\delta_{FX}t}\sin\omega_{FX}t \tag{6-55}$$

式中　L_3 和 L_{FX}——主放电回路总电感和反向触发回路总电感，H；

　　　E_1 和 E_2——主放电回路充电电压和触发放电回路充电电压，V；

　　　ω_{FX}——谐振频率，$rads^{-1}$；

　　　δ_{FD} 和 δ_{FX}——主放电回路的电流衰减系数和反向触发电流衰减系数，且为

$$\delta_{FD}=\frac{R_{FD}}{2L_3} \tag{6-56}$$

式中　R_{FD}——主放电回路的总电阻，Ω。

$$\delta_{FX}=\frac{R_{FX}}{2L_{FX}} \tag{6-57}$$

式中　R_{FX}——触发放电回路总电阻，Ω。

$\omega_{FX}/\text{rads}^{-1}$ 为

$$\omega_{FX} = \sqrt{\frac{1}{L_{FX}C_2} - \frac{R_{FX}}{4L_{FX}^2}} = \sqrt{\omega_{FX0}^2 - \delta_{FX}^2} \tag{6-58}$$

$$\omega_{FX0} = \sqrt{\frac{1}{L_{FX}C_2}} \tag{6-59}$$

放电回路总电流 $i_{FD}(t)$ 的数学模型应该包括两部分，即

$$i_{FD1}(t) = \frac{E_1}{L_3} t e^{-\delta_{FD}t} \tag{6-60}$$

$$i_{FD2}(t) = -\frac{E_2}{\omega_{FX}L_{FX}} e^{-\delta_{FX}t} \sin\omega_{FX}t \tag{6-61}$$

（2）罗氏线圈端电压数学模型分析法。

当进行 RSD 开关放电试验时，罗氏线圈获得的感应电势 $e(t)$ 与 RSD 开关状态电流 $i_{FD}(t)$ 的关系式为

$$e(t) = -M\frac{\mathrm{d}i_{FD}(t)}{\mathrm{d}t} \approx L_C\frac{\mathrm{d}i_2(t)}{\mathrm{d}t} \tag{6-62}$$

分析式（6-46）可知，当 R_C+R_S 较小且满足 $\omega L_C \gg R_C+R_S$ 时，则被测电流 $i_1(t)$ 为

$$i_1(t) = -n\,i_2(t) \tag{6-63}$$

此时的罗氏线圈经常被称为自积分式罗氏线圈，被测电流 $i_1(t)$ 就是 RSD 开关放电试验时的电流，即 $i_1(t) = i_{FD}(t)$。因此，RSD 开关状态电流 $i_{FD}(t)$ 可以表示为

$$i_{FD}(t) \approx -n\,i_2(t) \tag{6-64}$$

式（6-64）表示自积分式罗氏线圈的基本关系式，类似于传统电磁式电流互感器（简称 TA）的表达式，但是，两者却存在以下重要区别：

1）罗氏线圈输出信号为电压信号，很容易与计算机通信，TA 输出的是电流信号，一般设置保护措施之后，方可与计算机通信；

2）罗氏线圈的二次侧可以开路运行，但是，TA 的二次侧决不可以开路运行。由于流过罗氏线圈的感应电流 $i_2(t)$ 可以表示为

$$i_2(t) \approx \frac{u_S(t)}{R_S} \tag{6-65}$$

式中　R_S——罗氏线圈终端电阻（Ω）；

　　$u_S(t)$——终端电阻端电压（V）。

因此，RSD 开关状态电流 $i_{FD}(t)$ 又可以表示为

$$i_{FD}(t) \approx \frac{-nu_S(t)}{R_S} \tag{6-66}$$

式（6-66）即为自积分式罗氏线圈监测短脉宽脉冲电流的基本表达式。由此可见，RSD 开关状态电流 $i_{FD}(t)$ 的幅值是与终端电阻端电压 $u_S(t)$ 的幅值和罗氏线圈小线匝数目 n 成正比关系，与终端电阻 R_S 成反比关系，且与端电压 $u_S(t)$ 反相。因此，罗氏线圈端电压的表达式为

$$u_S(t) \approx \frac{-i_{FD}(t)R_S}{n} \tag{6-67}$$

（3）整个测控系统仿真模型的构建法。

根据式（6-66）和式（6-67）可知，罗氏线圈获得的端电压 $u_S(t)$ 的仿真模型有两个部分

$$u_S(t) \approx -\frac{R_S}{n}[i_{FD1}(t)+i_{FD2}(t)] \tag{6-68}$$

利用 MATLAB 软件中 simulink 仿真环境，可以建立图 6-60 所示数学模型的仿真模型，要创建该 simulink 仿真模型，需要以下几个步骤：

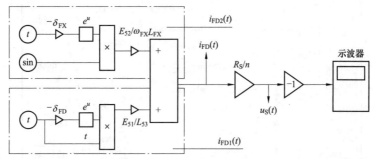

图 6-60　主放电回路的电流 $i_{FD}(t)$ 和罗氏线圈的终端电压 $u_S(t)$ 的数学模型

1）基于式（6-60）和式（6-61）构建电流 $i_{FD1}(t)$ 和 $i_{FD2}(t)$ 两个子系统（subsystem），如图 6-61（a）和图 6-61（b）所示，它们需要的模块为：Clock、Gain、Product、Sine wave 和 Math Function，其调用它们的方法同前。

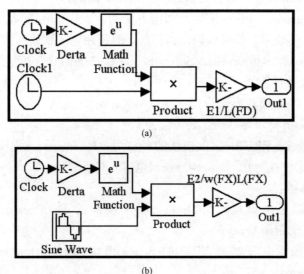

图 6-61　电流 $i_{FD1}(t)$ 和 $i_{FD2}(t)$ 的仿真模型 simulink 子系统
(a) $i_{FD1}(t)$ 仿真模型的子系统；(b) $i_{FD2}(t)$ 仿真模型的子系统

2）在 $i_{FD1}(t)$ 子系统中各个模块的参数设置如下：

a. 名为 Derta 的 Gain 模块参数为：−12e5；

b. 名为 E1/L（FD）的 Gain 模块参数为：10e3/1.8e−6；

3）在 i_{FD2}（t）子系统中各个模块的参数设置如下：

a. 名为 Derta 的 Gain 模块参数为：-6e5；

b. 名为 E2/w（FX）L（FX）的 Gain 模块参数为：-3.5e3/31e5/0.5e-6；

c. Sine Wave（正弦波）模块的参数为：Amplitude 栏为 1、Bias 为 0、Frequency（rad/s）栏为 31e5（即 ω_{FX} 的取值）、Phase/rad 栏为 0、Sample time 栏为 1e-7；

4）基于式（6-64）和图 6-59 构建罗氏线圈端电压的 simulink 仿真模型，如图 6-62 所示，并保存为 exm_37. slx，它包括以下几个模块：

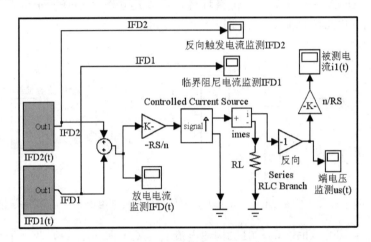

图 6-62   罗氏线圈端电压的仿真模型

a. Series RLC Branch 模块（名为 RL）：调用方法同前；

b. Controlled Current Source 模块，调用方法为：点击 SimPowerSystems 模块库，点击 Electrical Sources 模块库，就可以调出该模块，且使用它的默认参数；

c. 其他如 Current Measurement、Sum、Scope 和 Connectors 模块的调用方法同前。

5）上述模块的参数设置如下：

a. 名-RS/n 的 Gain 模块参数为：-0.11/150；

b. 名 n/RS 的 Gain 模块参数为：150/0.11；

c. 名为 RL 的 Series RLC Branch 模块的参数为：Resistance（电阻）栏设置为 0.225、Inductance（电感）栏设置为 0、Capacitance（电容）栏设置为 inf；

6）设置 Scope 参数：

a. 将名为临界阻尼电流监测 IFD1 的 Scope 模块的 Data history 设置为：Variable name：ifd1，Save format：Array；

b. 将名为反向触发电流监测 IFD2 的 Scope 模块的 Data history 设置为：Variable name：ifd2，Save format：Array；

c. 将名为端电压监测 u_{S}（t）的 Scope 模块的 Data history 设置为：Variable name：us，Save format：Array；

d. 将名为被测电流 i_1（t）的 Scope 模块的 Data history 设置为：Variable name：i1，Save format：Array。

7）设置仿真参数：start time 为 0，stop time 为 1e-5，solver options 设置为"ode23tb

（Stiff/TR‐BDF2）"，其他为它的默认参数。

　　每个模块参数的设置方法可以参照前面讲述内容，将触发回路和主放电回路的仿真参数以及罗氏线圈的电气参数列于表 6‐5 中。

表 6‐5　　　　　触发回路和主放电回路仿真参数以及罗氏线圈电气参数

反向触发放电回路参数	主放电回路参数	罗氏线圈电气参数
$L_{FX}=0.5\mu H$，$C_{52}=0.2\mu F$，$\delta_{FX}=6\times 10^5$	$L_{53}=1.8\mu H$	$D=110mm$，$c=10mm$，$h=30mm$，$n=150$
$\omega_{FX0}=31.6\times 10^5 rads^{-1}$，$R_{FX}=0.6\Omega$	$R_{53}=0.84\Omega$，$R_{Load}\approx 0.2\Omega$	$C_C=30pF$，$R_C=0.17\Omega$，$R_S\approx 0.11\Omega$
$\omega_{FX}=31\times 10^5 rads^{-1}$，电流脉宽 $1\mu s$	$E_{51}=10kV$，$\delta_{FD}=13\times 10^5$	$L_C=23\mu H$，$t_{rise(J)}\approx \pi R_S C_C\approx 10.4ps$
$E_{52}=3.5kV$，电流峰值 $1.5\sim 2.0kA$	$C_{51}=10\mu F$，$R_{FD}\approx 0.3\Omega$	$\tau_{Rog}=L_C/(R_S+R_C)\approx 82\mu s$

　　（4）仿真结果与分析。仿真得到端电压 $u_S(t)$ 的波形如图 6‐63 所示，其幅值约为 1.73V，脉宽约为 $2\mu s$。根据式（6‐66）可知，罗氏线圈端电压 $u_S(t)$ 与 RSD 开关状态电流 $i_{FD}(t)$ 反相，为了便于和被测电流波形进行对照分析，可以将端电压 $u_S(t)$ 的波形反相处理（即乘以-1 倍），见图 6‐63 所示。被测电流波形 $i_{FD}(t)$、$i_{FD1}(t)$ 和 $i_{FD2}(t)$ 的仿真波形如图 6‐64 所示。

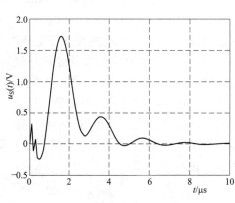

图 6‐63　端电压 $u_S(t)$ 仿真波形

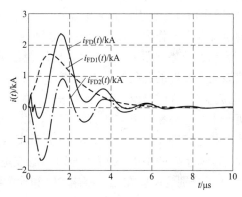

图 6‐64　电流 $i_{FD}(t)$、$i_{FD1}(t)$ 以及 $i_{FD2}(t)$ 的仿真波形

　　由计算机仿真分析，可以初步验证：为设计 RSD 开关主放电试验电气参数而提出的计算方法的可行性；可以有效检验所设计的自积分式罗氏线圈监测系统，满足测量要求；并且仿真所得结论与电流 $i_{FD}(t)$ 的表达式，即（6‐55）式所揭示的规律是一致的。

6.3.3　新型直流比较仪的建模与仿真

　　【举例38】　直流比较仪，如磁调制式直流比较仪（简称磁调制器）和磁放大器式直流比较仪（简称磁放大器）一般采用对称双铁芯、四绕组结构（即一次绕组 W_1、二次绕组 W_2、激励绕组 W_S 和检测绕组 W_M）和"零磁通"原理的闭环控制结构，因而测量精度特别高。它们的最大区别在于提取判断信号的方法不一样：

　　（1）磁调制器，一般用交流电压源激励铁芯，根据检测绕组获得的感应电势中的双倍于交流激励电源频率的分量作为反馈量，来进行"零磁通"状态判断；

　　（2）磁放大器，一般利用交流电流源激励铁芯，根据激励电流中的奇次谐波作为反馈量，来进行"零磁通"状态判断。

磁调制器虽具有高灵敏度和低漂移等优点，但由于它的开环输出特性在原理上出现了虚假平衡点，如图 6-65 中曲线 1 所示（其中曲线 1 和 2 分别表示磁调制器和磁放大器的特性曲线）。它影响了其闭环运行的可靠性；磁放大器，虽不出现虚假平衡点和较高线性度，但由于低端性能差，初始电流大，对较小的直流电流不敏感，且易产生电流过冲等缺点，限制了其应用场合。现介绍利用 simulink 仿真工具，建立该直流比较仪的仿真模型，研究它的控制特性如静态特性、动态特性、稳定性和灵敏度等重要特性参数。

1. 新型直流比较仪原理分析

（1）新型比较仪物理模型简介。

可控饱和电抗器是一种磁滞回线矩形比高、起始磁导率高、矫顽力小和具有明显磁饱和点的特殊电抗器，其基本原理是，带铁芯的交流线圈在直流激磁作用下，由于交直流同时激磁，使铁芯状态一周期内按局部磁回线变化，因此，改变了铁芯等效磁导率和线圈电感。由于可控饱和电抗器结构简单、性能稳定，因此它在稳流技术、直流比较仪等方面有着广泛用途。

鉴于以上分析，我们在传统的饱和电抗器中增加了一个检测绕组 W_M 和二次绕组 W_2，构造一种新型自平衡式混成直流比较仪，其工作原理和构造特点为：采用环形单铁芯（由坡莫合金材料如 1J85 构成，内、外直径和厚度分别为 150mm、110mm 和 20mm）、四绕组结构（名称同上），利用正弦波电压源（$u_S = U_{Sm}\sin\omega t$，u_S 和 U_{Sm} 分别为瞬时值和幅值，ω 为激励电源频率）作为辅助交流电源激励铁芯，当一次绕组中流过直流 I_1 时，铁芯中便会存在直流偏磁磁势（即 $I_1 W_1 \neq 0$），检测绕组 W_M 就会获得正负半波不对称的畸变电压波形。求取该畸变波形的正负半波有效值之差 $U_{MdiffRMS}$，并将获得的差值电压信号预处理后经过电压/电流变换，即被转换为二次电流 I_2 送入二次绕组中，通过二次绕组产生与一次绕组中直流所产生的磁势相反方向的直流磁势，以平衡一次绕组中直流所产生的偏磁磁势，形成"零磁势"状态（即 $I_1 W_1 = I_2 W_2$），从而实现直流电流的检测任务，其构成原理示意图如图 6-66 所示。图中 L_1 和 L_2 分别为滤波电感，R_S 为串联在激励绕组 W_S 中的限流电阻，R_2 和 R_M 分别为串联在二次绕组 W_2 和检测绕组 W_M 中的检测电阻。

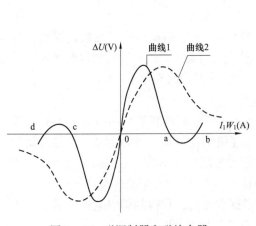

图 6-65　磁调制器和磁放大器
比较仪的输出特性曲线

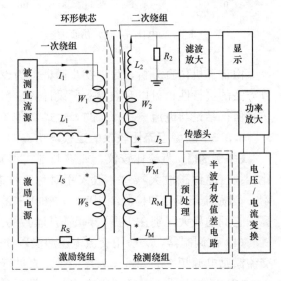

图 6-66　新型自平衡式直流比较仪原理示意图

由于该比较仪在传统饱和电抗器结构中，利用增绕的检测绕组感应电势的正负半波有效值之差作为反馈控制信号，其开环输出特性曲线不会出现虚假平衡点，因而确保了其闭环运行的可靠性。正是因为它采用正负半波有效值之差作为零磁通的判断信号，并不需要单独考虑偶次或者奇次谐波成分，只需利用真有效值电路（芯片）和加法器电路即可获取感应电势的正负半波有效值之差，且该电路容易制作且性能可靠。

（2）新型比较仪工作机理简介。

本文将饱和电抗器、激励绕组、检测绕组和预处理电路统称为新型比较仪的传感头（见图 6-66 中虚线框所示）。与磁调制器的开环特性曲线［即被测直流电流信号的磁势（A）与解调器输出电压（V）之间的关系曲线］的分析方法相类似，被测电流所产生的磁势 $I_1 W_1$（A）作为自变量（即横坐标 x），检测绕组端电压正负半波有效值之差 U_{MdiffRMS}（V）作为因变量（即纵坐标 y），并称这种关系曲线为该比较仪传感头的开环输出特性曲线。

当铁芯中存在直流偏磁磁势时，检测绕组获得的感应电势 u_M 的正负半波有效值之差 U_{MdiffRMS} 与 I_1 有关，即

$$U_{\text{MdiffRMS}} = U_{\text{MRMSP}} - U_{\text{MRMSN}} \qquad (6-69)$$

式中　U_{MRMSP}、U_{MRMSN} 分别为正、负半波有效值：

$$
\begin{cases}
U_{\text{MRMSP}} = \sqrt{\dfrac{1}{2\pi} \int_{2\pi-\beta}^{2\pi+\alpha} u_M^2 \, d\omega t} = k_0 \sqrt{(\alpha+\beta)k_1 - k_2(\sin 2\alpha + \sin 2\beta) + k_3(\cos\beta - \cos\alpha)} \\[4mm]
U_{\text{MRMSN}} = \sqrt{\dfrac{1}{2\pi} \int_{\pi+\beta}^{2\pi-\beta} u_M^2 \, d\omega t} = k_0 \sqrt{(\pi-2\beta)k_1 + 2k_2 \sin 2\beta - 2k_3 \cos\beta}
\end{cases}
$$

$$(6-70)$$

式中 $k_0 = W_M / (\sqrt{2\pi} W_S)^{-1}$，$k_1 = U_{\text{Sm}}^2/2 + (R_S I_1 W_1 / W_S)^2$，$k_2 = U_{\text{Sm}}^2/4$，$k_3 = 2U_{\text{Sm}} R_S I_1 W_1 / W_S$，$\beta = \arcsin[R_S I_1 W_1 / (U_{\text{Sm}} W_S)]$，且 α 可由 β 和下式求得

$$(\cos\beta + \cos\alpha) = (\pi + \alpha - \beta)\sin\beta \qquad (6-71)$$

当 I_1 反方向时，经证明，检测绕组端电压正、负半波有效值 U'_{MRMSP}、U'_{MRMSN} 分别为

$$U'_{\text{MRMSP}} = U_{\text{MRMSN}} \qquad (6-72)$$

$$U'_{\text{MRMSN}} = U_{\text{MRMSP}} \qquad (6-73)$$

因此，正负半波有效值之差 U'_{MdiffRMS} 为

$$U'_{\text{MdiffRMS}} = U_{\text{MRMSN}} - U_{\text{MRMSP}} = U_{\text{MdiffRMS}} \qquad (6-74)$$

将该比较仪传感头的传递函数（简称传函）$F(s)$ 定义为检测绕组端电压的有效值之差的拉氏变换与一次绕组直流偏磁磁势的拉氏变换之比，即

$$F(s) = \frac{U_{\text{MdiffRMS}}(s)}{I_1 W_1(s)} \qquad (6-75)$$

分析式（6-69）和式（6-75）可知：

（1）当磁芯中有直流偏磁磁势时，检测绕组输出端电压的有效值和正负半波有效值之差均与被测电流 I_1（或直流偏磁磁势）有关；

（2）正负半波有效值之差的表达式非常复杂；

（3）正负半波有效值之差的表达式与以下重要参数都有关系，如坡莫合金铁芯的尺寸、一次绕组匝数、二次绕组匝数、激励绕组匝数、检测绕组匝数、激励电压幅值和激励电压频

率等。

2. 正负半波有效值之差的数学模型和仿真模型分析

（1）正负半波有效值之差数学模型分析。要获得正负半波有效值之差的仿真模型，首先必须选取合适的 B-H 曲线的数学模型。在工程计算中已经有许多方法，如：

$$H = \lambda sh(\eta B) \tag{6-76}$$

$$H = \sum_{h=0}^{n} a_{2h+1} B^{2h+1} \tag{6-77}$$

式中 a_{2h+1}、λ 和 η——待定系数。

对于常规铁芯而言，由于其磁特性的工作范围并不大（比如变压器、铁芯电抗器等的正常工作），常低于饱和值，因此式（6-76）或者式（6-77）是合适的；对于具有宽广工作范围的饱和电抗器的磁特性的模拟而言，由于磁饱和特性正是比较仪需要重点考虑的对象，因此，本文考虑一种混合方法：

$$H = \sum_{h=0}^{n} a_{2h+1} B^{2h+1} + \lambda sh(\eta B) \tag{6-78}$$

表达式（6-78）中包括多项式和双曲线两部分，其中多项式对磁化曲线的完全饱和段影响相对很小，它能够精确地拟合磁化曲线的起始和拐弯部分，而双曲线函数则对磁化曲线的线性和拐弯部分影响相对很小，能再现磁化特性的饱和段，因此，适当选择系数 a_{2h+1}、λ 和 η，用 n 次多项式曲线和双曲线函数共同模拟磁化曲线更贴切些。当 n 取更大值（一般 $h < 3$）时，可得到饱和更快的特性曲线。

表 6-6 磁化曲线实测值

B（T）	0.0	0.973	1.202	1.33	1.43	1.516	1.573	1.645	1.688
H（A/m）	0.00	133	346.8	520	693.5	866.9	1040	1214	1887
B（T）	1.716	1.738	1.766	1.795	1.817	1.831	1.845	1.859	1.875
H（A/m）	1903.4	1907.3	2080.6	2427.4	2774	3121	3294	3641.1	4852.6

本文根据实测坡莫合金磁芯的磁化曲线进行取点（测量数据见表 6-6 所示），得到数学模型为

$$H = 0.35 sh(3.3B) + 0.498B - 2.09B^3 - 1.23B^5 \tag{6-79}$$

由于磁芯中总磁势 $Hl = I_1 W_1 + i_S W_S$，l 为磁路平均长度。则 H 和 B 分别为

$$H = I_1 W_1 / l + W_S(u_S - W_S u_M / W_M) / l R_S \tag{6-80}$$

$$B = \frac{1}{W_M S} \int u_M dt \tag{6-81}$$

将式（6-81）代入式（6-79）中，且令

$$\Delta = 0.35 sh\left[3.3 \frac{1}{W_M S} \int u_M dt\right] + 0.498 \frac{1}{W_M S} \int u_M dt -$$

$$2.09 \left(\frac{1}{W_M S} \int u_M dt\right)^3 - 1.23 \left(\frac{1}{W_M S} \int u_M dt\right)^5$$

因此，检测绕组输出端电压为

$$u_M = \left[u_S - \left(\Delta - \frac{I_1 W_1}{l}\right) \frac{l R_S}{W_S}\right] \frac{W_M}{W_S} \tag{6-82}$$

表 6 - 7　　　　　　　　　　　　　　　　　仿真参数

L_1、L_2 分别为	1mH、3mH	U_{Sm}	19.7V	初始磁导率	＞80 000(Gs/Oe)	居里温度	400℃
一次绕组 W_1	2 匝	f	130.8Hz	最大磁导率	600 000（Gs/Oe）	矫顽力 H_C	＜1(A/m)
激励绕组 W_S	100 匝	R_S	135Ω	积分时间 T_I	$4.7×10^{-5}$ s	比例系数	$K_p=3$
检测绕组 W_M	390 匝	R_M	10kΩ	直流放大倍数	K_D 待求	铁芯外直径	150mm
二次绕组 W_2	400 匝	B_S	0.78 T	铁芯内直径	110mm	铁芯厚度	20mm
R_1	300Ω	R_2	100Ω	—			

（2）正负半波有效值之差仿真模型分析。

1）基于式（6-82）建立如图 6-67（a）所示的数学模型的仿真模型，如图 6-67（b）所示，并保存为 exm_38.slx，该仿真模型由以下模块构成：

a. Constant 模块：用于获得直流偏磁磁势 I_1W_1，直接将它的 Parameters 中的 Constant Values 设置为直流偏磁磁势 I_1W_1 的取值，改变 Constant 模块的设置参数的正负即可获得直流偏磁的正负；

b. Sine Wave 模块的参数为：Amplitude（幅值）为 19.7V、Bias（偏置）为 0、Frequency（角频率）130.8×2πrad/s、Phase/rad（相位）为 0、Sample time 为 0；

c. Sum 模块，本例选择"rectangular"（矩形），将 List of signs 栏置为＋＋＋＋；

d. Integrator 模块：在 Simulink 模块库中的 Continuous 模块库中调用；

e. Product 模块：在 Simulink 模块库中的 Math Operations 模块库中调用，本例中需要两种 Product 模块：①为 3 个输入端；②为 5 个输入端；

f. Trigonometric Function 模块：在 Simulink 模块库中的 Math Operations 模块库中调用，由于它的默认函数为正弦，只需双击该模块：弹出它的属性参数对话框，点击它的下拉滚动条，选取 sinh 函数即可；

g. Discrete RMS value 模块，其调用方法为：→点击 SimPowerSystem 模块库，→点击 Extra Library 模块库，→点击 Discrete Measurements 模块库，即可找到该模块；

h. 正负半波整流子系统。

2）按照图 6-67（b）所示参数设置各个模块，图中所画的情况是 $R_S=135Ω$ 和直流正偏磁时，$R_S=90Ω$ 时的设置方法完全类似；

3）半波整流子系统的构建方法：

如图 6-67（c）所示，它由以下模块构成：

a. Gain 模块：调用方法同前；

b. Enabled Subsystem：→点击 Simulink 模块库，→点击 Ports & Subsystems，即可调出该模块，如图（d）所示；

c. 将两个 Enabled Subsystem 模块分别命名为"获取正半波"和"获取负半波"。

4）设置 Discrete RMS value 模块：→双击该模块，→弹出它的属性参数对话框，→将 Fundamental Frequency（信号频率/Hz）设置为 130.8，Initial amplitude of input 设置为 0，将 Sample time 设置为 50e-5，两个 Discrete RMS value 模块的属性参数完全相同。

5）连线并设置仿真参数：Start Time 为 0，stop time 为 100e-3，选取"ode23tb（Stiff/TR-BDF2）"解算器，其他为默认参数。

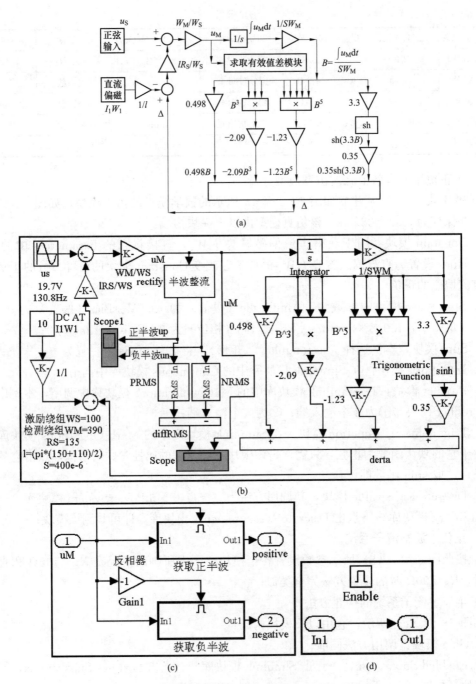

图 6-67　新型比较仪的端电压与正负半波有效值差

（a）数学模型框图；（b）simulink 仿真模型；（c）半波整流子系统；（d）Enabled Subsystem 模块

6）分析仿真结果：

图 6-68 和图 6-69 分别表示直流偏磁磁势分别为正和负 10A 时，检测绕组端电压波形、检测绕组端电压的正负半波波形和正负半波有效值差。仿真表明：

a. 当直流偏磁磁势不为 0 时，检测绕组端电压的正负半波不对称；

b. 当直流偏磁磁势为正时，正半波有效值大于负半波有效值，反之亦然；

c. 通过改变直流偏磁磁势的大小和正负，可以获得检测绕组端电压的正负半波有效值差与直流偏磁磁势之间的关系曲线如图 6 - 70 所示；

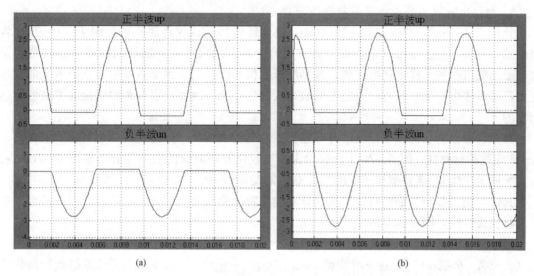

图 6 - 68　检测绕组端电压的正负半波波形

(a) I_1W_1＝10A（正直流偏磁时）；(b) I_1W_1＝－10A（负直流偏磁时）

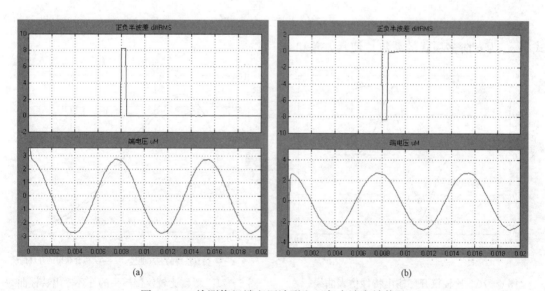

图 6 - 69　检测绕组端电压波形和正负半波有效值差

(a) I_1W_1＝10A（正直流偏磁时）；(b) I_1W_1＝－10A（负直流偏磁时）

d. 本书参照磁调制器的开环特性的定义式，特将曲线 6 - 69 称为新型比较仪的开环输出特性曲线。图中，实线和虚线分别表示，在其他条件不变时，激励绕组中电阻 R_s 为 135Ω 和 90Ω 时比较仪开环输出特性曲线。

分析图 6 - 70 可知，随着直流偏磁磁势 I_1W_1 的不断增加，检测绕组端电压半波有效值

之差 U_{MdiffRMS} 先增加后减小（如果波形对称，U_{MdiffRMS} 会趋近于零）。与磁调制器的开环输出特性曲线相比较可知，新型比较仪的开环输出特性曲线，不会出现虚假平衡点，因此确保了比较仪闭环运行时的可靠性。

3. 新型比较仪传感头传递函数模型分析

分析式（6-69）和式（6-75）可知，要直接得到比较仪传感头的传函 $F(s)$ 是比较困难的，并且，上述任何一个参数（如坡莫合金铁芯的尺寸、一次绕组匝数、二次绕组匝数、激励绕组匝数、检测绕组匝数、激励电压幅值和激励电压频率）发生变化或者全部发生变化，都将使得正负半波有效值之差的表达式发生变化。因此，需要采取间接的方法才能达到目的。

首先，根据所获得该比较仪的开环输出特性的仿真结果，如图 6-70 中实线所示（由于 B-H 曲线的对称性，图 6-70 中仅仅给出了比较仪开环曲线的右半部分，见图 6-70 中右边实线所示曲线），该新型比较仪的相关参数见表 6-7 所示。

其次，利用最小二乘法对传感头的开环输出特性曲线进行拟合。然后将获得的拟合多项式进行拉氏变换，即可获得传感头的传函 $F(s)$。

最小二乘法来拟合新型比较仪传感头的开环输出特性曲线的原理如下：对于区间 $[a, b]$（$a=0\text{A}$，$b\leqslant20\text{A}$）上的一组结点 $a<x_0<x_1<\cdots x_p<b$，以及对应于这组结点的函数值 y_0，y_1，y_2，$\cdots$，y_p。求一个 n 阶多项式（且 $n<p$，p 为总的数据组数，本文数据组见图 6-71 中 "*" 所示且 $p=19$）

$$\hat{y}=f(x)=\sum_{j=0}^{n}a_j x^j \tag{6-83}$$

式中 a_j 为 n 阶多项式的系数。使其方差和

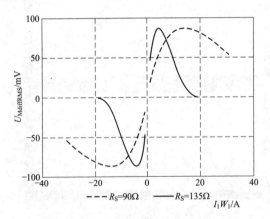

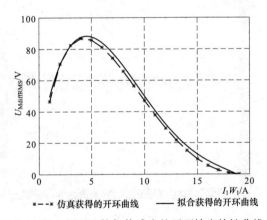

图 6-70 比较仪开环输出特性仿真曲线　　图 6-71 新型比较仪传感头的开环输出特性曲线

$$\delta=\sum_{i=0}^{m}[\hat{y}-y_i]W_i \tag{6-84}$$

达到最小，这一原理称为最小二乘法原理（其中 W_i 为权系数，此处取为 1），即

$$\frac{\partial \delta}{\partial a_k}=0 \quad (k=0,1,2,\cdots n) \tag{6-85}$$

解正规方程组求出 a_j。得到正规方程组的表达式为

$$\sum_{j=0}^{n} a_j = \sum_{i=0}^{m} x_i^{j+k} = \sum_{i=0}^{m} y_i x_i^k \tag{6-86}$$

当求得的 a_j，得到 $\hat{y} = f(x)$，标出各点函数值与给定函数值比较，若误差超过给定的允许误差精度，则令多项式的阶次数 n 加 1（即 $n+1$），再重新计算 a_j，直到满足精度为止。当然，多项式最高阶次 n 过高，求解工作量增大，使问题更加复杂，且在解中可能出现"病态"解。

一旦参数 a_0，a_1，$\cdots a_j$ 被确定，$\hat{y} = f(x)$ 便是拟合曲线方程，即可获得该比较仪传感头的开环输出特性曲线的表达式

$$\hat{y} = -0.0059x^4 + 0.32x^3 - 5.9x^2 + 36x + 19 \tag{6-87}$$

因此，可以作出该比较仪传感头的开环输出特性的拟合曲线，如图 6-71 中实线所示。由式（6-75）可知，$\hat{Y}(s) = \hat{U}_{\text{MdiffRMS}}(s)$，$X(s) = I_1 W_1(s)$，其中，$\hat{Y}(s)$ 和 $X(s)$ 分别为 $\hat{y}$ 和 x 的拉氏变换，s 为拉氏算子。则拟合曲线多项式的拉氏变换即为该比较仪传感头的传函

$$F(s) = \frac{U_{\text{MdiffRMS}}(s)}{I_1 W_1(s)} = \frac{0.1416}{s^5} + \frac{1.92}{s^4} - \frac{11.8}{s^3} + \frac{36}{s^2} + \frac{19}{s} \tag{6-88}$$

尽管本文比较仪传递函数的一般表达式 $F(s)$，是在特定参数下获得的，不会具有普遍意义，不过，按照所提出的分析方法，是可以获得同类型不同参数时比较仪的传递函数，将求取比较仪复杂传递函数的问题转化为曲线拟合的简单问题，充分利用 MATLAB 软件的数据处理能力，有利于进一步完成比较仪的动态特性、稳定性、静态误差、静态特性和灵敏度等重要技术指标的分析与计算。

4. 新型比较仪测控系统控制特性分析法

（1）整个传感器测量系统传递函数的分析。根据前面分析得知，基于可控饱和电抗器结构的整个比较仪测量系统包括传感头 $F(s)$、直流放大器 K_D、PI 调节器 $T_{\text{PI}}(s)$ 和反馈放大器 $T_F(s)$ 等几个重要组成部分，其原理框图如图 6-72（a）所示，图中 $\Delta IW = I_1 W_1 - I_2 W_2$。其中 PI 调节器 $T_{\text{PI}}(s)$ 和反馈放大器 $T_F(s)$ 的传函分别为

$$T_{\text{PI}}(s) = K_P(1 + 1/T_I s) \tag{6-89}$$

$$T_F(s) = W_2 \tag{6-90}$$

式中　K_p——比例系数；

　　　T_I——积分时间常数；

　　　W_2——二次绕组匝数。

它们的取值分别为 $K_p = 3$，$T_I = 4.7 \times 10^{-5}$ s，$W_2 = 400$。因此，一旦测量系统存在偏差电压信号 U_{MdiffRMS}，首先经直流放大后，再由 PI 调节器进行实时调节，其中比例环节能够即时成比例地反映该控制系统的偏差信号，积分环节主要用于消除静差，提高系统的无差度；积分作用的强弱取决于积分时间常数 T_I，T_I 越大，积分作用越弱，反之则越强。

根据原理框图 6-72（a），可以求得整个比较仪测量系统的传函 $T(s)$

$$T(s) = \frac{I_2(s)}{I_1(s)} = W_1 \frac{F(s) K_D K_P (1 + T_I s)}{T_I s + W_2 F(s) K_D K_P (1 + T_I s)} \tag{6-91}$$

因此，可以令传函 $T(s)$ 的特征方程的表达式为

$$P(s) = T_I s + W_2 F(s) K_D K_P (1 + T_I s) \tag{6-92}$$

　　分析原理框图 6 - 72（a）可知，只要以下参数如坡莫合金铁芯的尺寸、一次绕组匝数、二次绕组匝数、激励绕组匝数、检测绕组匝数、激励电压幅值和激励电压频率中的某个参数发生变化或者全部参数发生变化，都将使得表达式（6 - 91）和式（6 - 92）发生变化，所以，都可以按照这种方法，分析同类型比较仪的各个环节的传递函数，进而可以顺利分析比较仪的稳定性、静态误差、静态特性和灵敏度等重要性能指标。

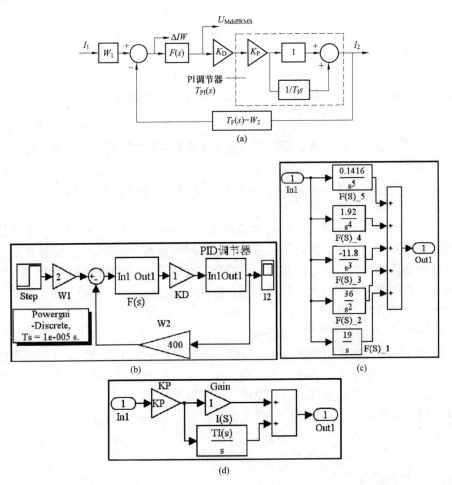

图 6 - 72　新型自平衡式直流比较仪控制原理方框图与仿真模型
(a) 原理方框图；(b) simulink 仿真模型；
(c) 传感器 F（s）仿真模型；(d) PI 调节器 T_{PI}（s）仿真模型

　　（2）整个传感器测量系统仿真模型的构建。基于图 6 - 72（a）所示的原理方框图可以建立图 6 - 72（b）所示的 simulink 仿真模型，并保存为 exm _ 38 _ 2. slx。它由以下几个模块构成：Step、Powergui（在 SimPowerSystem 模块库中直接调用）、Gain、Sum、Transfer Fcn、Scope、传感器 F（s）的子系统和 PI 调节器子系统。

　　1）传感器 F（s）的封装。传感器 F（s）子系统由以下模块构成：Transfer Fcn 模块和 sum 模块，按照图 6 - 72（c）所示的仿真模型参数设置每个 Transfer Fcn 模块。

　　2）PI 调节器 TPI（s）的封装。PI 调节器 T_{PI}（s）子系统由以下模块构成：

　　Transfer Fcn 模块、Gain 模块和 sum 模块，按照图 6 - 72（d）所示的仿真模型参数设置 Transfer Fcn 模块，将它的 Numerator（分子）栏键入 TI，将它的 Denominator（分母）栏设置为 [1 0]；→将第一个 Gain 模块命名为 KP，将它的参数设置为 KP；→将第二个参数设置为 1。

　　3）新的 simulink 仿真模型。完成两个子系统封装之后，simulink 新的仿真模型外形图如图 6 - 73 所示。

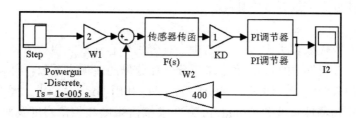

图 6 - 73　完成子系统封装之后的 simulink 仿真模型

　　4）PI 调节器 TPI（s）的属性参数对话框。双击图 6 - 73 所示的 PI 调节器，弹出它的属性参数对话框，如图 6 - 74 所示，已经不同于刚刚封装之后的属性对话框了，因为它已经添加了仿真参数设置对话框，即增加了比例系数 KP 和积分系数 TI 的设置栏。

　　5）分析仿真结果。设置仿真参数：Start Time 为 0，stop time 为 4.5e - 3，选取"ode23tb（Stiff/TR - BDF2）"解算器。图 6 - 75 表示在 $KD=1$，$KP=3$，$TI=4.7e-5$，其他参数见图 6 - 72 和表 6 - 7 时，整个比较仪系统的单位阶跃响应的仿真曲线。

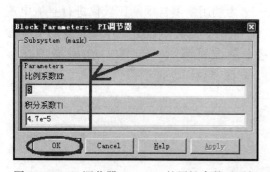

图 6 - 74　PI 调节器 T_{PI}（s）的属性参数对话框

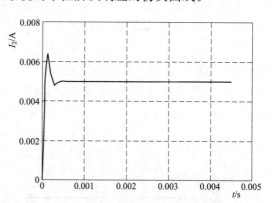

图 6 - 75　整个比较仪系统的单位阶跃响应

　　（3）整个测控系统的稳定性判断法。因为系统的稳定性是系统能够工作的一个必要条件，所以对于整个系统的工作能否满足技术指标，既要看其静态误差，还要考虑其动态过程中的行为。由上面分析可知：整个比较仪测量系统是一个高阶系统，为此采用 Routh 判据，利用 Routh 表格对系统稳定性进行分析。本文将直流放大倍数 K_D 作为控制整个系统稳定性的待求参数。令特征方程 $P（s）=0$，它的根的实部全为负，便是整个控制系统稳定的充要条件，经推导得到直流放大倍数 K_D 必须满足：

$$K_D \ll \frac{0.1}{W_2 K_P} \approx 6.3 \times 10^5 \qquad (6-93)$$

才能确保整个比较仪测量系统的稳定性。下面分析比较仪测量系统的动态特性。将一个单位阶跃输入电流加到整个比较仪测量系统上时，系统的输出即系统的单位阶跃响应为

$$I_2 = T(s)\frac{1}{s} = W_1 \frac{F(s)K_D K_P(1+T_I s)}{T_I s^2 + W_2 F(s) K_D K_P(1+T_I s)s} \qquad (6\text{-}94)$$

对于直流电流比较仪，虽然给定信号并不是频繁变化，但是若调节时间过长，也将影响系统的精度要求。综合考虑整个比较仪测量系统的单位阶跃响应超调量不宜超过 50% 且快速稳定，要求直流放大倍数 K_D 必须满足

$$K_D \leqslant 4 \qquad (6\text{-}95)$$

将所有已知参数代入表达式（6-94）中，且分别令直流放大倍数 K_D 分别为 0.25 和 1 时，利用 MATLAB 软件中的 conv 命令求出分子和分母的多项式系数，再利用 step 命令可以得到系统的单位阶跃响应，如图 6-76 所示；可以利用 bode 命令求出整个传感器测量系统的幅频特性和相频特性；再利用 margin 命令求幅值裕度和相角裕度及对应的转折频率。仿真研究得出，当 K_D 在 1 附近时，整个比较仪测控系统的动态性能，如上升时间、调整时间、稳定时间和超调量均可以满足测量要求，综上所述，本文取 K_D 为 1。

（4）整个测控系统的静态误差分析。整个比较仪测控系统的开环放大倍数为各环节放大倍数的乘积，即

$$K_{OP} = 19 W_1 W_2 K_D K_P = 4.56 \times 10^4 \qquad (6\text{-}96)$$

因此，整个测控系统的静态误差（即静差）为

$$\sigma_S = 1/K_{OP} = 2.19 \times 10^{-5} \qquad (6\text{-}97)$$

利用 MATLAB 软件中的 conv 命令求出各环节放大倍数的乘积，得到参数 K_{OP}，再根据式（6-97）求静态误差。

（5）比较仪的静态特性和灵敏度分析。图 6-77 为利用新型自平衡比较仪进行直流电流测量的实验结果，横、纵坐标分别表示二次电流 I_2 和一次电流 I_1。其中一些重要的实验参数如下：交流激励电源峰峰值为 38.4V，电路中限流电阻 $R_S = 135\Omega$，激励频率 $f = 130.8$Hz，一次绕组 $W_1 = 2$，二次绕组 $W_2 = 400$，其他参数详见表 6-7。

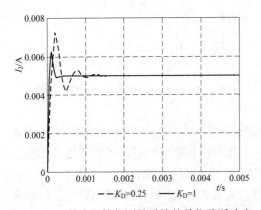

图 6-76　整个比较仪测量系统的单位阶跃响应

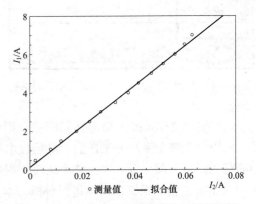

图 6-77　整个比较仪测量系统的测量结果

可以利用最小二乘法原理（见前面论述部分）将测量结果拟合成直线。既然该比较仪的静态特性为一直线，那么直线的斜率 K_S 就是比较仪的灵敏度 S_1，且为一常值。因此，一次

电流为

$$I_1 = K_S I_2 \tag{6-98}$$

$$S_1 = K_S = W_2 G / W_1 \tag{6-99}$$

式中 G 为反馈回路总增益，实测结果为：$K_S = 104$，其线性相关系数为 0.999。因此，该比较仪的灵敏度 S_1 为 104，见图 $6-77$ 所示。其他静态特性参数，如非线性度和引用误差均可以优于 0.5%。

补充说明：在 MATLAB 软件中利用命令 lsline，可以求取最小二乘拟合直线

命令格式：h＝lsline

【举例 39】　在 MATLAB 软件的编辑器窗口中，键入以下命令语句，并保存 M°文件为 exm_39.m：

```
clc;clear;close;
X=[2 3.4 5.6 8 11 12.3 13.8 16 18.8 19.9]';
plot(X,'o','linewidth',3);grid on
h=lsline;
hold on
title('最小二乘拟合直线');
legend('采集点','拟合直线')
```

本例的执行结果如图 $6-78$ 所示。

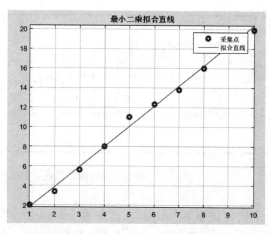

图 $6-78$　举例 39 的执行结果

6.4　MATLAB 在信号处理中的典型应用

6.4.1　电路中模拟信号的构建方法

【举例 40】　随着国内电力系统行业对串联电容器补偿装置（以下简称串补）需求量的逐年增加，对串联电容器型式试验进行研究就显得非常重要。根据国家标准 GB/T 6115.1 对串联电容器试验的有关规定可知，串联电容器试验是一个欠阻尼的振荡放电，其等效电路如图 $6-79$ 所示。

图 6-79 中 R_L 为放电回路等效电阻（包括线路电阻和电容器 C_C 内阻），L 为放电回路的等效电感，当电容器 C_C 充电到电容器放电电压 U_0 值后，合上开关 S，该回路放电电流 $i_1(t)$ 为

$$i_1(t) = \frac{U_0}{\omega L} e^{-\delta t} \sin\omega t \tag{6-100}$$

$$\omega = (\omega_0^2 - \delta^2)^{-0.5} \tag{6-101}$$

$$\omega_0 = (LC_C)^{-0.5} \tag{6-102}$$

$$\delta = \frac{R_L}{2L} \tag{6-103}$$

式中　ω——回路放电时角频率；

　　　ω_0——回路的固有角频率；

　　　δ——阻尼系数；

　　　I_m——放电电流的峰值。我们利用 MATLAB 软件构建串联电容器试验电流仿真模型，仿真参数列举如下：

$U_0 = 30\text{kV}$，$R_L = 0.9\Omega$，ω_0 近似等于 $3.3976 \times 10^3 \text{rads}^{-1}$，$\delta$ 近似等于 51.4，ω_0 近似等于 ω，ωL 近似等于 29.7529Ω。

图 6-79 所示的等效电路，可以用图 6-80 所示的仿真模型描述，且名为"exm_40.slx"，现将基于 Simulink 建立该仿真模型的方法与步骤进行介绍。

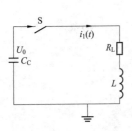

图 6-79　串联电容器
型式试验等效电路

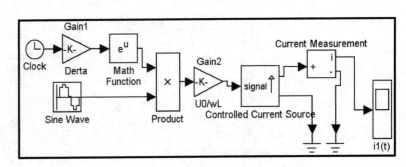

图 6-80　串联电容器型式试验电流仿真模型

（1）放置时间 t。为了构建模型 $e^{-\delta t} \sin\omega t$，首先需要时间 t。因此，→点击"Simulink Library Browser"窗口，点击模块库"Simulink"，→点击"Sources"模块库，→即可调用 Clock 模块，为构建串联电容器试验电流模型表达式（6-100）提供时间了 t 模块。

（2）放置 Gain（增益）模块。要获得 $e^{-\delta t}$ 模型，→点击"Simulink Library Browser"窗口，点击模块库"Simulink"，→点击"Math operations"模块库→鼠标右键点击 Gain 模块，→即可调用 Gain 模块，将它重新命名为"Derta"，→双击"Derta"模块，→弹出它的属性参数对话框，在 Gain 的输入栏中键入"−51.4"，→点击"OK"，→完成阻尼系数 δ 的设置操作，经过前面的两个操作步骤，便获得了 $-\delta t$。

（3）放置指数函数和 Sine wave 模块。

1）要构建模型 $e^{-\delta t} \sin\omega t$，就需要放置模块 e^u 构建 $e^{-\delta t}$，其方法是：点击模块库"Simulink"，→接着点击"Math operations"模块库，→使用鼠标右键点击"e^u Math Function 模

块"，→即可调用它，并将 e^u 模块放置于 exm_40. slx 中，获得了 $e^{-\delta t}$；

2）为构建串联电容器试验电流模型式中的正弦模型，必须放置 Sine wave 模块，其放置方法为：打开"Simulink Library Browser"窗口，→点击模块库"Simulink"，→点击"Sources"模块库，→鼠标右键点击 Sine wave 模块，→即可将 Sine wave 模块放置于 exm_12. slx 中，双击 Sine wave 模块，→弹出它的属性参数设置对话框，在它的 Amplitude 输入栏中键入"1"，在 Bias 输入栏中键入"0"，在 Frequency（rad/sec）输入栏中键入"3.3976e+003"（即 $\omega_0 \approx \omega$），在 Phase（rad）输入栏中键入"0"，在 Sample time 输入栏中键入"1e-5"，→点击"OK"，→完成 Sine wave 模块的参数设置，获得了 $\sin\omega t$ 。

（4）放置 Product（乘法器）模块。为了构建模型 $e^{-\delta t}\sin\omega t$ ，必须将模块 $e^{-\delta t}$ 和 $\sin\omega t$ 相乘。因此需要放置 Product（乘法器）模块，其放置方法为：打开"Simulink Library Browser"窗口，→点击模块库"Simulink"，→点击"Math operations"模块库，→使用鼠标右键点击 Product 模块，→即可将 Product 模块放置于 exm_12. slx 中，→紧接着双击 Product 模块，→弹出它的属性参数对话框，在 Product 的对话框中的"Number of inputs"输入栏中键入"2"，→点击"OK"，→完成 Product（乘法器）模块的设置操作，获得了 $e^{-\delta t}\sin\omega t$ 模型。

（5）第二次放置 Gain（增益）模块。由于式（6-100）中有比例系数 $U_0/\omega L$ ，需要再放置一个 Gain（增益）模块，可以由第一个 Gain（增益）模块复制获得，并改名为"U0/wL"，并双击该模块，→弹出它的属性参数对话框，在 Gain 的输入栏中键入"30e3/29.7529"，→点击"OK"。

（6）其他模块。

1）Controlled Current Source 模块：调用方法同前；

2）current measurement 模块：调用方法同前；

3）Scope 模块：调用方法同前，按照图 6-80 所示名称命名；

4）Ground 模块：调用方法同前。

（7）设置仿真参数。Start time 输入栏中键入 0，在 stop time 输入栏中键入 80e-3，→点击"solver"右边下拉滚动条，选取"ode23tb（Stiff/TR-BDF2）"，其他均为默认参数，→点击"OK"，→点击仿真快捷键图标 ▶，→启动仿真程序。

（8）分析仿真结果。图 6-81 表示串联电容器型式试验中电流的仿真波形。

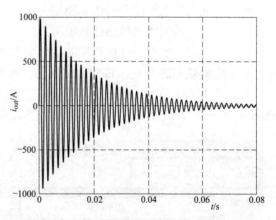

图 6-81　串联电容器型式试验电流仿真波形

6.4.2　电磁混成系统中模拟信号的构建方法

【举例 41】　图 6-82 表示坡莫合金铁芯，图中 I_0 表示直流偏磁磁势（假设直流控制绕

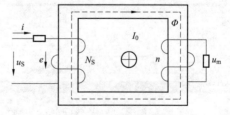

图 6-82　基于可控电抗器的
检测绕组和激励绕组

组的匝数为 N_0 且 $N_0=1$），左边绕组为交流激励绕组（匝数为 N_S），交流激励电压为

$$u_S = 38\sin(2\pi \times 130 \times t) \tag{6-104}$$

图 6-82 所示的右边绕组为检测绕组，其匝数为 n，坡莫合金铁芯的 B-H 特性曲线的表达式为

$$H = 14.89 \times B + 596.25 \times B\hat{\ }3 - 830.59 \times B\hat{\ }5 + 2.48 \times \sin h\,(8.98 \times B) \tag{6-105}$$

试利用 MATLAB 中的 look-up 模块，绘制磁势（Fm/A）-磁通（Φ/Wb）曲线，以获得坡莫合金铁芯中检测绕组的感应电势的波形。

分析：要想获得坡莫合金铁芯中检测绕组的感应电势，必须建立图 6-82 中所示的物理模型的仿真模型，如图 6-83 所示，它需要进行以下几个关键步骤：

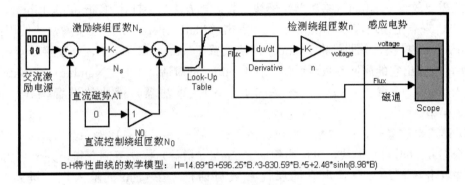

图 6-83   基于 look-up 模块的仿真模型

（1）建立交流激励电源的仿真模型；

（2）建立直流偏磁磁势的仿真模型；

（3）将两种激励信号叠加在铁芯中，共同激励铁芯；

（4）建立铁芯的 B-H 特性曲线的仿真模型；

（5）将 B-H 特性曲线的仿真模型，变换为磁势（$F_m = Hl$，式中 l 为铁芯有效周长）-磁通（$\Phi = BS$，式中 S 为铁芯有效横截面积）曲线；

（6）根据电磁感应定律可知，感应电势 u_m 为：

$$u_m = -n\frac{\mathrm{d}\Phi}{\mathrm{d}t}$$

因此，必须利用 MATLAB 软件中的微分器模块，获得感应电势。

仿真模型的构建过程如下：

（1）放置信号发生器 Signal Generator。→点击"simulink"，→点击"sources"，→点击 Signal Generator，即可调出 Signal Generator 模块，且将它命名为"交流激励电源"，图 6-84 为它的属性参数设置对话框，按照图示参数进行设置，即它的波形为

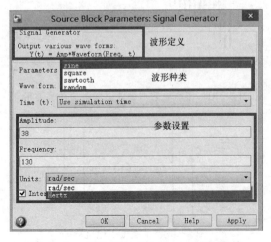

图 6-84   设置 Signal Generator 模块参数

正弦波形，它的幅值 Amplitude 为 38；它的频率 Frequency 为 130，频率的单位 Units 为 Hertz。

（2）构建直流磁势的仿真模型。其操作方法是：调出 Constant 模块：→点击"simulink"，→点击"sources"，→点击 Constant，→即可调出 Constant 模块，双击它，→即可弹出它的属性参数设置对话框，在 Constant value 一栏输入 0，表示直流电流为零。

（3）放置增益 Gain 模块。其操作方法是：→点击"simulink"，→点击"Math operations"，→点击 Gain 模块，→即可调出 Gain 模块。双击该模块，→弹出它的属性参数设置对话框，将其设置为 1，表示直流控制绕组匝数为 $N_0 = 1$。再放置一个 Gain 模块，将其设置为 100，表示交流激励绕组匝数为 $N_S = 100$。

（4）放置加法器 Sum 模块。在"Math operations"模块库中调出，本例选择"round"（圆形），将 List of signs 栏置为++。

（5）放置 look-up 模块。点击"Simulink Library Browser"，→点击"simulink"，→点击"look-up Tables"，→即可调出 look-up 模块，如图 6-85 所示。

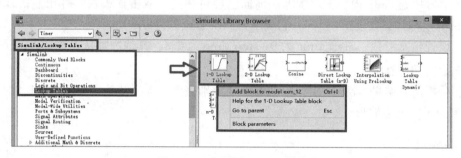

图 6-85　调用 look-up 模块

双击该模块，即可弹出它的属性参数设置对话框，如图 6-86 所示，第一栏为输入量，第二栏为输出量，现将两栏的输入参数说明如下：

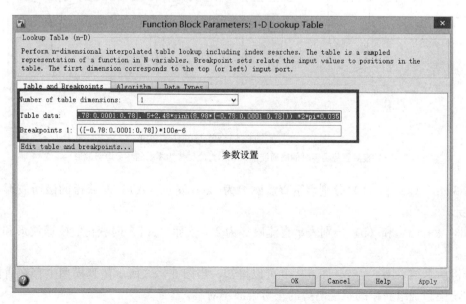

图 6-86　设置 look-up 模块的参数

1）由于要得到 look - up 模块的输出量为磁通（韦伯 Wb），因此就需要它的输入量为磁势［安匝（AT）］。因此，就需要将式（6 - 105）的磁场强度 H，再乘以铁芯有效周长 l，以获得磁势［安匝（AT）］，将它的磁感应强度 B 再乘以铁芯有效截面面积 S，以获得磁通（韦伯 Wb）。由于已知铁芯的中心半径为 35mm，横截面面积为 100mm^2。因此，在 look - up Table 的属性参数设置对话框中的第一行的 Table data 参数设置为：

(14.89*[−0.78:0.0001:0.78]+596.25*[−0.78:0.0001:0.78].^3−830.59*[−0.78:0.0001:0.78].^5+2.48* sinh(8.98*[−0.78:0.0001:0.78])) *2*pi*0.035;

2）第二行的 Breakpoints 1 参数设置为：（［−0.78：0.0001：0.78]）*100e−6。

（6）放置微分器 Numerical derivative。点击 "Simulink Library Browser"，→点击 "simulink"，→点击 "Continuouse"，→点击 "derivative"，即可调出 derivative du/dt 模块。

（7）放置增益 Gain 模块。放置方法前面已经讲述过，双击该模块，弹出它的属性参数设置对话框，将其参数设置为 100，它表示检测绕组匝数为 $n=100$。

（8）设置仿真参数。Start time 为 0，stop time 为 0.4，其他为默认设置，点击仿真快捷键图标▶，启动仿真程序。

（9）分析仿真结果。图 6 - 87 （a）和（b）分别表示直流磁势为零安匝（AT）时获得的磁通波形和感应电势波形。

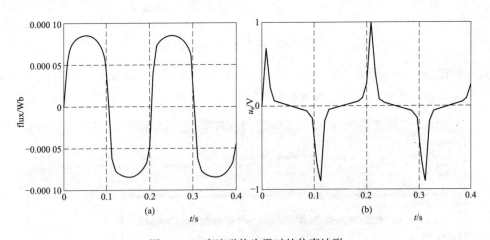

图 6 - 87　直流磁势为零时的仿真波形
（a）直流磁势为零时的磁通波形；（b）直流磁势为零时的感应电势波形

图 6 - 88 （a）和（b）分别表示直流磁势为- 200 安匝（AT）时获得的磁通波形和感应电势波形。

图 6 - 89 （a）和（b）分别表示直流磁势为 200 安匝（AT）时获得的磁通波形和感应电势波形。

分析仿真结果图 6 - 87～图 6 - 89 可以得知，当图 6 - 83 所示仿真模型中存在直流偏磁磁势时，检测绕组获得的感应电势的正负半波不对称。

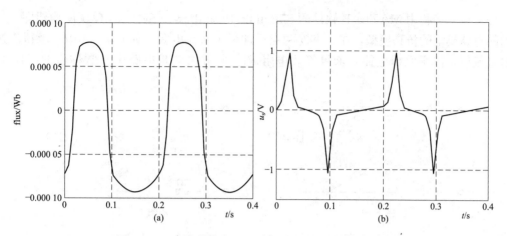

图 6-88　直流磁势为 - 200 安匝（AT）时的仿真波形
(a) 磁通波形；(b) 感应电势波形

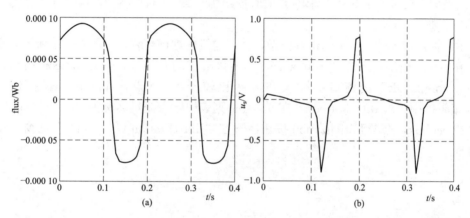

图 6-89　直流磁势为 200 安匝（AT）时的仿真波形
(a) 磁通波形；(b) 感应电势波形

练 习 题

1. 选用合适的方法求图 6-90 所示电路中的 R 支路中的电流 I。

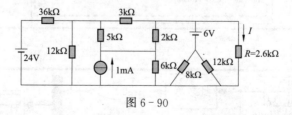

图 6-90

　　提示：直接利用 MATLAB 软件的 Simulink 中 SimPower Systems 模块库构建仿真模型。

2. 求图 6-91 所示电路，从 a 和 b 点看进去的等效电阻 R_i。

　　提示：直接利用 MATLAB 软件的 Simulink 中 SimPower Systems 模块库构建图 6 - 92 所示的电路模型的仿真模型，在 a 和 b 两点添加一个直流电源，如 $U_{OC}=10\text{V}$，求得流过 b 点的电流值，再用欧姆定律，求得等效电阻 R_i，此方法就是电路中常常称作的"加压求流"法。

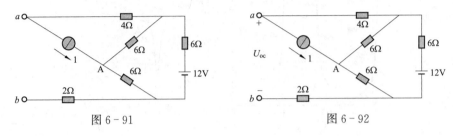

图 6 - 91　　　　　　　　　　　　　　图 6 - 92

　　3. 设计一个有临界值（采用 Checkbox 选择框）的比较器，该临界值为输入的变量（如 $th=1$）。当输入信号大于 0 且大于临界值时输出为 -0.5，否则为 0，假设输入信号为 $u=(5\sin10t)$。

　　提示：构建图 6 - 93 所示的仿真模型，并将虚线框进行封装，如图 6 - 94 所示，用鼠标右击 Subsystem 模块，点击 "Edit mask"，→弹出它的对话框，→点击 Icon 按钮，→在 "Drawing commands" 的窗口中键入 disp（'比较器'），→点击 Parameters 按钮，→在 prompt 编辑框中输入 threshold on，在 variable 列表中输入变量名称如 th，→选择 Type 列表中的 Checkbox，点击 Initialization 按钮，→在 "Initialization commands" 的窗口中键入以下内容：

```
if t
th=1;
else
th=0;
end
```

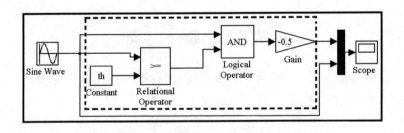

图 6 - 93

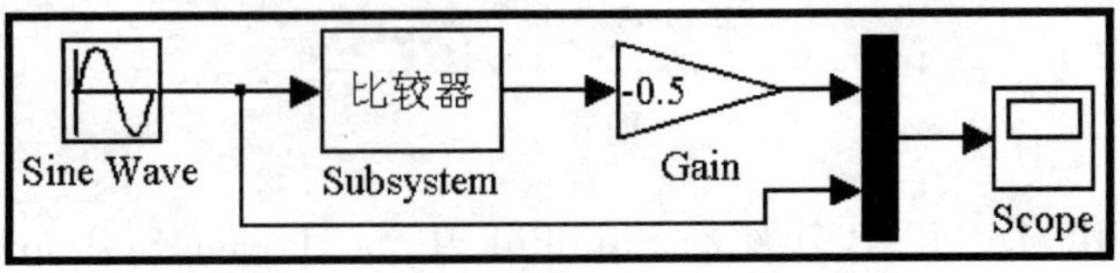

图 6 - 94

　　封装后的仿真模型如图 6 - 94 所示。点击仿真的快捷键，即可获得仿真结果，如图 6 - 95 所示。

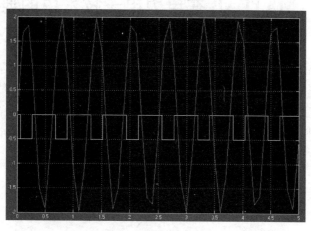

图 6 - 95

　　4. 求图 6 - 96 所示电路的电流的波形。其中电路参数为 $u_{AN} = 220\sin(100\pi + 120°)$ V，$u_{BN} = 220\sin(100\pi + 0)$ V，$u_{CN} = 220\sin(100\pi - 120°)$ V，$Z_1 = 1\Omega$，$Z_2 = 100\Omega$，$Z_3 = 15\Omega$，$Z_4 = 105\Omega$，$Z_1 = 51\Omega$。

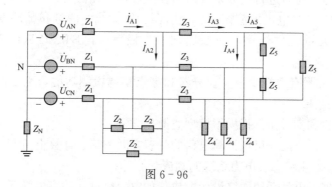

图 6 - 96

第7章　MATLAB 在电力电子技术中的典型应用

电力电子技术综合了电子电路、电机拖动、计算机和控制技术等多学科知识，是一门实践性和应用性非常强的专业技术课程。由于电力电子器件自身的开关非线性，给电力电子电路的分析带来了一定的复杂性，增加了其分析的难度。本书第五章已经提到，MATLAB 软件在 Simulink 环境中专门设置了 SimPowerSystems（电力系统）模块库，它对于电力电子技术课程的仿真分析提供了可视化手段。

7.1　简介 SimPowerSystems 模块库

7.1.1　概述

1. 特点

SimPowerSystems（电力系统）模块库，是在 Simulink 环境下，进行电力电子系统建模和仿真的重要工具箱/包，具有以下典型特点：

（1）使用标准电气符号进行电力系统的拓扑图形建模和仿真；

（2）标准的 AC、DC 电机模型模块、变压器、传输线、信号和脉冲发生器、HVDC 控制、IGBT 模块和大量元件模型，如断路器、二极管、IGBT、GTO、MOSFET 和晶闸管等；

（3）用 Simulink 强有力的变步长积分器和零点穿越检测功能，给出高度精确的电力电子系统的仿真计算结果；

（4）为快速仿真和实时仿真提供了模型离散化方法；

（5）提供多种分析方法，可以计算电路的状态空间表达、计算电流和电压的稳态解、设定或恢复初始电流/电压状态、电力系统的潮流计算等；

（6）提供了扩展的电气系统网络设备模块，如电力机械、功率电子元件、控制测量模块和三相元器件模块等；

（7）提供了各个模块（库）的详细文档，完整的描述了各个模块（库）的功能及其使用方法等。

2. 组成

SimPowerSystems（电力系统）模块库，其数学模型是基于成熟的电磁和机电方程，用标准的电气符号表示，它们可以同标准的 Simulink 模块一起使用，建立包含电气系统和控制回路的模型，连接通过与 SimPowerSystems 提供的测量模块实现。

SimPowerSystems 拥有近 100 个模块，分别位于 7 类模块（库）中，如图 7 - 1 所示，即：

（1）Electrical Sources（电源）模块库：如 AC 和 DC 电压源、可控电压源和可控电流源等，已经在本书第五章第 3 节中讲解；

（2）Elements（电气元件）模块库：如 RLC 支路和负载、π 型传输线、线性和饱和变压器、浪涌保护、电路分离器、互感、分布参数传输线、三相变压器（2 个和 3 个绕组）等，已经在本书第五章第 2 节中讲解；

（3）Power Electronics（电力电子器件）模块库：如二极管、简化/详细晶闸管、GTO、理想开关、MOSFET、IGBT、IGBT/Diode 和通用桥等模型以及三相序列分析、三相 PLL 和连续/离散同步 6 -/12 -脉冲发生器、三相脉冲和信号发生器等，将在本章重点讲解部分模块的使用方法；

（4）Machines（电机）模块库：如完整或是简化形式的异步电动机、同步电动机、永磁同步电动机、直流电动机、励磁系统和水轮机涡轮机/调速系统模型、abc 到 dq0 和 dq0 到 abc 轴系变换等，将在第 8 章中重点讲解部分模块的使用方法；

（5）Measurements（电路测量）模块库：如电压、电流和电抗测量、RMS 测量、有功和无功功率计算、计时器、万用表、傅里叶分析、HVDC 控制、总谐波失真、三相 V - I 测量等，有些模块已经在本书前面章节中讲解，本章将重点讲解部分典型模块的使用方法；

（6）Interface Elements（接口元件）模块库：穿插在各个章节的示例中讲解；

（7）Powergui（图形接口界面）模块：已经在第 5 章中讲解了它的使用方法。

7.1.2　调用方法

在 MATLAB 命令窗口中，输入 powerlib，按回车键，即可打开 SimPowerSystems 的模块库，如图 7 - 1 所示。

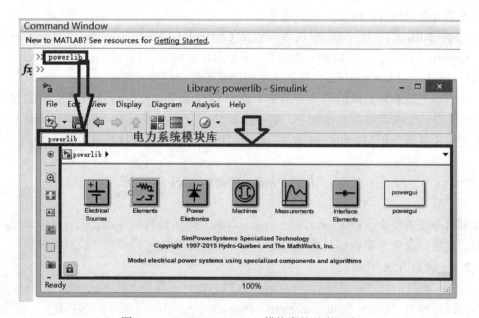

图 7 - 1　SimPowerSystems 模块库的基本组成

如图 7 - 2 所示，还可以点击 Simulink 模块的快捷键图标进入 SimPowerSystems（电力系统）模块库。

SimPowerSystems（电力系统）模块库分为 Simscape Components 和 Specialized Technology 两大类模块库（又称工具箱/包）：

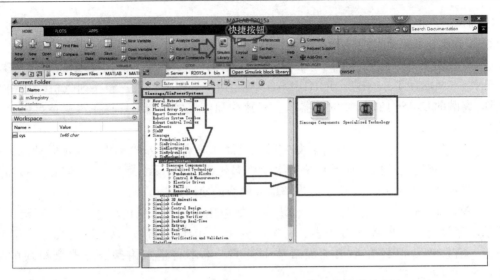

图 7-2　调用 SimPowerSystems（电力系统）模块库的方法

（1）Simscape Components 模块库。包括电、磁、力、热、液等在内的基础模块库，还有更专业的、集成度更高的模块库，例如电气系统仿真模块就是其中一个重要的组成部分。这些模块库的作用就是提供一系列部件模块，允许用户像组装实际硬件系统那样，按照既定设计目标，可以非常轻松地就把相应的模块组装起来，构造出整个仿真系统，而系统所基于的数学模型会在组装过程中自动建立起来；

（2）Specialized Technology 模块库。包括 Control & Measurements（控制和测量）模块库、Electric Drives（电气传动）模块库、FACTS 模块库、Fundamental Blocks（基本模块/元件）模块库和 Renewables（新能源）模块库等几个重要元件库。

在本书第五章和第六章的部分章节中，已经将 SimPowerSystems 模块库中的部分典型模块进行了介绍，本章将在此基础上，进一步对 Power Electronics（电力电子器件）模块库中的重要模块进行分析与介绍，包括它们的使用用法、参数设置技巧等重要内容。

7.2　认识 Power Electronics 模块库

本书第 5 章曾经介绍过 Power Electronics（电力电子器件）中的 Universal Bridge 通用桥模块的用法，这里主要介绍其他电力电子器件模块的参数对话框含义及其设置技巧。

7.2.1　调用方法

方法 1：如图 5-8（a）所示，→点击 MATLAB 的工具条上的 Simulink Library 的快捷键图标，即可弹出 "Open Simulink block library"，→点击 Simscape 模块库，→点击 SimPowersystems 模块库，→点击 Specialized Technology 模块库，→点击 Fundamental Blocks 模块库，→即可看到 Power Electronics（电力电子器件）模块库图标，→点击该模块图标，→即可看到该模块库中有 10 种模块，如图 7-3 所示。

方法 2：在 MATLAB 命令窗口中敲出 powerlib，敲回车键，即可打开 SimPowerSystems 的模块库了，如图 7-4 所示，在该模块库中即可看到 Power Electronics（电力电子器件）模块库的图标。

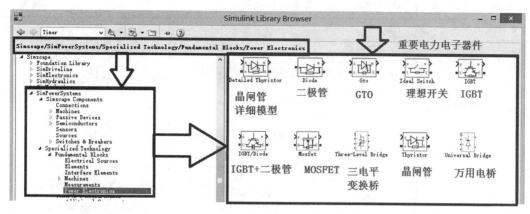

图 7 - 3　调用 Power Electronics（电力电子器件）模块库的方法之一

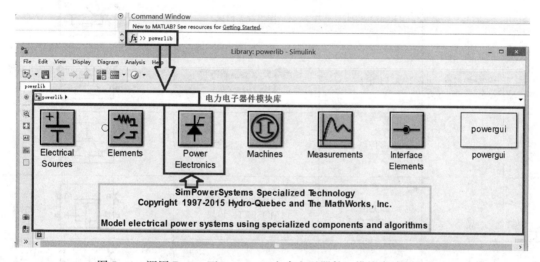

图 7 - 4　调用 Power Electronics（电力电子器件）模块库的方法之二

7.2.2　学习 Power Electronics 模块库

在 Power Electronics（电力电子器件）模块库中，基本上涵盖了绝大多数电路所需的开关元器件，如晶体二极管、门极可关断晶闸管（GTO）、IGBT、MOS 场效应晶体管（MOSFET）、简化的 Thyristor、详细的 Thyristor、理想开关、三电平变换桥和万用电桥等重要器件，其符号、名称和封装形式如图 7 - 3 所示。

为阅读方便起见，现将 Power Electronics（电力电子器件）模块库中各个模块，小结于表 7 - 1 中。

表 7 - 1　　　　　　　　　　Power Electronics（电力电子器件）模块库汇集

序号	名　　称		功能说明	图　例
1	不控器件	Diode	二极管模块	

续表

序号	名　称		功能说明	图　例
2	半控器件	Detailed Thyristor	晶闸管详细模型模块	
3		Thyristor	简化晶闸管模型模块	
4	全控器件	Gto	门极可关断晶闸管（GTO）模块	
5		Ideal Switch	理想开关模块	
6		IGBT	绝缘栅双极型晶体管（IGBT）模块	
7		IGBT/Diode	IGBT＋二极管	
8		MOSFET	电力场效应晶体管（MOSFET）模块	
9	集成结构封装	Three - Level Bridge	三电平变换桥模块	
10		Universal Bridge	万用电桥模块	

1. 电力电子器件的通用模型

Power Electronics（电力电子器件）模块库，提供了常见的电力电子器件，用来模拟电力电子电路模型，它与 PSPICE 等软件的精细模型不一样，它没有考虑器件内部的各种特性，只是从外部特性较为逼近器件特性，其显著优点就是仿真时模型易于收敛、仿真速度快，特别适合于对仿真精度要求不是太高的原理性仿真系统中。

在 Power Electronics（电力电子器件）模块库中，都用类似于图 7 - 5 所示的通用模型来描述电力电子器件，它主要由可控开关 SW、导通电阻 R_{ON}、导通电感 L_{ON}、管压降 V_f 串联而成。不同的开关器件，其控制开关逻辑不同。图中 A 表示阳极（anode），K 表示阴极（cathode），V_{ak} 表示阳极—阴极之间的电压降，I_{ak} 表示流过阳极－阴极的电流。在 MAT-LAB 软件中，器件的驱动仅仅取决于门极控制信号的有无，没有电流型、电压型的区别，也不需要完整的驱动回路。在开关器件模型中导通电感 L_{ON} 表明器件具有电流源的性质，因此，一旦导通电感 L_{ON} 不为零时，在没有接缓冲吸收回路时，绝对不能直接与电感或者电流源相连接，也不能开路运行。

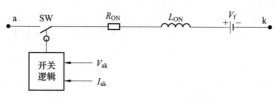

图 7-5　Power Electronics 模块
库中电力电子器件的通用模型

在各个电力电子器件模型中，都设计有测量端，并且被称为 M（measurement），通过它可以测试电力电子器件的电压、电流等重要参数。这个测量值有时候是设计工程师要测量的最终数据，可以提供给设计者进行分析时参考用，比如选择器件的耐压等级、通流能力时，就可以借助这些测试数据，为设计者提供器件选型时的重要依据。当然，不同电力电子器件，在不同应用场合，需要留有不同阈量。

需要提醒的是，电力电子器件模型中的 M 测量端，在各个器件模型的参数对话框中，设计者可以视情况灵活选用即可，非常方便。

2. Diode 模块

在 Power Electronics（电力电子器件）模块库中，Diode（二极管）模块，它属于不控型器件，其阳极的标识符号为 a，阴极的标识符号为 k，Diode（二极管）模块的符号和等效电路如图 7-6（a）所示，其开关控制是由电压 V_{ak} 和电流 I_{ak} 共同形成的逻辑信号而决定的：

（1）当它处于正向偏置时（即 $V_{ak}>0$），开始导通，并且还有一个很小的通态电压降 V_f；当流过的电流为 0 时，二极管会关断；

（2）当二极管处于反向偏置时（即 $V_{ak}<0$），它就会保持关断状态。

在 Simulink 中，Diode（二极管）模块输出的是测量向量 $[I_{ak}\ V_{ak}]$，即返回二极管的端电压和电流值。Diode（二极管）模块包括一个串联的 R_S、C_S 吸收电路，它们并联在阳极 a 和阴极 k 两端。

Diode（二极管）模块的静态伏安特性如图 7-6（b）所示，图中通态曲线的斜率为它的导通电阻 R_{on} 的倒数。

（3）Diode（二极管）模块的参数对话框如图 7-6（c）所示，需要重点关注以下参数：

1）Resistance Ron（ohms）：二极管的导通电阻（Ω），它可以参考所选择的器件手册灵活选取，有时候为了简化起见，直接设为 0；

2）Inductance Lon（H）：二极管的导通电感（H），它可以参考所选择的器件手册灵活选取，有时候为了简化起见，也可以直接设为 0；

3）Forward voltage Vf（V）：二极管的管压降（V），可以参考所选择的器件手册灵活选取，有时候为了简化起见，直接设为 0.8V；

4）Snubber resistance Rs（ohms）：二极管的吸收电阻（Ω），可以参考所选择的器件手册灵活选取，有时候为了简化起见，直接设为数十欧姆即可；

5）Snubber capacitance Cs（F）：二极管的吸收电容（F），可以参考所选择的器件手册

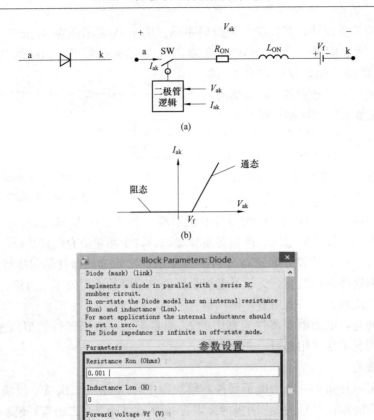

图 7-6　Diode（二极管）模块
(a) 二极管的符号和等效电路；(b) 二极管的静态伏安特性；(c) 参数对话框

灵活选取，有时候为了简化起见，直接在 $0.01 \sim 0.1\mu F$ 范围内选择。

　　需要提醒的是，在 MATLAB 软件的命令窗口中，键入 power_diode 即可看到它的应用例子。

　　3. Thyristor 模块

　　晶闸管属于半控型器件。在 MATLAB 软件中，Thyristor（晶闸管）模块的特点是可以通过门极信号控制其开通，它的仿真等效模型由等效电阻 R_{on}、等效电感 L_{on}、直流电压 V_f、串联开关 SW 和附加逻辑控制单元构成，其符号和等效电路如图 7-7（a）所示。

　　Thyristor（晶闸管）模块的开断控制，是由电压 V_{ak}、电流 I_{ak} 和门极信号 g 三者共同作用形成的逻辑信号决定的。在 MATLAB 软件中，Thyristor（晶闸管）模块包括 2 个输入端和 2 个输出端：

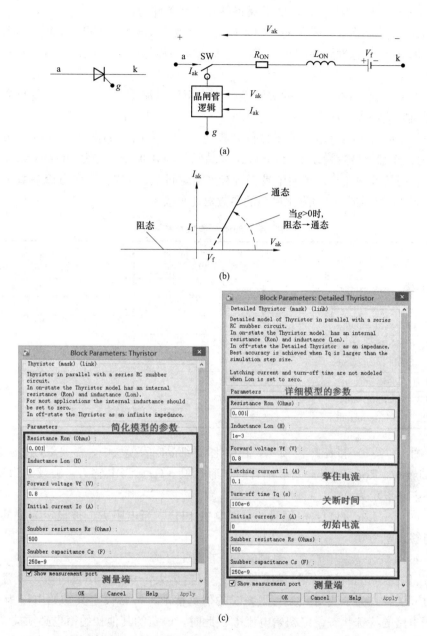

图 7-7　简化/详细 Thyristor（晶闸管）模块

(a) 晶闸管的符号和等效电路；(b) 晶闸管的静态伏安特性；(c) 参数对话框

（1）第一个输入端和输出端，是晶闸管模块各自连接到阳极（a）和阴极（k）的终端；

（2）第二个输入端（g），是其门极的逻辑信号输入，第二个输出端（m），是一个 Simulink 测量输出向量端［Iak Vak］，返回晶闸管的电流和电压值。

Thyristor（晶闸管）模块内部还含有一个 R_S、C_S 吸收回路，它被并联在阳极和阴极两端之间。Thyristor（晶闸管）模块的静态伏安特性如图 7-7（b）所示，图中通态曲线的斜率为它的导通电阻 R_{on} 的倒数。

（3）Thyristor（晶闸管）模块的导通条件和关断条件为：

1）Thyristor（晶闸管）模块的导通条件为：承受正向电压，即 $V_{ak}>V_f$，并且门极要有触发脉冲，即 $g>0$，触发脉冲应有一定的宽度，以便能够使阳极电流 I_{ak} 大于擎住电流 I_l（Latching current）。

2）Thyristor（晶闸管）模块的关断条件为：阳极电流 $I_{ak}=0$，并且承受反向电压一段时间，这段时间应该大于所设定的关断时间 T_l（Turn-off time），即 $T>T_q$。

在 Power Electronics（电力电子器件）模块库中，专门为晶闸管设计有 Detailed Thyristor（晶闸管详细模型）模块和 Thyristor（晶闸管简化模型）模块两种模型，如图 7-7（c）所示，它们的区别在于：模型中是否含有关断时间 T_q 参数、擎住电流参数 I_l、初始电流参数 I_c。晶闸管详细模型和简化模型的参数对比见表 7-2。

表 7-2   简化/详细晶闸管模块参数对比

参数名称	Detailed Thyristor（晶闸管详细模型）模块	Thyristor（晶闸管简化模型）模块
导通电阻 R_{ON}（Resistance）	有	有
导通电感 L_{ON}（inductance）	有	有
管压降 V_f（Forward voltage）	有	有
吸收电阻 R_S（Snubber resistance）	有	有
吸收电阻 C_S（Snubber capacitance）	有	有
初始电流 I_c（Initial current）	有	—
关断时间 T_q（Turn-off time）	有	—
擎住电流 I_l（Latching current）	有	—

（4）如图 7-7（c）和表 7-2 所示，在简化/详细晶闸管模块中，需要重点关注以下参数：

1）Resistance Ron（ohms）：晶闸管的导通电阻（Ω）。当电感 L_{on} 被设定为 0 的时候，电阻 R_{on} 不能够设定为 0。

2）Inductance Lon（H）：晶闸管的导通电感（H）。当电阻 R_{on} 被设定为 0 的时候，电感 L_{on} 不能够设定为 0。

3）Forward voltage Vf（V）：晶闸管的正向导通压降（V）。

4）Initial current Ic（A）：当导通电感 L_{on} 设定为大于 0 时，仿真时可以设置一个电流初始值流过开关管。为了获得开关管阻塞时的仿真情形，常常设定其初始电流为 0。当然，也可以依据电路的特殊状态设定初始电流 I_c，此时，电路的其他初始值也必须被设定。

5）Snubber resistance Rs（ohms）和 Snubber capacitance Cs（F）：分别是吸收电阻（Ω）和吸收电容（F），电阻 R_S 设定为无穷大（inf），表示不采用吸收电阻；电容 C_S 设定为 0 时，表示不采用吸收电容，或者设定为无穷大来得到一个纯电阻吸收电路。

6）Latching current Il（A）和 Turn off time Tq（s）：这两个参数是晶闸管详细模型中才有的，依据实际情况可以选取不同的值。

（5）需要补充说明的是：

1）在 MATLB 软件的 Thyristor（晶闸管）模块中，擎住电流用 Il 表示，但是在本书中，统一用 I_l 表示；

2）对于含有晶闸管的电路的仿真而言，必须采用适合于刚性问题的算法，如 de23tb 或者 ode15s，而要对电路进行离散化处理时，晶闸管的内部电感 L_{on} 应被设定为 0；

　　3）在 MATLAB 软件的命令窗口中，键入 power_thyristor 即可看到它的应用例子。

　　4. Ideal Switch 模块

　　在 Power Electronics（电力电子器件）模块库中，专门设置了一个非常抽象的开关器件的简化模型，用来模拟几乎所有的电力电子开关的共性问题，它就是 Ideal Switch（理想开关）模块，它的开断控制，是门极信号 g 和开关逻辑共同作用而决定的。

　　Ideal Switch（理想开关）模块的符号如图 7-8（a）所示，其静态伏安特性如图 7-8（b）所示，图中通态曲线的斜率为它的导通电阻 R_{on} 的倒数。Ideal Switch（理想开关）模块的参数对话框如图 7-8（c）所示，且需要重点关注以下参数：

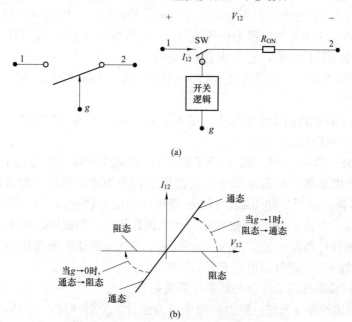

(a)

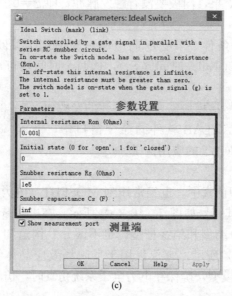

图 7-8　Ideal Switch（理想开关）模块

（a）理想开关的符号和等效电路；（b）理想开关的静态伏安特性；（c）参数对话框

（1）Internal resistance Ron（ohms）：理想开关的导通电阻（Ω），可以参考所选择的器件手册灵活选取，有时候为了简化起见，直接设为 0；

（2）Initial state 初始状态："0"表示初始状态为断开状态，"1"表示初始状态为闭合状态；

（3）Snubber resistance Rs（ohms）：理想开关的吸收电阻（Ω），可以参考所选择的器件手册灵活选取，有时候为了简化起见，直接设为数十 Ω 即可；

（4）Snubber capacitance Cs（F）：理想开关的吸收电容（F），可以参考所选择的器件手册灵活选取，有时候为了简化起见，直接在 0.01～0.1μF 范围内选择。

（5）需要补充说明的是：

1）Ideal Switch（理想开关）模块完全受门极信号控制，可以双向导通，换句话讲，只要门极信号大于零，不论外加电压为正还是为负，它都处于导通状态；相反，一旦门极信号为零，不论外加电压是什么值，它都处于关断状态；

2）在连续模型仿真时，建议选择 ode23tb 算法，配合相对容差为 10^{-4}，即可获得最佳的仿真精度和速度；

3）在 MATLAB 软件的命令窗口中，键入 power_switch 即可看到它的应用例子。

5. IGBT 和 IGBT/Diode 模块

根据工作机理得知，IGBT、MOSFET 和 GTO 均属于全控型电力电子器件。在 Power Electronics（电力电子器件）模块库中，它提供了两种 IGBT 模块，即常规的 IGBT 模块（它没有反并联续流二极管）和 IGBT/Diode 模块（它反并联续流二极管），它们的开断控制，是由电压 V_{CE}、电流 I_C 和门极信号 g 三者共同作用形成的逻辑信号决定的。

IGBT 模块的符号和等效电路 7-9（a）所示，它的静态伏安特性如图 7-9（b）所示，图中通态曲线的斜率为它的导通电阻 R_{on} 的倒数。

现将 IGBT 模块的导通条件和关断条件总结如下：

（1）IGBT 模块的导通条件：集射极间电压为正且大于管压降，即 $V_{CE}>V_f$，并且门极要有触发脉冲，即 $g>0$。如果，门极要没有触发脉冲，即 $g=0$，尽管满足 $V_{CE}>V_f$，IGBT 也不会导通；

（2）IGBT 模块的关断条件：承受反向电压一段时间，关断分为两个阶段，①下降（fall）时间（T_f）；②拖尾（Tail）时间（T_t），这两个时间均可以在它的参数对话框中设置，如图 7-9（c）所示。

IGBT 模块和 IGBT/Diode 模块需要重点关注的参数如表 7-3 所示。

需要提醒的是，在 MATLAB 软件的命令窗口中，键入 power_igbtconv 和 power_1phPWM_IGBT 即可看到 IGBT 的应用例子。

6. MOSFET 模块

在电力电子系统的原理仿真中，也经常用到 MOSFET（电力场效应晶体管）模块（以下简称 MOSFET 模块），其符号如图 7-10（a）所示。在 Power Electronics（电力电子器件）模块库中，它既不区分结型和绝缘栅型，也不区分 P 沟道和 N 沟道，只有一个统一的仿真模型，如图 7-10（b）所示，它仅仅用于反映场效应晶体管的开关特性，忽略其他"无关"特性，简化了仿真模型，确保在电力电子系统仿真时，仿真模型的收敛和不发散性，以提高其仿真速度。

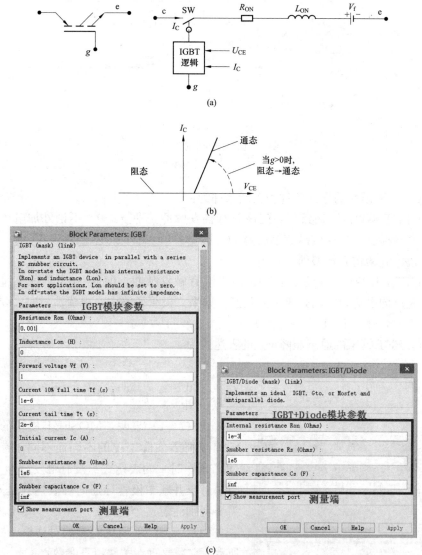

图 7 - 9 IGBT 模块和 IGBT/Diode 模块

（a）IGBT 模块的符号和等效电路；（b）IGBT 模块的静态伏安特性；（c）参数对话框

表 7 - 3 IGBT 模块和 IGBT/Diode 模块参数对比

参数名称	IGBT 模块	IGBT/Diode 模块
Internal resistance Ron（导通电阻）	有	有
Snubber resistance Rs（吸收电阻）	有	有
Snubber capacitance Cs（吸收电容）	有	有
Current 10% fall time Tf（下降时间）	有	—
Current tail time Tt（拖尾时间）	有	—
Inductance Lon（导通电感）	有	—
Forward voltage Vf（管压降）	有	—

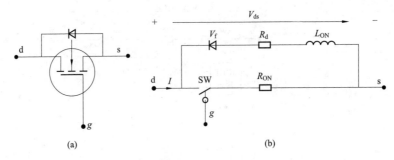

图 7 - 10　MOSFET 模块

（a）符号；（b）仿真模型

（1）MOSFET 模块的导通条件和关断条件为：

1）MOSFET 模块的导通条件：门极要有触发脉冲，即 $g>0$，不论外加电压为正还是为负，它均会导通。如果门极没有触发脉冲，即 $g=0$，当外加电压 $V_{ds}<V_f$ 时，二极管旁路会导通，这由它的仿真模型即可看出；

2）MOSFET 模块的关断条件：如果门极没有触发脉冲，即 $g=0$，不论流过的电流为正向电流还是反向电流，它均处于关断状态。如果二极管旁路中有电流流过时，要等到这个电流近似为零时，MOSFET 模块才会关断。

（2）MOSFET 管子的通态压降 V_{ds} 的表达式为

$$\begin{cases} V_{ds}=R_{ON}\times I & g>0 \\ V_{ds}=R_d\times I-U_f+R_{ON}\times\dfrac{dI}{dt} & 二极管导通时 \end{cases} \qquad (7-1)$$

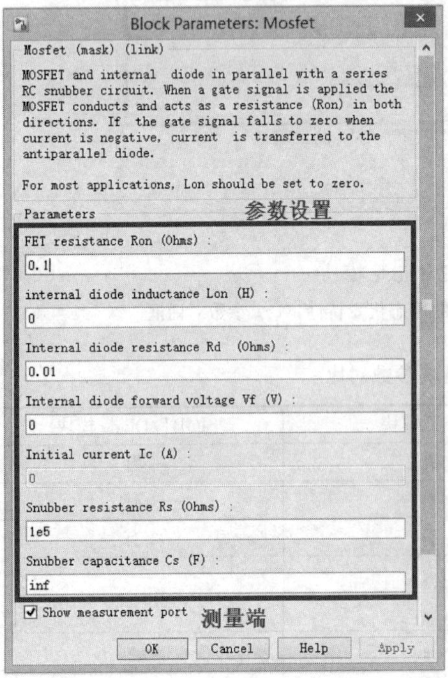

式（7-1）表明，MOSFET 模块的通态压降 V_{ds}，会随着实际工况的不同而不同，有触发脉冲（即 $g>0$ 时）的表达式与没有触发脉冲（即 $g=0$ 时）且反并联二极管导通时的表达式是不一样的，需要特别注意这个特性。

（3）MOSFET 模块的参数对话框，如图 7 - 11 所示，它需要重点关注以下参数：

1）FET Resistance Ron（ohms）：MOSFET 模块的导通电阻（Ω）；

2）internal diode inductance Lon（H）：MOSFET 模块的内置二极管电感（H）；

3）internal diode resistance Rd（ohms）：MOSFET 模块的内置二极管电阻（Ω）；

4）internal diode Forward voltage Vf（V）：MOSFET 模块的内置二极管管压降（V）；

5）Snubber resistance Rs（ohms）：MOSFET 模块的吸收电阻（Ω）；

图 7 - 11　设置 MOSFET 模块的参数对话框

6）Snubber capacitance Cs（F）：MOSFET

模块的吸收电容（F）。

在 MATLAB 软件的命令窗口中，键入 power_mosconv 即可看到 MOSFET 模块的应用例子。

7. GTO 模块

GTO（门极可关断晶闸管）模块（以下简称 GTO 模块），也经常被应用于电力电子系统的原理仿真中，它的特点是既可以通过门极信号控制开通，也可以通过门极信号控制其关断。与传统的晶闸管有些类似，GTO 模块可以通过一个正的门极信号（$g > 0$）来驱动导通，因此，GTO 模块的开断控制，也是由电压 V_{ak}、电流 I_{ak} 和门极信号 g 共同作用的逻辑信号决定的。但是，不像传统的晶闸管那样，仅在电流过零点时才能关断，GTO 模块可以在门极信号为 0 的任意时刻关断。由此可见，GTO 模块的仿真等效模型与传统的晶闸管相似，它们的本质区别就在于它们的逻辑控制单元。

（1）GTO 模块的符号、封装和等效电路如图 7 - 12（a）所示，其工作原理如图 7 - 12（b）所示，GTO 模块也包括一个 Rs、Cs 吸收电路，将它们并联在阳极 a 和阴极 k 两端。

（2）GTO 模块的参数对话框如图 7 - 12（c）所示，现将 GTO 模块中各个参数的含义小结如下：

1）V_f 表示导通时的正向压降；

2）R_{on} 表示正向导通电阻；

3）L_{on} 表示正向导通电感。

4）下降（fall）时间（Tf）和拖尾（Tail）时间（Tt），均可以在它的参数对话框中设置，如图 7 - 12（c）所示。

（3）需要提醒的是，MATLB 软件的 GTO 模块中，下降（fall）时间用 Tf 表示，在本书中统一用 T_f 表示；同理，拖尾（Tail）时间用 Tt 表示，在本书中统一用 T_t 表示，以增强本书的可阅读性。

（4）GTO 模块的导通条件和关断条件为：

1）GTO 模块的导通条件：承受正向电压且门极要有触发脉冲，即 $g > 0$；

2）GTO 模块的关断条件：门极没有触发脉冲，即 $g = 0$ 时，它处于关断状态，关断分为两个阶段：①下降（fall）时间（Tf），②拖尾（Tail）时间（Tt）。图 7 - 12（b）表示 GTO 的开断特性，当门极信号 g 变为 0 时，电流 I_{ak} 开始从最大值 I_{max} 减小到 $I_{max}/10$，经历下降时间（T_f）和从 $I_{max}/10$ 下降到 0，经历时间（T_t）；当电流 I_{ak} 变为 0 时，GTO 完全关断。

综上所述，与传统晶闸管相比，GTO 模块的参数对话框中新增了两个参数：

1）电流幅值的 10% 的下降时间 T_f（current 10% fall time Tf）；

2）电流拖尾时间（current tail time Tt），如图 7 - 12（b）所示。

（5）在 GTO 模块的参数对话框中，需要重点关注以下参数：

1）Resistance Ron（ohms）：GTO 模块的导通电阻（Ω）；

2）Inductance Lon（H）：GTO 模块的导通电感；

3）Forward voltage Vf（V）：GTO 模块的管压降；

4）Current 10% fall time Tf（s）：GTO 模块的下降时间；

5）Current tail time Tt（s）：GTO 模块的拖尾时间；

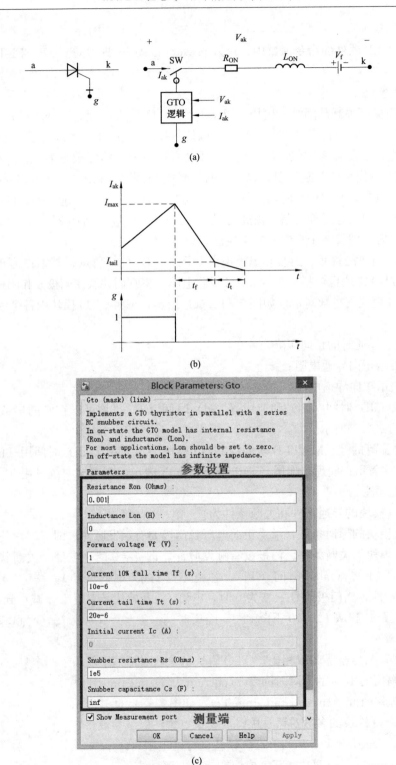

图 7 - 12　GTO 模块

(a) GTO 模型的符号、封装等效电路；(b) GTO 的开断特性；(c) 参数对话框

6）Snubber resistance Rs（ohms）：GTO 模块的吸收电阻（Ω）；

7）Snubber capacitance Cs（F）：GTO 模块的吸收电容（F）。

在 MATLAB 软件的命令窗口中，键入 power_buckconv 即可看到 GTO 模块的应用例子。

8. Three - Level Bridge 模块

Power Electronics（电力电子器件）模块库中，除了提供变流器通用桥（Universal Bridge）这类集成结构封装模块外，还提供了中性点钳位的 Three - Level Bridge（三电平变换桥）模块（以下简称 Three - Level Bridge 模块），它在电力电子变换装置的原理仿真中，也是一个必不可少的集成结构封装模块。

（1）Three - Level Bridge 模块是一个桥臂数（1，2 或 3）可选的变换器，每个桥臂有 4 个开关器件（Q1～Q4），4 个反并联二极管（D1～D4），2 个中性点钳位二极管（D5 和 D6），如图 7 - 13 所示。

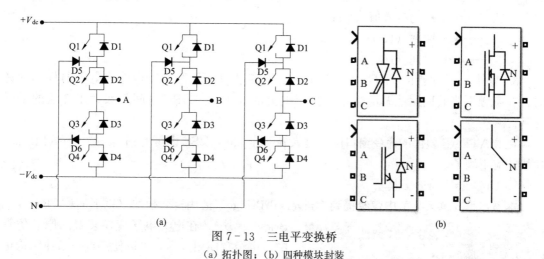

图 7 - 13　三电平变换桥

（a）拓扑图；（b）四种模块封装

（2）Three - Level Bridge 模块的参数对话框如图 7 - 14 所示，且需要重点关注以下参数：

1）Number of bridge arms：Three - Level Bridge 模块的变换桥臂数，有 1、2 和 3 三种桥臂，可供选择；

2）Snubber resistance Rs（ohms）：Three - Level Bridge 模块的吸收电阻（Ω）；

3）Snubber capacitance Cs（F）：Three - Level Bridge 模块的吸收电容（F）；

4）Power Electronic device：Three - Level Bridge 模块的电力电子器件类型，有 GTO/Diodes、IGBT/Diodes、MOSFET/Diode 和 Ideal Switches 四种方式，可供选择；

5）Internal resistance Ron（ohms）：Three - Level Bridge 模块的导通电阻（Ω）；

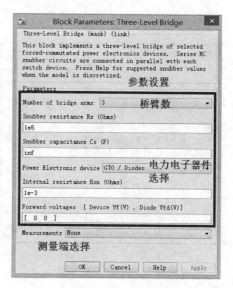

图 7 - 14　设置 Three - Level Bridge 变换桥模块的参数对话框

6）Forward voltage Vf（V）：Three-Level Bridge 模块的管压降（V），包括电力电子器件管压降和续流二极管管压降，取决于三电平变换桥的具体拓扑结构及其电力电子器件类型。

（3）值得注意的是：

1）对于强迫换流器件（如 GTO、IGBT 或 MOSFET 器件），只要触发脉冲送给该开关器件，三电平桥模块中所默认的吸收电路参数就可以很好地工作；

2）如果强迫换流器件的触发脉冲被封锁，三相桥将作为一个二极管整流器工作，此时，必须采用合适的吸收回路参数 R_S 和 C_S。如果模型需要作离散化处理，可利用下面的公式选取 R_S 和 C_S 参数

$$R_S > 2T_S/C_S, \quad C_S < 1000P_n/2\pi fV_n^2 \tag{7-2}$$

式中 P_n——单相或者三相变流器的额定容量（VA）；

　　　V_n——线电压的有效值（V）；

　　　f——电压频率（Hz）；

　　　T_s——采样时间（Hz）。

3）另外，在确定 R_S 和 C_S 的参数值时还要遵从以下原则：①当电力电子器件不导通时，在基频下吸收回路泄漏电流小于额定电流的 0.1%；②RC 时间常数大于 2 倍的采样时间。

在 MATLAB 软件的命令窗口中，键入 power_3levelVSC 即可看到 Three-Level Bridge 模块的应用例子。

9. Universal Bridge 模块

本书在第 5 章第 4 节中曾经提到 Universal Bridge（通用桥）模块（以下简称 Universal Bridge 模块），在电力电子变换装置的原理仿真中，也经常使用到它，可以使得电路拓扑结构更加简化，其参数对话框如图 7-15 所示，它需要重点关注以下参数：

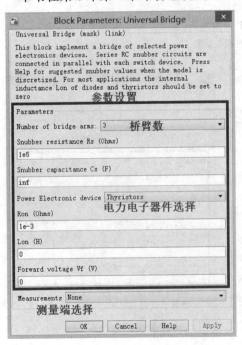

图 7-15　设置 Universal Bridge（通用桥）模块的参数对话框

（1）Number of bridge arms：Universal Bridge 模块的桥臂数，有 1、2 和 3 三种桥臂，可供选择；

（2）Snubber resistance Rs（ohms）：Universal Bridge 模块的吸收电阻（Ω）；

（3）Snubber capacitance Cs（F）：Universal Bridge 模块的吸收电容（F）；

（4）Power Electronic device：电力电子器件类型选择，有 Diodes、Thyristors、GTO/Diodes、IGBT/Diodes、MOSFET/Diode、Ideal Switches、Switching-function based VSC 和 Average-model based VSC 八种方式，可供选择；

（5）Internal resistance Ron（ohms）：Universal Bridge 模块的导通电阻（Ω）；

（6）Forward voltage Vf（V）：Universal Bridge 模块的管压降（V）。

在 MATLAB 软件的命令窗口中，键入 power_bridges 即可看到 Universal Bridge 模块的应用例子。

7.2.3　典型电力电子器件示例分析

下面以一些典型电路的设计为例，将上述常用的电力电子器件的使用方法逐一介绍。

1. IGBT/Diode 模块示例分析

【举例1】　构建如图 7-16（a）所示的利用 IGBT/Diode 模块设计的斩波电路，其仿真模型如图 7-16（b）所示，并将其保存为 exm_1.slx。需要观察：

（1）流过 IGBT 集电极的电流 I_c 的波形；

（2）IGBT 的集电极与发射极之间电压 V_{ce} 的波形；

（3）流过电阻 R_1 的电流 I_{load} 的波形；

（4）电阻 R_1 的端电压 V_L 的波形；

（5）PulseGenerator 模块输出的控制脉冲 Pulse_wave 波形。

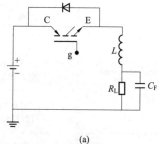

（a）

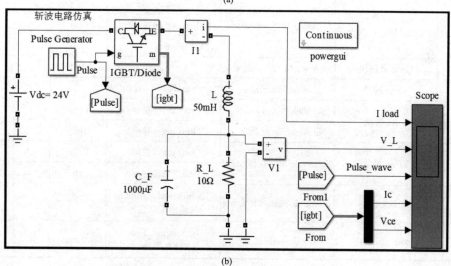

（b）

图 7-16　举例 1 所示电路及其仿真模型

（a）利用 IGBT/Diode 模块设计的电路；（b）仿真模型

分析：

（1）将所需要模块汇集于表 7-4 中；

表 7-4　　　　　　　　　　　　　　　举例 1 所需模块

元件名称	模块名称	所属模块库	参数设置			备注
			名　　称	取值	单位	
Vdc＝24V	DC Voltage Source（直流源）模块	powerlib/Electrical Sources[①]	Amplitude（幅值）	24	V	命名为Vdc＝24V
IGBT/Diode	IGBT/Diode 模块	powerlib/Power Electronics	Internal resistance Ron（导通电阻）	1e-3	Ω	见图 7-17
			Snubber resistance Rs（吸收电阻）	100	Ω	
			Snubber capacitance Cs（吸收电容）	4.7e-6	F	
V1	Voltage Measurement（电压测量）模块	powerlib/Measurements	命名为 V1			
I1	Current Measurement（电流测量）模块		命名为 I1			
Pulse Generator	Pulse Generator 模块	Simulink/Sources[②]	Amplitude（幅值）	1	V	见图 7-18
			Period（secs）（周期）	1e-3	s	
			Pulse Width（% of period）（脉冲宽度即占空比）	50		
			Phase delay（secs）（相位延迟）	0	s	
C_F	Serias RLC Branch（串联分支）模块	powerlib/Elements	Capacitance（F）	1000	μF	电容
L			Inductance（H）	50e-3	H	电感
R_L			Resistance（ohm）	100	Ω	电阻
—	Ground 模块	powerlib/Elements	接地端子			
Scope	Scope 模块	Simulink/Sinks	Number of axes	5		5 轴变量
Pulse	Goto 模块	Simulink/Signal Routing	Goto tag（卷标）	Pulse		见图 7-19
igbt		Simulink/Signal Routing	Goto tag（卷标）	igbt		
Pulse	From 模块	Simulink/Signal Routing	Goto tag（卷标）	Pulse		见图 7-19
igbt			Goto tag（卷标）	igbt		
—	Demux 模块	Simulink/Signal Routing	Number of outputs（输出端口数）	2		
—	Powergui 模块	Powerlib[③]	Simulation Type（仿真类型）	Continuous		

① powerlib/Electrical Sources：在 MATLAB 命令窗口中，→输入 powerlib，→按回车键，即可打开 SimPowerSystems 的模块库，在该模块库中即可看到 Electrical Sources（电源）模块库的图标，→双击 Electrical Sources（电源）模块库图标，即可看到 DC Voltage Source（直流源）模块。

② Simulink/Sources：在 Simulink 模块库中的 Sources 模块库中调用。

③ powerlib：在 MATLAB 命令窗口中，→输入 powerlib，→按回车键，即可打开 SimPowerSystems 的模块库，在该模块库中即可看到 Powergui 模块的图标。

后面的举例中，均按照这种模式给出调用模块的路径，如没有特别解释，均按照这种模式理解，特此说明。

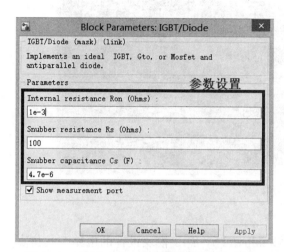

图 7 - 17　设置 IGBT/Diode 模块的参数对话框

图 7 - 18　设置 Pulse Generator 模块的参数对话框

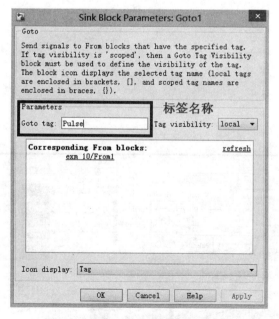

图 7 - 19　设置 Goto 模块的标签名称

　　(2) 设置仿真参数：将仿真时间的起点和终点分别进行设置，即 Start time：0，end time：50e - 3，选取"ode23tb（Stiff/TR - BDF2）"，其他均为默认参数；

　　(3) 启动仿真程序：点击仿真快捷键图标▶，启动仿真程序；

（4）分析仿真结果：图 7-20 分别表示流过电阻 R_1 的电流 I_{load} 的波形、电阻 R_1 的端电压 V_L 的波形、流过 IGBT 集电极的电流 I_c 的波形、PulseGenerator 模块输出的控制脉冲 Pulse_wave 波形和 IGBT 的集电极与发射极之间电压 V_{ce} 的波形。

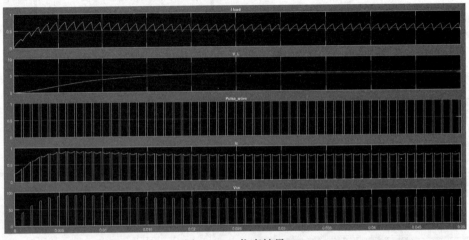

图 7-20　仿真结果

2. Detailed Thyristor 模块示例分析

【举例 2】　构建图 7-21（a）所示的利用 Detailed Thyristor 模块设计的电路，其仿真模型如图 7-21（b）所示，并将其保存为 exm_2.slx。需要观察：

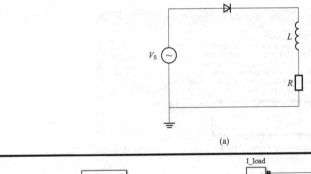

（a）

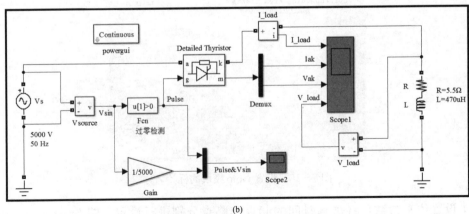

（b）

图 7-21　举例 2 所示电路及其仿真模型

（a）利用 Detailed Thyristor 模块设计的电路；（b）仿真模型

（1）流过 Detailed Thyristor 模块的电流 I_{ak} 的波形和电压 V_{ak} 的波形；

（2）负载电流 I_load 的波形和端电压 V_load 的波形；

（3）输入电压的波形和控制信号的波形。

分析：

（1）将所需要模块汇集于表 7 - 5 中；

表 7 - 5　　　　　　　　　　举 例 2 所 需 模 块

元件名称	模块名称	所属模块库	参数设置 名　称	取值	单位	备注
Vs	AC Voltage Source（交流源）模块	powerlib/Electrical Sources	Peak amplitude（幅值）	5000	V	命名为 Vs
			Frequency（频率）	50	Hz	
			Phase（相角）	0	°	
Detailed Thyristor	Detailed Thyristor 模块	powerlib/Power Electronics	Resistance Ron（导通电阻）	1e - 3	Ω	见图 7 - 22
			Inductance Lon（导通电感）	10e - 6	H	
			Forward voltage Vf（管压降）	1.44	V	
			Latching current Il（擎住电流）	0.4	A	
			Turn - off time Tq（关断时间）	700	s	
			Initial current Ic（初始电流）	0	A	
			Snubber resistance Rs（吸收电阻）	27	Ω	
			Snubber capacitance Cs（吸收电容）	4.7e - 6	F	
Vsource	Voltage Measurement（电压测量）模块	powerlib/Measurements	命名为 Vsource			
V_load			命名为 V_load			
I_load	Current Measurement（电流测量）模块		命名为 I_load			
Fcn	Fcn 模块	Simulink/User - Defined Functions	Expression（表达式）	u [1]>0（用于过零检测），见图 7 - 23		
R	Serias RLC Branch（串联分支）模块	powerlib/Elements	Resistance（ohm）	5.5	Ω	电阻
L			Inductance（H）	470e - 6	H	电感
Scope1	Scope 模块	Simulink/Sinks	Number of axes	4		4 轴变量
Scope2			Number of axes	1		单轴变量

续表

元件名称	模块名称	所属模块库	参数设置			备注
			名　称	取值	单位	
Demux	Demux 模块	Simulink/Signal Routing	Number of outputs（输出端口数）	2		
—	Mux 模块		Number of inputs（输入端口数）	2		
—	Ground 模块	powerlib/Elements	接地端子			
—	Powergui 模块	Powerlib	Simulation Type（仿真类型）	Continuous		

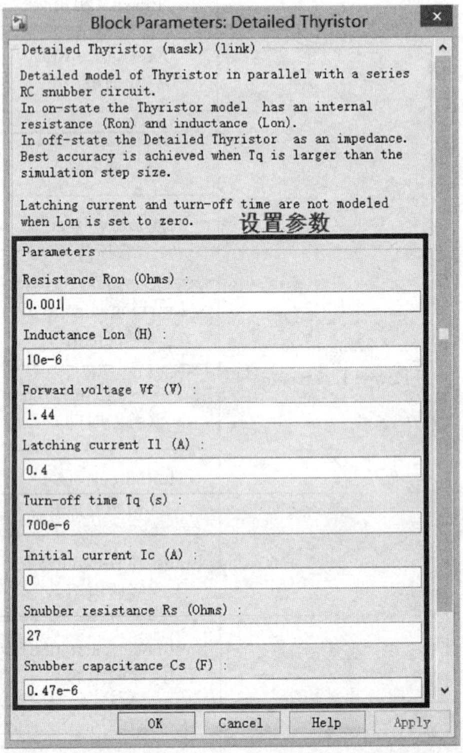

图 7-22　设置 Detailed Thyristor 模块的参数对话框

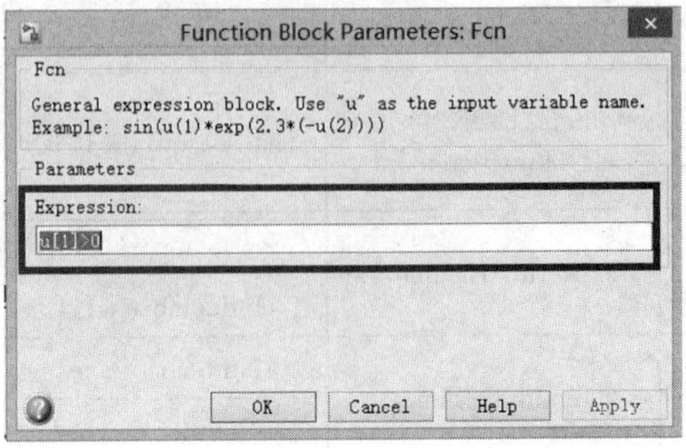

图 7-23　设置 Fcn 模块的参数对话框

（2）设置仿真参数：将 Start time：0，end time：100e－3，选取"ode23tb（Stiff/TR－BDF2）"，其他均为默认参数；

（3）启动仿真程序：点击仿真启动快捷键▶，启动仿真程序；

（4）分析仿真结果：

1）图 7－24 分别表示流过负载电流 I_load 的波形、流过 Detailed Thyristor 模块的电流 I_{ak} 的波形、Detailed Thyristor 模块的端电压 V_{ak} 的波形以及负载端电压 V_load 的波形；

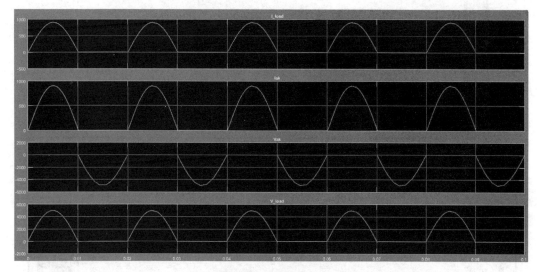

图 7－24　仿真结果 1

2）图 7－25 分别表示输入电压的波形和控制信号的波形。

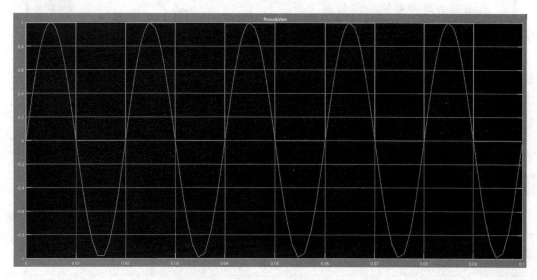

图 7－25　仿真结果 2

3. 单相半波可控整流电路示例分析

【举例 3】　构建图 7－26（a）所示的利用 Thyristor 模块设计的单相半波可控整流电路，

其仿真模型如图 7 - 26（b）所示，并将其保存为 exm_3. slx。需要观察不同触发角时的以下波形：

（1）流过 Thyristor 模块的电流 I_{ak} 的波形和电压 V_{ak} 的波形；

（2）负载电阻的电流 I_{load} 的波形及其端电压 V_L 的波形；

（3）PulseGenerator 模块输出的控制脉冲 Pulse_wave 的波形。

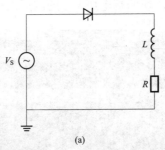

(a)

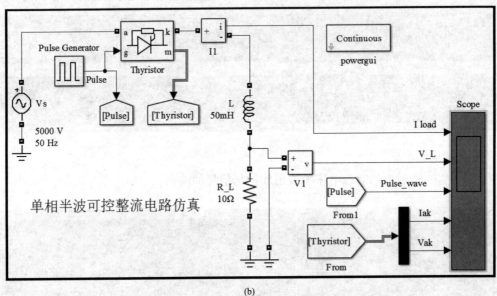

(b)

图 7 - 26　举例 3 所示电路及其仿真模型

(a) 利用 Thyristor 模块设计的单相半波可控整流电路；(b) 仿真模型

分析：

（1）将所需要模块汇集于表 7 - 6 中；

表 7 - 6　　　　　　　　　　　　　　　　**举例 3 所需模块**

元件名称	模块名称	所属模块库	参数设置			备注
			名　称	取值	单位	
Vs	AC Voltage Source（交流源）模块	powerlib/Electrical Sources	Peak amplitude（幅值）	5000	V	命名为 Vs
			Frequency（频率）	50	Hz	
			Phase（相角）	0	°	

元件名称	模块名称	所属模块库	参数设置			备注
			名　称	取值	单位	
Thyristor	Thyristor 模块	powerlib/ Power Electronics	Resistance Ron （导通电阻）	1e−3	Ω	
			Inductance Lon （导通电感）	0	H	
			Forward voltage Vf （管压降）	0.8	V	
			Snubber resistance Rs （吸收电阻）	100	Ω	
			Snubber capacitance Cs （吸收电容）	0.1e−6	F	
V1	Voltage Measurement （电压测量）模块	powerlib/Measurements	命名为 V1			
I1	Current Measurement （电流测量）模块		命名为 I1			
Pulse Generator	Pulse Generator 模块	Simulink/Sources	Amplitude （幅值）	1	V	
			Period （secs）（周期）	10e−3	s	
			Pulse Width （% of period） （脉冲宽度即占空比）	50		
			Phase delay （secs） （相位延迟）	分别设置0、 10e−3/ 12（30°）、 10e−3/ 4（90°）和 50e−3/ 12（150°）	s	
L	Serias RLC Branch （串联分支）模块	powerlib/Elements	Inductance （H）	50e−3	H	电感
R_L			Resistance （ohm）	100	Ω	电阻
—	Ground 模块	powerlib/Elements	接地端子			
Scope	Scope 模块	Simulink/Sinks	Number of axes	5		5轴变量
Pulse	Goto 模块	Simulink/Signal Routing	Goto tag （卷标）	Pulse		
Thyristor			Goto tag （卷标）	Thyristor		
Pulse	From 模块	Simulink/Signal Routing	Goto tag （卷标）	Pulse		
Thyristor			Goto tag （卷标）	Thyristor		
—	Demux 模块	Simulink/Signal Routing	Number of outputs （输出端口数）	2		
—	Powergui 模块	Powerlib	Simulation Type （仿真类型）	Continuous		

（2）设置仿真参数：将仿真时间的起点和终点分别进行设置，即 Start time：0，end time：50e-3，选取"ode23tb（Stiff/TR-BDF2）"，其他均为默认参数；

（3）启动仿真程序：点击仿真快捷键图标▶，启动仿真程序；

（4）分析仿真结果：

1）图 7-27 分别表示在触发角延迟 0°流过负载电阻的电流 I_{load} 的波形、负载电阻的端电压 V_L 的波形、PulseGenerator 模块输出的控制脉冲 Pulse_wave 的波形、流过 Thyristor 模块的电流 I_{ak} 的波形以及 Thyristor 模块的电压 V_{ak} 的波形；

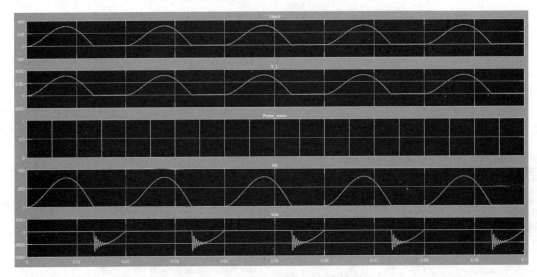

图 7-27　触发角延迟 0°的仿真结果

2）图 7-28 分别表示在触发角延迟 30°流过负载电阻的电流 I_{load} 的波形、负载电阻的端电压 V_L 的波形、PulseGenerator 模块输出的控制脉冲 Pulse_wave 的波形、流过 Thyristor 模块的电流 I_{ak} 的波形以及 Thyristor 模块的电压 V_{ak} 的波形；

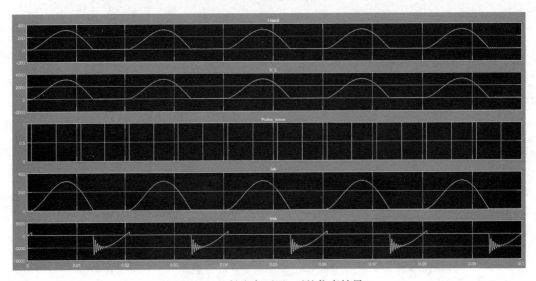

图 7-28　触发角延迟 30°的仿真结果

3）图 7 - 29 分别表示在触发角延迟 90°流过负载电阻的电流 I_{load} 的波形、负载电阻的端电压 V_L 的波形、PulseGenerator 模块输出的控制脉冲 Pulse_wave 的波形、流过 Thyristor 模块的电流 I_{ak} 的波形以及 Thyristor 模块的电压 V_{ak} 的波形；

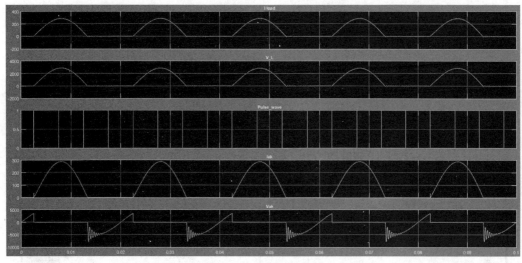

图 7 - 29　触发角延迟 90°的仿真结果

4）图 7 - 30 分别表示在触发角延迟 150°流过负载电阻的电流 I_{load} 的波形、负载电阻的端电压 V_L 的波形、PulseGenerator 模块输出的控制脉冲 Pulse_wave 的波形、流过 Thyristor 模块的电流 I_{ak} 的波形以及 Thyristor 模块的电压 V_{ak} 的波形。

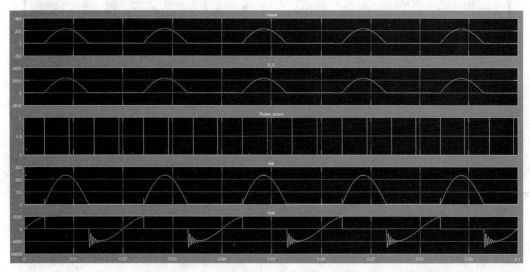

图 7 - 30　触发角延迟 150°的仿真结果

4. 单相半波可控整流＋续流二极管电路示例分析

【举例 4】　构建图 7 - 31 所示的利用 Thyristor 模块设计的单相半波可控整流＋统流二极管电路，将本例的仿真模型保存为 exm_4. slx。需要观察不同触发角时以下波形：

（1）流过 Thyristor 模块的电流 I_{ak} 和电压 V_{ak} 的波形；

（2）负载电阻的电流 I_{load} 及其端电压 V_L 的波形；

（3）PulseGenerator 模块输出的控制脉冲 Pulse_wave 的波形。

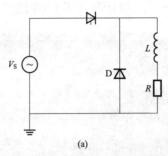

(a)

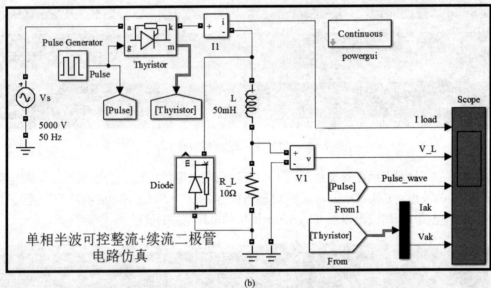

(b)

图 7-31　举例 4 所示电路及其仿真模型

(a) 基于 Thyristor 模块设计的单相半波可控整流＋续流二极管电路；(b) 仿真模型

分析：

（1）将所需要模块汇集于表 7-7 中；

表 7-7　　　　　　　　　　　　　　举例 4 所 需 模 块

元件名称	模块名称	所属模块库	参数设置			备注
			名　称	取值	单位	
Vs	AC Voltage Source（交流源）模块	powerlib/Electrical Sources	Peak amplitude（幅值）	5000	V	命名为 Vs
			Frequency（频率）	50	Hz	
			Phase（相角）	0	°	
Thyristor	Thyristor 模块	powerlib/Power Electronics	Resistance Ron（导通电阻）	1e-3	Ω	
			Inductance Lon（导通电感）	0	H	

续表

元件名称	模块名称	所属模块库	参数设置			备注
			名　称	取值	单位	
Thyristor	Thyristor 模块	powerlib/ Power Electronics	Forward voltage Vf （管压降）	0.8	V	
			Snubber resistance Rs （吸收电阻）	100	Ω	
			Snubber capacitance Cs （吸收电容）	0.1e-6	F	
Diode	Diode 模块	powerlib/ Power Electronics	Resistance Ron （导通电阻）	1e-3	Ω	
			Inductance Lon （导通电感）	0	H	
			Forward voltage Vf （管压降）	0.8	V	
			Snubber resistance Rs （吸收电阻）	100	Ω	
			Snubber capacitance Cs （吸收电容）	0.1e-6	F	
			Resistance Ron （导通电阻）	1e-3	Ω	
V1	Voltage Measurement （电压测量）模块	powerlib/Measurements	命名为 V1			
I1	Current Measurement （电流测量）模块		命名为 I1			
Pulse Generator	Pulse Generator 模块	Simulink/Sources	Amplitude（幅值）	1	V	
			Period（secs）（周期）	10e-3	s	
			Pulse Width（% of period） （脉冲宽度即占空比）	50		
			Phase delay（secs） （相位延迟）	分别设置 0、 10e-3/ 12（30°）、 10e-3/ 4（90°）和 50e-3/ 12（150°）	s	
L	Serias RLC Branch （串联分支）模块	powerlib/Elements	Inductance（H）	50e-3	H	电感
R_L			Resistance（ohm）	100	Ω	电阻
—	Ground 模块	powerlib/Elements	接地端子			
Scope	Scope 模块	Simulink/Sinks	Number of axes	5		5 轴变量

续表

元件名称	模块名称	所属模块库	参数设置			备注
			名　称	取值	单位	
Pulse	Goto 模块	Simulink/Signal Routing	Goto tag（卷标）	Pulse		
Thyristor			Goto tag（卷标）	Thyristor		
Pulse	From 模块	Simulink/Signal Routing	Goto tag（卷标）	Pulse		
Thyristor			Goto tag（卷标）	Thyristor		
—	Demux 模块	Simulink/ Signal Routing	Number of outputs（输出端口数）	2		
—	Powergui 模块	Powerlib	Simulation Type（仿真类型）	Continuous		

（2）设置仿真参数：将仿真时间的起点和终点分别进行设置，即 Start time：0，end time：50e‐3，选取"ode23tb（Stiff/TR‐BDF2）"，其他均为默认参数；

（3）启动仿真程序：点击仿真快捷键图标▶，启动仿真程序；

（4）分析仿真结果：

1）图 7‐32 分别表示在触发角延迟 0°流过负载电阻的电流 I_{load} 的波形、负载电阻的端电压 V_L 的波形、PulseGenerator 模块输出的控制脉冲 Pulse_wave 的波形、流过 Thyristor 模块的电流 I_{ak} 的波形以及 Thyristor 模块的电压 V_{ak} 的波形。

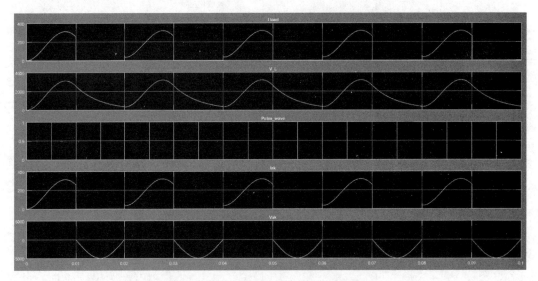

图 7‐32　触发角延迟 0°的仿真结果

2）图 7‐33 分别表示在触发角延迟 30°流过负载电阻的电流 I_{load} 的波形、负载电阻的端电压 V_L 的波形、PulseGenerator 模块输出的控制脉冲 Pulse_wave 的波形、流过 Thyristor 模块的电流 I_{ak} 的波形以及 Thyristor 模块的电压 V_{ak} 的波形。

3）图 7‐34 分别表示在触发角延迟 90°流过负载电阻的电流 I_{load} 的波形、负载电阻的端电压 V_L 的波形、PulseGenerator 模块输出的控制脉冲 Pulse_wave 的波形、流过 Thyristor 模块的电流 I_{ak} 的波形以及 Thyristor 模块的电压 V_{ak} 的波形。

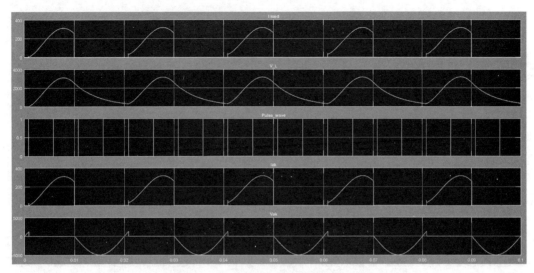

图 7 - 33　触发角延迟 30°的仿真结果

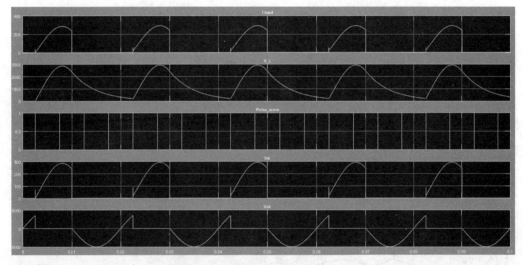

图 7 - 34　触发角延迟 90°的仿真结果

4）图 7 - 35 分别表示在触发角延迟 150°流过负载电阻的电流 I_{load} 的波形、负载电阻的端电压 V_L 的波形、PulseGenerator 模块输出的控制脉冲 Pulse_wave 的波形、流过 Thyristor 模块的电流 I_{ak} 的波形以及 Thyristor 模块的电压 V_{ak} 的波形。

5. 单相半波可控整流＋续流二极管有源逆变电路示例分析

【举例5】　构建图 7 - 36（a）所示的利用 Thyristor 模块设计的单相半波可控整流＋续流二极管有源逆变电路，其仿真模型如图 7 - 36（b）所示，并将其保存为 exm_5.slx。需要观察不同触发角时以下波形：

（1）流过 Thyristor 模块的电流 I_{ak} 的波形和电压 V_{ak} 的波形；

（2）负载电阻的电流 I_{load} 的波形及其端电压 V_L 的波形；

（3）PulseGenerator 模块输出的控制脉冲 Pulse_wave 的波形。

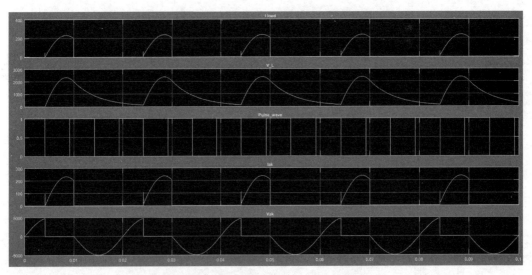

图 7-35 触发角延迟 150°的仿真结果

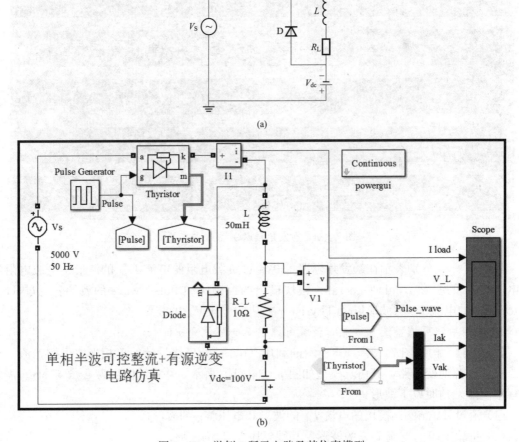

图 7-36 举例 5 所示电路及其仿真模型

（a）基于 Thyristor 模块设计的单相半波可控整流＋续流二极管有源逆变电路；（b）仿真模型

分析:

(1) 将所需要模块汇集于表 7 - 8 中;

表 7 - 8　举例 5 所 需 模 块

元件名称	模块名称	所属模块库	参数设置			备注
			名　称	取值	单位	
Vs	AC Voltage Source（交流源）模块	powerlib/Electrical Sources	Peak amplitude（幅值）	5000	V	命名为 Vs
			Frequency（频率）	50	Hz	
			Phase（相角）	0	°	
Vdc＝100V	DC Voltage Source（直流源）模块		Amplitude（幅值）	100	V	命名为 Vdc＝100V
Thyristor	Thyristor 模块	powerlib/Power Electronics	Resistance Ron（导通电阻）	1e－3	Ω	
			Inductance Lon（导通电感）	0	H	
			Forward voltage Vf（管压降）	0.8	V	
			Snubber resistance Rs（吸收电阻）	100	Ω	
			Snubber capacitance Cs（吸收电容）	0.1e－6	F	
Diode	Diode 模块		Resistance Ron（导通电阻）	1e－3	Ω	
			Inductance Lon（导通电感）	0	H	
			Forward voltage Vf（管压降）	0.8	V	
			Snubber resistance Rs（吸收电阻）	100	Ω	
			Snubber capacitance Cs（吸收电容）	0.1e－6	F	
			Resistance Ron（导通电阻）	1e－3	Ω	
V1	Voltage Measurement（电压测量）模块	powerlib/Measurements	命名为 V1			
I1	Current Measurement（电流测量）模块		命名为 I1			

续表

元件名称	模块名称	所属模块库	参数设置			备注
			名　　称	取值	单位	
Pulse Generator	Pulse Generator 模块	Simulink/Sources	Amplitude（幅值）	1	V	
			Period（secs）（周期）	10e－3	s	
			Pulse Width（％ of period）（脉冲宽度即占空比）	50		
			Phase delay（secs）（相位延迟）	分别设置 0、10e－3/12（30°）、10e－3/4（90°）和 50e－3/12（150°）	s	
L	Serias RLC Branch（串联分支）模块	powerlib/Elements	Inductance（H）	50e－3	H	电感
R_L			Resistance（ohm）	100	Ω	电阻
Scope	Scope 模块	Simulink/Sinks	Number of axes	5		5 轴变量
Pulse	Goto 模块	Simulink/Signal Routing	Goto tag（卷标）	Pulse		
Thyristor			Goto tag（卷标）	Thyristor		
Pulse	From 模块	Simulink/Signal Routing	Goto tag（卷标）	Pulse		
Thyristor			Goto tag（卷标）	Thyristor		
—	Demux 模块	Simulink/Signal Routing	Number of outputs（输出端口数）	2		
—	Powergui 模块	Powerlib	Simulation Type（仿真类型）	Continuous		

（2）设置仿真参数：将仿真时间的起点和终点分别进行设置，即 Start time：0，end time：50e－3，选取"ode23tb（Stiff/TR－BDF2）"，其他均为默认参数；

（3）启动仿真程序：点击仿真快捷键图标▶，启动仿真程序；

（4）分析仿真结果：

1）图 7－37 分别表示在触发角延迟 0°流过负载电阻的电流 I_{load} 的波形、负载电阻的端电压 V_L 的波形、PulseGenerator 模块输出的控制脉冲 Pulse_wave 的波形、流过 Thyristor 模块的电流 I_{ak} 的波形以及 Thyristor 模块的电压 V_{ak} 的波形。

2）图 7－38 分别表示在触发角延迟 30°流过负载电阻的电流 I_{load} 的波形、负载电阻的端电压 V_L 的波形、PulseGenerator 模块输出的控制脉冲 Pulse_wave 的波形、流过 Thyristor 模块的电流 I_{ak} 的波形以及 Thyristor 模块的电压 V_{ak} 的波形。

3）图 7－39 分别表示在触发角延迟 90°流过负载电阻的电流 I_{load} 的波形、负载电阻的端电压 V_L 的波形、PulseGenerator 模块输出的控制脉冲 Pulse_wave 的波形、流过 Thyristor 模块的电流 I_{ak} 的波形以及 Thyristor 模块的电压 V_{ak} 的波形。

4）图 7－40 分别表示在触发角延迟 150°流过负载电阻的电流 I_{load} 的波形、负载电阻的端电压 V_L 的波形、PulseGenerator 模块输出的控制脉冲 Pulse_wave 的波形、流过 Thyristor 模块的电流 I_{ak} 的波形以及 Thyristor 模块的电压 V_{ak} 的波形。

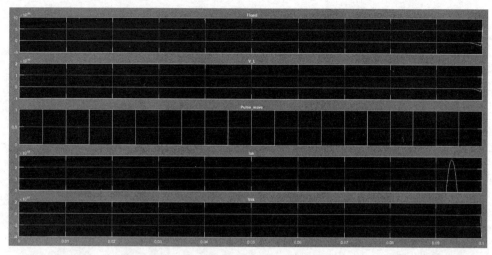

图 7 - 37　触发角延迟 0°的仿真结果

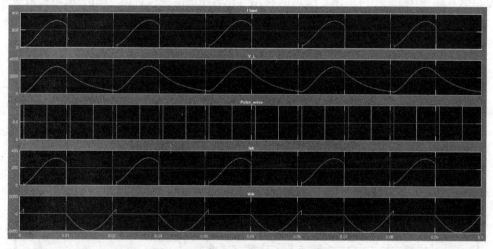

图 7 - 38　触发角延迟 30°的仿真结果

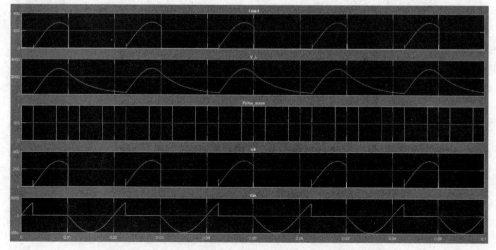

图 7 - 39　触发角延迟 90°的仿真结果

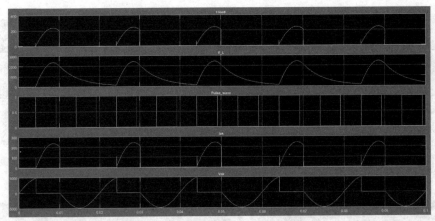

图 7 - 40　触发角延迟 150°的仿真结果

6. 单相交流可控开关电路示例分析

【举例 6】　构建图 7 - 41（a）所示的利用 Thyristor 模块设计的单相交流可控开关电路，其仿真模型如图 7 - 41（b）所示，并将其保存为 exm_6.slx。需要观察不同触发角时负载电阻的电流 I_{load} 的波形及其端电压 V_L 的波形。

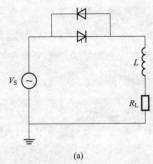

(a)

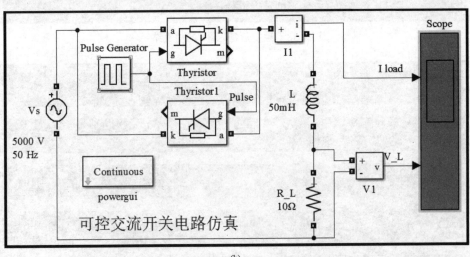

(b)

图 7 - 41　举例 6 所示电路及其仿真模型
(a) 基于 Thyristor 模块设计的单相交流可控开关电路；(b) 仿真模型

分析：

（1）将所需要模块汇集于表 7 - 9 中；

表 7 - 9　　　　　　　　　　举 例 6 所 需 模 块

元件名称	模块名称	所属模块库	参数设置			备注
			名　称	取值	单位	
Vs	AC Voltage Source（交流源）模块	powerlib/Electrical Sources	Peak amplitude（幅值）	5000	V	命名为 Vs
			Frequency（频率）	50	Hz	
			Phase（相角）	0	°	
Thyristor	Thyristor 模块	powerlib/Power Electronics	Resistance Ron（导通电阻）	1e - 3	Ω	需要两个，且反并联
			Inductance Lon（导通电感）	0	H	
			Forward voltage Vf（管压降）	0.8	V	
			Snubber resistance Rs（吸收电阻）	100	Ω	
			Snubber capacitance Cs（吸收电容）	0.1e - 6	F	
V1	Voltage Measurement（电压测量）模块	powerlib/Measurements	命名为 V1			
I1	Current Measurement（电流测量）模块		命名为 I1			
Pulse Generator	PulseGenerator 模块	Simulink/Sources	Amplitude（幅值）	1	V	
			Period（secs）（周期）	10e - 3	s	
			Pulse Width（% of period）（脉冲宽度即占空比）	50		
			Phase delay（secs）（相位延迟）	分别设置 0、10e - 3/12（30°）、10e - 3/4（90°）和50e - 3/12（150°）	s	
L	Serias RLC Branch（串联分支）模块	powerlib/Elements	Inductance（H）	50e - 3	H	电感
R_L			Resistance（ohm）	100	Ω	电阻
Scope	Scope 模块	Simulink/Sinks	Number of axes	2		2 轴变量
—	Powergui 模块	Powerlib	Simulation Type（仿真类型）	Continuous		

（2）设置仿真参数：将仿真时间的起点和终点分别进行设置，即 Start time：0，end time：50e - 3，选取"ode23tb（Stiff/TR - BDF2）"，其他均为默认参数；

（3）启动仿真程序：点击仿真快捷键图标▶，启动仿真程序；

（4）分析仿真结果：

1）图 7-42 分别表示在触发角延迟 0°流过负载电阻的电流 I_{load} 的波形、负载电阻的端电压 V_L 的波形。

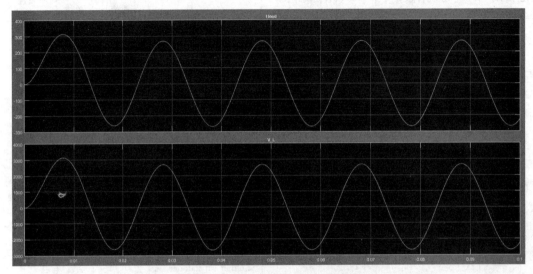

图 7-42　触发角延迟 0°的仿真结果

2）图 7-43 分别表示在触发角延迟 30°流过负载电阻的电流 I_{load} 的波形、负载电阻的端电压 V_L 的波形。

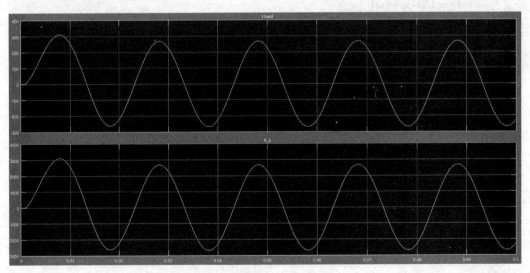

图 7-43　触发角延迟 30°的仿真结果

3）图 7-44 分别表示在触发角延迟 90°流过负载电阻的电流 I_{load} 的波形、负载电阻的端电压 V_L 的波形。

4）图 7-45 分别表示在触发角延迟 150°流过负载电阻的电流 I_{load} 的波形、负载电阻的端电压 V_L 的波形。

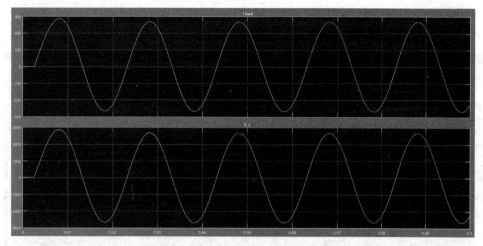

图 7 - 44　触发角延迟 90°的仿真结果

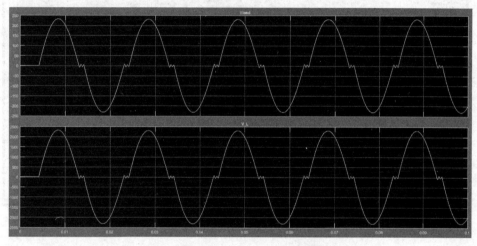

图 7 - 45　触发角延迟 150°的仿真结果

7.3　认识 Breaker 模 块

本书第 5 章曾经介绍过 Breaker［（单相）断路器］模块的用法，除了它之外，在 MATAB 软件中还有以下几种 Breaker（断路器）模块：

（1）Three - Phase Breaker（三相断路器）模块；

（2）Circuit Breaker（电路断路器）模块；

（3）Single - Phase Circuit Breaker（单相电路断路器）模块。

7.3.1　Three - Phase Breaker 模块

1. 调用方法

方法 1：→点击 MATLAB 的工具条上的 Simulink Library 的快捷键图标，即可弹出 "Open Simulink block library"，→点击 Simscape 模块库，→点击 SimPowersystems 模块库，→点击 Specialized Technology 模块库，→点击 Fundamental Blocks 模块库，→点击 Elements 模块库，即可看到该模块库中 Three - Phase Breaker（三相断路器）模块。

　　方法 2：在 MATLAB 命令窗口中输入 powerlib，→按回车键，即可打开 SimPowerSystems 的模块库，看到 Elements 模块库图标，→双击 Elements 模块库图标，→在该模块库中即可看到 Three - Phase Breaker（三相断路器）模块的图标，如图 7 - 46 所示。

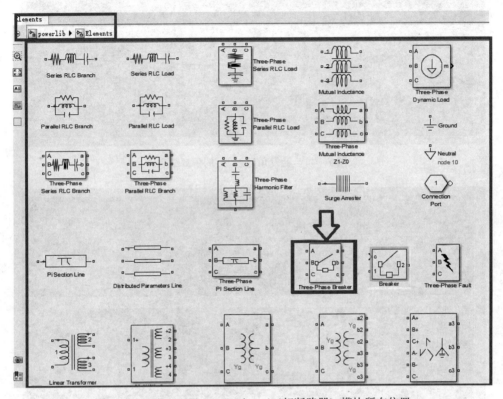

图 7 - 46　Three - Phase Breaker（三相断路器）模块所在位置

　　为方便阅读和理解，现将 Breaker（断路器）模块总结于表 7 - 10 中。

表 7 - 10　　　　　　　　　　　　　　**Breaker（断路器）模块汇集**

图　例	模块名称	所属模块库	参数设置		
			名　　称	取　　值	单位
Breaker	Breaker（单相断路器）	powerlib/Elements	Initial state（初始状态）	0→断开 1→闭合	—
			Switching times（s）（转换时间）	离散系统≥ 3 倍采样时间	s
			Breaker resistanceRon（ohm）（导通电阻）		Ω
			Snubber resistance Rs（吸收电阻）		Ω
			Snubber capacitance Cs（吸收电容）		F

续表

图　　例	模块名称	所属模块库	参数设置		
			名　　称	取　　值	单位
Circuit Breaker	Circuit Breaker（电路断路器）模块	pe_lib/Switches & Breakers[①]	Closed Resistance Ron（导通电阻）	VT＜Threshold（导通状态）	Ω
			Open conductance（开路电导）	VT≥Threshold（开路状态）	1/Ω
			Threshold（门槛值）		V
Single-Phase Circuit Breaker	Single - Phase Circuit Breaker（单相电路断路器）模块	pe_lib/Switches & Breakers/Fundamental Components[②]	Closed Resistance Ron（导通电阻）	VT＜Threshold（导通状态）	Ω
			Open conductance（开路电导）	VT≥Threshold（开路状态）	1/Ω
			Threshold（门槛值）		V
Three-Phase Breaker	Three - Phase Breaker（三相断路器）模块	powerlib/Elements	Initial state（初始状态）	Open→断开　Close→闭合	
			Switching of Phase A Phase B Phase C	A、B、C 三相断路器	
			Switching times (s)（开关时间）	［起始时间 终止时间］	s
			Breaker Resistance Ron（导通电阻[③]）		Ω
			Snubber resistance Rs（吸收电阻）	100	Ω
			Snubber capacitance Cs（吸收电容）	0.1e - 6	F

① pe_lib/Switches & Breakers：在 MATLAB 命令窗口中，→输入 pe_lib，→按回车键，即可打开 SimPowerSystems Simscape Components 的模块库，在该模块库中即可看到 Switches & Breakers 模块库的图标，→双击 Switches & Breakers 模块库的图标，→即可看到 Circuit Breaker（电路断路器）模块；

② pe_lib/Switches & Breakers/Fundamental Components：在 MATLAB 命令窗口中，→输入 pe_lib，→按回车键，即可打开 SimPowerSystems Simscape Components 的模块库，在该模块库中即可看到 Switches & Breakers 模块库的图标，→双击 Switches & Breakers 模块库的图标，→即可看到 Fundamental Components 的图标，→双击 Fundamental Components 的图标，→即可看到 Single - Phase Circuit Breaker（单相电路断路器）模块；

③ Breaker resistance Ron（断路器导通电阻），是指断路器投合时的内部电阻（Ω），该电阻不能设为 0，单相断路器也是这样。

需要提醒的是，以后碰到类似表述调用模块路径的模式时，均按照上述方法理解。

2. 特性参数

Three - Phase Breaker（三相断路器）模块的参数对话框如图 7 - 47 所示，它的开通和关断时间可以由一个 Simulink 外部信号（外部控制模式）或者内部控制定时器（内部控制模式）来控制。

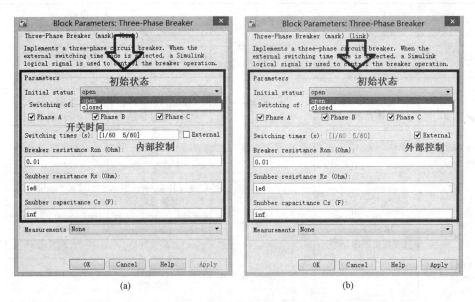

图 7 - 47   Three‐Phase Breaker（三相断路器）模块的参数对话框
(a) 内部控制模式；(b) 外部控制模式

使用该模块时，需要注意的是：

（1）Three‐Phase Breaker（三相断路器）模块，由输入和输出并排的三个独立断路器模块构成，它们均由同一信号控制。在构建仿真模型时，要将它与需要断路器模块的三相元件进行串联；

（2）Three‐Phase Breaker（三相断路器）模块的封装形式存在两种形式，如图 7 - 48 所示：

1）当它被设置为内部控制模式（internal control mode）时，需要设置其开关时间参数（switching times），只需在该模块的属性参数对话框中进行设置即可，如图 7 - 48（a）所示；

2）当它被设置为外部控制模式（external control mode）时，模块图标中就会出现一个控制输入端 com，如图 7 - 48（b）所示，连接到这个输入端 com 的控制信号必须是 0 或者 1 之类的控制脉冲信号（其中 0 表示断开断路器，1 表示闭合断路器）。

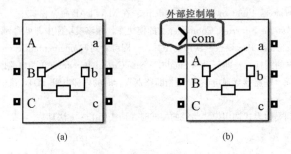

图 7 - 48   Three‐Phase Breaker（三相断路器）模块的封装形式
(a) 内部控制模式；(b) 外部控制模式

（3）在 Three‐Phase Breaker（三相断路器）模块中，含有一个串联型 Rs、Cs 缓冲电路，它们可以有选择性地与断路器进行连接。当三相断路器模块与感性回路、开路或者电流源相串联使用时，必须要使用 Rs、Cs 缓冲电路。

现将图 7‐47 所示的 Three‐Phase Breaker（三相断路器）模块的属性参数的意义简述如下：

（1）Initial status of breakers：用于设置断路器的初始状态，它包括开路（open）和闭合（close）两种状态，三个独立断路器的初始状态均为一致状态；

（2）Switching of phase A、Switching of Phase B、Switching of phase C：复选框，用于激活三相断路器，选中（☑）的即被激活，否则一直处于其默认的初始状态；

（3）Switching times（s）：当用于选择内部控制（Internal control）模式时，在这里指定开关时间向量（［起始时间　终止时间］），在每一个转换时间内，断路器模块跳变一次；当选择外部控制（External control）模式时，在对话框中就看不到其开关时间参数的设置框。

（4）Measurements：测试参数下拉框，对以下变量进行测量：

1）None：不测量任何参数，默认即为该选项；

2）Branch voltages：断路器电压，测量断路器的三相端电压；

3）Branch currents：测量流过断路器内部的三相电流，如果断路器带有缓冲电路，测量的电流仅为流过断路器器件的电流；

4）Branch voltages and currents：所有变量，测量断路器电压和电流，选中的测量变量需要通过万用表模块进行观察。测量变量用"标签"加"模块名"加"相序"构成，例如断路器模块名称为 B1 时，其所测变量及其符号见表 7‐11。

表 7‐11　　　　　　　　　　　　　三相断路器所测变量名及其符号

测量对象	符　号	解　释
电压	Ub：B1/Breaker A Ub：B1/Breaker B Ub：B1/Breaker C	断路器 B1 的 A 相电压 断路器 B1 的 B 相电压 断路器 B1 的 C 相电压
电流	Ib：B1/Breaker A Ib：B1/Breaker B Ib：B1/Breaker C	断路器 B1 的 A 相电流 断路器 B1 的 B 相电流 断路器 B1 的 C 相电流

7.3.2　示例分析

1. Three‐Phase Breaker 模块示例分析

【举例 7】　构建图 7‐49（a）所示的利用 Three‐Phase Breaker（三相断路器）模块设计的双相交流电路（即仅仅使用了三相断路器模块中的两相），其仿真模型如图 7‐49（b）所示，并将其保存为 exm_7.slx。

需要观察经由 Three‐Phase Breaker（三相断路器）模块后负载电阻的电流 I_a 的波形和 I_b 的波形。

分析：

（1）将所需要模块汇集于表 7‐12 中；

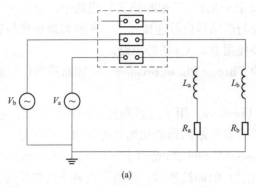

(a)

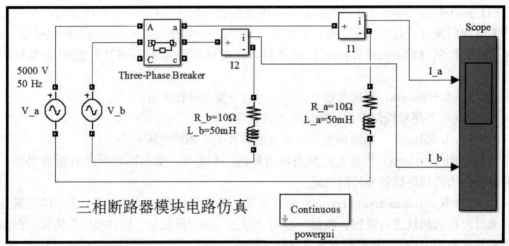

(b)

图 7 - 49　举例 7 所示电路及其仿真模型

（a）基于 Three - Phase Breaker（三相断路器）模块的电路；（b）仿真模型

表 7 - 12　　　　　　　　　　举例 7 所 需 模 块

元件名称	模块名称	所属模块库	参数设置			备注
			名　　称	取值	单位	
V_a	AC Voltage Source（交流源）模块	powerlib/Electrical Sources	Peak amplitude（幅值）	5000	V	命名为 V_a
			Frequency（频率）	50	Hz	
			Phase（相角）	0	°	
V_b			Peak amplitude（幅值）	5000	V	命名为 V_b
			Frequency（频率）	50	Hz	
			Phase（相角）	120	°	
Three - Phase Breaker	Three - Phase Breaker（三相断路器）模块	powerlib/Elements	Initial state（初始状态）	选中 Close→闭合状态		未改名
			Switching of Phase A Phase B Phase C	Phase A（√）打钩，表述选中 A 相	选中 A 相（☑）	

第 2 篇　应用于电气工程的 MATLAB 软件　　423

续表

元件名称	模块名称	所属模块库	参数设置			备注
			名　称	取值	单位	
Three-Phase Breaker	Three-Phase Breaker（三相断路器）模块	powerlib/Elements	Switching times（s）（开关时间）（[起始时间 终止时间]）	[1/10 3/10]	s	未改名
			Breaker Resistance Ron（导通电阻）	0.001	Ω	
			Snubber resistance Rs（吸收电阻）	100	Ω	
			Snubber capacitance Cs（吸收电容）	0.47e-6	F	
I1	Current Measurement（电流测量）模块	powerlib/Measurements	命名为 I1，测量 a 相电流			
I2			命名为 I2，测量 b 相电流			
R_a=10Ω L_a=50mH	Serias RLC Branch（串联分支）模块	powerlib/Elements	Inductance（H）	50e-3	H	电感
			Resistance（ohm）	100	Ω	电阻
R_b=10Ω L_b=50mH			Inductance（H）	50e-3	H	电感
			Resistance（ohm）	100	Ω	电阻
Scope	Scope 模块	Simulink/Sinks	Number of axes	2		2 轴变量
—	Powergui 模块	Powerlib	Simulation Type（仿真类型）	Continuous		

（2）设置仿真参数：将仿真时间的起点和终点分别进行设置，即 Start time：0，end time：400e-3，选取"ode23tb（Stiff/TR-BDF2）"，其他均为默认参数；

（3）启动仿真程序：点击仿真快捷键图标▶，启动仿真程序；

（4）分析仿真结果：

1）图 7-50 分别表示初态为 Close（闭合）状态且选中（☑）A 相时，经由 Three-Phase Breaker（三相断路器）模块后负载电阻的电流 I_a 的波形和 I_b 的波形。

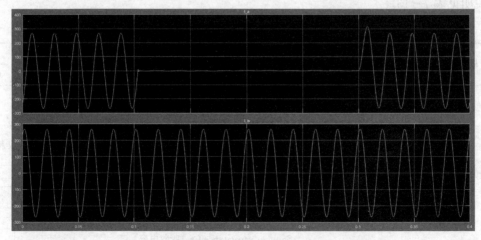

图 7-50　仿真结果［初态为 Close（闭合）状态］

2）图 7-51 分别表示初态为初态为 Open（断开）状态且选中（☑）A 相时，经由 Three-Phase Breaker（三相断路器）模块后负载电阻的电流 I_a 的波形和 I_b 的波形。

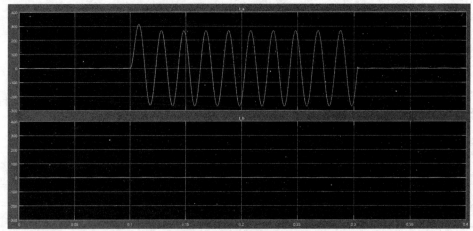

图 7-51　仿真结果［初态为 Open（断开）状态］

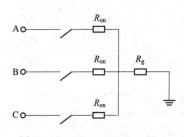

图 7-52　Three-Phase Fault
（三相故障）模块的等效模型

2. Three-Phase Fault 模块示例分析

本书在第 5 章第 2 节中，曾经讲授了 Three-Phase Fault（三相故障）模块，它是由三个独立的断路器组成的，能对相—相故障和相—地故障进行模拟的模块，其等效模型如图 7-52 所示，如果不设计接地故障，大地电阻（Ground resistance）R_g 自动被设置为 $10^6 \Omega$。

举例说明如下：当设置一个 A、B 相间短路故障模型时，只需要设置 A 相故障和 B 相故障属性参数；当设置一个 A 相接地故障模型时，只需要同时设置 A 相故障和接地故障属性参数，并且要指定一个小的接地电阻值。本节以 Three-Phase Fault（三相故障）模块为例进行分析。

Three-Phase Fault（三相故障）模块和 Three-Phase Breaker（三相断路器）模块的对比说明见表 7-13。

表 7-13　　　　　Three-Phase Fault 模块和 Three-Phase Breaker 模块参数对比

模块名称	所属模块库	参数设置		
		名　　称	取　　值	单位
Three-Phase Breaker（三相断路器）模块	powerlib/Elements	Initial state（初始状态）	Open→断开 Close→闭合	
		Switching of Phase A Phase B Phase C	√表示选中（☑）某相	
		Switching times（s）（开关时间）	［起始时间 终止时间］	s
		Breaker Resistance Ron（导通电阻）		Ω
		Snubber resistance Rs（吸收电阻）		Ω
		Snubber capacitance Cs（吸收电容）		F

模块名称	所属模块库	参数设置		
		名　　称	取　　值	单位
Three – Phase Fault（三相故障）模块	powerlib/Elements	Initial state（初始状态）	0→断开 1→闭合	
		Switching time（s）	［起始时间　终止时间］	s
		Fault resistances Ron（ohm）（故障电阻①）		Ω
		Ground resistance Rg（ohm）（大地电阻②）		Ω
		Snubber resistance Rs（吸收电阻）		Ω
		Snubber capacitance Cs（吸收电容）		F

① Fault resistances Ron：故障电阻，是指 Three – Phase Fault（三相故障）模块中的断路器投合时的内部电阻/（Ω），该电阻不能设为 0。

② Ground resistance Rg：大地电阻，是指发生接地故障时的大地电阻（Ω），大地电阻不能为 0，选中（☑）接地故障复选框后，该文本框是可见的。

为了灵活使用三相故障模块的测试端，现将它介绍如下：

Measurements：测量参数下拉框，对以下变量进行测量：

（1）None：不测量任何参数；

（2）Branch voltages：故障电压，测量断路器的三相端口电压；

（3）Branch currents：故障电流，测量流过断路器的三相电流，如果断路器带有缓冲电路，测量的电流仅为流过断路器器件的电流；

（4）Branch voltages and currents：所有故障变量，测量断路器的三相端口电压和三相电流。

选中的测量变量，需要通过万用表模块进行观察，测量变量用"标签"加"模块名"加"相序"构成，例如三相故障模块名称为 F1 时，其所测变量及其符号见表 7 – 14。

表 7 – 14　　　　　　　　　　　　三相故障模块测量参数符号

测量对象	符　　号	解　　释
电压	Ub：F1/Fault A Ub：F1/ Fault B Ub：F1/ Fault C	三相故障模块 F1 的 A 相电压 三相故障模块 F1 的 B 相电压 三相故障模块 F1 的 C 相电压
电流	Ib：F1/ Fault A Ib：F1/ Fault B Ib：F1/Fault C	三相故障模块 F1 的 A 相电流 三相故障模块 F1 的 B 相电流 三相故障模块 F1 的 C 相电流

【举例 8】　构建图 7 – 53（a）所示的利用 Three – Phase Fault（三相故障）模块设计的三相交流电路，其仿真模型如图 7 – 53（b）所示，并将其保存为 exm_8.slx。

需要观察负载电流 I_a、I_b、I_c 的波形和故障电流 Ia_ Fault 的波形。

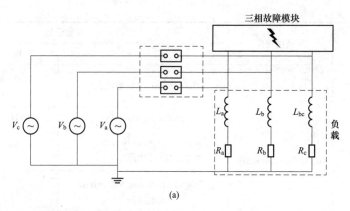

(a)

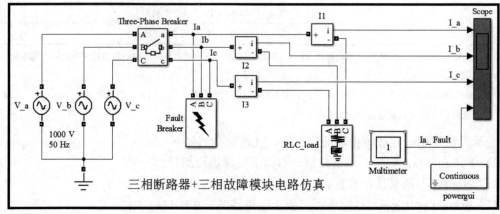

(b)

图 7-53　举例 8 所示电路的仿真模型

（a）基于 Three-Phase Fault（三相故障）模块的电路；（b）仿真模型

分析：

（1）将所需要模块汇集于表 7-15 中；

表 7-15　　　　　　　　　　　　举 例 8 所 需 模 块 汇 集

元件名称	模块名称	所属模块库	参数设置			备注
			名　称	取值	单位	
V_a			Peak amplitude（幅值）	1000	V	命名为 V_a
			Frequency（频率）	50	Hz	
			Phase（相角）	0	°	
V_b	AC Voltage Source（交流源）模块	powerlib/Electrical Sources	Peak amplitude（幅值）	1000	V	命名为 V_b
			Frequency（频率）	50	Hz	
			Phase（相角）	120	°	
V_c			Peak amplitude（幅值）	1000	V	命名为 V_c
			Frequency（频率）	50	Hz	
			Phase（相角）	−120	°	

续表

元件名称	模块名称	所属模块库	参数设置			备注
			名　　称	取值	单位	
Three - Phase Breaker	Three - Phase Breaker（三相断路器）模块	powerlib/Elements	Initial state（初始状态）	选中 Open→断开状态		未改名
			Switching of Phase A Phase B Phase C	Phase A (√) Phase B (√) PhaseC (√)		
			Switching times（s）（开关时间）	[1/50 0.4]（[起始时间 终止时间]）	s	
			Breaker Resistance Ron（导通电阻）	0.001	Ω	
			Snubber resistance Rs（吸收电阻）	100	Ω	
			Snubber capacitance Cs（吸收电容）	0.47e - 6	F	
Fault Breaker	Three - Phase Fault（三相故障）模块	powerlib/Elements	Initial state（初始状态）	选中 0→断开状态		未改名
			Switching time（s）	[1/10 3/5]	s	
			Fault resistances Ron（ohm）（故障电阻）	0.001	Ω	
			Ground resistance Rg（ohm）（大地电阻）	0.1	Ω	
			Snubber resistance Rs（吸收电阻）	100	Ω	
			Snubber capacitance Cs（吸收电容）	0.47e - 6	F	
RLC_load	Three - Phase Series RLC Load 模块	powerlib/Elements	Configuration（配置方式）	Y（grounded）		命名为 RLC_load
			Nominal phase - to - phase voltage Vn（线线电压）	5000	V	
			Nominal frequency fn（频率）	50	Hz	
			Active power P（有功）	1000	W	
			Inductive reactive power QL（正无功）	330	var	
			Capacitive reactive power Qc（负无功）	0	var	

续表

元件名称	模块名称	所属模块库	参数设置			备注
			名　称	取值	单位	
I1	Current Measurement（电流测量）模块	powerlib/Measurements	命名为 I1，测量 a 相电流			
I2			命名为 I2，测量 b 相电流			
I3			命名为 I1，测量 c 相电流			
Scope	Scope 模块	Simulink/Sinks	Number of axes	3		3 轴变量
Multimeter	Multimeter（万用表）模块	powerlib/Measurements	Fault Breaker/ Fault A	将 A 相故障电流显示，见图 7-54		未改名
—	Powergui 模块	Powerlib	Simulation Type（仿真类型）	Continuous		

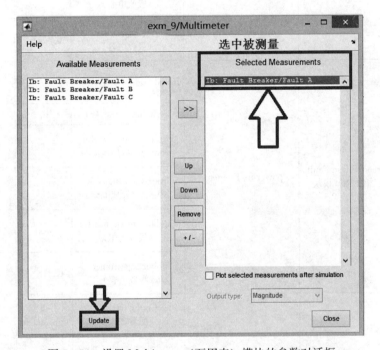

图 7-54　设置 Multimeter（万用表）模块的参数对话框

（2）设置仿真参数：将仿真时间的起点和终点分别进行设置，即 Start time：0，end time：700e-3，选取"ode23tb（Stiff/TR-BDF2）"，其他均为默认参数；

（3）启动仿真程序：点击仿真快捷键图标▶，启动仿真程序；

（4）分析仿真结果：

1）图 7-55 分别表示故障模块初态为 0（断开）状态且选中 A 相对地故障时，abc 三相负载的电流 I_a、I_b、I_c 的波形和故障电流 Ia_ Fault 的波形。

2）图 7-56 分别表示故障模块初态为 1（闭合）状态且选中 A 相对地故障时，abc 三相负载的电流 I_a、I_b、I_c 的波形和故障电流 Ia_ Fault 的波形。

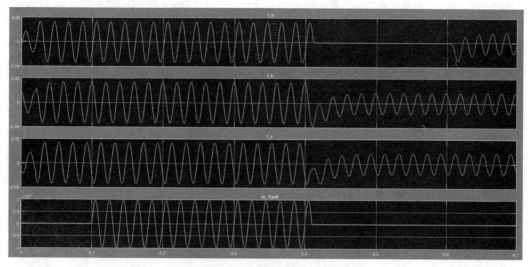

图 7-55　仿真结果［故障模块初态为 0（断开）状态］

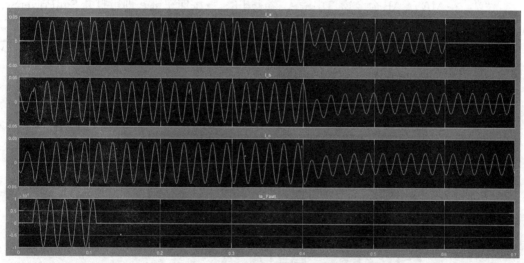

图 7-56　仿真结果［故障模块初态为 1（闭合）状态］

7.4　认识 Measurements 模块库

在 MATLAB 软件中，经常需要对所研究的物理量，绘制其仿真曲线或者获取其仿真数据，那么电压测量、电流测量和阻抗测量模块就是为适应这些需求而专门设置的，即 Measurements（测量）模块库。

7.4.1　调用方法

方法 1：→点击 MATLAB 的工具条上的 Simulink Library 的快捷键图标，即可弹出 "Open Simulink block library"，→点击 Simscape 模块库，→点击 SimPowersystems 模块库，→点击 Specialized Technology 模块库，→点击 Fundamental Blocks 模块库，→即可看

到 Measurements（测量）模块库图标，→点击 Measurements（测量）模块库图标，即可看到该模块库中有 6 种模块，如图 7 - 57 所示。

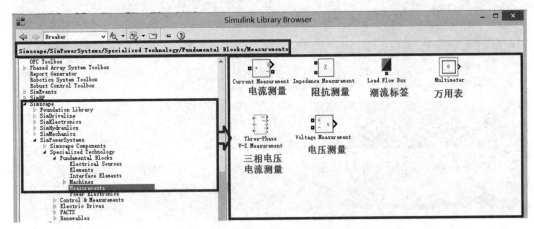

图 7 - 57　调用 Measurements（测量）模块库的方法之一

方法 2：在 MATLAB 命令窗口中输入 powerlib，→按回车键，即可打开 SimPowerSystems 的模块库了，看到 Measurements（测量）模块库的图标，→双击 Measurements（测量）模块库的图标，→在 Measurements（测量）模块库中即可看到全部测量模块的图标，如图 7 - 58 所示。

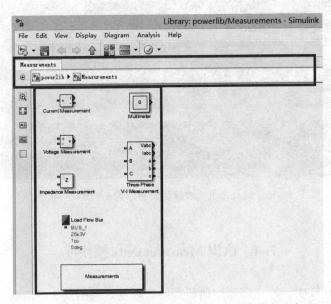

图 7 - 58　调用 Measurements（测量）模块库的方法之二

Measurements（测量）模块库中各个测量模块见表 7 - 16，它包括 Current Measurement（电流测量）模块、Impedance Measurement（阻抗测量）模块、Load Flow Bus（潮流标签）模块、Multimeter（万用表）模块、Three - Phase V - I Measurement（三相电压电流测量）模块和 Voltage Measurement（电压测量）模块。

表 7 - 16　　　　　　　　　　　　　　Measurements（测量）模块库

序号	名　称	功能说明	图　例
1	Current Measurement	Current Measurement（电流测量）模块	Current Measurement
2	Impedance Measurement	Impedance Measurement（阻抗测量）模块	ImpedanceMeasurement
3	Load Flow Bus	（潮流标签）模块	Load Flow Bus
4	Multimeter	（万用表）模块	Multimeter1
5	Three - Phase V - I Measurement	Three - Phase V - I Measurement（三相电压-电流测量）模块	Three-Phase V-I Measurement
6	Voltage Measurement	Voltage Measurement（电压测量）模块	Voltage Measurement

7.4.2　Current Measurement 模块

Current Measurement（电流测量）模块，被用来测量流经任何电气模块或连接线中的电流，其属性参数对话框中只有"Output signal"一项，如图 7 - 59 所示，这个选项用于设置输出信号的形式，可供选择的输出形式有以下几种：Magnitude（幅值），Complex（复数），Real - Imag（实部—虚部），Magnitude - Angle（幅值—相角）。Current Measurement（电流测量）模块的默认输出形式为幅

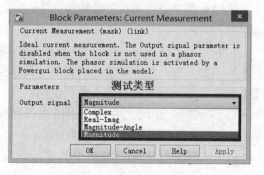

图 7 - 59　Current Measurement（电流测量）模块参数对话框

值（"Magnitude"）项。

当 Current Measurement（电流测量）模块用于测量相量的仿真结果时，要在其参数对话框中指定其输出信号为相量形式。为达此目的，必须在仿真系统中添置 Powergui 模块，并将其 Simulation Type（仿真类型）栏选择 Phasor simulation（相量仿真），后面会介绍该内容，只有这样才会激活 Current Measurement（电流测量）模块的"Output signal"选项，并能够实现相量测量的任务。

设置输出信号为复数量（Complex）形式时，则输出为被测电流的复数值，输出信号将是一个复数信号；设置输出信号形式为实部－虚部（Real‐Imag）时，则输出为被测电流复数值的实部和虚部，即输出信号是两者合成的一个相量信号；设置输出信号形式为幅值－相角（Magnitude‐Angle）时，则输出为被测电流的幅值和相角，即输出信号是两者合成的一个相量信号；设置输出信号形式为幅值（Magnitude）时，则输出被测电流的幅值，输出信号是一个标量信号。

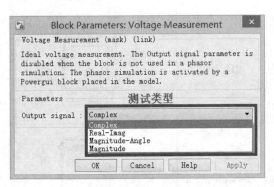

图 7‐60　Voltage Measurement（电压测量）模块参数对话框

7.4.3　Voltage Measurement 模块

Voltage Measurement（电压测量）模块，被用于测量两电气节点之间的电压。其参数对话框如图 7‐60 所示，其设置方法与 Current Measurement（电流测量）模块类似。

7.4.4　Impedance Measurement 模块

Impedance Measurement（阻抗测量）模块，用于测量电路中两节点之间的阻抗，并用频率函数表达该阻抗。该阻抗计算结果可以利用 Powergui 模块来显示。阻抗由以下两个部分共同组成：

（1）电流源 I_z，且连接于该模块的两个输入端 1 和 2；

（2）电压源 V_z，且连接于电流源两端。网络阻抗是用状态空间模型中输出电压的拉氏变换 $[V_z(s)]$ 与输入电流拉氏变换 $[I_z(s)]$ 之比来表达的，即

$$H(s) = \frac{V_z(s)}{I_z(s)} \tag{7-3}$$

此测量模块要考虑断路器模块和 Ideal Switch（理想开关）模块的初始状态。阻抗测量也可以和电路中的分布参数模块一起进行。

Impedance Measurement（阻抗测量）模块的属性参数只有 Multiplication factor（倍增系数）一项。在三相电路中，利用 Impedance Measurement（阻抗测量）模块，可以通过倍增系数来重新调节测量阻抗。举例说明：

（1）当测量三相电路中两相阻抗而得到两倍正序阻抗值时，必须对该阻抗值用一个倍增系数 $1/2$，从而获得正确的正序阻抗值；

（2）当测量对称三相电路中的零序阻抗时，可以将 Impedance Measurement（阻抗测量）模块，连接于大地或中性点与三相交汇处，此时，测量的是零序阻抗的 $1/3$，因此必须应用一个倍增系数 3，从而获得正确的零序电压值。

值得注意的是，测量阻抗时，要考虑断路器模块、Ideal Switch（理想开关）模块和分布参数线路模块等非线性单元。而其他非线性模块不必考虑。比如 Machines（电机）模块和 Power Electronics（电力电子）模块，它们在测量过程中都是被当作分离元件（库）来处理的。

如果把 Impedance Measurement（阻抗测量）模块与一个电抗器、一个电流源或者其他非线性元件相连接时，就必须在该测量模块的两端增加一个较大阻值的电阻器，其原因在于：Impedance Measurement（阻抗测量）模块在仿真时类似于一个电流源模块。

7.4.5　Multimeter 模块

利用 Multimeter（万用表）模块，可以获得电压和电流参数，等价于在模型内部连接一个 Voltage Measurement（电压测量）模块和 Current Measurement（电流测量）模块。配合示波器，被测信号可以通过 Multimeter（万用表）模块得到仿真波形，现将可用于 Multimeter（万用表）的模块总结于表 7-17 中。

表 7-17　　　　　　　　　　　可用于 Multimeter（万用表）的模块

序号	模块名称	序号	模块名称
1	AC Current Source（交流电流源）	10	Parallel RLC Branch（并联 RLC 分支）
2	AC Voltage Source（交流电压源）	11	Parallel RLC Load（并联 RLC 负载）
3	Controlled Current Source（受控电流源）	12	PI Section Line（π 型传输线）
4	Controlled Voltage Source（受控电压源）	13	Saturable Transformer（饱和变压器）
5	DC Voltage Source（直流电压源）	14	Series RLC Branch（串联 RLC 分支）
6	Breaker（断路器）	15	Series RLC Load（串联 RLC 负载）
7	Distributed Parameter Line（分布参数线）	16	Surge Arrester（浪涌吸收器）
8	Linear Transformer（线性变压器）	17	三相变压器（两或三绕组）
9	Mutual Inductance（互感器）	18	Universal Bridge（通用桥）

在电路模型中拖进一个 Multimeter（万用表）模块，双击该模块，即可弹出它的界面，如图 7-61 所示。Multimeter（万用表）模块包括两个窗口：有效测量变量名称列表（Available Measurements）和已选需要测量变量名称列表（Selected Measurements）。现将它们分别介绍如下：

（1）有效测量变量名称列表（清单）：显示了 Multimeter（万用表）模块中的测量量。利用按钮">>"，从可选测量量列表中选择测量量。点击"Update"来刷新 Multimeter（万用表）模块中的可选测量量；

（2）已选需要测量变量名称列表（清单）：显示了 Multimeter（万用表）模块将要输出的测量量。可以利用"Up"、"Down"和"Remove"按钮来重新排列这些测量量。可以利用按钮"+/−"来使任何已选测量量反向输出。在已选量清单下方，还有一个"Plot selected measurements（绘制已选的测量变量的波形）"的选项，如果选择了此项，则仿真停止后，将在弹出的 MATLAB 图形窗口中，自动显示出已选的测量变量的波形图。

需要指出的是，与 Voltage Measurement（电压测量）模块和 Current Measurement（电流测量）模块相类似，Multimeter（万用表）模块也可以测量相量，其用法与 Voltage Measurement（电压测量）模块、Current Measurement（电流测量）模块一样。

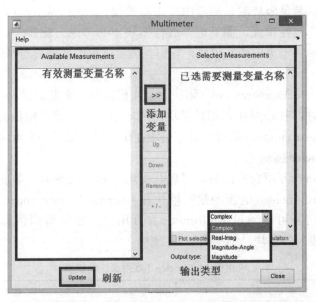

图 7-61　Multimeter（万用表）模块中参数对话框

7.4.6　Three-Phase V-I Measurement 模块

Three-Phase V-I Measurement（三相电压—电流测量）模块，用于测量电路中的三相电压和电流。图 7-62 给出了 Three-Phase V-I Measurement（三相电压—电流测量）模块的属性参数对话框。

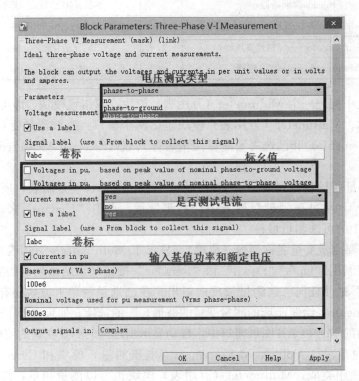

图 7-62　Three-Phase V-I Measurement（三相电压—电流测量）模块参数对话框

当与三相元器件串接时，它返回三相对地的相电压值（V）、三相线电流值（A）。该模块可以输出电压和电流的标幺值（p. u.）或者有名伏特值和有名安培值。如果选择标幺值（p. u.）时，该模块在测量电压和电流时，它将按照以下方法自动进行转换处理

$$V_i(\text{p. u.}) = \frac{V_i}{(V_{\text{base}} \cdot \sqrt{2}/\sqrt{3})}, \quad I_i(\text{p. u.}) = \frac{I_i}{P_{\text{base}}/(V_{\text{base}} \cdot \sqrt{2}/\sqrt{3})}, \quad i = a, b, c \tag{7-4}$$

式中　V_a、V_b、V_c——三相正弦电压；

　　　I_a、I_b、I_c——三相正弦电流。

如果选择测试相对地电压（$V_{\text{相对地}}$）的标幺值时，该模块将基于额定的相对相电压（$V_{\text{额定}}$）的峰值对测试电压值进行转换，其转换方法为

$$V_{\text{abc}}(\text{p. u.}) = \frac{V_{\text{相对地}}(\text{V})}{V_{\text{base}}(\text{V})} \tag{7-5}$$

式中　V_{base} 的表达式为

$$V_{\text{base}}(\text{V}) = \frac{V_{\text{额定}}(V_{\text{rms}})}{\sqrt{3}}\sqrt{2} \tag{7-6}$$

如果选择测试相对相电压（$V_{\text{相对相}}$）的标幺值时，该模块将基于额定的相对相电压（$V_{\text{额定}}$）的峰值对测试电压值进行转换，其转换方法为

$$V_{\text{abc}}(\text{p. u.}) = \frac{V_{\text{相对相}}(\text{V})}{V_{\text{base}}(\text{V})} \tag{7-7}$$

式中　V_{base} 的表达式为

$$V_{\text{base}}(\text{V}) = V_{\text{额定}}(V_{\text{rms}})\sqrt{2} \tag{7-8}$$

如果选择测试电流的标幺值时，该模块将基于额定的电流的峰值对测试电流值进行转换，其转换方法为

$$I_{\text{abc}}(\text{p. u.}) = \frac{I_{\text{abc}}(\text{A})}{I_{\text{base}}(\text{A})} \tag{7-9}$$

式中　I_{base} 的表达式为

$$I_{\text{base}}(\text{A}) = \frac{P_{\text{base}}}{V_{\text{额定}}} \times \frac{\sqrt{2}}{\sqrt{3}} \tag{7-10}$$

式中　$V_{\text{额定}}$ 和 P_{base} 均可以在 Three-Phase V-I Measurement（三相电压—电流测量）模块参数对话框中输入，如图 7-62 所示。

需要提醒的是：

（1）在 Three-Phase V-I Measurement（三相电压—电流测量）模块参数对话框中，$V_{\text{额定}}$ 表示的是相对相电压的有效值（V_{rms}），即线电压的有效值；P_{base} 表示的是三相总功率（VA）；

（2）在利用 Three-Phase V-I Measurement（三相电压—电流测量）模块测试稳态相电压和相电流时，需要结合 Powergui 模块，通过设置 Powergui 模块中的 "Steady-State Voltages and Currents" 选项，即可获取被测相电压和相电流的幅值、有效值或者峰值等参数。

1. Voltage measurement（电压测量）

在使用 Three‐Phase V‐I Measurement（三相电压—电流测量）模块时，如果不测量三相电压，则选择图 7‐62 中 Voltage measurement 栏中的"no（不选）"选项；如果测量对地相电压，则选择 Voltage measurement 栏中的"phase‐to‐ground（地—相）"选项；如果测量相对相电压，则选择 Voltage measurement 栏中的"phase‐to‐phase（相—相）"选项。其他参数的含义为：

（1）Use a label（应用标签）：如果选择"应用标签"选项，电压测量量将传递给带标签的信号，利用一个名为"From block（源模块）"来读取该电压值。需要注意的是，模块"From block"中的"goto（转到）"标签，必须要与指定信号的标签参数相符合。如果不选"应用标签"选项，则电压测量可以通过端口 Vab，从模块中直接输出测量结果。

（2）Signal label（信号标签）：为被测电压量指定一个标签名称，即给被测电压量命名。

（3）Voltages in p. u.（电压标幺值）：如果选择此选项，三相 Voltage Measurement（电压测量）模块，将以标幺值（p. u.）形式输出测量结果，否则将以有名伏特值方式输出测量结果。

（4）Base voltage（基准电压）：用有效值（单位为伏特）表示测量电压 V_{abc} 时，为了将测量电压转换为标幺值（p. u.），就必须事先制定一个基准电压值。如果没有选择"Measure voltages Vabc in p. u. /Vbase（标幺值表示测量电压 V_{abc}）"选项，则图 7‐62 中就不会出现"Base voltage（基准电压）"参数选项。

2. Current measurement（电流测量）

在图 7‐62 中 Current measurement 栏中，选择"yes"选项，用以测量流经模块的三相电流。以下的"Use a label"、"Signal label"及"Currents in p. u."参数均与测量电压时的含义和用法相类似。

Base power（基准容量）：用来把测量的电流转换为标幺值（p. u.）。如果没有选择"Measure currents Iabc in p. u. /Pbase"选项，则图 7‐62 中就不会出现"Base power"参数选项。

7.4.7　典型测量模块示例分析

【举例 9】　构建图 7‐63 所示的三相不平衡负载电路的仿真模型，获取它们的有功和无功，将本例的仿真模型保存为 exm_9. slx。

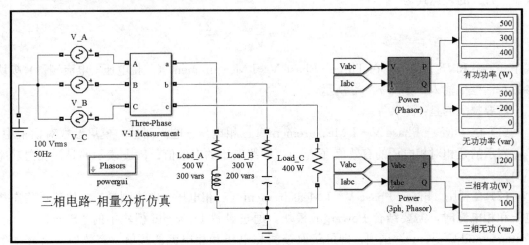

图 7‐63　获取电路有功和无功的仿真模型

分析：

（1）所需要的模块见表 7-18；其中，三相电压—电流测量模块的参数设置方法如图 7-64 所示。

表 7-18　　举例 9 所需模块

元件名称	模块名称	所属模块库	参数设置			备注
			名　称	取值	单位	
V_A	AC Voltage Source（交流源）模块	powerlib/Electrical Sources	Peak amplitude（幅值）	100	V	命名为 V_A
			Frequency（频率）	50	Hz	
			Phase（相角）	0	°	
V_B			Peak amplitude（幅值）	100	V	命名为 V_B
			Frequency（频率）	50	Hz	
			Phase（相角）	120	°	
V_C			Peak amplitude（幅值）	100	V	命名为 V_C
			Frequency（频率）	50	Hz	
			Phase（相角）	−120	°	
Three-Phase V-I Measurement	Three-Phase V-I Measurement（三相电压—电流测量）模块	powerlib/Measurements	Voltage measurement	phase-to-ground（地—相）		见图 7-64
			☑ Use a label	电压测试卷标 Vabc		
			Current measurement	yes	—	
			☑ Use a label	电流测试卷标 Iabc		
			Output signals in	Complex（测试相量）		
			其他不做修改			
Load_A	Series RLC Load（串联 RLC 负载）模块	powerlib/Elements	Nominal voltage Vn	100	V	额定电压
			Nominal frequency fn	50	Hz	额定频率
			Active power P	500	W	有功功率
			Inductive reactive power QL	300	var	正无功
			Capacitive reactive power QC	0	var	负无功
			其他设为 0			
Load_B	Series RLC Load（串联 RLC 负载）模块	powerlib/Elements	Nominal voltage Vn	100	V	额定电压
			Nominal frequency fn	50	Hz	额定频率
			Active power P	300	W	有功功率
			Inductive reactive power QL	0	var	正无功
			Capacitive reactive power QC	200	var	负无功
			其他设为 0			

续表

元件名称	模块名称	所属模块库	参数设置 名　称	参数设置 取值	参数设置 单位	备注
Load_C	Series RLC Load（串联 RLC 负载）模块	powerlib/Elements	Nominal voltage Vn	100	V	额定电压
			Nominal frequency fn	50	Hz	额定频率
			Active power P	400	W	有功功率
			Inductive reactive power QL	0	var	正无功
			Capacitive reactive power QC	0	var	负无功
			其他设为 0			
Power（Phasor）	Power（Phasor）（相量有功功率）模块	powerlib_meascontrol/Measurements	不做修改			
Power（3ph，Phasor）			不做修改			
Vabc	From 模块	Simulink/Signal Routing	Goto Tag	Vabc		需要 2 个模块
Iabc			Goto Tag	Iabc		需要 2 个模块
有功功率（W）	Display 模块	Simulink/Sinks	Format	Short		数据格式
			Decimation	1		默认值
无功功率（var）			Format	Short		数据格式
			Decimation	1		默认值
三相有功（W）			Format	Short		数据格式
			Decimation	1		默认值
三相无功（var）			Format	Short		数据格式
			Decimation	1		默认值
—	Powergui 模块	powerlib	Simulation Type（仿真类型）	Phasors		
			Phasors Frequency（Hz）	50		
—	Ground 模块	powerlib/Elements	—			

图 7-64　设置 Three-Phase V-I Measurement 模块的参数对话框

（2）设置仿真参数：将仿真时间的起点和终点分别进行设置，即 Start time：0，end time：1，选取 "discrete（no continuous states）"，Max step size 为 0.02，其他均为默认参数，如图 7 - 65 所示；

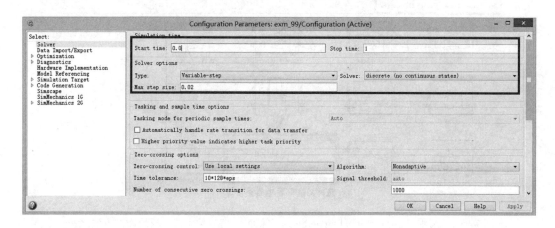

图 7 - 65　设置仿真参数

（3）启动仿真程序：点击仿真快捷键图标▶，启动仿真程序；

（4）分析仿真结果：图 7 - 63 中各个 display 模块中显示的就是测试结果。需要补充说明的是，三相不平衡负载的容量表达式分别为

$$S_a = P_a + jQ_a = 500 + 300i \tag{7-11}$$

$$S_b = P_b + jQ_b = 300 - 200i \tag{7-12}$$

$$S_c = P_c + jQ_c = 400 \tag{7-13}$$

总容量的表达式为

$$S_{tot} = P + jQ = 1200 + 100i \tag{7-14}$$

表达式（7 - 14）表明，本系统的有功功率为 1200W，无功功率为 100var。

7.5　认识 Pulse & Signal Generators 模块库

在构建电力电子装置的仿真模型，经常需要为电力电子器件提供驱动控制信号，这需要由 Pulse & Signal Generators（脉冲 & 信号发生器）模块库来实现。

7.5.1　调用方法

方法 1：在 MATLAB 命令窗口中输入 powerlib，→按回车键，即可打开 SimPowerSystems 的模块库了，看到 Power Electronics（电力电子）模块库的图标，→双击 Power Electronics（电力电子）模块库的图标，→即可看到 Pulse & Signal Generators（脉冲 & 信号发生器）模块库的图标，如图 7 - 66 所示。

紧接着，→双击 Pulse & Signal Generators（脉冲 & 信号发生器）模块库的图标，即可看到全部脉冲 & 信号发生器模块的图标，如图 7 - 67 所示。

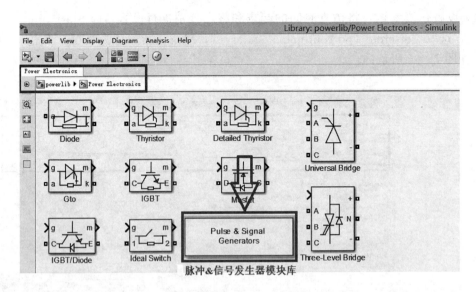

图 7 - 66　　调用 Pulse & Signal Generators（脉冲 & 信号发生器）模块库的方法之一

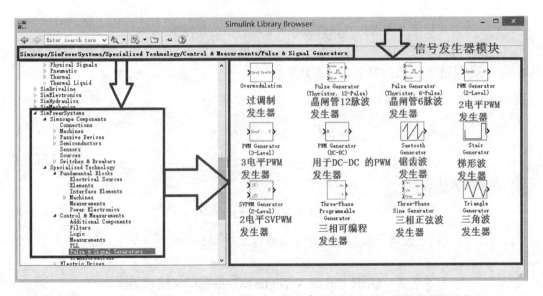

图 7 - 67　　调用 Pulse & Signal Generators（脉冲 & 信号发生器）模块库的方法之二

　　方法 2：→点击 MATLAB 的工具条上的 Simulink Library 的快捷键图标，即可弹出 "Open Simulink block library"，→点击 Simscape 模块库，→点击 SimPowersystems 模块库，→点击 Specialized Technology 模块库，→点击 Control & Measurements 模块库，→即可看到 Pulse & Signal Generators（脉冲 & 信号发生器）模块库的图标，→点击 Pulse & Signal Generators（脉冲 & 信号发生器）模块库图标，即可看到该模块库中有 12 种模块，如图 7 - 67 所示。

　　为方便理解，现将 Pulse & Signal Generators（脉冲 & 信号发生器）模块库中各个模块，总结于 7 - 19 中。

表 7 - 19　　　　　　　　**Pulse & Signal Generators（脉冲 & 信号发生器）模块库**

序号		名　　称	功能说明	图　　例
1	晶闸管脉冲发生器	Pulse Generator (Thyristor，6 - Pulse)	晶闸管 6 脉波发生器模块	
2		Pulse Generator (Thyristor，12 - Pulse)	晶闸管 12 脉波发生器模块	
3	PWM 发生器	PWM Generator (DC - DC)	用于 DC - DC 的 PWM 发生器模块	
4		PWM Generator（2 - Level）	2 电平 PWM 发生器模块	
5		PWM Generator（3 - Level）	3 电平 PWM 发生器模块	
6		SVPWM Generator（2 - Level）	2 电平 SVPWM 发生器模块	
7	信号发生器	Overmodulation	过调制发生器模块	
8		Stair Generator	梯形波发生器模块	
9		Triangle Generator	三角波发生器模块	
10		Sawtooth Generator	锯齿波发生器模块	

续表

序号	名　称	功能说明	图　例
11	信号发生器 Three‑Phase Sine Generator	三相正弦波发生器模块	
12	Three‑Phase Programmable Generator	三相可编程发生器模块	

7.5.2 学习 Pulse Generator（Thyristor）发生器模块

1. 基本特点

在 MATLAB 软件中，将 Pulse Generator（Thyristor）（晶闸管脉冲发生器）模块，细化为两种模块：

（1）Pulse Generator（Thyristor，6‑Pulse）（6 脉波）模块：其中 6 个脉波对应一个三相桥，如图 7‑68（a）所示，图中 P 表示 Pulse Generator（Thyristor，6‑Pulse）（6 脉波）模块中的 6 个脉波；

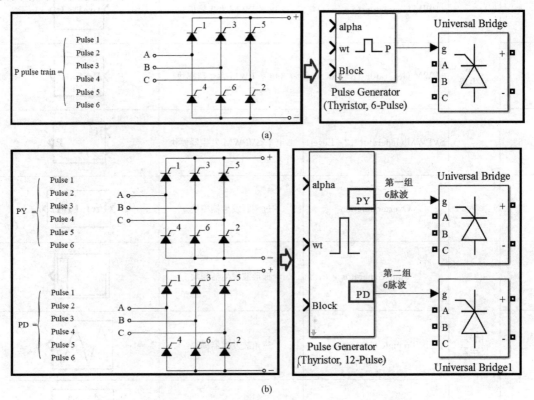

(a)

(b)

图 7‑68　Pulse Generator（Thyristor）（晶闸管脉冲发生器）模块
(a) 6 个脉波对应一个三相桥；(b) 12 个脉波对应两个三相桥

（2）Pulse Generator（Thyristor，12 - Pulse）（12 脉波）模块：如图 7 - 68（b）所示，图中 PY 和 PD 分别表示 Pulse Generator（Thyristor，12 - Pulse）（12 脉波）模块中的第一组 6 个脉波和第二组 6 个脉波。

现将 Pulse Generator（Thyristor）（晶闸管脉冲发生器）模块中几个符号说明如下：

（1）alpha（deg）表示延迟角（°）；

（2）wt（rad）表示角度/弧度，其范围为 0～2π；

（3）Block 表示控制指令，为 0 和 1 的布尔量，低电平有效。

6 脉波晶闸管脉冲发生器模块和 12 脉波晶闸管脉冲发生器模块的参数对话框，如图 7 - 69 所示。

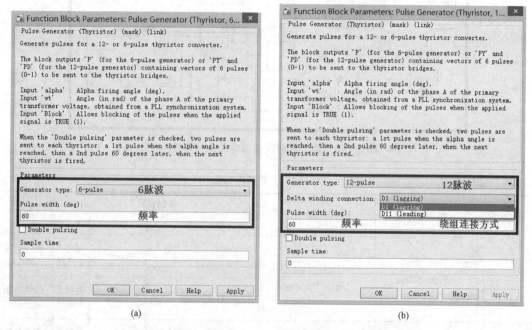

图 7 - 69　Pulse Generator（Thyristor）模块的参数对话框
(a) 6 脉波模块；(b) 12 脉波模块

需要提醒的是，在 12 脉波晶闸管脉冲发生器模块的参数对话框中，需要选择输入端变压器绕组的连接方式，它包括两种：

（1）D1（lagging）连接方式：三角形 D1（超前星形 30°）；

（2）D11（leading）连接方式：三角形 D11（滞后星形 30°）。

2．示例分析

【举例 10】　搭建一个如图 7 - 70 所示的利用 Pulse Generator（Thyristor）晶闸管脉冲发生器组成的电路仿真模型，将本例的仿真模型保存为 exm_10.slx，观察晶闸管脉冲发生器的输出波形。

分析：

（1）所需要的模块见表 7 - 20；

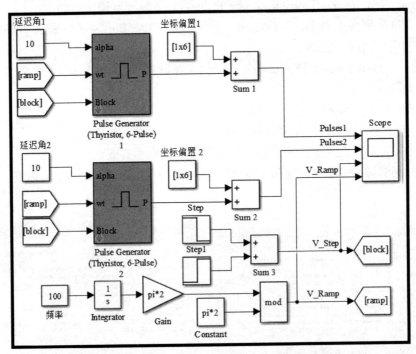

图 7 - 70　基于脉冲发生器电路的仿真模型

表 7 - 20　　　　　　　　　　　　　**举例 10 所需模块汇集**

元件名称	模块名称	所属模块库	参数设置			备注
			名　称	取值	单位	
ramp	From 模块	Simulink/ Signal Routing	Goto Tag	ramp	需要 2 个模块	提供角度 （0～2π）
block			Goto Tag	block	需要 2 个模块	提供布尔 控制量
ramp	Goto 模块	Simulink/ Signal Routing	Goto Tag	ramp	需要 1 个模块	提供角度 （0～2π）
block			Goto Tag	block	需要 1 个模块	提供布尔 控制量
延迟角 1	Constant 模块	Simulink/Sources	Constant value（常值）	10	°	提供延 迟角
延迟角 2			Constant value（常值）	10	°	提供延 迟角
坐标偏置 1	Constant 模块	Simulink/Sources	Constant value（常值）	[0 1.5 3 4.5 6 7.5]	—	平移坐标
坐标偏置 2			Constant value（常值）	[0 1.5 3 4.5 6 7.5]	—	平移坐标
频率	Constant 模块	Simulink/Sources	Constant value（常值）	100	Hz	

续表

元件名称	模块名称	所属模块库	参数设置			备注
			名　称	取值	单位	
Constant	Constant 模块	Simulink/Sources	Constant value（常值）	2 * pi		
Sum 1	Sum 模块	Simulink/ Math Operations	List of signs	++		
Sum 2			List of signs	++		
Sum 3			List of signs	++		
Gain	Gain 模块	Simulink/ Math Operations	Gain	2 * pi		
Integrator	Integrator 模块	Simulink/Continuous	Initial condition	0		
Mod	Math Function 模块	Simulink/ Math Operations	Function	Mod		
			Output Type	Auto		
Step	Step 模块	Simulink/Sources	Step time（节约时间）	0.01	s	
			Initial value（起始值）	1		
			Final value（终止值）	0		
			其他为默认值			
Step1			Step time（节约时间）	0.09	s	
			Initial value（起始值）	0		
			Final value（终止值）	1		
			其他为默认值			
Scope	Scope 模块	Simulink/Sinks	Number of axes	4		
Pulse Generator （Thyristor, 6 - Pulse）1	Pulse Generator （Thyristor, 6 - Pulse）模块	powerlib_meascontrol/ Pulse & Signal Generators	Generator type	6 - pulse		
			Pulse width（deg）	30	°	
			其他为默认参数			
Pulse Generator （Thyristor, 6 - Pulse）2			Generator type	6 - pulse		
			Pulse width（deg）	30		
			Double pulsing	☑		双脉冲输出
			其他为默认参数			
—	Powergui 模块	powerlib	Simulation Type （仿真类型）	Phasors		
			Phasors Frequency（Hz）	50		

（2）设置仿真参数：将仿真时间的起点和终点分别进行设置，即 Start time：0，end time：100e - 3，选取"ode23tb（Stiff/TR - BDF2）"，其他均为默认参数；

（3）启动仿真程序：点击仿真快捷键图标▶，启动仿真程序；

（4）分析仿真结果：图 7 - 71 分别表示以下波形：

1）第一个 Pulse Generator（Thyristor）晶闸管脉冲发生器的输出波形（Pulse1），该模块采用单脉冲方式；

2）第二个 Pulse Generator（Thyristor）晶闸管脉冲发生器的输出波形（Pulse2），该模

块采用双脉冲方式；

3）Pulse Generator（Thyristor）晶闸管脉冲发生器的控制指令（V_Step）波形（输入模块的 Block 端），控制指令采用高电平—低电平—高电平方式，即控制发生器工作一段时间；

4）Pulse Generator（Thyristor）晶闸管脉冲发生器的角度（V_Ramp）波形（输入模块的 wt 端），采用锯齿波波形控制。

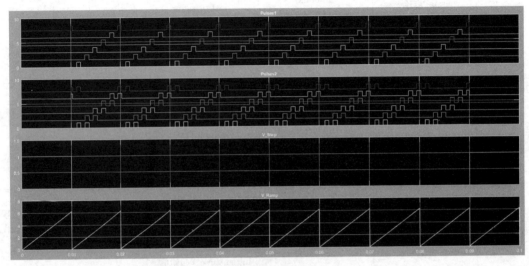

图 7 - 71　仿真结果

7.5.3　学习 PWM Generator 模块

1. 概述

PWM Generator（PWM 信号发生器）模块，被用来为由功率器件（如 IGBT、GTO、MOSFET）构成的可控整流桥、逆变桥提供触发控制脉冲信号。根据被控桥臂模块中功率器件的数量和桥臂结构的不同，PWM Generator（PWM 信号发生器）模块可以分为四种典型形式：

（1）1 - arm bridge（2 pulses）（单桥臂触发）模块，如图 7 - 72（a）所示；

（2）2 - arm bridge（4 pulses）（双桥臂触发）模块，如图 7 - 72（b）所示；

（3）3 - arm bridge（6 pulses）（三桥臂触发）模块 ，如图 7 - 72（c）所示；

（4）由两个三相桥臂触发模块构成的 Double 3 - arm bridge（12 pulses）（双—三相桥臂触发）模块，如图 7 - 72（d）所示。

为了分析和介绍 PWM Generator（PWM 信号发生器）模块的使用方法和参数设置技巧，现以它来控制由 IGBT 器件构成的桥臂为例进行说明：

（1）对于单桥臂的模块来说，由于它需要两个触发控制脉冲信号，因此可以选用单桥臂触发模块，如图 7 - 72（a）所示，由图中的 pulse1 端输出控制脉冲，用于触发上面的一个 IGBT 器件；由图中的 pulse2 触发下边的一个 IGBT 器件。

（2）对于双桥臂的模块来说，它需要四个触发控制脉冲信号，因此可以选用双桥臂触发模块，如图 7 - 72（b）所示，由图中的 pulse1 和 pulse3 端输出控制脉冲，用于触发双桥臂上面的两个 IGBT 器件，由图中的 pulse2 和 pulse4 端输出控制脉冲，触发双桥臂下边的两个 IGBT 器件。

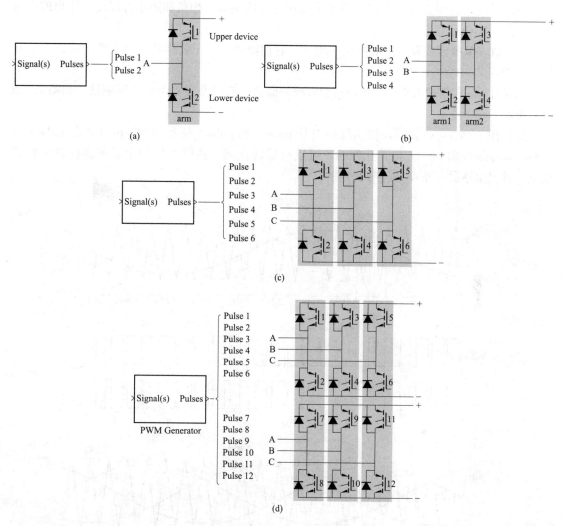

图 7 - 72　PWM Generator 模块的典型形式

（a）单桥臂触发模块；（b）双桥臂触发模块；（c）三桥臂触发模块；（d）双—三桥臂触发模块

（3）对于三相桥臂的模块来说，它需要六个触发控制脉冲信号，因此可以选用三桥臂触发模块，如图 7 - 72（c）所示，由图中的 pulse1、pulse3 和 pulse5 端输出控制脉冲，用于触发三相桥臂上面的三个 IGBT 器件，由图中的 pulse2、pulse4 和 pulse6 端输出控制脉冲，触发三相桥下边三个 IGBT 器件。

（4）对于双—三相桥臂的模块来说（比如既要控制三相全控整流桥，还要控制三相逆变桥），它需要 12 个触发控制脉冲信号，因此可以选用双—三桥臂触发模块，如图 7 - 72（d）所示，由图中的 pulse1～6 端输出控制脉冲，用于触发第一个三相桥臂的六个 IGBT 器件，由图中的 pulse7～12 端输出控制脉冲，触发第二个三相桥的六个 IGBT 器件。

2. 基本原理

PWM Generator（PWM 信号发生器）模块输出的控制脉冲信号的产生原理如下：

该控制脉冲信号是通过比较三角载波和正弦调制波（参考波）而产生的。正弦调制波可以由模块产生，也可由外部提供。调整正弦调制波的幅值、相角和频率可以改变输出的交流量的幅值、相角和频率。

（1）对于单桥臂或双桥臂触发模块而言，它们需要一个正弦调制波产生两个或四个触发信号，如图 7‐73（a）所示；

（2）对于三相桥臂或双—三相桥臂触发模块而言，它们需要三个正弦调制波，如图 7‐73（b）所示。

分析图 7‐73 可以知道，控制脉冲信号 pulse2 和 pulse1 是互补的，pulse3 和 pulse4 是互补的，pulse5 和 pulse6 也是互补的，可以有效防止同一桥臂上的两个功率器件发生直通现象。并且上述脉冲宽度是随时变化的。

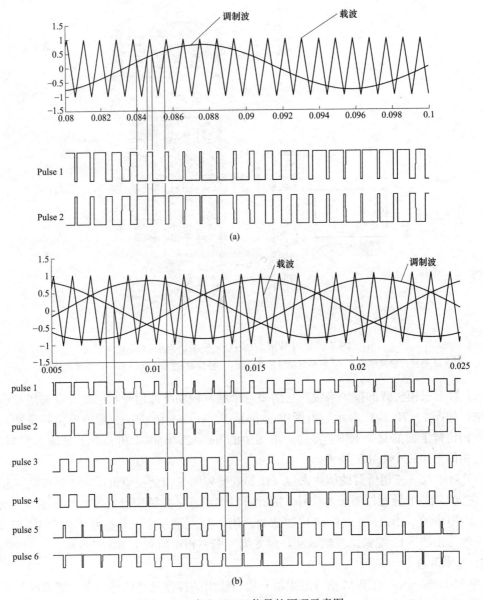

图 7‐73　产生 PWM 信号的原理示意图
（a）单桥臂产生 PWM 信号的原理示意图；（b）三相桥臂产生 PWM 信号的原理示意图

3. 学习 PWM Generator（2 - Level）模块

PWM Generator（2 - Level）（2 电平 PWM 发生器）模块，用于 PWM 控制的 2 - 电平转换器产生脉冲。该模块可以控制开关器件（如 MOSFET、GTO 和 IGBT）的四种不同转换器类型：

（1）Single - phase half - bridge（2 pulses）：用于单相半桥变换器（1 桥臂），Pulse 1 用于触发上桥臂器件，Pulse 2 用于触发下桥臂器件；

（2）Single - phase full - bridge（4 pulses）：用于单相全桥变换器（2 桥臂），Pulse 1 和 3 用于触发上桥臂器件，Pulse 2 和 4 用于触发下桥臂器件；

（3）Single - phase full - bridge - Bipolar modulation（4 pulses）：单相全桥变换器（2 桥臂）—双极性调制变换器；

（4）Three - phase bridge（6 pulses）：用于三相桥变换器（3 桥臂），Pulse 1、3 和 5 用于触发上桥臂器件，Pulse 2、4 和 6 用于触发下桥臂器件。

PWM Generator（2 - Level）（2 电平 PWM 发生器）模块的参数对话框如图 7 - 74 所示。其主要参数的含义如下：

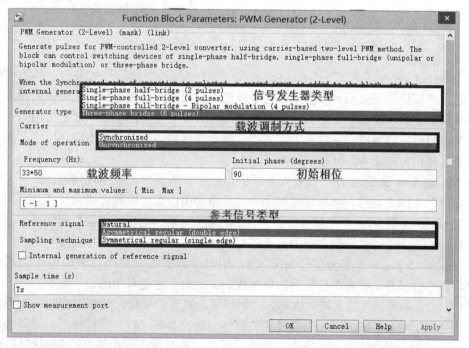

图 7 - 74　PWM Generator（2 - Level）（2 电平 PWM 发生器）模块的参数对话框

（1）Generator Mode：用于选择所需信号发生器类型，有四种可供选择方式，前已介绍；

（2）Carrier：载波方面：

1）Mode of operation：载波调制方式，当设置为不同步时，非同步载波信号的频率是由载波频率的参数来确定的；当设置为同步时，载波信号被同步到外部参考信号［输入（wt）］和载波频率由开关转换比率（简称开关比，又称载波比）的参数来确定；

2）frequency（Hz）：用于设置三角载波的频率 F_C，其表达式为

$$F_C(\text{Hz}) = F_0(\text{Hz}) \times S_R \qquad (7-15)$$

式中 F_0 表示输出电压的频率，指定三角载波信号的频率 F_C，以赫兹为单位，仅在载波调制方式设置为不同步时，载波频率参数是可见的。S_R 表示开关转换比率（简称开关比），这个参数其定义表达式为

$$S_R = \frac{F_C(\text{Hz})}{F_0(\text{Hz})} \qquad (7-16)$$

S_R 开关比参数，只有在载波调制方式设置为同步时才是可用的；

3）Initial phase（degrees）：初始相位（°），当取值为 90°时，意味着将三角载波信号的初始位置设置在最大值与最小值之间的中点位置，其斜率为正值，该参数只有当载波调制方式被设置为不同步时，才是可见的；

4）Minimum and maximum values：三角载波信号的最小值和最大值；

（3）Reference signal：参考信号方面：

1）Sampling technique：采样技术，定义参考信号是如何采样的，包括自然、非对称的规则（双边）和对称的规则（单边）三种方式，当选择规则采样技术，采样周期为

$$\begin{cases} T_S(\text{Hz}) = \dfrac{1}{2F_C(\text{Hz})} & \text{非对称采样} \\[3mm] T_S(\text{Hz}) = \dfrac{1}{F_C(\text{Hz})} & \text{对称采样} \end{cases} \qquad (7-17)$$

2）Internal generation of reference signal：用于选择调制波信号的来源，即由模块本身产生还是由外部提供正弦调制波。如果选中该选项，表示用模块本身产生正弦调制波，否则就由外部提供正弦调制波，该参数仅在载波调制方式设置为不同步时，才是可用的。

参考信号由内部生成，一旦选中该方式，参考信号由该模块自动生成，反之，如果不选中该方式，则由外部参考信号生成脉冲。

3）Modulation index：用于设置调制系数，此参数范围为：0＜调制系数≤1，它用来控制模块输出的电压的幅值，该参数仅在选中参考信号由内部生成的方式时，才是可用的。

4）Frequency（Hz）：参考信号频率（Hz），定义为输出电压频率去控制变换器输出电压的基波成分的频率，该参数仅在选中参考信号由内部生成的方式时，才是可用的。

5）Phase（degrees）：参考信号相位（°），用该参数去控制变换器输出电压的基波成分的相位，该参数仅在选中参考信号由内部生成的方式时，才是可用的。

（4）Uref：参考信号输入端，也称为调制信号，被自然采样，并和对称的三角载波进行比较。当基准信号大于载波时，上桥臂开关器件的脉冲为高（1），下桥臂开关器件的脉冲为低（0），即利用相量化的参考信号来生成输出脉冲，该参数仅在内部产生调制信号（S）未被选择时可见，该输入端仅在不选中参考信号由内部生成的方式时，才是可用的；如果将此输入连接到单相正弦信号时，该 PWM 发生器模块被用于控制单相和全桥变换器，如果将此输入连接到三相正弦信号时，该 PWM 发生器模块被用于控制三相桥变换器，对于线性运算，Uref 的幅度必须是－1 和＋1 之间。

（5）P：输出包含用于触发自换相装置的一桥臂、二桥臂和三桥臂变换器（MOSFET、GTO 和 IGBT）的两个、四个和六个 Pulse（脉冲）信号。

4. 学习 PWM Generator（3-Level）模块

PWM Generator（3-Level）（3 电平 PWM 发生器）模块，用于 PWM 控制的 3-电平转

换器产生脉冲。该模块可以控制开关器件（如场效应管、GTO 和 IGBT）的三种不同转换器类型：

（1）Single‑phase half‑bridge（4 pulses）：用于单桥臂半桥变换器（单臂），Pulse（1，2）用于触发上桥臂器件，Pulse（3，4）用于触发下桥臂器件；

（2）Single‑phase full‑bridge（8 pulses）：用于单桥臂全桥变换器（双臂），Pulse（1，2）和 Pulse（5，6）用于触发上桥臂器件，Pulse（3，4）和 Pulse（7，8）用于触发下桥臂器件；

（3）Three‑phase bridge（12 pulses）：用于三相桥变换器（三臂），Pulses（1，2）、Pulses（5，6）和 Pulses（9，10）用于触发上桥臂器件，Pulses（3，4）、Pulses（7，8）和 Pulses（11，12）用于触发下桥臂器件。

PWM Generator（3‑Level）（3 电平 PWM 发生器）模块的参数对话框如图 7‑75 所示。其主要参数的含义与 PWM Generator（2‑Level）（2 电平 PWM 发生器）模块类似。

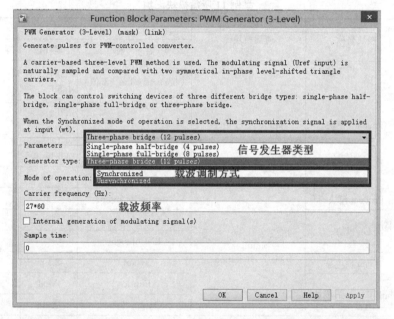

图 7‑75　PWM Generator（3‑Level）（3 电平 PWM 发生器）模块的参数对话框

5. PWM Generator 模块示例分析

【举例 11】　搭建一个如图 7‑76 所示的利用 PWM Generator（2‑Level）模块和 PWM Generator（3‑Level）模块组成的电路的仿真模型，将本例的仿真模型保存为 exm_11. slx，观察 2 电平和 3 电平 PWM 发生器的输出波形。

分析：

（1）所需要的模块见表 7‑21；

（2）将仿真时间的起点和终点分别进行设置，即 Start time：0，end time：40e‑3，选取 "ode23tb（Stiff/TR‑BDF2）"，其他均为默认参数；

（3）启动仿真程序：→点击仿真快捷键图标▶，→启动仿真程序；

（4）分析仿真结果：

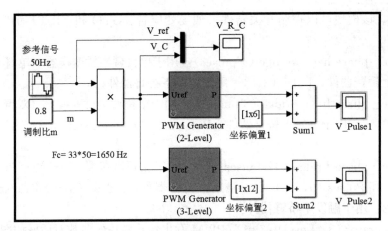

图 7 - 76　基于 PWM Generator 的电路的仿真模型

表 7 - 21　　　　　　　　　　　　　　举例 11 所需模块汇集

元件名称	模块名称	所属模块库	参数设置			备注
			名　　称	取值	单位	
坐标偏置 1	Constant 模块	Simulink/Sources	Constant value（常值）	[0 1.5 3 4.5 6 7.5]	—	平移坐标
坐标偏置 2			Constant value（常值）	[0 1.5 3 4.5 6 7.5 9 10.5 12 13.5 15 16.5]	—	平移坐标
调制比 m			Constant value（常值）	0.8		
—	Product 模块	Simulink/ Math Operations	Number of inputs	2		
Sum 1	Sum 模块		List of signs	++		
Sum 2			List of signs	++		
Gain	Gain 模块		Gain	2 * pi		
Mod	Math Function 模块		Funtion	Mod		
			Output Type	Auto		
—	mux 模块	Simulink/Signal Routing	Number of inputs	2		
Integrator	Integrator 模块	Simulink/Continuous	Initial condition	0		
频率	Sine Wave 模块	Simulink/Sources	Amplitude（幅值）	1	V	
			Bias（偏置值）	0		
			Frequency（频率值）	100 * pi	rad/s	
			Phase（相位）	[0 −2 * pi/3 2 * pi/3]	rad	三相波形
			其他为默认值			
V_R_C	Scope 模块	Simulink/Sinks	Number of axes	2		获取原始波形 和调制波形
V_Pulse1			Number of axes	2		2电平的脉冲
V_Pulse2			Number of axes	2		3电平的脉冲

续表

元件名称	模块名称	所属模块库	参数设置			备注
			名　　　称	取值	单位	
PWM Generator (2 - Level)	PWM Generator (2 - Level) 模块	powerlib_meascontrol/ Pulse & Signal Generators	Generator type（发生器型号）	Three - phase bridge (6 pulses)		
			Mode of operation	Unsynchronized		
			Frequency（Hz）	33 * 50	Hz	
			Initial phase（degrees）	90	°	
			Minimum and maximum values	[− 1　1]		
			Sampling technique	Natural		
			默认参数			
PWM Generator (3 - Level)	PWM Generator (3 - Level)	powerlib_meascontrol/ Pulse & Signal Generators	Generator type（发生器型号）	Three - phase bridge (12 pulses)		
			Mode of operation	Unsynchronized		
			Frequency（Hz）	33 * 50	Hz	
			Initial phase（degrees）	90	°	
			Minimum and maximum values	[− 1　1]		
			默认参数			

1）图 7 - 77 表示 PWM Generator（2 - Level）模块输出的 6 脉波波形；

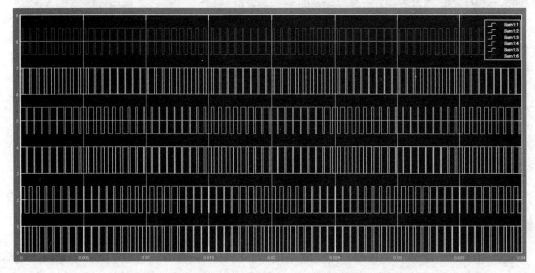

图 7 - 77　PWM Generator（2 - Level）模块输出的 6 脉波波形

2）图 7 - 78 表示 PWM Generator（3 - Level）模块输出的 12 脉波波形；

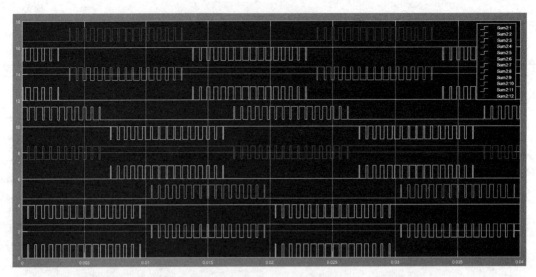

图 7 - 78　PWM Generator（3 - Level）模块输出的 12 脉波波形

3）图 7 - 79 表示原始信号 V_ref 和调制信号 V_C 波形。

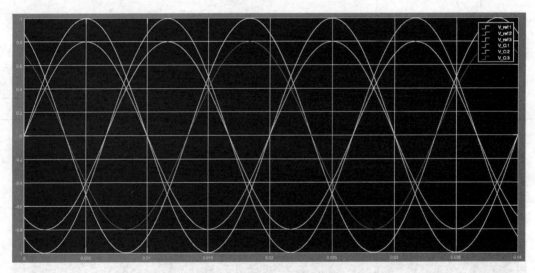

图 7 - 79　原始信号 V_ref 和调制信号 V_C 波形

7.6　交—直—交电压源型变频器仿真示例分析

7.6.1 概述

1. 特点

交—直—交电压源型变频器，其主电路拓扑如图 7 - 80 所示，它的中间环节采用大电容滤波，如图 7 - 80（b）所示，其直流电压脉动很小，近似为电压源，具有低阻抗特性。逆变器开关只改变电压的方向，输出的三相交流电压的波形为矩形波或正弦波，不受负载参数影响。交流侧电流的波形受负载阻抗的影响，其波形接近三角波或正弦波。因为中间直流环节有大电容钳制着电压的极性，不可能迅速反向，而且电流受到器件单向导电性的制约也不能反向，要实现回馈制动和四象限运行很困难，所以在原装置上无法实现回馈制动。

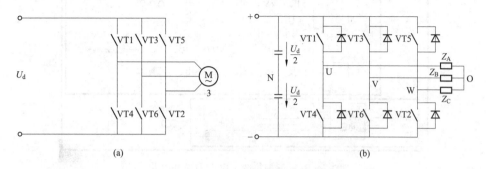

图 7‑80　交—直—交电压源型变频器的主电路示意图
(a) 简化示意图；(b) 细化示意图

交—直—交变压变频器中的逆变器，一般接成三相桥式电路，如图 7‑80 所示，以便输出三相交流变频电源。如图 7‑80（b）所示，6 个电力电子开关器件 VT1 ～ VT6 组成的三相逆变器主电路，其中用开关符号代表任何一种电力电子开关器件。控制各开关器件轮流导通和关断，可使输出端得到三相交流电压。在某一瞬间，控制一个开关器件关断，同时使另一个器件导通，就实现了两个器件之间的换流。在三相桥式逆变器中，有 180°导通型和 120°导通型两种换流方式。

2. 180°导通型控制方式

同一桥臂上下两管之间互相换流的逆变器称作 180°导通型逆变器。当 VT1 关断后，使 VT4 导通，而当 VT4 关断后，又使 VT1 导通。这时，每个开关器件在一个周期内导通的区间是 180°，其他各相亦均如此。由于每隔 60°有一个器件开关，在 180°导通型逆变器中，除换流期间外，每一时刻总有 3 个开关器件同时导通。

应当注意，必须防止同一桥臂的上、下两管同时导通，否则将造成直流电源短路，叫作"直通"。为此，在换流时，必须采取"先断后通"的方法，即先给应关断的器件发出关断信号，待其关断后留一定的时间裕量，叫作"死区时间"，再给应导通的器件发出开通信号。死区时间的长短视器件的开关速度而定，器件的开关速度越快时，所留的死区时间可以越短。为了安全起见，设置死区时间是非常必要的，但它会造成输出电压的波形畸变。

3. 120°导通型控制方式

120°导通型逆变器的换流是在不同桥臂中同一排左、右两管之间进行的。例如，VT1 关断后使 VT3 导通，VT3 关断后使 VT5 导通，VT4 关断后使 VT6 导通等。这时，每个开关器件一次连续导通 120°，在同一时刻只有两个器件导通，如果负载电机绕组是 Y 联结，则只有两相导电，另一相悬空。

7.6.2　三相桥‑2 电平建模与仿真分析

1. 同步调制方式

图 7‑81 表示三相桥式 PWM 型逆变电路，它分为主电路（属于强电）和控制电路（属于弱电）两个部分，图中 u_C 表示三相 PWM 控制公用三角波载波，u_{rU}、u_{rV} 和 u_{rW} 分别表示三相调制信号，它们依次相差 120°。

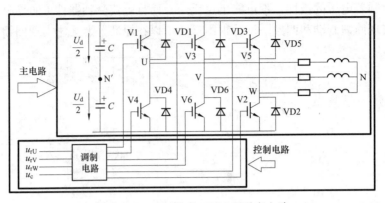

图 7 - 81　三相桥式 PWM 型逆变电路

本例采用载波比（载波频率 F_C 与调制信号频率 F_r 之比）为常数的同步调制方式，且为 $180°$ 导通型控制方式。F_r 变化时载波比不变，信号波一周期内输出脉冲数固定。三相电路中公用一个三角波载波，且取载波比为 3 的整数倍，使三相输出对称。为使一相的 PWM 波正负半周镜像对称，载波比应取奇数，调制信号频率 F_r 很低时，载波频率 F_C 也很低，由调制带来的谐波不易滤除，调制信号频率 F_r 很高时，载波频率 F_C 会过高，使开关器件难以承受。同步调制三相 PWM 波形如图 7 - 82 所示。

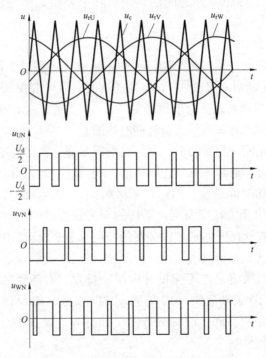

图 7 - 82　同步调制三相 PWM 波形

2. 仿真建模示例分析

【举例 12】　整个三相桥式 PWM 型逆变电路的设计按照两大部分——主电路和控制电路搭建仿真模型，如图 7 - 83 所示，为了简化问题的分析，本例采用 Universal Bridge（通用桥）模块，不失一般性，本例采用 PWM Generator（2 - Level）（2 电平 PWM 发生器）模块，将本例的仿真模型保存为 exm_12. slx，观察逆变电路滤波前后输出电压的波形、流过电机负载的电流波形。

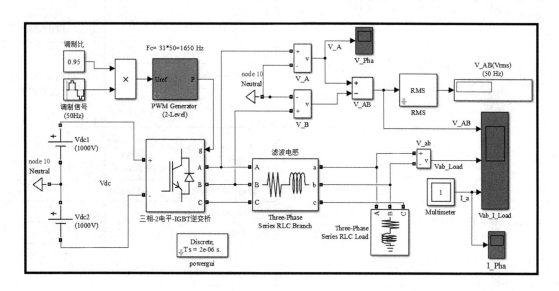

图 7 - 83　2 电平 - PWM 型逆变电路的仿真模型

分析：所需要的模块见表 7 - 22。

表 7 - 22　　　　　　　　　　　　　　举 例 12 所 需 模 块

元件名称	模块名称	所属模块库	参数设置			备注
			名　　称	取值	单位	
调制比	Constant 模块	Simulink/Sources	Constant value（常值）	0.8		
—	Product 模块	Simulink/ Math Operations	Number of inputs	2		
V_AB	Sum 模块		List of signs	＋－		
RMS	RMS 模块	powerlib_meascontrol/ Measurements	Fundamental frequency （Hz）	50	Hz	
			Initial RMS value	0		
			默认参数			
频率	Sine Wave 模块	Simulink/Sources	Amplitude（幅值）	1	V	
			Bias（偏置值）	0		
			Frequency（频率值）	100 * pi	rad/s	
			Phase（相位）	$[0 -2 * pi/ 3\ 2 * pi/3]$	rad	三相波形
			其他为默认值			
V_Pha	Scope 模块	Simulink/Sinks	Number of axes	1		滤波前电压 的波形

续表

元件名称	模块名称	所属模块库	参数设置			备注
			名　称	取值	单位	
Vab_I_Load	Scope 模块	Simulink/Sinks	Number of axes	2		滤波后电压和电流的波形
			Save data to workspace	☑		
I_Pha			Variable name	I_S		FFT 分析电流的波形
			Format	Structure with time		
PWM Generator (2 - Level)	PWM Generator (2 - Level) 模块	powerlib_meascontrol/ Pulse & Signal Generators	Generator type （发生器型号）	Three - phase bridge (6 pulses)		
			Mode of operation	Unsynchronized		
			Frequency（Hz）	33 * 50	Hz	
			Initial phase（degrees）	90	°	
			Minimum and maximum values	[−1 1]		
			Sampling technique	Natural		
三相 - 2 电平 - IGBT 逆变桥	Universal Bridge 模块	powerlib/ Power Electronics	默认参数			
			Number of bridge arms	3		
			Snubber resistance Rs	10	Ω	
			Snubber capacitance Cs	0.47e − 6	F	
			Power electronic device	IGBT/Diode		
			Ron	1e − 4	Ω	
			Forward voltages [Device Vf, Diode Vfd]	[0.7 0.7]	V	
			[Tf (s) Tt (s)]	[1e − 6, 2e − 6]	s	
Vdc1	DC VoltageSource 模块	powerlib/ Electrical Sources	Amplitude	1000	V	
Vdc1			Amplitude	1000	V	
V_A	Voltage Measurement 模块	powerlib/Measurements	Output signal	Complex		
V_B			Output signal	Complex		
V_ab			Output signal	Complex		
Multimeter	Multimeter 模块		Selected Measurements	选择流过电机负载的 a 相电流		
V_AB (Vrms)	Display 模块	Simulink/Sinks	Format	Short		
			Decimation	100		
Three - Phase Series RLC Branch	Three - Phase Series RLC Branch 模块	powerlib/Elements	Branch Type	RL		
			Resistance R	10e − 3	Ω	
			Inductance L	100e − 6	H	

续表

元件名称	模块名称	所属模块库	参数设置			备注
			名　称	取值	单位	
Neutral	Neutral 模块	powerlib/Elements	Node number	10		
Three – Phase Series RLC Load	Three – Phase Series RLC Load 模块	powerlib/Elements	Nominal phase – to – phase voltage Vn（Vrms）	2000	V	
			Nominal frequency fn	50	Hz	
			Active power P	500e3	W	
			Inductive reactive power QL	100e3	var	
			Capacitive reactive power Qc	0	var	
			Measurements	Branch currents	(1)	
—	Powergui 模块	powerlib	Simulation Type	Discrete		
			Solver type	Tustin/ Backward Euler (TBE)		
			Sample time（s）	2e – 6	s	
			默认参数			

注　1. 测试 Y（grounded）：I_a，I_b，I_c，记作 Iag：，Ibg：，Icg：，在 Multimeter 中的 Selected Measurements 栏中选择 Iag：。

2. 将仿真时间的起点和终点分别进行设置，即 Start time：0，end time：100e – 3，选取"ode23tb（Stiff/TR – BDF2）"，其他均为默认参数；

3. 启动仿真程序：点击仿真快捷键图标▶，启动仿真程序；

4. 分析仿真结果：逆变器输出线电压有效值 V_{L-L} 的表达式为

$$V_{L-L} = m \times \frac{V_{dc}}{2} \frac{\sqrt{3}}{\sqrt{2}} \tag{7 - 18}$$

3. $F_r = 50\text{Hz}$ 和 $m = 0.85$ 的仿真结果分析

本例所示仿真模型的调制信号频率 F_r 为 50Hz，其调制比为 $m = 0.85$，$V_{dc}/2 = 1000\text{V}$，代入表达式（7 – 18）得到逆变器输出线电压的有效值 V_{L-L} 为

$$V_{L-L} = m \times \frac{V_{dc}}{2} \frac{\sqrt{3}}{\sqrt{2}} = 0.85 \times 1000 \times \frac{\sqrt{3}}{\sqrt{2}} \approx 1041\text{V} \tag{7 - 19}$$

与仿真结果 $V_{L-L} = 1038\text{V}$ 相比，存在 3V 偏差，相对误差近似为 2.9‰。

图 7 - 84 表示滤波器滤波前 A 相电压的波形。

图 7 - 85 表示滤波前后 AB 相间电压的波形和流过电机负载的电流的波形，图中 V_AB 表示滤波前 AB 相间电压的波形，Vab_Load 表示滤波后 AB 相间电压的波形，I_a 表示流过电机负载的 A 相电流的波形。

图 7 - 86 表示流过电机负载的 A 相电流 FFT 变换后获得的结果。

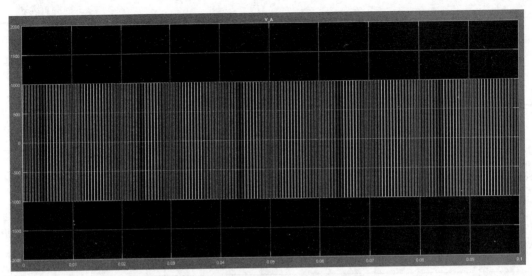

图 7 - 84　滤波器滤波前 A 相电压的波形

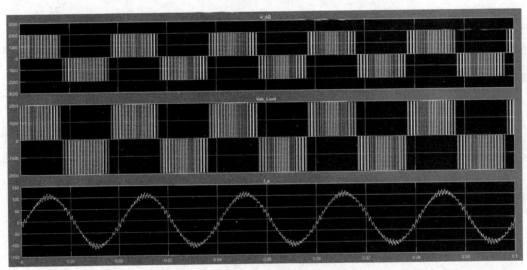

图 7 - 85　滤波前后 AB 相间电压的波形和流过电机负载的电流的波形

4. $F_r = 50\text{Hz}$ 和 $m = 0.95$ 的仿真结果分析

本例所示仿真模型的调制信号频率 F_r 为 50Hz，其调制比为 $m = 0.95$，$V_{dc}/2 = 1000\text{V}$，代入表达式（7 - 18）得到逆变器输出线电压的有效值 V_{L-L} 为

$$V_{L-L} = m \times \frac{V_{dc}}{2} \frac{\sqrt{3}}{\sqrt{2}} = 0.95 \times 1000 \times \frac{\sqrt{3}}{\sqrt{2}} \approx 1164\text{V} \qquad (7 - 20)$$

与仿真结果 $V_{L-L} = 1162\text{V}$ 相比，存在 2V 偏差，相对误差近似为 1.7‰。与调制比为 $m = 0.85$ 相比，相对误差减小了将近 1 倍，通过仿真研究得知：能够通过调节其控制脉冲的调制比，来改变等高的矩形波的宽度，从而达到调节三相正向电压幅度的目的。

图 7 - 87 表示滤波器滤波前 A 相电压的波形。

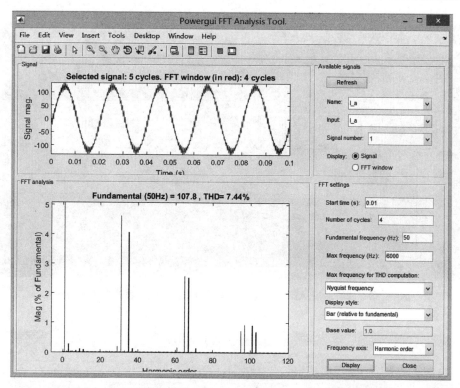

图 7-86　流过电机负载的 A 相电流 FFT 变换后获得的结果

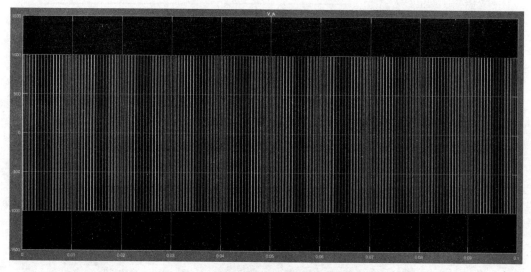

图 7-87　滤波器滤波前 A 相电压的波形

图 7-88 表示滤波前后 AB 相间电压的波形和流过电机负载的电流的波形，图中 V_AB 表示滤波前 AB 相间电压的波形，Vab_Load 表示滤波后 AB 相间电压的波形，I_a 表示流过电机负载的 A 相电流的波形。

图 7-89 表示流过电机负载的 A 相电流 FFT 变换后获得的结果。

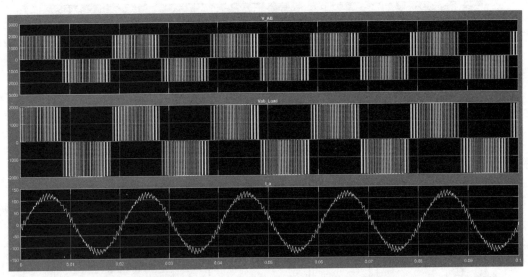

图 7-88　滤波前后 AB 相间电压的波形和流过电机负载的电流的波形

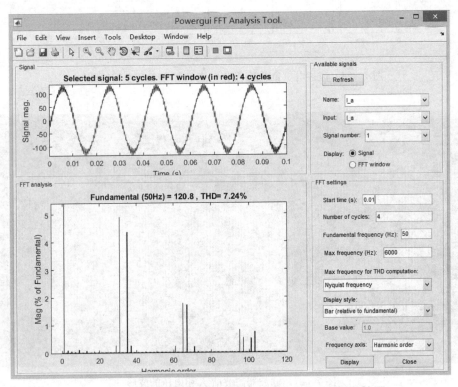

图 7-89　流过电机负载的 A 相电流 FFT 变换后获得的结果

5. F_r=45Hz 和 m=0.85 的仿真结果分析

本例所示仿真模型的调制信号频率 F_r 为 45Hz，其调制比为 m=0.85，$V_{dc}/2$=1000V，逆变器输出线电压的有效值 V_{L-L} 为 1027V。

图 7-90 表示滤波前后 AB 相间电压的波形和流过电机负载的电流的波形，图中 V_AB

表示滤波前 AB 相间电压的波形，Vab_Load 表示滤波后 AB 相间电压的波形，I_a 表示流过电机负载的 A 相电流的波形。

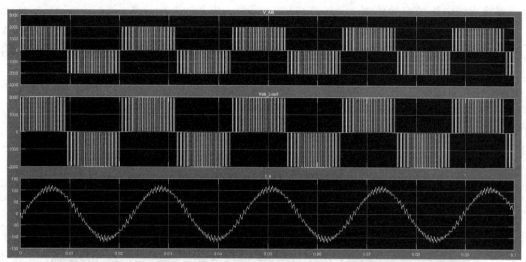

图 7-90 滤波前后 AB 相间电压的波形和流过电机负载的电流的波形

对比分析图 7-85（$F_r=50\text{Hz}$ 和 $m=0.85$ 的仿真结果）和图 7-90（$F_r=45\text{Hz}$ 和 $m=0.85$ 的仿真结果）得知：通过改变调制频率 F_r，可以改变等高的矩形波的频率，从而达到调节三相正向电压频率的目的。

图 7-91 表示流过电机负载的 A 相电流 FFT 变换后获得的结果。

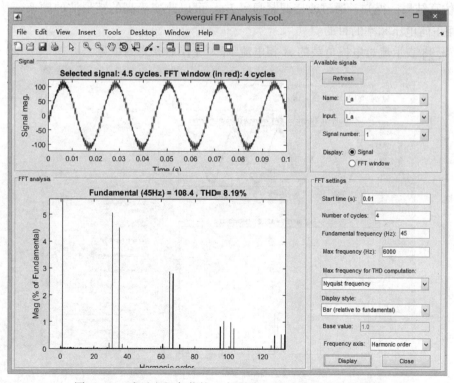

图 7-91 流过电机负载的 A 相电流 FFT 变换后获得的结果

6. $F_r=45\text{Hz}$ 和 $m=0.95$ 的仿真结果分析

本例所示仿真模型的调制信号频率 F_r 为 45Hz，其调制比为 $m=0.95$，$V_{dc}/2=1000\text{V}$，逆变器输出线电压的有效值 V_{L-L} 为 1147V。

图 7-92 表示滤波前后 AB 相间电压的波形和流过电机负载的电流的波形，图中 V_AB 表示滤波前 AB 相间电压的波形，Vab_Load 表示滤波后 AB 相间电压的波形，I_a 表示流过电机负载的 A 相电流的波形。

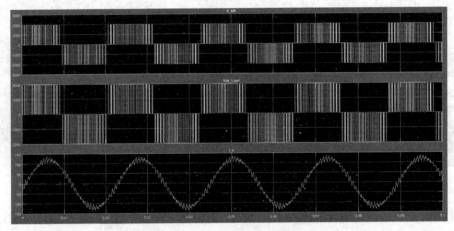

图 7-92　滤波前后 AB 相间电压的波形和流过电机负载的电流的波形

对比分析图 7-88（$F_r=50\text{Hz}$ 和 $m=0.95$ 的仿真结果）和图 7-92（$F_r=45\text{Hz}$ 和 $m=0.95$ 的仿真结果）得知：通过改变调制频率 F_r，可以改变等高的矩形波的频率，从而达到调节三相正向电压频率的目的。

图 7-93 表示流过电机负载的 A 相电流 FFT 变换后获得的结果。

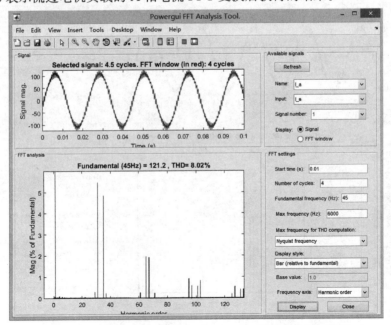

图 7-93　流过电机负载的 A 相电流 FFT 变换后获得的结果

7. 仿真分析总结

现将上述四种情况总结于表 7‑23 中，便于对比分析。

表 7‑23　　　　　　　　　　　　　　三相桥‑2 电平仿真结果对比

序号	调制比 m	基波频率 F_n（Hz）	V_{L-L}（Vrms）（仿真结果）	THD（％）
1	0.85	50	1038	7.44
2	0.85	45	1027	8.19
3	0.95	50	1162	7.24
4	0.95	45	1147	8.02

7.6.3　三相桥‑3 电平建模与仿真分析

1. 拓扑图

三相桥‑3 电平 PWM 型逆变电路的通用拓扑如图 7‑94 所示，其拓扑为在两个电力电子开关器件串联的基础上，中性点加一对钳位二极管的 3 电平逆变器，又称为中性点钳位型（Neutral Point Clamped，简称 NPC）3 电平逆变器。

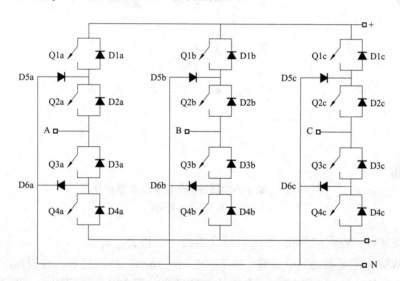

图 7‑94　三相桥‑3 电平 PWM 型逆变电路的通用拓扑图

图 7‑95 所示拓扑结构即为三相 3 电平 NPC 逆变器拓扑结构，由两个直流分压电容 $C_1 = C_2$、三相逆变电路组成，其负载为三相感应电机。

由此可见，3 电平逆变器交流侧每相输出电压相对于直流侧有三种取值，正端电压（$+V_{dc}/2$）、负端电压（$-V_{dc}/2$）、中点零电压（0）。逆变器每一相需要 4 个开关管（如 IG‑BT）、4 个续流二极管、2 个箝位二极管，整个三相逆变器直流侧由两个电容 C_1、C_2 串联起来支撑并均衡直流侧电压，$C_1 = C_2$。通过一定的开关逻辑控制，交流侧产生三种电平的相电压，在输出端合成正弦波。

如果将图 7‑94 所示的通用拓扑中的开关器件 Q 更换为三极管或者 IGBT，它就可以分别表示为图 7‑95（a）和（b）所示拓扑结构示意图。

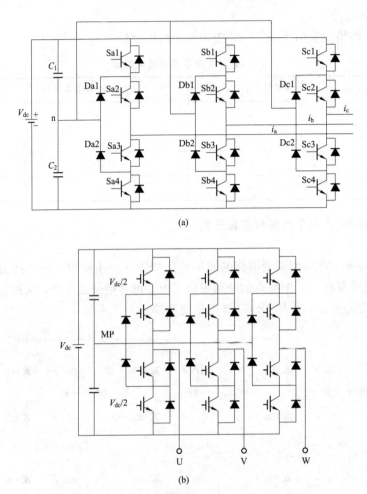

图 7-95　基于不同器件的 3 电平逆变器拓扑图
(a) 三极管；(b) IGBT

　　为了加深理解，现将三相桥-2 电平逆变器的一个桥臂［如图 7-96（a）所示］与三相桥-3 电平 PWM 型逆变器的一个桥臂［图 7-96（b）所示］对比起来，分析发现，三相桥-2 电平逆变器的拓扑结构，允许输出的电压的波形只能在两个电平之间切换，相比之下，三相桥-3 电平 PWM 型逆变器的拓扑结构，却允许输出电压的波形在三个电平之间切换，这就是为什么这种结构，也被称为 3 电平逆变器拓扑结构的原因之所在。

　　2. 基本原理

　　以输出电压 A 相为例，分析 3 电平逆变器主电路［图 7-95（a）所示］的工作原理，为分析方便起见，事先假设如下：

　　(1) 各个器件为理想器件，不计其导通管压降；

　　(2) 定义负载电流由逆变器流向电机或其他负载时的方向为正方向。

　　第一步：当 Sa1、Sa2 导通，Sa3、Sa4 关断时，若负载电流为正方向，则电源对电容 C_1 充电，电流从正极点流过主开关 Sa1、Sa2，该相输出端电位等同于正极点电位，输出电压 $U = +V_{dc}/2$；若负载电流为负方向，则电流流过与主开关管 Sa1、Sa2 反并联的续流二极

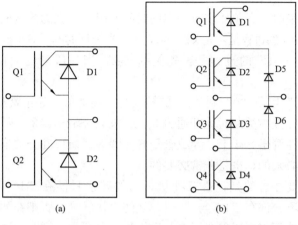

图 7-96　典型桥臂对比示意图

(a) 2 电平逆变器（2L）；(b) 3 电平逆变器（3L）

管对电容 C_1 充电，电流注入正极点，该相输出端电位仍然等同于正极点电位，输出电压 $U=+V_{dc}/2$，通常将其标识为所谓的"1"状态，如图 7-97（a）所示；

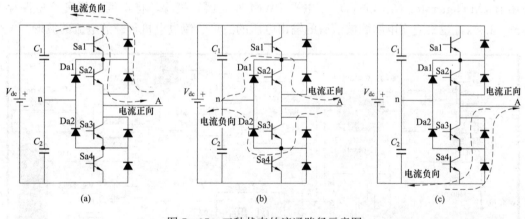

图 7-97　三种状态的流通路径示意图

(a)"1"状态；(b)"0"状态；(c)"-1"状态

第二步： 当 Sa2、Sa3 导通，Sa1、Sa4 关断时，若负载电流为正方向，则电源对电容 C_1 充电，电流从 n 点顺序流过箝位二极管 Da1，主开关管 Sa2，该相输出端电位等同于 0 点电位，输出电压 $U=0$；若负载电流为负方向，则电流顺序流过主开关管 Sa3 和箝位二极管 Da2，电流注入 n 点，该相输出端电位等同于 0 点电位，输出电压 $U=0$，电源对电容 C_2 充电，通常标识为"0"状态，如图 7-97（b）所示；

第三步： 当 Sa3、Sa4 导通，Sa1、Sa2 关断时，若负载电流为正方向，则电流从负极点经由与主开关 Sa3、Sa4 反并联的续流二极管流过，对电容 C_2 进行充电，该相输出端电位等同于负极点电位，输出电压 $U=-V_{dc}/2$；若负载电流为负方向，则电源对电容 C_2 充电，电流流过主开关管 Sa3、Sa4 注入负极点，该相输出端电位仍然等同于负极点电位，输出电压 $U=-V_{dc}/2$，通常标识为"-1"状态，如图 7-97（c）所示。

3. 工作状态间的转换

相邻状态之间转换时，必须要求有一定的时间间隔，称之为死区时间（DeadTime），即

（1）从"1"到"0"的过程是：先关断 Sa1，当一段死区时间后 Sa1 截止，然后再开通 Sa3；

（2）从"0"到"−1"的过程是：先关断 Sa2，当一段死区时间后 Sa2 截止，再开通 Sa4；

（3）"−1"到"0"以及"0"到"1"的转换与上述类似，恕不赘述。

如果在 Sa1 没有完全被关断时就开通 Sa3，则 Sa1、Sa2、Sa3 串联直通，使得直流母线的高电压，直接加载在管子 Sa4 上，导致管子 Sa4 毁坏。所以在开关器件的触发控制上，一定的死区时间间隔是必须的，也是非常必要的。

与此同时，还需要注意的是，这三种状态间的转换只能在"1"与"0"以及"0"与"−1"之间进行。决不允许在"1"与"−1"之间直接转换，否则在死区时间里，一相四个管子容易同时直通，从而将直流母线短接，后果将十分严重。同时，这样操作也会增加开关次数，导致开关损耗显著增加，所以，"1"和"−1"之间的转换必须以"0"为过渡。

4. 仿真建模示例分析

【举例 13】 搭建三相桥-3 电平 PWM 型逆变电路的仿真模型，如图 7 - 98 所示。为了简化问题的分析，本例采用 Three Level Bridge（3 电平变换桥）模块，不失一般性，本例采用 PWM Generator（3 - Level）（3 电平 PWM 发生器）模块，将本例的仿真模型保存为 exm_13. slx，观察逆变电路滤波前后的输出电压的波形、流过电机负载的电流的波形。

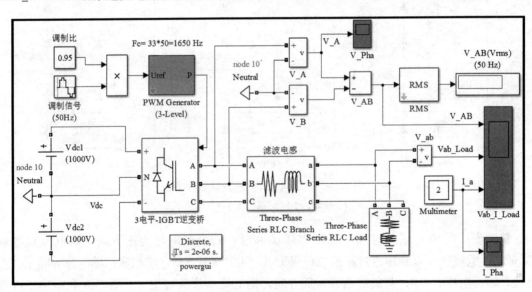

图 7 - 98　3 电平-PWM 型逆变电路的仿真模型

分析：

（1）所需要的模块见表 7 - 24；

（2）将仿真时间的起点和终点分别进行设置，即 Start time：0，end time：100e - 3，选取"ode23tb（Stiff/TR - BDF2）"，其他均为默认参数；

（3）启动仿真程序：点击仿真快捷键图标▶，启动仿真程序；

（4）分析仿真结果：

表 7 - 24　　　　　　　　　　　　　　　**举例 13 所需模块汇集**

元件名称	模块名称	所属模块库	参数设置			备注
			名　称	取值	单位	
调制比	Constant 模块	Simulink/Sources	Constant value（常值）	0.8		
—	Product 模块	Simulink/ Math Operations	Number of inputs	2		
V_AB	Sum 模块		List of signs	+ －		
RMS	RMS 模块	powerlib_meascontrol/ Measurements	Fundamental frequency （Hz）	50	Hz	
			Initial RMS value	0		
			默认参数			
频率	Sine Wave 模块	Simulink/Sources	Amplitude（幅值）	1	V	
			Bias（偏置值）	0		
			Frequency（频率值）	100 * pi	rad/s	
			Phase（相位）	$\begin{bmatrix} 0 & -2*pi/ \\ 3 & 2*pi/3 \end{bmatrix}$	rad	三相波形
			其他为默认值			
V_Pha	Scope 模块	Simulink/Sinks	Number of axes	1		滤波前电压 的波形
Vab_I_Load			Number of axes	2		滤波后电压 和电流的波形
I_Pha			Save data to workspace	☑		FFT 分析 电流的波形
			Variable name	I_S		
			Format	Structure with time		
PWM Generator （3 - Level）	PWM Generator （3 - Level）模块	powerlib_meascontrol/ Pulse & Signal Generators	Generator type （发生器型号）	Three - phase bridge （12 pulses）		
			Mode of operation	Unsynchronized		
			Frequency（Hz）	33 * 50	Hz	
			Initial phase（degrees）	90	°	
			默认参数			
3 电平- IGBT 逆变桥	Universal Bridge 模块	powerlib/ Power Electronics	Number of bridge arms	3		
			Snubber resistance Rs	10	Ω	
			Snubber capacitance Cs	0.47e - 6	F	
			Power electronic device	IGBT/Diode		
			Ron	1e - 4	Ω	
			Forward voltages ［Device Vf，Diode Vfd］	[0.7　0.7]	V	
Vdc1	DC Voltage Source 模块	powerlib/ Electrical Sources	Amplitude	1000	V	
Vdc1			Amplitude	1000	V	

续表

元件名称	模块名称	所属模块库	参数设置			备注
			名　　称	取值	单位	
V_A	Voltage Measurement 模块	powerlib/ Measurements	Output signal	Complex		
V_B			Output signal	Complex		
V_ab			Output signal	Complex		
Multimeter	Multimeter 模块		Selected Measurements	选择流过电机负载的 a 相电流		
V_AB (Vrms)	Display 模块	Simulink/Sinks	Format	Short		
			Decimation	100		
Three - Phase Series RLC Branch	Three - Phase Series RLC Branch 模块		Branch Type	RL		
			Resistance R	10e - 3	Ω	
			Inductance L	100e - 6	H	
Neutral	Neutral 模块		Node number	10		
Three - Phase Series RLC Load	Three - Phase Series RLC Load 模块	powerlib/Elements	Nominal phase - to - phase voltage Vn（Vrms）	2000	V	
			Nominal frequency fn	50	Hz	
			Active power P	500e3	W	
			Inductive reactive power QL	100e3	var	
			Capacitive reactive power Qc	0	var	
			Measurements	Branch currents	同举 例 12	
—	Powergui 模块	powerlib	Simulation Type	Discrete		
			Solver type	Tustin/ Backward Euler（TBE）		
			Sample time（s）	2e - 6	s	
			默认参数			

5. $F_r = 50\text{Hz}$ 和 $m = 0.85$ 的仿真结果分析

本例所示仿真模型的调制信号频率 F_r 为 50Hz，其调制比为 $m = 0.85$，$V_{dc}/2 = 1000\text{V}$，代入表达式（7 - 18）得到逆变器输出线电压的有效值 V_{L-L} 为

$$V_{L-L} = m \times \frac{V_{dc}}{2} \frac{\sqrt{3}}{\sqrt{2}} = 0.85 \times 1000 \times \frac{\sqrt{3}}{\sqrt{2}} \approx 1041\text{V} \tag{7 - 21}$$

与仿真结果 $V_{L-L} = 1040\text{V}$ 相比，存在 1V 偏差，相对误差近似为 1‰。

图 7 - 99 表示滤波器滤波前 A 相电压的波形。

图 7 - 100 表示滤波前后 AB 相间电压的波形和流过电机负载的电流的波形，图中 V_AB 表示滤波前 AB 相间电压的波形，Vab_Load 表示滤波后 AB 相间电压的波形，I_a 表示流过电机负载的 A 相电流的波形。

图 7 - 101 表示流过电机负载的 A 相电流 FFT 变换后获得的结果。

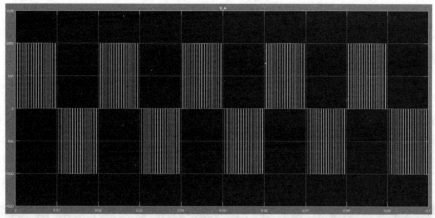

图 7 - 99　滤波器滤波前 A 相电压的波形

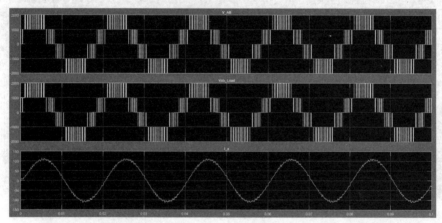

图 7 - 100　滤波前后 AB 相间电压的波形和流过电机负载的电流的波形

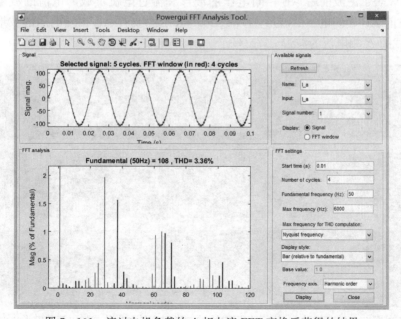

图 7 - 101　流过电机负载的 A 相电流 FFT 变换后获得的结果

6. $F_r = 50\text{Hz}$ 和 $m = 0.95$ 的仿真结果分析

本例所示仿真模型的调制信号频率 F_r 为 50Hz，其调制比为 $m = 0.95$，$V_{dc}/2 = 1000\text{V}$，代入表达式（7-18）得到逆变器输出线电压的有效值 V_{L-L} 为

$$V_{L-L} = m \times \frac{V_{dc}}{2} \frac{\sqrt{3}}{\sqrt{2}} = 0.95 \times 1000 \times \frac{\sqrt{3}}{\sqrt{2}} \approx 1164\text{V} \tag{7-22}$$

与仿真结果 $V_{L-L} = 1162\text{V}$ 相比，存在 2V 偏差，相对误差近似为 1.7‰。与调制比为 $m = 0.85$ 相比，相对误差增加了将近 1 倍，通过仿真研究得知：能够通过调节其控制脉冲的调制比来改变等高的矩形波的宽度，从而达到调节三相正向电压幅度的目的。

图 7-102 表示滤波器滤波前 A 相电压的波形。

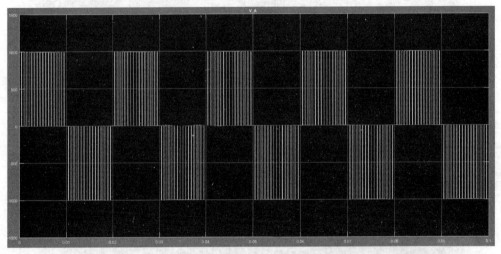

图 7-102   滤波器滤波前 A 相电压的波形

图 7-103 表示滤波前后 AB 相间电压的波形和流过电机负载的电流的波形，图中 V_AB 表示滤波前 AB 相间电压的波形，Vab_Load 表示滤波后 AB 相间电压的波形，I_a 表示流过电机负载的 A 相电流的波形。

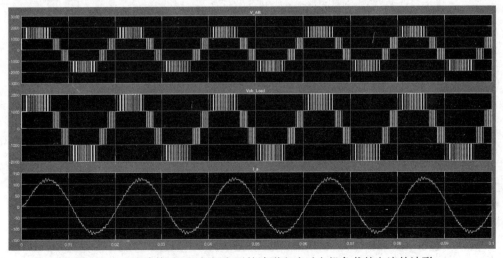

图 7-103   滤波前后 AB 相间电压的波形和流过电机负载的电流的波形

图 7 - 104 表示流过电机负载的 A 相电流 FFT 变换后获得的结果。

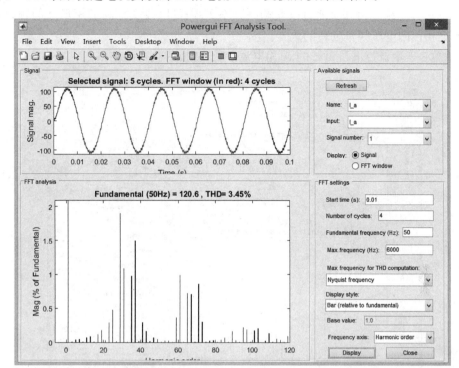

图 7 - 104　流过电机负载的 A 相电流 FFT 变换后获得的结果

7. $F_r = 45\text{Hz}$ 和 $m = 0.85$ 的仿真结果分析

本例所示仿真模型的调制信号频率 F_r 为 45Hz，其调制比为 $m = 0.85$，$V_{dc}/2 = 1000\text{V}$，逆变器输出线电压的有效值 V_{L-L} 为 1017V。

图 7 - 105 表示滤波前后 AB 相间电压的波形和流过电机负载的电流的波形，图中 V_AB 表示滤波前 AB 相间电压的波形，Vab_Load 表示滤波后 AB 相间电压的波形，I_a 表示流过电机负载的 A 相电流的波形。

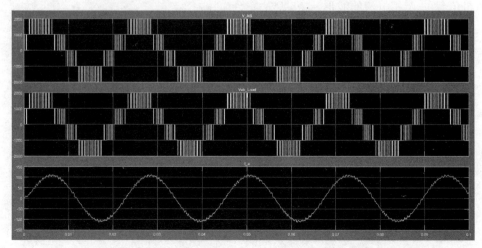

图 7 - 105　滤波前后 AB 相间电压的波形和流过电机负载的电流的波形

对比分析图 7 - 100（F_r＝50Hz 和 m＝0.85 的仿真结果）和图 7 - 105（F_r＝45Hz 和 m＝0.85 的仿真结果）得知：通过改变调制频率 F_r，可以改变等高的矩形波的频率，从而达到调节三相正向电压频率的目的。

图 7 - 106 表示流过电机负载的 A 相电流 FFT 变换后获得的结果。

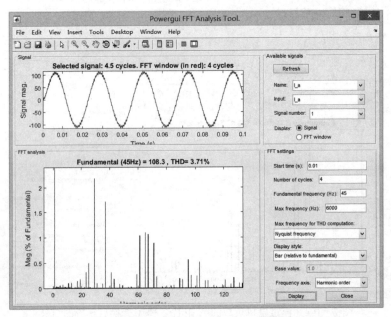

图 7 - 106   流过电机负载的 A 相电流 FFT 变换后获得的结果

8. F_r＝45Hz 和 m＝0.95 的仿真结果分析

本例所示仿真模型的调制信号频率 F_r 为 45Hz，其调制比为 m＝0.95，$V_{dc}/2$＝1000V，逆变器输出线电压的有效值 V_{L-L} 为 1137V。

图 7 - 107 表示滤波前后 AB 相间电压的波形和流过电机负载的电流的波形，图中 V_AB 表示滤波前 AB 相间电压的波形，Vab_Load 表示滤波后 AB 相间电压的波形，I_a 表示流过电机负载的 A 相电流的波形。

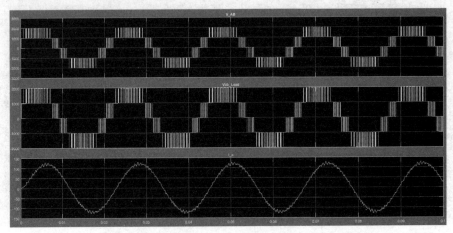

图 7 - 107   滤波前后 AB 相间电压的波形和流过电机负载的电流的波形

对比分析图 7-103（$F_r = 50$Hz 和 $m = 0.95$ 的仿真结果）和图 7-107（$F_r = 45$Hz 和 $m = 0.95$ 的仿真结果）得知：通过改变调制频率 F_r，可以改变等高的矩形波的频率，从而达到调节三相正向电压频率的目的。

图 7-108 表示流过电机负载的 A 相电流 FFT 变换后获得的结果。

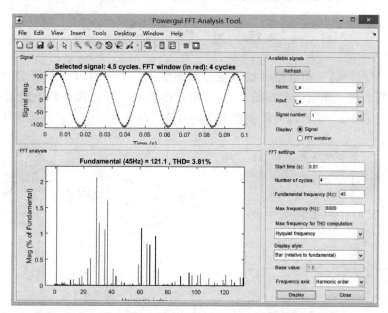

图 7-108　流过电机负载的 A 相电流 FFT 变换后获得的结果

9. 仿真分析总结

为便于对比分析，现将上述四种情况总结于表 7-25 中。

表 7-25　　　　　　　　　三相桥-3 电平仿真结果对比

序号	调制比 m	基波频率 F_n（Hz）	V_{L-L}（Vrms）（仿真结果）	THD（%）
1	0.85	50	1040	3.36
2	0.85	45	1017	3.71
3	0.95	50	1162	3.45
4	0.95	45	1137	3.81

7.6.4　两种仿真模型对比

为方便对比分析起见，现将上述八种情况总结于表 7-26 中。

表 7-26　　　　　　　三相桥-2 电平与三相桥-3 电平仿真结果对比

序号	调制比 m	基波频率 F_n（Hz）	V_{L-L}（Vrms）（仿真结果）		THD（%）	
			2 电平	3 电平	2 电平	3 电平
1	0.85	50	1038	1040	7.44	3.36
2	0.85	45	1027	1017	8.19	3.71
3	0.95	50	1162	1162	7.24	3.45
4	0.95	45	1147	1137	8.02	3.81

分析表 7 - 26 得知：

（1）当调制频率相同时，随着调制比的增加，逆变器输出的线—线电压的有效值增加；

（2）当调制比相同时，随着调制频率的增加，逆变器输出的线—线电压的有效值增加；

（3）3 电平逆变器输出波形质量明显优于 2 电平逆变器输出波形质量。

$$\textbf{练 习 题}$$

1. 供给功率较小的三相电路（如测量仪器和继电器等）可以利用所谓的相数变换器，从单相电源获得对称三相电压。如图 7 - 109 所示电路中，若已知每相电阻 $R=20\Omega$，所加单相电源频率为 50Hz。试计算为使负载上得到对称三相电流（电压）所需的 L、C 之值。

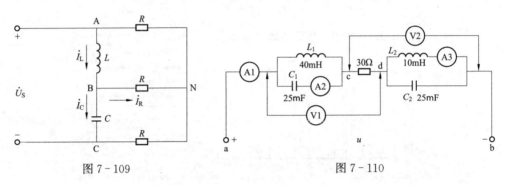

图 7 - 109   图 7 - 110

提示：$C=\dfrac{1}{\sqrt{3}R\omega}=\dfrac{1}{\sqrt{3}\times20\times314}=91.9\times10^{-6}\text{F}=91.9\mu\text{F}$，

$$L=\dfrac{\sqrt{3}R}{\omega}=\dfrac{\sqrt{3}\times20}{314}=0.110\text{H}=110\text{mH}$$

2. 已知：$u=30+120\cos1000t+60\cos\left(2000t+\dfrac{\pi}{4}\right)\text{V}$，求图 7 - 110 所示电路中各表读数（有效值）及电路吸收的功率。

提示：电流表 A1 的读数：$I=1\text{A}$；电流表 A2 的读数：$3/\sqrt{2}=2.12\text{A}$；电流表 A3 的读数：$\sqrt{1^2+\left(3/\sqrt{2}\right)^2}=2.35\text{A}$；电压表 V1 的读数：$\sqrt{30^2+\left(120/\sqrt{2}\right)^2}=90\text{V}$；电压表 V2 的读数：$\sqrt{30^2+\left(60/\sqrt{2}\right)^2}=52.0\text{V}$。

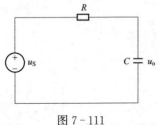

图 7 - 111

3. 不用 MATLAB 的 Simulink 而是利用编程方法求解 RC 电路，如图 7 - 111 所示。其中电阻分别为 $R=1.0\text{k}\Omega$、$R=10\text{k}\Omega$ 和 $R=0.1\text{k}\Omega$，$C=10\mu\text{F}$，$u_\text{S}=10\text{V}$，求电容器端电压的波形。

提示：电容器端电压为：$u_\text{o}=u_\text{S}\left(1-\text{e}^{-\frac{t}{RC}}\right)\text{V}$。

%改变电阻参数值

```
c=10e-6; r1=1e3;              % 电阻值 1
tau1=c*r1;                    % 时间常数值 1
```

```
t=0:0.002:0.05;                    %时间步长值
v1=10*(1-exp(-t/tau1));            %电容器端电压值1
r2=10e3;                           %电阻值2
tau2=c*r2;                         %时间常数值2
v2=10*(1-exp(-t/tau2));            %电容器端电压值2
r3=.1e3;                           %电阻值3
tau3=c*r3;                         %时间常数值3
v3=10*(1-exp(-t/tau3));            %电容器端电压值3
plot(t,v1,'+',t,v2,'o', t,v3,'*')  %绘制三种情况时电容器端电压的波形
axis([0 0.06 0 12])
title('电容器在三种充电时间常数时的波形')
xlabel('时间/s')
ylabel('电容器端电压的波形/V')
text(0.03, 5.0, '+R=1k欧姆')
text(0.03, 6.0, 'o R=10K欧姆')
text(0.03, 7.0, '*R=0.1K欧姆')
```

4. 改变习题 3 中的输入电压的波形，假设本题输入电压为幅值 $5.0V$ 脉宽为 $0.5s$ 的方波波形，试讨论当电阻分别为 $R=1.0k\Omega$ 和 $R=10k\Omega$，$C=10\mu F$，求电容器端电压的波形。

提示：利用 Simulink 搭建模型分析。

第8章　MATLAB 在电力系统中的典型应用

电力系统一般由发电机、变压器、电力线路和电力负荷构成。MATLAB 软件在 simulink 环境中专门设置了 SimPowerSystems（电力系统）模块库，为电力系统的建模提供了简洁的工具，通过电力系统的电路图绘制，可以自动生成数学模型。电路图模型的主要特点是具有良好的人机界面，便于进行简单的操作，省去了利用程序建立电力系统模型的反复步骤。利用这种方式构成的数学模型相对于控制系统中的微分方程模型、状态方程模型、传递函数模型有着更直观和实用的优点。当然，SimPowerSystems（电力系统）模块库，对于电力系统的仿真分析提供了可视化手段。

8.1　认识 Machines（电机）模块库

本书已经在前面讲授过 SimPowerSystems（电力系统）模块库，如图 7-1 所示，也讨论过 Electrical Sources（电源）模块库、Elements（电气元件）模块库、Power Electronics（电力电子器件）模块库、Measurements（测量）模块库、Interface Elements（接口元件）模块库、Powergui（图形接口界面）模块，包括它们的调用方法、使用技巧、示例分析等重要内容。本节将重点学习 Machines（电机）模块库的调用方法、使用步骤和参数设置技巧等内容。

8.1.1　调用方法

方法 1：→点击 MATLAB 的工具条上的 Simulink Library 的快捷键图标，即可弹出 "Open Simulink block library"，→点击 Simscape 模块库，→点击 SimPowersystems 模块库，→点击 Specialized Technology 模块库，→点击 Fundamental Blocks 模块库，→即可看到 Machines（电机）模块库的图标，如图 8-1 所示，→点击该模块库图标，即可看到该模块库中有 18 种模块，如图 8-2 所示。

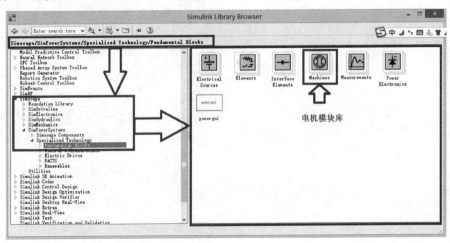

图 8-1　Machines（电机）模块库图标

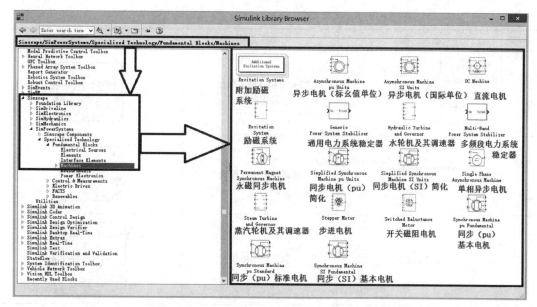

图 8-2 Machines（电机）模块库的基本组成

方法 2：在 MATLAB 命令窗口中输入 powerlib，按回车键，即可打开 SimPowerSystems 的模块库了，在该模块库中即可看到 Machines（电机）模块库的图标，如图 8-3 所示。

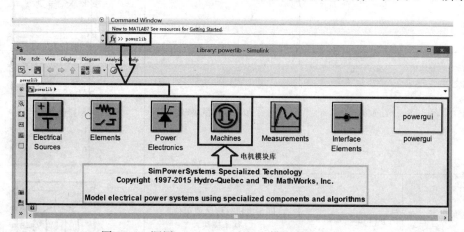

图 8-3 调用 Machines（电机）模块库的方法之二

8.1.2 Machines（电机）模块库介绍

Machines（电机）模块库的各个模块见表 8-1。

表 8-1 Machines（电机）模块库

序号	名　称		功能说明	图　例
1	Simplified Synchronous Machine（同步电机简化模型）	pu Units	同步电机（标幺值单位）简化模块	

序号	名　　称		功能说明	图　　例
2	Simplified Synchronous Machine（同步电机简化模型）	SI Units	同步电机（国际单位）简化模块	
3	Permanent Magnet Synchronous Machine		永磁同步电机模块	
4	DC Machine		直流电机模块	
5	Switched Reluctance Motor		开关磁阻电机模块	
6	Stepper Motor		步进电机模块	
7	Synchronous Machine（同步电机）	pu Fundamental	同步电机（标幺值单位）基本模块	
8		pu Standard	同步电机（标幺值单位）标准模块	
9		SI Fundamental	同步电机（国际单位）基本模块	

序号	名　称		功能说明	图　例
10	Asynchronous Machine（异步电机）	pu Units	异步电机（标幺值单位）模块	
11		SI Units	异步电机（国际单位）模块	
12		Single phase	单相异步电机模块	
13	Excitation System		励磁系统模块	
14	Hydraulic Turbine and Governor		水轮机及其调速器模块	
15	Steam Turbine and Governor		蒸汽轮机及其调速器模块	
16	Generic Power System Stabilizer		通用电力系统稳定器模块	

续表

序号	名　称	功能说明	图　例
17	Multi - Band Power System Stabilizer	多频段电力系统稳定器模块	
18	Excitation Systems	附加励磁系统模块库[①]	

① Excitation Systems（附加励磁系统）模块库，是 MATLAB 软件 R2015 新增的模块，它包括 8 个励磁模块，其图标如图 8-4 所示，其调用方法为：在 MATLAB 命令窗口中输入 sps_avr，按回车键，即可打开 Excitation Systems（附加励磁系统）模块库了，在该模块库中即可看到全部励磁模块的图标。

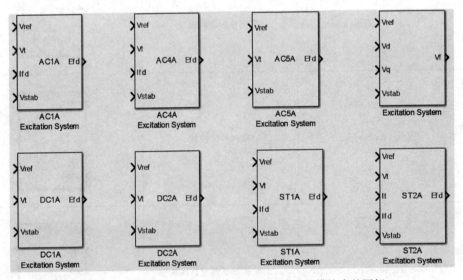

图 8-4　Excitation Systems（附加励磁系统）模块库的图标

8.2　学习 Asynchronous Machine（异步电机）模块库

8.2.1　概述

在 MATLAB 软件中，Asynchronous Machine（异步电机）模块库包含三种模块：

（1）Asynchronous Machine pu units：异步电机（标幺值单位）模块；

（2）Asynchronous Machine SI units：异步电机（国际单位）模块；

（3）Single phase Asynchronous Machine：单相异步电机模块。

在构建异步电机模块时，它包括了两个部分，即电气部分和机械部分，前者可以用一个四阶状态模型表示，后者可以用二阶模型表示。

8.2.2　电气特性

通过坐标变换，电机可以从静止三相坐标系转换到旋转坐标系中（例如 d-q 轴系）。当把异步电机转子参数折算到定子侧时，异步电机的电气特性可以用图 8-5 来描述。

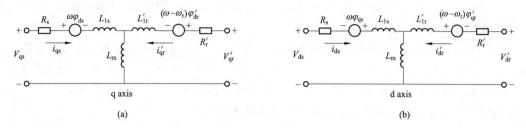

图 8-5　Asynchronous Machine（异步电机）的电气特性

（a）q 轴等效电路；（b）d 轴等效电路

$$V_{qs} = R_s i_{qs} + \frac{\mathrm{d}}{\mathrm{d}t}\varphi_{qs} + \omega\varphi_{ds} \tag{8-1}$$

$$V_{ds} = R_s i_{ds} + \frac{\mathrm{d}}{\mathrm{d}t}\varphi_{ds} - \omega\varphi_{qs} \tag{8-2}$$

$$V'_{qr} = R'_r i'_{qr} + \frac{\mathrm{d}}{\mathrm{d}t}\varphi'_{qr} + (\omega - \omega_r)\varphi'_{dr} \tag{8-3}$$

$$V'_{dr} = R'_r i'_{dr} + \frac{\mathrm{d}}{\mathrm{d}t}\varphi'_{dr} - (\omega - \omega_r)\varphi'_{qr} \tag{8-4}$$

$$T_e = 1.5 p(\varphi_{ds} i_{qs} - \varphi_{qs} i_{ds}) \tag{8-5}$$

式中　$\varphi_{qs} = L_s i_{qs} + L_m i'_{qr}$，$\varphi_{ds} = L_s i_{ds} + L_m i'_{dr}$，$\varphi'_{qr} = L'_r i'_{qr} + L_m i_{qs}$，$\varphi'_{dr} = L'_r i'_{dr} + L_m i_{ds}$，$L_s = L_{ls} + L_m$，$L'_r = L'_{lr} + L_m$。$V$、$i$ 分别表示电压和电流，R、L 分别表示电阻和电感，φ 表示磁通，ω 表示角频率，T_e 表示电磁转矩。下标 d、q 表示 d 轴和 q 轴，下标 s 表示定子，下标 r 表示转子，下标 m 表示激磁（或者励磁）回路。

8.2.3　机械特性

异步电机的机械特性主要用转子运动方程来描述

$$\frac{\mathrm{d}}{\mathrm{d}t}\omega_m = \frac{1}{2H}(T_e - F\omega_m - T_m) \tag{8-6}$$

$$\frac{\mathrm{d}}{\mathrm{d}t}\theta_m = \omega_m \tag{8-7}$$

式中　θ_m——电气角度；

　　　ω_m——角加速度；

　　　F——摩擦系数；

　　　H——转动惯量。

8.2.4　Asynchronous Machine pu Units 模块的参数设置

在 MATLAB 软件中，Asynchronous Machine pu Units（标幺值异步电机）模块，是以上述电气方程和机械方程为基础来实现的。关键是如何利用其参数对话框设置其参数、获得所需要的电机模型。

1. Configuration（电机结构参数）

图 8-6 表示 Asynchronous Machine pu Units（标幺值异步电机）模块的 Configuration

（电机结构参数）的对话框。现将图中所示各个参数的含义分别说明如下：

（1）Rotor type：转子结构有三种可供选择，即 Wound（绕线式）、Squirrel-cage（鼠笼式）和 Double squirrel-cage（双鼠笼式）；

（2）Reference frame：用于选择仿真的参考坐标系，可供选择的有 Rotor（旋转轴系）、Stationary（静止轴系）和 Synchronous（同步轴系）三种；

（3）Mechanical input：机械参数输入，可供选择的有 Torque Tm（机械转矩）、Speed w（转速）、Mechanical rotational port（机械旋转端口）。

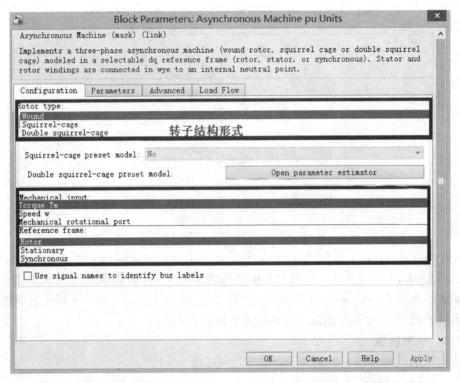

图 8-6　Asynchronous Machine pu Units 模块的 Configuration 参数对话框

其他参数主要用于设置电机的电气结构参数、状态参数和机械参数，需要根据具体的电机模型分别设置。

2. Parameters（电磁参数）

图 8-7 表示 Asynchronous Machine pu Units（标幺值异步电机）模块的 Parameters（电磁参数）的对话框，现将图中所示的各个参数的含义分别说明如下：

（1）Nominal power Pn（VA），voltage（line-line）Vn（V），and frequency fn（Hz）：额定功率 Pn（VA），线—线电压有效值 Vn（V），频率（Hz）；

（2）Stator resistance Rs（Ω or pu）and inductance Lls（H or pu）：定子电阻 Rs（Ω 或者 pu），定子电感 Lls（H 或者 pu）；

（3）Mutual inductance Lm（H or pu）：互感（磁化电感）Lm（H 或者 pu）；

（4）Inertia constant H（s），friction factor F（N.m.s），and pole pairs p：惯性常数 H（s），摩擦系数 F（N.m.s），极对数 p，对于异步电机标幺值模块而言，是指惯性常数 H （s），组合黏性摩擦系数 F（N. m. s）和极对数 p；

（5）Initial conditions：用于指定初始转差率 s、电气角度 Θe/°、定子电流幅值（A 或者 pu）和相位角（°），其中参数栏中 [s, th, ias, ibs, ics, phaseas, phasebs, phasecs]，分别表示转差率 s，电气角度 Θe，定子 A 相电流幅值 ias，定子 B 相电流幅值 ibs，定子 C 相电流幅值 ics，定子 A 相相位角 phaseas，定子 B 相相位角 phasebs，定子 C 相相位角 phasecs。需要提醒的是：

1）对于绕线式电机而言，可以随意指定转子电流幅值（A 或者 pu）和相位角（°），其中参数栏中 [slip, th, ias, ibs, ics, phaseas, phasebs, phasecs, iar, ibr, icr, phasear, phasebr, phasecr]，分别表示转差率 s，电气角度 Θe，定子 A 相电流幅值 ias，定子 B 相电流幅值 ibs，定子 C 相电流幅值 ics，定子 A 相相位角 phaseas，定子 B 相相位角 phasebs，定子 C 相相位角 phasecs，转子 A 相电流幅值 iar，转子 B 相电流幅值 ibr，转子 C 相电流幅值 icr，转子 A 相相位角 phasear，转子 B 相相位角 phasebr，转子 C 相相位角 phasecr；

2）对于鼠笼式电机而言，其初始条件要根据 Powergui 模块中的负载潮流功能计算得出，不能随意指定其参数。

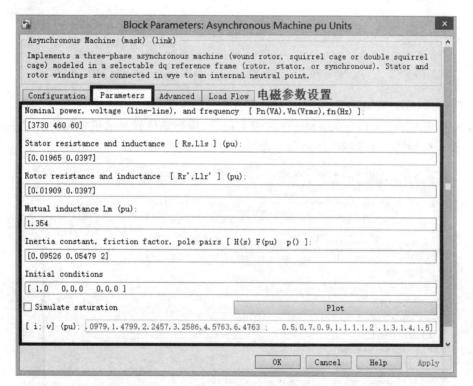

图 8-7　Asynchronous Machine pu Units 模块的 Parameters 参数对话框

8.2.5　Asynchronous Machine SI Units 模块的参数设置

1. Configuration（电机结构参数）

图 8-8 表示 Asynchronous Machine SI Units（国际单位异步电机）模块的 Configuration（电机结构参数）的对话框。图中所示参数与标幺值异步电机模块的参数含义相同。

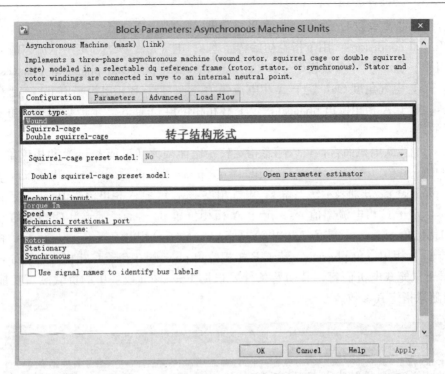

图 8 - 8   Asynchronous Machine SI Units 模块的 Configuration 参数对话框

2. Parameters（电磁参数）

图 8 - 9 表示 Asynchronous Machine SI Units（国际单位异步电机）模块的 Parameters（电磁参数）对话框，现将图中所示各个参数的含义分别说明如下：

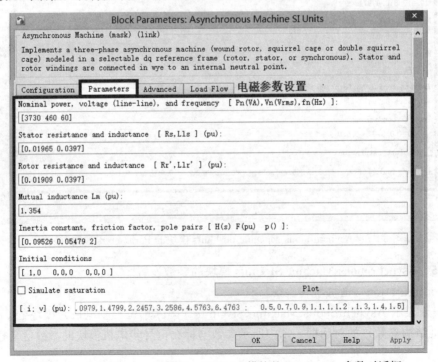

图 8 - 9   Asynchronous Machine SI Units 模块的 Parameters 参数对话框

（1）Nominal power Pn（VA），voltage（line-line）Vn（V），and frequency fn（Hz）：额定功率 Pn/VA，线-线电压有效值 Vn/V，频率/Hz；

（2）Stator resistance Rs（Ω or pu）and inductance Lls（H or pu）：定子电阻 Rs（Ω 或者 pu），定子电感 Lls（H 或者 pu）；

（3）Mutual inductance Lm（H or pu）：互感（磁化电感）Lm（H 或者 pu）；

（4）Inertia constant H（s），friction factor F（N. m. s），and pole pairs p：惯性常数 H/s，摩擦系数 F/（N. m. s），极对数 p，对于异步电机国际单位模块而言，是指结合电机和负载的惯量系数 J/（kg. m^2），组合粘性摩擦系数 F/（N. m. s），极对数 p。摩擦力矩 Tf 与电机转速 ω 成正比，即

$$Tf = F. w \qquad\qquad (8-8)$$

（5）Initial conditions：用于指定初始转差率 s、电气角度 Θe/°、定子电流幅值（A 或者 pu）和相位角/°，其中参数栏中 [s, th, ias, ibs, ics, phaseas, phasebs, phasecs]，分别表示转差率 s，电气角度 Θe，定子 A 相电流幅值 ias，定子 B 相电流幅值 ibs，定子 C 相电流幅值 ics，定子 A 相相位角 phaseas，定子 B 相相位角 phasebs，定子 C 相相位角 phasecs。需要提醒的是：

1）对于绕线式电机而言，读者可以随意指定转子电流幅值（A 或者 pu）和相位角/°，其中参数栏中 [slip, th, ias, ibs, ics, phaseas, phasebs, phasecs, iar, ibr, icr, phasear, phasebr, phasecr]，分别表示转差率 s，电气角度 Θe，定子 A 相电流幅值 ias，定子 B 相电流幅值 ibs，定子 C 相电流幅值 ics，定子 A 相相位角 phaseas，定子 B 相相位角 phasebs，定子 C 相相位角 phasecs，转子 A 相电流幅值 iar，转子 B 相电流幅值 ibr，转子 C 相电流幅值 icr，转子 A 相相位角 phasear，转子 B 相相位角 phasebr，转子 C 相相位角 phasecr；

2）对于鼠笼式电机而言，其初始条件要根据 Powergui 模块中的负载潮流功能计算得出，不能随意指定其参数。

其他参数主要用于设置电机的电气结构参数、状态参数和机械参数，需要根据具体的电机模型分别设置。

8. 2. 6　Asynchronous Machine 模块的输入/输出参数

Asynchronous Machine（异步电机）模块的图例，如表 8 - 1 所示，它的输入/输出参数有：

（1）Tm：Asynchronous Machine（异步电机）模块的仿真输入，是加在机械轴上的机械转矩。当输入是正的仿真信号时，异步电机就表现为电动机，如果输入是负的仿真信号时，异步电机就表现为发电机；

（2）m：Asynchronous Machine（异步电机）模块的仿真输出，提供了包含 28 个信号的测量相量，如表 8 - 2 所示。这些测量信号包括转子电压、电流和磁通，定子电压、电流和磁通；转速，电磁转矩，转子角速度等。可以用 simulink 库中提供的 Bus Selector 模块分解这些信号；

（3）A、B、C：Asynchronous Machine（异步电机）模块的定子终端；

（4）a、b、c：Asynchronous Machine（异步电机）模块的转子终端。

表 8 - 2　　　　　　　**Asynchronous Machine（异步电机）模块的仿真输出变量**

序号	参数名称	含　义	单　位
1	iar	转子 a 相电流 ir_a	A or pu
2	ibr	转子 b 相电流 ir_b	A or pu
3	icr	转子 c 相电流 ir_c	A or pu
4	iqr	转子 q 轴电流 iq	A or pu
5	idr	转子 d 轴电流 id	A or pu
6	phiqr	转子 q 轴磁通 phir_q	V. s or pu
7	phidr	转子 d 轴磁通 phir_d	V. s or pu
8	vqr	转子 q 轴电压 Vr_q	V or pu
9	vdr	转子 d 轴电压 Vr_d	V or pu
10	iar2	鼠笼 2 转子 a 相电流 ir_a	A or pu
11	ibr2	鼠笼 2 转子 b 相电流 ir_b	A or pu
12	icr2	鼠笼 2 转子 c 相电流 ir_c	A or pu
13	iqr2	鼠笼 2 转子 q 轴电流 iq	A or pu
14	idr2	鼠笼 2 转子 d 轴电流 id	A or pu
15	phiqr2	鼠笼 2 转子 q 轴磁通 phir_q	V. s or pu
16	phidr2	鼠笼 2 转子 d 轴磁通 phir_d	V. s or pu
17	ias	定子 a 相电流 is_a	A or pu
18	ibs	定子 b 相电流 is_b	A or pu
19	ics	定子 c 相电流 is_c	A or pu
20	iqs	定子 q 轴电流 is_q	A or pu
21	ids	定子 d 轴电流 is_d	A or pu
22	phiqs	定子 q 轴磁通 phis_q	V. s or pu
23	phids	定子 d 轴磁通 phis_d	V. s or pu
24	vqs	定子 q 轴电压 vs_q	V or pu
25	vds	定子 d 轴电压 vs_d	V or pu
26	w	转子转速	rad/s
27	Te	电磁转矩 Te	N・m or pu
28	theta	转子角 thetam	rad

设计细节如下：

（1）参考坐标系的选择影响到所有 d、q 变量的波形，也影响到仿真速度，在有些情况下也会影响到仿真结果的精确度。现推荐以下三条应用准则：

1）如果定子电压不平衡或者不连续，而转子电压是平衡的（或者为 0），则使用 stationary 参考坐标系；

2）如果转子电压不平衡或者不连续，而定子电压是平衡的，则使用 rotor 参考坐标系；

3）如果所有的电压是平衡的且连续的，则使用 stationary 或者 synchronous 参考坐标系。

（2）Asynchronous Machine（异步电机）模块没有考虑铁耗和饱和度。

（3）当把理想电源接到电机定子侧时，如果打算经过三相 y 型接法的无穷大电压源向定子提供电流，则三个电压源要结成 y 型。但是，如果要仿真一个△型电源，则只能使用两个串联电源。

（4）当在离散系统里使用异步电机模块时，需要加一个负载，接到电机终端，以避免所获得的仿真数值有较大波动。

（5）大采样时间需要大负载；最小负载的容量与采样时间成正比。根据这个原则，规定 25ms 的采样时间作用在 50Hz 的系统上时，最小负载大约是电机额定功率的 2.5%。比如，一台 200MVA 的异步电机运行在采样时间为 50ms 的电力系统中，要求大约 5% 的阻性负载或者说是 10MW。如果采样时间降低到 20ms，则需要 4MW 的抵抗负载。

Single phase Asynchronous Machine（单相异步电机）模块的参数对话框，与前面介绍的两种模块的对话框大同小异，请参见 MATLAB 软件的帮助文档。

8.3　学习 Synchronous Machine（同步电机）模块库

8.3.1　概述

在 MATLAB 软件中，Synchronous Machine（同步电机）模块库包含五种模块，即两个简化模型、一个国际单位基本模块、一个标幺值基本模块和一个标幺值标准模块。

（1）Simplified Synchronous Machine pu units：同步电机（标幺值单位）简化模块；

（2）Simplified Synchronous Machine SI units：同步电机（国际单位）简化模块；

（3）Synchronous Machine pu Fundamental：同步电机（标幺值单位）基本模块；

（4）Synchronous Machine pu Standard：同步电机（标幺值单位）标准模块；

（5）Synchronous Machine SI Fundamental：同步电机（国际单位）基本模块。

8.3.2　数学描述

同步电机的数学模型可以用图 8-10 来描述，其电路方程为

$$V_d = R_s i_d + \frac{\mathrm{d}}{\mathrm{d}t}\varphi_d - \omega_R \varphi_q \tag{8-9}$$

$$V_q = R_s i_q + \frac{\mathrm{d}}{\mathrm{d}t}\varphi_q + \omega_R \varphi_q \tag{8-10}$$

$$V'_{fd} = R'_{fd} i'_{fd} + \frac{\mathrm{d}}{\mathrm{d}t}\varphi'_{fd} \tag{8-11}$$

$$V'_{kd1} = R'_{kd1} i'_{kd1} + \frac{\mathrm{d}}{\mathrm{d}t}\varphi'_{kd1} \tag{8-12}$$

$$V'_{kq1} = R'_{kq1} i'_{kq1} + \frac{\mathrm{d}}{\mathrm{d}t}\varphi'_{kq1} \tag{8-13}$$

$$V'_{kq2} = R'_{kq2} i'_{kq2} + \frac{\mathrm{d}}{\mathrm{d}t}\varphi'_{kq2} \tag{8-14}$$

式中 $\varphi_d = L_d i_d + L_{md}(i'_{fd} + i'_{kd})$，$\varphi_q = L_q i_q + L_{mq} i'_{kq}$，$\varphi'_{fd} = L'_{fd} i'_{fd} + L_{md}(i_d + i'_{kd})$，$\varphi'_{kd} = L'_{kd} i'_{kd} + L_{md}(i_d + i'_{fd})$，$\varphi'_{kq1} = L'_{kq1} i'_{kq1} + L_{md} i_q$，$\varphi'_{kq2} = L'_{kq2} i'_{kq2} + L_{md} i_q$。其中下标 f、k 分别表示转子励磁绕组和阻尼绕组，l 表示漏抗。需要注意的是，在 MATLAB 软件 R2015 中，Synchronous Machine（同步电机）的等效电路中的定子 d、q 轴电流的标示方向与其方程并不

相符。

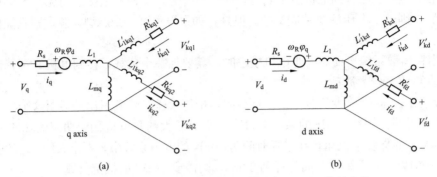

图 8 - 10   Synchronous Machine（同步电机）原理等效电路

(a) q 轴电路；(b) d 轴电路

8.3.3   Synchronous Machine 模块的参数设置

图 8 - 11 表示 Simplified Synchronous Machine pu Units［同步电机（标幺值单位）简化］模块的参数对话框，其中，图 8 - 11（a）表示它的 Configuration（电机结构参数）的对话框，图 8 - 11（b）表示它的 Parameters（电磁参数）的对话框。

图 8 - 12 表示 Simplified Synchronous Machine SI Units［同步电机（国际单位）简化］模块的参数对话框，其中，图 8 - 12（a）表示它的 Configuration（电机结构参数）的对话框，图 8 - 12（b）表示它的 Parameters（电磁参数）的对话框。

图 8 - 13 表示 Synchronous Machine pu Fundamental［同步电机（标幺值单位）基本］模块的参数对话框，其中，图 8 - 13（a）表示它的 Configuration（电机结构参数）的对话框，图 8 - 13（b）表示它的 Parameters（电磁参数）的对话框。

图 8 - 14 表示 Synchronous Machine pu Standard［同步电机（标幺值单位）标准］模块的参数对话框，其中，图 8 - 14（a）表示它的 Configuration（电机结构参数）的对话框，图 8 - 14（b）表示它的 Parameters（电磁参数）的对话框。

图 8 - 15 表示 Synchronous Machine SI Fundamental［同步电机（国际单位）基本］模块的参数对话框，其中，图 8 - 15（a）表示它的 Configuration（电机结构参数）的对话框，图 8 - 15（b）表示它的 Parameters（电磁参数）的对话框。

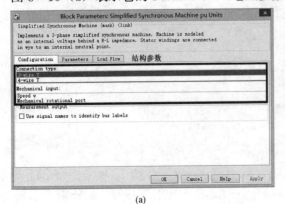 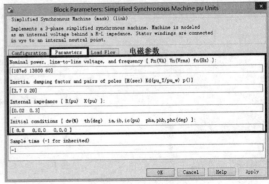

(a)   (b)

图 8 - 11   Simplified Synchronous Machine pu units 模块的参数对话框

(a) Configuration（电机结构参数）；(b) Parameters（电磁参数）

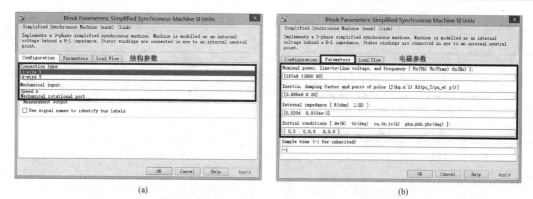

(a)　　　　　　　　　　　　(b)

图 8-12　Simplified Synchronous Machine SI units 模块的参数对话框

(a) Configuration（电机结构参数）；(b) Parameters（电磁参数）

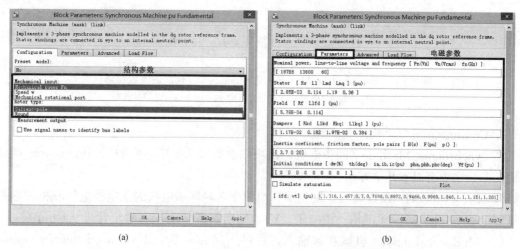

(a)　　　　　　　　　　　　(b)

图 8-13　Synchronous Machine pu Fundamental 模块的参数对话框

(a) Configuration（电机结构参数）；(b) Parameters（电磁参数）

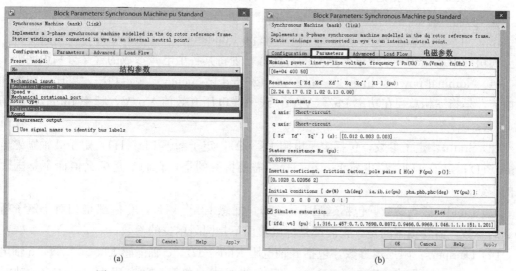

(a)　　　　　　　　　　　　(b)

图 8-14　Synchronous Machine pu Standard 模块的参数对话框

(a) Configuration（电机结构参数）；(b) Parameters（电磁参数）

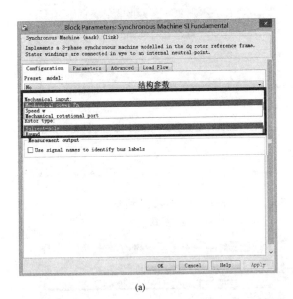 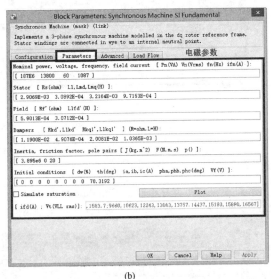

(a)

(b)

图 8 - 15   Synchronous Machine SI Fundamental 模块的参数对话框

(a) Configuration（电机结构参数）；(b) Parameters（电磁参数）

1. Configuration（电机结构参数）

在 Synchronous Machine（同步电机）模块的参数对话框中，它的 Configuration（电机结构）参数主要有以下几个方面：

（1）Preset model：预置模型，提供了一组用于各种同步电机的预定的电气和机械参数，包括额定功率（kVA）、额定相—相电压（V）、额定频率（Hz）和额定转速（r/min）；

（2）Mechanical input：机械参数输入，可供选择的有 Speed w、Mechanical rotational port；

（3）Rotor type：指定转子绕组的形式，可选 salient-pole（凸极）或者 round（隐极）。

2. Synchronous Machine pu Fundamental 电磁参数

图 8 - 13（b）表示 Synchronous Machine pu Fundamental ［同步电机（标幺值单位）基本］模块的 Parameters（电磁参数）的对话框，现将其各个电磁参数的含义分别说明如下：

（1）Nominal power，line - to - line voltage and frequency：额定功率、电压、频率和励磁电流，是指三相总视在功率 Pn/（VA），线—线电压有效值 Vn/V，频率 fn/Hz，磁场电流 i_{fn}/A；

（2）Stator：定子参数，包括定子电阻 Rs（Ω），定子漏感 Lls（H），定子 d 轴励磁电感 Lmd（H），定子 q 轴励磁电感 Lm q（H），需要提醒的是，它们都是标幺值而不是国际单位的参数；

（3）Field：磁场参数，包括磁阻 Rf′（Ω），漏感 Llfd′（H），它们都是相对于定子折合得到的参数，需要提醒的是，它们都是标幺值而不是国际单位的参数；

（4）Dampers：阻尼器参数，包括 d 轴电阻 Rkd′（Ω），d 轴漏感 Llk q′（H），q 轴电阻 Rkq1′（Ω），q 轴漏感 Llkq1′（H），（只有绕线式电机）q 轴电阻 Rkq2′/Ω，q 轴漏感 Llkq2′/H，它们都是相对于定子折合得到的参数，需要提醒的是，它们都是标幺值而不是国际单位的参数；

（5）Inertia，friction factor，pole pairs：惯性常数 H（s），摩擦系数 F ［＝摩擦力矩（标幺值）/转速（标幺值）］，极对数 p，摩擦力矩 Tf 与转子转速 ω 成正比，即

$$Tf = F \times \omega \tag{8-15}$$

式中摩擦系数 F、转子转速 ω，它们都是标幺值而不是国际单位的参数。

（6）Intial conditions：用于设置电机的初始速度偏差 $\Delta\omega$（相对于额定转速的百分比）、转子电气角度 Θe、线电流幅值（ia、ib、ic）、相角（pha、phb、phc）以及初始励磁电压 Vf；根据 Powergui 模块中的负载潮流功能或者电机的初始条件，计算得出上述参数值，需要提醒的是，它们都是标幺值而不是国际单位的参数，对于饱和而言，额定励磁电流作为励磁电流的基准值，额定线—线电压有效值作为终端电压的基准值。

定子基准值（Stator Base Values）见表 8-3。

表 8-3　　　　　　　　　　　　定子基准值（Stator Base Values）总结表

物理量名称	各个基准值表达式	含　　义	单位	备　　注
定子电压基准值 （base stator voltage）	$V_{sbase} = V_n \dfrac{\sqrt{2}}{\sqrt{3}}$	额定线—地的峰值电压 （peak nominal line - to - neutral voltage）	V	P_n：三相额定功率（VA）（three - phase nominal power） V_n：额定线—线电压（Vrms）（nominal line - to - line voltage） f_n：额定频率（Hz）（nominal frequency） i_{fn}：在空载时产生标称定子电压的额定励磁电流（A）（nominal field current producing nominal stator voltage at no load）
定子电流基准值 （base stator current）	$I_{sbase} = \dfrac{P_n \sqrt{2}}{V_n \sqrt{3}}$		A	
定子阻抗基准值 （base stator impedance）	$Z_{sbase} = \dfrac{V_{sbase}}{I_{sbase}} = \dfrac{V_n^2}{P_n}$		Ω	
基准角频率 （base angular frequency）	$\omega_{base} = 2\pi f_n$		rad/s	
定子电感基准值 （base stator inductance）	$L_{sbase} = Z_{sbase} \omega_{base}$		H	

3. Synchronous Machine pu Standard 电磁参数

图 8-14（b）表示 Synchronous Machine pu Standard ［同步电机（标幺值单位）标准］模块的 Parameters（电磁参数）对话框，现将其各个电磁参数的含义分别说明如下：

（1）Nominal power，line - to - line voltage，frequency：额定功率、电压、频率和励磁电流，是指三相总视在功率 Pn/（VA），线—线电压有效值 Vn/V，频率 fn/Hz，磁场电流 i_{fn}/A；

（2）Reactances：电感参数，包括 d 轴同步电感 Xd、d 轴暂态电感 Xd′，d 轴超瞬变电抗 Xd″，q 轴同步电感 Xq、q 轴暂态电感 Xq′（仅适用于绕线式电机），d 轴超瞬变电抗 Xq″，漏感 Xl，需要提醒的是，它们都是标幺值而不是国际单位的参数；

（3）d - axis time constants（s）（d 轴时间常数/s）和 q - axis time constant（s）（q 轴时间常数/s），d 轴和 q 轴都分两种情况，即开路和短路的时间常数；

（4）Time constants：时间常数/s，d 轴和 q 轴的时间常数/s，包括 d 轴暂态开路时间常

数 Tdo′/s 或短路时间常数 Td′/s，d 轴超瞬变开路时间常数 Tdo″/s 或短路时间常数 Td″/s，q 轴暂态开路时间常数 Tqo′/s 或短路时间常数 Tq′/s（仅适用于绕线式电机），q 轴超瞬变开路时间常数 Tqo″/s 或短路时间常数 Tq″/s；

（5）Stator：定子参数，包括定子电阻 Rs/Ω，是标幺值而不是国际单位的参数；

（6）Inertia，friction factor，pole pairs：惯性常数 H/s，摩擦系数 F［＝摩擦力矩（标幺值）/转速（标幺值）］，极对数 p，摩擦力矩 Tf 与转子转速 ω 成正比，即

$$Tf = F \times \omega \tag{8-16}$$

式中摩擦系数 F、转子转速 ω，它们都是标幺值而不是国际单位的参数。

4. Synchronous Machine SI Fundamental 电磁参数

图 8-15（b）表示 Synchronous Machine SI Fundamental［同步电机（国际单位）基本］模块的 Parameters（电磁参数）的对话框，现将其各个电磁参数的含义分别说明如下：

（1）Nominal power，voltage，frequency，field current：额定功率、电压、频率和励磁电流，是指三相总视在功率 Pn/(VA)，线－线电压有效值 Vn/V，频率 fn/Hz，磁场电流 i_{fn}/A；

（2）Stator：定子参数，包括定子电阻 Rs/Ω，定子漏感 Lls/H，定子 d 轴励磁电感 Lmd/H，定子 q 轴励磁电感 Lm q/H，需要提醒的是，它们都是国际单位的参数；

（3）Field：磁场参数，包括磁阻 Rf′/Ω，漏感 Llfd′/H，它们都是相对于定子折合得到的参数，需要提醒的是，它们都是国际单位的参数；

（4）Dampers：阻尼器参数，包括 d 轴电阻 Rkd′/Ω，d 轴漏感 Llk q′/H，q 轴电阻 Rkq1′/Ω，q 轴漏感 Llkq1′/H，（仅适用于绕线式电机）q 轴电阻 Rkq2′/Ω，q 轴漏感 Llkq2′/H，它们都是相对于定子折合得到的参数，需要提醒的是，它们都是国际单位的参数；

（5）Inertia，friction factor，pole pairs：惯性常数 H/s，摩擦系数 F/(N.m.s)，极对数 p，摩擦力矩 Tf/(N.m) 与转子转速 ω/(rad/s) 成正比，即

$$Tf = F \times \omega \tag{8-17}$$

（6）Intial conditions：用于设置电机的初始速度偏差 $\Delta\omega$（相对于额定转速的百分比）、转子电气角度 Θe/°、线电流幅值（ia/A、ib/A、ic/A）、相角（pha/°、phb/°、phc/°）以及初始励磁电压 Vf/V；根据 Powergui 模块中的负载潮流功能或者电机的初始条件，计算得出上述参数值；

（7）Simulate saturation：用于确定转子电磁饱和度、定子铁芯的饱和参数。如果选择了该项参数，则参数对话框会增加一栏"Saturation parameters"设置项。

8.3.4 Synchronous Machine 模块的输入/输出参数

Synchronous Machine（同步电机）模块的图例，如表 8-1 所示，它的输入/输出参数的单位，根据所使用的对话框输入的同步电机模块参数的不同而不同。如果基本参数使用国际单位，那么输入/输出参数的单位也必须使用国际单位（但是这几个变量除外：转速变量 dw 呈矢量形式，因为它们经常用标幺值，角度 Θ 用 rad 单位），否则输入/输出参数就必须使用标幺值。

Synchronous Machine（同步电机）模块的输入/输出参数有：

（1）Pm：Synchronous Machine（同步电机）模块的 Simulink 模型的第一个输入参数，被称为电机轴上的机械功率，用 W 或者标幺值。当同步电机 Simulink 模型作为发电机模式

时，该输入可以是一个正的常数或者函数或者原动机模块的输出（参见水轮机及其调速器模块或者汽轮机及其调速器模块部分），当同步电机 Simulink 模型作为电动机模式时，该输入参数通常是一个负的常数或者是函数；

（2）Vf：Synchronous Machine（同步电机）模块的 Simulink 模型的第二个输入参数，被称为励磁电压。该电压可以由工作在发电机模式的电压调节器提供（参见励磁系统模块部分）。当工作在电机模式时，该参数经常作为一个恒定值；

（3）W：可替代模块的输入参数 Pm（取决于机械输入参数的值）的参数，是电机的转速/(rad/s)；

（4）m：Synchronous Machine（同步电机）模块的仿真输出，提供了包含 24 个信号的测量相量，如表 8-4 所示，可以用 simulink 库中提供的 Bus Selector 模块分解这些信号。这些测量信号的单位是国际单位或者标幺值；

（5）A、B、C：模块的三相输出端子。

表 8-4　　　　　　　　Synchronous Machine（同步电机）模块的仿真输出变量

序号	参数名称	含　义	单位
1	ias	定子 a 相电流 is_a	A or pu
2	ibs	定子 b 相电流 is_b	A or pu
3	ics	定子 c 相电流 is_c	A or pu
4	iq	定子 q 轴电流 iq	A or pu
5	id	定子 d 轴电流 id	A or pu
6	ifd	励磁电流 ifd	A or pu
7	ikq	阻尼绕组电流 ikq1	A or pu
8	Ikq2	阻尼绕组电流 ikq2	A or pu
9	ikd	阻尼绕组电流 ikd	A or pu
10	phimq	q 轴互感磁通 phimq	V. s or pu
11	phimd	d 轴互感磁通 phimd	V. s or pu
12	vq	q 轴定子电压 vq	V or pu
13	vd	d 轴定子电压 vd	V or pu
14	lmq	Lmq 饱和电感（q 轴）	H or pu
15	lmd	Lmd 饱和电感（d 轴）	H or pu
16	dtheta	转子角偏差 d_theta	rad
17	w	转子转速 wm	rad/s
18	Pe	电功率 Pe	VA or pu
19	dw	转子转速偏差 dw	rad/s
20	theta	转子机械角 theta	rad
21	Te	电磁转矩 Te	N. m or pu
22	delta	负载角 delta	rad
23	Pe0	输出有功 Peo	VA or pu
24	Qe0	输出无功 Qeo	VAR or pu

8.4　Machine 模块示例分析

8.4.1　标幺值计算方法概述

复习一下标幺值的计算方法：对于一个给定量（如电压、电流、功率、阻抗、转矩等），其标幺值就是指该量的设计值与基准值之比，所以，标幺值没有单位，国际单位 SI 与标幺值的关系如下

$$标幺值 = \frac{SI\ 单位下的设计值}{SI\ 单位下的基准值} \tag{8-18}$$

一般选定下面的基准值：

（1）基准功率值（国际单位 SI）＝设备额定功率值（国际单位 SI）；

（2）基准电压值（国际单位 SI）＝设备额定电压值（国际单位 SI）。

一旦选定基准功率值和基准电压值，那么基准电流值、基准阻抗值就可以分别表示为

$$基准电流值(SI) = \frac{基准功率值(SI)}{基准电压值(SI)} \tag{8-19}$$

$$基准阻抗值(SI) = \frac{基准电压值(SI)}{基准电流值(SI)} = \frac{基准电压值(SI)^2}{基准功率值(SI)} \tag{8-20}$$

对于交流电机，转矩和转速也可以使用标幺值进行表示，选择下面的基准值：

（1）基准速度（SI）＝同步转速（SI）；

（2）基准转矩（SI）＝对应于基准功率和同步转速时的转矩（SI），其表达式为

$$基准阻抗值(SI) = \frac{基准功率值(三相)(W)}{基准转速值(rad/s)} \tag{8-21}$$

与确定转子转动惯量 J 的方法不同，一般定义惯性常数 H 为

$$H = \frac{同步转速下转子中储存的动能(J)}{电机额定功率值(VA)} = \frac{J\omega^2}{2P_{nom}} \tag{8-22}$$

式中　J——转子转动惯量；

　　　ω——转子转速；

　　P_{nom}——电机额定功率。

惯性常数 H 的单位为 s，大电机的惯性常数 H 为 3～5s。惯性常数 H 为 3s，意味着转动部件中的能量可以维持额定负载 3s 时间；小电机惯性常数 H 较小，比如 3HP 的电机惯性常数 H 就在 0.5～0.7s 之间。

8.4.2　仿真模型示例分析

【举例 1】　本节以 Asynchronous Machine SI units ［异步电机（国际单位）］模块为例，该电机的额定参数有：3HP、220V 线—线电压有效值、频率 50Hz。试搭建如图 8-16 所示的仿真模型，并将其保存为 exm_1.slx。

1. 参数计算

（1）归算到定子的定、转子电阻、电感：定子的电阻 $R_s = 0.435\Omega$；定子的电感 $L_s = 2mH$；转子的电阻 $R_r = 0.816\Omega$；转子的电感 $L_r = 2mH$；

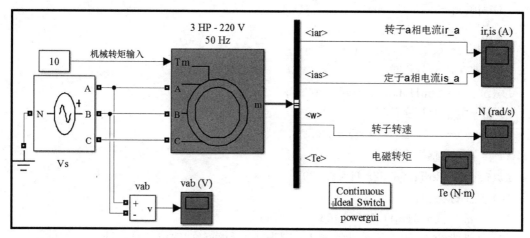

图 8-16 举例 1 的仿真模型

（2）互感 $L_m=69.31\text{mH}$；

（3）转子的转动惯量 $J=0.089\text{kg}\cdot\text{m}^2$；

（4）电机的一相的基准值计算：

1）基准功率值

$$P_{\text{base}}=\frac{3\text{HP}\times476(\text{VA})}{3}=746(\text{VA})/\text{相} \qquad (8-23)$$

2）基准电压值

$$V_{\text{base}}=\frac{220\text{V}}{\sqrt{3}}=127\text{V}_{\text{rms}} \qquad (8-24)$$

3）基准电流值

$$I_{\text{base}}=\frac{P_{\text{base}}}{V_{\text{base}}}=\frac{746\text{W}}{127\text{V}_{\text{rms}}}=5.874\text{A}_{\text{rms}} \qquad (8-25)$$

4）基准阻抗值

$$Z_{\text{base}}=\frac{V_{\text{base}}}{I_{\text{base}}}=\frac{127\text{V}_{\text{rms}}}{5.874\text{A}_{\text{rms}}}=21.62\Omega \qquad (8-26)$$

5）基准电阻值

$$R_{\text{base}}=\frac{V_{\text{base}}}{I_{\text{base}}}=\frac{127\text{V}_{\text{rms}}}{5.874\text{A}_{\text{rms}}}=21.62\Omega \qquad (8-27)$$

6）基准电感值

$$L_{\text{base}}=\frac{Z_{\text{base}}}{2\pi\omega}=\frac{21.62\Omega}{2\pi\times50}=68.82\text{mH} \qquad (8-28)$$

7）基准转速值

$$\omega_{\text{base}}=1800\text{rpm}=\frac{1800\times2\pi}{60}=188.5\text{rad/s} \qquad (8-29)$$

8）基准转矩值

$$T_{\text{base}}=\frac{3\text{HP}\times746}{188.5\text{rad/s}}=11.87\text{N}\cdot\text{m} \qquad (8-30)$$

（5）计算标幺值：

1）定子的电阻标幺值：

R_s(p. u.)$=0.435\Omega/21.62\Omega=0.0201$；

2）定子的电感标幺值：

L_s(p. u.)$=2\ \text{mH}/68.82\text{mH}=0.0291$；

3）转子的电阻标幺值：

R_r(p. u.)$=0.816\Omega/21.62\Omega=0.0377$；

4）转子的电感标幺值：

L_r(p. u.)$=2\text{mH}/68.82\text{mH}=0.0291$；

（6）互感标幺值：

L_m(p. u.)$=69.31\text{mH}/68.82\text{mH}=1.0071$；

（7）惯性常数 H 用转子转动惯量 J、同步转速和额定功率值计算，即：

$$H=\frac{J\omega^2}{2P_{\text{nom}}}=\frac{0.089\times188.5\times188.5}{2\times3746}=0.7065\text{s} \tag{8-31}$$

2. 设置电机模块参数

设置 Asynchronous Machine SI units［异步电机（国际单位）］模块的参数对话框，如图 8-17 所示。

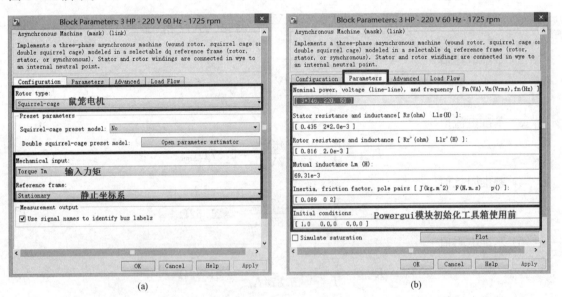

(a)　　　　　　　　　　　　　　　　　(b)

图 8-17　设置 Asynchronous Machine SI units 模块的参数对话框

(a) Configuration（电机结构参数）；(b) Parameters（电磁参数）

3. 完善仿真模型

（1）调用其他元件模块，如表 8-5 所示；

（2）设置 Three-Phase Programmable Voltage Source（三相可编程电压源）模块的参数对话框，如图 8-18 所示；

（3）将仿真时间的起点和终点分别进行设置，即 Start time：0，end time：1，选取"ode23tb（Stiff/TR-BDF2）"，其他参数，如图 8-19 所示；

表 8 - 5　　　　　　　　　　　　　　　　举 例 1 所 需 模 块

元件名称	模块名称	所属模块库	参数设置			备注
			名　　称	取值	单位	
3 HP - 220V 50Hz	Asynchronous Machine SI units 模块	powerlib/Machines	参数设置方法如图 8 - 17 所示			
Vs	Three - Phase Programmable Voltage Source 模块	powerlib/ Electrical Sources	Positive - sequence（正序参数）			图 8 - 18 所示
			amplitude RMS phase - to - phase（V）	220	V	
			Phase（degrees）	0	°	
			Frequency（Hz）	50	Hz	
—	Constant 模块	Simulink/Sources	Constant value（常值）	10	N·m	机械转矩
ir，is（A）	Scope 模块	Simulink/Sinks	Number of axes	2		定子和转子电流的波形
N（rad/s）			Number of axes	1		转子转速波形
Te（N·m）			Number of axes	1		电磁转矩波形
vab（V）			Number of axes	1		输入线—线电压的波形
vab	Voltage Measurement 模块	powerlib/Measurements	—			获取输入线—线电压
—	Ground 模块	powerlib/Elements				
—	Powergui 模块	powerlib	Simulation Type	Continuous		
			Idea Switch			
			Sample time（s）	2e - 6	s	
			默认参数			
	Bus Selector 模块	Simulink/Signal Routing				

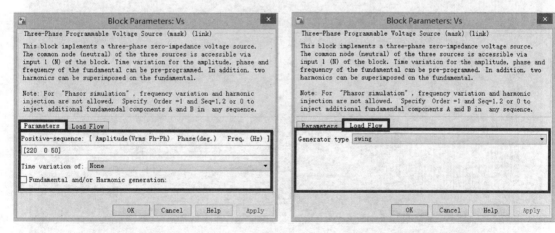

图 8 - 18　设置 Three - Phase Programmable Voltage Source 模块的参数对话框

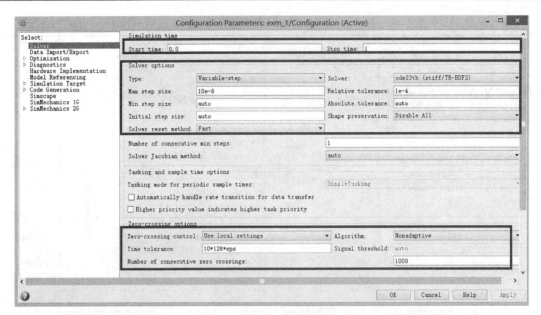

图 8-19　设置仿真参数

（4）启动仿真程序：点击仿真快捷键图标▶，启动仿真程序。

4. 仿真分析

分析仿真结果：

（1）图 8-20 分别表示转子 a 相电流 iar 波形、定子 a 相电流 ias 波形；

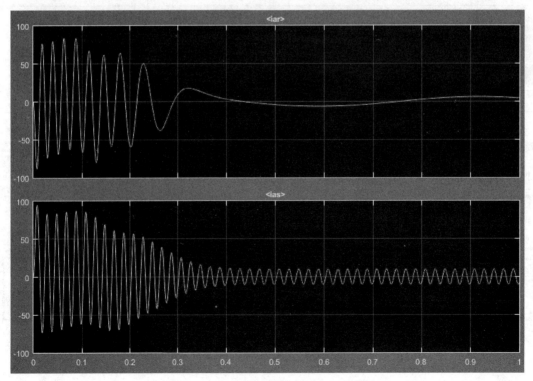

图 8-20　转子 a 相电流 iar 波形、定子 a 相电流 ias 波形

（2）图 8 - 21 表示转子转速 w （rad/s）的波形；

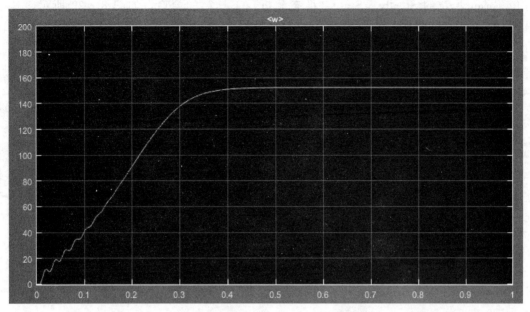

图 8 - 21　转子转速 w （rad/s）的波形

（3）图 8 - 22 表示电磁转矩 T_e（N·m）的波形。

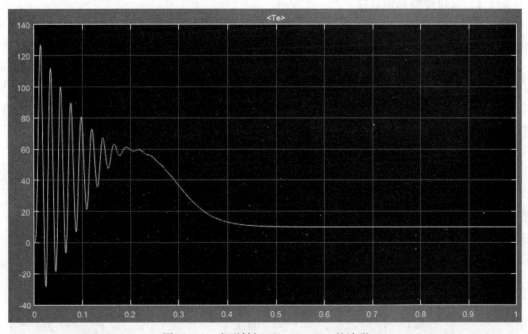

图 8 - 22　电磁转矩 T_e（N·m）的波形

8.4.3　仿真模型稳态分析

本书在第五章的第 6 节中，就已经介绍过 Powergui 模块的 Steady - State（稳态分析）工具箱，不过没有举例说明，因此，本节进一步以示例形式分析它的使用方法。

　　→双击仿真模型中的 Powergui 模块，→点击 Tools，→点击 Steady‐State，即可打开的 Powergui 模块的 Steady‐State（稳态分析）工具箱的窗口，如图 8‐23 所示，其中图 8‐23（a）显示的是 RMS（有效值）的分析结果，图 8‐23（b）显示的是 Peak（峰值）的分析结果。

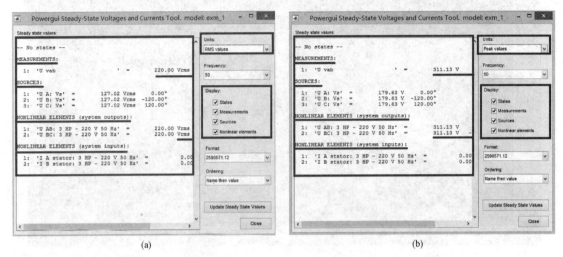

(a)　　　　　　　　　　　　　　　　　(b)

图 8‐23　Powergui 模块的 Steady‐State（稳态分析）工具箱窗口
(a) RMS（有效值）的分析结果；(b) Peak（峰值）的分析结果

8.4.4　电机模型初始处理

　　本书在第五章的第 6 节中，也已经介绍过 Powergui 模块的 Machine Initialization（电动机初始化处理）工具箱，也没有举例说明，因此，本节以示例形式进一步分析它的使用方法。

　　→双击仿真模型中的 Powergui 模块，→点击 Tools，→点击 Machine Initialization，即可打开的 Powergui 模块的 Machine Initialization（电动机初始化处理）工具箱的窗口，如图 8‐24 所示，其中图 8‐24（a）显示的是点击 Computate and Apply 按键前的分析结果，图 8‐24（b）显示的是点击 Computate and Apply 按键后的分析结果。

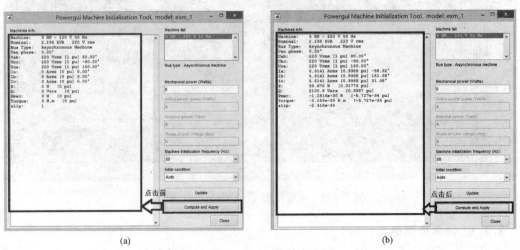

(a)　　　　　　　　　　　　　　　　　(b)

图 8‐24　Powergui 模块的 Machine Initialization（电动机初始化处理）工具箱窗口
(a) 点击 Computate and Apply 按键前的分析结果；(b) 点击 Computate and Apply 按键后的分析结果

使用 Powergui 模块的 Machine Initialization（电动机初始化处理）工具箱前后，在 A-synchronous Machine SI units［异步电机（国际单位）］模块的参数对话框中的 Initial conditions 栏表现出差别来，因为 Initial conditions 是用于指定初始转差率 s、电气角度 $\Theta e/°$、定子电流幅值（A 或者 pu）和相位角/°，其中参数栏中［s, th, ias, ibs, ics, phaseas, phasebs, phasecs］，分别表示转差率 s，电气角度 Θe，定子 A 相电流幅值 ias，定子 B 相电流幅值 ibs，定子 C 相电流幅值 ics，定子 A 相相位角 phaseas，定子 B 相相位角 phasebs，定子 C 相相位角 phasecs，如图 8－25 所示。

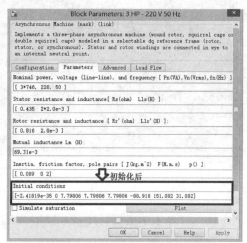

图 8－25　初始化前后 Asynchronous Machine SI units 模块中 Initial conditions 参数对比

在完成 Asynchronous Machine SI units 模块的 Initial conditions 参数初始化之后，接着再启动仿真程序，点击仿真快捷键图标▶，启动仿真程序，分析仿真结果：

（1）图 8－26 分别表示转子 a 相电流 iar 的波形、定子 a 相电流 ias 的波形；

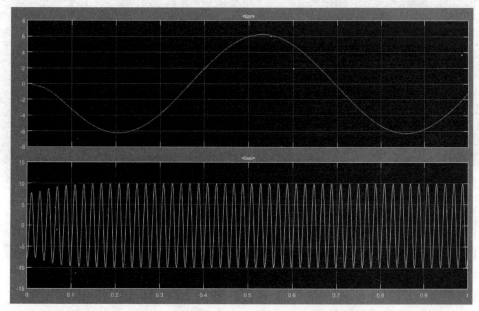

图 8－26　转子 a 相电流 iar 的波形、定子 a 相电流 ias 的波形

（2）图 8-27 表示转子转速 w/(rad/s) 的波形；

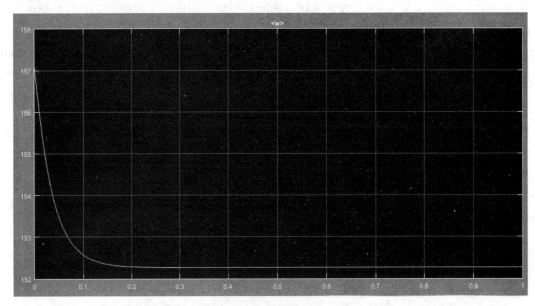

图 8-27　转子转速 w/(rad/s) 的波形

（3）图 8-28 表示电磁转矩 Te/(Nm) 的波形。

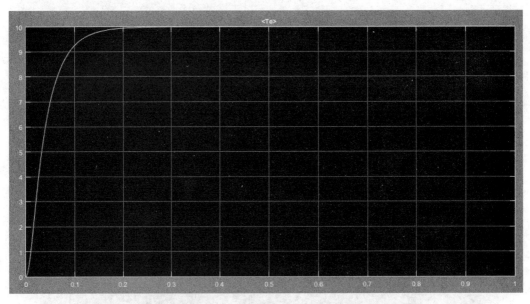

图 8-28　电磁转矩 Te/(Nm) 的波形

讨论：

（1）对比分析转子 a 相电流 iar 波形、定子 a 相电流 ias 波形图 8-20 和图 8-26，存在明显差别；

（2）对比分析转子转速 w/(rad/s) 的波形图 8-20 和图 8-27，存在明显差别；

（3）对比分析电磁转矩 Te/(Nm) 的波形图 8-22 和图 8-28，存在明显差别；

由此可见，在完成 Asynchronous Machine SI units 模块的 Initial conditions 参数初始化前后，对仿真结果影响还是比较显著的。

8.5　电机与电力电子示例分析

8.5.1　构建仿真模型

【举例 2】　在举例 1 的基础上，以 Asynchronous Machine SI units：异步电机（国际单位）模块为负载，其额定参数为：3HP、220V 线—线电压有效值、频率 50Hz。搭建如图 8 - 29 所示的仿真模型，并将其保存为 exm_2.slx。

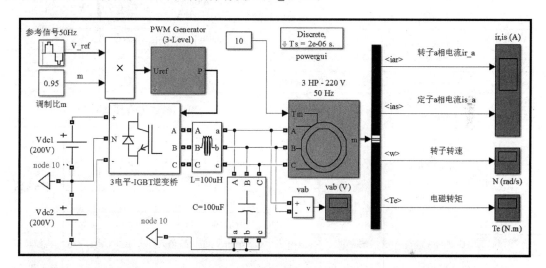

图 8 - 29　举例 2 的仿真模型

分析：

（1）所需要的模块见表 8 - 6；

表 8 - 6　　　　　　　　　　　　　　举例 2 所需模块汇集

元件名称	模块名称	所属模块库	参数设置			备注
			名　　称	取值	单位	
调制比	Constant 模块	Simulink/Sources	Constant value（常值）	0.95		
—	Product 模块	Simulink/Math Operations	Number of inputs	2		
PWM Generator (3 - Level)	PWM Generator (3 - Level) 模块	powerlib_meascontrol/ Pulse & Signal Generators	Generator type （发生器型号）	Three - phase bridge (12 pulses)		
			Mode of operation	Unsynchronized		
			Frequency（Hz）	33 * 50	Hz	
			Initial phase（degrees）	90	°	
			默认参数			

续表

元件名称	模块名称	所属模块库	参数设置 名称	取值	单位	备注
3 电平—IGBT 逆变桥	Universal Bridge 模块	powerlib/ Power Electronics	Number of bridge arms	3		
			Snubber resistance Rs	10	Ω	
			Snubber capacitance Cs	0.47e－6	F	
			Power electronic device	IGBT/Diode		
			Ron	1e－4	Ω	
			Forward voltages [Device Vf，Diode Vfd]	[0.7　0.7]	V	
Vdc1	DC Voltage Source 模块	powerlib/ Electrical Sources	Amplitude	200	V	
Vdc2			Amplitude	200	V	
Neutral	Neutral 模块	powerlib/Elements	Node number	10		
3 HP－220V 50Hz	Asynchronous Machine SI units 模块	powerlib/Machines	参数设置方法参见图 8－17			
Vs	Three－Phase Programmable Voltage Source 模块	powerlib/ Electrical Sources	Positive－sequence（正序参数）			参见 图 8－18
			amplitude RMS phase－to－phase（V）	220	V	
			Phase（degrees）	0	°	
			Frequency（Hz）	50	Hz	
—	Constant 模块	Simulink/Sources	Constant value（常值）	10	N・m	机械转矩
ir，is（A）	Scope 模块	Simulink/Sinks	Number of axes	2		定子和转子 电流的波形
N（rad/s）			Number of axes	1		转子转速波形
Te（N・m）			Number of axes	1		电磁转矩波形
vab（V）			Number of axes	1		输入线—线 电压的波形
vab	Voltage Measurement 模块	powerlib/Measurements	—			获取输入线 —线电压
—	Ground 模块	powerlib/Elements	—		—	
—	Powergui 模块	powerlib	Simulation Type	Continuous		
			Idea Switch			
			Sample time（s）	2e－6	s	
			默认参数			
L=100μH	Three－Phase Series RLC Branch 模块	powerlib/Elements	Branch Type		L	
			Inductance L		100e－6	
C=100μF			Branch Type		C	
			Capacitance L		100e－6	
	Bus Selector 模块	Simulink/Signal Routing				

（2）将仿真时间的起点和终点分别进行设置，即 Start time：0，end time：1000e－3，选取 "ode23tb（Stiff/TR－BDF2）"，其他参数，参见图 8－19 中所示参数；

（3）启动仿真程序：点击仿真快捷键图标▶，启动仿真程序；

8.5.2　分析仿真结果

本例的仿真结果分别为：

（1）图 8－30 分别表示转子 a 相电流 iar 的波形、定子 a 相电流 ias 的波形；

（2）图 8－31 表示转子转速 w/（rad/s）的波形；

（3）图 8－32 表示电磁转矩 Te/（Nm）的波形。

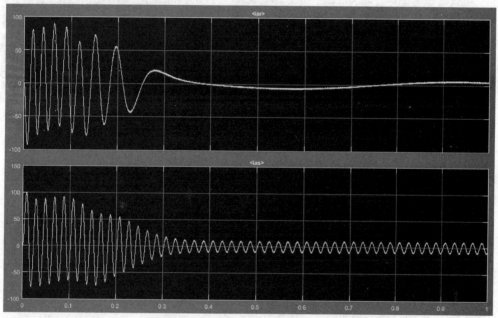

图 8－30　转子 a 相电流 iar 的波形、定子 a 相电流 ias 的波形

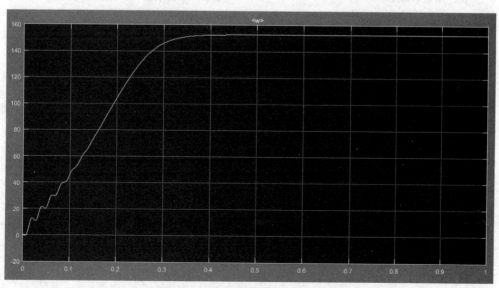

图 8－31　转子转速 w/（rad/s）的波形

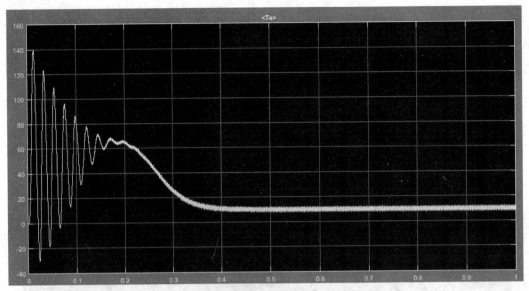

图 8-32 电磁转矩 Te/(Nm) 的波形

8.6 可控电抗器饱和特性建模分析

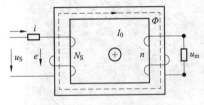

图 8-33 基于可控电抗器的
检测绕组和激励绕组

8.6.1 描述物理模型

【举例 3】 图 8-33 表示坡莫合金铁芯，图中 I_0 表示直流偏磁磁势（假设直流控制绕组的匝数为 N_0 且 $N_0 = 1$），左边绕组为交流激励绕组（匝数为 N_S），交流激励电压为

$$u_S = 38\sin(2\pi \times 130 \times t) \tag{8-32}$$

8.6.2 构建仿真模型

图 8-33 所示的右边绕组为检测绕组，其匝数为 n，坡莫合金铁芯的 B-H 特性曲线的表达式为

$$H = 14.89 \times B + 596.25 \times B\hat{\ }3 - 830.59 \times B\hat{\ }5 + 2.48 \times \sinh(8.98 \times B) \tag{8-33}$$

试利用 MATLAB 软件中的 look-up 模块，绘制磁势（Fm/A）—磁通（Φ/Wb）曲线，以获得坡莫合金铁芯中检测绕组的感应电势的波形。

分析：要想获得坡莫合金铁芯中检测绕组的感应电势，必须建立图 8-33 中所示的物理模型的仿真模型，并将其保存为 exm_3.slx，如图 8-34 所示，它需要进行以下几个关键步骤：

（1）建立交流激励电源的仿真模型；

（2）建立直流偏磁磁势的仿真模型；

（3）将两种激励信号叠加在铁芯中，共同激励铁芯；

（4）建立铁芯的 B-H 特性曲线的仿真模型；

（5）将 B-H 特性曲线的仿真模型，变换为磁势（$Fm = Hl$，式中 l 为铁芯有效周长）—磁通（$\Phi = BS$，式中 S 为铁芯有效横截面面积）曲线；

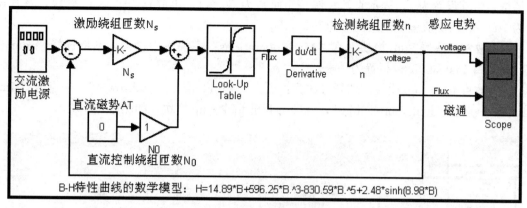

图 8‐34　基于 look‐up 模块的仿真模型

（6）根据电磁感应定律可知，感应电势 u_{m} 为

$$u_{\mathrm{m}} = -n\frac{\mathrm{d}\varPhi}{\mathrm{d}t}$$

必须利用 MATLAB 软件中的微分器模块，以获得感应电势。

现将基本过程简述如下：

（1）放置信号发生器 Signal Generator。→点击"simulink"，→点击"sources"，→点击 Signal Generator，即可调出 Signal Generator 模块，且将它命名为"交流激励电源"，图 8‐35 为它的属性参数设置对话框，按照图示参数进行设置，即它的波形为正弦波形，它的幅值（Amplitude）为 38；它的频率（Frequency）为 130，频率的单位（Units）为 Hertz。

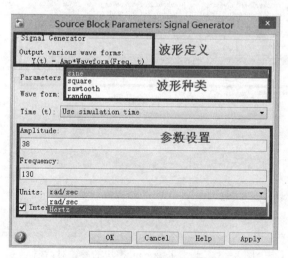

图 8‐35　设置 Signal Generator 模块的参数对话框

（2）构建直流磁势的仿真模型。其操作方法是：调出 Constant 模块，→点击"simu-link"，→点击"sources"，→点击 Constant，→即可调出 Constant 模块，双击它，→即可弹出它的属性参数设置对话框，在 Constant value 一栏输入 0，表示直流电流为零。

（3）放置增益 Gain 模块。其操作方法是：→点击"simulink"，→点击"Math opera-tions"，→点击 Gain 模块，→即可调出 Gain 模块。双击该模块，→弹出它的属性参数设置对话框，将其设置为1，表示直流控制绕组匝数为 $N_0 = 1$。再放置一个 Gain 模块，将其设置为100，表示交流激励绕组匝数为 $N_S = 100$。

（4）放置加法器 Sum 模块。在"Math operations"模块库中调出，本例选择"round"（圆形），将 List of signs 栏置为＋＋。

（5）放置 look－up 模块。放置方法为：点击"Simulink library brower"，→点击"simulink"，→点击"look－up Tables"，→即可调出 look－up 模块，如图 8－36 所示。

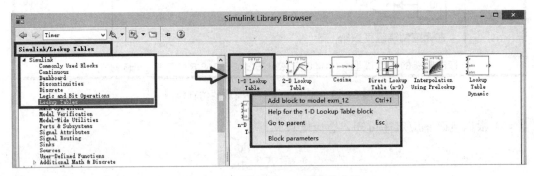

图 8－36   调用 look－up 模块的方法

双击该模块，→即可弹出它的属性参数设置对话框，如图 8－37 所示，第一栏为输入量，第二栏为输出量，现将两栏的输入参数说明如下：

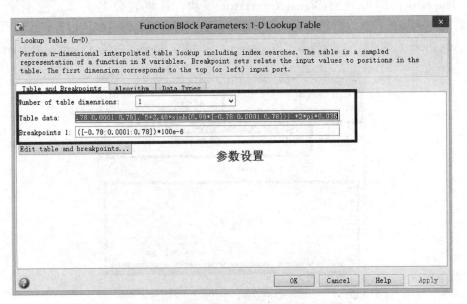

图 8－37   设置 look－up 模块的参数对话框

由于要得到 look－up 模块的输出量为磁通（韦伯 Wb），因此就需要它的输入量为磁势［安匝（AT）］。因此，就需要将式（8－33）的磁场强度 H，再乘以铁芯有效周长 l，以获得磁势［安匝（AT）］，将它的磁感应强度 B 再乘以铁芯有效截面面积 S，以获得磁通（韦伯 Wb）。由于已知铁芯的中心半径为 35mm，横截面面积为 $100mm^2$。因此，在 look－up Table 的属性参数设置对话框中的第一行的 Table data 参数设置为：

(14.89*[-0.78:0.0001:0.78]+596.25*[-0.78:0.0001:0.78].^3-830.59*[-0.78:0.0001:0.78].^5+2.48*sinh(8.98*[-0.78:0.0001:0.78]))*2*pi*0.035;

第二行的 Breakpoints 1 参数设置为：（[-0.78：0.0001：0.78]）*100e-6。

（6）放置微分器 Numerical derivative。放置方法为：点击 "Simulink library brower"，→点击 "simulink"，→点击 "Continuous"，→点击 "derivative"，即可调出 derivative du/dt 模块。

（7）放置增益 Gain 模块。再放置增益 Gain 模块，放置方法前面已经讲述过，双击该模块，弹出它的属性参数设置对话框，将其参数设置为 100，它表示检测绕组匝数为 $n=100$。

（8）按照图 8-34 所示模型连接各个功能模块，设置仿真参数，Start time 为 0，stop time 为 0.4，其他为默认设置，点击仿真快捷键图标▶，启动仿真程序。

8.6.3　分析仿真结果

图 8-38 表示直流磁势为零安匝（AT）时获得的磁通波形；图 8-39 表示直流磁势为零安匝（AT）时获得的感应电势波形。

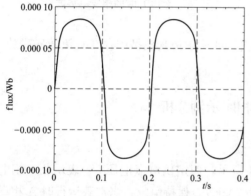

图 8-38　直流磁势为零时的磁通波形

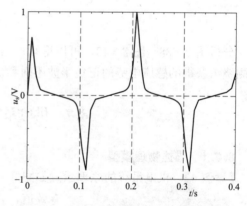

图 8-39　直流磁势为零时的感应电势波形

图 8-40 直流磁势为-200 安匝（AT）时获得的磁通波形；图 8-41 直流磁势为-200 安匝（AT）时获得的感应电势波形。

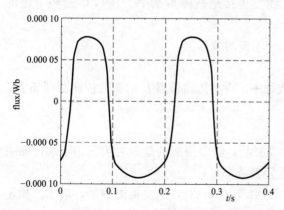

图 8-40　直流磁势为-200 安匝（AT）时的磁通波形

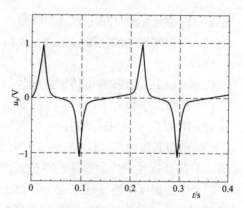

图 8-41　直流磁势为-200 安匝（AT）时的
感应电势波形

图 8 - 42 表示直流磁势为 200 安匝（AT）时获得的磁通波形；图 8 - 43 表示直流磁势为 200 安匝（AT）时获得的感应电势波形。

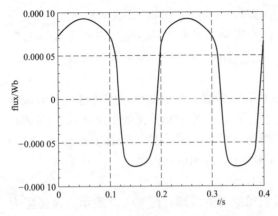

图 8 - 42　直流磁势为 200 安匝（AT）时的磁通波形

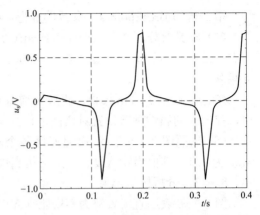

图 8 - 43　直流磁势为 200 安匝（AT）时的感应电势波形

分析图 8 - 38～图 8 - 43，可以得知，当图 8 - 34 所示仿真模型中存在直流偏磁磁势时，检测绕组获得的感应电势的正负半波不对称。

8.7　供电系统相序示例分析

8.7.1　描述物理模型

【举例 4】　供电系统的原理示意如图 8 - 44 所示，假定供电点电压 U_{in} 表示相—相电压有效值，且为 735kV，保持恒定，当空载运行时 A 相母线发生 A 相对地短路故障，试构建该系统的仿真模型，利用三相相序分析模块，分析以下物理量：

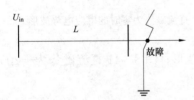

（1）A 相发生接地故障后的正序、负序、零序分量；

（2）A 相发生接地故障后的 A、B 和 C 三相电压的波形；

图 8 - 44　供电系统的原理示意图

（3）A 相发生接地故障后的 A、B 和 C 三相电流的波形。

分析：

按照 MATLAB 软件中传输线模块的参数顺序，现将传输线路 L 的参数依次罗列如下：

（1）相数（个数）：3；

（2）RLC 频率（Hz）：50；

（3）单位长度电阻（Ω/km）：[0.01273 0.3864]；需要提醒的是，对于三相连续传输线而言，只需要提供正序和零序的单位长度的电阻参数即可；

（4）单位长度电感（H/km）：[0.9337e - 3　4.1264e - 3]，需要提醒的是，对于三相连续传输线而言，只需要提供正序和零序的单位长度的电感参数即可；

（5）Capacitance per unit length（F/km）单位长度电容（F/km）：[12.74e - 9 7.751e - 9]，需要提醒的是，对于三相连续传输线而言，只需要提供正序和零序的单位长度的电容参数即可；

（6）线路长度（km）：300。

8.7.2　构建仿真模型

构建如图 8－45 所示的仿真模型，并将其保存为 exm_4.slx，现将它所需模块总结于表 8－7 中。

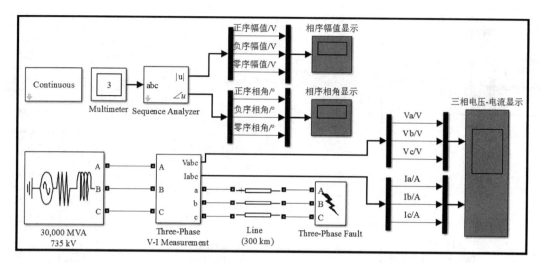

图 8－45　举例 4 的仿真模型

表 8－7　举例 4 所 需 模 块

元件名称	模块名称	所属模块库	参数设置			备注
			名　　称	取值	单位	
30 000MVA 735kV	Three－Phase Source 模块	powerlib/ Electrical Sources	Phase－to－phase rms voltage	735 000	V	
			Phase angle of phase A	0	°	
			Frequency	50	Hz	
			Internal connection	Yg		
			Specify impedance using short－circuit level	☑		设置短路参数
			3－phase short－circuit level at base voltage	30000e6	VA	
			Base voltage	735e3	V	有效值
			X/R ratio	10		
Sequence Analyzer	Sequence Analyzer 模块	powerlib_meascontrol/ Measurements	Fundamental frequency（Hz）	50	Hz	
			Harmonic n （1＝fundamental）	1		
			Sequence	选择 Positive, Negative, Zero		全选
			Initial input［Mag, Phase（degrees）］	[0, 0]		初态为 0
			其余为默认参数			

续表

元件名称	模块名称	所属模块库	参数设置			备注
			名　称	取值	单位	
—	Demux	Simulink/Signal Routing	Number of outputs	3		共需要 4 个该模块
	Mux	Simulink/Signal Routing	Number of inputs	3		共需要 4 个该模块
Three-Phase V-I Measurement	Three-Phase V-I Measurement 模块	powerlib/Measurements	Voltage measurement	phase-to-ground	V	测试相—地电压
			Current measurement	yes	A	测试电流
			其余不用选择和输入			
Line（300km）	Distributed Parameter Line 模块	powerlib/Elements	Number of phases	3		
			Frequency used for RLC specifications（Hz）	50	Hz	
			Resistance per unit length（ohm/km）单位长度电阻	[0.01273 0.3864]	Ω/km	
			Inductance per unit length（H/km）单位长度电感	[0.9337e-3 4.1264e-3]	H/km	
			Capacitance per unit length（F/km）单位长度电容	[12.74e-9 7.751e-9]	F/km	
			Line length（km）线路长度	300	km	
Three-Phase Fault	Three-Phase Fault 模块	powerlib/Elements	Initial status	0		开路
			Fault between phase A、Phase B、phase C 和 Ground	☑ Phase A ☑ Ground		激活 A 相对地故障
			Fault resistances Ron（ohm）	0.001	Ω	
			Ground resistance Rg（ohm）	1	Ω	
			Snubbers resistance Rs（ohm）	10	Ω	
			Snubbers capacitance Cs（F）	0.1e-6	F	
			Switching times（s）	选择内部控制 [0.02 0.1]	s	
			Measurement	Fault currents		测试三相电流

元件名称	模块名称	所属模块库	参数设置			备注
			名　　称	取值	单位	
Multimeter	Multimeter 模块	powerlib/Measurements	Selected Measurements	选择 abc 三相电流		测试三相电流
相序幅值显示			Number of axes	2		相序幅值显示
相序相角显示	Scope 模块	Simulink/Sinks	Number of axes	2		相序相角显示
三相电压—电流显示			Number of axes	3		三相电压—电流显示
—	Powergui 模块	powerlib	Simulation Type	Continuous		
			默认参数			

1. 设置 Three-Phase Source 模块的参数

Three-Phase Source（三相电源）模块的参数，包括以下几个方面：

（1）Phase angle of phase A：三相电源的 A 相相角（°），B、C 依次相差 120°和 240°，本例 A 相角设置为 0；

（2）Internal connection：内部连接方式，有 Y（星形连接）、Yn（星形＋公共点引出的连接）和 Yg（星形＋公共点接地的连接），本例选择 Yg 方式；

（3）3-phase short-circuit level at base voltage：是指三相感应短路功率 P_{SC}（VA），在指明基准值电压 V_{base} 时，计算电源内部电感，其表达式为

$$L = \frac{V_{base}^2}{2\pi f \times P_{SC}} \tag{8-34}$$

式中 f——电源频率（Hz）。

（4）X/R ratio：是指在电源额定频率时，反应电源内部阻抗的功率因素的，电源内阻 R/Ω 可以借助 X/R 比率、电源感抗 X/Ω 计算获得，即

$$R = \frac{X}{\dfrac{X}{R}} = \frac{2\pi f L}{\dfrac{X}{R}} \tag{8-35}$$

联立表达式（8-34）和式（8-35），可以获得电源内阻 R/Ω 的表达式为

$$R = \frac{2\pi f L}{\dfrac{X}{R}} = \frac{2\pi f V_{base}^2}{2\pi f \times P_{SC} \times \dfrac{X}{R}} = \frac{V_{base}^2}{P_{SC} \times \dfrac{X}{R}} \tag{8-36}$$

2. 设置 Three-Phase V-I Measurement 模块的参数

设置 Three-Phase V-I Measurement（三相电压—电流测量）模块的参数，它包括以下几个方面的参数：

（1）Voltage measurement。本例选择测试 phase-to-ground（相—地）电压，为简单起见，本例没有选择 Voltages in pu, based on peak value of nominal phase-to-phase voltage［相对于相—相电压峰值的标幺值 V_{abc}（pu）］，如果要选择的话，那么相—地电压的标幺值的计算表达式为

$$V_{abc}(\text{p.u.}) = \frac{V_{相-地}(\text{V})}{V_{base}(\text{V})} \tag{8-37}$$

式中电压基准值 V_{base} 的表达式为

$$V_{base}(V) = \frac{V_{额定}(V)}{\sqrt{3}} \times \sqrt{2} \tag{8-38}$$

式中 $V_{额定}$——相—相电压有效值。

相—相电压的标幺值的计算表达式为

$$V_{abc}(p.u.) = \frac{V_{相—相}(V)}{V_{base}(V)} \tag{8-39}$$

式中电压基准值 V_{base} 的表达式为

$$V_{base}(V) = V_{额定}(V) \times \sqrt{2} \tag{8-40}$$

式中 $V_{额定}$——相—相电压有效值。

（2）Current measurement。本例选择 yes，即要测试电流，但是，为简单起见，本例没有选择 currents in per unit，如果要选择的话，那么电流的标幺值的计算表达式为

$$I_{abc}(p.u.) = \frac{I_{abc}(A)}{I_{base}(A)} \tag{8-41}$$

式中电流基准值 I_{base} 的表达式为

$$I_{base}(A) = \frac{P_{base}(VA)}{V_{额定}(V)} \times \frac{\sqrt{2}}{\sqrt{3}} \tag{8-42}$$

式（8-42）中额定电压 $V_{额定}$ 和功率基准值 P_{base} 均要在 Three-Phase V-I Measurement 模块的参数对话框中输入。

（3）Three-Phase V-I Measurement 模块获得的电压和电流的稳态值可以借助 Powergui 模块获得，只需要选择 Powergui 模块的 Steady-State 稳态分析工具箱即可，电压和电流的相量幅值也可以利用 Powergui 模块中的峰值或者有效值形式进行显示。

3. 设置 Distributed Parameter Line 模块的参数

设置 Distributed Parameter Line（分布参数线路）模块的参数，它包括以下几个方面的参数：

（1）Number of phases [N] 相数（个数）：3；

（2）Frequency used for RLC specifications（Hz）RLC 频率（Hz）：50；

（3）Resistance per unit length（ohm/km）单位长度电阻（Ω/km）：[0.01273 0.3864]；

（4）Inductance per unit length（H/km）单位长度电感（H/km）：[0.9337e-3 4.1264e-3]；

（5）Capacitance per unit length（F/km）单位长度电容（F/km）：[12.74e-9 7.751e-9]；

（6）Line length（km）线路长度（km）：300。

4. 设置 Three-Phase Fault（三相故障）模块的参数

（1）Initial status 用于设置断路器的初始状态：0（开路）；

（2）Fault between phase A、Phase B、phase C 和 Ground 复选框：激活 Phase A 和 Ground，即 A 相对地故障功能被激活；

（3）Fault resistances Ron（ohm）故障电阻（Ω）：0.001；

（4）Ground resistance Rg（ohm）大地电阻（Ω）：1；

（5）Snubbers resistance Rs（ohm）吸收电阻（Ω）：10；

（6）Snubbers capacitance Cs（F）吸收电容（F）：0.1e-6；

（7）Switching times（s）控制模式选择：选择内部控制，[0.02　0.1]，即在 0.02～0.1s 之间设置 A 相对地短路故障的时间区间；

（8）Measurement 测试量：选择 Fault currents，即测试三相电流。

5. 设置 Fundamental frequency（Hz）模块的参数

（1）Fundamental frequency（Hz）基波频率：50Hz；

（2）Harmonic n（1＝fundamental）谐波次数：1；

（3）Sequence 相序选择：本例选择 Positive，Negative，Zero（正序、负序和零序）；

（4）Initial input [Mag, Phase（degrees）] 初始幅值和相角：本例全部为零，即 [0, 0]；

（5）正序、负序和零序的计算表达式分别为

$$\begin{cases} V_{正序} = \dfrac{1}{3}(V_a + \alpha V_b + \alpha^2 V_c) \\[2mm] V_{负序} = \dfrac{1}{3}(V_a + \alpha^2 V_b + \alpha V_c) \\[2mm] V_{零序} = \dfrac{1}{3}(V_a + V_b + V_c) \end{cases} \tag{8-43}$$

式中　V_a、V_b、V_c——表示 a、b、c 三相电压（在某给定频率时）；

α——复数算子，其表达式为：

$$\alpha = e^{j\frac{2\pi}{3}} = 1\angle 120° \tag{8-44}$$

8.7.3　分析仿真结果

（1）将仿真时间的起点和终点分别进行设置，即 Start time：0，end time：1000e-3，选取"ode23tb（Stiff/TR-BDF2）"，其他参数，参见图 8-19 中所示参数；

（2）启动仿真程序：点击仿真快捷键图标▶，启动仿真程序；

（3）分析仿真结果：

1）图 8-46 表示 A 相发生接地故障后的正序、负序、零序分量的幅值（V）的波形；

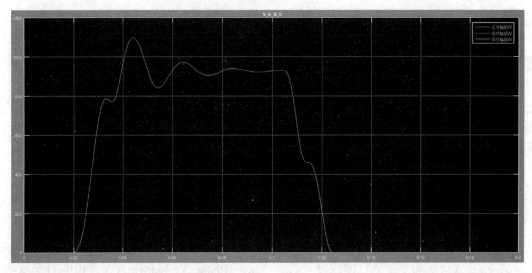

图 8-46　A 相发生接地故障后的正序、负序、零序分量的幅值（V）的波形

2）图 8-47 表示 A 相发生接地故障后的正序、负序、零序分量的相角（°）的波形；

3）图 8-48 表示 A 相发生接地故障后的 A、B 和 C 三相电压的波形；

4）图 8-49 表示 A 相发生接地故障后的 A、B 和 C 三相电流的波形。

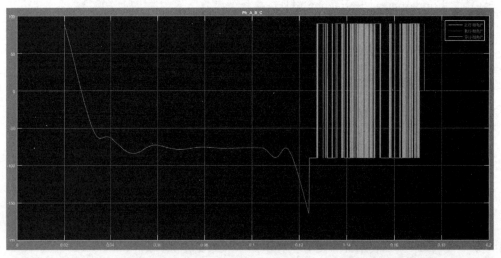

图 8-47　A 相发生接地故障后的正序、负序、零序分量的相角（°）的波形

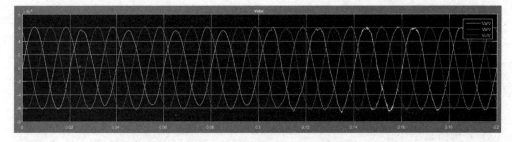

图 8-48　A 相发生接地故障后的 A、B 和 C 三相电压的波形

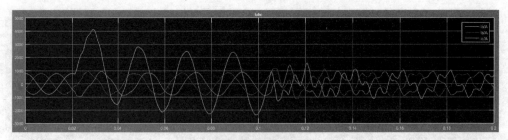

图 8-49　A 相发生接地故障后的 A、B 和 C 三相电流的波形

8.8　电力变压器示例分析

在 MATLAB 软件中，包含有 Linear Transformer（线性变压器）模块、Saturable Transformer（可饱和变压器）模块以及各种 Three Phase Transformer（三相电力变压器）模块。其中 Linear Transformer（线性变压器）模块和 Saturable Transformer（可饱和变压

器）模块，在本书的第 5 章的第 2 节，就已经介绍过。本节在此基础上，重点介绍经常用于电力系统仿真模型中的三相变压器的使用方法和设置技巧，它包括：

（1）Three‐phase Transformer（Two Windings）：双绕组三相变压器模块；

（2）Three‐Phase Transformer Inductance Matrix Type（Two Windings）：三相双绕组变压器电感矩阵模块；

（3）Three‐phase Transformer（Three Windings）：三绕组三相变压器模块；

（4）Three‐Phase Transformer Inductance Matrix Type（Three Windings）：三绕组三相变压器）模块；

（5）Zigzag Phase‐Shifting Transformer：移相变压器模块；

（6）3‐Phase Transformer 12‐terminals：12 端子三相变压器模块。

当然，MATLAB 软件中还包含其他变压器，如 Grounding Transformer（接地）变压器模块、Multi‐winding Transformer（多绕组变压器）模块等，可以查阅 MATLAB 软件的帮助文档来了解。

8.8.1　调用方法

调用三相电力变压器模块的方法，与调用 Elements（电气元件）模块库的方法相同，它也包括两种：

（1）→点击 MATLAB 的工具条上的 Simulink Library 的快捷键图标，即可弹出"Open Simulink block library"，→点击 Simscape 模块库，→点击 SimPowersystems 模块库，→点击 Specialized Technology 模块库，→点击 Fundamental Blocks 模块库，→即可看到 Elements（电气元件）模块库的图标，→点击 Elements（电气元件）模块库的图标，→双击 Elements（电气元件）模块库图标，→即可看到变压器模块，如图 8‐50 所示。

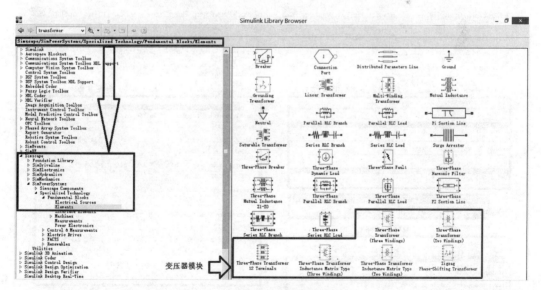

图 8‐50　调用变压器模块方法之一

（2）在 MATLAB 命令窗口中输入 powerlib，按回车键，即可打开 SimPowerSystems 的模块库了，如图 8‐51 所示，在该模块库中即可看到 Elements（电气元件）模块库的图标，点击 Elements（电气元件）模块库的图标，即可看到该模块库中的变压器模块的图标。

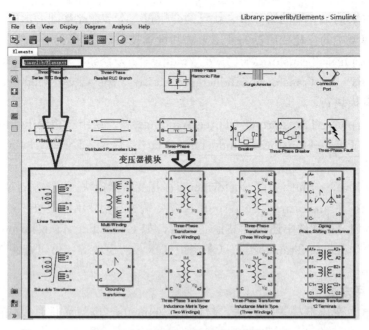

图 8 - 51　调用变压器模块方法之二

8.8.2　学习 Three‐phase Transformer（Two Windings）模块

在 MATLAB 软件中，Three‐phase Transformer（Two Windings）双绕组三相变压器模块的参数，主要包括 Configuration（结构）参数和 Parameters（电磁）参数两个方面，其参数对话框如图 8 - 52 所示。

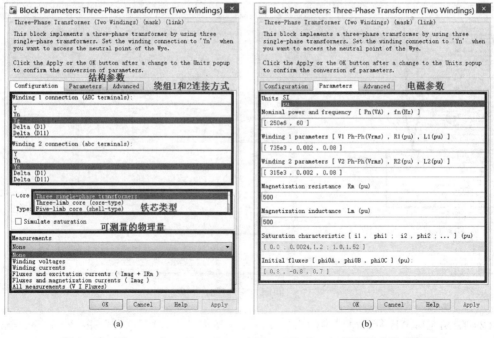

图 8 - 52　Three‐phase Transformer（Two Windings）模块的参数对话框
(a) Configuration（结构参数）；(b) Parameters（电磁参数）

1. Configuration（结构）参数

如图 8 - 52 所示，Three - phase Transformer（Two Windings）双绕组三相变压器模块
的 Configuration（结构）参数，包括以下几个方面：

（1）Winding 1 connection（ABC terminals）：绕组 1（ABC 三相）的联结方式，它
包括：

1）Y：星形（Y），模型将自动显示表征Y型接线的 Y 字样；

2）Yn：带中性线的星形（Yn），模型将自动显示表征 Yn 型接线的 Yn 字样；

3）Yg：星形接地（Yg），模型将自动显示表征 Yg 型接线的 Yg 字样；

4）Delta（D1）：三角形 D1（超前星形 30°），模型将自动显示表征 D1 型接线的 D1
字样；

5）Delta（D11）：三角形 D11（滞后星形 30°），模型将自动显示表征 D11 型接线的 D11
字样。

（2）Winding 2 connection（abc terminals）：绕组 2（abc 三相）的联结方式，它包括：

1）Y：星形（Y），模型将自动显示表征Y型接线的 Y 字样；

2）Yn：带中性线的星形（Yn），模型将自动显示表征 Yn 型接线的 Yn 字样；

3）Yg：星形接地（Yg），模型将自动显示表征 Yg 型接线的 Yg 字样；

4）Delta（D1）：三角形 D1（超前星形 30°），模型将自动显示表征 D1 型接线的 D1
字样；

5）Delta（D11）：三角形 D11（滞后星形 30°），模型将自动显示表征 D11 型接线的 D11
字样。

（3）Core Type：铁芯类型，包括：

1）Three single - phase transformers：三个单相变压器铁芯，各相磁路彼此独立，它适
用于电网中超过数百 MW 等级的变压器，其铁芯结构示意图，如图 8 - 53 所示；

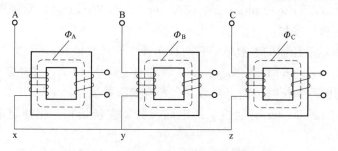

图 8 - 53　三相组式变压器铁芯结构示意图

2）Three - limb core（core type）：三相芯式变压器铁芯，其结构示意图，如图 8 - 54
所示，各相磁路之间彼此关联，在绝大多数应用场合中，建议选择此类型铁芯，特别是
在一个非对称故障的模拟时，不论线性和非线性模型（包括饱和）都可以获得准确的仿
真结果；

3）Five - limb core（shell type）：五芯式变压器铁芯，在极少场合，如非常大的变压器
中，采用该铁芯结构（三相臂和 2 个外臂），这即为常见的壳型结构，有利于降低变压器整
体高度，便于运输。

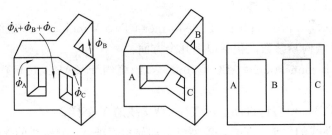

图 8-54 三相芯式变压器铁芯

（4）Simulate saturation：一旦选中此项，表示对变压器进行饱和特性的模拟，同时还会出现两个复选框 Simulate hysteresis（磁滞饱和特性仿真）和 Specify initial fluxes（指定初始磁通量）；

（5）Measurements：可以获得的测量值，它包括以下几个方面：

1）Winding voltages：测量绕组端电压（V）；

2）Winding currents：测量流过绕组的电流（A）；

3）Fluxes and excitation currents（Im+IRm）：测量磁链（V. s）和总励磁电流铁损失以 Rm 为模型（A）；

4）Fluxes and magnetization currents（Imag）：测量磁链（V. s）和不包括铁损的磁化电流（A）；

5）All measurements（V，I，Fluxes）：获取绕组电压、流过绕组的电流、磁化电流和磁链。

设计细节：需要在所构建的仿真模型中添加 Multimeter 万用表模块，用于显示需要获得的物理量的测量值，这些测量值会在 Multimeter 万用表中按照模块名称罗列出来。

2. Parameters（电磁）参数

如图 8-52 所示，Three-phase Transformer（Two Windings）双绕组三相变压器模块的 Parameters（电磁）参数，包括以下几个方面：

（1）Units：表示变压器的参数单位有两种选择，即标幺值和国际单位；

（2）Nominal power and frequency：变压器的额定功率（VA）和额定频率（Hz），将单位由标幺值更换为国际单位时，额定参数不会影响变压器模型；

（3）Winding 1 parameters：绕组 1 的电磁参数，它包括相—相额定电压有效值（V）、电阻（pu）、漏感（pu）；

（4）Winding 2 parameters：绕组 2 的电磁参数，它包括相—相额定电压有效值（V）、电阻（pu）、漏感（pu）；

（5）Magnetization resistance Rm：激磁电阻（pu）；

（6）Magnetization inductance Lm：激磁电感（pu），它是针对非饱和铁芯而言，如果变压器模型的结构参数，选择饱和参数选项，那么磁化电感参数无效；

（7）Saturation characteristic：用于模拟变压器的饱和特性，如果变压器模型的结构参数选择饱和参数选项，那么该参数才会有效；

（8）Initial fluxes：初始通量，如果变压器模型的结构参数选择初始通量和饱和参数选项，那么该参数才会有效，如果初始通量等参数不被选择时，系统自动按照稳态模型进行模拟计算。

　　3. 变压器设计技巧

　　对于三相组式变压器：考虑到组式变压器的各相磁路彼此独立，互不关联。主磁通中所含的三次谐波磁通和基波磁通一样，在各相变压器的主磁路中流通，从而在一、二次绕组中感应较高幅值的三次谐波电势，造成相电势波形则呈尖顶波（由平顶波磁通求导获得）。尖顶波相电势的尖峰有可能将绕组绝缘击穿，即

　　电流中不含三次谐波→电流近似正弦波→磁通为平顶波→磁通含三次谐波→感应电势含三次谐波→相电势为尖顶波（线电势为正弦波）。

　　对于三相芯式变压器而言：考虑到芯式变压器的各相磁路彼此互相关联，三相平顶波主磁通中的三次谐波磁通相位相同，不可能在主铁芯磁路中流通，只能沿空气或油箱壁形成闭合磁路，造成三次谐波磁通在一、二次绕组中所感应的三次谐波电势较小，相电势波形仍接近正弦波，即

　　电流中不含三次谐波→电流近似正弦波→磁通为平顶波→磁通含三次谐波→但是不能在主铁芯磁路中流通→相电势近似为正弦波。

　　设计细节：

　　（1）三相组式结构的变压器，其三相绕组不能采用Ｙ/Ｙ联结。

　　（2）三相芯式结构的变压器，其三相绕组可以采用Ｙ/Ｙ联结，但容量不宜过大。

　　（3）对于△/Ｙ联结的三相变压器而言，由于一侧绕组为三角形联结，作为激磁电流的三次谐波电流，在电路连接上存在通路，相应的主磁通波形自然为正弦波，因而所感应的相电势也为正弦波。因此，无论铁芯是组式还是芯式结构，其三相绕组均可采用△/Ｙ联结方式，即

　　电流中含三次谐波→电流为尖顶波→磁通近似正弦波→磁通不含三次谐波→感应电势不含三次谐波→相电势近似正弦波。

　　（4）对于Ｙ/△连接的三相变压器而言，虽然一侧绕组为Ｙ联结，三次谐波电流不能在其中流通，但由正弦波电流所产生的三次谐波磁通却会在二次侧绕组（三角形联结）中感应三次谐波电流，同样能够确保主磁通波形接近正弦，因而所感应的相电势也为正弦。可见，效果上同一次侧采用三角形联结相似，即

　　电流中不含三次谐波→电流近似正弦波→磁通为平顶波→磁通含三次谐波→二次侧相电势含三次谐波→二次侧产生三次谐波电流→产生三次谐波磁通→抵消主磁通中三次谐波磁通→主磁通近似正弦波→相电势近似正弦波。

　　总而言之，对于△/Ｙ或Ｙ/△联结的三相绕组，既可以用于组式结构的三相变压器，也可以用于芯式结构的三相变压器，为确保相电势为正弦，三相变压器最好有一侧绕组采用三角形联结方式。

8.8.3　学习 Three‑phase Transformer（Three Windings）模块

Three‑phase Transformer（Three Windings）三绕组三相变压器模块的参数，包括Configuration（结构）参数和 Parameters（电磁）参数两个方面，如图 8‑55 所示。

　　1. Configuration（结构）参数

　　如图 8‑55 所示，Three‑phase Transformer（Three Windings）三绕组三相变压器模块的 Configuration（结构）参数，包括以下几个方面：

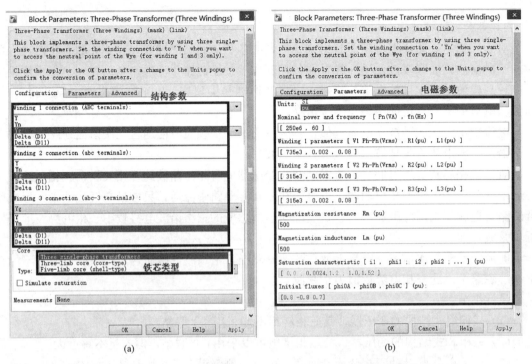

图 8-55　Three-phase Transformer（Three Windings）模块的参数对话框
(a) Configuration（电机结构参数）；(b) Parameters（电磁参数）

（1）Winding 1 connection（ABC terminals）：绕组 1（ABC 三相）的联结方式，它包括：

1）Y：星形（Y）；

2）Yn：带中性线的星形（Yn），只适用于绕组 1 和 3；

3）Yg：星形接地（Yg）；

4）Delta（D1）：三角形 D1（超前星形 30°）；

5）Delta（D11）：三角形 D11（滞后星形 30°）。

（2）Winding 2 connection（abc-2 terminals）：绕组 2（abc 三相）的联结方式，它包括：

1）Y：星形（Y），模型将自动显示表征 Y 型接线的 Y 字样；

2）Yg：星形接地（Yg），模型将自动显示表征 Yg 型接线的 Yg 字样；

3）Delta（D1）：三角形 D1（超前星形 30°），模型将自动显示表征 D1 型接线的 D1 字样；

4）Delta（D11）：三角形 D11（滞后星形 30°），模型将自动显示表征 D11 型接线的 D11 字样。

（3）Winding 3 connection（abc-3 terminals）：绕组 3（abc 三相）的联结方式，同绕组 1。

（4）Core Type：铁芯类型，同 Three-phase Transformer（Two Windings）双绕组三相变压器模块。

（5）Simulate saturation：一旦选中此项，表示对变压器进行饱和特性的模拟，同时还会出现两个复选框 Simulate hysteresis（磁滞饱和特性仿真）和 Specify initial fluxes（指定初始磁通量）。

（6）Measurements：可以获得的测量值，与 Three-phase Transformer（Two Windings）双绕组三相变压器模块同。

2. Parameters（电磁）参数

如图 8 - 55 所示，Three - phase Transformer（Three Windings）三绕组三相变压器模块的 Parameters（电磁）参数，包括以下几个方面：

（1）Units：表示变压器的参数单位有两种选择，即标幺值和国际单位；

（2）Nominal power and frequency：变压器的额定功率/（VA）和额定频率（Hz），将单位由标幺值更换为国际单位时，额定参数不会影响变压器模型；

（3）Winding 1 parameters：绕组 1 的电磁参数，它包括相—相额定电压有效值（V）、电阻（pu）、漏感（pu）；

（4）Winding 2 parameters：绕组 2 的电磁参数，它包括相—相额定电压有效值（V）、电阻（pu）、漏感（pu）；

（5）Winding 3 parameters：绕组 3 的电磁参数，它包括相—相额定电压有效值（V）、电阻（pu）、漏感（pu）；

（6）Magnetization resistance Rm：激磁电阻（pu）；

（7）Magnetization inductance Lm：激磁电感（pu），它是针对非饱和铁芯而言，如果变压器模型的结构参数选择饱和参数选项，那么磁化电感参数无效；

（8）Saturation characteristic：用于模拟变压器的饱和特性，如果变压器模型的结构参数选择饱和参数选项，那么该参数才会有效；

（9）Initial fluxes：初始通量，如果变压器模型的结构参数选择初始通量和饱和参数选项，那么该参数才会有效，如果初始通量等参数不被选择时，系统自动按照稳态模型进行模拟计算。

8.8.4　其他变压器模块

1. Three - Phase Transformer 12 Terminals 模块

对于 Three - Phase Transformer 12 Terminals（12 接线端子三相变压器）模块而言，它实际上是用三个独立的线性变压构成，其封装如图 8 - 56 所示，它的参数对话框如图 8 - 57 所示，包括以下几个方面的参数：

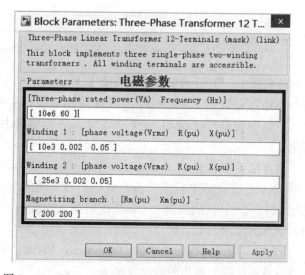

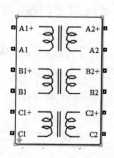

图 8 - 56　Three - Phase Transformer
12 Terminals 模块的封装

图 8 - 57　Three - Phase Transformer 12 Terminals 模块的
参数对话框

（1）［Three - phase rated power Frequency］：三相总额定功率（VA）和额定频率（Hz）；

（2）Winding 1：［phase voltage R X］：绕组 1 的额定电压有效值（Vrms），绕组 1 的电阻（pu），绕组 1 的感抗（pu）；

（3）Winding 2：［phase voltage R X］：绕组 2 的额定电压有效值（Vrms），绕组 2 的电阻（pu），绕组 1 的感抗（pu）；

（4）Magnetizing branch：［Rm Xm］：激磁回路的激磁电阻激磁感抗，用于模拟铁芯的有功和无功，它们均为 pu 值。举例说明，假设指定的有功和无功损耗均为 0.2%，在额定电压下，使用 $R_m = 500$pu，$L_m = 500$pu，L_m 可以设置为无限值（即没有无功损耗），但 R_m 必须是有一个有限值。

2. Three - Phase Transformer Inductance Matrix Type（Two Windings）模块

对于 Three - Phase Transformer Inductance Matrix Type（Two Windings）（三相双绕组变压器电感矩阵型）模块而言，它是一个三芯式变压器铁芯的三相变压器（参见图 8 - 54 所示结构），每相有一次侧和二次侧双绕组，与 Three - phase Transformer（Two Windings）（双绕组三相变压器）模块不同，后者是以三个独立的单相变压器进行建模的，而前者必须考虑各相之间的相互耦合作用。图 8 - 58 表示 Three - Phase Transformer Inductance Matrix Type（Two Windings）（三相双绕组变压器电感矩阵型）模块的铁芯结构的平面示意图，图中 V_1、V_2 和 V_3 分别表示 A、B 和 C 相的一次绕组，V_4、V_5 和 V_6 分别表示 A、B 和 C 相的二次绕组。

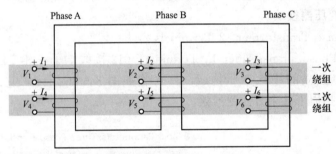

图 8 - 58　Three - Phase Transformer Inductance Matrix Type（Two Windings）铁芯结构

分析图 8 - 58 所示的铁芯的几何形状表明，A 相绕组 1 必然会与其他绕组 2～6 存在耦合作用，而对于 Three - phase Transformer（Two Windings）（双绕组三相变压器）模块而言，就不会这样，绕组 1 只与绕组 4 有耦合作用，而与其他绕组之间没有任何耦合作用。

设计细节：对于 Three - Phase Transformer Inductance Matrix Type（Two Windings）（三相双绕组变压器电感矩阵型）模块而言，谈到绕组 1，就是指的是一次绕组，它就包括绕组 1、2 和 3，谈到绕组 2，就是指的是二次绕组，它就包括绕组 4、5 和 6，一定注意区别，切莫搞混淆。

Three - Phase Transformer Inductance Matrix Type（Two Windings）（三相双绕组变压器电感矩阵型）模块的数学模型为

$$
\begin{bmatrix} V_1 \\ V_2 \\ \vdots \\ V_6 \end{bmatrix} = \begin{bmatrix} R_1 & 0 & \cdots & 0 \\ 0 & R_2 & \cdots & 0 \\ \vdots & \vdots & \ddots & \vdots \\ 0 & 0 & \cdots & R_6 \end{bmatrix} \times \begin{bmatrix} I_1 \\ I_2 \\ \vdots \\ I_6 \end{bmatrix} + \begin{bmatrix} L_{11} & L_{12} & \cdots & L_{16} \\ L_{21} & L_{22} & \cdots & L_{26} \\ \vdots & \vdots & \ddots & \vdots \\ L_{61} & L_{62} & \cdots & L_{66} \end{bmatrix} \times \frac{\mathrm{d}}{\mathrm{d}t} \begin{bmatrix} I_1 \\ I_2 \\ \vdots \\ I_6 \end{bmatrix} \qquad (8-45)
$$

式中　$R_1 \sim R_6$——绕组 1～6 的电阻；

L_{ii}（$i=1\cdots6$）——自感，L_{ij}（$i=1\cdots6$，$j=1\cdots6$，且 $i \neq j$）表示互感，它们由电压比、空载励磁电流的电感成分、在标称频率下的短路电抗计算获得。

对于 Three-Phase Transformer Inductance Matrix Type（Two Windings）（三相双绕组变压器电感矩阵型）模块而言，它的参数对话框如图 8-59 所示。

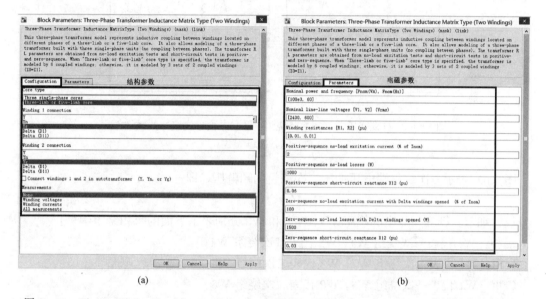

图 8-59　Three-Phase Transformer Inductance Matrix Type（Two Windings）模块的参数对话框
(a) Configuration（结构参数）；(b) Parameters（电磁参数）

图 8-59（a）表示该 Three-Phase Transformer Inductance Matrix Type（Two Windings）模块的结构参数，包括以下几个方面的参数：

（1）Core Type：铁芯类型，包括：

1）Three single-phase transformers：三个单相变压器铁芯，只有正序参数用于计算电感矩阵；

2）Three-limb core（core type）：三相芯式变压器铁芯，正序和零序参数用于计算电感矩阵。

（2）Winding 1 connection：绕组 1 的联结方式，它包括：

1）Y：星形（Y）；

2）Yn：带中性线的星形（Yn）；

3）Yg：星形接地（Yg）；

4）Delta（D1）：三角形 D1（超前星形 30°）；

5）Delta（D11）：三角形 D11（滞后星形 30°）。

（3）Winding 2 connection：绕组 2 的联结方式，同绕组 1。

（4）Connect windings 1 and 2 in autotransformer：自耦变压器（一次）绕组 1 和（二次）绕组 2 的联结方式，需要提醒的是，此处的绕组 1 表示一次绕组 1、2 和 3，此处的绕组 2 表示二次绕组 4、5 和 6，其接线方式分两种情况，如图 8 - 60 所示，其中图（a）表示一次绕组端电压超过二次绕组的端电压，即

$$V_1 > V_2 \tag{8-46}$$

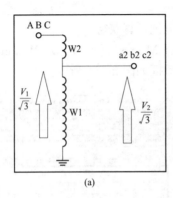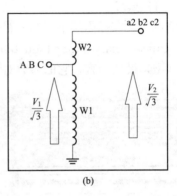

(a)　　　　　　　　　　　　(b)

图 8 - 60　自耦变压器（一次）绕组 1 和（二次）绕组 2 的联结方式

(a) $V_1 > V_2$；(b) $V_1 < V_2$

图（b）表示一次绕组端电压低于二次绕组的端电压，即

$$V_1 < V_2 \tag{8-47}$$

设计细节：图 8 - 60 中的绕组 W1、W2 和 W3 分别表示下面的每相绕组编号：

A 相：W1 代表一次绕组 W1，W2 代表二次绕组 W4；

B 相：W1 代表一次绕组 W2，W2 代表二次绕组 W5；

C 相：W1 代表一次绕组 W3，W2 代表二次绕组 W6。

（5）Measurements：可以获得的测量值，包括：

1）Winding voltages：测量绕组端电压（V）；

2）Winding currents：测量流过绕组的电流（A）；

3）All measurements：获取绕组电压和流过绕组的电流。

对于 Three - Phase Transformer Inductance Matrix Type（Two Windings）（三相双绕组变压器电感矩阵型）模块而言，它的电磁参数对话框如图 8 - 59（b）所示，包括以下几个方面的参数：

（1）Nominal power and frequency：变压器的额定功率/（VA）和额定频率（Hz）；

（2）Nominal line - line voltages [V1 V2]：额定线—线电压有效值（Vrms），指的是一次绕组的线—线电压有效值 V_1（Vrms），二次绕组的线—线电压有效值 V_2（Vrms）；

（3）Winding resistances [R1 R2]：指的是一次绕组的电阻 R_1（pu），二次绕组的电阻 R_2（pu）；

（4）Positive - sequence no - load excitation current：正序空载励磁电流（%Inom），指的是当正序标称电压施加在任何三相绕组两端（ABC 或 abc2）时，空载励磁电流占额定电流 I_{nom} 的百分比；

（5）Positive‐sequence no‐load losses：正序空载损耗（W），指的是当正序标称电压施加在任何三相绕组两端（ABC 或 abc2）时，在空载状态下，铁芯损耗与绕组损耗之和；

（6）Positive‐sequence short‐circuit reactance：正序短路感抗 X_{12}（pu），X_{12} 指的是当二次绕组短路时，测量得到的一次绕组的感抗。

设计细节：当绕组 1 和 2 被选中为自耦变压器参数时，短路感抗被标记为 X_{HL}，H 和 L 分别表示高压绕组（当为降压变压器时指的是一次绕组 1，当为升压变压器时，就指的是二次绕组 2）和低压绕组（当为降压变压器时指的是二次绕组 2，当为升压变压器时，就指的是一次绕组 1）。

（7）Zero‐sequence no‐load excitation current with Delta windings opened：联结方式为三角绕组的零序空载励磁电流（$\%I_{\text{nom}}$），指的是空载励磁电流占额定电流 I_{nom} 的百分比，零序额定电压施加在任何三相绕组联结方式为 Yg 或 Yn 的绕组端（ABC 或 abc2）；

（8）Zero‐sequence no‐load losses with Delta windings opened：联结方式为三角绕组的零序空载损耗，指的是零序额定电压施加在任何三相绕组联结方式为 Yg 或 Yn 的绕组端（ABC 或 abc2）时，在空载状态下，铁芯损耗与绕组损耗之和，此时三角形联结的绕组暂时开路；

（9）Zero‐sequence short‐circuit reactance：零序短路感抗 X_{12}（pu），X_{12} 指的是当二次绕组短路时，测量得到的一次绕组的感抗。

3. Three‐Phase Transformer Inductance Matrix Type（Three Windings）模块

对于 Three‐Phase Transformer Inductance Matrix Type（Three Windings）三相三绕组变压器电感矩阵型模块而言，它是一个三芯式变压器铁芯的三相变压器（参见图 8‐54 所示结构），每相有一次侧和两个二次侧三绕组，与 Three‐phase Transformer（Three Windings）三绕组三相变压器模块不同，后者是以三个独立的单相变压器进行建模的，而前者必须考虑各相之间的相互耦合作用。图 8‐61 表示 Three‐Phase Transformer Inductance Matrix Type（Three Windings）三相三绕组变压器电感矩阵型模块的铁芯结构的平面示意图，图中表示 V_1、V_2 和 V_3 分别表示 A、B 和 C 相的一次绕组，V_4、V_5 和 V_6 分别表示 A、B 和 C 相的二次绕组的绕组 2，V_7、V_8 和 V_9 分别表示 A、B 和 C 相的二次绕组的绕组 3。

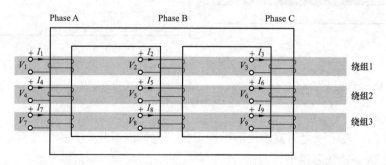

图 8‐61　Three‐Phase Transformer Inductance Matrix Type（Three Windings）铁芯结构

图 8‐61 所示的铁芯的几何形状表明，A 相绕组 1 必然会与其他绕组 2～9 存在耦合作用，而对于 Three‐phase Transformer（Three Windings）三绕组三相变压器模块而言，就不是这样，绕组 1 只与绕组 4 和 7 有耦合作用，而与其他绕组之间没有耦合作用。

设计细节：对于 Three‐Phase Transformer Inductance Matrix Type（Three Windings）

三相三绕组变压器电感矩阵型模块而言，谈到绕组 1，指的是一次绕组，它就包括绕组 1、2 和 3，谈到绕组 2，指的是二次绕组 2，它就包括绕组 4、5 和 6，谈到绕组 3，指的是二次绕组 3，它就包括绕组 7、8 和 9，一定注意区别，切莫搞混淆。

Three‐Phase Transformer Inductance Matrix Type（Three Windings）（三相三绕组变压器电感矩阵型）模块的数学模型为

$$
\begin{bmatrix} V_1 \\ V_2 \\ \vdots \\ V_9 \end{bmatrix} = \begin{bmatrix} R_1 & 0 & \cdots & 0 \\ 0 & R_2 & \cdots & 0 \\ \vdots & \vdots & \ddots & \vdots \\ 0 & 0 & \cdots & R_9 \end{bmatrix} \times \begin{bmatrix} I_1 \\ I_2 \\ \vdots \\ I_9 \end{bmatrix} + \begin{bmatrix} L_{11} & L_{12} & \cdots & L_{19} \\ L_{21} & L_{22} & \cdots & L_{29} \\ \vdots & \vdots & \ddots & \vdots \\ L_{91} & L_{92} & \cdots & L_{99} \end{bmatrix} \times \frac{\mathrm{d}}{\mathrm{d}t} \begin{bmatrix} I_1 \\ I_2 \\ \vdots \\ I_9 \end{bmatrix} \tag{8-48}
$$

式中　　$R_1 \sim R_9$——绕组 1~9 的电阻；

L_{ii}（$i=1 \cdots 9$）——自感，L_{ij}（$i=1 \cdots 9$，$j=1 \cdots 9$，且 $i \neq j$）表示互感，它们由电压比、空载励磁电流的电感成分、在标称频率下的短路电抗计算获得。

对于 Three‐Phase Transformer Inductance Matrix Type（Three Windings）三相三绕组变压器电感矩阵型模块而言，它的参数对话框如图 8‐62 所示。

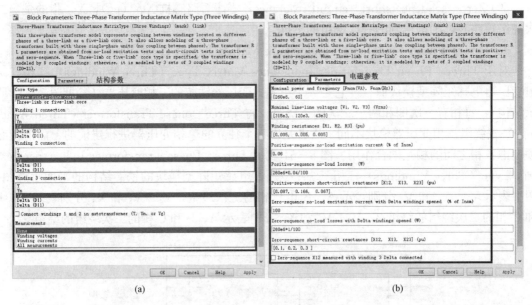

图 8‐62　Three‐Phase Transformer Inductance Matrix Type（Three Windings）模块的参数对话框
(a) Configuration（电机结构参数）；(b) Parameters（电磁参数）

图 8‐62（a）表示该变压器模块的结构参数，包括以下几个方面的参数：

（1）Core Type：铁芯类型，包括：

1）Three‐phase transformers：三个单相变压器铁芯，只有正序参数用于计算电感矩阵；

2）Three‐limb core（core type）：三相芯式变压器铁芯，正序和零序参数用于计算电感矩阵。

（2）Winding 1 connection：绕组 1 的连接方式，它包括：

1）Y：星形（Y）；

2）Yn：带中性线的星形（Yn）；

3）Yg：星形接地（Yg）；

4）Delta（D1）：三角形 D1（超前星形 30°）；

5）Delta（D11）：三角形 D11（滞后星形 30°）。

（3）Winding 2 connection：绕组 2 的连接方式，同绕组 1。

（4）Winding 3 connection：绕组 3 的连接方式，同绕组 2。

（5）Connect windings 1 and 2 in autotransformer：自耦变压器（一次）绕组 1 和（二次）绕组 2 的联结方式，需要提醒的是，此处的绕组 1 表示一次绕组 1、2 和 3，此处的绕组 2 表示二次绕组 4、5 和 6，此处的绕组 3 表示二次绕组 7、8 和 9，其接线方式分两种情况，如图 8‑63 所示，其中图（a）表示一次绕组端电压超过二次绕组的端电压，即

$$V_1 > V_2 \tag{8-49}$$

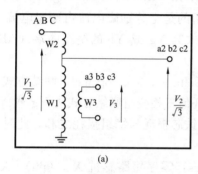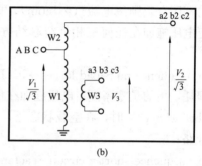

(a)　　　　　　　　　　　　　　　(b)

图 8‑63　自耦变压器（一次）绕组 1 和（二次）绕组 2 的连接方式
(a) $V_1 > V_2$；(b) $V_1 < V_2$

图（b）表示一次绕组端电压低于二次绕组的端电压，即

$$V_1 < V_2 \tag{8-50}$$

设计细节：图 8‑63 中的绕组 W1、W2 和 W3 分别表示下面的每相绕组编号：

A 相：W1 代表一次绕组 W1，W2 代表二次绕组 W4，W3 代表二次绕组 W7；

B 相：W1 代表一次绕组 W2，W2 代表二次绕组 W5，W3 代表二次绕组 W8；

C 相：W1 代表一次绕组 W3，W2 代表二次绕组 W6，W3 代表二次绕组 W9。

（6）Measurements：可以获得的测量值，包括：

1）Winding voltages：测量绕组端电压（V）；

2）Winding currents：测量流过绕组的电流（A）；

3）All measurements：获取绕组电压和流过绕组的电流。

对于 Three‑Phase Transformer Inductance Matrix Type（Three Windings）（三相三绕组变压器电感矩阵型）模块而言，它的电磁参数对话框如图 8‑62（b）所示，包括以下几个方面的参数：

（1）Nominal power and frequency：变压器的额定功率（VA）和额定频率（Hz）；

（2）Nominal line‑line voltages [V1 V2 V3]：额定线—线电压有效值（Vrms），指的是一次绕组的线—线电压有效值 V_1（Vrms），二次绕组的绕组 2 的线—线电压有效值 V_2

（Vrms），二次绕组的绕组 3 的线—线电压有效值 V_3（Vrms）；

（3）Winding resistances［R1 R2 R3］：指的是一次绕组的电阻 R_1（pu），二次绕组的绕组 2 的电阻 R_2（pu），二次绕组的绕组 3 的电阻 R_3（pu）；

（4）Positive‐sequence no‐load excitation current：正序空载励磁电流（%Inom），指的是当正序标称电压施加在任何三相绕组两端（ABC，abc2 或 abc3）时，空载励磁电流占额定电流 I_{nom} 的百分比；

（5）Positive‐sequence no‐load losses：正序空载损耗（W），指的是当正序标称电压施加在任何三相绕组两端（ABC，abc2 或 abc3）时，在空载状态下，铁芯损耗与绕组损耗之和；

（6）Positive‐sequence short‐circuit reactance：正序短路感抗 X_{12}（pu）、X_{23}（pu）和 X_{13}（pu），X_{ij} 指的是当绕组 j 短路时，测量得到的绕组 i 的感抗；

（7）Zero‐sequence no‐load excitation current with Delta windings opened：联结方式为三角绕组的零序空载励磁电流（%Inom），指的是空载励磁电流占额定电流 I_{nom} 的百分比，零序额定电压施加在任何三相绕组联结方式为 Yg 或 Yn 的绕组两端（ABC，abc2 或 abc3）；

（8）Zero‐sequence no‐load losses with Delta windings opened：联结方式为三角绕组的零序空载损耗，指的是零序额定电压施加在任何三相绕组联结方式为 Yg 或 Yn 的绕组两端（ABC，abc2 或 abc3）时，在空载状态下，铁芯损耗与绕组损耗之和，此时三角形连接的绕组暂时开路；

（9）Zero‐sequence short‐circuit reactance：零序短路感抗 X_{12}（pu）、X_{23}（pu）和 X_{13}（pu），X_{ij} 指的是当绕组 j 短路时，测量得到的绕组 i 的感抗。

8.8.5　电力变压器参数计算示例分析

【举例 5】　以 Three‐phase Transformer（Two Windings）（双绕组三相变压器）模块的参数计算为例，已知：

（1）额定功率：$P_n = 300$kVA（三相合计）；

（2）额定频率：$f_n = 50$Hz；

（3）绕组 W1：

1）星形（Y）接法，额定线—线电压有效值 $U_{1n} = 25$kV；

2）电阻 $R_1 = 0.01$pu；

3）漏感抗 $L_1 = 0.01$pu；

（4）绕组 W2：

1）三角形（△）接法，额定线—线电压有效值 $U_{2n} = 600$V；

2）电阻 $R_2 = 0.01$pu；

3）漏感抗 $L_2 = 0.01$pu；

（5）额定电压下的激磁损耗（额定电流的百分比）：电阻性为 1%，电感性为 1%。

分析：

首先，计算每一个单相变压器的绕组 W1 的基准值：

功率基准值 P_{1base} 的表达式为

$$P_{1base} = \frac{P_n}{3} = \frac{300kVA}{3} = 100kVA \tag{8-51}$$

电压基准值 V_{1base} 的表达式为

$$V_{1base} = \frac{V_{1n}}{\sqrt{3}} = \frac{25kV}{\sqrt{3}} = 14.434kV \tag{8-52}$$

电流基准值 I_{1base} 的表达式为

$$I_{1base} = \frac{P_{1base}}{V_{1base}} = \frac{100kVA}{25V} \times \sqrt{3} = 692.8A \tag{8-53}$$

阻抗基准值 Z_{1base} 的表达式为

$$Z_{1base} = \frac{V_{1base}}{I_{1base}} = \frac{14.434kV}{6.928A} = 2.083k\Omega \tag{8-54}$$

电阻基准值 R_{1base} 的表达式为

$$R_{1base} = \frac{V_{1base}}{I_{1base}} = \frac{14.434kV}{6.928A} = 2.083k\Omega \tag{8-55}$$

电感基准值 L_{1base} 的表达式为

$$L_{1base} = \frac{Z_{1base}}{2 \times \pi \times f_n} = \frac{2083}{2 \times \pi \times 50} = 6.634H \tag{8-56}$$

其次，计算每一个单相变压器的绕组 W2 的基准值：

功率基准值 P_{2base} 的表达式为

$$P_{2base} = \frac{P_n}{3} = \frac{300kVA}{3} = 100kVA \tag{8-57}$$

电压基准值 V_{2base} 的表达式为

$$V_{2base} = V_{2n} = 600V \tag{8-58}$$

电流基准值 I_{2base} 的表达式为

$$I_{2base} = \frac{P_{2base}}{V_{2base}} = \frac{100kVA}{600} = 166.7A \tag{8-59}$$

阻抗基准值 Z_{2base} 的表达式为

$$Z_{2base} = \frac{V_{2base}}{I_{2base}} = \frac{600V}{166.7A} = 3.60\Omega \tag{8-60}$$

电阻基准值 R_{2base} 的表达式为

$$R_{2base} = \frac{V_{2base}}{I_{2base}} = \frac{600V}{166.7A} = 3.60\Omega \tag{8-61}$$

电感基准值 L_{2base} 的表达式为

$$L_{2base} = \frac{Z_{2base}}{2 \times \pi \times f_n} = \frac{3.60}{2 \times \pi \times 50} = 0.0115H \tag{8-62}$$

第三，计算得到国际单位 SI 表示的绕组 W1 的电阻 R_1 和漏电感 L_1

$$R_1 = R_{1base} \times 0.01 = 2.083k\Omega \times 0.01 = 20.83\Omega \tag{8-63}$$

$$L_1 = L_{1base} \times 0.02 = 6.634H \times 0.02 = 0.1327H \tag{8-64}$$

第四，计算得到国际单位 SI 表示的绕组 W2 的电阻 R_2 和漏电感 L_2

$$R_2 = R_{2base} \times 0.01 = 3.60\Omega \times 0.01 = 0.036\Omega \tag{8-65}$$

$$L_2 = L_{2\text{base}} \times 0.02 = 0.0115\text{H} \times 0.02 = 2.3\text{e}^{-4}\text{H} \tag{8-66}$$

第五，对于激磁回路，1%的阻性、1%的感性激磁损耗，意味着激磁电阻 R_{m} 为 100pu，激磁电感 L_{m} 为 100pu，因此，绕组 W1 换算成 SI 制的结果分别为

$$R_{\text{m}} = R_{2\text{base}} \times 100 = 2083\Omega \times 100 = 208.3\text{k}\Omega \tag{8-67}$$

$$L_{\text{m}} = L_{1\text{base}} \times 100 = 6.634\text{H} \times 100 = 663.4\text{H} \tag{8-68}$$

为加深理解，可以按照上述计算结果，与图 8-52 所示的 Three-phase Transformer (Two Windings)（双绕组三相变压器）模块的参数对话框中各个参数进行对比。

8.8.6　电力变压器仿真示例分析

1. 描述物理模型

【举例6】　供电系统如图 8-64 所示，假定供电点电压 V_{in} 表示相电压峰值，且为 315kV，保持恒定，当负载运行时 A 相母线发生 A 相对地短路故障，试构建该系统的仿真模型，分析以下物理量：

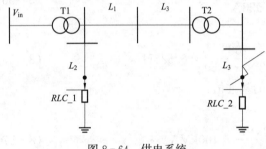

（1）A 相发生接地故障后，变压器 T1 的 A 相绕组 1 的端电压 U_{ag}_W1、A 相绕组 2 的端电压 U_{ag}_W2 和 A 相绕组 3 的端电压 U_{ab}_W3 波形；

（2）A 相发生接地故障后，变压器 T2 的 A 相绕组 1 的端电压 U_{an}_W1、A 相绕组 2 的端电压 U_{an}_W2 和 A 相绕组 3 的端电压 U_{ab}_W3 波形；

图 8-64　供电系统

（3）A 相发生接地故障后，负载 RLC_2 的 A、B 和 C 三相电流的波形；

（4）A 相发生接地故障后，负载 RLC_2 的 A、B 和 C 三相端电压的波形。

分析：

按照 MATLAB 软件中传输线模块的参数顺序，现将传输线路 $L_1 \sim L_3$ 的参数依次介绍如下：

（1）相数（个数）：3；

（2）RLC 频率（Hz）：50

（3）单位长度电阻（Ω/km）：[0.045 0.383]，需要提醒的是，对于三相连续传输线而言，只需要提供正序和零序的单位长度的电阻参数即可；

（4）单位长度电感（H/km）：[0.9536e-3　3.4e-3]，需要提醒的是，对于三相连续传输线而言，只需要提供正序和零序的单位长度的电感参数即可；

（5）Capacitance per unit length（F/km）单位长度电容（F/km）：[12.07e-9 7.47e-9]，需要提醒的是，对于三相连续传输线而言，只需要提供正序和零序的单位长度的电容参数即可；

（6）线路长度（km）：$L_1 = 70\text{km}$。

除了长度不同之外，传输线路 L_2 和 L_3 的其他参数与传输线路 L_1 相同，即：$L_2 = 90\text{km}$ 和 $L_3 = 100\text{km}$。

2. 构建仿真模型

构建如图 8-65 所示的仿真模型，并将其保存为 exm_6.slx，它所需的模块见表 8-8。

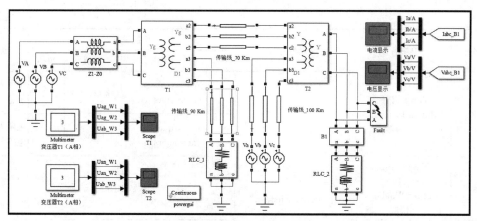

图 8 - 65　举例 7 的仿真模型

表 8 - 8　举例 6 所需模块汇集

元件名称	模块名称	所属模块库	参数设置			备注
			名　称	取值	单位	
VA	AC Voltage Source 模块		Peak amplitude	315e3	V	
			Phase	0	°	
			Frequency	50	Hz	
			默认参数			
VB	AC Voltage Source 模块	powerlib/ Electrical Sources	Peak amplitude	315e3	V	
			Phase	−120	°	
			Frequency	50	Hz	
			默认参数			
VC	AC Voltage Source 模块		Peak amplitude	315e3	V	
			Phase	120	°	
			Frequency	50	Hz	
			默认参数			
Va	AC Voltage Source 模块		Peak amplitude	470e3	V	
			Phase	0	°	
			Frequency	50	Hz	
			默认参数			
Vb	AC Voltage Source 模块	powerlib/ Electrical Sources	Peak amplitude	470e3	V	
			Phase	−120	°	
			Frequency	50	Hz	
			默认参数			
Vc	AC Voltage Source 模块		Peak amplitude	470e3	V	
			Phase	120	°	
			Frequency	50	Hz	
			默认参数			

续表

元件名称	模块名称	所属模块库	参数设置			备注
			名　　称	取值	单位	
Z1－Z0	Three－Phase Mutual Inductance Z1－Z0 模块		Positive－sequence parameters	$[2\ 50e-3]$		电阻 R_1（Ω）电感 L_1（H）
			Zero－sequence parameters	$[4\ 100e-3]$		电阻 R_0（Ω）电感 L_0（H）
变压器 T1	Three－Phase Transformer (Three Windings) 模块	powerlib/Elements	参数如图 8-66 所示			
变压器 T2	Three－Phase Transformer (Three Windings) 模块		参数如图 8-67 所示			
RLC_1	Three－Phase Series RLC Branch 模块		Resistance R	6.0	Ω	
RLC_2			Inductance L	6.0	H	
—	Demux	Simulink/Signal Routing	Number of outputs	3		共需要 4 个该模块
	Mux		Number of inputs	3		共需要 4 个该模块
B1	Three－Phase V－I Measurement 模块	powerlib/Measurements	Voltage measurement	phase－to－ground	V	测试相—地电压
			Current measurement	yes	A	测试电流
			参见图 8-67 所示			
传输线_70km	Distributed Parameter Line 模块	powerlib/Elements	Number of phases	3		
			Frequency used for RLC specifications（Hz）	50	Hz	
			Resistance per unit length（ohm/km）单位长度电阻	$[0.045\ 0.383]$	Ω/km	
			Inductance per unit length（H/km）单位长度电感	$[0.9536e-3\ 3.4e-3]$	H/km	
			Capacitance per unit length（F/km）单位长度电容	$[12.07e-9\ 7.47e-9]$	F/km	
			Line length（km）线路长度	70	km	
传输线_90km	Distributed Parameter Line 模块	powerlib/Elements	Number of phases	3		
			Frequency used for RLC specifications（Hz）	50	Hz	
			Resistance per unit length（ohm/km）单位长度电阻	$[0.045\ 0.383]$	Ω/km	

续表

元件名称	模块名称	所属模块库	参数设置			备注
			名　　称	取值	单位	
传输线_90km	Distributed Parameter Line 模块	powerlib/Elements	Inductance per unit length（H/km）单位长度电感	[0.9536e-3 3.4e-3]	H/km	
			Capacitance per unit length（F/km）单位长度电容	[12.07e-9 7.47e-9]	F/km	
			Line length（km）线路长度	90	km	
传输线_100km	Distributed Parameter Line 模块	powerlib/Elements	Number of phases	3		
			Frequency used for RLC specifications（Hz）	50	Hz	
			Resistance per unit length（ohm/km）单位长度电阻	[0.045 0.383]	Ω/km	
			Inductance per unit length（H/km）单位长度电感	[0.9536e-3 3.4e-3]	H/km	
			Capacitance per unit length（F/km）单位长度电容	[12.07e-9 7.47e-9]	F/km	
			Line length（km）线路长度	100	km	
Fault	Three-Phase Fault 模块	powerlib/Elements	Initial status	0		开路
			Fault between phase A、Phase B、phase C 和 Ground	☑ Phase A ☑ Ground		激活 A 相对地故障
			Fault resistances Ron（ohm）	0.001	Ω	
			Ground resistance Rg（ohm）	1	Ω	
			Snubbers resistance Rs（ohm）	10	Ω	
			Snubbers capacitance Cs（F）	0.1e-6	F	
			Switching times（s）	选择内部控制 [0.02 0.08]	s	
			Measurement	Fault currents		测试三相电流

续表

元件名称	模块名称	所属模块库	参数设置			备注
			名　　称	取值	单位	
Multimeter 变压器 T1（A 相）	Multimeter 模块	powerlib/Measurements	Selected Measurements			选择 Uag_W1、Uag_W2 和 Uab_W3 三相电压
Multimeter 变压器 T2（A 相）			Selected Measurements			选择 Uan_W1、Uan_W2 和 Uab_W3 三相电压
ScopeT1	Scope 模块	Simulink/Sinks	Number of axes	3		三相电压显示
ScopeT2			Number of axes	3		三相电压显示
电流显示			Number of axes	3		流过 RLC_2 的三相电流显示
电压显示			Number of axes	3		RLC_2 的三相端电压显示
—	Powergui 模块	powerlib	Simulation Type	Continuous		
			默认参数			
Iabc_B1	From 模块	Simulink/Signal Routing	测试流过 RLC_2 的三相电流			Three-Phase V-I Measurement 模块中选择了电压和电流测试标签
Vabc_B1			测试 RLC_2 的三相端电压			

（1）设置变压器 T1 的参数，如图 8-66 所示；

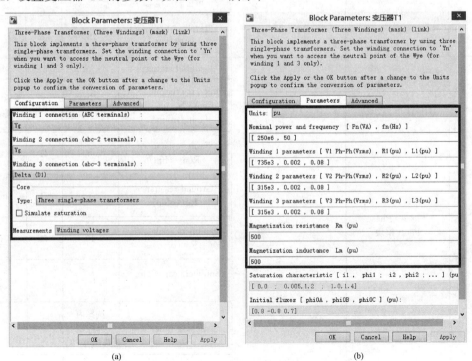

图 8-66　设置变压器 T1 的参数对话框
（a）Configuration（电机结构参数）；（b）Parameters（电磁参数）

（2）设置变压器 T2 的参数，其参数对话框如图 8-67 所示；

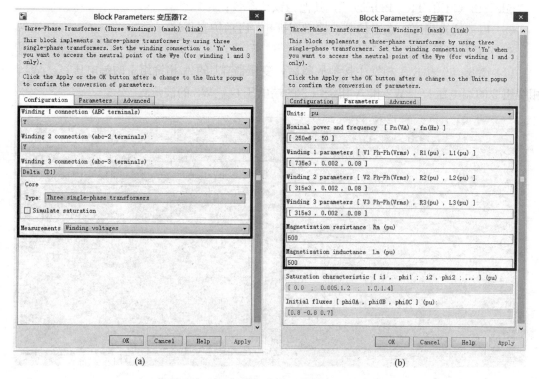

(a)　　　　　　　　　　　　　　(b)

图 8-67　设置变压器 T2 的参数对话框

(a) Configuration（电机结构参数）；(b) Parameters（电磁参数）

（3）设置 Three-Phase V-I Measurement 模块的参数，其参数对话框如图 8-68 所示；

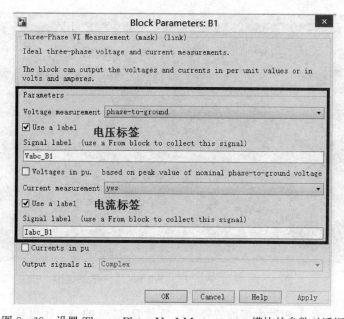

图 8-68　设置 Three-Phase V-I Measurement 模块的参数对话框

（4）将仿真时间的起点和终点分别进行设置，即 Start time：0，end time：100e-3，选取"ode23tb（Stiff/TR-BDF2）"，其他为默认参数；

（5）启动仿真程序：点击仿真快捷键图标▶，启动仿真程序。

3．分析仿真结果

（1）图 8-69 表示 A 相发生接地故障后，变压器 T1 的 A 相绕组 1 的端电压 U_{ag}_W1、A 相绕组 2 的端电压 U_{ag}_W2 和 A 相绕组 3 的端电压 U_{ab}_W3 的波形；

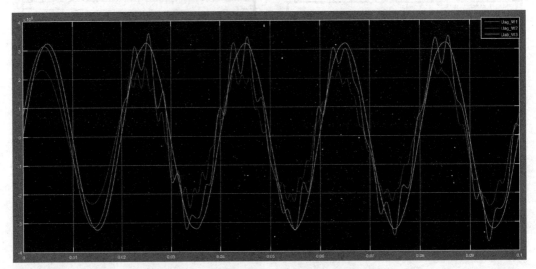

图 8-69 U_{ag}_W1、U_{ag}_W2 和 U_{ab}_W3 波形

（2）图 8-70 表示 A 相发生接地故障后，变压器 T2 的 A 相绕组 1 的端电压 U_{an}_W1、A 相绕组 2 的端电压 U_{an}_W2 和 A 相绕组 3 的端电压 U_{ab}_W3 的波形；

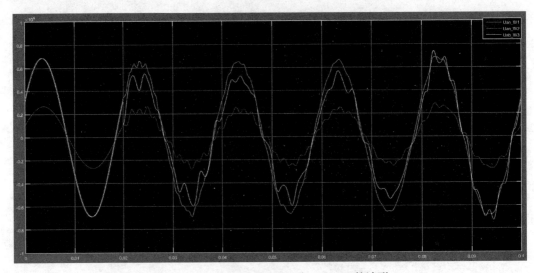

图 8-70 U_{an}_W1、U_{an}_W2 和 U_{ab}_W3 的波形

（3）图 8-71 表示 A 相发生接地故障后，负载 RLC_2 的 A、B 和 C 三相电流的波形；

（4）图 8-72 表示 A 相发生接地故障后，负载 RLC_2 的 A、B 和 C 三相端电压的波形。

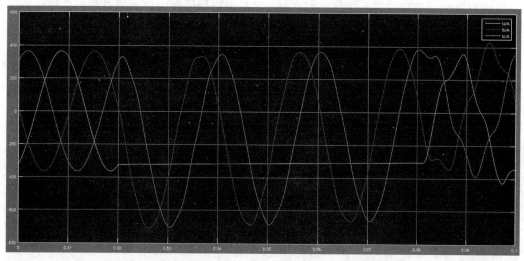

图 8-71　负载 *RLC*_2 的 A、B 和 C 三相电流的波形

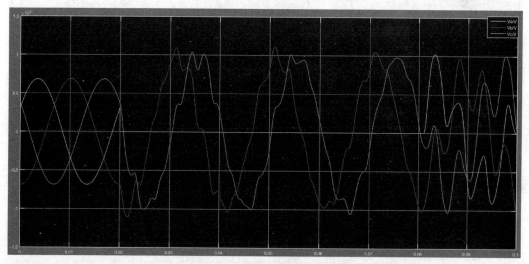

图 8-72　负载 *RLC*_2 的 A、B 和 C 三相端电压的波形

8.9　学习坐标变换模块

在 MATLAB 软件中，专门设置了坐标变换模块，包括 abc 与 dq0 轴系相互变换的模块、αβ 与 abc 轴系相互变换的模块和 αβ 与 dq0 轴系相互变换的模块。本节专门讨论它们的使用方法。

8.9.1　调用方法

点击 MATLAB 的工具条上的 Simulink Library 的快捷键图标，即可弹出"Open Simu-link block library"，→点击 Simscape 模块库，→点击 SimPowersystems 模块库，→点击 Specialized Technology 模块库，→点击 Control and Measurements 模块库，→即可看到

Transformations（坐标变换）模块库的图标，→点击该模块库图标，即可看到该模块库中有6种模块，如图 8‑73 所示。

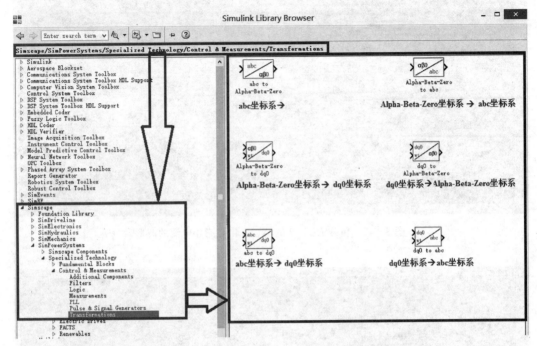

图 8‑73　调用 Transformations（坐标变换）模块库的方法

为方便学习，现将 Transformations（坐标变换）模块库的各个模块总结于表 8‑9 中。

表 8‑9   **Transformations（坐标变换）模块库汇集**

序号	名　称	功能说明	图　例
1	abc 与 dq0 轴系相互变换的模块	abc to dq0 模块	abc 坐标系→dq0 坐标系	abc to dq0
2		dq0 to abc 模块	dq0 坐标系→abc 坐标系	dq0 to abc
3	αβ 与 dq0 轴系相互变换的模块	Alpha‑Beta‑Zeroto dq0 模块	Alpha‑Beta‑Zero 坐标系→dq0 坐标系	Alpha‑Beta‑Zero to dq0
4		dq0 to Alpha‑Beta‑Zero 模块	dq0 坐标系→Alpha‑Beta‑Zero 坐标系	dq0 to Alpha‑Beta‑Zero

序号	名　　　称		功能说明	图　　　例
5	abc 与 αβ 轴系相互变换的模块	abc to Alpha - Beta - Zero 模块	abc 坐标系→ Alpha - Beta - Zero 坐标系	abc to Alpha–Beta–Zero
6		Alpha - Beta - Zero to abc 模块	Alpha - Beta - Zero 坐标系→ abc 坐标系	Alpha–Beta–Zero to abc

8.9.2　学习 abc 与 dq0 轴系相互变换的模块

abc to dq0 变换模块，可以把三相正弦信号转换成两相旋转坐标系的 d 轴、q 轴和 0 轴分量，如图 8 - 74 所示。

abc to dq0 变换取决于在 $t = 0$ 时与 dq 轴对齐，旋转速度用 ωt 表示，ω 表示 dq 坐标系旋转的速度。当 dq 旋转坐标系与 A 轴对齐时，以空间电压矢量 U_s 为例，可以得到下面的表达式

$$U_S = u_d + ju_q = (u_\alpha + ju_\beta)e^{-j\omega t}$$
$$= \frac{2}{3}(u_a + u_b e^{j\frac{2\pi}{3}} + u_c e^{j\frac{2\pi}{3}})e^{-j\omega t} \quad (8-69)$$

$$u_0 = \frac{1}{3}(u_a + u_b + u_c) \quad (8-70)$$

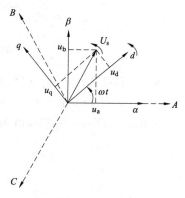

图 8 - 74　不同坐标系之间变换的示意图

式中　　ω——dq 坐标系旋转的速度；

u_a、u_b、u_c——abc 坐标系的信号；

u_d、u_q、u_0——dq 坐标系的信号；

u_α、u_β、u_c——$\alpha\beta$ 坐标系的信号。

abc 坐标系→$dq0$ 坐标系的变换表达式为

$$\begin{bmatrix} u_d \\ u_q \\ u_0 \end{bmatrix} = \frac{2}{3}\begin{bmatrix} \cos(\omega t) & \cos\left(\omega t - \frac{2\pi}{3}\right) & \cos\left(\omega t + \frac{2\pi}{3}\right) \\ -\sin(\omega t) & -\sin\left(\omega t - \frac{2\pi}{3}\right) & -\sin\left(\omega t - \frac{2\pi}{3}\right) \\ \frac{1}{2} & \frac{1}{2} & \frac{1}{2} \end{bmatrix} \times \begin{bmatrix} u_a \\ u_b \\ u_c \end{bmatrix} \quad (8-71)$$

$dq0$ 坐标系→abc 坐标系的逆变换的表达式为

$$\begin{bmatrix} u_a \\ u_b \\ u_c \end{bmatrix} = \begin{bmatrix} \cos(\omega t) & -\sin(\omega t) & 1 \\ \cos\left(\omega t - \frac{2\pi}{3}\right) & -\sin\left(\omega t - \frac{2\pi}{3}\right) & 1 \\ \cos\left(\omega t + \frac{2\pi}{3}\right) & -\sin\left(\omega t - \frac{2\pi}{3}\right) & 1 \end{bmatrix} \times \begin{bmatrix} u_d \\ u_q \\ u_0 \end{bmatrix} \quad (8-72)$$

当 dq 旋转坐标系滞后 A 轴 90°时，可以得到下面的表达式

$$U_S = u_d + j u_q = (u_\alpha + j u_\beta) e^{-j\left(\omega t - \frac{\pi}{2}\right)} \tag{8-73}$$

因此，abc 坐标系→dq0 坐标系的变换表达式为

$$\begin{bmatrix} u_d \\ u_q \\ u_0 \end{bmatrix} = \begin{bmatrix} \sin(\omega t) & -\cos(\omega t) & 0 \\ \cos(\omega t) & \sin(\omega t) & 0 \\ 0 & 0 & 1 \end{bmatrix} \times \begin{bmatrix} u_a \\ u_b \\ u_c \end{bmatrix} \tag{8-74}$$

因此，dq0 坐标系→abc 坐标系的变换表达式为

$$\begin{bmatrix} u_a \\ u_b \\ u_c \end{bmatrix} = \begin{bmatrix} \sin(\omega t) & \cos(\omega t) & 1 \\ \sin\left(\omega t - \frac{2\pi}{3}\right) & \cos\left(\omega t - \frac{2\pi}{3}\right) & 1 \\ \sin\left(\omega t + \frac{2\pi}{3}\right) & \cos\left(\omega t + \frac{2\pi}{3}\right) & 1 \end{bmatrix} \times \begin{bmatrix} u_d \\ u_q \\ u_0 \end{bmatrix} \tag{8-75}$$

如图 8-75 所示，dq0 坐标系与 abc 坐标系之间变换的模块参数，只需要正确选择 Rotating frame alignment（at $wt=0$）（旋转轴与 A 轴对齐的角度）即可，如果 dq 旋转坐标系 $t=0$ 开始时，那么正序的幅值为 1（pu），相角为 0，三相平衡，即

$$\begin{cases} u_a = \sin(\omega t) \\ u_b = \sin\left(\omega t - \frac{2\pi}{3}\right) \\ u_c = \sin\left(\omega t + \frac{2\pi}{3}\right) \end{cases} \tag{8-76}$$

如果选择 dq 旋转坐标系起点与 A 相轴对齐时，那么 dq 坐标系中 $U_d=0$，$U_q=1$，$U_0=0$；如果选择 dq 旋转坐标系起点滞后 A 相轴时，那么 dq 坐标系中 $U_d=1$，$U_q=0$，$U_0=0$。

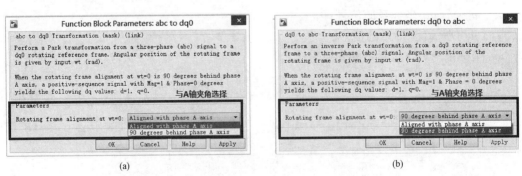

图 8-75　abc 坐标系与 dq0 坐标系变换模块的参数对话框

（a）abc_to_dq0 模块；（b）dq0_to_ abc 模块

对于 abc 坐标系与 dq0 坐标系变换模块而言，它们的 Inputs and Outputs（输入和输出量）分别为：

（1）abc：矢量 abc 信号；

（2）dq0：矢量 dq 信号；

（3）wt：dq 旋转轴系的旋转位置，单位为 rad。

8.9.3 学习 αβ 与 dq 轴系相互变换的模块

αβ 与 dq0 轴系相互变换的模块，可以把 αβ 两相静止坐标系的信号转换成两相旋转坐标系的 d 轴、q 轴和 0 轴分量，如图 8-74 所示。

在 $t=0$ 时，dq 轴与 A 轴对齐，可以得到下面的表达式

$$U_s = u_d + ju_q = (u_\alpha + ju_\beta)e^{-j\omega t} \tag{8-77}$$

因此，αβ→dq0 轴系变换的表达式

$$\begin{bmatrix} u_d \\ u_q \\ u_0 \end{bmatrix} = \begin{bmatrix} \cos(\omega t) & \sin(\omega t) & 0 \\ -\sin(\omega t) & \cos(\omega t) & 0 \\ 0 & 0 & 1 \end{bmatrix} \times \begin{bmatrix} u_\alpha \\ u_\beta \\ u_0 \end{bmatrix} \tag{8-78}$$

因此，也可以得到 dq0→αβ 轴系变换的表达式

$$u_\alpha + ju_\beta = (u_d + ju_q)e^{j\omega t} \tag{8-79}$$

$$\begin{bmatrix} u_\alpha \\ u_\beta \\ u_0 \end{bmatrix} = \begin{bmatrix} \cos(\omega t) & -\sin(\omega t) & 0 \\ \sin(\omega t) & \cos(\omega t) & 0 \\ 0 & 0 & 1 \end{bmatrix} \times \begin{bmatrix} u_d \\ u_q \\ u_0 \end{bmatrix} \tag{8-80}$$

在 $t=0$ 时，dq 轴滞后 A 轴 90°，可以得到下面的表达式

$$U_s = u_d + ju_q = (u_\alpha + ju_\beta)e^{-j\left(\omega t - \frac{\pi}{2}\right)} \tag{8-81}$$

因此，αβ→dq0 轴系变换的表达式

$$\begin{bmatrix} u_d \\ u_q \\ u_0 \end{bmatrix} = \begin{bmatrix} \sin(\omega t) & -\cos(\omega t) & 0 \\ \cos(\omega t) & \sin(\omega t) & 0 \\ 0 & 0 & 1 \end{bmatrix} \times \begin{bmatrix} u_\alpha \\ u_\beta \\ u_0 \end{bmatrix} \tag{8-82}$$

因此，也可以得到 dq0→αβ 轴系变换的表达式

$$u_\alpha + ju_\beta = (u_d + ju_q)e^{j\left(\omega t - \frac{\pi}{2}\right)} \tag{8-83}$$

αβ 与 dq0 轴系相互变换的模块的参数对话框如图 8-76 所示，也需要选择旋转坐标系与 A 轴的夹角。

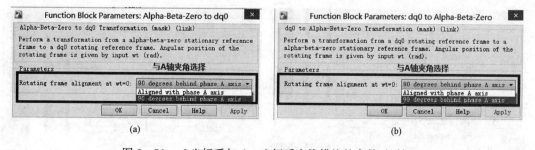

图 8-76 αβ 坐标系与 dq0 坐标系变换模块的参数对话框

（a）Alpha-Beta-Zero to dq0 模块；（b）dq0_to_Alpha-Beta-Zero 模块

8.9.4　学习 abc 与 αβ 轴系相互变换的模块

abc→αβ 轴系变换的表达式

$$
\begin{bmatrix} u_{\alpha} \\ u_{\beta} \\ u_0 \end{bmatrix} = \begin{bmatrix} \dfrac{2}{3} & -\dfrac{1}{3} & -\dfrac{1}{3} \\ 0 & \dfrac{1}{\sqrt{3}} & -\dfrac{1}{\sqrt{3}} \\ \dfrac{1}{3} & \dfrac{1}{3} & \dfrac{1}{3} \end{bmatrix} \times \begin{bmatrix} u_{\mathrm{a}} \\ u_{\mathrm{b}} \\ u_{\mathrm{c}} \end{bmatrix} \tag{8-84}
$$

αβ→abc 轴系变换的表达式

$$
\begin{bmatrix} u_{\mathrm{a}} \\ u_{\mathrm{b}} \\ u_{\mathrm{c}} \end{bmatrix} = \begin{bmatrix} 1 & 0 & 1 \\ -\dfrac{1}{2} & \dfrac{\sqrt{3}}{2} & 1 \\ -\dfrac{1}{2} & -\dfrac{\sqrt{3}}{2} & 1 \end{bmatrix} \times \begin{bmatrix} u_{\alpha} \\ u_{\beta} \\ u_0 \end{bmatrix} \tag{8-85}
$$

abc 与 αβ 轴系相互变换的模块的参数对话框如图 8-77 所示，它们不需要选择任何参数。

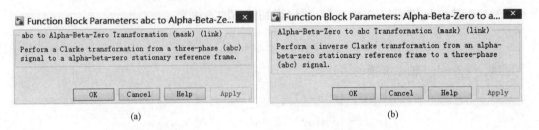

(a) 　　　　　　　　　　　　　　　　　(b)

图 8-77　abc 坐标系与 αβ 坐标系变换模块的参数对话框
(a) abc to Alpha-Beta-Zero 模块；(b) Alpha-Beta-Zero to abc 模块

8.9.5　轴系相互变换模块示例分析

【举例 7】　构建图 8-78 所示的仿真模型，它将上述几种坐标变换模块均综合使用到，并将其保存为 exm_7.slx，它所需的模块见表 8-10。

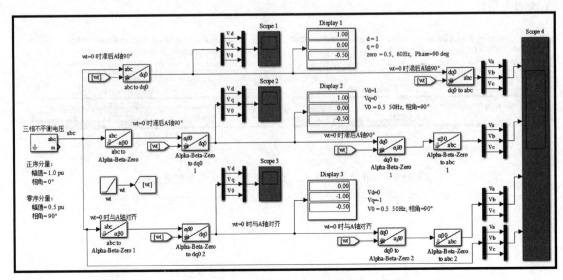

图 8-78　举例 7 的仿真模型

表 8 - 10　　　　　　　　　　举例 7 所需模块汇集

元件名称	模块名称	所属模块库	参数设置			备注
			名　称	取值	单位	
三相不平衡电压	Three - Phase Programmable Generator 模块	Simscape/SimPowersystems/ Specialized Technology/ Control and Measurements/ Pulse & Signal Generators				参数设置详见图 8 - 79 所示
abc to dq0	abc to dq0 模块	Simscape/SimPowersystems/ Specialized Technology/ Control and Measurements/ Transformations				选择与 A 轴滞后 90°
abc to Alpha - Beta - Zero	abc to Alpha - Beta - Zero 模块	Simscape/SimPowersystems/ Specialized Technology/ Control and Measurements/ Transformations				不用设置参数
abc to Alpha - Beta - Zero 1						
Alpha - Beta - Zero to dq0 1	Alpha - Beta - Zero to dq0 模块	Simscape/SimPowersystems/ Specialized Technology/ Control and Measurements/ Transformations				选择与 A 轴滞后 90°
Alpha - Beta - Zero to dq02						
dq0 to abc	dq0 to abc 模块	Simscape/SimPowersystems/ Specialized Technology/ Control and Measurements/ Transformations				选择与 A 轴滞后 90°
dq0 to Alpha - Beta - Zero 1	dq0 to Alpha - Beta - Zero 模块	Simscape/SimPowersystems/ Specialized Technology/ Control and Measurements/ Transformations				选择与 A 轴滞后 90°
dq0 to Alpha - Beta - Zero2						
Alpha - Beta - Zero to abc 1	Alpha - Beta - Zero to abc 模块	Simscape/SimPowersystems/ Specialized Technology/ Control and Measurements/ Transformations				不用设置参数
Alpha - Beta - Zero to abc 2						
Display1	Display 模块	Simulink/Sinks	Format			Bank
Display2			Decimation			1
Display3			Floating display			不选择
Scope1	Scope 模块	Simulink/Sinks	Number of axes			1
Scope2			Legends			☑
Scope3						
Scope4			Number of axes			4
			Legends			☑

续表

元件名称	模块名称	所属模块库	参数设置			备注
			名　　称	取值	单位	
—	Demux	Simulink/Signal Routing	Number of outputs	3		共需要 7 个该模块
	Mux	Simulink/Signal Routing	Number of inputs	3		共需要 7 个该模块
wt	Ramp 模块	Simulink/Sources	Slope	2 * pi * 50		
wt	From 模块	Simulink/Signal Routing	Goto Tag	wt		需要 6 个
wt	Goto 模块	Simulink/Signal Routing	Goto Tag	wt		需要 1 个

（1）设置 Three‐Phase Programmable Generator 模块的参数，如图 8‐79 所示；

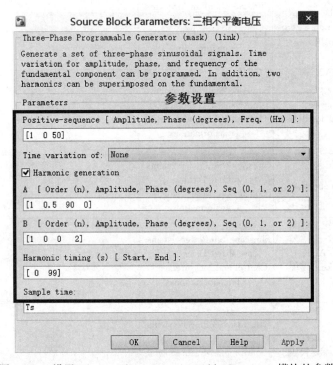

图 8‐79　设置 Three‐Phase Programmable Generator 模块的参数

1) Positive‐sequence［Amplitude，Phase（degrees），Freq（Hz）］：正序分量的幅值、相位（°）和频率（Hz），其中幅值的单位可以是伏特、安培或者标幺值；

2) Harmonic generation：谐波发生器参数设置，它包括：

A：［Order（n），Amplitude，Phase（degrees），Seq（0，1 or 2）］：谐波次数 n、幅值、相位（°）和频率（Hz），其中幅值的单位可以是伏特、安培或者标幺值，相序（0：表示零序；1：表示正序；2：负序）；

B：［Order（n），Amplitude，Phase（degrees），Seq（0，1 or 2）］：谐波次数 n、幅值、相位（°）和频率（Hz），其中幅值的单位可以是伏特、安培或者标幺值，相序（0：表示零

序；1：表示正序；2：负序）；

（2）将仿真时间的起点和终点分别进行设置，即 Start time：0，end time：50e - 3，选取 "ode45（Dormand - Prince）"，如图 8 - 80 所示；

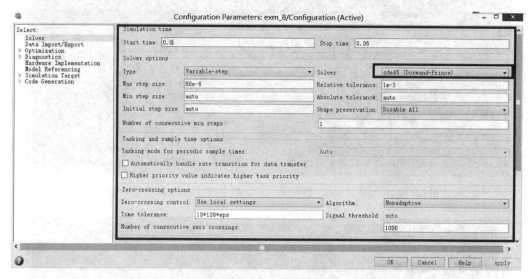

图 8 - 80　设置仿真参数

（3）启动仿真程序：点击仿真快捷键图标▶，启动仿真程序；

（4）分析仿真结果：

1）图 8 - 81 表示 abc to dq0 模块获得的 dq 轴参量的波形；

2）图 8 - 82 表示 Alpha - Beta - Zero to dq0 1 模块获得的 dq 轴参量的波形；

3）图 8 - 83 表示 Alpha - Beta - Zero to dq0 2 模块获得的 dq 轴参量的波形；

4）图 8 - 84 表示 dq0 to abc 模块获得的 Va、Vb 和 Vc 参量的波形，Alpha - Beta - Zero to abc 1 模块获得的 Va、Vb 和 Vc 参量的波形，Alpha - Beta - Zero to abc 2 模块获得的 Va、Vb 和 Vc 参量的波形以及信号发生器 Three - Phase Programmable Generator 模块输出的 Va、Vb 和 Vc 参量的波形。

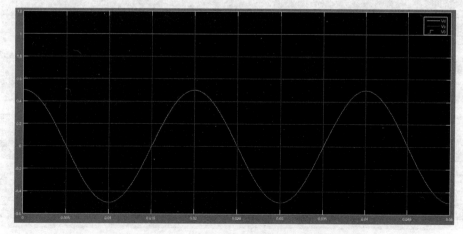

图 8 - 81　abc to dq0 模块获得的 dq 轴参量的波形

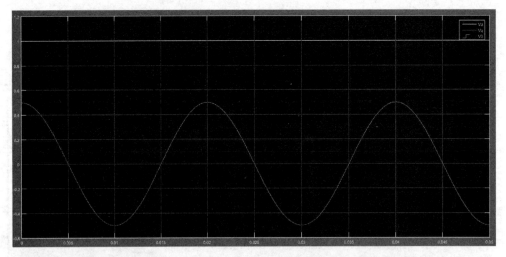

图 8 - 82　　Alpha - Beta - Zero to dq0 1 模块获得的 dq 轴参量的波形

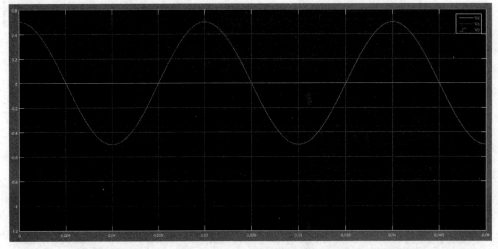

图 8 - 83　　Alpha - Beta - Zero to dq0 2 模块获得的 dq 轴参量的波形

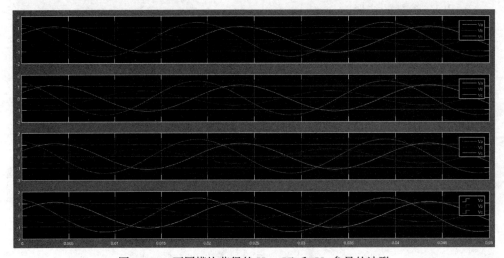

图 8 - 84　　不同模块获得的 Va、Vb 和 Vc 参量的波形

练 习 题

1. 已知如图 8 - 85 所示电路，其参数分别为：$L_P=0.1H$，$L_S=0.2H$，$R_P=1\Omega$，$R_S=2\Omega$，$R_1=1\Omega$，$M_i=0.1H$，$C=1\mu F$，$U_D=10V$。求电流 i_1、i_2 和 U_C 的响应曲线。

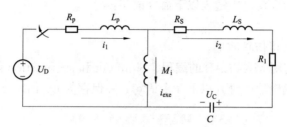

图 8 - 85

提示：（1）方法之一：使用 MATLAB 编程实现：

%%%

在 MATLAB 的编辑器中键入以下命令语句，并保存为 ex_1.m：

```
clear;clc;
%给出电路的已知参数
Lp=0.1;Ls=0.2;Mi=0.1;Rp=1;Rs=2;R1=1;C=1e-6;VD=10;alpha=0.1;
R=[-Rp, 0, 0; 0, -(Rs+R1), -1; 0, 1, 0];D=[1;0;0];L=[(Lp+Mi), -Mi, 0; -Mi, (Ls+Mi),
0; 0, 0, C]
Linv=inv(L);A=Linv*R;B=Linv*D;
X=[0;0;0];U=VD;
T=0.0001;                %时间步长值
for n=1:10000
%Trapezoidal Integration(梯形积分)
n1(n)=n;
Xest=X+T*(A*X+B*U);
Xdotest=A*Xest+B*U;
alpha1=1+alpha;alpha2=1-alpha;
term1=alpha1*Xdotest;termint=A*X+B*U;
term2=alpha2+termint;
X=X+(T/2)*(term1+term2);
i1(n)=X(1);i2(n)=X(2);Vc(n)=X(3);
end
figure(1)
subplot(3,1,1)
plot(n1*T,i1);grid on;ylabel('i_1/A');title('i_1 波形')        %获得 i_1 波形
subplot(3,1,2)
plot(n1*T,i2);grid on;axis([0, 1, -0.01, 0.01])
```

```
ylabel('i_2/A');title('i_2 波形')                                          %获得 i_2 波形
subplot(3,1,3)
plot(n1*T,Vc);grid on;axis([0 1-5 10])
xlabel('时间/s');ylabel('V_c/V');title('V_c 波形')                          %获得 V_c 波形
%%%%%%%%%%%%%%%%%%%%%%%%%%%%%%%%%%%%%%%%%%%%%
```

在 MATLAB 的命令窗口中键入以下命令语句：

ex_1

回车之后，即可获得仿真波形。

（2）方法之二：使用 MATLAB 的编程、Simulink 和 s-function 函数共同实现：

在 MATLAB 的编辑器中键入以下命令语句，并保存为 ex_func.m：

```
%%%%%%%%%%%%%%%%%%%%%%%%%%%%%%%%%%%%%%%%%%%%%
function [sys, x0]=prob1(t,x,u,flag)
%给出电路的已知参数%%%%%%%%%%%
Lp=0.1;Ls=0.2;Mi=0.1;Rp=1;Rs=2;Rl=1;C=1e-6;V=10;
alpha=0.1;R=[-Rp, 0, 0; 0,-(Rs+Rl), -1; 0, 1, 0];
D=[1;0;0];L=[(Lp+Mi), -Mi, 0; -Mi, (Ls+Mi), 0; 0, 0, C];
Linv=inv(L);
A=Linv*R;B=Linv*D;
if abs(flag)==1
sys(1:3)=A*x(1:3)+B*u;
elseif abs(flag)==3
sys(1:3)=x(1:3);
elseif flag==0
sys(1)=3;
sys(2)=0;
sys(3)=3;
sys(4)=1;
sys(5)=0;
sys(6)=0;
x0=[0; 0; 0];
else
sys=[];
end;
%%%%%%%%%%%%%%%%%%%%%%%%%%%%%%%%%%%%%%%%%%%%%
```

再构建 MATLAB 的 Simulink 仿真模型如图 8-86 所示，现将它的各个功能模块的调入方法简述如下：在 Simulink 模块库中的 Sources 模块库中调用 Clock 和 Constant 模块，将 Constant 模块的 Constant value 栏设置为 10，其他为默认参数，→在 User definedfunction 模块库中调用 s-function 模块，将其 s-function name 栏目设置为 ex_func，→在 Signal routing 模块库中调用 Demux 模块，将其 Number of outputs 栏置为 3，→在 Sink 模块库中调用 Scope 模块，将其 Number of Axes 栏置为 3，不选中 Limit data points to last 栏（即不用限制输出数据数目）；再在 Sink 模块库中连续调用 To Workspace 模块 4 次，将 To Workspace 模块的 Variable name 栏置为 time，将 Save format 栏选择为 Array，其他为默认参数；同理将 To Workspace1 模块的 Variable name 栏置为 i1，将 To Workspace2 模块的 Variable name 栏置为 i2，将 To Workspace3 模块的 Variable name 栏置为 Vc，其他设置方法同 To Workspace 模块，如图 8-86 所示，→不用设置仿真参数，就利用默认值，并将该仿真模型保存为 ex_2.slx，点击仿真快捷键，即可获得仿真波形。

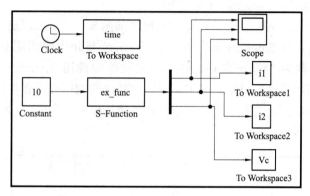

图 8-86

最后，再在 MATLAB 的 M 编辑器窗口中键入以下命令语句，并保存为 ex_plot.m：

```
%%%%%%%%%%%%%%%%%%%%%%%%%%%%%%%%%%%%%%%%%%%
figure(1)
subplot(3,1,1)
plot(time,i1);grid on;ylabel('i_1/A');title('i_1 波形')          %获得 i_1 波形
subplot(3,1,2)
plot(time,i2);grid on;axis([0, 1,-0.01, 0.01])                  %获得 i_2 波形
ylabel('i_2/A');title('i_2 波形')
subplot(3,1,3)
plot(time,Vc);grid on;axis([0, 1,-5, 10])
xlabel('时间/s');ylabel('V_c/V');title('V_c 波形')               %获得 V_c 波形
%%%%%%%%%%%%%%%%%%%%%%%%%%%%%%%%%%%%%%%%%%%
```

再在 MATLAB 的命令窗口中键入以下命令语句：

```
ex_plot
```

回车之后，即可获得仿真波形。

（3）方法之三：使用 MATLAB 编程和 Simulink 共同实现：

首先在 MATLAB 的 M 编辑器窗口中键入以下命令语句，并保存为 Initialization.m：

```
%%%%%%%%%%%%%%%%%%%%%%%%%%%%%%%%%%%%%%%%%%%
%初始化电路参数
clear all
Lp=0.1;Ls=0.2;Mi=0.1;Rp=1;Rs=2;
R1=1;C=1e-6;V=10;alpha=0.1;
R=[-Rp, 0, 0; 0, -(Rs+R1), -1; 0, 1, 0]
```

```
D=[1;0;0]
L=[(Lp+Mi), -Mi, 0; -Mi, (Ls+Mi), 0; 0, 0, C]
Linv=inv(L);
A=Linv*R;B=Linv*D;C=eye(3);D=zeros(3,1);
%%%%%%%%%%%%%%%%%%%%%%%%%%%%%%%%%%%%%%%%%%%%%
```

点击 M 编辑器窗口中 Debug，→点击 Run；

其次，再构建 MATLAB 的 Simulink 仿真模型如图 8-87 所示，现将它的各个功能模块的调入方法简述如下：在 Simulink 模块库中的 Sources 模块库中调用 Clock 和 Constant 模块，Constant 模块参数为 10，→在 Continouse 模块库中调用 State-Space 模块，将其 A、B、C 和 D 栏目分别设置为 A、B、C 和 D，→其他模块的调用方法和参数设置情况同方法之二，→不用设置仿真参数，就利用默认值，并将该仿真模型保存为 ex_3. slx，点击仿真快捷键，即可获得仿真波形。

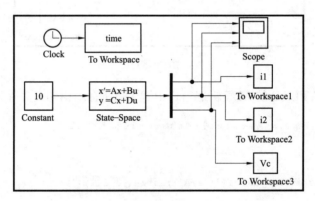

图 8-87

再在 MATLAB 的 M 编辑器窗口中键入以下命令语句，并保存为 ex_plot. m（其内容同方法之二中的 ex_plot. m）；

最后，再在 MATLAB 的命令窗口中键入以下命令语句：

```
ex_plot
```

回车之后，即可获得仿真波形。

（4）方法之四：使用 MATLAB 的 Simulink 中 SimPower Systems 模块库来实现：

首先在 MATLAB 的 M 编辑器窗口中键入以下命令语句，并保存为 Para_Initial. m：

```
%%%%%%%%%%%%%%%%%%%%%%%%%%%%%%%%%%%%%%%%%%%%%
%初始化电路参数
clear all
V=10;Lp=0.1;Ls=0.2;Mi=0.1;Rp=1;Rs=2;
R1=1;C=1e-6;
%%%%%%%%%%%%%%%%%%%%%%%%%%%%%%%%%%%%%%%%%%%%%
```

点击 M 编辑器窗口中 Debug，→点击 Run；

其次，再构建 MATLAB 的 Simulink 仿真模型如图 8-88 所示，现将它的各个功能模块的调入方法简述如下：在 SimPower Systems 模块库中调用各个功能模块：在 Electronic sources 模块库中调用 DC Voltage Source 模块其参数为 10 ；→在 Power electronics 模块库中调用 Ideal switch 模块库，→在 Elements 模块库连续 7 次调用 Series RLC Branch 模块，分别将它们命名为 Rp、Lp、Rs、Ls、C、Mi 和 R1，它们各自的参数栏分别置为 Rp、Lp、Rs、Ls、C、Mi 和 R1，即将 Rp、Rs 和 R1 模块中的 Resistance 栏置为 Rp、Rs 和 R1，Inductance 栏置为 0，Capacitance 栏置为 inf；将 Lp、Ls 和 Mi 模块中的 Resistance 栏置为 0，Inductance 栏置为 Lp、Ls 和 Mi，Capacitance 栏置为 inf；将 C 模块中的 Resistance 栏置为 0，Inductance 栏置为 0，Capacitance 栏置为 C；→在 Measurements 模块库中调用 Current Measurement 模块和 Voltage Measurement 模块，→其他模块的调用方法和参数设置情况同方法之二，其中 Step 模块利用它自身的默认参数，→设置仿真参数，选择 ode23tb（stiff/TR‐BDF2）算法器，Max step size 栏置为 1e‐5，其他为默认参数值，并将该仿真模型保存为 ex_4. slx，点击仿真快捷键，即可获得仿真波形。

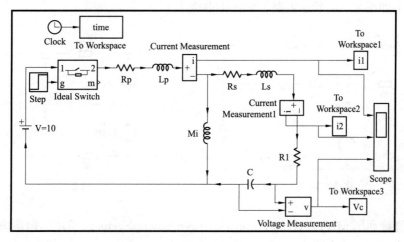

图 8‐88

最后，再在 MATLAB 的命令窗口中键入以下命令语句：

```
plot(i1)
plot(i2)
plot(Vc)
```

回车之后，即可获得仿真波形。

2. 已知如图 8‐85 所示电路，其参数分别为：$L_P=0.5H$，$L_S=0.8H$，$R_P=10\Omega$，$R_S=20\Omega$，$R_1=10\Omega$，$M_i=0.1H$，$C=10\mu F$，$V_D=100V$。求电流 i_{exe} 的响应曲线。

提示：按照习题 1 介绍的方法，求得 i_1 和 i_2 的波形之后，根据基尔霍夫电流定律，可得电流 i_{ex} 的表达式为：$i_{exe}=i_1-i_2$。

3. 已知：如图 8‐89 所示电路，$R_1=1000\Omega$，$R_2=10\Omega$，$L=500mH$，$C=10\mu F$，$u=100\sin(\omega t)$，$\omega=$

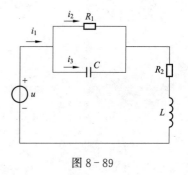

图 8‐89

314rad/s，求各支路的电流的波形。

提示：直接利用 MATLAB 的 Simulink 中 SimPower Systems 模块库构建仿真模型，同习题 1 之方法四的构建步骤。

4. 已知：如图 8 - 90 所示电路，$R_1 = R_3 = 100\Omega$，$R_2 = R_4 = 50\Omega$，$R_5 = 10\Omega$，$R_6 = 5\Omega$，$u_{S1} = 10\sin(\omega t + 60°)$ V，$u_{S2} = 100\sin(\omega t - 30°)$ V，$\omega = 314$rad/s，求图中各环路电流 i_1、i_2 和 i_3 波形和支路电流 i_S 的波形。

提示：回路 1 的方程为：$(R_1 + R_2) i_1 - R_2 i_2 - R_1 i_3 = u_{s1} - u_{s2}$

回路 2 的方程为：$-R_2 i_1 + (R_2 + R_5 + R_6) i_2 - R_5 i_3 = u_{s2}$

回路 3 的方程为：$-R_1 i_1 - R_5 i_2 + (R_1 + R_3 + R_4 + R_5) i_3 = 0$

电流源支路电流与回路电流关系的方程：$i_s = i_3 - i_2$

直接利用 MATLAB 的 Simulink 中 SimPower Systems 模块库构建仿真模型，同习题 1 之方法四的构建步骤。

5. 已知：如图 8 - 91 所示电路，求图中电流 I。

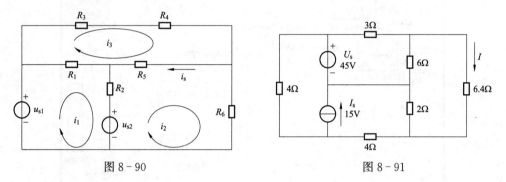

图 8 - 90　　　　　　　　　　图 8 - 91

提示：直接利用 MATLAB 的 Simulink 中 SimPower Systems 模块库构建仿真模型，同习题 1 之方法四的构建步骤。

参 考 文 献

[1]　刘保柱，苏彦华，张宏林. MATLAB 7.0 从入门到精通（修订版）. 北京：人民邮电出版社，2010.

[2]　周明华. Matlab 实用教程. 杭州：浙江大学出版社，2013.

[3]　张志涌，杨祖樱等，MATLAB 教程 R2012a. 北京：北京航空航天大学出版社，2010.

[4]　夏道止. 电力系统分析，2 版. 北京：中国电力出版社，2011.

[5]　周渊深. 电力电子技术与 MATLAB 仿真，2 版. 北京：中国电力出版社，2014.

[6]　林飞，杜欣. 电力电子应用技术的 MATLAB 仿真. 北京：中国电力出版社，2009.

[7]　于群，曹娜. MATLAB/Simulink 电力系统建模与仿真. 北京：机械工业出版社，2011.

[8]　洪乃刚. 电力电子、电机控制系统的建模和仿真. 北京：机械工业出版社，2011.

[9]　吴天明，赵新力. MATLAB 电力系统设计与分析，2 版. 北京：国防工业出版社，2010.

[10]　苏小林，赵巧娥. MATLAB 及其在电气工程中的应用. 北京：机械工业出版社，2014.

[11]　黄忠霖. 新编控制系统 MATLAB 仿真实训. 北京：机械工业出版社，2013.

[12]　王中鲜，赵魁，徐建东. MATLAB 建模与仿真应用教程. 北京：机械工业出版社，2014.

[13]　张学敏. MATLAB 基础及应用. 北京：中国电力出版社，2012.